ÉLÉMENTS

DE

GÉOLOGIE

—

TOME II

CORBEIL, typ. et stér. de CRÉTÉ.

ÉLÉMENTS

DE

GÉOLOGIE

OU CHANGEMENTS ANCIENS

DE LA TERRE ET DE SES HABITANTS

TELS QU'ILS SONT REPRÉSENTÉS PAR LES MONUMENTS GÉOLOGIQUES

PAR

Sir CHARLES LYELL, Baronnet

Membre de la Société royale de Londres, auteur des *Principes de Géologie*,
des *Preuves géologiques de l'antiquité de l'homme*, etc., etc.

Traduit de l'anglais sur la sixième édition

AVEC LE CONSENTEMENT DE L'AUTEUR

Par M. J. GINESTOU

Bibliothécaire de la Société d'encouragement pour l'Industrie nationale.

SIXIÈME ÉDITION

CONSIDÉRABLEMENT AUGMENTÉE ET ILLUSTRÉE DE 770 GRAVURES SUR BOIS

NUMMULITE   AMMONITE   TRILOBITE

TERTIAIRE   SECONDAIRE   PRIMAIRE

PARIS

GARNIER FRÈRES, LIBRAIRES-ÉDITEURS

6, RUE DES SAINTS-PÈRES ET PALAIS-ROYAL, 215

1867

ÉLÉMENTS

DE

GÉOLOGIE

CHAPITRE XXI

GROUPE JURASSIQUE (*suite*). — LIAS.

Caractère minéralogique du Lias. — Nombreuses zones successives dans le Lias, marquées par des fossiles distincts, sans discordance dans la stratification ou sans modification dans le caractère minéralogique de ses dépôts. — Nom de Calcaire à Gryphées donné à ce terrain. — Coquilles et poissons fossiles. — Radiaires. — Ichthyodorulites. — Reptiles du Lias. — Ichthyosaure et Plésiosaure. — Reptile marin des îles Galapagos. — Destruction et enfouissement subits des animaux fossiles du Lias. — Couches fluvio-marines dans le Gloucestershire, et Calcaire à Insectes. — Végétaux fossiles. — Origine de l'Oolite, du Lias et des formations alternantes calcaires et argileuses.

Lias. — Le nom de *Lias*, usité dans certaines provinces en Angleterre, a été généralement adopté pour désigner une formation de calcaire argileux, de marne et d'argile, qui constitue la base de l'Oolite, et que plusieurs géologues ont classée dans ce groupe. Les deux divisions passent en effet de l'une à l'autre en quelques points du pays de Bath : une marne sableuse, nommée marne du Lias, placée entre elles, partage à la fois les caractères minéralogiques du Lias et ceux de l'Oolite Inférieure. Les deux terrains ont aussi quelques fossiles communs, tels que l'*Avicula inæquivalvis* (fig. 435). On peut néanmoins, dans une grande partie de l'Europe, considérer le Lias comme constituant un groupe séparé et indépendant, d'une épaisseur de 150 à 300 mètres. Ce groupe contient plusieurs fossiles particuliers, et offre un aspect lithologique uniforme ; bien qu'il soit généralement

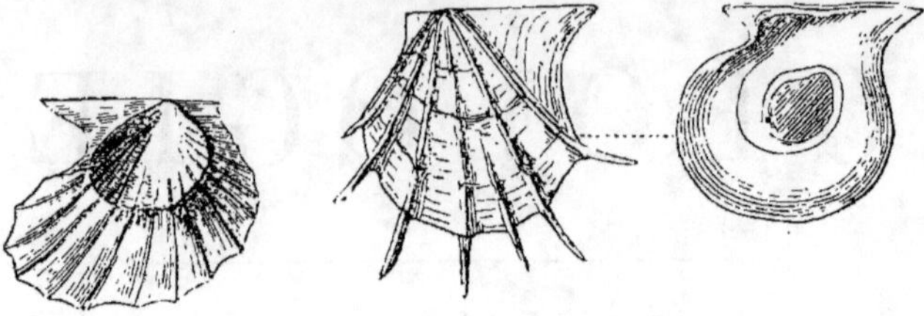

FIG. 435. — *Avicula inæquival-vis*, Sow. Oolite inferieure, et Lias.

FIG. 436. — *Avicula cygnipes*, Phil. Lias, comtés de Gloucester et d'York.

en stratification parallèle avec l'Oolite, il présente cependant quelques discordances. Dans le Jura, par exemple, aux environs de Lons-le-Saulnier, les couches sont inclinées d'environ 45 degrés, tandis que les marnes oolitiques qui les surmontent sont horizontales.

L'un des traits les plus caractéristiques du Lias en Angleterre, en France et en Allemagne, c'est une alternance de petites bandes argileuses et minces, de couleur foncée, avec des couches d'un calcaire bleu ou gris dont la surface, exposée à l'air, se colore légèrement en brun, ce qui donne aux carrières exploitées dans cette roche une apparence rubanée (1).

En Angleterre, le Lias a été divisé en trois groupes, supérieur moyen et inférieur. Le Lias supérieur consiste premièrement en sables qui furent d'abord regardés comme la base de l'Oolite, mais qui, suivant le docteur Wright, à en juger par leurs fossiles, sont plus convenablement rapportés au Lias ; secondement en schiste argileux et en lits minces de calcaire. Le Lias moyen ou série de marne dure a été divisé en trois zones, et le Lias inférieur, d'après les travaux des Quenstedt, Oppel, Strickland, Wright et autres, en six

____

(1) Conybeare et Phillips, p. 261.

zones, qui se distinguent les unes des autres par leurs fossiles particuliers. Ce Lias inférieur mesure en épaisseur de 180 à 270 mètres.

Le professeur Ramsay fait observer que toutes ces divisions se présentent d'une manière constante depuis les comtés de Devon et de Dorcet jusqu'à celui d'York, et nous sommes à peu près assurés qu'il n'existe actuellement, de la base au sommet de ces formations, aucune discordance entre deux divisions quelconques, de la plus grande ou de la plus petite dimension. L'ensemble du Lias anglais fournit environ deux cent quarante-trois genres et quatre cent soixante-sept espèces connues (1). Toute la série a été divisée en zones, caractérisées par des ammonites particulières, et tandis que d'autres familles de coquilles passent d'une division à une autre en nombre variant de 20 à 50 p. 100 environ, ces céphalopodes sont presque toujours limités à des zones uniques, ainsi que l'ont démontré Quenstedt et Oppel pour l'Allemagne et le docteur Wright pour l'Angleterre (2).

Comme on ne connaît pour le moment aucune discordance de la base du Lias inférieur au sommet du Lias supérieur, et qu'il existe dans ces formations une uniformité remarquable dans le caractère minéralogique de toutes les couches, il est un peu difficile d'expliquer les lacunes même partielles que nous avons signalées dans la succession des espèces, si l'on rejette l'hypothèse suivant laquelle les espèces anciennes auraient été détruites chaque fois, à la fin du dépôt des roches qui les contenaient, et remplacées par une création de formes nouvelles au commencement de la formation suivante. D'accord avec le professeur Ramsay, je n'accepte pas cette dernière explication. Sans doute, quelques espèces anciennes ont accidentellement disparu, sans laisser des représentants en Europe ou ailleurs, d'autres ont été localement détruites par les espèces qui envahissaient leur ancien domaine, et contre lesquelles elles ont dû lutter pour

(1) Ramsay, *Geol. Quart. Journ.*, vol. XX, p. 50, 1864.
(2) Dʳ Wright, *ibid.*, vol. XVI, p. 10, 1859.

conserver leur existence, ou par des variétés mieux conformées pour un nouvel état de choses; mais il est aussi probable qu'il y a eu de longues suspensions dans le dépôt des
couches, suspensions qui ont donné le temps à la vie organique, lentement remaniée par les changements et par l'extinction des espèces, de se modifier sur la surface du globe.

Fig. 438.— *Gryphæa incurva*,
Sow. (*G. arcuata*, Lam.)
Lias.

Fig. 437. — *Plagiostoma (Lima) giganteum*, Sow.
Oolite Inférieure et Lias.

En diverses parties de la France, près des Vosges, et dans
le Luxembourg, d'après M. E. de Beaumont, leLias, con-

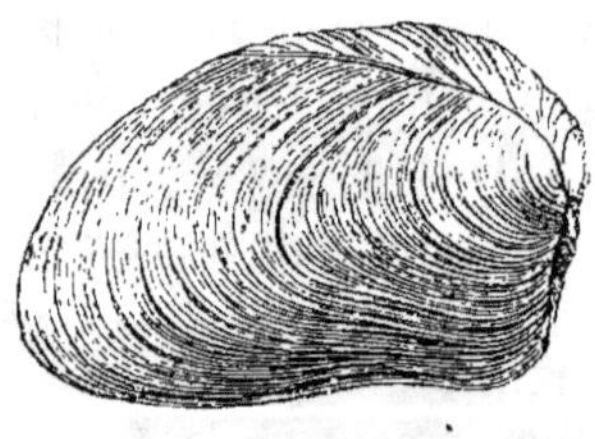

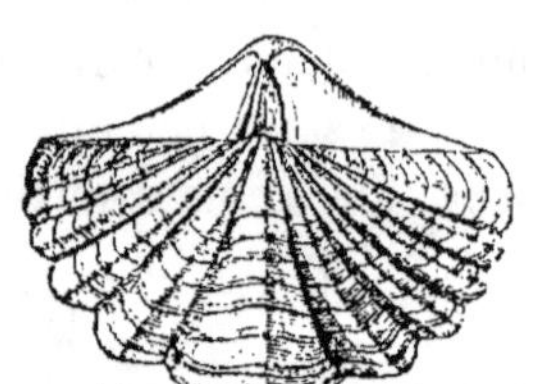

Fig. 440. — *Spirifer Walcotti*, Sow.
Lias Inférieur.

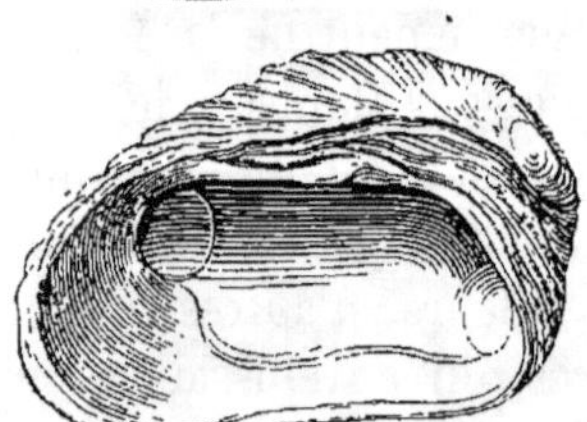

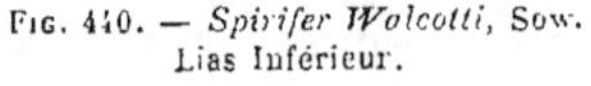

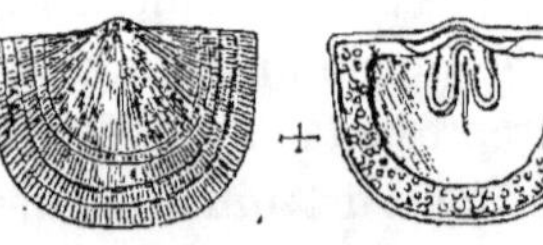

Fig. 439. — *Hippopodium ponderosum*, Sow.;
demi-grandeur. Lias, Cheltenham.

Fig. 441. — *Leptæna Moorei*, Dav.
Lias Supérieur, Ilminster.

tenant   des *Griphæa arcuata, Plagiostoma giganteum*

(fig. 437), et d'autres fossiles caractéristiques, passe à l'état arénacé, et, dans les environs du Hartz, en Westphalie et en Bavière, ses parties inférieures sont sableuses et fournissent quelquefois une pierre à bâtir.

Quelques auteurs ont donné au Lias le nom de *Calcaire à Gryphées*, par suite du grand nombre de coquilles du genre huître, ou *Gryphæa*, qu'il renferme (fig. 438 et fig. 387 p. 611, t. I). Une grosse coquille, l'*Hippopodium* (fig. 439), voisine de la *Cypricardia*, caractérise également les schistes du Lias Inférieur. Le Lias est aussi remarquable, en ce qu'il constitue la plus nouvelle des roches secondaires, où l'on rencontre les brachiopodes des genres *Spirifer* et *Leptæna* (fig.) 440 et 441). M. Davidson a compté dans cette formation jusqu'à neuf espèces de Spirifères. Ces mollusques palliobranches prédominent au sein des couches plus anciennes que le Trias; mais, d'après l'état actuel de nos connaissances, il ne paraît pas qu'ils aient survécu à la période

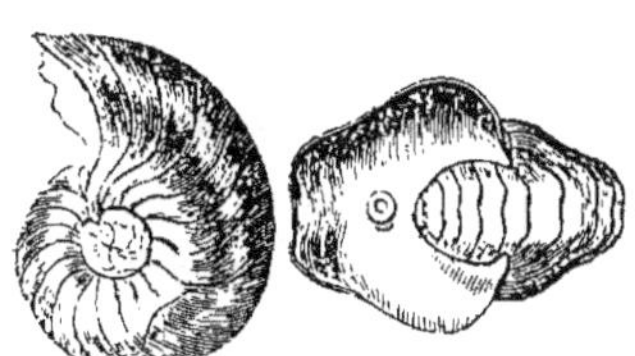

Fıg. 442. — *Nautilus truncatus.* Lias.

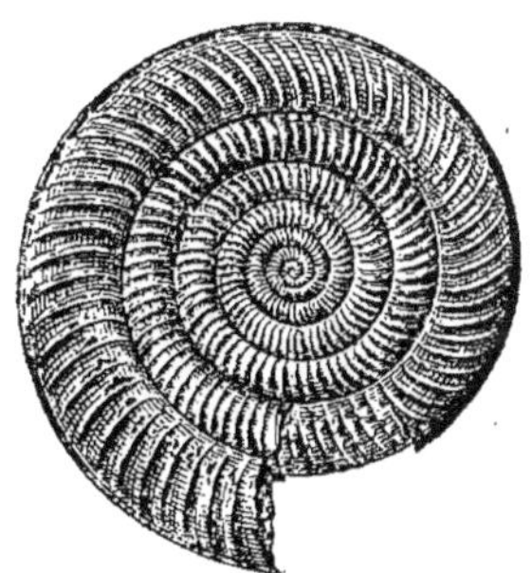

Fıg. 443. — *Ammonites Nodotionus? A. striatulus,* Sow. Lias.

Liasique. Les couches marines du Lias abondent aussi en céphalopodes des genres *Belemnites, Nautilus* et *Ammonites* (fig. 442, 443, 444).

Parmi les Crinoïdes du Lias les *Pentacrinus* sont remarquables (fig. 449). Dans les couches du Lias moyen du Dorsetshire et du Yorkshire, on a découvert de magnifiques échantillons de l'*Ophioderma Egertoni* (fig. 450), que l'on peut rapporter aux *Ophiuridæ* de Müller.

Nous venons de parler de nombreuses zones du Lias caractérisées par des Ammonites distinctes ; deux de ces

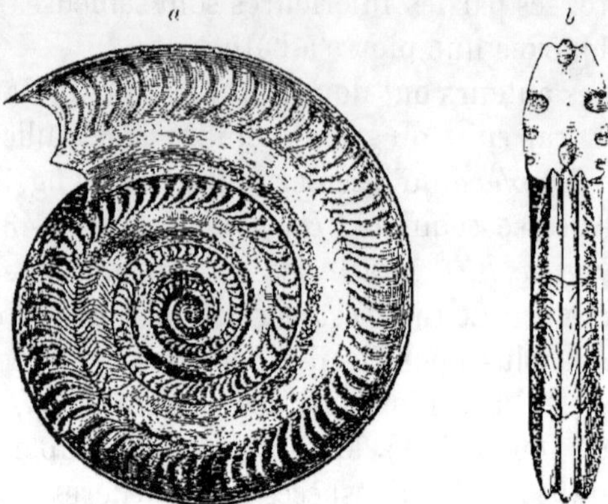

FIG. 444. — *Ammonites bifrons*, Brug. A. *Walcolti*, Sow. Argiles schisteuses du Lias Supérieur.

zones, ayant ensemble une épaisseur de 12 à 24 mètres, se présentent près de la base du Lias inférieur ; la zone supé-

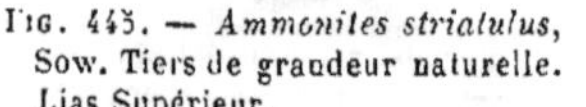
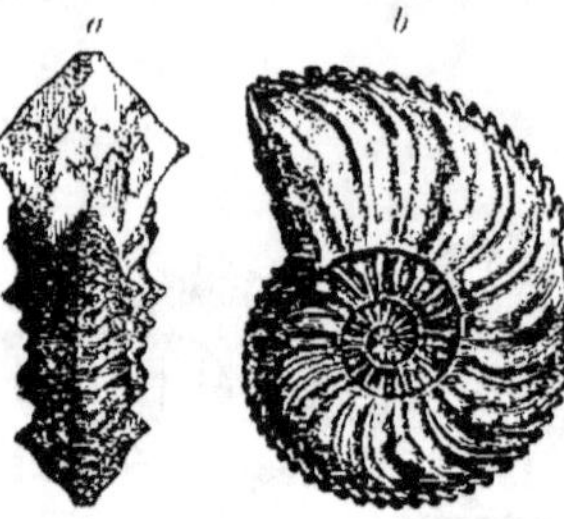

FIG. 445. — *Ammonites striatulus*, Sow. Tiers de grandeur naturelle. Lias Supérieur.

FIG. 446. — *Ammonites margaritatus*, Montf. Syn., A. *Stokesii*. Sow. Lias Moyen.

rieure, la plus étendue, est spécialement caractérisée, dans le sud-ouest de l'Angleterre, par les *Ammonites Bucklandi*, et la zone inférieure, par l'*Ammonites Planorbis* (Voir fig. 447, 448) (1).

Ces deux coquilles sont très-répandus sur le Continent d'Europe, et se rencontrent dans des lits semblablement disposés dans la série Liasique.

(1) *Quart. Journ.*, vol. XVI, p. 376.

L'*Extracrinus Briareus* (que le Major Austin a séparé des *Pentacrinus*, d'après des différences génériques) forme, dans

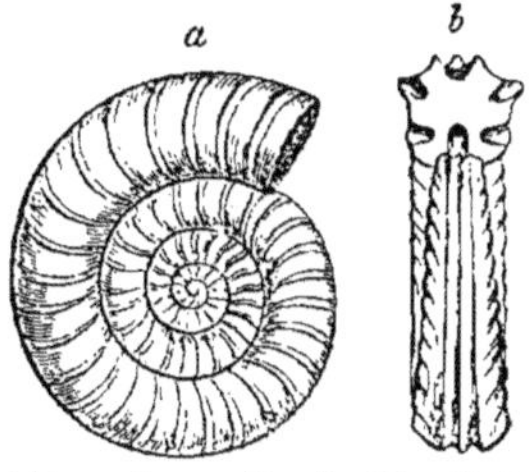

FIG. 447. — *Ammonites Bucklandi*, Sow.; *A. bisulcatus*, Brug. Un tiers de diamètre de l'original.
a. Vue de côté. — b. Vue de face, montrant la bouche et la carène bisulquée.
Coquille caractéristique de la portion inférieure du Lias d'Angleterre et du continent.

FIG. 448. — *A. Planorbis*, Sow. Un tiers de diamètre de l'original. Coquille de la base du Lias Inférieur d'Angleterre et du continent.

le Lias inférieur des comtés de Dorset, de Gloucester et d'York, des masses entremêlées, constituant des lits minces

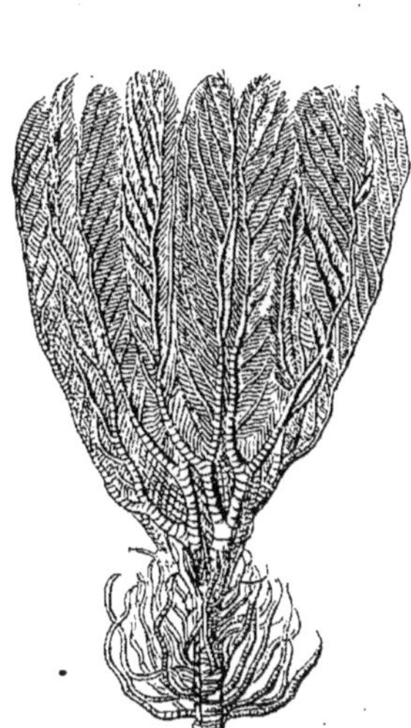

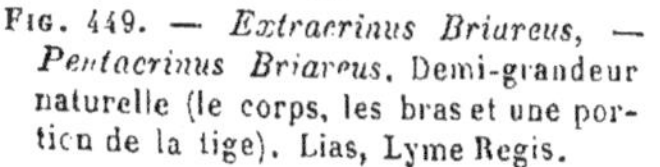

FIG. 449. — *Extracrinus Briareus*, — *Pentacrinus Briareus*. Demi-grandeur naturelle (le corps, les bras et une portion de la tige). Lias, Lyme Regis.

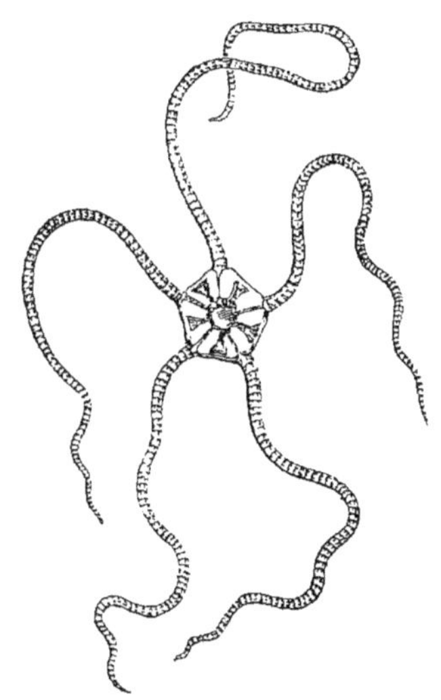

FIG. 450. — *Ophioderma Egertoni*, E. Forb. Marne du Lias, Seawton, Dorset.

d'une étendue considérable. Ces fossiles sont souvent fortement chargés de pyrite. L'*Extracrinus*, avec ses énormes bras tentaculaires, paraît s'être fréquemment fixé aux bois de transport de la mer Liasique, de la même manière que les Balanes flottantes de nos jours. Il existe dans le Lias une autre espèce d'*Extracrinus*, et plusieurs de *Pentacrinus*; ce dernier genre se rencontre dans presque toutes les formations, depuis le Lias jusqu'à l'Argile de Londres inclusivement. Il est représenté dans les mers actuelles par le délicat et rare *Pentacrinus Caput-Medusæ* des Antilles; et celui-ci est peut-être, avec la Comatula, le seul survivant de la grande et ancienne famille des Crinoïdes, qui est si largement et si abondamment représentée, dans les formations anciennes, par les genres *Taxocrinus*, *Actinocrinus*, *Cyathocrinus*, *Encrinus*, *Apiocrinus* et autres.

Les poissons fossiles du Lias ressemblent génériquement à ceux de l'Oolite qui, suivant M. Agassiz, appartiennent tous à des genres éteints, et diffèrent, pour la plupart, des ichthyolites de la période Crétacée. Parmi ces poissons est une espèce de *Lepidotus* (*L. gigas*, Agass.) (fig. 451), que

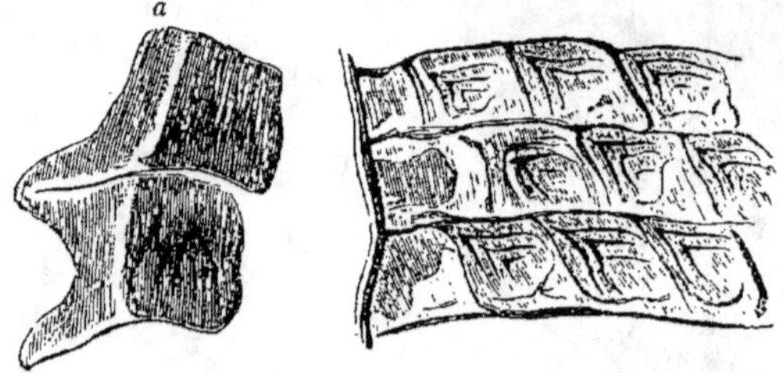

FIG. 451. — Écailles du *Lepidotus gigas*, Agass. — *a*. Deux écailles détachées.

l'on trouve dans le Lias d'Angleterre, de France et d'Allemagne (1). Nous avons déjà cité ce genre (tome I, p. 545) dans le Weald, et l'on suppose qu'il habitait également les rivières et les côtes marines. Un autre genre de Ganoïdes (poisson à écailles dures, brillantes et émaillées), l'*Æchmodus* (fig. 452), est presque exclusivement Liasique. Les dents

(1) Agassiz, *Poissons fossiles*, vol. II, tab. 28, 29.

d'une espèce d'*Acrodus* abondent aussi dans cette formation
(fig. 453).

Mais les débris de poissons qui ont le plus vivement excité

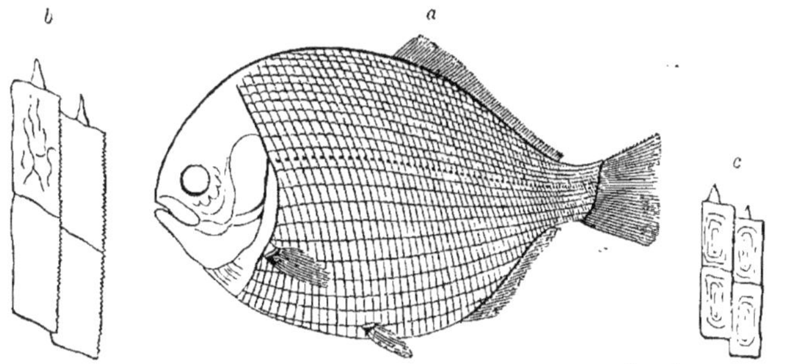

b. Écailles d'*Æch-*   Fig. 452. — *a. Æchmodus.* Contour du corps   *c.* Écailles de *Da-*
modus Leachii.   restauré.   *pedius monilifer.*

l'attention sont de grosses épines osseuses appelées *Ichthyo-*
dorulites (*a*, fig. 454), que certains naturalistes ont regar-

Fig. 453. — *Acrodus nobilis*, Agass. (dent), communément appelée en Angleterre
fossil Leech (sangsue fossile). Lias, Lyme Regis et Allemagne.

dées comme appartenant à des mâchoires, et d'autres comme
une sorte d'arme analogue à celle des Balistes et du Silure

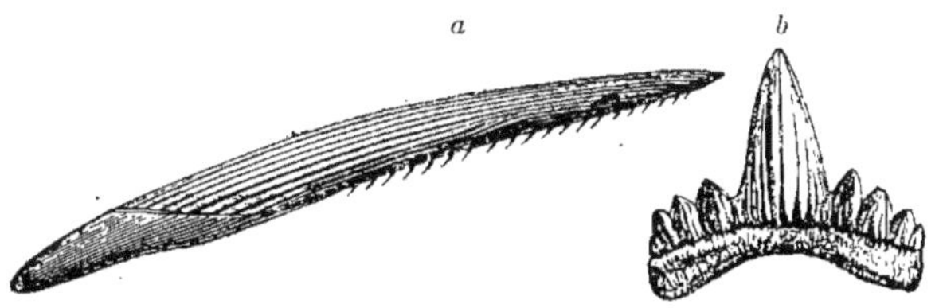

Fig. 454. — *Hybodus reticulatus*, Agass. Lias, Lyme Regis.
a. Portion de nageoire, communément appelée Ichthyodorulite. — *b.* Dent.

actuels ; mais M. Agassiz a démontré l'erreur des deux opinions. En effet, les épines auxquelles on voulait assimiler ces
débris s'articulent avec la colonne vertébrale, tandis qu'il

n'existe aucune trace d'articulation semblable dans les ichthyodorulites. Ils paraissent avoir été simplement des épines osseuses formant la partie antérieure de la nageoire dorsale, comme chez les genres actuels *Cestracion* et *Chimæra* (*a*, fig. 455). Dans ces deux derniers genres, de même que dans l'*Hybodus* fossile (fig. 454) de la famille des Requins, trouvé à Lyme Regis, la face concave, postérieure, est armée de petites épines simplement engagées dans les chairs et attachées par des muscles très-forts. « Elles ser-

Fig. 455. — *Chimæra monstrosa* (1). — *a*. Épine qui formait la partie antérieure de la nageoire dorsale.

vent, dit le docteur Buckland, comme chez la Chimère (fig. 455), à lever et à baisser la nageoire, et leur action ressemble à celle d'un mât mobile qui élève ou qui abaisse en arrière la voile d'une barque (2). »

Reptiles du Lias. — Ce ne sont point toutefois les poissons fossiles, mais les reptiles *Enaliosauriens* qui, par leur nombre, leur grosseur et leur structure extraordinaire, fournissent le trait le plus saillant des débris organiques du Lias. Parmi les plus singuliers de ces animaux, on observe plusieurs espèces d'*Ichthyosaurus* et de *Plesiosaurus* (fig. 456, 457). Le genre *Ichthyosaurus* ou lézard-poisson, n'est point limité à cette formation ; on l'a rencontré jusque dans les couches de la Craie blanche d'Angleterre et dans le Trias d'Allemagne, formation qui succède immédiatement au Lias dans l'ordre descendant (3). Il est évident, d'après leurs vertèbres

(1) Agassiz, *Poissons fossiles*, vol. III, tab. C, fig. 1.
(2) *Bridgewater Treatise*, p. 290.
(3) *Ibid.*, p. 168.

conformées comme celles des poissons, d'après leurs nageoires,
semblables à celles d'un marsouin ou d'une baleine, d'après
la longueur de la queue et d'autres particularités de struc-

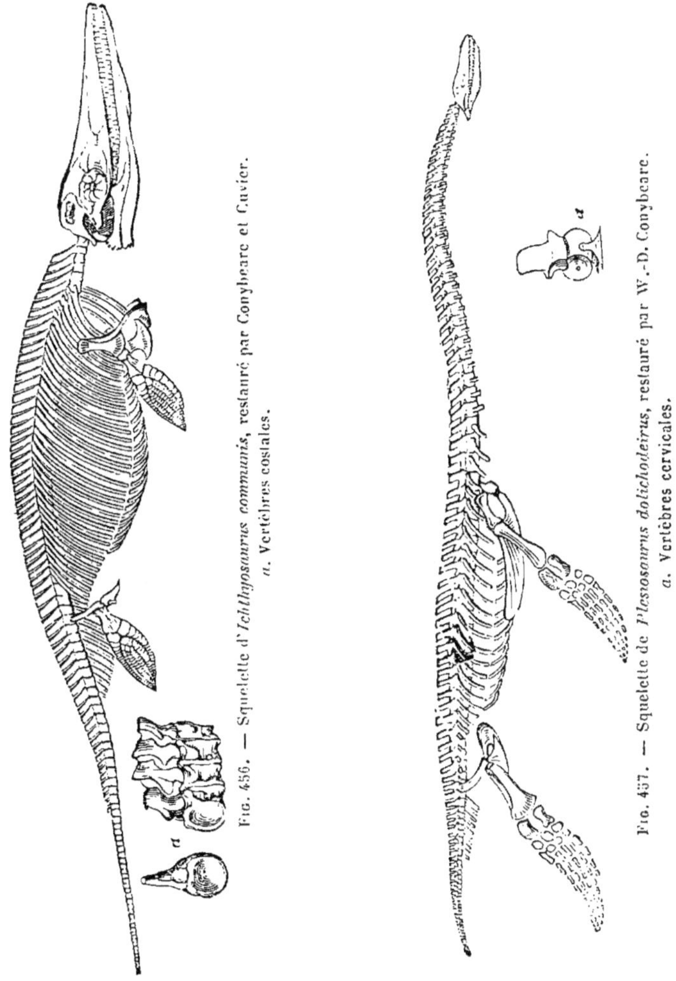

Fig. 456. — Squelette d'*Ichthyosaurus communis*, restauré par Conybeare et Cuvier. — *a.* Vertèbres costales.

Fig. 457. — Squelette de *Plesiosaurus dolichodeirus*, restauré par W.-D. Conybeare. — *a.* Vertèbres cervicales.

ture, que les Ichthyosaures étaient aquatiques. Leur mâchoire et leurs dents montrent qu'ils étaient carnivores ; et
les restes à moitié digérés de poissons et de reptiles trouvés

dans l'intérieur de leur squelette, indiquent la nature précise de leur alimentation (1).

Un échantillon de nageoire postérieure, ou rame, de
l'*Ichthyosaurus communis*, fut découvert en 1840 à Barrow-
on-Soar, par sir P. Egerton ; elle offre distinctement à l'extrémité postérieure les restes des rayons cartilagineux qui
se bifurquent en s'approchant du bord, tout comme dans la
nageoire d'un poisson (*a*, fig. 458). On avait d'abord supposé, dit M. Owen, que les organes de la locomotion chez
l'Ichthyosaure étaient enveloppés, comme chez la tortue et
le marsouin, d'un tégument lisse n'ayant d'autre soutien que
les os et les ligaments ; mais on sait aujourd'hui que la na-

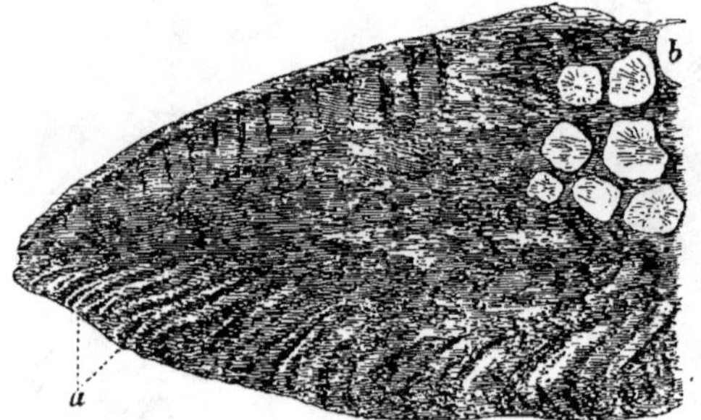

Fig. 448. — Partie postérieure de la nageoire de derrière, ou rame d'*Ichthyosaurus
communis*.

geoire était plus large, dépassait de beaucoup la charpente
osseuse, et différait grandement du type Reptile ordinaire
par ses rayons, semblables à ceux des poissons. La figure 458
représente, près de *b*, les os postérieurs ou osselets digitaux
de la rame ; au delà, est un tégument fortement carbonisé
de la moitié de la nageoire terminale, tégument dont le contour est parfaitement marqué (2). D'après M. Owen, indépendamment des rames antérieures, ces sauriens à cou
roide et court étaient munis d'une nageoire caudale sans
rayons osseux et simplement tégumentaire, se dirigeant

(1) *Bridgewater Treatise*, p. 187.
(2) *Geol. Soc. Trans.*, 2e série, vol. VI, p. 199, pl. XX.

verticalement, — conformation qui leur permettait de tourner la tête avec rapidité (1).

M. Conybeare a donné, en 1824, après examen de plusieurs squelettes presque complets, une restauration idéale de l'ostéologie de ce genre et de celle du *Plesiosaurus* (fig. 456, 457) (2). Ce dernier animal avait un cou extrêmement long et une tête très-petite, des dents semblables à celles du crocodile, et des rames analogues à celles de l'*Ichthyosaurus*, mais plus larges. On suppose qu'il a vécu dans des estuaires ou des mers peu profondes, et qu'il respirait à l'air comme l'Ichthyosaure et nos cétacés modernes (3). Quelques-uns de ces reptiles avaient des dimensions colossales. Un échantillon d'*Ichthyosaurus platyodon,* du Lias de Lyme, aujourd'hui au Muséum Britannique, doit avoir eu plus de 7 mètres de long; un *Plesiosaurus,* de la même collection, mesure de 5 à 6 mètres. La forme de l'Ichthyosaure porte à croire que l'animal fendait les flots comme le marsouin; mais on suppose que le Plésiosaure, du moins l'espèce à long cou (fig. 457), était conformé plutôt pour pêcherda ns les bas fonds et dans les baies, à l'abri des forts brisants.

Dans plusieurs échantillons d'Ichthyosaure et de Plésiosaure, les os de la tête, du cou et de la queue sont dans leur position naturelle, tandis que ceux du reste du squelette sont détachés et confusément mêlés. M. Stutchbury a pensé qu'après la mort, leur cadavre s'était gonflé de gaz par la décomposition des viscères abdominaux, et que les os, bien que désunis, étaient restés retenus comme dans un sac par l'enveloppe du derme, jusqu'à ce que le tout, s'imprégnant d'eau, vînt à s'enfoncer (4). Comme les individus appartiennent à tous les âges, le docteur Buckland suppose qu'ils ont péri d'une mort violente; on peut tirer la même con-

---

(1) *Geol. soc. Transact.,* 2ᵉ série, vol. V, p. 511.
(2) *Ibid.,* 2ᵉ série, vol. I, p. 49.
(3) Conybeare et de la Bèche, *Geol. Trans.,* 1ʳᵉ série, vol. V, p. 559; et Buckland, *Bridgew. Treat.,* p. 203.
(4) *Quart. Geol. Journ.,* vol. II, p. 411.

clusion de cette circonstance qu'ils ont échappé aux attaques des animaux de leur propre race ou aux poissons que l'on trouve à l'état fossile dans les mêmes couches.

Pendant les vingt dernières années, des anatomistes ont admis que ces sauriens éteints avaient habité la mer ; de même qu'aujourd'hui les tortues vivent les unes dans les eaux douces, et les autres dans les eaux de la mer, de même il a dû exister autrefois des sauriens propres aux eaux salées, et d'autres appelés à vivre dans l'eau douce. On sait que le crocodile commun du Gange fréquente indifféremment cette rivière, ou les eaux saumâtres et salées qui avoisinent son embouchure. Il paraît aussi que des crocodiles vivent en grand nombre dans les rivières de l'Isla de Pinos (île des Pins), au sud de Cuba, et dans la mer ouverte, autour de cette île. Récemment on a découvert un saurien dont les habitudes sont aquatiques et exclusivement marines. Il vit aux îles Galapagos, où les voyageurs du *Beagle* l'ont découvert en 1835.. Ses habitudes ont été observées par M. Darwin. Les îles Galapagos sont situées sous l'équateur, à près de 900 kilomètres ouest de la côte de l'Amérique méridionale. Elles sont volcaniques ; quelques-unes ont de 900 à 1200 mètres d'élévation ; et l'une d'elles, l'île d'Albemarle, a 120 kilomètres de long. Le climat en est doux ; il y pleut rarement, et dans tout l'Archipel on ne rencontre qu'un seul ruisseau d'eau douce qui se dirige à la mer. Le sol est presque partout aride et raboteux, et la végétation rare. Les oiseaux, les reptiles, les plantes et les insectes y sont, à peu d'exceptions près, d'espèces étrangères à celles du reste du globe, bien que toutes participent, par leurs formes générales, du type de l'Amérique méridionale. Comme mammifères, dans ces îles, dit M. Darwin, on cite une espèce seulement bien constatée, qui se rapporte à une grande souris ; quant aux lézards, tortues terrestres et serpents, le nombre en est si considérable, que l'on peut appeler cet endroit la Terre des Reptiles. Ce n'est pas que les espèces soient bien variées, mais les individus s'y rencontrent en abondance extraordinaire. On y a reconnu une espèce de tortue marine (*Testudo Indicus*), quatre lézards, à peu près autant de serpents, mais pas de grenouilles ni de crapauds. Deux des espèces de lézards appartiennent à la famille des *Iguanidæ* de Bell, et à un genre particulier (*Amblyrhynchus*), ainsi nommé par ce naturaliste, pour la forme obtuse de la tête et la brièveté du museau (1). L'une de ces deux espèces a des habitudes terrestres ; elle s'enfonce sous le sol et fourmille partout ; elle est munie d'une queue ronde, et la bouche ressemble un peu, par sa forme, à celle de la tortue marine. L'autre espèce est aquatique, et sa queue, latéralement aplatie, lui sert pour nager (fig. 459).

Fɪɢ. 459. — *Amblyrhynchus cristatus*, Bell. Longueur variant de 0ᵐ,90 à 1ᵐ,20. Le seul lézard marin actuel connu. — *a*. Dent, grandeur naturelle, et la même grossie.

« Ce saurien marin, dit M. Darwin, est extrêmement commun dans toutes les îles de l'archipel. Il vit exclusivement sur les bords rocailleux de la mer, et je n'en ai jamais rencontré un seul à 10 mètres de la plage. Sa longueur habituelle est d'environ 90 centimètres ; mais certains individus mesurent plus d'un mètre. Sa couleur est d'un noir sale ; ses mouvements sont lents sur le sol, mais il nage avec la plus grande facilité, par une sorte d'action du corps et de la queue qui rappelle les évolutions d'un serpent ; ses jambes, pendant cette manœuvre, restent immobiles et étroitement fixées contre les flancs. Les membres et les fortes

(1) Ἀμϐλὺς, *amblys* (émoussé) ; ῥύγχος, *rhynchus* (nez).

griffes qui les terminent sont admirablement conformés pour que l'animal puisse ramper sur les masses de laves rocailleuses et fissurées dont la côte est partout formée. On voit souvent sur les roches noires, à quelques décimètres au-dessus du bord, des groupes de six ou sept de ces hideux reptiles, exposer au soleil leurs membres étendus. L'estomac de ceux qu'on ouvrit était plein d'une sorte de plante qui croît au fond de la mer, à une petite distance de la côte. Pour aller chercher cette plante, les lézards se précipitent par troupe à la mer. Les gens du navire jetèrent l'un d'eux dans l'eau salée après l'avoir attaché à un poids très lourd qui le retint au fond : lorsqu'on le retira, après une heure d'immersion, il était tout aussi actif et dispos qu'avant l'opération. Les habitants ignorent où l'animal dépose ses œufs, fait singulier eu égard à l'abondance des individus, et à cette autre circonstance que les naturels connaissent parfaitement les œufs de l'Amblyrhynchus terrestre, saurien également herbivore (1). »

Dans les dépôts que forment aujourd'hui, aux îles Galapagos, les sédiments arrachés à la plage battue par les eaux, les débris de sauriens terrestres ou marins, aussi bien que ceux de chéloniens et de poissons, se mêlent aux coquilles marines, sans aucun ossement de quadrupèdes terrestres ou de batraciens ; cependant on pourrait s'attendre à rencontrer aussi dans les nouvelles couches des débris de mammifères marins, car, outre différentes espèces de cétacés, on connaît des phoques dans les parages de Galapagos ; et, sous ce rapport, le parallèle entre la faune moderne décrite ci-dessus et la faune ancienne du Lias ne serait point exact.

Destruction subite des Sauriens. — On a observé, et avec raison, qu'un grand nombre des poissons et des sauriens trouvés à l'état fossile dans le Lias avaient dû être ensevelis immédiatement après une mort subite, et que l'œuvre de destruction, quelle qu'elle fût, s'était répétée plusieurs fois.

(1) *Darwin's Journal*, ch. xix.

« Rarement, dit le docteur Buckland, on rencontre un seul os, une seule écaille, dérangés de la place qu'ils occupaient du vivant de l'animal ; il n'en serait pas de même si les corps de ces êtres étaient restés exposés seulement pendant quelques heures, soit à la putréfaction, soit à la voracité des poissons ou d'autres petits animaux dans le fond de la mer (1). » Non-seulement les squelettes d'ichthyosaures sont entiers, mais quelquefois le contenu de leur estomac subsiste intégralement dans la cavité thoracique, si bien que l'on peut reconnaître l'espèce particulière de poisson dont ils se nourrissaient, et distinguer la forme des excréments. Il n'est pas rare de rencontrer des lits entiers de ces coprolites à différentes profondeurs dans le Lias, et, à une certaine distance des squelettes entiers des lézards marins dont ils sont provenus. « On supposerait, dit Sir H. de la Bèche, que le fond boueux de la mer a reçu de temps à autre de petits apports subits de matières qui auront couvert les coprolites et autres débris accumulés durant chaque intervalle (2). » Nous verrons, plus loin, qu'à Lyme Regis, la surface seule des lits de coprolites déposés au fond de la mer a subi par l'action de l'eau une décomposition particlle, avant que ceux-ci fussent recouverts et protégés par le sédiment boueux qui les a plus tard enveloppés pour toujours (3).

On a aussi rencontré dans le Lias de Lyme de nombreux échantillons de Calmar ou Encornet (*Geoteuthis Bollensis* Schuble sp.), ainsi que des poches à encre encore gonflées et contenant de la matière noire desséchée : cette matière se compose principalement de carbone, et se trouve légèrement imprégnée de carbonate de chaux. Ces céphalopodes, comme les sauriens, ont donc été enfouis subitement dans les sédiments, car, s'ils fussent restés longtemps exposés aux agents extérieurs après leur mort, la membrane qui renferme l'encre se serait bientôt altérée (4).

(1) *Bridgew. Treat.*, p. 125.
(2) *Geological Researches*, p. 334.
(3) Buckland, *Bridgew. Treat.*, p. 307. — (4) *Ibid.*

Nous savons que les poissons de rivière sont quelquefois suffoqués, même dans leur propre élément, par l'eau boueuse des inondations ; et l'on ne saurait douter que la décharge périodique de grandes masses d'eau douce trouble dans la mer ne soit encore plus fatale aux tribus marines. J'ai fait voir dans les *Principes de Géologie* que de grandes quantités de boue et d'animaux noyés avaient été entraînées à la mer pendant des tremblements de terre, comme à Java en 1699 ; j'ai raconté aussi que des multitudes de poissons morts étaient venues flotter à la surface, après le dégagement des vapeurs pernicieuses produites par ces convulsions (1). Mais, durant les intervalles qui se sont écoulés entre les catastrophes de ce genre, des couches ont pu s'accumuler lentement dans la mer du Lias, et quelques-unes de ces couches être formées principalement de coquilles appartenant à une seule espèce d'ammonite ou de gryphite.

On peut conclure de ce qui précède que le Lias est en grande partie un dépôt marin. Toutefois, quelques membres de la série, spécialement dans sa portion inférieure, présentent un caractère d'estuaire, et doivent s'être formés sous l'influence de rivières. Dans le Gloucestershire, où l'on observe un bon type du Lias de l'Angleterre occidentale, on divise ce terrain en masse supérieure de sable et de schiste avec base de marbre, et en masse inférieure de schiste avec couches calcaires et schisteuses situées tout à fait au-dessous. D'après Brodie (2), on a découvert dans la masse inférieure de ces deux divisions de nombreux débris d'insectes et de plantes mêlés, en plusieurs endroits, à des coquilles marines. Un des lits de la série, dont l'épaisseur dépasse rarement 30 centimètres, a reçu le nom de *Calcaire à insectes*. Ce lit passe, vers sa partie supérieure, à un schiste qui contient des *Cypris* et des *Estheria*, et se trouve rempli d'élytres de plusieurs genres de coléoptères, et de quelques scarabées presque entiers, dont les yeux sont dans un bon état de conserva-

(1) Voyez *Principes de Géologie*, Index : LANCEROTE, ILE GRAHAM, CALABRE.
(2) *A History of Fossil Insects*, etc., 1846. Londres.

tion. Les nervures d'ailes d'insectes névroptères (fig. 460)
sont aussi merveilleusement conservées dans cette couche.
Des fougères, des cycadées, des feuilles de plantes monocotylédonées, et quelques coquilles paraissant d'eau saumâtre
ou d'eau douce, accompagnent sur plusieurs points les insectes : mais, en d'autres endroits, les coquilles marines
prédominent ; les fossiles semblent varier, suivant qu'on
examine les couches plus près ou plus loin de l'ancien continent ou de la source d'où provenait l'eau douce. On remarque dans plusieurs localités deux ou même trois lits de
Calcaires à Insectes, et M. Brodie
affirme que les mêmes caractères
lithologiques et zoologiques se
maintiennent depuis le centre du
Warwickshire jusqu'à l'extrémité
méridionale des Galles. Il résulte
de l'examen fait par M. West-
wood de plus de trois cents échan-

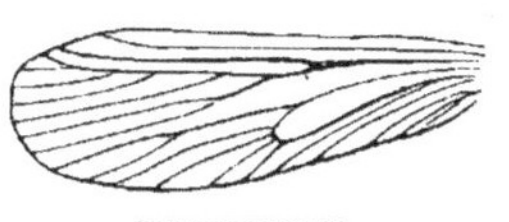

Grandeur naturelle.

Fig. 460. — Aile d'insecte névroptère, du Lias Inférieur, comté de
Gloucester. (P.-B. Brodie.)

tillons de ces insectes du Lias, que les coléoptères se rapportent à des genres à la fois xylophages et herbivores,
tels que *Elater*, *Carabus* (Linné), etc., outre des sauterelles (*Gryllus*) et des ailes détachées de libellules et de
mouches de mai, ou d'insectes se rapportant aux genres
Libellula, *Ephemera*, *Hemerobius* et *Panorpa* de Linné ;
dont l'ensemble n'indique pas moins de vingt-quatre familles. Les espèces en sont ordinairement de petite taille,
et ce seul fait impliquerait un climat tempéré ; mais plusieurs
des débris organiques des autres classes, qui leur sont associés, conduisent à une conclusion différente.

Plantes fossiles. — Parmi les débris végétaux du
Lias, on cite plusieurs espèces de *Zamia* trouvées à Lyme
Regis, ainsi que des débris de plantes conifères recueillis à
Whitby. Les fragments de bois y sont communs, et souvent convertis en calcaire. Un échantillon conservé au Muséum de la Société Géologique (fig. 461), et qui porte la
forme d'une Ammonite incrustée à sa surface, montre que

certains de ces bois, aujourd'hui pétrifiés, étaient à l'état de mollesse lorsqu'ils furent plongés au fond de la mer.

M. Ad. Brongniart compte quarante-sept acrogènes liassiques, dont la plupart sont des fougères, et cinquante gymno-spermes, dont trente-neuf cycas et onze conifères. Parmi les cycas dominent les *Zamites ;* comme fougères, on mentionne des genres nombreux à feuilles présentant des nervures réticulées (fig. 423,

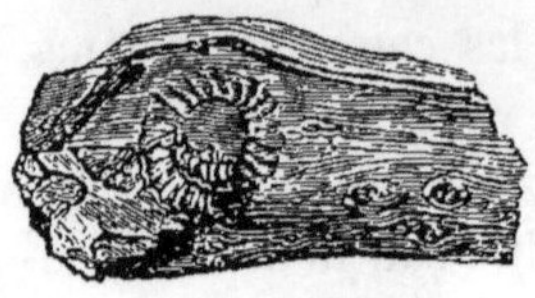

Fig. 461.

t. I, p. 633), et qui paraissent être caractéristiques de cette époque (1). L'absence jusqu'à présent de toute indication d'angiospermes dicotylédonés dans le Lias et l'Oolite est à remarquer. Les feuilles de ces plantes sont fréquentes au sein des couches tertiaires, et on les rencontre aussi dans les couches Crétacées, quoique moins abondamment (voyez tome I, p. 525). Les angiospermes paraissent toutefois avoir été comparativement rares dans ces périodes secondaires plus anciennes, tandis que les cycas et les conifères y déployaient une plus grande richesse.

Origine de l'Oolite et du Lias. — Si maintenant nous essayons de représenter la surface de l'Europe à l'époque de l'Oolite et du Lias, nous imaginerons une mer où le développement des récifs de coraux et des calcaires coquilliers, après avoir duré sans discontinuité pendant des siècles, vint à s'interrompre tout à coup et à faire place au dépôt d'un sédiment argileux. Ce sédiment dépourvu de coraux s'accumula à son tour pendant des âges, jusqu'à une épaisseur de plusieurs centaines de mètres ; une autre période survint, et le même espace fut occupé par le sable calcaire ou par des roches solides de coquilles et de coraux, auxquels succéda une nouvelle période de dépôt d'argile. Suivant la remarque de M. Conybeare, le groupe entier de l'Oolite et du Lias consiste en alternances répétées d'argile, de grès et

____

(1) *Tableau des Végétaux Fossiles*, 1849, p. 105.

de calcaire, revenant toujours dans le même ordre. Ainsi, les argiles du Lias sont surmontées par les sables de l'Oolite Inférieure, et ceux-ci par le calcaire coquillier et corallin (Oolite de Bath, etc.); de même, dans l'Oolite Moyenne, à l'argile d'Oxford font suite le grit calcaire et le coral rag; en dernier lieu, dans l'Oolite Supérieure, après l'argile de Kimmeridge viennent le sable et le calcaire de Portland (1). Toutefois, comme l'observe sir H. de la Bèche, les couches d'argile s'étendent sur de plus larges surfaces que les sables et les grès (2). Il faut aussi se rappeler que, si, dans le Yorkshire, le système oolitique devient arénacé et ressemble au terrain houiller, il revêt dans les Alpes une forme presque entièrement calcaire; on n'y rencontre ni sables ni argiles, et, même dans les contrées intermédiaires, il est plus compliqué et plus variable que ne l'attestent les descriptions ordinaires. Néanmoins, quelques-unes des argiles et certains calcaires interposés conservent un caractère remarquablement uniforme sur des longueurs de 600 à 900 kilomètres de l'Est à l'Ouest et du Nord au Sud.

Suivant M. Thirria, la totalité du groupe oolitique dans le département de la Haute-Saône, en France, égale en puissance le groupe anglais correspondant; mais l'importance des divisions argileuses s'y montre en raison inverse : en Angleterre, les argiles sont le double des calcaires, tandis que dans la Haute-Saône elles n'égalent qu'un tiers de l'épaisseur de ces derniers (3). Dans le Jura, les argiles sont encore plus minces; dans les Alpes, elles diminuent de plus en plus et finissent presque par disparaître.

Pour expliquer ces faits successifs, on peut supposer d'abord que le lit de l'Océan a été pendant des siècles le réceptacle de sédiments fins, argileux, portés par des courants océaniques qui communiquaient avec les rivières, ou avec les eaux salées voisines d'une côte en voie de dégradation. Le limon aura

(1) Conybeare et Phillips, p. 166.
(2) *Geological Researches*, p. 337.
(3) D'Aubuisson, par Burat, t. II, p. 456.

cessé à la longue d'être transporté sur le même point, soit que la côte même préalablement dénudée ait été abaissée et submergée, soit que le courant ait modifié sa direction, par suite d'un changement dans la configuration du lit de l'Océan ou du continent voisin. Les eaux devinrent alors plus claires et plus propres au développement des zoophytes pierreux. Un sable calcaire se forma par la trituration des coquilles et des coraux, ou bien, dans certains cas, la matière arénacée remplaça l'argile ; car il arrive communément que le sédiment le plus fin, d'abord transporté au plus loin des côtes, se recouvre ensuite d'un sable plus grossier si les eaux de la mer viennent à baisser, ou si la terre ferme, augmentant en étendue par son propre exhaussement ou par l'accumulation des sédiments sur certains points du littoral, approche davantage des endroits occupés par le limon fin.

Pour se rendre compte d'une autre grande formation, comme l'argile d'Oxford, qui surmonte aussi le calcaire corallien, il faut admettre un abaissement semblable à celui qui s'opère de nos jours dans certaines régions coralliféres, situées entre l'Australie et l'Amérique du Sud. Par suite d'affaissements non moins considérables, l'Océan et les terres adjacentes ont pu, sur une grande étendue en Europe, se trouver dans des conditions très-favorables au dépôt d'un autre ensemble de couches argileuses ; à ce changement aura succédé une série d'événements de même nature que ceux que nous avons expliqués, suivis eux-mêmes de beaucoup d'autres, et encore dans un ordre semblable. Les mouvements soit ascendants, soit descendants, ont dû se produire avec la même lenteur que ceux qui ont lieu de nos jours dans le Pacifique. Le développement de chaque couche de corail, sur une épaisseur de quelques décimètres, a demandé des siècles, et pendant ce temps certaines espèces de corps organisés ont pu disparaître de la création pour faire place à d'autres. C'est ainsi que, dans chaque groupe de couches, depuis le Lias jusqu'à l'Oolite Supérieure, ont été enfouis quelques fossiles particuliers et caractéristiques.

CHAPITRE XXII

TRIAS OU GROUPE DU NOUVEAU GRÈS ROUGE.

Différence entre le Nouveau et le Vieux Grès Rouge. — Entre les parties supérieure et inférieure du Nouveau Grès Rouge. — Trias et ses trois divisions. — Développement de ce terrain en Allemagne. — Découverte d'un équivalent marin du Trias Supérieur dans les Alpes Autrichiennes. — Véritable position des lits de Saint-Cassian et de Hallstadt. — 800 nouvelles espèces de mollusques triasiques et radiés. — Chaînons ainsi fournis pour lier les Faunes Paléozoïque et Néozoïque. — Keuper et ses fossiles. — Muschelkalk et ses fossiles. — Plantes fossiles du Bunter. — Groupe Triassique en Angleterre. — Couche à ossements d'Axmouth et d'Aust. — Grès Rouge du Warwickshire et du Cheshire. — Empreintes de pas de *Cheirotherium*, en Angleterre et en Allemagne. — Ostéologie du *Labyrinthodon*. — Identification de ce Batracien avec le Cheirotherium. — Conglomérat dolomitique de Bristol. — Origine du Grès Rouge et du Sel gemme. — Hypothèse d'exhalations volcaniques salines. — Théorie de la précipitation du sel dans des lacs à l'intérieur des terres ou lagunes. — Salure de la mer Rouge. — Terrain houiller Triasique de la Virginie orientale, près de Richmond. — Nouveau Grès Rouge aux États-Unis. — Empreintes fossiles de pas d'oiseaux et de reptiles, dans la vallée du Connecticut. — Ancienneté du Grès Rouge qui les contient. — Mammifère Triasique de la Caroline du Nord.

Entre le Lias et le terrain Houiller (ou groupe Carbonifère) se présente, dans les comtés du Centre et de l'Ouest, en Angleterre, une longue série de limons rouges, de schistes

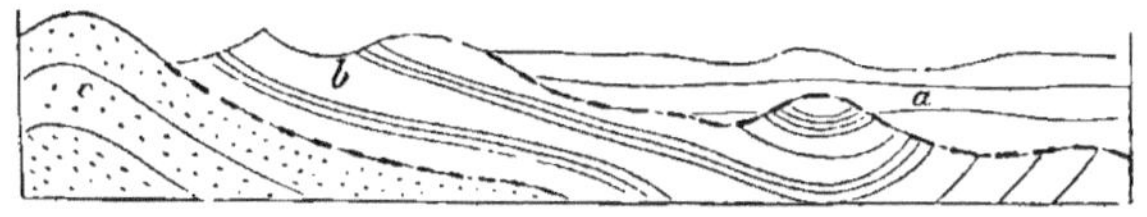

Fig. 462. — *a.* Nouveau Grès Rouge. — *b.* Houille. — *c.* Vieux Grès Rouge.

et de grès, à laquelle on a d'abord donné le nom de *formation du Nouveau Grès Rouge*, pour la distinguer d'autres schistes et grès appelés *Vieux Grès Rouge* (*c*, fig. 462), qui souvent montrent un caractère minéralogique identique, et gisent immédiatement au-dessous du terrain Houiller (*b*).

C'est assez mal à propos qu'on a donné le nom de *Marne Rouge* aux argiles rouges de cette formation, car elles sont tout à fait dépourvues de matière calcaire. De plus, l'absence du carbonate de chaux, la rareté des débris organiques, ainsi que la couleur rouge vif, dans la plupart des roches de ce groupe, contrastent d'une manière frappante avec les formations Jurassiques que nous avons décrites précédemment.

Avant que l'on eût bien constaté la différence caractéristique qu'établissent les fossiles entre les parties supérieure et inférieure du Nouveau Grès Rouge en Angleterre, il était utile d'avoir un nom commun pour désigner l'ensemble de toutes les couches comprises entre le Lias et le terrain Houiller, et MM. Conybeare et Buckland (1) proposèrent celui de *Poïkilitique*, de ποικίλος, *poïkilos* (varié); à quelques-unes des couches les mieux caractérisées de ce groupe, auxquelles Werner avait déjà donné l'épithète de *variées*, se fondant sur les taches bigarrées de bleu clair, de vert et de fauve, qu'elles présentent sur un fond rouge.

Une expression unique comprenant les Nouveaux Grès Rouges Supérieur et Inférieur, ou groupe Triasique et Permien des classifications modernes, peut avoir encore aujourd'hui son utilité, par exemple si l'on décrit des districts où existent des masses de grès et de schistes rouges se rapportant partiellement aux deux époques, mais que, dans l'absence des fossiles, on ne saurait diviser.

TRIAS OU GROUPE SUPÉRIEUR DU NOUVEAU GRÈS ROUGE.

Comme le groupe que nous allons examiner est plus développé en Allemagne, qu'en France ou en Angleterre, il est préférable de le décrire tel qu'il se présente dans cette première contrée. Les auteurs Allemands lui ont donné le nom de Trias, ou groupe triple, parce qu'il se divise en trois

(1) Buckland, *Bridgew. Treat.*, vol. II, p. 38.

constitue, comme nous l'avons dit, le membre supérieur du Trias; l'autre, bien plus étendu, et plus riche en débris de poissons et de reptiles, est d'une date plus ancienne et sépare le Muschelkalk du Keuper.

Les genres *Saurichtys*, *Hybodus*, et *Gyrolepis* se trouvent dans ces deux brèches, et l'une des espèces, le *Saurichtys Mongeoti* est commune aux deux couches à ossements; il en est de même du remarquable reptile appelé *Nothosaurus mirabilis*. Le Saurien de la famille des Thécodontes, que Von Meyer a nommé *Belodon*, est une autre forme Triasique qui, à Diegerloch, se trouve associée au *Microlestes*.

Inférieurement à cette brèche à ossements succède la série régulière des couches désignées sous le nom de Keuper; elle a dans le Wurtemberg près de 300 mètres d'épaisseur. Alberti a divisé cette formation en grès, gypse et argile schisteuse, charbonneuse (1). Le Keuper a fourni des débris de reptiles appartenant aux genres *Nothosaurus*, et *Phytosaurus*, des traces de *Labyrinthodon*, et des dents détachées de poissons placoïdes, de raies, de *Saurichtys* et de *Gyrolepis* (fig. 481-482. p. 39).

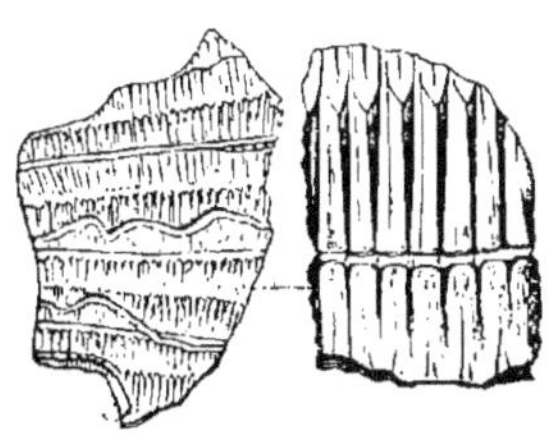

Fig. 466. — *Equisetites columnaris.*
(Syn., *Equisetum columnare.*)
Fragment de tige, et petite portion de la même, grossie. Keuper.

Les plantes du Keuper présentent génériquement beaucoup d'analogie avec celles du Lias et de l'Oolite; ce sont des fougères, des équisétacées, des cycadées, des conifères et quelques monocotylédonées douteuses. Certaines espèces, telles que l'*Equisetites columnaris,* sont communes à ce groupe et à l'Oolite.

Couches de Saint-Cassian et de Hallstadt. — Les grès et argiles du Keuper ressemblent aux dépôts qui se forment aux embouchures d'une mer peu profonde près des terres, et offrent dans le Nord-Ouest de l'Allemagne, aussi bien qu'en France, des exemples bien insuffisants de la vie

(1) *Monogr. des Bunten Sandsteins.*

marine pendant cette période. Toutefois, la faune de cette
formation si riche en reptiles nous avait fait dire, par anti-
cipation, que les habitants contemporains de la mer du Keuper se montreraient en grand nombre, si on avait jamais
le bonheur de découvrir leurs restes. Cette opinion se trou-
verait à la fin confirmée, à ce que l'on croit, grâce à la détermination de la vraie position de certaines roches des Alpes, nommées *couches de Saint-Cassian ;* position qui a été
pendant longtemps un sujet de doute et de discussion. Nous
sommes redevables de précieuses recherches concernant
ces formations à plusieurs géologues éminents, parmi lesquels je citerai MM. de Buch, E. de Beaumont, Murchison,
Sedgwick et Klipstein ; en Suisse, MM. Escher et Merian ;
et, plus récemment, MM. Von Hauer, Suess, Hörnes et
Gumbel, en Autriche. Il a été prouvé que les lits de Hallstadt
sur le versant septentrional des Alpes Autrichiennes sont
d'âge correspondant aux couches de Saint-Cassian du versant méridional de la même chaîne, et les géologues Autri-
chiens ont conclu de là que la formation du Hallstadt se
rapporte certainement à la période du Trias Supérieur. En admettant l'exactitude de cette conclusion, nous sommes en possession, tout à coup et de la manière la plus inattendue, d'une
riche faune marine appartenant à une période que l'on avait
supposée très-dépourvue de débris organiques, car le Trias
Supérieur en Angleterre, en France et dans le nord de l'Allemagne est représenté principalement par des lits d'origine
d'eau douce et d'eau saumâtre. M. Edward Suess, de Vienne,
à qui l'on doit plusieurs mémoires sur les roches en question,
a bien voulu me donner le sommaire suivant de l'ordre de succession des lits de Hallstadt dans les Alpes Autrichiennes. J'ai
eu l'heureuse occasion, lors de mon voyage dans l'automne
de 1856, de vérifier ses résultats, en société de M. Gumbel, de
Munich.

Les lits supérieurs , énumérés en première ligne, gisent immédiatement au-dessous du Lias Inférieur du Jura
de Souabe. Ce Lias est représenté près de Vienne par un

calcaire brun, contenant des *Ammonites Buklandi*, *A. Conybearii*, etc.

Couches Infra-liasiques des Alpes Autrichiennes, par ordre descendant.

1. Lits de Koessen. (Synonymes : Lits Supérieurs de Saint-Cassian, de Escher et Mérian).	Calcaire gris et noir, avec marnes calcaires, d'une épaisseur d'environ 15 mètres. Parmi ses fossiles abondent les Brachiopodes ; quelques espèces, peu nombreuses, sont communes au Lias ; la plupart sont particulières. *Avicula contorta, Pecten Valoniensis, Cardium Rhœticum, Avicula inæquivalvis, Spirifer Münsteri*, Dav. Les couches qui contiennent les fossiles ci-dessus alternent avec les lits de Dachstein, qui viennent ensuite au-dessous.
2. Lits de Dachstein...	Calcaire blanc ou grisâtre, souvent en lits de 0^m,90 à 1^m,20 d'épaisseur. Épaisseur totale de la formation, environ 600 mètres. Partie supérieure fossilifère, avec quelques couches composées de coraux (*Lithodendron*). Partie inférieure dépourvue de fossiles. Parmi les coquilles caractéristiques sont l'*Hemicardium Wulferii, Megalodon triqueter*, et autres grandes bivalves.
3. Lits de Hallstadt (ou Saint-Cassian).	Marbre rouge, panaché ou blanc, de 240 à 300 mètres de puissance, contenant plus de 800 espèces de fossiles marins, la plupart des Mollusques. Plusieurs espèces d'*Orthoceras*, des *Ammonites* vraies, des *Ceratites* et *Goniatites, Belemnites* (rare), *Porcellia, Pleurotomaria, Trochus, Monotis salinaria*, etc.
4. *A.* Lits de Guttenstein *B.* Lits de Werfen, base du Trias Supérieur ? Trias Inférieur de quelques géologues.	*A.* Calcaire noir et gris, épais de 45 mètres, alternant avec les lits de Werfen, qui gisent au-dessous. / *B.* Schiste et Grès rouge et vert, avec sel et gypse. — Parmi les fossiles, le *Ceratites cassianus, Myacites fassaensis, Naticella costata*, etc.

Quant à l'âge des roches que nous venons d'énumérer, certains géologues rapportent les lits de Koessen et de Dachstein au Lias, d'autres au Trias, et plusieurs les considèrent comme étant d'âge intermédiaire. Suivant M. Suess, les lits de Koessen correspondraient au lit à ossements supérieur de Souabe, dans lequel a été découvert le *Microlestes* (voy. p. 26 t. II) ; et le même géologue fait remarquer que quelques-uns des fossiles des lits 1 et 2 sont identiques à ceux des *lits de Portrush*, Irlandais, décrits par le général

Portlock, dans son Rapport sur Londonderry. Les lits de Koessen ont été suivis sur 185 kilomètres, des environs de Genève à ceux de Vienne.

Les géologues Allemands s'accordent généralement à reconnaître que les couches de Hallstadt et de Saint-Cassian appartiennent au Keuper ou Trias Supérieur; mais le Grès de Werfen, n° 4, doit-il faire partie de la même série, ou bien, comme Von Hauer penche à le croire, être classé comme équivalent du *Bunter* ou *Trias inférieur?* L'absence de fossiles bien caractérisés du Muschelkalk, dans les Alpes Autrichiennes, ne permet pas facilement de résoudre cette question. D'après de riches dépôts de sel associés aux lits de Werfen, quelques géologues ont pensé que ces lits pouvaient appartenir au Trias Supérieur. Si on les classait comme *Bunter*,

Fig. 467. — *Scoliostoma*, Saint-Cassian.

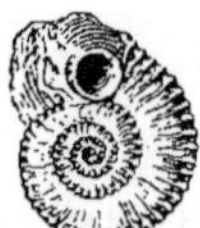

Fig. 468. — *Platystoma Suessii*, Hoernes; de Hallstadt.

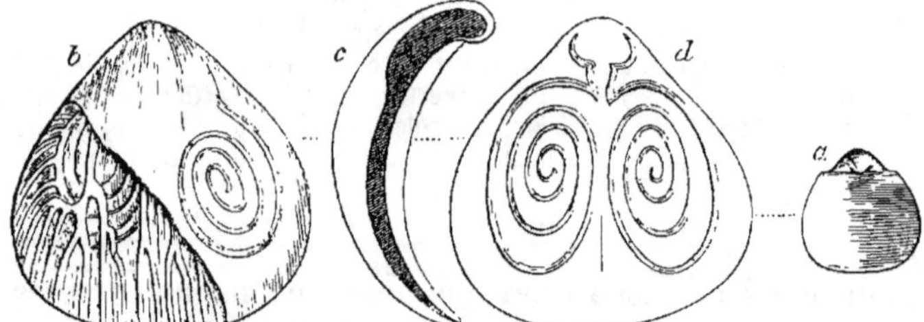

Fig. 469. — *Koninckia Leonhardi*, Wissmann.

a. Face dorsale, grandeur naturelle. — b. Face ventrale, portion de la valve ventrale enlevée pour montrer l'intérieur de la valve dorsale et ses empreintes vasculaires. On distingue l'un des processus spiraux à travers la coquille translucide. — c. Coupe des deux valves. — d. Intérieur de la valve dorsale, avec les processus spiraux restaurés (Suess).

le calcaire de Guttenstein correspondrait alors en position au Muschelkalk; mais on n'a jamais rencontré de fossiles du Muschelkalk dans ce dépôt ou dans celui de Werfen.

Plusieurs des 800 espèces fossiles de Hallstadt et de Saint-Cassian n'ont pas encore été décrites ; quelques-unes se rapportent à des genres nouveaux, particuliers, tels que *Scoliostoma* (fig. 467) et *Platystoma* (fig. 468), parmi les Gastéropodes ; et *Koninckia* (fig. 469), parmi les Brachiopodes.

Le tableau suivant des genres de coquilles marines de Hallstadt et de Saint-Cassian, que j'ai dressé avec l'aide de MM. Suess et Woodward, montre les rapports nombreux que fournissent dès aujourd'hui les couches de Hallstadt et de Saint-Cassian entre la faune des roches primaires et celle des roches secondaires.

Genres de Mollusques fossiles des lits de Saint-Cassian et de Hallstadt.

Communs aux roches plus anciennes.	Genres Triasiques caractéristiques.	Communs aux roches plus nouvelles.
Cyrtoceras.	Ceratites.	Ammonites.
Orthoceras	Scoliostoma (ou *Coch-learia*).	*Belemnites.
Goniatites.		*Nerinæa.
*Loxonema.	Naticella.	Opis.
*Holopella.	Platystoma.	Cardita.
Murchisonia.	Isoarca.	Trigonia.
Euomphalus.	Pleurophorus.	Myoconchus.
Porcellia.	Myophoria.	Ostrea (1 espèce).
*Megalodon.	Monotis.	Plicatula.
Cyrtia.	Koninckia.	Thecidium.

Les genres marqués d'un astérisque sont donnés sur l'autorité de M. Suess, et les autres, sur celle de M. Woodward, d'après les échantillons de Saint-Cassian que possède le Muséum Britannique.

La première colonne indique la dernière apparition de plusieurs genres caractéristiques des couches paléozoïques. La deuxième contient d'autres genres qui distinguent le Trias Supérieur, se montrant particuliers à ce terrain, ou atteignant leur maximum de développement à cette époque. La troisième colonne marque la première existence de genres destinés à devenir plus abondants à des époques postérieures.

Comme on n'avait jamais rencontré d'*Orthoceras* dans le Muschelkalk marin, on fut fort étonné lors de la première découverte de 7 ou 8 espèces de ce genre à travers les couches de Hallstadt que l'on croyait appartenir au Trias Supérieur. Certaines de ces espèces, de grande taille, sont associées à de larges Ammonites à lobes feuillés (*foliated*), forme que l'on n'a pas encore rencontrée aussi bas dans la série ; tandis que l'Orthocère n'a jamais été vue à un niveau aussi élevé. Mais, dans ces derniers temps, on a signalé ce dernier genre au sein des couches du Lias à Adnet, en Autriche, ainsi que me l'ont affirmé, en 1856, plusieurs géologues éminents d'Allemagne.

Le professeur Ramsay a récemment analysé avec le plus grand soin les listes données par Brown, de 104 genres et 774 espèces de fossiles, recueillis dans les couches de Saint-Cassian, et appartenant à toutes les classes du règne animal, et plus particulièrement à celle des invertébrés. Le même savant a aussi analysé une autre liste de 79 genres et 427 espèces de fossiles, provenant des mêmes couches, et qui a été dressée par un habile naturaliste, le comte de Münster. Ces deux examens ont donné des résultats parfaitement concordants, et prouvent qu'un peu moins du tiers des fossiles de Saint-Cassian a le caractère primaire ou paléozoïque, et que les deux autres tiers ont un caractère secondaire ou mézoïque. Ce résultat n'aurait rien d'extraordinaire ni d'anormal, n'était que les fossiles du Muschelkalk, que l'on suppose plus anciens que les couches de Saint-Cassian, contiennent une proportion comparativement minime de types primaires ; ce fait serait de nature à faire supposer à un paléontologiste, dit le professeur Ramsay, que les couches de Saint-Cassian sont plus rapprochées d'un degré de la période Permienne, que celles du Muschelkalk. C'est aussi, conformément à cette opinion, que Brown a rangé dans son catalogue les couches de Saint-Cassian, c'est-à-dire entre les Bunter-Sandstein et le Permien supérieur ou Zechstein. En présence du tableau reproduit p. 29, œuvre des habiles explorateurs des Alpes Autrichiennes, nous nous tiendrions naturellement pour dit, n'y fussions-nous même pas autorisés par l'opinion formellement émise par ces savants sur l'ordre de superposition de ces couches, que le Muschelkalk, au cas de sa rencontre à Hallstadt, eut recouvert le lit N° 3 au lieu d'être intercalé dans les N°ˢ 3 et 4, ou même placé sous le N° 4.

Quels que soient les doutes qui subsistent encore sur l'exactitude des rapports chronologiques des couches de Saint-Cassian, personne ne met en question que ces dépôts ne soient triasiques, et qu'ils n'aient complétement dissipé l'opinion préconçue, que la faune marine de l'ensemble du Trias était entachée de pauvreté. En outre, la faune de Saint-Cassian nous permettrait d'espérer, si plus tard il nous était donné d'étudier lés fossiles marins de la division la plus inférieure du grès de Bunter, de voir disparaître presque entièrement la grande lacune entre les formes Paléozoïques et Néozoïques.

MUSCHELKALK.

Le membre suivant du Trias, en Allemagne, est le *Muschelkalk*, sous-jacent au Keuper déjà décrit ; il consiste principalement en un calcaire compacte et grisâtre, mais renferme sur plusieurs points des lits de dolomie, ainsi

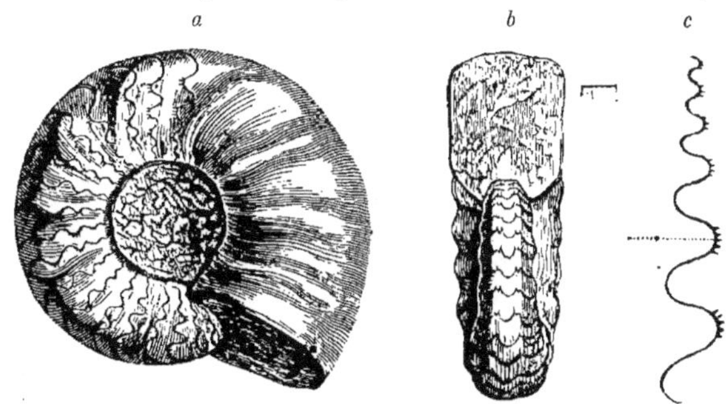

Fig. 470. — *Ceratites nodosus*, Muschelkalk.
a. Vu de côté. — b. Vu de face. — c. Bord en partie dentelé des cloisons qui séparent les chambres.

que du gypse et du sel gemme. Ce calcaire, qui manque totalement en Angleterre, abonde, comme son nom l'indique, en coquilles fossiles. En fait de céphalopodes, on n'y trouve plus de bélemnites ni d'ammonites à sutures feuilletées, comme nous en avons rencontré dans le Lias et l'Oolite,

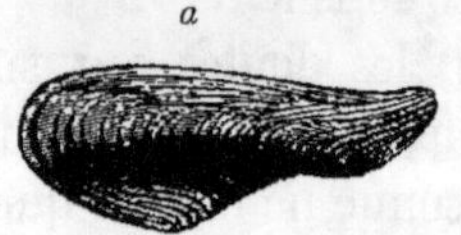

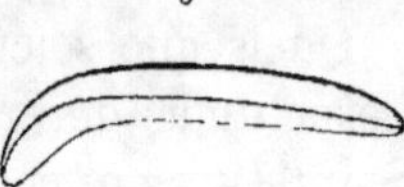

Fig. 471. — *Estheria* (*Posidonia*). Goldf. (*Posidonomya minuta*, Bronn.)

Fig. 472. — *a. Avicula socialis.* — *b.* La même, vue de côté, Coquille caractéristique du Muschelkalk.

aussi bien que dans les couches de Hallstadt ; mais on y observe un genre voisin de l'ammonite, le *Ceratites* de M. de Haan, dans lequel, les selles étant planes, les lobes descendants (*a, b, c,* fig. 470) se terminent par quelques petites dentelures

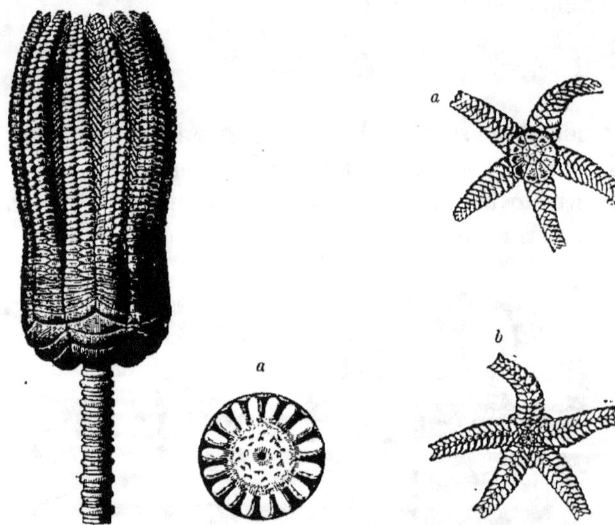

Fig. 473. — *Encrinus liliiformis*, Schlott. (Syn., *E. moniliformis.*) Le corps, les bras et portion de la tige. *a.* Coupe de la tige. Muschelkalk.

Fig. 474. — *Aspidura loricata*, Agass. *a.* Face supérieure. — *b.* Face inférieure. Muschelkalk.

dirigées à l'intérieur. Parmi les coquilles bivalves abonde la *Posidonia minuta*, Goldf. (*Estheria minuta*, Bronn, fig. 472); cette espèce est répandue à travers toute la série, c'est-à-dire dans le Keuper, le Muschelkalk et le Bunter-Sandstein ; l'*Avicula socialis* (fig. 472), coquille non moins largement distribuée, se trouve aussi en grand nombre dans le Muschelkalk en Allemagne, en France et en Pologne.

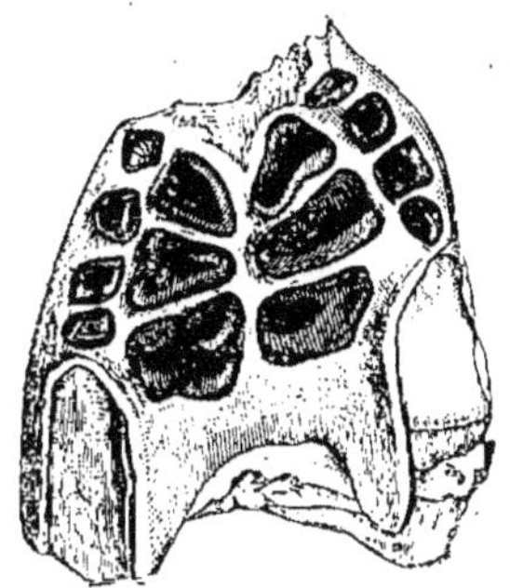

Fig. 475. — Dent palatine de *Placodus gigas*, Muschelkalk.

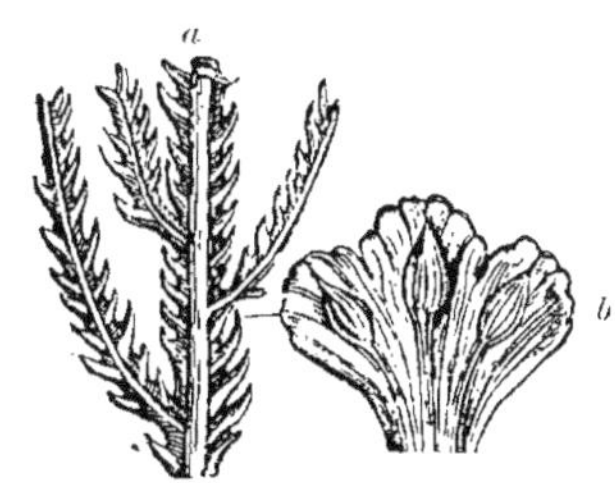

Fig. 476. — *a. Voltzia heterophylla.* (Syn., *Voltzia brevifolia.*) — *b.* Portion grossie pour montrer la fructification. Soultz-les-Bains, Bunter-Sandstein.

L'abondance des têtes et tiges de l'encrine-lis, *Encrinus liliiformis* (fig. 473), ou *Encrinites moniliformis*, montre la lenteur avec laquelle certains lits de ce calcaire se sont formés au sein des eaux claires et salées. L'étoile de mer, appelée *Aspidura loricata* (fig. 474), est également particulière au Muschelkalk. On a signalé dans la même formation le crane et les dents d'un reptile du genre *Placodus* (fig. 475), primitivement rapporté par le comte Münster, et plus tard par Agassiz, à la classe des poissons. Mais des échantillons plus complets ont permis au professeur Owen de montrer, en 1858, que ce fossile était un reptile Saurien, faisant probablement sa nourriture de mollusques à coquilles, et dont les dents courtes et plates, revêtues d'une épaisse couche d'émail, devaient lui servir à peser sur les coquilles et à les écraser (1).

BUNTER-SANDSTEIN.

Cette division consiste en grès diversement colorés, en

(1) Owen, *Phil. Trans.*, 1858, p. 169.

dolomie et argiles rouges, accompagnés, dans le Hartz principalement, de pisolites calcaires ou oolithes, le tout sur une épaisseur qui dépasse quelquefois 300 mètres. Suivant De Meyer, la présence du *Labyrinthodon* et d'autres fossiles ferait rentrer le grès des Vosges dans ce membre inférieur du groupe Triasique. A Soultz-les-Bains, près de Strasbourg, sur le versant des Vosges, on a extrait du Bunter un certain nombre de plantes, surtout des conifères du genre éteint *Voltzia*, particulier à cette période : la fructification même en a été conservée (fig. 476).

Sur trente espèces de fougères, cycadées, conifères et autres plantes que M. Ad. Brongniart a signalées en 1849 dans le *Grès Bigarré* ou Bunter, aucune n'appartient en même temps au Keuper (1). Cette différence, toutefois, peut s'expliquer jusqu'à un certain point par ce fait, que la flore du Bunter n'a guère été étudiée que dans un seul district aux environs de Strasbourg ; son caractère particulier pourrait donc être purement local.

Près de Hildburghausen en Saxe, à la surface supérieure des lits d'argile du Bunter, on a observé des empreintes en creux de pas d'un reptile (*Labyrinthodon*), et des empreintes correspondantes en relief à la face inférieure des grès qui les recouvrent. J'aurai l'occasion de revenir sur ce fait ; il atteste, aussi bien que les ondulations qui l'accompagnent d'ordinaire et les fendillements des argiles, le dépôt graduel des lits de cette formation au sein d'eaux peu profondes et quelquefois entre le niveau des marées.

GROUPE TRIASIQUE D'ANGLETERRE.

Le Trias ou série du nouveau grès rouge d'Angleterre est sous-divisé par le professeur Ramsay de la manière suivante :

(1) Tableau des Genres de Végétaux Fossiles (*Diction. univ.*, 1849).

Keuper.... { Koessen ou lits de Penarth (zone de l'*Avicula contorta*).
{ Nouvelle marne rouge, avec bandes de grès.
{ Marne et grès, blancs et bruns.

Bunter .... { Grès bigarré supérieur.
{ Conglomérat ou lits de galets.
{ Marbre bigarré inférieur.

Divers membres du groupe ci-dessus reposent, en divers points de l'Angleterre, presque sur tous les membres principaux des séries Paléozoïque, Cambrienne, Silurienne, Devonienne, Carbonifère et sur les roches Permiennes. Partout on rencontre des preuves de discordance, de contournement, d'exhaussement partiel du sol, et de vastes dénudations qu'auraient subies les roches plus anciennes avant et pendant le dépôt des couches successives appartenant au groupe du Nouveau Grès Rouge. Il a été constaté (p. 7, t. II) que, dans le sud-ouest de l'Angleterre, le Lias inférieur contenait près de sa base des couches caractérisées par l'*Ammonites planorbis*, sous lesquelles on rencontre quelquefois des lits à reptiles.

En descendant plus bas, sur la ligne de démarcation entre le Lias et le Trias, on trouve un calcaire couleur café-au-lait, Lias blanc de Smith, dépourvu ordinairement, mais pas toujours, de fossiles. M. Chas. Moore a récemment rapporté ce Lias blanc à ce qu'il appelle les couches Rhétiques (1), parce qu'elles sont largement développées dans les Alpes Rhétiennes, et qu'elles sont identiques avec les lits de Kœsen d'Allemagne (n° 1, p. 29, t. II). Les restes organiques d'origine marine qu'on observe dans ces dépôts près de Frome, dans le Somertsetshire, montrent qu'ils appartiennent au membre le plus élevé du Trias supérieur, dans lequel on rencontre les grès et schistes avec *Avicula contorta* (fig. 479), associés à d'autres coquilles fossiles de la même zone en Allemagne, en France et en Lombardie. Parmi les coquilles qui abondent le plus dans toutes ces contrées, on

____

(1) Moore, Rhætic Beds, *Quart. Geol. Journ.*, 1861, vol. XVII.

peut citer l'*Avicula*, déjà mentionnée (fig. 479), le *Cardium rhœticum* (fig. 477) et le *Pecten Valoniensis* (fig. 478).

 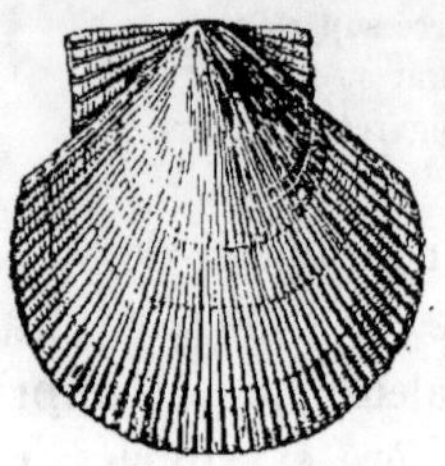 

Fig. 477. — *Cardium rhœti-cum*. Grandeur naturelle. Trias Supérieur.

Fig. 478. — *Pecten Valoniensis*, Dfr. Demi-grandeur naturelle. Portrush, Irlande, etc. Trias Supérieur.

Fig. 479. — *Avicula contorta*, Portlock, Portrush, Irlande, etc. Grandeur naturelle. Trias Supérieur.

Le membre principal de ce groupe a été appelé par le docteur Wright lit à *Avicula contorta* (1), cette coquille largement répandue en Europe se trouvant en abondance dans ce dépôt. Le général Portlock a décrit le premier cette formation, telle qu'on la rencontre à Portrush, dans le comté d'Antrim, où l'*Avicula contorta* est accompagnée du *Pecten Valoniensis*, comme en Allemagne. Les lits en question, bien que d'une épaisseur moyenne, sont déjà connus sous de nombreuses appellations synonymiques ; ainsi, outre les noms qu'ils ont reçus et que nous avons mentionnés (p. 29, t. II), outre la dénomination de *lit à ossements* qui leur a été donnée par plusieurs géologues, et celle de couches Rhétiques par M. C. Moore, ils ont été dernièrement appelés, par les ingénieurs royaux de la Grande-Bretagne, Lits de Penarth, de la localité de Penarth, près de Cardiff, dans le Glamorganshire, où ces couches se montrent d'une manière remarquable dans les falaises marines.

Dans les environs d'Axmouth, Devonshire, dans les falaises de Westburg sur la Severn, dans la localité d'Aust, et sur les bords de la Manche, on remarque dans les lits de schis-

(1) Dʳ Wright, *Sur le Lias et lit à ossements* (*Quart. Geol. Journ.*, 1860, vol. XVI).

tes noirâtres, une bande mince, membre de ce groupe, bien connu sous le nom de *brèche à ossements (bone-breccia)*. Cette brèche abonde en débris de sauriens et de poissons, et on l'avait d'abord considérée comme un membre plus inférieur du Lias; mais sir P. Egerton a prouvé, en 1841, qu'elle devait être rapportée au Nouveau Grès Rouge Supérieur, car elle contient un ensemble de poissons fossiles, les uns particuliers à la formation, les autres bien connus dans le Muschelkalk d'Allemagne. Ces poissons appartiennent aux genres *Acrodus*, *Hybodus*, *Gyrolepis* et *Saurichthys*.

Parmi les espèces communes au lit à ossements d'Angleterre et au Muschelkalk d'Allemagne, nous citerons les *Hybodus plicatilis* (fig. 480), *Saurichthys apicalis* (fig. 481),

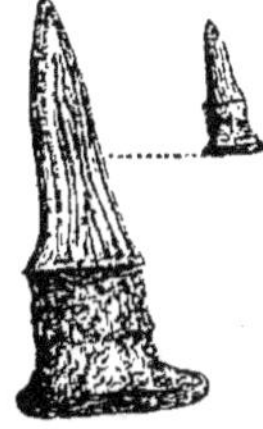

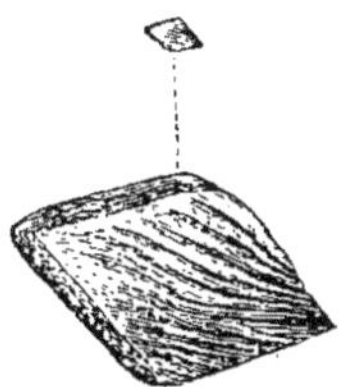

Fig. 480. — *Hybodus plicatilis*, dent. Lit à ossements, Aust et Axmouth.

Fig. 481. — *Saurichthys apicalis*, dent, grandeur naturelle, et la même grossie. Axmouth.

Fig. 482. — *Gyrolepis tenuistriatus*, écaille, grandeur naturelle, et la même grossie. Axmouth.

Gyrolepis tenuistriatus (fig. 482) et *G. Albertii*. On trouve aussi dans le lit à ossements des restes de sauriens, entre autres de *Plesiosaurus*, et des plaques d'une espèce d'encrine.

Dans certaines marnes grises et dures sous-jacentes au lit à ossements, M. Darwin a trouvé, en 1863, près de Watchett, sur la côte du Somertsetshire, la molaire à double racine d'un fossile mammifère de la famille des *Microlestes*. M. Chas. Moore avait découvert auparavant, près de Frome, Somertsetshire, vingt-sept dents de mammifères de la même famille, dans les matériaux remplissant une fissure verticale qui traversait une masse de calcaire charbonneux. Le sommet de cette fissure a dû communiquer avec la couche de la mer Triasique et probablement en un point peu éloigné de l'ancien rivage, sur lequel abondaient les petits marsupiaux de cette époque.

Les couches de marne rouge et verte qui suivent le lit à ossements, dans l'ordre descendant, à Axmouth et à Aust, sont dépourvues de débris organiques ; il en est de même, ou à peu près, des lits correspondants dans presque toute l'Angleterre. Mais on a rencontré des fossiles en quelques localités du Worcestershire et du Warwickshire, au sein des grès de la même formation ; parmi ces fossiles, on distingue la coquille bivalve, *Posidonia minuta*, Gold., déjà mentionnée (fig. 471 p. 34, t. II).

Le membre du Nouveau Grès Rouge d'Angleterre qui contient cette coquille, mesure, suivant MM. Murchison et Strickland, 180 mètres d'épaisseur, et consiste principalement en marnes et schistes rouges, avec une bande de grès. Les deux géologues ont observé au sein des mêmes couches (1) des ichthyodorulites ou épines d'*Hybodus,* des dents de poissons et des empreintes de reptiles ; on a trouvé aussi dans cette portion du Trias, à Grinsel près Shrewsbury, des débris d'un saurien appelé *Rhynchosaurus.*

Dans le Cheshire et le Lancashire, les argiles et schistes rouges, gypseux et salifères du Trias ont de 300 à 450 mètres d'épaisseur. En quelques endroits sont intercalées, dans les lits argileux, des masses lenticulaires de sel gemme dont nous expliquerons plus tard l'origine.

La division inférieure qui représente le *Bunter* en Angleterre atteint une puissance de 180 mètres dans les comtés mentionnés ci-dessus. Outre les schistes rouges et verts et les grès rouges, elle comprend certains grès quartzeux, blancs, très-friables, dans lesquels, à Allesley Hill près de Coventry, on a rencontré des troncs d'arbres silicifiés. Plusieurs de ces troncs avaient 45 centimètres de diamètre et quelques mètres de long ; ils offraient nettement le caractère

(1) *Geol. Trans.*, 2e sér., vol. V, p. 318, etc.

de conifères, et l'on y distinguait les anneaux d'accroissement annuel (1). On a découvert aussi des empreintes de pas d'animaux sur les couches de cette formation, dans le Lancashire et le Cheshire. Quelques-unes des plus remarquables ont été observées dans les grès quartzeux blanchâtres de Storton Hill, à quelques kilomètres de Liverpool, sur la rive droite de la Mersey. Elles offrent la plus grande ressemblance avec celles qu'on avait déjà observées dans une roche du Nouveau Grès Rouge Supérieur, au village de Hesseberg, près de Hildburghausen, en Saxe. Depuis longtemps on avait rapporté celles-ci à un grand quadrupède inconnu que le professeur Kaup a provisoirement nommé *Cheirotherium*, parce que les traces des pieds de derrière et des pieds de devant ont de la ressemblance avec celles que laisserait une main d'homme (fig. 483). Les empreintes à Hesseberg sont, les unes en creux, et les autres en relief ; les premières existent à la surface supérieure des dalles de grès, les dernières à la surface inférieure, et celles-ci se sont formées dans les dépressions sous-jacentes, comme dans des sortes de moules naturels. Les empreintes les plus considérables paraissent avoir été laissées par les pieds de derrière ; elles mesurent généralement 20 centimètres de long et 12 centimètres de large ; l'une d'elles est longue de 30 centimètres. En avant

Fɪɢ 483. — Une empreinte de pas de *Chertotherium*. Bunter-Sandstein. Saxe. Un huitième de grandeur naturelle.

  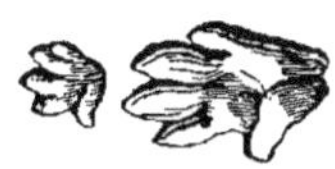

Fɪɢ. 484. — Piste sur une plaque de grès. Hildburghausen en Saxe.

de chacune des plus larges, à une distance régulière de 4 à

(1) Buckland, *Proc. Geol. Soc.*, vol. II, p. 439. — Murchison et Strickland, *Geol. Trans.*, 2ᵉ série, vol. V, p. 347.

5 centimètres, on remarque une petite trace du pied de devant qui mesure environ 10 centimètres de long et 7 centimètres de large. Les pas se suivent par paires ; chacun d'eux présente le gros orteil alternativement à droite et à gauche, et compte cinq doigts, dont le premier ou l'orteil est courbé en dedans comme un pouce. Bien que les pieds de devant et de derrière diffèrent beaucoup en grosseur, ils sont cependant presque semblables pour la forme.

Des empreintes pareilles, observées plus tard dans une roche du même âge à Storton Hill, existaient sur cinq lits minces d'argile superposés dans une seule carrière, et séparés par des lits de grès. A la surface inférieure de ceux-ci les empreintes étaient en relief et très-saillantes ; elles fournissaient des modèles exacts du pied, des doigts et des ongles de l'animal qui avait marché sur l'argile. Sur les mêmes surfaces, M. Cunningham a signalé, en 1839, des traces très-distinctes de gouttes de pluie.

Comme nulle part encore, en Allemagne ni en Angleterre, on n'a rencontré des os ou des dents au sein de couches identiques avec celles où se trouvent les traces de pas, les anatomistes se sont livrés pendant plusieurs années à diverses conjectures sur la nature des mystérieux animaux qui devaient les avoir produites. Le professeur Kaup inclinait à croire que le quadrupède inconnu devait se rapprocher beaucoup des *Marsupiaux ;* en effet, dans le kangouroo, le premier doigt, ou orteil du pied de devant, est oblique aux autres doigts comme un pouce, et la disproportion entre les pieds de devant et ceux de derrière est considérable. D'un autre côté, M. Link a supposé que, sur les quatre espèces d'animaux dont on a observé les traces en Saxe, quelques-uns étaient des *Batraciens* gigantesques. Enfin le docteur Buckland a cru devoir attribuer certaines empreintes à un petit animal à pied palmé, probablement de la famille des crocodiliens.

Cependant différents naturalistes de Liverpool déclarèrent, dans leurs rapports sur les carrières de Storton, que, suivant leur opinion, chacun des lits minces d'argile, sur lesquels le grès s'était modelé, avait constitué successivement au-dessus de l'eau une surface sur laquelle le *Cheirotherium* et d'autres animaux avaient marché, laissant après eux des empreintes ; et qu'ensuite chaque lit avait été submergé, par suite d'un abaissement de la surface, de manière à former autant de berges successives, sur lesquelles les animaux imprimèrent des traces nouvelles de leur marche. L'existence et le retour des ondulations à différents niveaux dans le grès rouge du Cheshire s'expliquent de la même manière. On a remarqué également que des empreintes aussi profondes et aussi nettes n'avaient pu être tracées que par des animaux marchant sur un sol découvert, car le poids de leur corps n'eût pas été suffisant pour les produire au fond des eaux. Ces animaux étaient donc organisés pour respirer dans l'air.

La question en était à ce point lorsque M. Owen se mit à examiner avec soin les débris de reptiles découverts dans le Trias en Allemagne et en Angleterre. Se fondant sur l'examen microscopique, il établit qu'aucune des dents provenant du grès dit Keuper en Allemagne, ou du grès de Warwick et de Leamington (fig. 485), ne pouvait être attribuée à de véritables sauriens, bien que Jäger leur eût donné les noms de *Mastodonsaurus* et de *Phytosaurus*. Elles lui parurent plutôt appartenir à des *Batraciens*, de dimensions gigantesques comparativement à celles des animaux de ce genre qui vivent aujourd'hui. Ces dents ont montré une structure

Fig. 485.— Dent de *Labyrinthodon*, grandeur naturelle. Grès de Warwick.

très-compliquée et très-différente de tout ce qu'on observe chez les reptiles vivants ou fossiles ; elles se rapprochent cependant beaucoup plus des Ichthyosaures que de tout autre saurien. La section transversale d'une de ces dents offre une série de plis irréguliers ressemblant aux circonvolutions de la surface du cerveau, et, d'après ce caractère, M. Owen a proposé pour ce nouveau genre le nom de *Labyrinthodon*. La figure 486, qui représente une portion de la dent, est tirée de l'*Odontographie* d'Owen, pl. LXIV, A. La longueur totale de l'organe osseux pouvait être de 9 centimètres, et sa largeur, à la base, de 4 centimètres.

Dès qu'il eut constaté par les caractères du crâne, des mâchoires et des dents, l'existence d'un *Batracien* gigantesque à l'époque du Trias ou Nouveau Grès Rouge Supérieur,

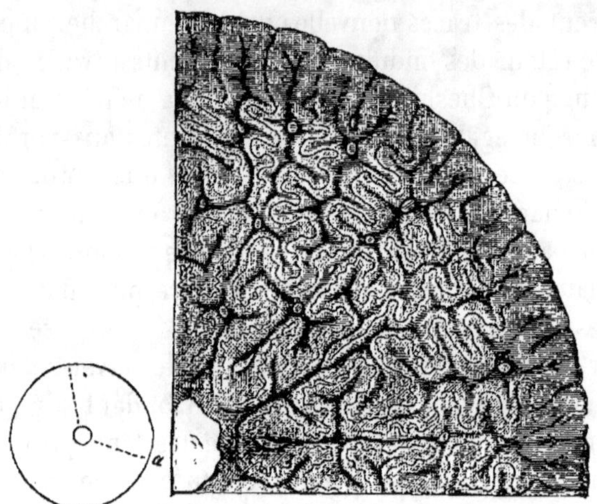

Fig. 486. — Coupe transversale d'une dent de *Labyrinthodon Jaegeri*, Owen (*Mastodonsaurus Jaegeri*, Meyer), grandeur naturelle, et un segment grossi. *a*. Cavité d'où partent la pulpe et les rudiments de la dent.

M. Owen ne tarda pas à distinguer, par l'examen de différents os tirés de la même formation, trois espèces de *Labyrinthodon*, et à découvrir, que, dans ce genre, les extrémités postérieures étaient beaucoup plus grosses que les antérieures. Cette circonstance, associée au fait de l'existence du *Labyrinthodon* à l'époque de la production des empreintes du *Cheirotherium*, fit faire le premier pas vers l'identification de cet animal avec le Batracien nouvellement découvert. Vers cette époque aussi on remarqua que les empreintes attribuées au *Cheirotherium* ressemblaient beaucoup plus à celles des crapauds qu'à celles d'aucun autre animal vivant ; en dernier lieu, il fut constaté que la taille des trois espèces de *Labyrinthodon* correspondait aux trois grandeurs d'empreintes que l'on avait déjà antérieurement rapportées à trois espèces distinctes de *Cheirotherium*. De plus, d'après la structure des fosses nasales dont les ouvertures postérieures étaient situées derrière la bouche au lieu de l'être directement sous les narines antérieures ou externes, on établit avec certitude que le *Labyrinthodon* avait été un reptile à respiration aérienne. L'animal a dû respirer comme les sauriens, et par conséquent laisser sur la plage à sec ces traces de pas qui n'ont pu, nous l'avons dit, être produites par un animal marchant sous l'eau.

Il est vrai que la structure du pied nous manque encore, et que pour la démonstration il nous faudrait un squelette complet. Nous avons cependant des raisons suffisantes pour admettre que le *Cheirotherium* et le *Labyrinthodon* n'étaient qu'un seul et même animal.

Conglomérat dolomitique de Bristol. — Aux environs de Bristol, dans le Somertsetshire, et dans d'autres comtés, le long des bords de la Severn, on observe des couches discordantes qui reposent immédiatement sur le terrain houiller, et consistent en un conglomérat appelé *Dolomitique,* parce que les galets de roches anciennes qui le constituent sont cimentés par une pâte rouge ou jaune de dolomie, c'est-à-dire de calcaire magnésien. Ce conglomérat ou brèche existe par lambeaux sur les collines qui environnent Bristol ; sur les flancs de ces collines il remplit les creux et irrégularités du calcaire de montagne du vieux grès rouge, de la pierre meulière (*grit Millstone*), et se compose principalement des débris de la roche sur laquelle il repose immédiatement. Les fragments empâtés sont arrondis et anguleux ; quelques-uns sont d'une grosseur considérable, surtout ceux de la pierre meulière, qui pèsent près d'une tonne. En tel endroit on rencontre des morceaux de schiste houiller, en tel autre des portions de calcaire de montagne que l'on reconnaît à ses coquilles et à ses zoophytes particuliers. Quelques ossements fracturés et des dents de Sauriens contemporains du dépôt sont aussi dispersés dans certaines portions de la brèche.

Ces Sauriens se distinguent tous en ce que leurs dents sont profondément implantées dans l'os de la mâchoire et dans des alvéoles distincts, au lieu d'être soudées, comme chez les grenouilles à un simple bourrelet alvéolaire. Dans le

Dents de Sauriens. Conglomérat dolomitique ; Redland, près de Bristol.

FIG. 487. — Dent de *Palæosaurus platyodon*.   FIG. 488. — Dent de *Thecodontosaurus*.
Grandeur naturelle.   Grossissement triple.

conglomérat dolomitique des environs de Bristol, on a signalé des débris de deux genres que le docteur Riley et M. Stuchbury (1) ont appelés *Thecodontosaurus* et *Palæosaurus*. Les dents, chez ces deux reptiles, sont coniques, comprimées, et ont leurs bords finement dentelés (fig. 487 et 488).

MM. Conybeare et Buckland rapportent les couches contenant ces sauriens, longtemps seuls représentants connus dans les roches Britanniques de cette classe de reptiles, à la période du calcaire magnésien ou partie la plus inférieure de la série Poïkilitique ; mais sir Henri de la Bèche a fait voir, plus tard, que la position isolée de cette brèche fossilifère permettait difficilement de déterminer exactement la portion de la série Poïkilitique à laquelle elle appartenait (2). Plus récemment, nos ingénieurs du Gouvernement se sont convaincus que la brèche est de l'âge triasique, et qu'elle se rapporte probablement à la base du Keuper.

(1) *Geol. Trans.* 2e série, vol. **V.** p. 349, pl. 29, fig. 2 et 5.
(2) *Memoirs of geol. survey of Great-Britain,* vol. I, p. 268.

ORIGINE DU GRÈS ROUGE ET DU SEL GEMME.

Nous avons vu qu'en différents points du globe on observe des argiles et grès rouges et bigarrés, appartenant à plusieurs époques géologiques distinctes, associés à du sel gemme, à du gypse, à du calcaire magnésien, tantôt à une seule de ces substances, tantôt à toutes à la fois. Il faut donc presque nécessairement reconnaître une cause générale à une telle coïncidence. N'oublions pas, néanmoins, qu'on rencontre sur des épaisseurs de plusieurs milliers de mètres, et sur de vastes étendues horizontales, des masses puissantes de grès et argiles rouges et bigarrés, tout à fait dépourvues de matières salines ou gypseuses. Il existe aussi des dépôts de gypse et de chlorure de sodium, comme dans la formation d'argile bleue de Sicile, où l'on n'observe aucune trace de grès rouge ou d'argile rouge.

Pour se rendre compte des dépôts de limon et sables rouges, on n'a qu'à supposer une désagrégation des schistes cristallins ordinaires ou métamorphiques. Dans la partie orientale des Grampians d'Écosse, au nord du Forfarshire, les montagnes de gneiss, de micaschiste et de schiste argileux sont recouvertes par un alluvium dérivant de la décomposition de ces roches ; le détritus est teint par l'oxyde de fer, précisément de la même couleur que le Vieux Grès Rouge des Lowlands (basses terres) du voisinage. Il suffirait que cet alluvium fût entraîné à la mer ou dans un lac pour qu'il formât des couches de grès ou de limon rouges, absolument semblables aux massifs du *Vieux* et du *Nouveau Grès Rouge* de l'Angleterre, ou aux dépôts tertiaires de l'Auvergne (tome I, p. 358), formations que leurs caractères lithologiques seraient impuissants à faire distinguer. Les galets de gneiss, dans le Grès Rouge Éocène d'Auvergne, portent clairement le caractère des roches dont ils proviennent. La matière colorante rougé a peut-être été fournie, comme dans les Grampians, par la décomposition du Hornblende ou du Mica, qui contiennent de l'oxyde de fer en grande proportion.

Un fait général, dont on n'a pu jusqu'ici rendre compte, c'est qu'on rencontre rarement des débris fossiles dans les roches stratifiées où l'oxyde de fer abonde ; et, si l'on trouve des fossiles dans l'Ancien ou le Nouveau Grès Rouge d'Angleterre, c'est ordinairement dans les couches grises et calcaires.

Le gypse et la matière saline qui sont parfois stratifiés avec des argiles et des grès rouges des différents âges, primaire, secondaire, tertiaire, ont été considérés par quelques géologues comme étant d'origine volcanique. Souvent on remarque que, sous la mer et à la surface du sol, dans les régions exposées aux tremblements de terre et aux volcans, à une distance considérable des points actuellement en éruption, il se dégage des vapeurs chargées de soufre, de combinaisons sulfureuses et de sel commun ou chlorure de sodium. Ces *solfatares* sont en réalité des sortes de soupiraux par lesquels tous les produits qui s'échappent, à l'état sublimé, des cratères actifs, trouvent un passage de l'intérieur de la terre à sa surface. Il est parfaitement constaté que de semblables émanations gazeuses et des sources minérales imprégnées des mêmes matières, possédant souvent une chaleur intense , continuent de se produire pendant des siècles sans changer de composition ni de température. Mais, avant de décider si ces causes ont pu réellement produire, pendant la suite des temps, des couches de gypse, de sel et de dolomie, il faut mieux connaître les changements chimiques qui ont lieu aujourd'hui au sein des mers où s'opère l'action volcanique.

Une autre hypothèse dont l'examen ne serait pas non plus sans intérêt, est celle qui attribue la précipitation du sel à l'évaporation, soit de lacs à l'intérieur des terres, soit de lagunes (*lagoons*) qui communiquaient avec l'Océan.

A Northwich, dans le Cheshire, le Trias Supérieur ou Keuper offre deux couches salines, en grande partie exemptes

de matières terreuses, atteignent une puissance de 30 mètres. La surface supérieure de la couche la plus élevée est
très-inégale et forme des cônes et des figures irrégulières.
Entre les deux masses intervient un lit d'argile dure, traversé par des veines de sel. La couche la plus élevée s'amincit vers le Sud-Ouest, et perd 4 mètres de son épaisseur sur
un parcours d'un kilomètre et demi (1). L'étendue horizontale de ces masses particulières dans le Lancashire et le
Cheshire n'est pas exactement connue, mais on suppose que le
terrain qui contient les argiles et grès salifères occupe une
surface de plus de 200 kilomètres de côté. M. Ormerod n'é-
value l'épaisseur totale du Trias de la même région qu'à
520 mètres environ. Les grès ondulés, ainsi que les empreintes de pas d'animaux, se rencontrent à tant de niveaux
différents, que l'on peut affirmer en toute certitude que le
terrain dans son étendue totale a subi une dépression lente
et graduelle pendant la formation du Grès Rouge. La consta-
tation d'un semblable mouvement, complétement indépendant de la présence du sel même, est d'une haute importance pour la théorie dont il s'agit en ce moment.

J'ai publié dans les *Principes de Géologie* (chapitre XXVII)
une carte qui m'a été communiquée par feu sir Alexandre
Burnes, de ce pays singulier que l'on nomme le Runn de
Cutch, voisin du delta de l'Indus, et qui n'a pas moins de
11,000 kilomètres carrés, c'est-à-dire une étendue égale à
un quart de l'Irlande. Le pays n'est, à proprement parler, ni
une mer ni une terre : il est à sec pendant une partie de
l'année, et recouvert d'eau salée pendant les moussons.
Quelques points sont, à de longs intervalles, exposés aux
inondations du fleuve. Il ne croît pas d'herbe à la surface du
sol, mais çà et là on rencontre, sur une épaisseur de 25 millimètres environ, des incrustations de sel qui se sont produites par l'évaporation des eaux de la mer. Certains endroits
se sont transformés complétement en terre ferme par suite

____

(1) Ormerod, *Quart. Geol. Journ.*, 1848, vol. IV, p. 277.

d'exhaussements produits par des tremblements de terre survenus depuis le commencement du siècle actuel. Sur d'autres points, les limites du Runn ont reculé par suite d'affaissements. On ne saurait contester que dans une pareille contrée des bancs de sel ne puissent s'amonceler sur des milliers de kilomètres carrés. L'Océan est pour la production du sel une source aussi inépuisable que le soleil une source de chaleur pour l'évaporation. La seule condition nécessaire pour la formation d'une grande épaisseur de sel sur une surface aussi étendue, serait la continuation du mouvement d'abaissement pendant une période de longue durée, la contrée ne cessant pas de conserver un niveau à peu près horizontal. Le sel pur ne pourrait toutefois se déposer que dans le centre des bassins, sur les points où les vents n'apporteraient point de sable et les courants point de sédiment. Si l'affaissement du terrain venait à s'accélérer au point de laisser un libre accès aux eaux de la mer, tout ce qui pourrait en résulter serait une suppression temporaire de la précipitation du sel ; d'un autre côté, si le terrain venait à se dessécher, des sables ondulés et des empreintes de pas d'animaux se formeraient peut-être là où le sel aurait été primitivement accumulé. L'épaisseur du sel et des lits de boue et de sable qui l'accompagnent ne dépendrait donc que d'une question de temps, et n'exigerait que la répétition d'opérations semblables.

M. Hugues Miller, dans une intéressante dissertation sur ce sujet, emprunte aux voyages de Parrot à Ararat, en 1836, un passage relatif aux lacs salés de l'Asie. Dans plusieurs de ces lacs, à l'ouest de la rivière Manech, « l'eau, pendant la saison des grandes chaleurs, se couvre d'une croûte de sel d'environ 25 millimètres d'épaisseur, que l'on enlève avec des pelles. La cristallisation du sel s'effectue par l'évaporation rapide que détermine la chaleur du soleil, dans une eau déjà sursaturée de chlorure de sodium ; le lac est d'ailleurs si peu profond, que les petits bateaux en touchent le fond et y tracent un sillon en passant, de telle sorte qu'on

peut le considérer comme un bassin d'une énorme étendue,
dans lequel la salure acquiert facilement le degré de con-
centration voulu. »

Un autre voyageur, le major Harris, dans son ouvrage intitulé *Hautes Terres de l'Éthiopie* (*Highlands of Ethiopia*),
décrit un lac d'eau salée nommé le Bahr Assal. Ce ac,
situé près des confins de l'Abyssinie, et qui formait autrefois le prolongement du golfe de Tadjara, en a été séparé
depuis soit par une large coulée de lave volcanique, soit par
un exhaussement partiel du sol à la suite d'un tremblement
de terre. « Ne recevant aucune rivière, exposé sous un climat brûlant aux rayons ardents et continus du soleil, le lac
Bahr Assal présente aujourd'hui la forme d'un bassin elliptique, mesurant 11 kilomètres en travers, rempli à moitié
d'une eau limpide et d'un bleu d'azur, et pour l'autre moitié,
d'une croûte solide d'un sel blanc comme la neige, résultat
de l'évaporation. » « Si nous supposons, dit M. Miller, qu'au
lieu d'une barrière de lave, des barres de sable se fussent
accumulées, par les ressacs, sur une côte plate composée
de sable, pendant que la surface s'abaissait avec lenteur et
uniformité, les eaux du dehors auraient pu faire irruption
par-dessus les barres, et apporter avec elles une nouvelle
quantité de salure après l'épuisement du premier véhicule
opéré par l'effet de l'évaporation (1). »

Nous pouvons ajouter que l'imprégnation permanente,
par le sel, des eaux d'un vaste bassin peu profond, imprégnation portée au delà des proportions qui sont habituelles
à l'Océan, rendrait ce bassin inhabitable aux mollusques et
aux poissons : tel est le cas de la mer Morte. En outre, le
chlorure de sodium resterait en excès dans un tel bassin,
quand même la mer y ferait de fréquentes irruptions. Si le
dépôt salin venait à être submergé, il serait possible, comme
nous l'avons vu par ce qui a lieu dans le Runn de Cutch,
qu'il fût recouvert par une formation d'eau douce renfermant

____

(1) H. Miller, *First Impressions of England*, 1847, pp. 183, 214.

des débris organiques fluviatiles. On peut expliquer ainsi l'anomalie apparente de couches de sel marin et d'argiles dépourvues de fossiles marins, alternant avec d'autres couches d'origine d'eau douce.

Dans une communication récemment faite à la Société Géographique de Bombay, le docteur G. Buist s'est demandé comment le degré de salure de la mer Rouge ne dépassait pas de plus d'un dixième pour cent celui de l'Océan. Elle ne reçoit des eaux que des détroits de Bab-el-Mandeb, et, sur une longueur de côtes de plus de 6,400 kilomètres, il n'existe pas un seul ruisseau ou ruisselet se jetant à la mer. Toute la contrée environnante est excessivement stérile et aride; ce sont en grande partie des déserts brûlants. D'après l'évaporation constatée dans la mer même, M. le docteur Buist a calculé que plus de $2^m,50$ d'eau pure étaient enlevés annuellement à la surface, ce qui fait probablement la centième partie de son volume total. La mer Rouge doit donc augmenter de 1 pour 100 annuellement en éléments salins ; et comme ceux-ci représentent 4 pour 100 en poids, ou $2\frac{1}{2}$ pour 100 en volume de la masse entière, si l'on suppose à la mer une profondeur moyenne de 245 mètres, supposition fondée sur toutes les probabilités, il faudra moins de 3,000 ans pour sa conversion en masse solide de sel (1). La mer Rouge reçoit-elle de l'Océan, par les détroits de Bab-el-Mandeb, une quantité d'eau suffisante pour balancer la perte qui résulte de l'évaporation ? Existe-t-il un courant sous-marin d'eau salée plus pesante qui emporte le sel produit annuellement ? S'il n'en est pas ainsi, que devient l'excès de sel ? Les marins pourraient peut-être par des recherches à ce sujet mettre le géologue à même de formuler une véritable théorie sur l'origine du sel gemme.

(1) Buist, *Trans. of Bombay Geogr. Soc.*, 1850, vol. IX, p. 38.

TRIAS DES ÉTATS-UNIS.

Bassin houiller de Richmond, Virginie. — On connaît, en Russie et sur les bords de l'Atlantique aux États-Unis, de grandes étendues de pays où manquent à la fois tous les membres de la série oolitique. Néanmoins, en Virginie, à 20 kilomètres Est environ de Richmond, capitale de cet État, on rencontre, dans une dépression des roches granitiques (voir la coupe, fig. 489), un bassin houiller régu-

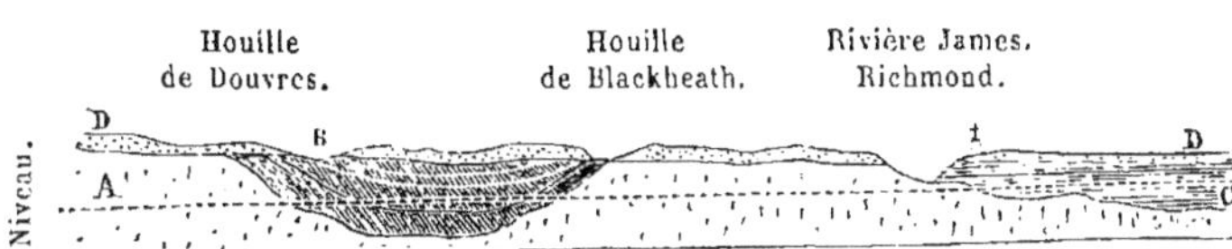

Fɪɢ. 489. — Coupe montrant la position géologique du Bassin houiller de la rivière James, ou Bassin de l'Est-Virginie.
A. Granit, gneis, etc. — B. Étage houiller. — C. Couches tertiaires.
D. Drift, ou *alluvium ancien.*

lier d'une étendue de 41 kilomètres du Nord au Sud, et de 6 à 18 kilomètres de l'Est à l'Ouest; M. Rogers a dès le principe rapporté ces couches à la partie inférieure du groupe Jurassique. Plus tard, j'ai pu confirmer son opinion par une nombreuse collection de fossiles, plantes, poissons et coquilles, que j'y ai recueillis, et par l'examen attentif du bassin lui-même sur toute son étendue. Les plantes y sont principalement des Zamites, Calamites, Equisetum et Fougères ; les Equisetum s'y montrent communément en position verticale, et sont plus ou moins comprimées. Il est clair qu'elles ont crû sur la place même où on les rencontre aujourd'hui, au sein de couches dures de sable et de limon. Je les ai observées, conservant cette position verticale, sur des points éloignés de plusieurs kilomètres les uns des autres, parmi des couches les unes supérieures aux lits de houille, et les autres intercalées dans ces mêmes lits. Pour expliquer ce fait, il faut admettre que les schistes argileux et les grès se sont accumulés graduellement pendant un abaissement lent et prolongé de la contrée entière.

Il est à remarquer que l'*Equisetum columnare* de ces roches de Virginie ne paraît pas différer des espèces que l'on rencontre dans les grès oolitiques des environs de Whitby, Yorkshire, en position également verticale. L'une des fougères fossiles de Virginie, le *Pecopteris Whitbyensis* est considérée comme une espèce commune aux Oolites du Yorkshire, quoique le professeur Heer doute de cette identité (1).

Dans tous les cas le professeur Heer considère ces plantes comme ayant une intime affinité avec celles du Keuper européen. Lorsque sir Charles Bunbury les compara, en 1847, aux plantes fossiles de Neueweld près Basle, et à d'autres roches à végétaux près de Baireuth, il supposa, ainsi que l'avait fait Unger avant lui, que ces localités étaient Liasiques, tandis que les géologues les ont rapportées plus tard à la période du Trias Supérieur.

Les poissons fossiles des couches de Richmond sont des Ganoïdes, quelques-uns du genre *Catopterus*, d'autres appartiennent au genre liasique *Tetragonolepis* (Æchmodus)

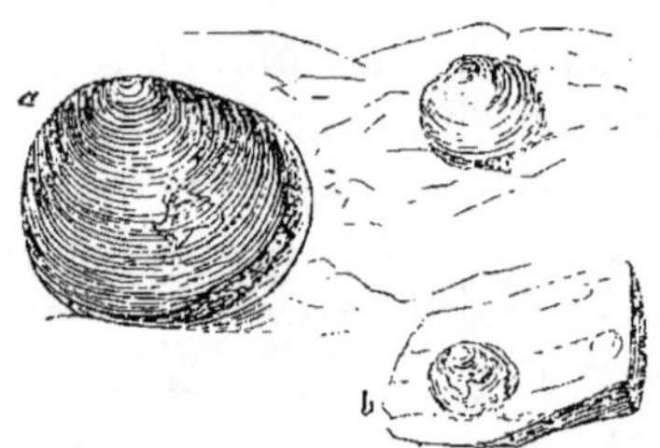

Fig. 490. — *a Estheria ovata.* — *b.* Jeune sujet de la même coquille. Schiste houiller, oolitique, de Richmond, Virginie.

voir fig. 452 — p. 9, t. II. Les mollusques fossiles y sont très-rares, comme cela est d'ordinaire dans tout dépôt qui contient de la houille ; mais on rencontre deux espèces

(1) Voyez la description du bassin houiller par l'auteur, et celle des plantes par C. J, . Bunbury, Esq. Quart. Geol. Journ., vol. III. p. 281.

d'*Entomostraca* appelés *Estheria*, en telle profusion dans
quelques-uns du lit schisteux, que ceux-ci se divisent en
feuillets comme les lits de schiste micacé (fig 490).

Ce terrain houiller de Virginie se compose de grès grossier (*grit*), de grès ordinaire et de schiste, tout à fait semblables à ceux des terrains de date plus ancienne ou primaire d'Amérique et d'Europe ; il égale, s'il ne surpasse
pas ces derniers, quant à la richesse et à la puissance des
lits de houille. Le principal de ces lits a, sur quelques points,
9 à 12 mètres d'épaisseur ; il est formé de houille pure,
bitumineuse. Dans un puits de 245 mètres de profondeur des
mines de Blackheath, comté de Chesterfield, j'ai vu moi-
même une cavité de plus de 12 mètres de haut qui avait été
laissée par l'extraction de ce combustible. De gros et forts
madriers étayaient la voûte, mais on voyait que ceux-ci flé-
chissaient sous le poids de la charge. La houille égale en
qualité les meilleurs produits de Newcastle ; à l'analyse, elle
donne les mêmes proportions de carbone et d'hydrogène. Ce
fait est digne de remarque si l'on prend garde que cette
houille dérive d'un assemblage de plantes, spécifiquement et
souvent même génériquement très-différentes de celles qui
ont contribué à la production de la houille ancienne ou paléozoïque.

**Nouveau Grès Rouge de la vallée du Connec-
ticut.** — Une dépression des roches granitiques ou hypogènes, dans les États de Massachusetts et de Connecticut, est
occupée par des couches de grès rouge, de schiste argileux et
de conglomérat qui s'étendent sur une longueur de plus de
240 kilomètres du Nord au Sud, et sur une largeur de 8 à
16 kilomètres ; ces couches plongent à l'Est sous des angles
qui varient de 5 à 50 degrés. L'inclinaison maximum de
50 degrés est rare : on ne l'a observée que dans le voisinage
de masses de trapp qui ont pénétré dans le Grès Rouge à l'é-
poque où celui-ci s'accumulait, ou avant que ses portions les
plus nouvelles eussent été déposées. J'ai eu l'occasion d'examiner cette série en plusieurs localités, et j'ai pu me con-

vaincre que les roches ont été formées dans des eaux peu
profondes et généralement près du bord, puisque certaines
d'entre elles ont été soumises de temps à autre à des mouvements d'élévation, et conséquemment mises à sec, tandis
qu'une série nouvelle, composée de sédiments semblables,
était en voie de formation. Des plaques de grès rouge à
minces feuillets sont souvent ondulées, et montrent à leur
face inférieure les moules en relief des fissures produites
dans les schistes rouges et verts sous-jacents. Ces derniers
ont dû se fissurer par le retrait et par la dessiccation,
avant que le sable vînt à les recouvrir. Quelques-uns de
ceux dont la texture est la plus fine montrent des empreintes de gouttes de pluie ; des moules en relief de
celles-ci existent sur les grès argileux qui recouvrent les
schistes. Après avoir observé de semblables traces produites par la pluie à une époque qui m'était connue, sur le
limon rouge récent de la baie de Fundy, et des moules en
relief correspondants sur les lits de limon desséché que les
marées subséquentes avaient apportés (1), je n'ai plus conservé aucun doute sur l'origine d'un certain nombre des
anciennes empreintes du Connecticut. J'ai vu aussi sur les
mêmes limons de la baie de Fundy, des impressions de pas
d'oiseaux (*Tringa minuta*) qui courent journellement aux
basses eaux sur les bords de cet estuaire ; je les ai décrites
dans mes voyages (2). On rencontre aujourd'hui sur les
rives du Connecticut des limons rouges semblables, mais
endurcis et comprimés en schistes, lesquels ont conservé
fidèlement en creux et en relief, les empreintes des pieds de
nombreux oiseaux et reptiles qui parcoururent leur surface à
l'époque de la formation du dépôt, probablement durant la
période du Trias.

Suivant M. Hitchcock, on aurait déjà distingué dans ces
roches les empreintes de plus de trente-deux espèces de
bipèdes et de douze espèces de quadrupèdes. Sur ce nombre,

(1) *Principes de Géologie*, 9e édition, p. 203.
(2) *Travels in North. Amer.*, vol. II, p. 168.

trente espèces auraient été des oiseaux, quatre des lézards, deux des chéloniens, et six des batraciens. On a rencontré des traces du même genre dans plus de vingt localités différentes, sur une étendue de près de 120 kilomètres du Nord au Sud ; elles se reproduisent à travers une succession de couches qui dépasse sur quelques points 300 mètres d'épaisseur, et dont l'accumulation a dû, par conséquent, exiger des milliers d'années (1).

Une certaine méfiance bien naturelle s'attache à tout ce qui concerne les empreintes fossiles ; il ne sera peut-être pas hors de propos d'énumérer quelques-uns des faits relatifs à celles que les géologues ont pu admettre avec le plus de certitude. Lorsque, pour la prémière fois, en 1842, je visitai les États-Unis, M. le professeur Hitchcock avait déjà observé, dans le district dont j'ai parlé, plus de deux mille empreintes de cette nature, et toutes s'étaient montrées sur la surface supérieure des couches, tandis que les reliefs correspondants existaient à la surface inférieure. Si l'on suit une ligne déterminée d'empreintes, on remarque que celles-ci sont de grandeur uniforme et presque également espacées, l'orteil de deux empreintes successives se dirigeant alternativement à droite et à gauche (fig. 491). Une ligne seule indique un

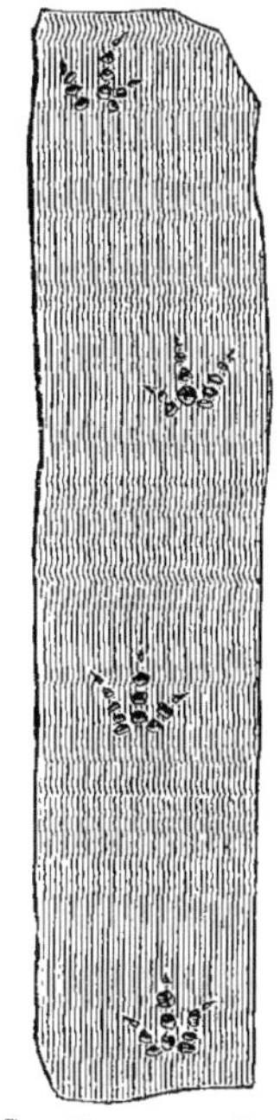

Fig. 491.—Empreintes de pas d'oiseau, Turner's Falls, vallée du Connecticut. (Voyez Dr Dean, *Mem. of Americ. Acad.*, vol. IV, 1849.)

bipède ; et l'on remarque généralement alors, de trois en trois empreintes successives, une déviation de la ligne droite, semblable à celle qu'on observe dans les traces de pas laissés par les oiseaux. Il existe aussi un étroit rapport entre la distance qui sépare deux empreintes dans une série

(1) Hitchcock, *Mem. of Amer. Acad.*, nouv. série, vol. III, p. 129, 1848.

et la grandeur de ces empreintes; en d'autres termes, on observe une proportion régulière entre la longueur de l'enjambée et la taille de l'animal qui a marché sur le limon. Lorsque les traces sont petites, l'enjambée peut avoir 12 millimètres ; lorsqu'elles sont gigantesques, dans le cas, par exemple, où les orteils ont 50 centimètres de long, la distance d'une empreinte à l'autre du même côté est parfois de 1^m,35. La plupart des empreintes laissées par les bipèdes sont trifides, et montrent le même nombre d'articulations que le pied des oiseaux tridactyles vivants. Or, ces oiseaux ont trois phalanges au doigt interne, quatre au doigt moyen et cinq au doigt extérieur (fig. 491) ; l'empreinte de l'articulation terminale est celle de l'ongle seul. Les empreintes fossiles montrent toujours ces mêmes nombres lorsque les articulations sont exactement reproduites, et l'on voit, dans chaque ligne continue de traces, les doigts à trois articulations et à cinq articulations dirigés en dehors alternativement, d'abord d'un côté et puis d'un autre. Dans certains échantillons, outre la trace des trois doigts de front, on aperçoit le rudiment d'un quatrième doigt se dirigeant en arrière. Rarement la gangue s'est trouvée assez fine pour retenir l'empreinte du tégument ou peau du pied; mais, dans un échantillon très-remarquable découvert par M. le docteur Deane, à Turner's Falls, sur le Connecticut, la conservation s'est trouvée assez parfaite pour que M. Owen ait pu constater qu'il reproduisait la peau de l'autruche et non celle d'un reptile (1). Il faut beaucoup de précautions pour déterminer la couche précise de roche feuilletée sur laquelle l'animal a marché, car ordinairement l'empreinte fait saillie à travers plusieurs feuillets; et si le feuillet supérieur, celui sur lequel l'animal a marché, est venu à disparaître, la trace d'une ou de plusieurs articulations, ou même d'un doigt entier qui aurait marqué moins profondément sur le sol

---

(1) Cet échantillon a fait partie du musée du Dr Mantell. Il indique un oiseau de taille intermédiaire entre les espèces les plus petites et les plus grandes du Connecticut.

mou, peut manquer totalement, et le reste de l'empreinte restera pourtant bien définie.

La grandeur de plusieurs des empreintes fossiles dans le Grès Rouge du Connecticut dépasse tellement celle que laisserait une autruche vivante, que les naturalistes ont d'abord refusé d'y voir des pas d'oiseaux ; mais on a découvert plus tard, dans la Nouvelle-Zélande, des os et un squelette presque entier de *Dinornis,* ainsi que d'autres oiseaux géants, et leurs dimensions ont dissipé les doutes. La largeur des traces laissées par le pied d'un animal lourd, qui marche sur un limon mou, augmente jusqu'à une certaine distance à partir du point où a posé le pied de l'animal. Il faut donc, pour éviter toute exagération, tenir compte plutôt du relief que du creux de l'empreinte. Les reliefs font voir que certains de ces bipèdes fossiles ont eu un pied quatre fois plus large que celui de l'autruche, mais peut-être pas beaucoup plus que celui du *Dinornis.*

On a découvert aussi tout récemment dans un dépôt d'alluvium, à Madagascar, les œufs d'un autre oiseau gigantesque appelé *Æpiornis,* et dont la disparition est probablement l'œuvre de l'homme. L'œuf a six fois la capacité de celui d'une autruche ; mais, à en juger par les grandes dimensions de l'œuf de l'*Apteryx,* Owen ne pense pas que l'Æpiornis ait surpassé, peut-être même égalé le *Dinornis.*

Parmi les traces attribuées aux bipèdes, on n'en a observé qu'une seule bien distincte de pied à quatre doigts dirigés en avant. Cet exemple a présenté une série de quatre empreintes, mesurant chacune 55 centimètres de long et 30 centimètres de large, avec articulations ressemblant beaucoup à celles des doigts chez les oiseaux. M. Agassiz a pensé qu'elles pouvaient appartenir à un batracien bipède gigantesque. D'autres naturalistes ont appelé l'attention sur ce fait, que certains quadrupèdes placent, en marchant, l'extrémité du membre postérieur précisément sur le point du sol que vient de quitter le pied de devant, et produisent ainsi une seule ligne d'empreintes comme celle d'un bipède. D'un autre côté, M. Waterhouse Hawkins a remarqué qu'en Australie certaines espèces de grenouilles et de lézards ont les deux doigts externes si peu développés et si redressés, qu'ils ne peuvent manquer de laisser sur le limon et le sable des empreintes tridactyles. Un ostéologiste américain, le docteur Leidy, m'a fait observer que le Ptérodactyle s'approchait tellement des oiseaux par la structure et la forme des os des ailes et du tibia, que certains reptiles de cette espèce, recueillis dans la Craie et dans le Weald en Angleterre, ont été pris pour des oiseaux par des savants les plus autorisés. Or le pied d'un Ptérodactyle n'aurait-il pu ressembler aussi à celui d'un oiseau ? Quoi qu'il en soit de cette opinion, la plupart des empreintes, en Amérique, s'accordent si exactement pour la forme et la grandeur avec celles de pas d'oiseaux aujourd'hui vivants, spécialement de ceux qui fréquentent le bord des eaux, que nous devons, du moins jusqu'à présent et en nous basant sur les analogies connues, les rapporter plutôt à des bipèdes ailés qu'à des bipèdes dépourvus de plumes.

On n'a pas encore rencontré d'ossements de Ptérodactyle ou d'oiseaux dans les roches du Connecticut, mais on y trouve de nombreux coprolites. M. le docteur Dana a démontré d'une manière ingénieuse, par l'analyse de ces corps et la détermination des proportions d'acide urique, de phosphate, de carbonate de chaux et de matière organique qu'ils contiennent, que, de même que le guano, ce sont des excréments d'oiseaux plutôt que de reptiles.

Quelques-unes des empreintes de quadrupèdes qui accompagnent celles d'oiseaux sont analogues à celles du *Cheirotherium* d'Europe, et font voir une semblable disproportion entre les pieds de derrière et ceux de devant. D'autres rappellent le *Rhyncosaurus* du Trias d'Angleterre, reptile que certains caractères ostéologiques rattachent à la fois aux Chéloniens et aux oiseaux. Enfin, plusieurs empreintes semblent se rapporter à des tortues.

D'après M. Darwin, «les autruches de l'Amérique du Sud, bien qu'elles se nourrissent habituellement de matières végétales, racines et herbes, s'avancent, lorsque les eaux sont basses, à Bahia Blanca (lat. 39° S.), côte de Buenos-Ayres, jusqu'à la plage de limon alors à sec, et viennent au dire des Gauchos, s'y nourrir de petits poissons. » Elles pénètrent sans difficulté dans l'eau, et l'on en a vu, dans la baie de San-Blas et à Port-Valdez, en Patagonie, qui nageaient d'île en île (1). Il est donc évident que, de nos jours, dans l'Amérique du Sud, le limon du rivage est parcouru à la fois par des autruches, des alligators, des tortues et des animaux analogues aux grenouilles ; or les empreintes de pas laissées, au dix-neuvième siècle, par ces diverses tribus ne diffèrent pas plus les unes des autres que celles observés dans les roches du Connecticut, et qui ont été attribuées aux Oiseaux, aux Sauriens, aux Chéloniens et aux Batraciens.

Dans l'état actuel de nos connaissances, il n'est pas possible d'établir exactement l'âge du grès rouge et du schiste qui contiennent ces anciennes empreintes aux États-Unis ; on n'a encore trouvé dans le dépôt aucune coquille fossile ni aucune plante assez bien conservée pour être déterminée. Les poissons y sont assez nombreux et dans un parfait état de conservation ; ils appartiennent à un type particulier que l'on avait d'abord rapporté au genre *Palæoniscus*, mais dont Sir Philips Egerton a fait depuis, et avec raison, le nouveau genre *Ischypterus*, ainsi nommé d'après la grandeur et la force des rayons de la nageoire dorsale (de ἰσχὺς, force, et πτερὸν, nageoire). Les poissons de ce genre diffèrent des *Palæoniscus*, comme l'a remarqué M. Redfield, en ce que leur colonne vertébrale se prolonge moins dans le lobe supérieur de la queue, ou, pour employer le langage de M. Agassiz, en ce qu'ils sont moins hétérocerques. Leurs dents aussi, suivant Sir P. Egerton, qui examina avec moi, en 1844, une magnifique collection de spécimens que j'avais acquise à Durham, Connecti-

____

(1) *Journal of Voyage of Beagle*, etc., 2ᵉ édition, p. 89, 1845.

cut, diffèrent de celles du *Palæoniscus :* elles sont beaucoup plus fortes et coniques.

Très-probablement les grès qui contiennent ces poissons sont plus anciens que les couches à houille que l'on rencontre près de Richmond en Virginie, et qui remontent au moins à la même époque que le Keuper Européen. L'ancienneté plus grande des roches du Connecticut ne peut être démontrée par la superposition directe, mais la structure générale de la contrée semble autoriser à l'admettre. Cette structure prouve que les roches sont plus nouvelles que les mouvements auxquels la chaîne des Apalaches ou des Alleghanys a dû son relief ; et la chaîne même renferme, parmi ses roches disloquées, l'ancienne formation houillière. Nous avons exprimé par le n° 4, dans la coupe (fig. 522, chap. XXV), la position discordante du Nouveau Grès Rouge à ornithichnites sur les tranches des roches primaires ou paléozoïques inclinées des Apalaches. L'absence de poissons franchement hétérocerques ne permettrait guère de placer la formation dans l'âge Permien, et l'opinion qui voit dans le Grès Rouge un membre du Trias semble, en somme, être la meilleure que l'on puisse adopter dans l'état actuel de nos connaissances.

Dans la Caroline du Nord, feu le professeur Emmons a décrit les couches du terrain houiller de Chatham, du même âge que celles de Richmond, en Virginie. Dans les lits sous-jacents à cette formation, il a trouvé trois mâchoires d'un petit mammifère insectivore allié de très-près au *Spalacotherium*, et qu'il a nommé *Dromatherium Sylvestre*. Son analogue vivant, dit le professeur Owen, serait le Myrmecobius, car chaque branche de la mâchoire inférieure contenait dix petites molaires en série continue, une canine et trois incisives coniques ; ces dernières séparées par de petits intervalles. On a tout lieu de croire que ce quadrupède fossile est au moins aussi ancien que le Microlestes du Trias européen décrit ci-dessus, et le fait, que j'ai déjà signalé, p. 602, t. I, est d'une haute importance, car il prouve que des marsupiaux d'un degré inférieur furent non-seulement répandus autrefois en abondance depuis le Trias jusqu'au Purbeck ou couches oolitiques supérieures d'Europe, mais qu'ils vécurent sur de grandes surfaces, s'étendant de l'Europe jusqu'à l'Amérique du Nord, dans la direction Est et Ouest, et pour la latitude, du 52° N. Stonesfield, au 35° N. Caroline du Nord.

CHAPITRE XXIII

GROUPE PERMIEN OU DU CALCAIRE MAGNÉSIEN.

Les fossiles du Calcaire Magnésien et du Nouveau Grès Rouge Inférieur sont différents de ceux du Trias. — Du mot Permien. — Équivalents anglais et allemands de ce terrain. — Coquilles marines et coraux du Calcaire Magnésien d'Angleterre. — Palæoniscus et autres poissons du schiste marneux. — Zechstein et Rothliegendes de Thuringe. — Flore Permienne. — Son affinité générique avec la flore carbonifère. — Psaronites ou fougères arborescentes.

En expliquant, dans le précédent chapitre, l'emploi du mot *Poïkilitique*, j'ai dit qu'en certaines parties de l'Angleterre on avait de la peine à séparer en deux systèmes géologiques distincts les marnes et grès rouges (ordinairement désignés sous le nom de Nouveau Grès Rouge). Néanmoins, grâce au progrès des recherches, et par une comparaison attentive des roches qui interviennent en Angleterre entre le Lias et le terrain houiller, et de celles qui occupent une position géologique semblable en Allemagne et en Russie, les géologues ont pu établir des divisions dans la formation Poïkilitique, et démontrer en même temps que la division inférieure se lie plus étroitement, par ses débris fossiles, au groupe carbonifère qu'à celui du Trias. Si donc on avait à tracer une ligne de démarcation entre les couches fossilifères secondaires et les couches primaires, de même qu'entre les tertiaires et les secondaires, cette ligne passerait à travers la partie moyenne de ce qu'on appelait autrefois le Nouveau Grès Rouge ou groupe Poïkilitique. La moitié inférieure de ce groupe constituerait un terrain Primaire ou Paléozoïque, tandis que sa portion supérieure formerait la base de la série Secondaire ou Mesozoïque. Le membre inférieur, ou Calcaire Magnésien des géologues anglais, a reçu de Sir R. Murchison, en 1841, le nom de *Permien*, du gouvernement de Perm en Russie, où ce terrain, plus étendu que partout ailleurs, occupe une surface double de celle de la France, et contient en abondance des fossiles très-variés.

Dans sa monographie (1) des fossiles du Permien d'Angleterre, M. King a donné le tableau suivant des six membres de ce système dans le nord de l'Angleterre, avec les formations qu'il admet comme leur correspondant en Thuringe :

Nord de l'Angleterre.	Thuringe.
1. Calcaire cristallin, ou concrétionné, et calcaire non cristallin.	1. Stinkstein.
2. Calcaire brèche et pseudo-brèche.	2. Rauchwacke.
3. Calcaire fossilifère.	3. Dolomite, ou Zechstein Supérieur.
4. Calcaire compacte.	4. Zechstein, ou Zechstein Inférieur.
5. Schiste marneux.	5. Mergel-Schiefer, ou Kupferschiefer.
6. Grès inférieurs, de différentes couleurs.	6. Rothliegendes.

Je traiterai sommairement de ces sous-divisions, en commençant par la plus élevée, et renverrai le lecteur, pour une description plus détaillée des caractères lithologiques de tout le groupe tel qu'il se présente dans le nord de l'Angleterre, à un mémoire important publié par M. Sedwick en 1835 (2).

Calcaire cristallin ou concrétionné (n° 1). On peut apercevoir cette formation sur la côte de Durham et dans le

Fɪɢ. 492. — *Schizodus Schlo-theimi*, Geinitz. Calcaire cristallin, Permien.

Fɪɢ. 493. — Charnière du *Schizodus truncatus*, King. Permien.

Fɪɢ. 494. — *Mytilus septifer*, King. Syn., *Modiola acuminata*, James Sow. Calcaire cristal. Permien.

Yorkshire, entre le flux et le reflux. Ses fossiles caractéristiques sont principalement le *Schizodus Schlotheimi* (fig. 492) et le *Mytilus septifer* (fig. 494).

(1) *Société paléontographique*, 1850, Londres.
(2) *Trans. Geol. Soc.*, Lond., 2ᵉ série, vol. III, p. 37.

II.   5

On rencontre ces coquilles à Hartlepool et à Sunderland, localités où la roche prend une structure oolitique et botryoïde. Quelques-uns des lits sont ondulés, et, suivant M. King, l'absence de coraux et le caractère des coquilles indiqueraient que la formation s'est déposée dans une eau peu profonde. Sur quelques points de la côte de Durham, la roche, qui n'est pas cristalline, contient jusqu'à 44 p. 100 de carbonate de magnésie mêlé de carbonate de chaux. Sur d'autres points, — car cette formation varie extrêmement dans sa composition et dans sa structure, — elle consiste principalement en carbonate de chaux et se présente sous forme de masses concrétionnées, globulaires, hémisphériques, dont la grosseur varie depuis celle d'une petite bille à jouer jusqu'à celle d'un boulet de canon, et dont l'intérieur est rayonné du centre à la circonférence. Parfois, des lits terreux et pulvérulents passent à un calcaire compacte ou à une dolomie dure, grenue. La stratification est très-irrégulière : assez accentuée sur quelques points, elle est, sur d'autres, interrompue par l'action de concrétions qui ont produit un nouvel arrangement des matériaux de ces roches postérieurement à leur dépôt. On voit des exemples de ces différents passages à Pontefract et à Ripon (Yorkshire).

Le *calcaire-brèche* (n° 2) ne contient pas de fragments de roches étrangères, mais il paraît composé de détritus qui auraient été fournis par le calcaire Permien lui-même, à l'époque de sa consolidation. Quelques-unes des masses anguleuses de la falaise de Tynemouth ont 70 centimètres de diamètre. M. Sedgwick considère cette brèche comme une forme particulière du calcaire précédent n° 1, plutôt que comme une couche régulière sous-jacente. Les fragments en sont anguleux et n'ont jamais été arrondis par l'action des eaux ; ils paraissent avoir été cimentés sur place à l'époque même de la formation du terrain. On pourrait donc supposer qu'ils ont été produits par ces mouvements intérieurs de la masse qui déterminèrent la structure concrétionnée ; mais ce point est très-obscur, et, si l'on examine le phénomène dans les roches de Marston, sur la côte de Durham, on finit par reconnaître l'impossibilité de se former à ce sujet aucune idée positive. Les calcaires-brèche bien connus des Pyrenées semblent présenter, sur une petite échelle, la plus grande analogie avec les précédents.

Le *calcaire fossilifère* (n° 3) renferme un grand nombre de délicats Bryozoaires ; ce serait donc, suivant M. King, une formation d'eau profonde. L'un des Bryozoaires, le *Fenestella retiformis* (fig. 495), est une espèce très-variable, et a

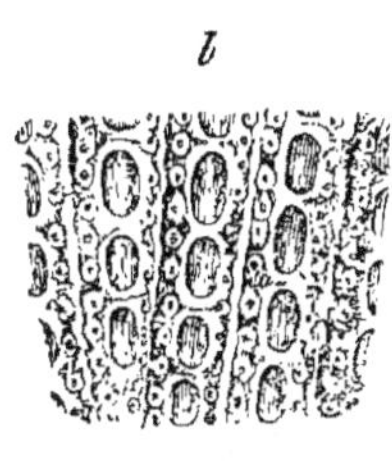

Fig. 495. — *a. Fenestella retiformis*, Schlot. sp. Syn., *Gorgonia infundibuliformis*, Goldf. ; *Retepora flustracea*, Phillips. — *b.* Portion grossie. Calcaire magnésien, Humbleton Hill, près Sunderland (1).

reçu différents noms. Il atteint quelquefois une taille considérable ; son diamètre peut aller jusqu'à 20 centimètres. On trouve abondamment aussi dans le Permien d'Allemagne le même zoophyte, ou plutôt le même mollusque, avec plusieurs autres espèces propres à l'Angleterre.

Diverses coquilles des genres *Productus* (fig. 496) et *Stro-*

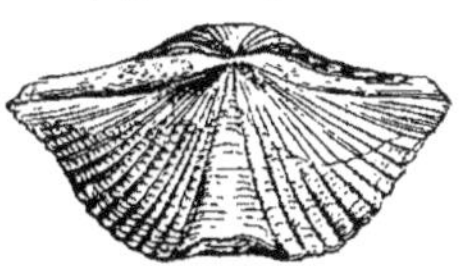

Fig. 496. — *Productus horridus*, Sow. (comprenant le *P. calvus*, Sow.). Sunderland et Durham, calcaire magnésien ; Zechstein et Kupferschiefer, Allemagne.

Fig. 497. — *Lingula Crednerii* (Geinitz). Calcaire magnésien. Schiste marneux de Durham ; Zechstein, Thuringe.

Fig. 498. — *Spirifer undulatus*, Sow. Min. Con. Syn., *Triogonotreta undulata*, King, Monog. Calcaire magnésien.

phalosia (celui-ci voisin du premier par les dents qui gar-

(1) King, *Monograph.*, pl. 2.

nissent l'intérieur de la charnière), coquilles que l'on ne rencontre pas dans les couches plus nouvelles que le Permien, abondent dans cette division de la série, au sein du calcaire magnésien jaune ordinaire. Elles sont accompagnées de certaines espèces de *Spirifer* (fig. 498), *Lingula Crednerii* (fig. 497), et autres brachiopodes qui ont tous les caractères de véritables types primaires ou Paléozoïques. Quelques-unes des coquilles de la même tribu, telles que l'*Athyris Roissyi*, voisine de la *Terebratula*, sont spécifiquement les mêmes que celles des roches carbonifères. Les *Avicula, Arca, Schizodus* (fig. 492) et autres bivalves lamellibranches abondent dans le même calcaire, mais les univalves spirales y sont très-rares.

Le *Calcaire compacte* (n° 4) se lie intimement au précédent et contient aussi des débris organiques, principalement des Bryozoaires. Il surmonte le *schiste marneux* (n° 5) qui consiste en argiles calcarifères dures, en schiste marneux et en calcaire à lits très-minces. Vers East Thickley, comté de Durham, cette division (n° 5) mesure 9 mètres d'épaisseur ; elle a fourni plusieurs beaux échantillons de poissons fossiles appartenant aux *Palæoniscus, Pygopterus, Cœlacanthus* et *Platysomus*, genres que l'on rencontre tous dans les cou-

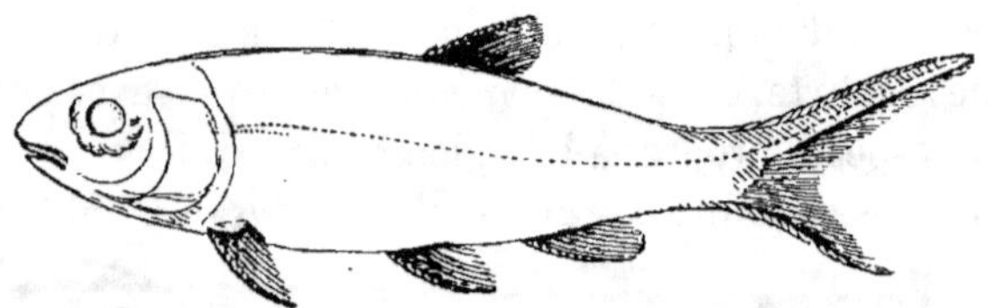

Fig. 499. — Contour restauré d'un poisson du genre *Palæoniscus*, Agass.
Palæothrissum, Blainv.

ches houillères de l'époque carbonifère, et qui probablement, dit M. King, ont vécu près des côtes. Mais les espèces du Permien sont particulières, et identiques, pour la plupart, avec celles que fournissent les schistes marneux et schistes cuprifères de Thuringe.

Le *Palæoniscus* appartient à la division des *Hétérocerques* de M. Agassiz, poissons dont la queue était inégalement bi-

lobée, comme chez les requins et les esturgeons actuels, et
la colonne vertébrale prolongée dans le lobe caudal supérieur
(fig. 500). Les *Homocerques*, qui comprennent à peu près

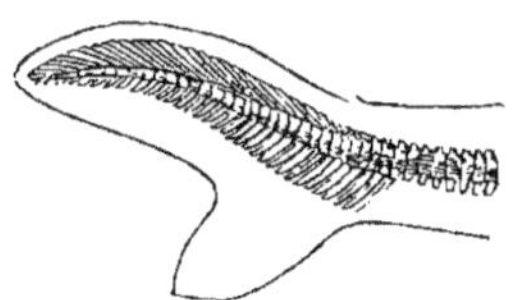

Fɪɢ. 500. — Requin.
Hétérocerque.

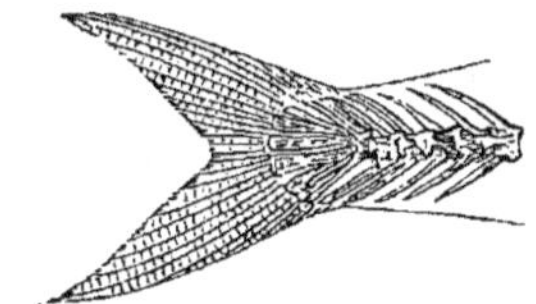

Fɪɢ. 501. — Alose (*Clupea*, tribu des Harengs).
Homocerque.

en totalité les neuf mille espèces connues dans la création
vivante actuelle, ont la nageoire caudale tantôt simple et
tantôt également divisée; mais, chez eux, la colonne vertébrale finit brusquement, et ne se prolonge dans aucun des
lobes terminaux (fig. 501).

Or, Agassiz a signalé ce fait singulier que la forme Hétérocerque, limitée à un petit nombre de genres dans la faune
actuelle, se montre au contraire universelle dans le Calcaire
Magnésien et dans toutes les formations plus anciennes. Ce
trait caractérise, dans l'histoire de la terre, les époques primi-

Écailles de poissons du Calcaire magnésien.

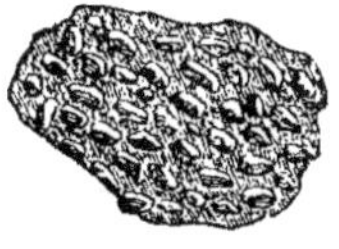

Fɪɢ. 502.   Fɪɢ. 503.   Fɪɢ. 504.   Fɪɢ. 505.

Fɪɢ. 502. — *Palæoniscus comptus*, Agass. Écaille grossie. Schiste marneux.
Fɪɢ. 503. — *Palæoniscus elegans*, Sedg. Face inférieure de l'écaille grossie. Schiste
marneux.
Fɪɢ. 504. — *Palæoniscus glaphyrus*, Agass. Face inférieure de l'écaille grossie.
Schiste marneux.
Fɪɢ. 505. — *Calacanthus granulatus*, Agass. Surface granuleuse de l'écaille grossie.
Schiste marneux.

tives où les poissons homocerques prédominent au sein des
couches secondaires, ou couches plus nouvelles que le Permien.

Sir Philips Egerton a donné, des espèces de poissons caractéristiques du schiste marneux, une description très-complète qui se trouve dans la Monographie par le professeur King ; on y voit des figures d'Ichthyolites entiers et bien conservés. Les écailles mêmes ont des caractères si tranchés, qu'elles suffisent habituellement pour indiquer le

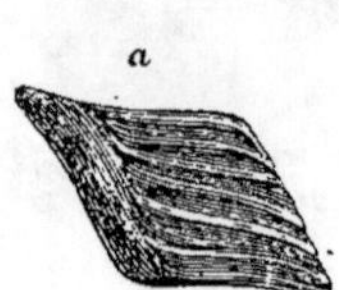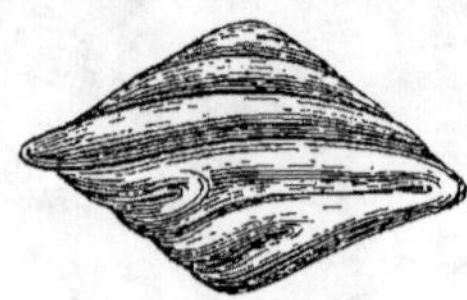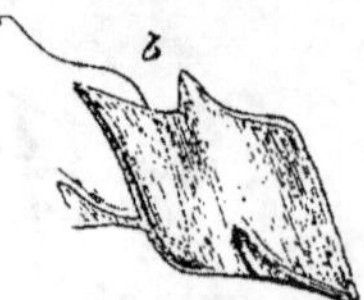

Fig. 506. — *Pygopterus mandibularis*, Agass. Schiste marneux. — *a*. Face externe de l'écaille grossie. — *b*. Face inférieure de l'écaille.

Fig. 507. — *Acrolepis Sedgwickii*, Agass. Face externe de l'écaille grossie. Schiste marneux.

genre et quelquefois jusqu'à l'espèce particulière des poissons qu'elles ont recouverts. Ces écailles isolées sont souvent très-répandues à travers les couches ; elles peuvent être fort utiles pour la détermination de l'âge d'une roche.

Les *Grès Inférieurs* (n° 6, Tableau, t. II, page 65) qui viennent au-dessous du schiste marneux, consistent en grès et sables séparant le calcaire magnésien du terrain houiller, dans les comtés d'York et de Durham ; on a parfois rencontré une marne rouge et du gypse associés à ces couches. M. Sedgwick les a classées avec le calcaire magnésien, bien que leurs rapports avec ce calcaire soient très-obscurs ; mais elles sont presque continues avec celui-ci dans le sens de l'étendue. En quelques localités, les plantes qu'elles fournissent paraissent toutes spécifiquement identiques avec celles de la série carbonifère ; si l'identité existe réellement, il est probable qu'elles appartiennent à cette époque ; car, d'après les recherches de MM. Murchison et de Verneuil en Russie, et de M. Geinitz et von Gutbier en Saxe, la véritable flore Permienne semble, à bien peu d'exceptions près, distincte de celle du terrain houiller (voyez plus bas page 71).

En Russie, d'après Sir R. Murchison (1), les roches Per-

____

(1) *Russia and the Ural Mountains*, 1845; et *Siluria*, chap. XII, 1854.

miennes se composent de calcaire blanc avec gypse et sel
blanc ; il s'y rencontre aussi des grès grossiers rouges et
verts qui contiennent accidentellement du minerai de cuivre,
et enfin des calcaires magnésiens, des marnes et des conglomérats.

Le pays de Mansfeld, en Thuringe, peut être considéré
comme la terre classique du Nouveau Grès Rouge Inférieur,
autrement dit Calcaire Magnésien, ou formation Permienne.
Il fournit principalement, d'abord le Zechstein qui correspond à la portion supérieure de la série anglaise ; puis le
schiste marneux, dont les poissons sont d'espèces identiques
avec celles de la couche qui porte le même nom dans le comté
de Durham. Ce schiste marneux est fortement imprégné de
pyrite cuivreuse, pour laquelle on l'exploite sur une grande
échelle. C'est parmi les couches supérieures de ce groupe
que l'on rencontre le calcaire magnésien, le gypse et le sel
gemme. A sa base gisent les Rothliegendes, que l'on regarde comme correspondant au Nouveau Grès Rouge Inférieur mentionné ci-dessus, et qui occupent en Angleterre
une place semblable entre le schiste marneux et le terrain
houiller. Le nom local de *Rothliegendes* (rouges-couches),
ou *Roth-todt-liegendes* (rouges-mortes-couches), a été donné
par les mineurs Allemands à la formation pour sa couleur
rouge, et parce que le cuivre *meurt*, disparaît, lorsqu'on
arrive à ses roches, qui ne sont point métallifères, et ne sont
en réalité qu'un grand dépôt de grès rouge et de conglomérat auxquels sont associés des porphyres, des trapps basaltiques et des amygdaloïdes.

Dans le *Kupferschiefer*, ou schiste marneux, on a trouvé
en 1709 un reptile d'une organisation supérieure, allié au
Monitor vivant, et qui a été appelé *Protorosaurus*. Cet animal
est resté pendant plus d'un siècle le reptile fossile le plus ancien connu, lorsqu'en 1844, on découvrit enfin l'*Archegosaurus* dans le terrain houiller de Saarbruch, près de Trèves.

Flore Permienne. — Les récentes recherches du colonel de Gutbier nous ont appris que, dans les roches Permien-

nes de Saxe, on ne compte pas moins de soixante espèces de plantes fossiles, sur lesquelles quarante n'ont point encore été rencontrées ailleurs. Deux ou trois de celles-ci, les *Calamites gigas*, *Sphenopteris erosa*, et *S. lobata*, se présentent aussi dans le gouvernement de Perm, en Russie. Sept autres sont communs au terrain houiller : ce sont en parti-

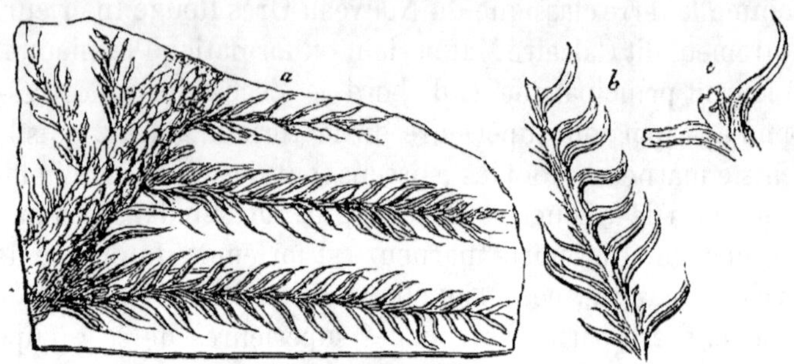

Fig. 508. — *Walchia piniformis*, Sternb. Permien, Saxe (Gutbier, *Die Versteinerungen des permischen Systemes in Sachsen*, vol. II, pl. X).
a. Branche. — *b.* Rameau. — *c.* Feuille grossie.

culier les *Neuropteris Loshii*, *Pecopteris arborescens* et *P. similis*, avec plusieurs espèces de *Walchia* (fig. 508), et un genre de conifères appelé *Lycopodites* par quelques auteurs.

Au nombre des genres qui ont été signalés par le colonel de Gutbier figurent le fruit appelé *Cardiocarpon* (fig. 509), l'*Asterophyllites* et l'*Annularia*, si caractéristiques de la période carbonifère ; on y trouve aussi le *Lepidodendron* commun au Permien de Saxe, de Thuringe et de Russie, quoiqu'il ne soit nulle part très-abondant. Le *Nœggerathia* (fig. 510), que M. Ad. Brongniart suppose avoir été voisin des *Cycas*, établit un autre lien entre la végétation Permienne et la végétation Carbonifère. On observe également dans ce terrain des Conifères de la division des *Araucaria*, mais ceux-ci se trouvent à la fois dans des roches plus anciennes et plus nouvelles. Les *Sigillaria* et *Stigmaria,* qui impriment une physionomie si tranchée à la période carbonifère, ont manqué jusqu'à présent dans la formation dont il est ici question.

Parmi les fossiles remarquables des Rothliegendes, ou partie inférieure du Permien, en Saxe et en Bohême, on cite des troncs silicifiés de fougères arborescentes, désignés sous le nom générique de *Psaronius*. Leur écorce était entourée d'une masse épaisse de racines aériennes, qui augmentaient l'épaisseur de la tige normale, au point d'en doubler ou même d'en quadrupler le diamètre. Le même fait peut être constaté sur certaines fougères arborescentes qui existent au delà des tropiques, particulièrement à la Nouvelle-Zélande.

Fɪɢ. 509. — *Cardiocarpon Ottonis*, Gutbier. Permien, Saxe. Demi-grandeur.

On signale aussi des Psaronites dans la portion supérieure du terrain houiller à Autun, en France, et dans les couches houillères supérieures de l'Ohio aux États-Unis ; mais elles sont spécifiquement différentes de celles des Rothliegendes. Elles forment un lien entre la flore Permienne et la portion la plus moderne du groupe précédent ou carbonifère. En somme, il est évident que les plantes Permiennes se rapprochent bien plus de la flore Carbonifère que de celle du Trias ; on peut en dire autant de la faune Permienne.

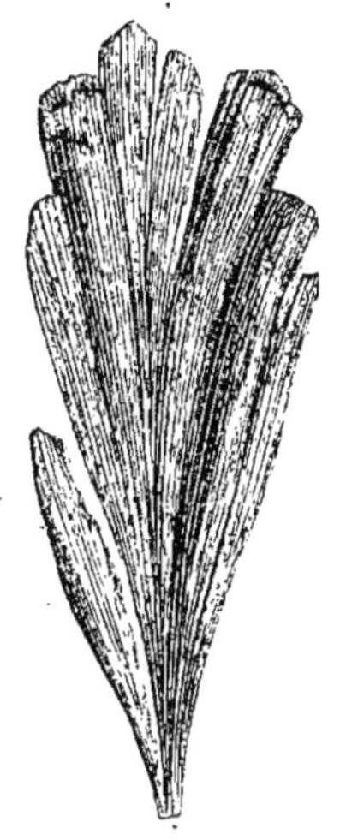

Fɪɢ. 510. — *Noeggerathia cuneifolia*, Ad. Brongniart (1).

(1) A. Murchison, *Russie*, vol. II. pl. A, fig. 3.

CHAPITRE XXIV

LA HOUILLE OU GROUPE CARBONIFÈRE.

Couches carbonifères dans le sud-ouest de l'Angleterre. — Superposition des couches houillères au Calcaire de montagne. — Écart de ce type dans le nord de l'Angleterre et en Écosse. — Série carbonifère d'Irlande. — Coupe dans la Galles du Sud. — Argiles sous-jacentes, avec Stigmariées. — Flore carbonifère. — Fougères, Lépidodendrons, Équisétacées, Calamites, Astérophyllites, Sigillariées, Stigmariées. — Conifères. — Sternbergiées. — Trigonocarpon. — Du rang occupé par les Conifères dans le règne végétal. — Absence d'Angiospermes. — Houille, son mode de formation. — Arbres fossiles en position verticale. — Houillère de Parkfield. — Bassin houiller de Saint-Étienne. — Arbres inclinées ou nœuds (*snags*). — Forêt fossile dans la Nouvelle-Écosse. — Empreintes de gouttes de pluie. — Explication de la pureté de la houille. — Temps qu'a dû requérir l'accumulation des couches de houille. — Couches d'eau saumâtre et couches marines. — Crustacés de la houille. — Origine du fer carbonaté lithoïde (*Clay-iron-stone*).

Le premier groupe que l'on rencontre dans l'ordre descendant est le Carbonifère, communément appelé *la Houille* (*the Coal*) (1), parce qu'il contient différents lits de ce combustible à l'état plus ou moins pur et en stratification alternante avec les grès, les schistes et les calcaires. La houille proprement dite ne forme guère à elle seule, même en Angleterre et en Belgique, où elle abonde, qu'une portion insignifiante de la masse totale. Dans le nord de l'Angleterre, la puissance des couches carbonifères s'élève, d'après l'estimation de M. Phillips, à plus de 900 mètres, tandis que les couches diverses de combustible, au nombre de vingt à trente, ne dépassent pas 25 mètres dans leur ensemble.

La formation carbonifère revêt des caractères différents dans les diverses parties des Iles Britanniques. Ordinaire-

(1) Nous ne saurions, dans tous les cas, conserver en français cette expression pour désigner le groupe : elle implique trop exclusivement, dans notre idiome, le combustible charbonneux seul ; nous lui substituerons souvent celle de *Terrain houiller*, plus usitée chez nous.   (*Note du traducteur.*)

ment elle se compose de deux membres distincts : 1° l'étage de la houille proprement dite (en anglais *Coal-measures*), d'origine mixte, et comprenant des formations d'eau douce, terrestres et marines, parmi lesquelles se trouvent souvent des lits de houille ; 2° le Calcaire Carbonifère ou Calcaire de Montagne (*Mountain Limestone*), d'origine exclusivement marine et contenant des coraux, des coquilles et des encrinites.

Dans la partie Sud-Ouest de la Grande-Bretagne, dans le Somersetshire et la Galles du Sud, par exemple, les trois divisions reconnues par les géologues Anglais sont les suivantes :

1. Étage de la houille (*Coal-measures*).	Couches de schiste argileux, de grès et de grit (grès grossier), avec lits minces accidentels de houille, d'une épaisseur de 180 à 3600 mètres.
2. Millstone-grit (grès à moudre).	Grès quartzeux, grossier, passant à un conglomérat, quelquefois employé comme pierre à moudre, avec lits de schiste argileux : absence ordinaire de houille ; épaisseur dépassant, en certains cas, 180 mètres.
3. Calcaire de montagne ou Carbonifère.	Roche calcaire contenant des coquilles marines et des coraux, dépourvue de houille ; puissance variable, s'élevant quelquefois à 275 mètres.

On peut regarder le Millstone-grit comme un grès houiller, mais à texture plus grossière, et accompagné de schistes argileux dans lesquels on rencontre parfois des plantes houillères. Dans le nord de l'Angleterre, ce grès est traversé de quelques bandes calcaires contenant des peignes, des huîtres et autres coquilles marines, tout comme l'étage normal de la houille, et offrant même quelques lits minces de ce combustible. Je considérerai par conséquent le groupe entier comme consistant en deux divisions seulement, l'Étage de la Houille (*Coal-measures*) et le Calcaire de Montagne. On rencontre cette dernière division en Angleterre, dans les bassins du Midi, à la base du système, ou immédiatement en contact avec le Vieux Grès Rouge sous-jacent ; mais, à mesure que l'on s'avance au Nord vers le Yorkshire et le Northumberland, elle commence à alterner avec l'étage proprement dit de la houille, et les deux dépôts forment ensemble une série de couches qui mesure 300 mètres environ d'épaisseur. A cette formation mixte succède la grande masse du véritable Calcaire de Montagne (1). Plus loin vers le Nord, dans le bassin houiller du Fifeshire en Écosse, le type s'éloigne de plus en plus de celui du midi de l'Angleterre, et l'on observe une intercalation encore plus complète de masses épaisses de calcaire marin dans les grès et schistes qui contiennent la houille.

En Irlande, on trouve à la base du Calcaire de Montagne un système d'argiles schisteuses et de schistes qui présente une épaisseur de plus de 300 mètres, et pour lequel, par ce motif, on serait tenté d'établir une division à part. Au-dessous de ces schistes vient un grès jaune (*Yellow Sandstone*), que l'on considère aussi comme carbonifère en raison de ses fossiles marins, bien qu'il passe au Devonien sous-jacent. Un grès semblable, mais de puissance moindre, occupe une position identique dans le Gloucestershire et dans la Galles du Sud.

M. Griffith adopte, dans sa carte géologique d'Irlande, les sous-divisions suivantes :

		Épaisseur en mètres.
1.	Étage de la houille (*Coal-measures*), Supérieur et Inférieur...	305 à 670
2.	Millstone-grit...	115 à 550
3.	Calcaire de Montagne, Supérieur, Moyen (ou Calp) et Inférieur.	365 à 1950
4.	Schiste carbonifère....................................	215 à 365
5.	Grès jaune (de Mayo, etc.) avec schistes argileux et calcaire..	120 à 610

ÉTAGE DE LA HOUILLE.

Dans la Galles du Sud, l'étage de la houille atteint une épaisseur de 3650 métres ; toutefois les lits qui le composent paraissent, à l'exception de la houille même, avoir été formés dans une eau de profondeur moyenne, pendant un abaissement lent, mais peut-être intermittent du sol, et dans

(1) Sedgwick, *Geol. Trans.*, 2e série, vol. IV ; et Phillips, *Geol. of Yorksh.* Part. 2.

un pays où les rivières apportaient sans interruption leur
tribut de sédiment boueux et de sable. Cette même surface
s'était couverte par intervalles de vastes forêts analogues à
celles que l'on voit sur les deltas des grandes rivières dans
les régions chaudes, et qui seraient exposées à être submergées par les eaux douces ou salées si le sol venait à baisser de
quelques décimètres.

D'après M. de la Bèche, dans une coupe près de Swansea
(Galles du Sud), des couches qui ont plus de 1000 mètres
d'épaisseur totale montrent dix masses principales de grès.
L'une de ces masses mesure 150 mètres d'épaisseur, et,
toutes ensemble, une puissance de 650. Elles sont séparées
par des schistes argileux qui varient de 3 à 15 mètres. Les
lits de houille au nombre de seize, intercalés dans le système,
n'ont généralement que 30 centimètres à $1^m,50$ de haut;
l'un d'eux, traversé de deux ou trois bandes d'argile, s'élève
à $2^m,75$ (1). Sur d'autres points du même bassin, les schistes
argileux dominent comparativement aux grès. Quelques-uns
des lits de houille se distinguent par une plus grande étendue horizontale, mais tous reposent sur une argile appelée
Underclay. Cette argile sous-jacente, accompagnant chaque
lit de houille, est une sorte de schiste arénacé auquel on
donne quelquefois le nom de *fire-stone* (pierre à feu), parce
qu'on en fait des briques réfractaires. L'épaisseur de chacune
de ses couches varie de 15 centimètres à 3 mètres, et même
davantage; sir William Logan annonça le premier au monde
savant, en 1841, que les ouvriers mineurs de la Galles du Sud
les regardent comme des membres essentiels de chacun des
cents lits de houille que l'on rencontre dans leur bassin.
Elles forment, comme ils disent, le *plancher* sur lequel repose la houille; quelques-unes sont mélangées d'une faible
proportion de matière charbonneuse, d'autres en sont complétement teintées de noir.

Toutes ces couches d'argile, comme l'a fait remarquer

____

(1) *Memoirs of Geol. Survey*, vol. 1, p. 195.

M. Logan, sont caractérisées par un genre végétal fossile appelé *Stigmaria*, que l'on y rencontre à l'exclusion de tout autre. De plus, tandis que les schistes argileux sus-jacents, ou *toits* qui recouvrent la houille, abondent en fougères et en troncs d'arbres aplatis et comprimés, sans aucune stig-mariée, ces singulières plantes conservent souvent dans l'argile schisteuse sous-jacente leur forme naturelle, leurs ramifications ordinaires, et envoient à travers le limon, dans toutes les directions, des radicules fines et foliacées que l'on avait d'abord prises pour des feuilles véritables. Plusieurs espèces de *Stigmaria* avaient été depuis longtemps reconnues et décrites avant que l'on eût constaté leur position au-dessous de chaque lit de houille, et leur véritable nature comme racines d'arbres. On les regardait comme des plantes aquatiques, peut-être flottantes, qui auraient étendu librement leurs branches et leurs feuilles à travers la boue liquide, et en auraient été finalement enveloppées.

FLORE CARBONIFÈRE.

Les faits qui précèdent doivent démontrer au lecteur qu'il sera impossible de trouver une théorie satisfaisante sur l'origine de la houille tant que l'on n'aura pas parfaitement saisi la véritable nature des *Stigmaria*. Avant d'exposer ce que l'on sait aujourd'hui sur cette plante et sur d'autres dont la décomposition a contribué à la formation de la houille, il est nécessaire de tracer d'abord une rapide esquisse de toute la flore carbonifère, vaste ensemble de plantes fossiles qui nous sont plus familières qu'aucune de celles qui ont végété antérieurement à l'époque Tertiaire. Je dois ajouter, avec M. Göppert, qu'on rencontre quelquefois dans la houille pure même des débris de toutes les familles de plantes qui caractérisent l'étage houiller, circonstance d'un grand intérêt géologique pour la flore de ce terrain.

Fougères. — Le nombre des espèces carbonifères décrites jusqu'à ce jour s'élève, suivant M. Ad. Brongniart,

environ à cinq cents. Ce n'est peut-être là qu'une portion
de la flore totale, mais ce chiffre suffit pour montrer qu'à
cette époque géologique le règne végétal différait extrêmement de ce qu'il est dans les temps actuels. On est frappé, à la
première vue, de la ressemblance d'un grand nombre de ces
fougères avec celles qui vivent maintenant, et de la différence
de presque tous les autres fossiles, excepté les conifères, avec
notre flore d'aujourd'hui. Pour certaines fougères cependant,
pour le *Pecopteris* par exemple (fig. 511), il n'est pas tou-

FIG. 511. — *Pecopteris lonchitica.*
(Fl. Foss., 153.)

FIG. 512. — *a. Sphenopteris crenata.*
b. Portion du même, grossie.
(Fl. Foss., 101.)

jours facile de décider si l'on doit ou non les rapporter à des
genres différents de ceux qui ont été établis pour la classification des espèces vivantes; quant à la plupart des autres
tribus qui furent contemporaines des végétaux précédents,
à l'exception toutefois des Conifères, on est souvent embar-
rassé pour déterminer la famille et même la classe auxquelles elles ont appartenu. Sauf quelques échantillons bien
conservés, les fougères de la période carbonifère sont généra-

lement dépourvues des organes de la fructification ; à défaut de ce caractère, on a dû former les genres principalement d'après la ramification des frondes et le mode de distribution des veines sur la feuille. La plupart de ces plantes paraissent avoir eu les dimensions des fougères ordinaires d'Europe ; quelques-unes cependant devaient être arborescentes, celles surtout du groupe appelé *Caulopteris* par Lindley, et le *Psaronius*, de l'étage supérieur ou plus récent, dont il a déjà été question plus haut (p. 75, t. II).

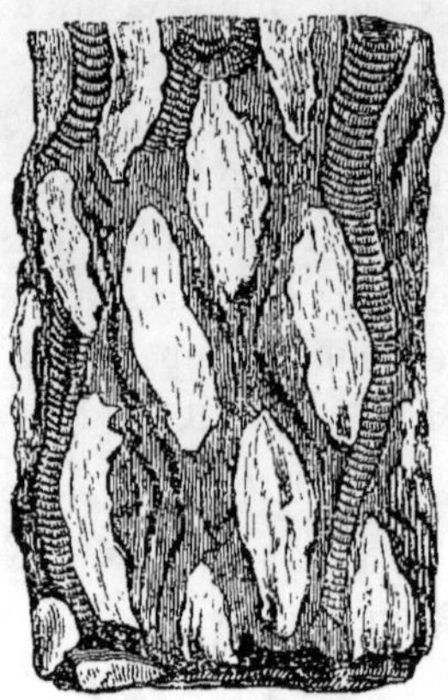

F.G. 513. — *Caulopteris primæva,*
Lindley.

Les fougères arborescentes actuelles appartiennent toutes à un petit nombre de genres

FIG. 514.   FIG. 515.   FIG. 516.
Fougères arborescentes vivantes, de différents genres (Ad. Brong.).
FIG. 514. — Fougère arborescente de l'île Bourbon.
FIG. 515. — *Cyathea glauca*, Maurice.
FIG. 516. — Fougère arborescente du Brésil.

d'une même tribu, celle des *Polypodiacées :* chez ces plantes,

le tronc est marqué de cicatrices laissées par la chute des
feuilles et ressemblant à celles du *Caulopteris* (fig. 513). On
a déjà extrait des couches du terrain houiller plus de 250
fougères; déduisant de ce nombre les quelques variétés que
l'on a pu prendre pour des espèces, en l'absence des caractères fournis par la fructification, le fait de cette multiplicité serait déjà bien remarquable, car l'Europe entière ne
présente pas aujourd'hui plus de soixante espèces indigènes
de la même tribu.

Lepidodendron. — On a rapporté à ce genre environ
quarante espèces fossiles du terrain houiller. La tige, de
forme cylindrique, est couverte de cicatrices de feuilles; la

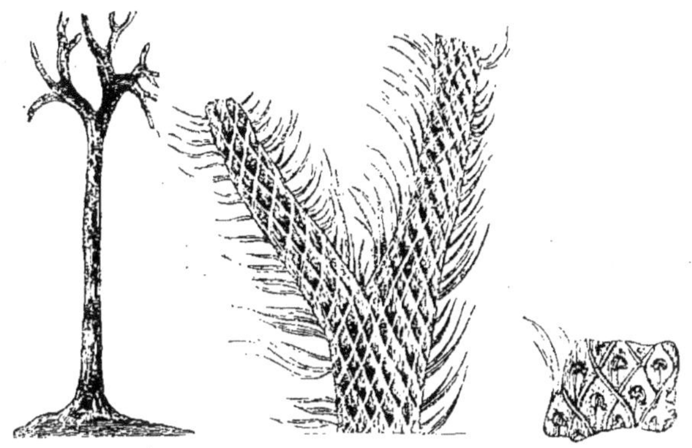

Fig. 517.   Fig. 518.   Fig. 519.
Lepidodendron Sternbergii, Terrain houiller, environs de Newcastle.
Fig. 517. — Tronc ramifié, de 15 mètres de long, supposé celui du *L. Sternbergii.*
(Fl. Foss., 203.)
Fig. 518. — Tige ramifiée, avec écorce et feuilles, du *L. Sternbergii.* (Fl. Foss., 4.)
Fig. 519. — Portion du même, plus rapprochée de la racine; grandeur naturelle. (*Ibid.*)

ramification est toujours dichotomique (fig. 518). La fructification se compose de cônes avec sporanges et spores (fig. 521);
cette circonstance a décidé MM. Brongniart et Hooker à considérer ces plantes comme des *Lycopodiacées.* Plusieurs d'entre elles étaient de grands arbres. Les figures 517-519 représentent un *Lepidodendron* fossile haut de 15 mètres,
que l'on a trouvé dans la houillère de Jarrow près de
Newcastle, où il était couché dans un schiste argileux, parallè-

lement aux plans de stratification. D'autres fragments découverts dans la même roche font présumer, par le diamètre
des cicatrices rhomboïdales, que le végétal atteignait des dimensions encore plus considérables. Les Lycopodiacées
(*club-mosses*) vivantes, dont on compte environ deux cents

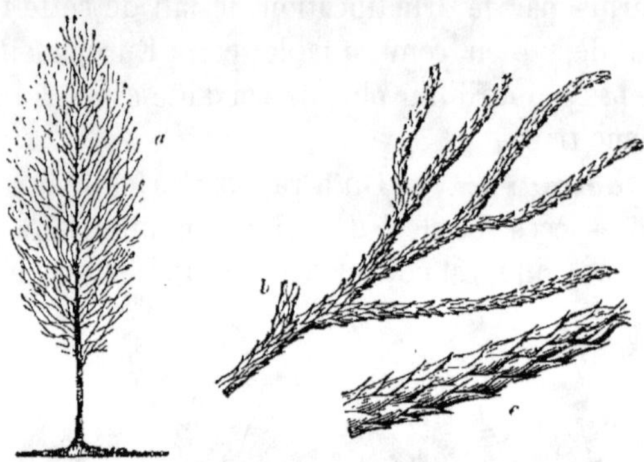

Fig. 520. — *a. Lycopodium densum ;* rives de la Tamise (Nouvelle-Zélaude).— *b.* Branche
de grandeur naturelle. — *c.* Portion grossie.

espèces, abondent dans les climats tropicaux. Elles ram-
pent généralement à terre, mais quelques-unes croissent en
direction verticale, par exemple le *L. densum* de la Nouvelle-Zélande (fig. 520), qui atteint une hauteur d'environ
1 mètre.

Dans les couches carbonifères de Coalbrook Dale, et dans
divers autres bassins houillers, on rencontre des corps allongés, cylindriques, que l'on appelle vulgairement cônes

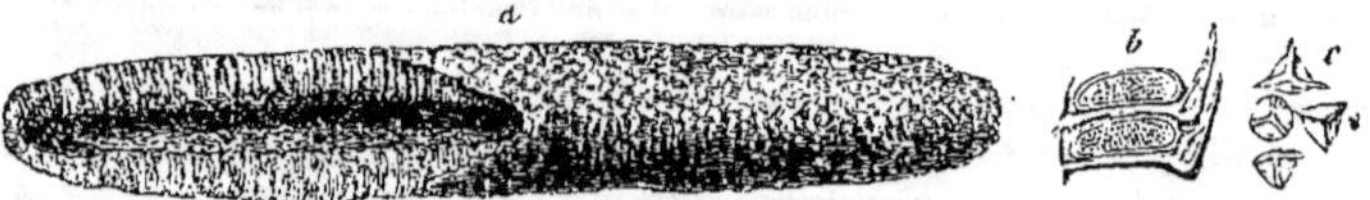

Fig. 521. — *a. Lepidostrobus ornatus,* Brong. Shropshire ; demi-grandeur naturelle.
— *b.* Portion d'une coupe montrant les gros sporanges dans leur position naturelle,
et chacun fixé à son écaille ou bractée. — *c.* Spores dans les sporanges, fortement
grossies. (Hoocker, *Mem. Geol. Surv.*, vol. II, part. II, p. 440.)

fossiles, et que M. Ad. Brongniart a nommés *Lepidostrobus*
(fig. 521). Ces corps constituent souvent le noyau de boules
concrétionnées de fer argileux ; ils sont bien conservés et

montrent un axe conique autour duquel se reconnaissent de nombreuses écailles imbriquées, très-serrées. L'opinion de M. Brongniart, aujourd'hui généralement adoptée, est que le *Lepidostrobus* représente le fruit du *Lepidodendron*, et il n'est pas rare en effet, à Coalbrook Dale et ailleurs, de rencontrer de ces *strobili* ou fruits terminant les branches d'un *Lepidodendron* bien caractérisé.

Équisétacées. — A cette famille appartiennent deux espèces fossiles de la houille, dont l'une, l'*Equisetum infundibuliforme* de Brongniart, se rencontre en différentes localités d'Europe et aussi dans la Nouvelle-Écosse ; les gaînes en sont régulièrement dentelées, garnies de côtes, et se prolongent régulièrement comme dans les jeunes tiges luxuriantes de l'*E. fluviatile*. Elle était beaucoup plus grande qu'aucune des *Prêles* actuelles. L'*E. giganteum,* découvert par de Humboldt et Bonpland dans l'Amérique du Sud, atteint environ 1ᵐ,50 sur 25 millimètres de diamètre ; plus récemment, Gardner en a observé une au Brésil qui avait 4ᵐ,50 de haut. Enfin, d'après Meyen, l'*E. Bogotense* s'élève à 4 ou 6 mètres dans le Chili.

Calamites. — Les plantes fossiles de ce nom ont été rangées d'abord parmi les cryptogames, et considérées par la plupart des botanistes comme des *Équisétacées* gigan-

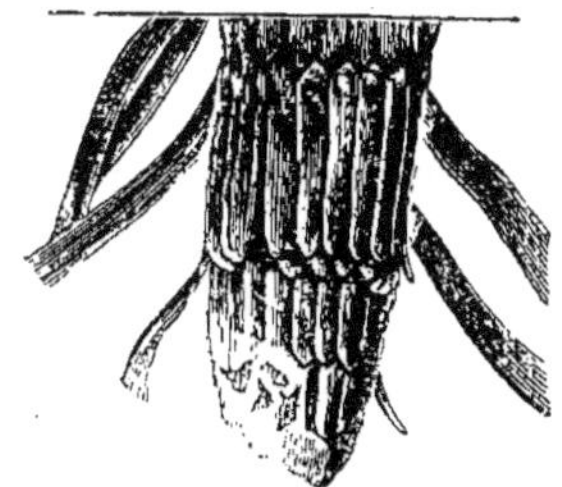

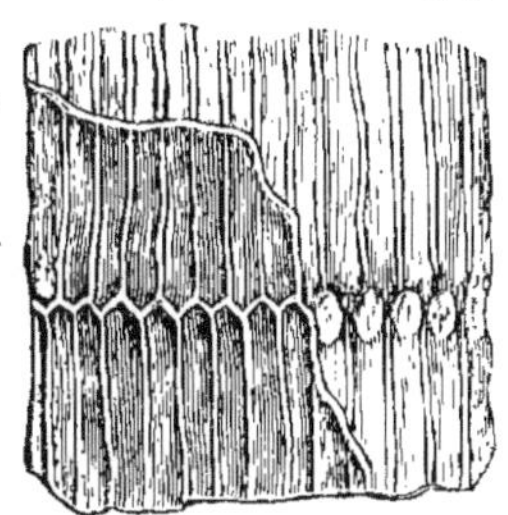

Fig. 522. — *Calamites cannæformis*, Schlot. (Fl. Foss., 79.) Commune dans le terrain houiller d'Angleterre.

Fig. 523. — *Calamites Sucowii*, Brong.; grandeur naturelle. Commune dans le terrain houiller, sur toute l'Europe.

tesques ; en effet, de même que la prêle commune, elles ont une tige creuse, articulée, cannelée extérieurement (fig. 522, 523, 524).

Il y a bien des années déjà, M. Salter me fit part de son opinion que les calamites telles que les représentaient les paléontologistes étaient dans une position renversée, et que la portion conique, regardée par eux comme le sommet de la tige, n'en était réellement que la racine. Nous avons souvent eu occasion, M. Dawson et moi, d'observer le fait dans la Nouvelle-Écosse, en 1853 ; nous y avons vu des calamites parfaitement droites dont l'extrémité radicale était dirigée comme le représente la figure 524. Les cicatrices d'où partaient les vaisseaux sont placées vers le haut, et non vers le bas de chaque entre-nœud (1). Il n'est pas douteux que l'échantillon (fig. 522) ne soit l'extrémité inférieure de la plante ; j'ai dû par conséquent renverser la position que leur avaient donnée MM. Lindley et Hutton.

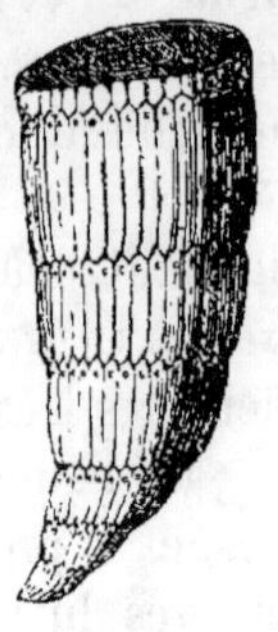

Fig. 524. — Extrémité de la racine d'une Calamite. Nouvelle-Écosse.

Après les découvertes de Germar et Corda, M. Ad. Brongniart a montré, en 1849, dans ses *Genres des Végétaux Fossiles*, qu'un grand nombre de Calamites n'ont point appartenu aux Équisétacées, ni probablement à aucune des tribus de plantes dépourvues de fleurs. Il pense qu'elles se rapprochaient beaucoup plus des Dicotylédonées Gymnospermes. Leur structure présentait, autour d'une moelle centrale, un étui ligneux traversé de rayons médullaires réguliers, et qu'enveloppait à son tour une écorce épaisse. D'après les tiges fossiles qui lui ont offert cette structure, M. Brongniart a fait son genre *Calamodendron*, comprenant plusieurs espèces que Cotta, Petzholdt et Unger rapportent au genre *Calamitea*. Le *Calamodendron* est lisse à l'extérieur ; il est muni d'un canal médullaire articulé, et marqué en dehors de stries verticales profondes ; en un mot, il réunit tous les caractères des plantes fossiles aux-

____

(1) Dawson, *Geol. Quart. Journ.*, 1854, vol. X, p. 35.

quelles les géologues donnent communément le nom de *Calamites*. Depuis la publication de l'essai de M. Brongniart, M. E.-W. Binney a fait sur le même sujet plusieurs découvertes importantes ; d'un autre côté, M. J.-S. Dawes a publié une description plus complète de ce singulier fossile (1). La manière de voir de ces deux observateurs a été confirmée par M. Williamson de Manchester, qui a bien voulu me communiquer l'échantillon représenté ci-contre (fig. 525) ; on voit à l'intérieur un canal médullaire dont

le caractère se rapporte au Calamodendron , et qui présente à l'extérieur un autre cylindre vertical, cannelé sur sa surface externe, de telle sorte que, dans la même tige, deux calamites s'enveloppent l'une l'autre. Il est parfaitement établi qu'elles ne constituaient toutes deux qu'une seule et même plante ; en effet, du pourtour de chaque articulation de la moelle rayonnent des prolongements qui pénètrent dans la zone ligneuse ;

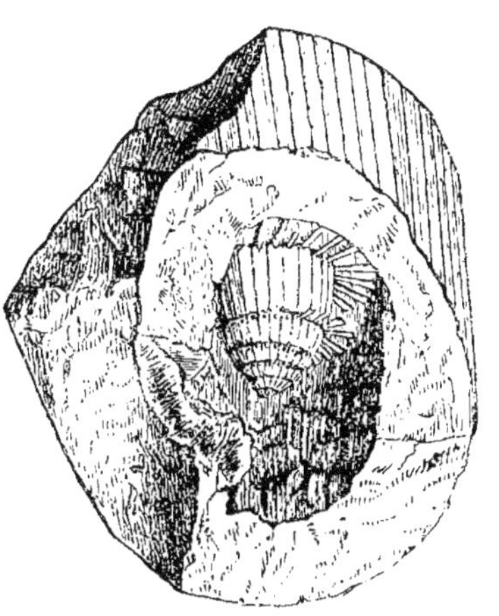

Fig. 525. — Portion de Calamite, près de la base ; on voit le cylindre extérieur qui se lie par les vaisseaux rayonnés avec le moule de la moelle. Communiqué par le professeur W.-C. Williamson.

on voit dans la figure ci-contre, vers le bas de la cavité, un tour ou cercle complet de ces prolongements ; d'autres tours qui suivent sont incomplets ; plusieurs des rayons sont encore à leur place primitive, tandis que les autres ont disparu laissant leur point d'insertion marqué par des cicatrices ; outre ces prolongements verticillés, on remarque, sur d'autres échantillons, un ensemble de véritables rayons médullaires ordinaires. La zone li-

____

(1) *Quart. Journ. Geol. Soc.* Lond., 1851, vol. VII, p. 196.

gneuse, pénétrée à la fois par les prolongements en question et par les rayons médullaires véritables, est ordinairement à l'état de matière charbonneuse brune, ne conservant plus qu'une certaine tendance à se séparer en parties longitudinales ; mais elle montre encore, dans quelques échantillons, son tissu fibreux ressemblant à celui du *Dadoxylon*. Enfin, en dehors de cette zone, vient un autre cylindre qui dut être primitivement une écorce cellulaire épaisse ; il égale presque le tiers de la tige en diamètre, et montre extérieurement des articulations et des cannelures, semblables à celles de la moelle.

En somme, par ces découvertes mêmes, il devient de plus en plus difficile de déterminer la véritable famille à laquelle il faut rapporter le plus grand nombre des Calamites. L'organisation intérieure de ces plantes, dit M. Williamson, était toute particulière ; si d'un côté elles montraient d'étroites affinités avec les Dicotylédonées gymnospermes, d'un autre côté la disposition de leur tissu différait essentiellement de toutes les formes de gymnospermes connues.

Astérophyllites. — La gracieuse plante que représente la figure ci-dessous serait, d'après M. Brongniart, une branche de *Calamodendron* ; sa moelle et ses rayons mé-

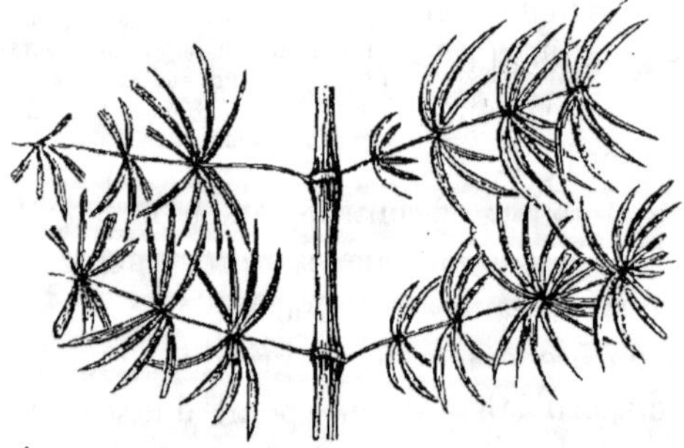

Fig. 526. — *Asterophyllites foliosus*. (Fl. Foss., 25.) Terrain houiller, Newcastle.

dullaires annonceraient une plante dicotylédonée. Par la nature de son tissu, elle paraît voisine des gymnogènes et du genre *Sigillaria*. Mais, sous le nom d'*Asterophyllites*, on a compris divers débris de végétaux appartenant probablement à différents genres. Dans le fait, ces débris n'ont pour caractère commun que l'existence de feuilles étroites, verticillées, et offrant une seule nervure. Le docteur Newberry, de l'Ohio, a découvert dans la houille de ce pays des tiges fossiles munies vers leur sommet de feuilles cunéiformes semblables à celles du *Sphenophyllum*, tandis que, plus bas, les feuilles étaient tubuleuses et capillaires, et auraient certainement reçu le nom d'*Asterophyllites* si on les avait trouvées détachées. De ce fait, le docteur a conclu que le *Sphenophyllum* était une plante aquatique dont les feuilles supérieures flottantes étaient larges et offraient une disposition complexe dans leurs nervures, tandis que les feuilles inférieures ou submergées étaient linéaires et munies d'une seule nervure. « Une pareille supposition, ajoute-t-il, acquiert beaucoup de probabilité par la longueur extrême et la ténuité des branches de cette plante, dont la nature herbacée semble avoir exigé pour milieu un élément plus dense que l'air (1). »

Sigillaria. — Une grande partie des arbres de la période carbonifère appartiennent à ce genre, dont on connaît environ trente-cinq espèces. La structure interne et la forme des sigillariées étaient tout à fait particulières, et, si on les compare aux types actuels, on les trouve très-anomales. M. Ad. Brongniart a d'abord rapporté ces plantes aux fougères, auxquelles elles ressemblent en effet par leurs vaisseaux scalariformes, et, jusqu'à un certain point, par les cicatrices qu'ont laissées les bases des feuilles après leur chute (fig. 527). Mais, si elles se rattachent aux Cryptogames par quelques caractères, leur organisation intérieure les rapproche beaucoup des Cycadées, et quelques-unes d'entre elles paraissent décidément avoir été pourvues de longues feuilles linéaires totalement différentes de celles des fougères. Les sigillariées s'élevaient parfois jusqu'à la hauteur

____

(1) *Annals of Science, Cleveland, Ohio*, 1853, p. 97.

de 21 mètres ; leur tige était cylindrique, régulière, non ramifiée, bien que quelques-unes fussent dichotomes vers le
sommet. Cette tige cannelée, et dont le diamètre variait de
30 centimètres à 1ᵐ,50, se décomposait, à ce qu'il semble,
plus rapidement au dedans qu'au de-
hors, et finissait par devenir creuse,
tout en gardant sa position verticale ; lorsqu'elle venait à tomber,
elle s'affaissait par la compression et
s'aplatissait. C'est pour cela que l'é-
corce des deux faces d'aplatissement,
écorce aujourd'hui convertie en
houille brillante et fragile, forme
souvent deux couches horizontales
superposées l'une à l'autre, chacune
de 12 à 25 millimètres d'épaisseur.

Fig. 527.— *Sigillaria lævigata,*
Brong. .

Ces mêmes tiges, lorsqu'elles se trouvent dirigées obliquement ou verti-
calement par rapport aux plans de stratification, conservent
leur forme cylindrique primitive ; elles n'ont pas alors subi
de compression , et le cylindre de l'écorce s'est rempli
de sable qui s'est moulé à l'intérieur.

Le docteur Hooker serait porté à voir dans les *Sigillariées*
des Cryptogames beaucoup plus développés qu'aucune des
plantes dépourvues de fleurs qui font partie de la création
actuelle. La structure scalariforme de leurs vaisseaux s'accorde parfaitement avec celle des fougères.

Stigmaria. — Ce fossile, dont nous avons déjà fait remarquer l'importance, avait d'abord été pris pour une plante aquatique. Aujourd'hui on a la preuve que c'était une racine de
Sigillaria. D'après certains caractères botaniques, M. Brongniart soupçonna le premier les liens qui devaient exister
entre la racine et la tige. Cette opinion s'est trouvée confirmée par les observations directes de M. Binney dans le
bassin houiller du Lancashire, et tout récemment, d'une manière plus certaine encore, par M. Richard Brown, dans sa

description des *Stigmariées* contenues dans les argiles sous-jacentes du terrain houiller, à l'île duCap Breton (Nouvelle-Écosse).

Dans l'échantillon que représente la figure 528, les racines s'étendaient sur un rayon de 4^m,80 ; quelques-unes

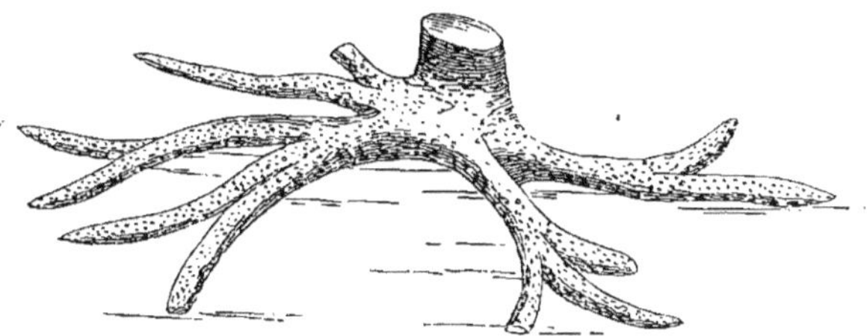

FʉG. 528. — *Stigmaria* faisant suite à un tronc de *Sigillaria* (1).

envoyaient des radicules suivant toutes les directions dans l'argile environnante.

Les falaises de South-Joggins (Nouvelle-Écosse), m'ont fait voir des Sigillariées en position verticale, et je me suis assuré avec M. Dawson, que, de leur extrémité inférieure, partaient comme racines des Stigmariées. Ces racines nais-

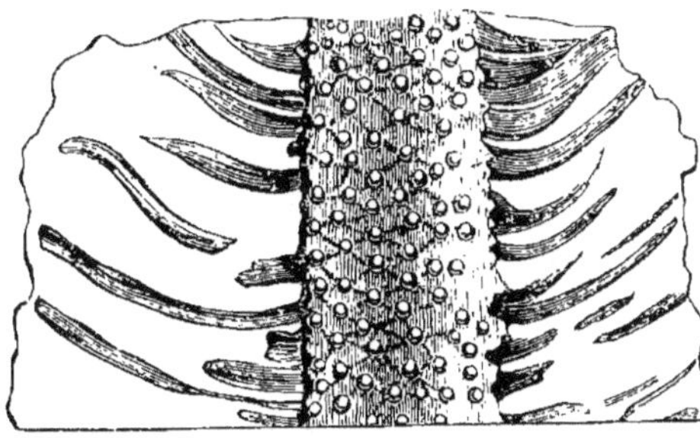

FʉG. 529. — *Stigmaria ficoïdes*, Brong. Demi-grandeur naturelle. (Fl. Foss., 32.)

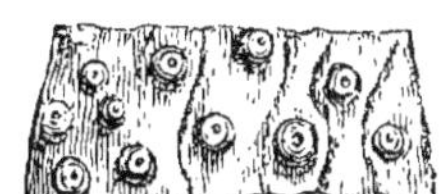

FʉG. 530. — Autre exemplaire de la même espèce montrant à la surface la forme des tubercules. (Fl. Foss., 34.)

saient au nombre de quatre, puis chacune d'elles se bifurquait de manière à doubler bientôt ce nombre, et plus loin se montrait une nouvelle dichotomie.

(1) M. Brown rapporte le tronc de ce cas au *Lepidodendron ;* mais les figures qu'il en a données paraissent indiquer les marques que l'on rencontre ordinairement vers la base des *Sigillaria*.

Lesradicules cylindriques, que l'on avait d'abord regardées comme des feuilles, étaient, comme le prouvent aujourd'hui certains échantillons, primitivement fixées à la racine par le remplissage de creux profonds, cylindriques. A l'état fossile, on ne distingue que rarement la trace de la forme de ces cavités, par suite de l'expansion des tissus environnants. Une fois les radicules détachées, il ne reste plus rien à la surface du Stigmaria que des rangées de tubercules mamelonnés qui ont formé la base des radicules (voir fig. 529, 530). Ces protubérances indiquent peut-être un point d'articulation à l'extrémité inférieure des mêmes radicules. Les rangées de ces tubercules sont disposées en spirale autour de chaque racine, et celle-ci présente toujours un axe médullaire et un système ligneux qui ressemblent beaucoup à ceux des *Sigillaria*, car la structure des vaisseaux est également scalariforme.

Conifères. — Les arbres conifères de la période houillère se rapportent à cinq genres ; la structure ligneuse de certains d'entre eux les rapproche de la division des Araucarias beaucoup plus que d'aucun des pins ordinaires d'Europe. Leur tronc dépassait quelquefois 13 mètres de haut ; tous ou presque tous différaient des Conifères actuels par l'existence d'un épais cylindre médullaire. M. Williamson a prouvé que le fossile végétal de l'étage houiller auquel on a donné le nom de *Sternbergia* n'était autre chose que la moelle de ces arbres, ou plutôt le moule de cavités formées par le retrait ou l'absorption partielle de l'axe médullaire originel (fig. 531 et 532). On observe ce type particulier de moelle dans des représentants vivants de familles très-différentes de la précédente, par exemple dans le noyer commun et le jasmin blanc. Chez ces végétaux, la moelle se réduit tellement, qu'elle finit par ne plus former qu'un mince cordon dans la cavité médullaire ; des plaques minces de moelle s'étendent transversalement et divisent ainsi le tube cylindrique en espaces discoïdaux. Lorsque la matière inorganique a rempli ces interstices, ceux-ci constituent un axe auquel, avant que sa véritable nature fût connue, on avait provisoirement donné le nom de *Sternbergia* (*d, d,* fig. 531).

Dans les échantillons représentés ici (*b,* fig. 531 et 532), la structure du bois indique des conifères, le fragment appartient au genre éteint *Dadoxylon* de Endlicher.

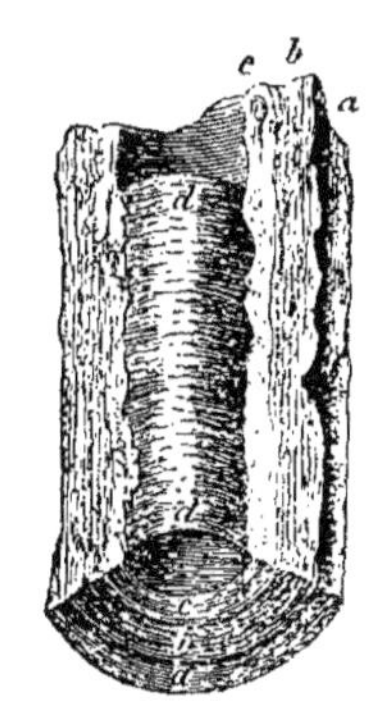

Suivant le docteur Hooker, le fossile appelé *Trigonocarpon* (fig. 533 et 534), que l'on avait d'abord pris pour un fruit de palmier, devrait, comme les *Sternbergia*, être rapporté aux Conifères. Son importance géologique est très-grande ; il abonde au sein du dépôt houiller, et, dans certaines localités, on peut se procurer le fruit de quelques espèces, pour ainsi dire par boisseaux. Excepté les argiles sous-jacentes (*underclays*), et le calcaire, il n'est aucune partie

Fig. 531. — Fragment de bois conifère, *Dadoxylon,* Endlicher, brisé longitudinalement ; de Coalbrook Dale. W.-C. Williamson (1).

a. Écorce. — *b.* Zone ligneuse, ou fibre (pleurenchyma). — *c.* Moelle.— *d.* Moule du canal médullaire, ou *Sternbergia.*

de la formation houillère qui ne le fournisse. Le grès, le minerai de fer, les schistes et la houille même en contiennent.

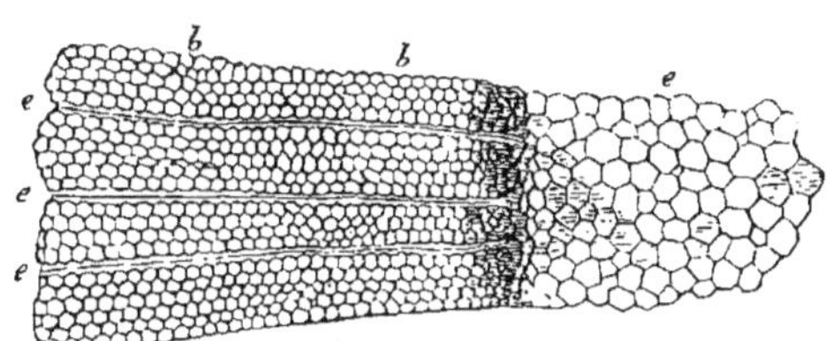

Fig. 532. — Portion grossie du fragment fig. 531 ; coupe en travers.
c. Moelle. — *b, b.* Fibre ligneuse. — *e, e.* Rayons médullaires.

M. Binney a trouvé, dans le minerai de fer argileux du Lancashire, plusieurs échantillons d'après lesquels le docteur Hooker voudrait ranger le *Trigonocarpon* dans cette vaste section des conifères vivants qui portent des fruits soli-

(1) Manchester, *Philos. Mem.*, vol. IX, 1851.

taires, charnus, et non des cônes. Le Trigonocarpon ressemble beaucoup au fruit du genre *Salisburia* qui se trouve en Chine, et appartient à la tribu des Ifs ou Conifères Taxoïdes. Cinq échantillons fossiles ont présenté quatre téguments consécutifs distincts, et une large cavité intérieure, actuellement remplie de carbonate de chaux et de magnésie, mais probablement occupée autrefois par l'albumen et l'embryon de la graine. La forme générale du fruit fossile, à l'état complet de développement, est celle d'un ovoïde allongé ; par sa grosseur, il dépasse un peu la noisette ordinaire. Le tégument externe était très-épais, cellulaire, sans aucun doute charnu (fig. 534). Ce tégument dépasse seul la graine, et en forme comme l'éperon. La seconde

Fig. 533.'— *Trigonocarpum ovatum*, Lindley et Hutton. Peel Quarry, Lancashire.

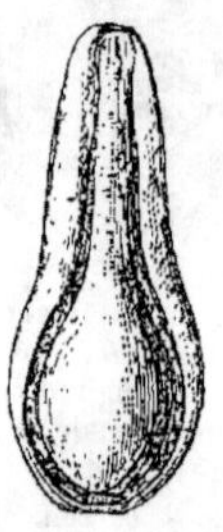

Fig. 534. — *Trigonocarpum olivæforme*, Lindley ; avec son enveloppe charnue. Houillère de Felling, Newcastle.

enveloppe était plus mince, mais dure et marquée de trois côtes. Cette enveloppe, la seule qui subsiste généralement à l'état fossile, a fait donner au fruit le nom de *Trigonocarpon*. Plus intérieurement venaient les troisième et quatrième enveloppes, toutes deux très-délicates, et qui ne constituaient peut-être que deux feuillets d'une seule et même membrane.

Du rang de la Flore Carbonifère. — « En résumé, dit le docteur Hooker, on doit rapporter ces fruits à un type hautement développé, montrant une disposition très-complexe des organes élémentaires, et une appropriation à des fonctions toutes spéciales ; cette complexité de structure et cette spécialisation organique étaient telles qu'on ne trouve rien à leur comparer dans aucun fruit analogue du règne végétal actuel (1). » M. Williamson fait remarquer

(1) *Proceed. of the R. Soc.*, vol. VII, mars 1854, p. 28.

aussi, dans son mémoire sur le *Sternbergia*, la structure complexe de ce fossile, et il ajoute « qu'à l'époque si reculée du terrain Carbonifère, toutes les formes que l'on observe dans les tissus des végétaux actuels semblent avoir été déjà créées. »

Ces observations méritaient d'être signalées, car on s'est demandé si les *Conifères* occupent un rang élevé ou inférieur parmi les plantes portant des fleurs, et ce point a directement trait à la théorie du développement progressif. Suivant certains botanistes, tous les *Dicotylédonés gymnospermes* seraient inférieurs aux *Angiospermes*. D'autres botanistes, au nombre desquels est le docteur Hooker, contestent cette opinion, parce que les Gymnospermes possèdent tous les caractères types des Dicotylédonés les plus complets en organisation. C'est ainsi que les Conifères portent des fleurs, et se propagent au moyen de graines produites par l'action mutuelle des étamines et des ovules ; ils ont des embryons dicotylédonés et polycotylédonés, et leur mode de germination est celui des autres dicotylédonés. Le réceptacle de la graine ou ovaire n'est point clos ; mais ce cas se présente aussi dans quelques genres d'Angiospermes chez lesquels l'ovaire s'ouvre avant ou après la fécondation, de telle sorte que l'on ne saurait faire valoir ce caractère pour établir une différence fondamentale dans le développement de la structure. Les Conifères sont exogènes et présentent les mêmes dispositions de moelle, bois, écorce et rayons médullaires que les arbres dicotylédonés types. Que la fibre ligneuse particulière qui caractérise les Conifères soit un tissu plus compliqué ou plus simple que les vaisseaux spiraux, c'est là un point controversé. Comme chez certaines plantes, les vaisseaux spiraux se rencontrent dans les jeunes pousses, et se perdent lorsque le végétal est parvenu à un état plus avancé d'accroissement ; comme, d'un autre côté, on les rencontre dans plusieurs acrogènes, il ne semble pas qu'ils puissent constituer la preuve d'une organisation supérieure. Enfin, lorsqu'il s'agit du règne végétal, il existe encore bien de l'ambiguïté dans le sens qu'il faut attacher à ces mots : *organisation avancée, peu avancée,* et les physiologistes prêtent une valeur très-différente au perfectionnement de certains organes et à l'importance relative de leurs fonctions, même lorsque celles-ci ont été très-nettement déterminées. Il suffit aux géologues de savoir que les Conifères fossiles abondent dans les roches les plus anciennes qui contiennent un certain nombre de débris végétaux, et que, si les plantes de cet ordre ne tiennent pas le rang le plus élevé dans l'échelle de la vie végétale, elles en occupent du moins un assez considérable pour qu'il ne nous soit pas possible d'admettre que la flore carbonifère se compose de plantes d'organisation imparfaite.

Bien que nos connaissances actuelles soient vraiment trop incomplètes pour nous permettre de généraliser sur la création végétale entière de cette époque, nous pouvons affirmer, d'après toutes les observations faites jusqu'à présent, que cette création différait beaucoup de toute flore connue de nos jours. La rareté comparative des monocotylédonés et des dicotylédonés angiospermes durant l'époque carbonifère paraît bien établie, et l'abondance des Fougères et des Lycopodiacées justifie la dénomination de *règne des Acrogènes,* que M. Ad. Brongniart a employée pour désigner les périodes primaires (1). Quant aux Sigillariées et aux Calamites, ces plantes paraissent avoir été distinctes de toutes les tribus aujourd'hui existantes. Les botanistes admettent universellement que l'abondance des Fougères implique une atmosphère humide ; mais aucune conclusion certaine, dit M. Hooker, ne saurait être déduite de la présence des Conifères seulement, car on rencontre ces végétaux dans les climats chauds et secs, aussi bien que dans les climats froids et secs, dans les régions chaudes et humides aussi bien que dans les régions froides et humides. C'est dans la Nouvelle-Zélande que les Conifères sont les plus nombreux ; ils constituent $\frac{1}{62}$ de la flore phanérogame, tandis que,

(1) Pour la terminologie de la classification des plantes, voyez tome I, note, page 522.

sur une large étendue, autour du cap de Bonne-Espérance, ils ne représentent pas la $\frac{1}{1600}$ partie de cette même flore. Outre les Conifères, plusieurs espèces de fougères croissent dans la Nouvelle-Zélande ; quelques-unes sont arborescentes ; on y trouve aussi plusieurs Lycopodes, de telle sorte qu'une forêt de ce pays montrerait aujourd'hui une végétation plus analogue à celle de la période Carbonifère qu'aucune autre forêt sur le globe.

Angiospermes. — On considère, comme ayant appartenu à des Monocotylédonés, certaines feuilles appelées *Poacites*, lesquelles ressemblent à celles du gazon commun et présentent de minces rayures longitudinales ; mais cette détermination laisse des doutes, car quelques-unes de ces feuilles pourraient bien se rapporter au *Lepidodendron*, d'autres à des fougères. On a généralement considéré comme des fleurs en épis les plantes curieuses que Lindley a nommées *Antholithes*, et qui paraissent munies d'un calice et de pétales linéaires (fig. 535). Le docteur Hooker pensa d'abord qu'elles représentaient de jeunes touffes de feuilles analogues à celles du mélèze ; mais, après l'examen d'échantillons plus complets, il ne les regarda plus comme des Conifères, et les assimila

Fig. 535. — *Antholithes.* Houillère de Felling. Newcastle.

à l'épi d'une plante supérieurement organisée, en pleine floraison, de la famille des Broméliacées, par exemple, à laquelle le professeur Lindley les avait comparées dans le principe.

Houille, son mode de formation. — Arbres verticaux. — Examinons maintenant la manière dont les plantes énumérées ci-dessus ont été enfouies dans les couches, et comment elles ont contribué à produire la houille. En étudiant les végétaux fossiles des bassins houillers d'Allemagne, M. Göppert a découvert, au sein de la houille pure, des débris de plantes de toutes les familles qui avaient été déjà rencontrées à l'état fossile dans le terrain carbonifère. Plusieurs lits de houille, d'après ce botaniste, sont riches en *Sigillaria*, *Lepidodendron* et *Stigmaria* ; ce dernier fossile serait même tellement abondant en certains endroits, qu'il formerait la masse du combustible. Sur quelques points, les plantes sont presque exclusivement des Calamites, sur d'autres ce sont des Fougères (1). « Quelques-unes des plantes de la houille d'Angleterre, dit le docteur Buckland, ont crû sur les fonds même de sable, de vase ou de boue qui, transformés aujourd'hui en pierre dure et en schiste, constituent les couches qui accompagnent le charbon ; mais d'autres portions de ces mêmes plantes ont été transportées à diverses distances des marais, des savanes et forêts qui les avaient vues naître, et ce sont particulièrement celles que l'on trouve dispersées à travers les grès, ou mêlées avec les poissons. » A Balgray, 5 kilomètres nord de Glascow, le même auteur a rencontré, en 1824, plusieurs troncs de grands arbres encore debout, et sur le sol même qui leur avait donné naissance. Cet exemple a été fourni par une carrière de grès de la formation houillère (2).

De 1837 à 1840, on a découvert six arbres fossiles dans le bassin houiller du Lancashire, au point où ce bassin est coupé par le chemin de fer de Bolton. Ces arbres étaient tous en position verticale, relativement au plan des couches qui les contenaient et qui plongeaient de 15 degrés environ au Sud. La distance entre le premier et le dernier d'entre eux dépassait 30 mètres ; toutes les racines s'étendaient au travers d'un schiste argileux tendre. Sur la même surface, on voyait, avec les racines, un lit de houille, épais de 20 à 25 centimètres, se prolongeant à travers le railway, c'est-à-dire jusqu'à 9 mètres au moins. Juste au-dessus des racines, au-dessous du lit de houille, on a trouvé, au milieu de nodules d'argile endurcie, une si grande quantité de *Lepidostrobus variabilis*, qu'on a pu en extraire plus d'un boisseau, prin-

(1) *Quart. Geol. Journ.*, vol. V, Mem., p. 17.
(2) *Anniv. Address to Geol. Soc.*, 1840.

cipalement des petites ouvertures entourant la base des arbres (voy. la fig. 468). Le tronc de chacun de ces arbres se composait extérieurement d'une enveloppe de houille friable, dont l'épaisseur variait de 6 à 18 millimètres, mais qui tombait par petites parties dès qu'on la touchait. L'un d'eux mesurait $4^m,75$ de circonférence à la base, $2^m,25$ au sommet, et $3^m,30$ de longueur. Tous étaient munis de racines fortes et solides, parfois ramifiées, et que l'on pouvait suivre sur une longueur de plusieurs décimètres ; peut-être même s'avançaient-elles plus loin encore. M. Hawkshaw, qui a décrit ces fossiles, pense qu'ils ont été originairement des bois pleins, mais qu'ils sont devenus creux avant que la submersion s'en soit emparée ; on voit en effet aujourd'hui, dans les forêts tropicales, par exemple dans celles du Venezuela, sur la côte de la mer des Antilles, des arbres dicotylédonés à tige pleine, dont l'intérieur, dès qu'ils sont tombés à terre, se détruit si complétement, qu'il ne reste plus d'eux qu'un cylindre extérieur formé principalement par l'écorce. Cette destruction, ajoute l'auteur, a lieu rapidement, surtout dans les endroits bas et plats, où le sol, épais, fécond, excessivement humide, nourrit une luxuriante végétation de palmiers et autres arbres gigantesques, au-dessous desquels croissent des bambous, des cannes à sucre et des palmiers plus petits. Ces surfaces sont, à cause de leur niveau peu élevé, très-faciles à submerger, et leur riche végétation peut donner naissance à un lit de houille (1).

Dans une vallée profonde qui se trouve près de Capel-Coelbren, et qui part de la portion supérieure de la vallée de Swansea, on a découvert en 1838 quatre tiges de *Sigillaria* traversant verticalement les couches de houille de la Galles du Sud. L'une de ces tiges mesurait 60 centimètres de diamètre sur 4 mètres de hauteur, et toutes se terminaient en bas dans un lit de houille. « Elles paraissent, dit Sir H. de la Bèche, avoir fait partie d'une forêt souterraine à l'époque

(1) Hawkshaw, *Geol. Trans.*, 2e série, vol. VI, p. 173, 177, pl. 17.

où se déposaient les couches carbonifères inférieures (1). »

Dans une galerie de mine des environs de Newcastle, disent les auteurs de la Flore fossile, on a observé un grand nombre de *Sigillaria* conservant encore la position qu'elles avaient lors de leur accroissement. Sur une étendue de 50 mètres carrés, on en a compté plus de trente, dont quelques-unes avaient de 1^m,20 à 1^m,50 de diamètre ; leur partie interne était remplacée par du grès, et l'écorce était convertie en houille. Les racines de l'une d'elles s'étendaient dans le schiste argileux, et le tronc, après avoir gardé une direction verticale et sa forme cylindrique normale jusqu'à la hauteur d'environ 3 mètres, était plié à cette hauteur de manière à devenir horizontal. A partir de ce point, il se dirigeait latéralement, et, bien que les cannelures restassent assez distinctes, il s'aplatissait au point de ne plus présenter que quelques centimètres d'épaisseur (2). Ces tiges en position verticale sont connues de nos mineurs sous le nom de *tuyaux de la houille (coal-pipes)*. L'une d'elles, mesurant 22 mètres de long, a été découverte en 1829 près de Gosforth, à environ 7 kilomètres de Newcastle, dans un grès houiller dont elle traversait les couches. La surface extérieure portait, par intervalles, des nœuds indiquant les points de départ des branches. Le ligneux de l'intérieur était converti en carbonate de chaux, et, en coupant transversalement des tranches assez minces pour être transparentes, on pouvait aisément distinguer la structure primitive du végétal (voy. t. I, p. 65).

Ces *tuyaux de la houille* sont fort redoutés des mineurs, car presque chaque année, dans les bassins de Bristol, de Newcastle, etc., ils occasionnent de graves accidents. Le cylindre de grès solide qui forme le moule de chacun de ces arbres augmente graduellement de diamètre vers la partie inférieure ; dépourvu de branches, il pèse de tout son poids sur sa base, sans recevoir aucun appui de l'enveloppe de houille friable qui a remplacé l'écorce. Aussitôt, donc, que

(1) *Geol. Report on Cornwall, Devon and Somerset*, p. 143.
(2) Lindley et Hutton. *Foss. Fl.*, part. 6, p. 150.

la cohésion de cette mince couche extérieure vient à céder,
la lourde colonne tombe subitement, dans une direction
perpendiculaire ou oblique, du toit de la galerie d'où l'on
tire la houille, et blesse ou tue les ouvriers qu'elle rencontre
dans sa chute.

Si, au lieu de travailler dans l'obscurité, les mineurs se
fussent habitués à travailler à ciel ouvert, c'est-à-dire à en-
lever la portion supérieure de chaque couche de houille, de
manière à exposer au jour les différents sols sur lesquels ont
grandi les anciennes forêts, on aurait des notions plus claires sur le mode primitif de croissance. A Parkfield Colliery,
près de Wolverhampton, dans le Staffordshire méridional,
on a mis à découvert en 1844, sur une surface de quelques
centaines de mètres, une couche de houille qui a fourni plus
de soixante-treize troncs d'arbres garnis encore de leurs racines et disposés comme le fait voir le plan (fig. 536); quel-

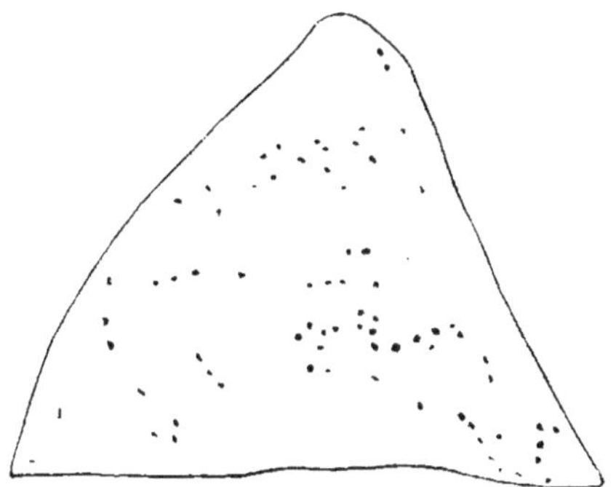

Fig. 536. — Plan d'une forêt fossile, dans la houillère de Parkfield, près de Wolverhampton; il montre la position de 73 arbres sur une surface d'un quart d'acre (1).

ques-uns de ces troncs mesuraient près de 3 mètres de circonférence. Brisés près de la racine, ils étaient couchés dans
toutes les directions, se croisant souvent les uns les autres. L'un d'eux présentait 4^m,50, et un autre 9 mètres de
long, d'autres des dimensions moindres ; tous étaient invariablement aplatis, et leur substance, complétement trans-

(1) Beckett et Ick, *Proceed. Geol. Soc.*, vol. IV, p. 287.

formée en houille, n'offrait plus qu'une épaisseur de 25 à
50 millimètres. Leurs racines formaient en partie une couche de houille épaisse de 25 centimètres, reposant sur un lit
d'argile de 50 millimètres, au-dessous duquel était une seconde forêt superposée à une bande de houille de 60 centimètres. Au-dessous, à 1^m,50, existait une troisième forêt,
avec de gros troncs de *Lepidodendron Calamites* et autres
arbres.

Dans sa description de la mine du Treuil à Saint-Étienne
près Lyon, M. Alex. Brongniart (1) a signalé des couches
horizontales de grès micacé traversées verticalement par des
troncs de végétaux monocotylédonés ressemblant à des bambous ou à des *Equiseta* gigantesques (fig. 537). Depuis la

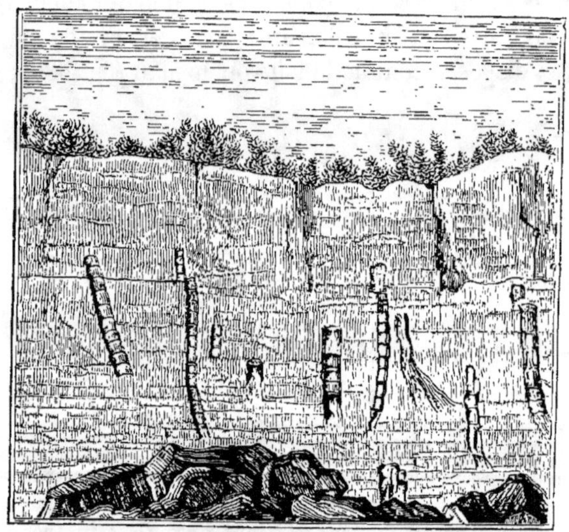

Fig. 537. — Coupe montrant la position verticale d'arbres fossiles dans le grès houiller
de Saint-Étienne. (Alex. Brongniart.)

consolidation de la roche, des mouvements de glissement
ont détruit la continuité de quelques-unes des tiges, et dispersé les tronçons.

(1) *Annales des Mines,* 1821.

Cette disposition avait été considérée comme indiquant une forêt submergée. Je me suis d'abord refusé à cette conclusion : je pensais que, si tel eût été le cas, on aurait trouvé toutes les racines à un seul et même niveau, et non point irrégulièrement distribuées à travers la masse. Je me figurais que le sol contenant les racines devait être différent du grès que les troncs traversaient. Mais, ayant eu occasion de voir près de Pictou, dans la Nouvelle-Écosse, des Calamites enfouis dans le grès à différentes hauteurs et conservant une position verticale analogue à celle des arbres du Treuil, je me rangerai assez volontiers, aujourd'hui, à l'opinion émise par M. Brongniart. Les plantes, dans le cas particulier dont il s'agit, auraient végété sur un sol sableux exposé aux inondations, et qui se serait élevé ultérieurement par de nouveaux apports de sédiment, comme cela arrive dans les bas-fonds, près des bords d'une grande rivière, aux points où celle-ci forme un delta. Les arbres qui se plaisent sur un sol marécageux ne continuent pas moins de vivre parce qu'un sol nouveau s'accumule à leur base ; d'autres arbres naissent et croissent sur ce sol nouveau, à plusieurs décimètres au-dessus du niveau primitif du marécage, et c'est ainsi que, sur les rives du Mississipi, j'ai vu, aux basses eaux, des coupes de dépôts semblables, dans lesquelles des troncs d'arbres pourvus de leurs racines en place se montraient à différents niveaux (1).

Lorsque je visitai les carrières du Treuil, les arbres fossiles que représente la figure 537 avaient été enlevés ; mais je pus constater dans le même bassin l'existence d'autres forêts d'arbres verticaux.

En 1830, dans la carrière de Craigleith près d'Édimbourg, on mit à découvert un tronc incliné dont la longueur dépassait 18 mètres ; son diamètre était, vers le sommet, d'environ 17 centimètres, et, près de la base, de 2 mètres sur 60 centimètres. L'écorce était convertie

____

(1) *Principes de Géologie*, 9° édit., p. 2(8.

en une croûte mince de la houille la plus pure et la plus fine, ce qui produisait un étrange contraste de couleur avec le grès blanc quartzeux dans lequel l'arbre était enfoui. La figure ci-contre en représente une longueur d'environ 4 mètres. Les couches que l'on a respectées dans les déblais, sur l'un des côtés du tronc, attestent, par la netteté et la régularité de leur disposi-

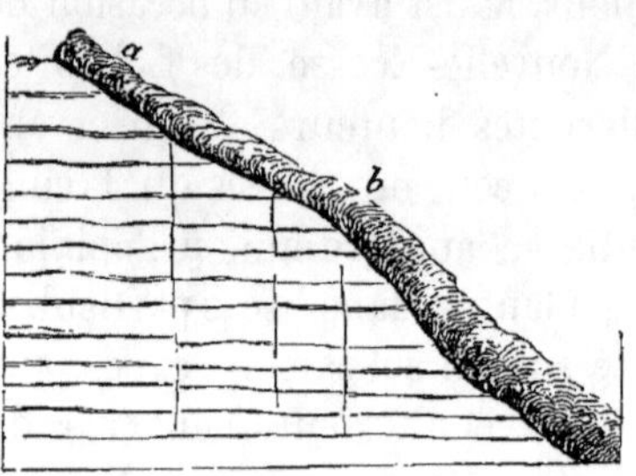

Fig. 538. — Arbre fossile incliné au travers de lits horizontaux de grès, dans la carrière de Craigleith, Édimbourg. L'angle d'inclinaison de *a* à *b* est de 27 degrés.

tion aux points mêmes de contact, qu'elles se sont déposées tranquillement autour de l'arbre, et que celui-ci n'a pu les traverser postérieurement à leur formation, pendant leur état de mollesse. Ces couches se composaient principalement d'un grès siliceux, le plus souvent de couleur blanche; elles se divisaient en lames si minces, qu'il en fallait de six à quatorze pour faire une épaisseur de 25 millimètres. Quelques-unes de leurs divisions étaient noires et contenaient de la matière charbonneuse; mais les plus profonds des lits traversés étaient calcaires. On ne pouvait pas supposer que cet arbre se fût trouvé creux avant son enfouissement, car l'intérieur, malgré sa transformation en matière principalement calcaire, conservait encore la texture ligneuse la plus distincte (1). Bien évidemment la matière pétrifiante ne s'était point introduite par le côté, les couches au travers desquelles le fossile est dirigé n'étant point calcaires. Personne n'ignore que, dans le Mississipi et autres grandes rivières américaines où des milliers d'arbres sont entraînés par le courant, quelques-uns de ceux-ci s'enfoncent, avec leurs racines tournées vers le bas, et se fixent dans le limon. Ainsi placés, on les a comparés à des lances

_____

(1) Voyez les figures représentant la texture : Witham, *Foss. Veget.*, pl. 3.

en repos ; la proue des embarcations est parfois exposée à butter contre ces sommets pointus, ce qui rend la navigation extrêmement dangereuse. M. Hugh Miller cite, dans des carrières près d'Édimbourg, quatre énormes troncs qui traversent obliquement les couches sous un angle d'environ 30 degrés ; leur portion inférieure, plus pesante, regarde vers le bas ; les racines, à une seule exception près, ont toutes été usées par le frottement. Ces troncs ne mesurent pas moins de 18 à 20 mètres de long sur $1^m,20$ à $1^m,80$ de diamètre.

Des arbres complétement submergés résistent à la décomposition pendant un nombre d'années considérable ; on peut en juger par la durée des pilotis de bois qui sont constamment couverts d'eau. L'état de conservation de ces tronçons fossiles (*Snags*) n'implique donc pas nécessairement une accumulation rapide des couches de sable, bien qu'il ne faille souvent qu'un très-petit nombre d'années pour remplir un lit de rivière ou une certaine étendue de lac ou de marécage.

Nouvelle-Écosse. — Les South Joggins, falaises élévées qui bordent le détroit de Chignecto, l'un des bras de la baie de Fundy dans la Nouvelle-Écosse, nous fournissent par une coupe naturelle un des plus beaux exemples que l'on puisse observer d'une succession de forêts fossiles de la période Carbonifère (1).

Dans la coupe ci-contre (fig. 539) que j'ai dessinée en 1842, on voit les lits de c à i plongeant tous dans la même direction sous l'angle moyen de 24° S.-S.-O. La hauteur verticale des rochers est de 45 à 60 mètres ; et, entre d et g, espace sur lequel j'ai observé dix-sept arbres en position verticale, ou, pour parler plus correctement, dirigés perpendiculairement aux plans de stratification, j'ai compté dix-neuf couches de houille, d'une puissance variable de 5 centimètres à $1^m,20$. Aux basses eaux, on découvre un magnifique développement horizontal de ces couches. L'é-

(1) Lyell, *Trav. in North Amer.*, vol. II, p. 179 ; et Dawon, *Geol. Journ.*, n° 37.

paisseur de celles qui viennent affleurer obliquement entre *d* et *g* est d'environ 760 mètres ; les arbres verticaux qui les traversent sont surtout des *Sigillaria*, et reparaissent à dix niveaux différents, placés les uns dessus les autres. M. Logan, qui a visité après moi et examiné avec plus de détail la même ligne de falaises, a remarqué des arbres en position verticale à dix-sept niveaux différents, sur une hauteur de 1376 mètres ; il estime la puissance totale de la formation carbonifère, avec ou sans houille, à plus de 4440 mètres ; dans toute cette masse, les débris organiques marins manquent complétement (1). La longueur habituelle des arbres enfouis que j'ai observés dans cette localité était de 1ᵐ,80 à 2ᵐ,45 ; mais l'un des troncs mesurait environ 7 mètres de long sur 1ᵐ,20 de diamètre, avec un renflement énorme à la base. Dans aucun cas, je n'ai pu découvrir trace du passage des troncs au travers des couches de houille, quelque minces que fussent celles-ci ; la plupart s'y terminaient par leur extrémité inférieure ; quelques-uns seulement avaient leur base fixée dans l'argile ou dans le schiste ; aucun, excepté les Calamites, ne tenait dans le grès. Les arbres verticaux paraissent donc en général s'être développés sur les lits de houille. Dans les argiles sous-jacentes, les *Stigmaria* abondaient.

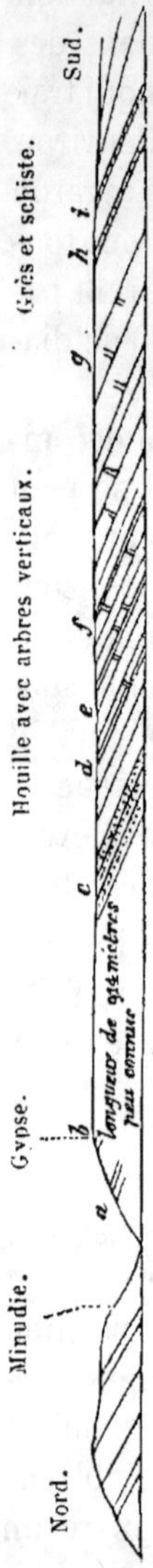

En 1852, nous avons examiné en détail, M. Dawson et moi, une portion de la formation précédente sur une épaisseur de 426 mètres, et spé-

Fig. 539. — Coupe des falaises appelées Joggins, près de Minudie (Nouvelle-Écosse). — *a*. Calcaire. — *b*. Grès Rouge et Marne. — *c*. Pierre à moudre. — *f*. 1ᵐ,20 de houille. — *h, i*. Schiste avec *Modiola*.

(1) *Quart. Geol. Journ.*, vol. II, p. 177.

cialement sur les points où les lits de houille étaient plus
fréquents ; nous y avons rencontré, à soixante-huit niveaux
différents, des traces évidentes de plusieurs sols distincts
qui auraient contenu des racines. De même que les lits à
charbon qui souvent les recouvrent, ces couches à racines
ou sols anciens sont aujourd'hui les parties de la roche les
plus faciles à détruire ; les grès et les schistes feuilletés sont
plus durs et plus capables de résister à l'action des eaux et de
l'atmosphère. Dans l'origine, sans nul doute, le contraire eut
lieu, car, dans le delta actuel du Mississipi, les argiles dans
lesquelles d'innombrables racines de cyprès à feuilles décidues et autres arbres de marais se ramifient dans toutes les
directions, résistent avec beaucoup plus de force à l'action
érosive exercée à la base du delta par la rivière ou la mer, que
ne le font les lits de sable meuble ou les bandes minces
de limon qui ne supportent pas d'arbres.

Ce fait expliquerait comment, grâce aux racines aujour-
d'hui converties en charbon qui les ont traversées et mises
en état de résister à l'action des eaux, les couches de houille
ont si souvent échappé à la dénudation, et sont restées continues sur de larges surfaces, tandis que d'autres membres
de la formation houillère, demeurés à l'état de sable et de
limon sans consistance, ont été facilement emportés.

Quant aux plantes de cette région (Nouvelle-Écosse), elles
appartiennent aux mêmes genres, et plusieurs aux mêmes
espèces que celles des bassins houillers d'Europe. Dans le
grès qui les remplit intérieurement, j'ai souvent observé des
feuilles de fougères, et quelquefois des portions de Stigmaria
qui, évidemment, ont pénétré en même temps que le sédiment, après le dépérissement du tronc, lorsque celui-ci, devenu creux, était encore debout au-dessous des eaux. Par
exemple, l'arbre *a b* (fig. 540), le même que j'ai représenté
en *a* (fig. 541), ou en *e* dans la grande coupe (fig. 539), cet
arbre, dis-je, est un tronc creux de $1^m,70$ de long, traversant différentes couches, et coupé net à son sommet par un
lit d'argile de 60 centimètres d'épaisseur, sur lequel repose

une couche de houille (*b*, fig. 541) de 30 centimètres. Sur
cette couche s'élèvent deux grands arbres (*c* et *d*); à un niveau plus élevé encore, les arbres *f* et *g* reposent sur un lit

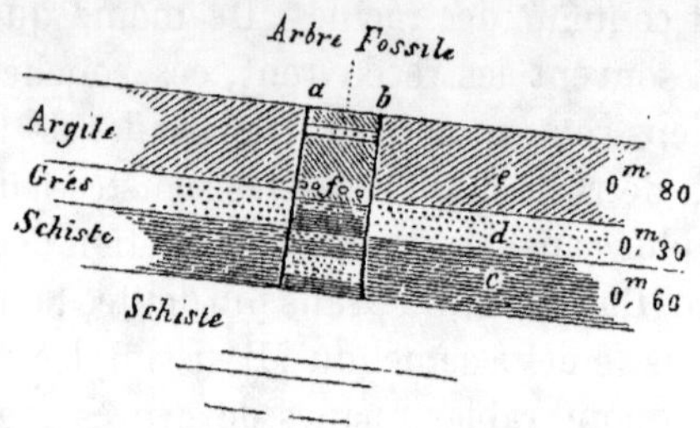

Fig. 540. — Arbre fossile dirigé perpendiculairement aux plans de stratification.
Terrain houiller ; Nouvelle-Écosse.

mince de houille (*e*), et au-dessus de ces arbres vient une
argile mince supportant 1ᵐ,20 de combustible.

L'arbre représenté figuré 540 avait pour son diamètre (*ab*),
au sommet 35 centimètres, et à la base 40 centimètres ; la
longueur du tronc mesurait 1ᵐ,70. Les couches intérieures
offraient une série totalement différente des extérieures. Des

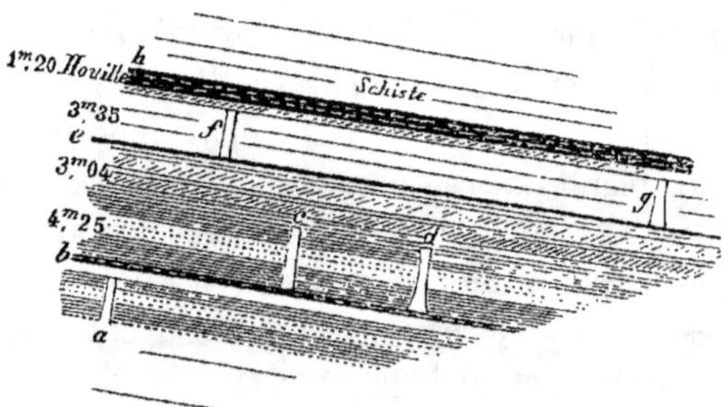

Fig. 541. — Arbres fossiles en position verticale. Terrain houiller; Nouvelle-Écosse.

trois couches extérieures traversées par l'arbre, l'inférieure
était un schiste pourpre et bleu (*c*, fig. 540) de 60 centimètres d'épaisseur ; au-dessus venait le grès (*d*) de 30 centimètres, et au-dessus de ce grès l'argile (*e*) de 80 centimètres. A l'intérieur de l'arbre, on remarquait neuf bandes
distinctes par leur composition : au bas, d'abord, un schiste

de 10 centimètres, puis un grès de 30 centimètres, de nouveau un schiste de 10 centimètres, encore un grès de même épaisseur, ensuite un schiste de 27 centimètres, puis une argile *f* avec nodules de fer carbonaté, de 5 centimètres; après cette couche, une argile pure de 60 centimètres, suivie d'un grès de 7 centimètres, et enfin une argile de 10 centimètres. La coupe (fig. 540), dirigée suivant la pente extérieure du rocher, n'était point exactement perpendiculaire à l'axe de l'arbre; de là, probablement, la brusque terminaison apparente du tronc vers sa base, sans souche ni racines.

Dans cet exemple, les couches de matière à l'intérieur de l'arbre sont plus nombreuses que les couches extérieures; mais on rencontre bien souvent dans les terrains houillers un cylindre de grès pur, autrefois moulé dans l'intérieur d'un arbre, et qui traverse une longue suite de lits alternatifs de schistes et de grès, qui jadis enveloppèrent le tronc debout au sein des eaux. Ce défaut de correspondance entre les matières du dedans et celles du dehors est une conséquence toute naturelle de la non-contemporanéité des deux dépôts; l'enfouissement de l'arbre a précédé nécessairement de bien des années la décomposition de son intérieur.

Diverses circonstances prouvent que les couches enveloppantes ont mis plusieurs années à s'accumuler : certains grès qui entourent les troncs verticaux de *Sigillariées* supportent à différents niveaux des racines et des tiges de Calamites; or les Calamites n'ont commencé à croître qu'après l'enfouissement partiel des Sigillariées.

L'absence générale de structure à l'intérieur des grands arbres fossiles du terrain Houiller indique, entre l'écorce et le bois et au profit de la première, une différence de durée que l'on peut encore observer chez des arbres actuels. Dans les forêts marécageuses de la Nouvelle-Écosse, comme me le fit remarquer M. Dawson, le bouleau à canot (*Betula papyracea*), possède une écorce si dure, que sa forme extérieure présente souvent une apparence tout à fait saine, tandis qu'il n'existe en réalité qu'un cylindre vide dont tout le ligneux a disparu par la décomposition. Dans ces circonstances, la portion submergée se trouve parfois remplie de limon.

D'après M. Dawson, l'un des arbres fossiles en position verticale des South Joggins présentait la structure des Araucarias; certains Conifères de la période houillère ont donc crû dans les mêmes étangs que les Sigillariées, comme on voit aujourd'hui le Cyprès, à feuilles décidues (*Taxodium distichum*), abonder dans les marécages de la Louisiane, même assez près de la mer.

Lorsque les forêts carbonifères sont ensevelies au-dessous du niveau des hautes marées, une autre preuve de la lenteur avec laquelle s'est opéré l'enfouissement nous est fournie par les *Spirorbes* ou *Serpules* (fig. 545) que l'on trouve fixées à l'extérieur du tronc ou de la tige d'arbres verticaux, et quelquefois même à l'intérieur de l'écorce. Ainsi recouverts d'innombrables annélides marins, ces arbres creux et en position verticale me rappellent une cannaie *(cane-brake)* composée de grands roseaux (*Arundinaria macrosperma*) que j'ai vus en 1846 à l'extrémité du delta du Mississipi, et qui, bien que d'eau douce, étaient couverts de balanes. Ces roseaux, sur une étendue de plusieurs hectares, avaient péri par l'envahissement des eaux salées, à une époque où la mer s'était un instant avancée de nouveau sur l'espace précédemment enlevé par la rivière. Leurs tiges, quoique mortes, restaient encore debout dans la vase molle, montrant ainsi comment des Sigillariées creuses, mais supportées par de fortes racines, avaient pu résister à l'irruption de la mer.

Dans la baie de Fundy, les hautes marées, qui s'élèvent à plus de 18 mètres, minent et entraînent sans discontinuité la base entière des falaises ; elles mettent ainsi à découvert, tous les trois ou quatre ans, de nouveaux arbres fossiles en position verticale. Il est bien connu que ces arbres sont répandus sur un espace de 3 ou 4 kilomètres du Nord au Sud, et plus du double de l'Est à l'Ouest ; on les voit contre les berges des ruisseaux qui coupent le bassin houiller.

Au cap Breton, M. Richard Brown a constaté que le bassin houiller de Sidney présentait une épaisseur de 560 mètres, non compris le millstone-grit sous-jacent, et plongeait sous un angle de 80° ; il a déterminé les différents niveaux auxquels on rencontre des arbres en position verticale, *Sigillaria*, *Lepidodendron*, *Calamites*, et autres genres. Sur une seule étendue de 24 mètres, il a compté huit de ces troncs, munis encore de leurs racines et de leurs radicules, et disposés au même niveau. Des bandes de houille d'une épaisseur variable alternent dans la série stratifiée. On y rencontre une succession de quarante et un lits d'argile remplis de racines de *Stigmaria* dans leur position normale ; dix-huit lits d'arbres maintenus verticalement reviennent à d'autres niveaux; on ne saurait donc contester l'existence primitive, dans ce bassin houiller, d'au moins cinquante-neuf forêts fossiles situées l'une au-dessus de l'autre (1).

Les coquilles fossiles du cap Breton, et celles de la section de la Nouvelle-Écosse, appartiennent à l'espèce des *Unio*, ou à une famille alliée éteinte. Aucune de ces coquilles ne ressemble à l'une quelconque de celles qui existent dans les calcaires carbonifères d'origine marine. Dans certaines couches, un annélide appartenant probablement au genre *Spirorbis* (fig. 545), semble indiquer une eau saumâtre ; mais nous ne serions point surpris de rencontrer, en suivant la même couche, soit un dépôt d'eau douce, soit un dépôt tout à fait marin ; cette rencontre dépendrait de la direction que nous aurions prise en montant ou en descendant le long de l'ancienne rivière ou du dépôt du delta.

Dans les couches que nous avons décrites ci-dessus, l'association des argiles supportant des arbres verticaux, avec d'autres lits contenant des coquilles marines et d'eau saumâtre, implique des changements si souvent répétés de

---

(1) *Geol. Quart. Journ.*, vol. II, p. 393 ; et vol. VI, p. 115.

terres en mers et de mers en terres, qu'ici comme partout ailleurs peut-être, nous devions nous attendre à rencontrer des marques évidentes de la chute de pluies sur d'anciens rivages marins. Effectivement, nous en avons observé, M. Dawson et moi, à différents niveaux ; mais les plus beaux échantillons de ce genre ont été recueillis par M. Brown près de Sidney, cap Breton. Ce sont des empreintes très-délicates

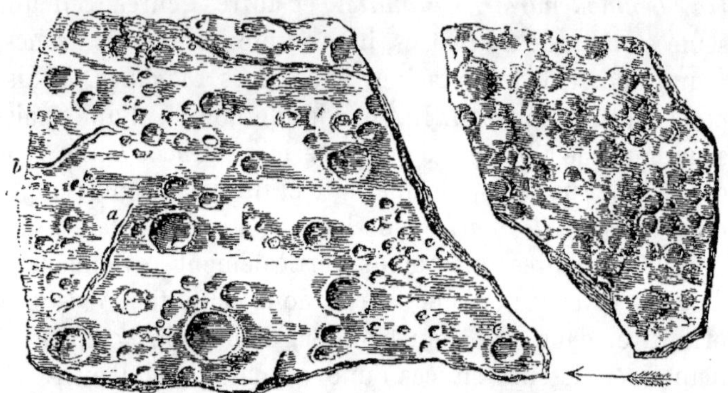

Fig. 542. — Empreintes en creux de gouttes de pluie, et traces de vers, *a*, *b*, sur schiste vert de l'époque Carbonifère, au cap Breton, Nouvelle-Écosse. Grandeur naturelle.

Fig. 543. — Empreintes en relief de gouttes de pluie sur une portion de la même plaque, figure 542, vue à sa face inférieure qui reposait sur un lit de schiste arénacé. Grandeur naturelle. — Les flèches représentent la direction supposée de la pluie.

de gouttes d'eau sur des schistes verdâtres avec traces de vers (*a*, *b*, fig. 542), analogues à celles qui accompagnent ordinairement la reproduction des gouttes de pluie sur la vase récente de la baie de Fundy et d'autres plages actuelles.

Les empreintes représentées dans les fig. 543 et 544 existent en relief à la face inférieure de deux couches qui gisent à deux niveaux différents ; l'une de ces couches consiste en sable schisteux, et repose sur un schiste argileux vert (fig. 542); l'autre est un grès à surface semblablement verruqueuse, et sur laquelle on remarque aussi de petites saillies longitudinales *a*, qui attestent d'anciennes crevasses formées par le retrait de l'argile sous-jacente sur laquelle la pluie est tombée ; plusieurs des grès voisins sont ondulés.

La nature même de la végétation, et la continuité des
forêts sur des centaines de kilomètres, suffiraient pour établir la grande humidité du climat de la période houillère ;
mais il n'est pas moins intéressant, pour la science, que l'on
ait enfin rencontré des preuves aussi positives de la chute de
pluies dont les gouttes ressemblaient pour la grosseur à

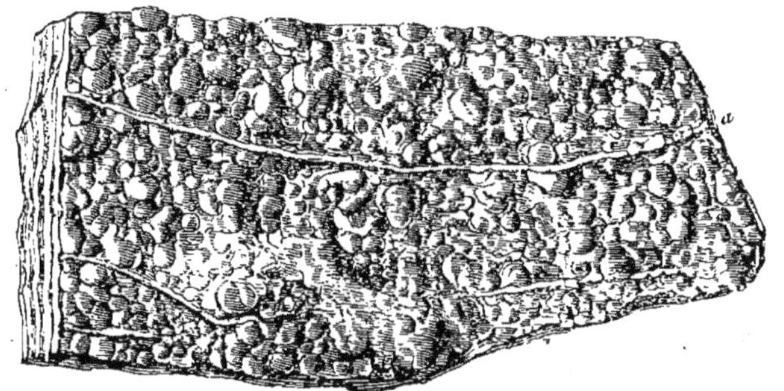

Fig. 544. — Empreintes en relief de gouttes de pluie et de fissures de retrait *a*, à la face
inférieure d'un lit de grès; cap Breton, Nouvelle-Écosse. Grandeur naturelle.

celles qui tombent de nos jours. Ces faits nous permettent
de penser que, durant la période Carbonifère, l'atmosphère
ne différait point, quant à sa densité, de l'atmosphère actuelle, et qu'alors, comme aujourd'hui, les courants d'air
variaient de température, et donnaient lieu, par leur rencontre, à la condensation de vapeurs aqueuses.

Plus on étudie les couches houillères, plus on se persuade
qu'elles ont été formées à la manière des deltas modernes.
Au sein de la vaste épaisseur de limon stratifié et de sable
fin sans cailloux roulés qui les constitue, on rencontre d'innombrables tiges, feuilles et racines de végétaux terrestres,
avec absence presque complète de tout mélange de débris
marins, circonstance qui dénote l'existence prolongée sur
un même fond d'une masse considérable d'eau douce.
Comme toutes les grandes rivières, cette masse charriait
une quantité inépuisable de sédiment qu'elle a déversé sur
des plaines d'alluvion, loin des terres élevées, tandis que
toutes les parties grossières et le gravier ont été entraînés

à une distance moindre. Ces phénomènes impliquent l'as-
séchement et la dénudation d'un continent ou d'une grande
île que traversaient une ou plusieurs chaînes de montagnes.
La présence accidentelle, sur certains points, de lits formés
dans les eaux saumâtres, s'accorde également avec l'idée de
l'existence d'un delta, surface dont les parties basses sont
toujours exposées aux submersions par les eaux de la mer,
même en admettant que le sol n'éprouve aucune oscillation
de niveau.

La pureté de la houille même, et l'absence de toute partie
terreuse ou sableuse sur de vastes étendues, s'explique difficilement, si l'on considère chaque lit du combustible comme
le résultat d'une végétation développée dans un marécage. On
s'est demandé comment des inondations capables d'entraîner
les feuilles de fougères ainsi que les tiges et racines de
Sigillaria ou d'autres arbres, n'ont pu transporter aucune
parcelle de limon fin dans des eaux stagnantes. Il faudrait
donc admettre que les grands arbres auraient crû, de génération en génération, avec leurs racines fixées dans le limon,
et que leurs feuilles et leurs troncs, jonchant le sol, auraient
ensuite formé des lits de matière végétale, recouverts plus
tard du limon qui constitue les schistes aujourd'hui; pendant
ce temps, la houille elle-même, ou la matière végétale altérée,
serait restée tout à fait pure de particules terreuses ! La question, quelque embarrassante qu'elle soit au premier abord,
peut se résoudre, il me semble, avec une certaine facilité, si
l'on se rapporte à ce qui se passe de nos jours dans les deltas.
Les roseaux et plantes herbacées qui couvrent les bords des
eaux stagnantes dans la vallée et le delta du Mississipi forment une végétation tellement luxuriante, que les eaux de
ce fleuve, en passant au travers des massifs, filtrent en quelque sorte, et deviennent tout à fait limpides avant d'atteindre
les points où les matières végétales s'accumulent depuis des
siècles et forment de la houille si le climat est favorable à
cette formation. Tout mélange de matières terreuses est impossible. C'est ainsi que, sur la vaste étendue submergée

que l'on appelle *Sunk Country* (Contrée Enfoncée), près de
New-Madrid, dans la partie occidentale de la vallée du Mississipi, des arbres sont restés en position verticale depuis l'année 1811-12, époque à laquelle ils ont cessé de vivre par
suite du grand tremblement de terre ; sur cette surface, dans
les endroits peu profonds, ont végété des plantes lacustres
et palustres ; plusieurs rivières ont annuellement inondé
l'espace entier, et cependant aucun sédiment n'a franchi les
limites du marécage, tellement est dense la ceinture margi-
nale de roseaux et de broussailles qui les compose. Dans
les *marécages à Cyprès* du Mississipi, aucun sédiment
ne vient se mêler à la matière végétale qu'y accumule la
destruction des arbres et des plantes semi-aquatiques.
Lorsque de fortes chaleurs mettent à sec une portion de marécage dans la Louisiane, et qu'en même temps le feu prend
aux bois, on voit le sol brûler aussi profondément que l'incan-
descence peut descendre avant d'atteindre l'eau, et rarement
on remarque le moindre résidu de matière terreuse (1).
Au fond de tous ces *marécages à Cyprès*, on rencontre un
lit d'argile rempli de racines du grand Cyprès (*Taxodium
distichum*), tout comme les argiles sous-jacentes à la houille
contiennent le *Stigmaria*.

J'ai déjà dit que les couches carbonifères à South Joggins,
dans la Nouvelle-Écosse, mesuraient près de 4 kilomètres de
puissance, et que l'on avait constaté la grande épaisseur de
l'étage houiller près de Pictou, à plus de 160 kilomètres vers
l'Est. Si donc l'on cherche à évaluer le volume probable des
matières solides contenues dans les bassins houillers de la
Nouvelle-Écosse, on ne commettra pas une grande erreur en
portant l'épaisseur moyenne des couches à 2300 mètres, c'est-
à-dire à environ la moitié de celle qu'indiquent les coupes
réelles mesurées avec soin. En étendue, le bassin houiller comprend une large portion du Nouveau-Brunswick vers
l'Ouest, et s'étend au Nord jusqu'à l'île du Prince Édouard,

(1) Lyell, *Second Visit to the United States*, vol. II, p. 245 ; et *Amer, Journ.
of Sc.* 2e série, vol. V, p. 17.

II.   8

probablement aussi jusqu'aux îles Madeleine. Si l'on y ajoute les couches du cap Breton, et celles qu'a dû entraîner la dénudation ou qui sont encore cachées sous les eaux du golfe Saint-Laurent, on aura une surface d'environ 58.000 kilomètres carrés. Cette surface, avec l'épaisseur de 2 300 mètres dont il a été question ci-dessus, donnera plus de 80 000 kilomètres cubes de matière solide pour le volume des roches carbonifères.

Suivant l'estimation la plus récente de la décharge annuelle du Mississipi, et la proportion de sédiment que les eaux de ce fleuve tiennent en suspension aux diverses époques de l'année, et après avoir tenu compte de la quantité de sable et de particules plus grossières se déposant au fond, MM. Humphreys et Abbot ont calculé récemment qu'il faudrait à ce grand fleuve plus d'un million d'années pour charrier du continent au golfe une masse de matière solide égale à celles des roches en question (1).

Le Gange, suivant les renseignements fournis par MM. Everest et Strachey, transporte annuellement une si vaste quantité de matière solide à la baie du Bengale, qu'il pourrait accomplir la même tâche en 375 000 ans (2).

Les couches carbonifères inférieures de la Nouvelle-Écosse, de même que les couches moyennes et supérieures, se composent de lits formés dans les basses eaux ; ce fait prouve que la totalité de l'abaissement vertical de 4 kilomètres et demi, qu'on remarque au South Joggins, a dû se produire graduellement. Si cet abaissement était réparti sur 375 800 ans, il ne dépasserait pas 1^m,20 en moyenne par siècle; c'est aujourd'hui le mouvement qu'éprouvent certaines contrées, mouvement tout à fait insensible aux habitants, quelle que soit sa direction, et que les savants seuls constatent par des recherches. Si, d'un autre côté, l'abaissement était réparti sur deux millions d'années, la moyenne n'en

(1) *Principes de Géologie*, 9e édit. 1853, p. 273, et *Antiquité de l'homme*, 3e édit., appendice D., p. 522.
(2) *Ibid.*, 1853, p. 283.

serait que de 30 centimètres par siècle. Mais un mouvement
identique se produisant dans une direction ascendante suffirait pour élever une partie de la croûte terrestre à la hauteur
du mont Blanc, c'est-à-dire à environ 4 kilomètres et demi
au-dessus du niveau de la mer.

Le delta du Gange présente, sous un certain rapport, une
analogie frappante avec le bassin houiller de la Nouvelle-
Écosse ; la découverte faite à Calcutta, à la profondeur de
2 ou 3 mètres au-dessous de la surface du sol, d'arbres ensevelis, munis encore de leurs racines, a démontré l'existence d'un ancien sol, devenu aujourd'hui un sous-sol. Dans
le forage d'un puits artésien pratiqué sur le même point, à
la profondeur de 147 mètres, on a observé, à différents niveaux, et même au delà de 90 mètres au-dessous de celui de
la mer, d'autres vestiges de sols anciens couverts de forêts
et de tourbières. Les couches traversées ont fourni des débris
d'espèces récentes de plantes et d'animaux d'eau douce, ce
qui prouverait qu'un abaissement a eu lieu dans le temps
même où s'accumulait le limon fluviatile.

Dans les bassins houillers d'Angleterre, on remarque
fréquemment la même association de couches d'eau douce, ou
plutôt d'eau saumâtre, et de couches marines, étroitement
liées à des lits de houille d'origine terrestre. Tel est le cas du
dépôt des environs de Shrewsbury, décrit par Sir R. Murchison comme constituant le membre le plus récent de la
série carbonifère de ce district. Ce dépôt, qui s'est probablement formé dans une eau saumâtre, est situé à un point où
les couches de l'étage houiller sont en contact avec le Permien ou *Nouveau Grès-Rouge Inférieur*. Il se compose
de schistes argileux et grès sur une épaisseur d'environ
45 mètres, et contient de la houille ainsi que des vestiges de
plantes ; on y remarque un lit calcaire de 60 centimètres
à $2^m,75$ d'épaisseur, à structure cellulaire, et ressemblant à
certains calcaires lacustres de France et d'Allemagne. Ce dépôt a été suivi sur une longueur de 48 kilomètres en droite
ligne, et l'on peut en distinguer des traces à une distance

encore plus considérable. Ses fossiles caractéristiques sont de petites bivalves présentant la forme de *Cyclas* et de *Cyrena;* de petits entomostracés qui sont peut-être des *Cyprys,* ou, s'ils sont d'origine marine, des *Cytheræ*

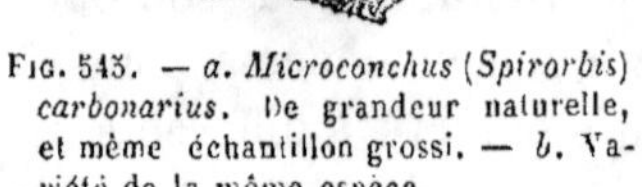

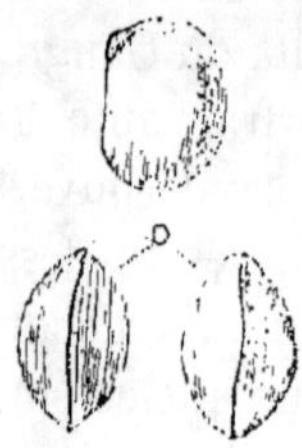

Fig. 545. — *a. Microconchus (Spirorbis) carbonarius.* De grandeur naturelle, et même échantillon grossi. — *b.* Variété de la même espèce.

Fig. 546. — *Cypris? inflata* (ou *Cythere* ?). De grandeur naturelle, et la même grossie ; Murchison (1).

(fig. 545); enfin des coquilles presque microscopiques d'un annélide du genre éteint *Microconchus* (fig. 545), allié au genre *Serpula* ou *Spirorbis.*

Dans les divisions inférieures de l'étage houiller de Coalbrook Dale, les couches, suivant M. Prestwich, changent souvent d'une manière complète sur un court espace : des lits de grès passent, dans le sens horizontal, à de l'argile, et l'argile à un grès. Les lits de houille se terminent souvent en coin, ou s'éteignent subitement, et des coupes faites sur des points presque contigus présentent des différences lithologiques tranchées. Dans le seul bassin de Coalbrook Dale, où les couches mesurent 200 à 250 mètres de puissance, on a signalé plus de quarante à cinquante espèces de plantes terrestres, outre un grand nombre de poissons des genres *Megalichthys,* *Holoptychius* et autres. On y rencontre aussi des Crustacés du genre *Limulus* (fig. 547), ressemblant par tous leurs caractères essentiels aux Limules de la période Oolitique et au *Crabe royal (King-Crab)* des mers actuelles. Ces anciennes espèces étaient plus petites que les formes analogues qui vivent à présent ; elles avaient l'abdomen profondé-

(1) *Silurian System,* p. 84.

ment sillonné en travers et dentelé vers les bords. Dans l'é-
chantillon que nous avons figuré, la queue manque; mais,
dans un autre échantillon d'une espèce différente, provenant
encore de Coalbrook Dale, la queue montre de la ressemblance avec celle des Limules d'aujourd'hui.

M. Ick a découvert aussi, dans le fer carbonaté lithoïde de
ces couches, la carapace complète d'un Crustacé décapode à
longue queue (fig. 548). M. Salter rapporte ce fossile au
Glyphea, genre que l'on trouve aussi dans le Lias et l'Oolite.

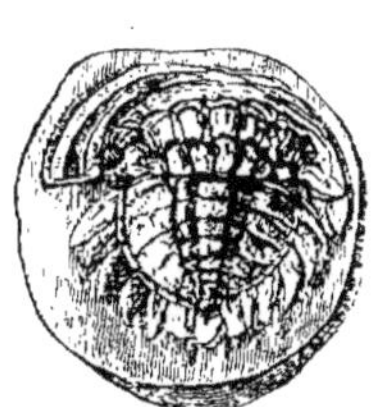

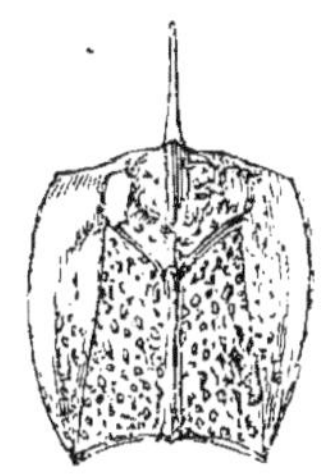

FIG. 547. — *Limulus rotundatus,* Prestwich.   FIG. 548. — *Glyphæa? dubia,* Salter.
Terrain houiller ; Coalbrook Dale.   Syn., *Apus dubius?* Milne Edwards. Le plus
ancien crustacé décapode (ou à longue
queue) connu. Terrain houiller; Coalbrook Dale.

Les couches du même bassin présentent plus de quarante
espèces de mollusques, dont deux ou trois appartiennent au
genre d'eau douce *Unio,* et les autres à des formes marines, à
des *Nautilus, Orthoceras, Spirifer* et *Productus.* D'après
M. Prestwich, le mélange de lits d'eau douce et de lits marins, ainsi que l'alternance de grès grossier et de conglomérat avec des argiles fines ou des schistes contenant des
débris de plantes, peuvent s'expliquer en supposant que le
dépôt de Coalbrook Dale aurait été formé dans une baie ou
estuaire recevant une rivière considérable sujette à grossir (1).

On a signalé également à Coalbrook Dale une ou plusieurs
espèces de Scorpion, deux insectes ailés de la famille des
Curculionidæ, un insecte névroptère ressemblant au genre
Corydalis, et un autre qui se rapporte aux *Phasmidæ.* Dans

____

(1) Prestwich, *Geol. Trans.,* 2ᵉ série, vol. **V,** p. 440.

les couches houillères de Wetting en Westphalie, les Allemands ont découvert plusieurs exemplaires d'articulés appartenant à la famille des *Blattes*, et les ailes d'un grillon (*Acridites*), qui ont été décrits par Germar (1).

Plus récemment (1854), M. Fr. Goldenberg a publié la description de plus de douze espèces d'insectes provenant du minerai de fer argileux et nodulaire de Saarbrück, près de Trèves (2). Ces insectes accompagnaient des feuilles et des branches de fougères fossiles. Ils ont fourni plusieurs

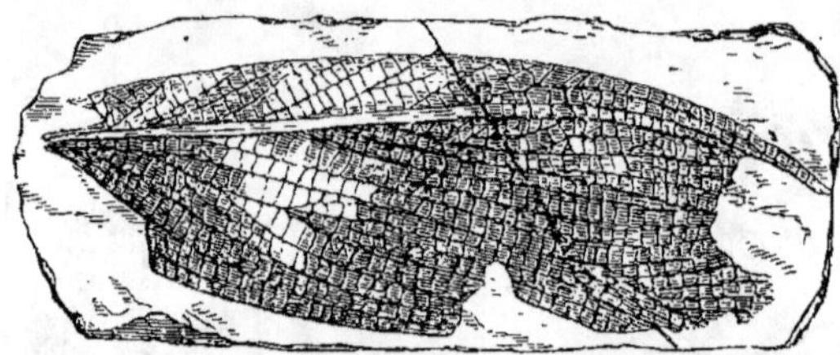

Fig. 549. — Aile de sauterelle, *Gryllacris lithanthraca*, Goldenberg. Terrain houiller; Saarbrück, près de Trèves.

Blattinœ, trois espèces de *Neuroptera*, un escarbot de l'ancien genre *Scarabœus*, une sauterelle (*Gryllacris*) (fig. 549), et plusieurs fourmis blanches ou *Termites*. Le nombre de ces espèces récemment découvertes est probablement supérieur à celui de tous les insectes fossiles reconnus jusque-là dans les couches houillères.

Le bassin houiller d'Édimbourg, et particulièrement la localité de Burdiehouse, ont offert au docteur Hibbert des poissons, des mollusques et des Cypris, fossiles très-semblables à ceux du Shropshire et du Staffordshire. Dans le bassin houiller du comté d'York existent aussi des couches d'eau douce dont quelques-unes contiennent des coquilles se rapportant au genre *Unio* ; au milieu de la série, on rencontre un lit fort mince, mais très-largement développé en surface, qui abonde en poissons et en coquilles marines telles que

(1) *Münster's, Beitr.*, vol. V, pl. 13, 1842.
(2) *Palœont.*, Dunker et V. Meyer, vol. IV, p. 17.

Goniatites Listeri (fig. 550), *Orthoceras* et *Avicula papy-racea*, Goldf. (fig. 551).

Malgré le voisinage, on n'a pas constaté de couches à coquilles marines semblables dans le bassin houiller de

FIG. 550. — *Goniatites Listeri*, Martin, sp.

FIG. 551. — *Avicula papyracea*, Goldf. (*Pecten papyraceus*, Sow.).

Newcastle, où, comme dans la Galles du Sud et le Somerset-shire, les dépôts marins sont tout à fait inférieurs à ceux qui contiennent des fossiles terrestres et d'eau douce (1).

Minerai de fer argileux. (*Clay-iron-stone*) (2). — On rencontre communément, au sein des couches du terrain houiller, des bandes et des nodules de minerai de fer argileux composé, suivant Sir H. de La Bèche, de carbonate de fer mélangé mécaniquement avec une matière terreuse analogue à celle qui constitue les schistes. Pour expliquer la conformation de ce minerai, M. Hunt, du Museum de géologie pratique, a montré, par une série d'expériences, le mode de production de cette substance, et comment la décomposition de la matière végétale répandue dans toute la série des couches houillères avait dû prévenir la suroxydation des protosels de fer, et convertir le peroxyde en protoxyde, en s'emparant d'une portion de l'oxygène de la première de ces bases pour former l'acide carbonique. Celui-ci, venant à rencontrer le protoxyde de fer en dissolution, s'en est emparé pour former du carbonate de fer, et le tout, se mélangeant à la vase fine, après la disparition de l'excès d'acide carbonique, aurait constitué des lits ou des nodules de minerai de fer argileux (3).

(1) Phillips, art. GEOLOGY, *Encycl. Metrop.*, p. 592.
(2) C'est le *fer carbonaté lithoïde* des minéralogistes français.
(Note du traducteur.)
(3) *Memoirs of Geol. Surv.*, p. 51, 255, etc.

CHAPITRE XXV

GROUPE CARBONIFÈRE (*suite*).

Bassins houillers des États-Unis. — Coupe à travers la contrée située entre l'Atlantique et le Mississipi. — Situation des terres durant la période carbonifère, à l'Est des Alléghanys. — Roches de formation mécanique s'amincissant vers l'Ouest, et calcaires augmentant en épaisseur dans la même direction. — Combinaison de plusieurs lits minces de houille en une seule couche épaisse. — Terrain houiller horizontal à Brownsville, Pensylvanie. — Vaste extension et continuité de certains petits lits de houille. — Ancien lit de rivière dans le bassin houiller de Forest of Dean. — Climat de la période carbonifère. — Insectes dans la houille. — Rareté des animaux à respiration aérienne. — Grand nombre de poissons fossiles. — Première découverte de squelettes de reptiles. — Empreintes de pas de reptiles. — Premières coquilles terrestres. — Rareté des animaux à respiration aérienne, soit vertébrés, soit invertébrés, dans l'étage houiller. — Calcaire de montagne. — Ses coraux et ses coquilles marines.

Nous avons établi dans le dernier chapitre la grande uniformité qui se manifeste entre les plantes fossiles de l'étage houiller d'Europe et de l'Amérique du Nord ; ajoutons que les quatre cinquièmes des végétaux recueillis dans la Nouvelle-Écosse ont leurs identiques parmi les espèces d'Europe. On peut donc parfaitement admettre l'existence, à l'époque carbonifère, d'un continent ou chaîne d'îles qui se serait étendu à l'Est de la côte actuelle du Nord de l'Amérique, sur l'emplacement couvert aujourd'hui par l'Atlantique. Nous ne manquons point de preuves qui viennent confirmer cette hypothèse, et les géologues en acquièrent une bien certaine en partant de la composition minérale des roches carbonifères et de quelques autres groupes plus anciens du versant oriental des Alléghanys, et en comparant leurs caractères avec ceux de la contrée basse située à l'ouest de ces montagnes.

Le diagramme ci-contre (fig. 552) facilitera au lecteur l'intelligence des phénomènes dont je veux parler ; mais il

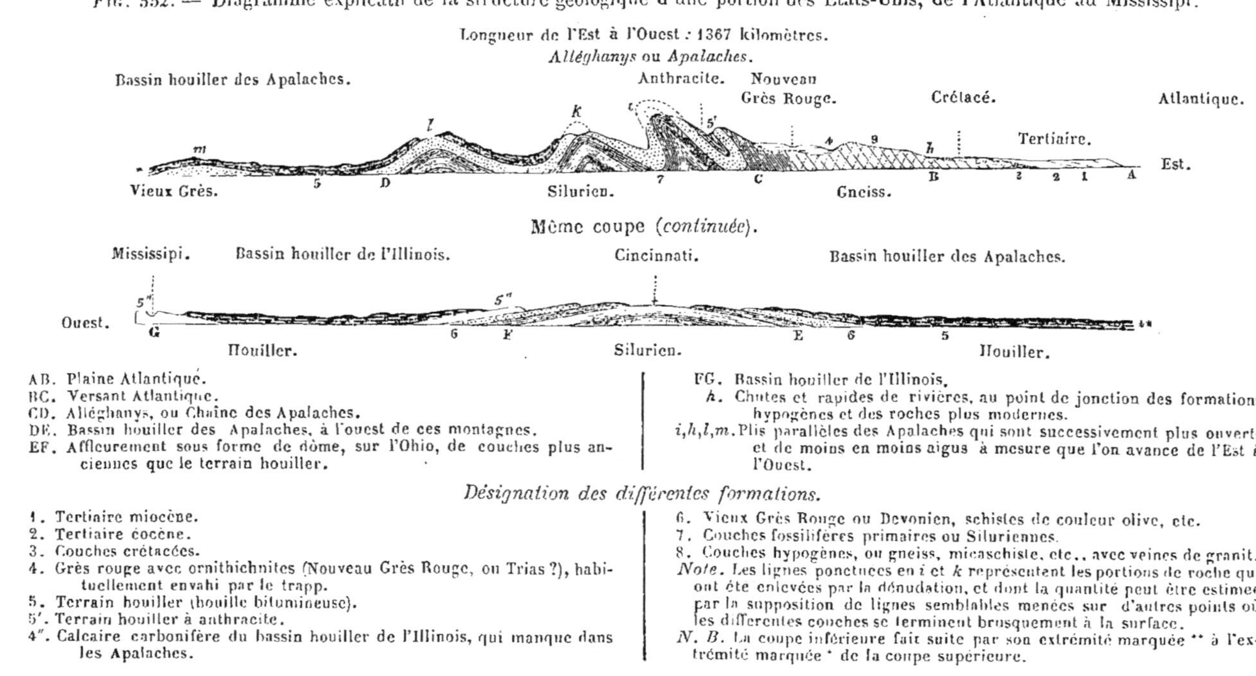

AB. Plaine Atlantique.
BC. Versant Atlantique.
CD. Alléghanys, ou Chaîne des Apalaches.
DE. Bassin houiller des Apalaches, à l'ouest de ces montagnes.
EF. Affleurement sous forme de dôme, sur l'Ohio, de couches plus an-
cieunes que le terrain houiller.

FG. Bassin houiller de l'Illinois.
h. Chutes et rapides de rivières, au point de jonction des formations
hypogènes et des roches plus modernes.
i,h,l,m. Plis parallèles des Apalaches qui sont successivement plus ouverts
et de moins en moins aigus à mesure que l'on avance de l'Est à
l'Ouest.

Désignation des différentes formations.

1. Tertiaire miocène.
2. Tertiaire éocène.
3. Couches crétacées.
4. Grès rouge avec ornithichnites (Nouveau Grès Rouge, ou Trias ?), habituellement envahi par le trapp.
5. Terrain houiller (houille bitumineuse).
5'. Terrain houiller à anthracite.
4". Calcaire carbonifère du bassin houiller de l'Illinois, qui manque dans
les Apalaches.

6. Vieux Grès Rouge ou Devonien, schistes de couleur olive, etc.
7. Couches fossilifères primaires ou Siluriennes.
8. Couches hypogènes, ou gneiss, micaschiste, etc., avec veines de granit.
Note. Les lignes ponctuées en *i* et *k* représentent les portions de roche qui
ont été enlevées par la dénudation, et dont la quantité peut être estimée
par la supposition de lignes semblables menées sur d'autres points où
les différentes couches se terminent brusquement à la surface.
N. B. La coupe inférieure fait suite par son extrémité marquée ** à l'extrémité marquée * de la coupe supérieure.

faut prendre garde que ce n'est point ici une coupe véritable. Un grand nombre de détails ont dû être omis, et l'échelle des hauteurs n'est point proportionnée à celle des distances horizontales ; il n'en pouvait, du reste, être autrement.

En partant des bords de l'Atlantique, du côté oriental du continent, on rencontre en premier lieu une région basse (AB) que les anciens géographes ont appelée plaine d'alluvion. Elle est formée de couches tertiaires et crétacées presque horizontales ; nous les avons décrites (tome I, pages 387, 488 et 528). La zone qui suit, de B à C, consiste en roches granitiques (hypogènes), principalement gneiss et micaschistes, parfois recouvertes d'un grès rouge en stratification discordante, indiqué ici sous le n° 4 (Nouveau Grès Rouge ou Trias ?) ; ce grès est remarquable par les empreintes de pas d'animaux qu'il contient ; quelquefois il repose sur des tranches de roches Paléozoïques disloquées, comme on le voit dans la coupe. La région BC, que l'on a quelquefois appelée le *Versant Atlantique*, correspond à peu près dans sa largeur moyenne à la plaine basse et plate AB, et elle est caractérisée par des collines qui contrastent beaucoup, quant à leur forme arrondie et à leur peu de hauteur, avec les crêtes longues, escarpées, élevées et parallèles des Alléghanys. Les affleurements des couches sur ces crêtes, de même que les deux zones de roches hypogènes et plus récentes (AB et BC) montrent, lorsqu'on les projette sur une carte géologique, de longues bandes de différentes couleurs qui courent dans une direction N.-E. et S.-O., tout comme le Lias, la Craie et autres formations secondaires dans la région moyenne et la moitié orientale de l'Angleterre.

Les zones étroites et parallèles des Apalaches consistent ici en couches plissées indiquant une succession de lits convexes et concaves qui ont été postérieurement mis à découvert par la dénudation. Les roches composantes ont une grande épaisseur, et peuvent toutes se rapporter aux formations Silurienne, Devonienne et Carbonifère. Il ne se trouve

point ici d'axe principal ou central comme dans les Pyrénées
et diverses autres chaînes, c'est-à-dire de noyau auquel se
conforment les reliefs plus petits ; mais la chaîne est composée de plusieurs plis presque égaux et parallèles, présentant
ce qu'on appelle une disposition anticlinale et synclinale.
(Voir t. I, p. 79.) Ce système de collines se prolonge avec
le même caractère géologique, de Vermont à Alabama, sur
plus de 160 kilomètres en longueur, 80 à 240 kilomètres
en largeur, et une hauteur qui varie de 700 à 2000 mètres.
Parfois l'ensemble des crêtes court suivant une ligne parfaitement droite, sur un espace de plus de 80 kilomètres, et
toutes ensuite se contournent en prenant une direction nouvelle, sous un angle de 20 à 30 degrés par rapport à la direction première.

On doit à deux géologues des États de Virginie et de
Pensylvanie, MM. W.-B. Rogers et H.-D. Rogers, son
frère, une importante découverte relative à la loi générale
de structure qui domine à travers cette chaîne montagneuse,
loi qui, toute simple qu'elle semble être lorsqu'on la signale
et qu'on l'explique clairement, peut cependant avoir longtemps échappé au milieu d'un faisceau si nombreux de détails compliqués. Il paraîtrait que le plissement et la fracture
des couches sont plus considérables sur le côté S.-E. ou Atlantique de la chaîne, et que ces couches présentent des
signes de moins en moins distincts de dislocation à mesure
que l'on s'avance vers l'Ouest, jusqu'à ce qu'enfin elles re-
prennent leur position originelle ou horizontale. Si l'on se
reporte à la coupe (fig. 552), on verra que, sur le côté oriental, ou sur les crêtes les plus rapprochées de l'Atlantique,
les plongements au S.-E. dominent, les lits ayant été
plissés vers une direction opposée comme en i, et un des
côtés N.-O. de chaque arc ayant été interverti. Le groupe de
courbure qui suit, c'est-à-dire celui de k, montre une ouverture plus prononcée, et chaque courbure a son côté
occidental plus abrupt ; le groupe l est encore plus ouvert,
l'autre, m, l'est bien plus à son tour, et celui-ci continue

jusqu'à la partie basse et à niveau du cassin houiller de l'Apalache (DE).

Dans une coupe vraie, c'est-à-dire reproduisant la nature, le nombre des courbures ou plis parallèles serait tellement considérable, qu'on ne saurait les représenter sans confusion. Il est clair que de grandes quantités de roches ont été enlevées par l'action aqueuse ou dénudation, comme on peut s'en convaincre si l'on essaye de compléter toutes les courbures, ainsi que nous l'avons fait par les lignes ponctuées i et k.

Les mouvements qui ont imprimé un caractère aussi uniforme à la structure de ce vaste système de roches doivent avoir été, sinon contemporains, au moins non interrompus pour la même série, et produits par quelque cause commune. Dans de certaines limites, leur date géologique est parfaitement établie ; ils ont dû commencer avec le dépôt des couches Carbonifères (n° 5), et avant la formation du Grès Rouge (n° 4). Une plus grande force de dislocation et de dénudation a certainement agi sur le côté Sud-Est de la chaîne, et c'est là que les roches ignées ou plutoniques ont pénétré dans les couches en formant des dykes non représentés dans la section, dont quelques-uns courent, sur plusieurs kilomètres, parallèlement à la direction principale des Apalaches, c'est-à-dire N.-N.-E. et S.-S.-O.

L'épaisseur des roches carbonifères, dans la région C, est considérable ; elle diminue rapidement vers l'Ouest. Les rapports qui ont été faits sur la géologie des États de Pensylvanie et de Virginie montrent que le Sud-Est de cette région a été le point d'où sont dérivées les matières les plus grossières de ces couches, de telle sorte que l'ancien continent devait être situé dans cette direction. Le conglomérat qui forme la base générale de l'étage houiller mesure une épaisseur de 460 mètres au mont Sharp, où je l'ai vu (à C) près de Pottsville ; à 48 kilomètres environ au N.-O., il ne présente plus qu'une épaisseur de 150 mètres, et diminue graduellement à mesure qu'on le suit plus loin dans cette même direction,

jusqu'à ce qu'il se trouve réduit à 9 mètres à peine (1).
D'un autre côté, les calcaires du terrain houiller augmentent
graduellement vers l'Ouest. On a observé le même fait dans
les formations Silurienne et Devonienne du New-York ; les
grès ainsi que toutes les roches de formation mécanique
s'amincissent à mesure qu'ils avancent vers l'Ouest, et les
calcaires augmentent d'épaisseur à leurs dépens. Il est clair
que l'ancien continent occupait à l'Est l'emplacement même
que remplit aujourd'hui l'Atlantique ; la mer profonde, avec
ses bancs de coraux et de coquilles, s'étendait à l'Ouest sur
l'espace où se trouve aujourd'hui le bassin hydrographique
du Mississipi.

C'est près de Pottsville que la puissance du terrain houiller est la plus considérable ; on y compte au delà de treize
couches de houille anthraciteuse, quelques-unes mesurant
plus de 1^m,80 d'épaisseur. Parmi les inférieures, il en est
qui alternent avec des lits de grès blanc et de conglomérat
dont les grains sont les plus grossiers que j'aie jamais observés ; ces lits sont associés à la houille pure. Les galets quartzeux compris dans la roche sont souvent gros comme un
œuf de poule. J'ai suivi ces sortes de Poudingues et grès
grossiers sur plusieurs kilomètres à partir de Pottsville, en
passant par Tamacua, jusqu'à Lehigh Summit Mine.
M. H. D. Rogers que j'accompagnais m'a fait remarquer
que les couches à grains grossiers et les schistes qui leur
sont associés s'amincissent à tel point, que sept lits de
houille, d'abord très-séparés les uns des autres, se rapprochent graduellement, et finissent par se réunir pour ne plus
former qu'une seule masse de 12 à 15 mètres de puissance.
J'ai vu cet énorme banc de houille anthraciteuse exploité à
ciel ouvert à Mauch Chunk (ou Bear Mountain) ; le grès
qui le recouvrait sur une épaisseur de 12 mètres avait été
enlevé du sommet de la colline, et celle-ci, pour me servir
de l'expression même des mineurs, avait été *scalpée*.

(1) H. D. Rogers, *Trans. Assoc. Amer. Geol.*, 1840-42, p. 440.

L'accumulation de matière végétale qui constitue aujour-
d'hui ce vaste banc d'anthracite avait peut-être 60 à 90 mètres
d'épaisseur avant qu'elle eût été condensée par la pression
et par l'ablation de son hydrogène, de son oxygène et de ses
autres éléments volatils. L'origine d'une pareille masse de
débris végétaux aussi pure d'ingrédients terreux ne peut,
selon moi, s'expliquer que par le développement continu,
pendant des milliers d'années, d'arbres et de fougères,
comme on l'observe dans la formation de la tourbe. Ce qui
vient surtout à l'appui de cette théorie, c'est la présence,
sous chacune des bandes d'anthracite, des stigmariées encore en place. L'hypothèse rivale, qui consiste à supposer un
transport de plantes à la mer ou dans un estuaire, ne rend
nullement compte de l'absence de sédiment, ni, dans le cas
particulier dont il s'agit, du manque de sable, d'argile et de
cailloux.

Comment se fait-il que des couches de houille aussi nombreuses, et qui furent continues sur des kilomètres entiers,

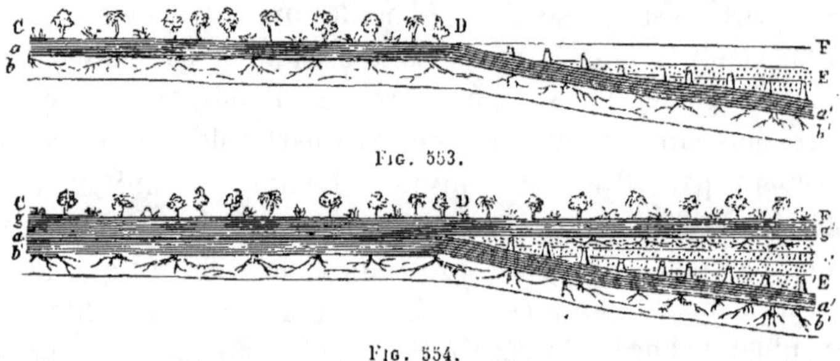

Fig. 553.

Fig. 554.

se soient rapprochées ensuite, et aient fini par se réunir en
une seule, d'épaisseur égale à toutes les autres ? C'est là une
question que les mineurs anglais se sont souvent adressée.
Feu Bowman leur a fait une réponse satisfaisante. Soit
a a' (fig. 553) un amas de matières végétales capables de
former par la condensation une couche de 90 centimètres de
houille. Admettons que cet amas repose sur une argile *b b'*
pénétrée de racines d'arbres en place, et qu'il supporte une

forêt en voie d'accroissement C D ; supposons ensuite qu'une portion de la même forêt D E vienne à être submergée par un abaissement à une profondeur de 7 mètres, de telle sorte que les arbres s'enfoncent tout en restant debout dans l'eau, et doivent subir ultérieurement une décomposition lente, pendant que les souches de la partie inférieure des troncs seront enveloppées dans les lits de sable et de limon qui rempliront graduellement le lac D F. Lorsque ce lac aura complétement été comblé et converti en terre sèche, par exemple après le cours d'un siècle, la forêt C D se développera de nouveau sur toute la surface C F (fig. 554), et une autre masse de matières végétales $g\,g'$ pourra s'accumuler de C à F pour former une autre épaisseur de 90 centimètres de houille. On trouvera alors dans la région F deux niveaux de combustible $a'\,g'$, chacun de 90 centimètres d'épaisseur, et séparés par $7^m,50$ de grès et de schiste, avec des arbres en position verticale reposant sur la houille inférieure, tandis qu'entre D C ces deux niveaux se sont rejoints en un seul, épais de $1^m,80$. Mais, dira-t-on, le développement de la végétation ayant été non interrompu pendant plus d'un siècle, la matière végétale devra être plus épaisse dans la région C D que les deux bandes ensemble $a'\,g'$ vers F : oui, sans doute, on remarquera entre ces deux épaisseurs une certaine différence due à une génération d'arbres, avec détritus d'autres plantes, que l'une d'elles compte en plus, et cette différence pourra s'élever jusqu'à 12 ou peut-être 25 millimètres de combustible, mais elle ne sera point suffisante pour empêcher le mineur d'affirmer que la couche $a\,g$, dans sa section perpendiculaire à C D, est égale aux deux bandes $a'\,g'$ en F.

Le lecteur a vu, d'après la coupe (fig. 552, p. 121), que les couches du bassin houiller des Apalaches prenaient, à l'Ouest de ces montagnes, une direction horizontale. Dans cette région moins élevée, elles sont coupées par trois grandes rivières navigables et peuvent fournir, pendant des siècles, aux habitants d'un pays très-peuplé, une provision inépuisable de combustible. Ces rivières sont, le Monongahela, l'Alleghany et l'Ohio ; toutes trois montrent sur

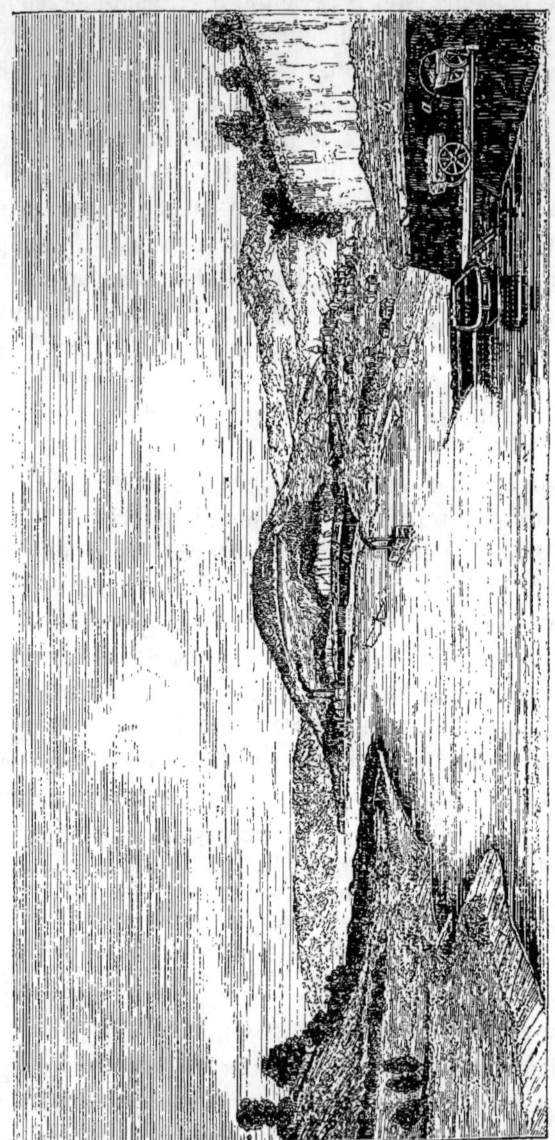

Fig. 555. — Vue de la grande couche de houille sur le Monongahela, à Brownsville, Pennsylvanie, États-Unis. — a. Couche de houille, de 3 mètres. — b. Schiste noir bitumineux ou charbonneux, de 3 mètres. — c. Grès micacé. — d, d. Couche supérieure, de 1ᵐ,80.

leurs bords des affleurements de houille. De la première,

à Brownsville, on découvre une vue magnifique de la principale couche de houille bitumineuse, laquelle, épaisse de 3 mètres, est appelée *Couche de Pittsburg*, et se présente dans un escarpement presque à fleur d'eau. J'en ai pris l'esquisse du pont situé au-dessus de la rivière (fig. 555). Le combustible est recouvert d'un schiste charbonneux *b*, surmonté à son tour d'un grès micacé *c*. On a creusé, à très-peu de frais, des galeries horizontales d'où les eaux s'écoulent d'elles-mêmes, et dans lesquelles les charrettes chargées de houille et attachées l'une à l'autre glissent naturellement, suivant la pente d'un railway, pour aller décharger leur fardeau dans les barques amarrées au rivage. La même couche se retrouve sur la rive droite en *a*, et on peut la suivre sans discontinuité jusqu'à Pittsburg, à plus de 80 kilomètres. Comme elle est presque horizontale, tandis que la rivière descend, son niveau relatif s'élève de plus en plus au-dessus de celui du Monongahela, sans toutefois présenter d'inconvénients pour l'exploitation. Au-dessous de la grande couche de houille de Brownsville est une argile réfractaire de 45 centimètres d'épaisseur, superposée à plusieurs couches de calcaire qui couvrent de nouvelles assises de houille. J'ai indiqué aussi dans mon esquisse, en *d d*, une autre petite couche exploitable qui se montre sur la pente des collines, à une hauteur plus considérable. Là, chaque propriétaire peut ouvrir un puits de houille sur son domaine, et la stratification est si régulière, qu'il lui est toujours facile de calculer avec précision la profondeur à laquelle il rencontrera le combustible.

Le bassin houiller des Apalaches, dont ces couches font partie (de C à E, coupe, fig. 552, p. 121), est remarquable par sa vaste surface ; suivant M. H. D. Rogers, il se prolongerait sans discontinuité du N.-E au S.-O., sur une longueur de plus de 1100 kilomètres, pour une largeur maximum de 280 kilomètres. Ce n'est pas exagérer que de porter cette étendue en surface à 170,000 kilomètres carrés.

Avant que ses premières limites fussent restreintes par

la dénudation, cette formation houillère a mesuré plus de 1500 kilomètres de long, et, sur quelques points, plus de 320 kilomètres de large. La coupe (fig. 552) fait voir que les couches de houille sont horizontales vers l'Ouest des montagnes de la région D E, tandis qu'elles inclinent de plus en plus et se plissent en avançant vers l'Est. Or M. H. D. Rogers a montré, par l'analyse chimique, que la houille devient constamment plus bitumineuse à mesure qu'on avance vers sa limite orientale, où elle reste entière et à niveau, et qu'elle perd progressivement son caractère bitumineux, à mesure qu'elle se dirige vers le S.-E., vers les roches les plus contournées et les plus disloquées. Par exemple, sur l'Ohio, la proportion d'hydrogène, d'oxygène et autres matières volatiles, s'élève à 40 et 50 pour 100 ; à l'Est de cette ligne, sur le Monongahela, et particulièrement sur les points où apparaissent quelques légères flexions, on trouve encore à peu près 40 pour 100 de ces mêmes matières. Lorsqu'on pénètre dans les monts Alléghanys, où des axes anticlinaux distincts commencent à se montrer, avant toutefois que les dislocations soient considérables, la proportion en matières volatiles est généralement de 18 à 20 pour 100. Enfin, quand on arrive à certains bassins houillers isolés (5', fig. 552) associés aux flexions les plus accentuées de la chaîne des Apalaches, et où les couches sont aujourd'hui renversées, aux environs de Pottsville par exemple, la houille ne contient plus que 6 à 12 pour 100 de bitume ; elle devient un véritable anthracite (1).

D'après Liebig et autres éminents chimistes, lorsque le bois et la matière végétale sont enfouis dans la terre, exposés à l'humidité, et soustraits en partie ou en totalité à l'action de l'air, ils se décomposent lentement, et dégagent de l'acide carbonique qui se forme aux dépens d'une portion de leur oxygène. Ils se convertissent ainsi graduellement en lignite (houille de bois), empreint d'une plus forte proportion d'hy-

(1) *Trans. of Assoc. of Amer. Geol.*, p. 470.

drogène que le bois même. La décomposition continuant, le lignite passe à l'état de houille ordinaire ou bitumineuse, principalement par le dégagement de l'hydrogène carboné ou gaz qui sert à l'éclairage de nos villes. Suivant Bischoff, les gaz inflammables qui s'échappent de la houille, et occasionnent souvent dans les mines de fatals accidents, contiennent toujours de l'acide carbonique, de l'hydrogène carboné, de l'azote et du gaz oléfiant. Par le dégagement de tous ces gaz, la houille commune ou bitumineuse se transforme graduellement en anthracite ; elle reçoit alors les différents noms de houille esquilleuse, houille éclatante, houille dure, fraisil, etc.

Le rapport intime qui existe, dans le bassin houiller des Apalaches, entre le dégagement du contenu gazeux de la houille et les dislocations que les couches ont subies, peut être attribué en partie à la facilité plus grande qu'ont rencontrée les matières volatiles pour s'échapper dès que le fractionnement des roches eut produit un nombre infini de fissures et de crevasses, et en partie à la chaleur des gaz et de l'eau qui pénétrèrent ces crevasses lors des grands mouvements par lesquels furent courbées ou plissées les couches des Apalaches. Dans la période actuelle, des eaux thermales et des vapeurs chaudes s'échappent du sol pendant les tremblements de terre ; des agitations analogues ont dû déterminer le dégagement de la matière volatile des roches carbonifères.

Continuité des couches de houille. — Une couche de houille pouvant être continue sur une très-large étendue, on s'est demandé comment des forêts avaient pu s'accroître sans interruption sensible sur une si grande surface. Je répondrai qu'une forêt peut souvent se développer dans un delta sur un espace de 50, 100 et même 200 kilomètres, tandis que, dans un delta contigu, sur les bords du golfe du Mexique par exemple, s'élève une autre forêt offrant précisément les mêmes caractères ; dans la suite des âges, ces deux forêts paraîtront peut-être aux géologues avoir été continues, bien qu'en réalité elles aient été simplement contemporaines. Rien n'empêche qu'on attribue dans ce cas à la dénudation, des interruptions qui, en réalité, ont existé dès l'origine. Mais, comme dans tous les bassins houillers d'Amérique, on observe de nombreux lits à racines dont la portion supérieure ne présente pas de houille, on peut présumer que des bandes entières de matières végétales ont été enlevées fréquemment par les flots. L'intervention d'une action dénudante partielle devient plus manifeste quand on voit les argiles à Stigmariées recouvertes de houille sur certains points, et, sur d'autres points, dépourvues de cette enveloppe.

Dans la forêt de Dean dans le Gloucestershire, on observe d'anciens lits de rivières traversant les couches de houille, et contenant des galets arrondis de ce combustible. Ils sont plus anciens que les couches houillères non disloquées qui les surmontent. Feu M. Budle, qui m'a fait la description de ces phénomènes, m'a dit les avoir observés dans le terrain houiller de Newcastle. Néanmoins, ces exemples d'anciens lits de rivières sont beaucoup plus rares qu'on pourrait le penser, spécialement si l'on se rappelle l'existence fréquente des racines d'arbres (*Stigmaria*) transportées en fragments brisés dans les grès et les graviers. Un mouvement d'abaissement a été sans aucun doute la cause principale qui a soustrait des couches de houille aussi étendues à l'action des eaux fluviales.

Climat de la période Houillère. — Tant que les botanistes ont considéré la flore Carbonifère comme impliquant nécessairement un climat tropical, les géologues ont été bien embarrassés pour concilier la conservation d'une aussi grande quantité de matière végétale avec l'existence d'une température élevée; en effet, la chaleur hâte la décomposition des feuilles tombées et des troncs d'arbres exposés à l'air ou submergés. C'est ainsi que la tourbe, si abondante dans les étangs des latitudes élevées, disparaît dans les marais des régions chaudes. Une opinion paraît s'accréditer de plus en plus, c'est que les plantes de la houille n'indiquent pas toutes un climat semblable à celui de la zone équatoriale actuelle. Les fougères arborescentes se rencontrent au Sud jusque dans la partie méridionale de la Nouvelle-Zélande, et des Araucarias croissent à l'île Norfolk et encore plus loin au Sud dans le Chili. La prédominance des Fougères et des Lycopodes dans une contrée indique moins une chaleur intense, qu'un climat humide, une température égale, et l'absence de gelées. Nous connaissons trop peu les Sigillariées, les Calamites, les Astérophyllites et autres formes spéciales à la période Carbonifère, pour raisonner sans crainte d'erreur sur la nature du climat qui leur a été propre.

On peut en dire autant des coraux et des céphalopodes du Calcaire de Montagne : ils appartiennent à des familles dont les habitudes climatériques nous sont totalement inconnues ; et même, en supposant qu'une température chaude eût caractérisé les mers septentrionales pendant l'ère Carbonifère, l'absence de froid aurait suffi (comme cela se voit encore aujourd'hui dans les mers des Bermudes, sous l'influence du Gulf-Stream), pour permettre aux polypiers calcaires de se développer sur une très-large étendue géographique.

REPTILES CARBONIFÈRES.

Lorsqu'on voit, dans un seul bassin houiller comme celui de la Nouvelle-Écosse ou celui de la Galles du Sud, plus de cent forêts anciennes ensevelies l'une au-dessus de l'autre, dont les racines sont encore dans leur position primitive et les troncs dirigés verticalement, n'est-on pas en droit de s'étonner que, jusqu'en 1844, on n'ait découvert dans ces roches anciennes aucun débris d'animaux à respiration aérienne. A cette époque, on n'avait pas encore reconnu d'animaux vertébrés plus élevés en organisation que les poissons ; les mammifères, les oiseaux, les sauriens, les batraciens, les tortues, les serpents manquaient totalement. On a cité dans les bassins houillers d'Europe des escarbots, des sauterelles et quelques autres insectes, mais aucune coquille terrestre. Agassiz a décrit plus de cent cinquante espèces d'Ichthyolites du terrain houiller ; quatre-vingt-quatorze de ces espèces appartiennent aux familles des Requins et des Raies, et cinquante-huit à la classe des Ganoïdes. Quelques-uns des genres s'éloignent beaucoup par leur organisation des types vivants : tels sont ceux qui font partie du groupe qu'Agassiz à désigné sous le nom de famille des *Sauroïdes*, comme le *Megalichthys*, l'*Holoptychius* et autres poissons dont plusieurs mesuraient d'énormes dimensions, et qui tous étaient carnassiers. Leur ostéologie, au dire du même auteur, rappelle celle des reptiles Sauriens, particulièrement par les étroites sutures des os du crâne, les grosses dents coniques striées longitudinalement (fig. 556), les articulations des apophyses épineuses avec les vertèbres, et d'autres caractères. Cependant ils ne forment point une famille intermédiaire entre les poissons et les reptiles ; ce sont de vrais *poissons*, mais beaucoup plus élevés en organisation que ceux actuellement vivants (1).

La figure ci-contre représente une grosse dent d'*Holoptychius*, que M. Horner a rencontrée dans le Cannel-coal du Fifeshire. Ce poisson, comme un grand nombre de ses contemporains, hantait probablement les estuaires, et par conséquent à la fois les rivières et la mer.

Fig. 556. — *Holoptychius Hibberti*, Ag.; dent de grandeur natur. Bassin houiller du Fifeshire.

Ce fut en 1844 qu'Hermann de Meyer annonça la première découverte d'un squelette de vrai reptile dans la houille du Münster-Appel, Bavière Rhénane ; il le désignait sous le nom d'*Apateon pedestris*, supposant que l'animal se liait de très-près aux Salamandres. Trois ans plus tard, M. Von Dechen trouva dans le bassin houiller de Saar-

____

(1) Agassiz, *Poiss. Foss.*, vol. II, p. 88, etc.

brück, au village de Lebach, entre Strasbourg et Trèves, les
squelettes de trois espèces distinctes de reptiles à respiration aérienne, et ces espèces furent décrites par feu Goldfuss,

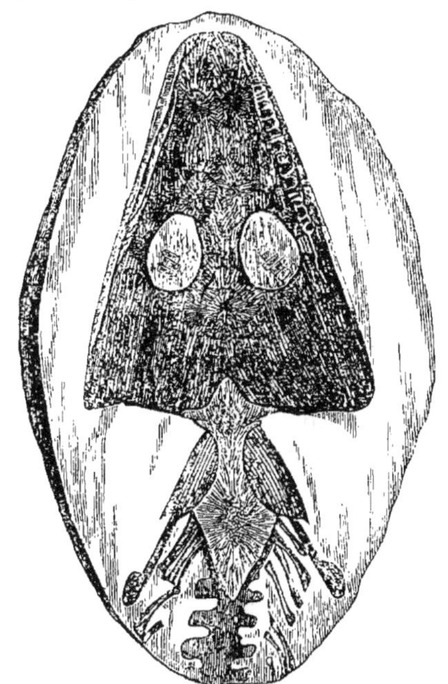

F ig. 557. — *Archegosaurus minor*, Goldfuss. Reptile fossile du terrain houiller
de Saarbrück.

sous le nom générique d'*Archegosaurus*. Les Ichthyolites et
les plantes que l'on a rencontrés dans les mêmes couches

Fig. 558. — Enveloppe imbriquée de la peau, chez l'*Archegosaurus medius*,
Goldf. ; grossie (1).

ne permettent pas de douter que ces reptiles appartiennent
véritablement à la période Houillère. Ces animaux ont laissé

(1) Goldfuss, *Neue Jenaische Lit. Zeit.*, 1848 ; et Von Meyer, *Quart. Geo¹.
Journ.*, vol. IV, Miscell , p. 51.

comme dépouille, au centre de concrétions sphéroïdales de fer carbonaté lithoïde, des crânes, des dents, la plus grande partie de leur squelette, et même quelques portions de leur peau parfaitement conservées. Le plus grand d'entre eux, l'*Archegosaurus Decheni*, devait avoir plus d'un mètre de long. Le dessin ci-dessus représente, dans leur grandeur naturelle, le crâne et les os du cou de la plus petite des trois espèces. Goldfuss a considéré ces reptiles comme des sauriens ; mais H. de Meyer les regarde comme bien plus rapprochés du *Labyrinthodon*, et, par conséquent, comme des sortes d'intermédiaires entre les Batraciens et les Sauriens. Si l'on en juge par ce qui reste des extrémités, ces animaux furent certainement des quadrupèdes « pourvus, comme l'ajoute Meyer, de mains et de pieds qui se terminaient par des doigts distincts ; mais ces membres étaient faibles, et ne leur servaient qu'à nager ou à ramper. » Le même anatomiste fait ressortir certains points d'analogie qui existent entre leurs os et ceux du *Proteus anguinus*. M. Owen a remarqué aussi qu'ils se rapprochaient du Protée par la brièveté des côtes. Deux échantillons de ces anciens reptiles conservaient encore, en grande partie, l'enveloppe extérieure consistant en écailles cornées, longues, étroites, amincies vers les bords, et disposées par rangées imbriquées (fig. 558).

Empreintes de pas du Cheirotherium dans le terrain Houiller aux États-Unis. — En 1844, l'année même où l'on fit la première découverte de l'Apatéon ou Salamandre du terrain Houiller, le docteur King publia une note sur des empreintes de pas d'un grand reptile qu'il avait observées dans l'Amérique du Nord. Ces empreintes se trouvent au sein des couches houillères de Greensburg, comté de Westmoreland, Pensylvanie ; j'ai eu, en 1846, l'occasion de les examiner ; je reconnus tout d'abord l'authenticité de leur origine et formulai sur ce point ma conviction, qui a été controversée en Europe et aux États-Unis. Les premières traces reconnues se projetaient en relief à la surface inférieure de dalles de grès, reposant sur des lits minces d'argile fine, onctueuse. Sur la figure 559, qui représente une de ces dalles, on remarque, outre les empreintes de pas, des moules en relief de crevasses a, a', de différents diamètres. J'ai déjà expliqué l'origine de ces sortes de solutions de continuité

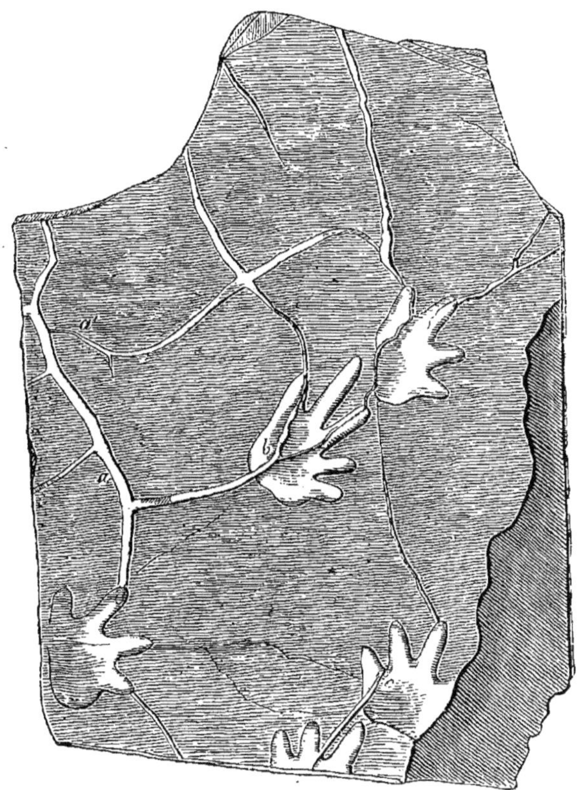

Fig. 559. — Plaque de grès du terrain houiller de l'ensylvanie, avec empreintes de pas d'un reptile à respiration aérienne, et moules en relief de crevasses. 1/16e de l'original.

dans l'argile, et la formation des moules en relief qui en sont résultés ; je les ai attribuées au desséchement et au fendillement du limon par voie de retrait, puis à l'introduction subséquente du sable dans les fentes. On voit ici que quelques-unes des crevasses, celles de b, c, par exemple, traversent des vestiges de pas et y produisent une sorte de torsion, phénomène facile à expliquer par l'état de mollesse du limon quand l'animal a marché ; or, si, à ce moment, le limon eût

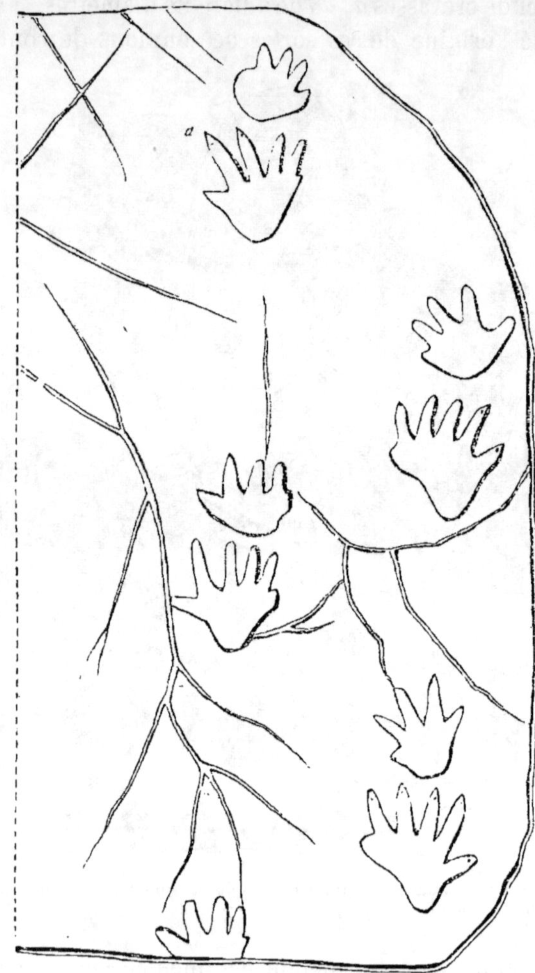

Fig. 560. — Pistes fossiles d'un reptile dans les couches houillères du comté de Westmoreland, Pensylvanie. — *a*. Trace d'ongle?

été déjà desséché et crevassé, il aurait eu trop de consistance pour recevoir aucune empreinte.

M. King a compté dans une même carrière plus de vingt-trois pistes (fig. 560) dont l'arrangement indiquait qu'elles avaient été laissées successivement par un même animal. Partout on rencontrait une double rangée de pas, chaque rangée se composant de paires formées par le pied de derrière et le pied de devant, et restant également distantes des paires voisines. Dans chaque couple parallèle, l'orteil se présentait alternativement à droite et à gauche. Chez le *Cheirotherium* mentionné ci-dessus (tome II, p. 41), le pied de derrière et celui de devant avaient chacun cinq doigts, et la grosseur du pied de derrière égalait environ cinq fois celle du pied de devant. Dans le fossile d'Amérique, l'empreinte postérieure n'est pas même le double de l'antérieure, et le nombre des doigts est inégal : il est de cinq pour les pieds de derrière, et de quatre pour les pieds de devant. De même que celle du *Cheirotherium* d'Europe, l'empreinte fossile d'Amérique montre l'un des doigts dirigé comme un pouce, et tourné alternativement vers la droite pour la rangée de gauche, et vers la gauche pour celle de droite. Le *Cheirotherium* américain était évidemment un animal plus gros que celui de l'époque triasique en Europe, et appartenait à un genre différent (1).

On peut présumer que le reptile dont les pas sont empreints sur les anciens sables du terrain houiller était un animal à respiration aérienne, car, s'il eût vécu au-dessous des eaux, son poids n'eût pas été suffisant pour imprimer des traces aussi profondes et aussi distinctes. Les moules en relief des crevasses montrent d'ailleurs que, pour sécher et se fendiller, l'argile a dû rester exposée à l'air et au soleil.

La position géologique du grès de Greensburg est parfaitement établie : ce grès se trouve au milieu du bassin houiller des Apalaches ; il supporte la couche de houille appelée *Couches de Pittsburg*, dont nous avons parlé ci-dessus (tome II, p. 128); cette couche n'a pas moins de $2^m,75$ de

____

(1) Lyell, *Second Visit*, etc., vol. II, p. 305.

puissance, et une profondeur de 30 mètres ; on l'exploite dans les environs ainsi que plusieurs autres lits de houille qui existent aussi à des niveaux inférieurs. Au-dessus et au-dessous du niveau des traces de pas de reptiles, on rencontre des empreintes de *Lepidodendron, Sigillaria, Stigmaria* et d'autres plantes carbonifères caractéristiques.

M. Isaac Lea a découvert plus tard à Pottsville (1849), à 112 kilomètres N.-E. de Philadelphie, des pistes d'un très-grand reptile remontant à une époque bien plus ancienne ; elles étaient dans une formation de schiste rouge que M. H. D. Rogers a désignée sous le N° XI dans son *State survey of Pennsylvania* et qu'il rapporte à la base de la houille, mais que d'autres géologues considèrent comme la portion supérieure du Vieux Grès Rouge. Entre les couches à empreintes de Greensburg et celles plus anciennes de Pottsville, il existe une épaisseur de plus de 520 mètres. Dans le même Schiste Rouge N° XI, qui se trouve entre le groupe Carbonifère et le groupe Devonien sujet à contestation, M. H. D. Rogers a signalé d'autres pas qu'il a rapportés à trois espèces de quadrupèdes. Ces vestiges présentent chacun cinq doigts ; ils forment de doubles rangées et montrent une parfaite symétrie d'opposition, comme s'ils eussent été produits alternativement par le pied droit et par le pied gauche ; ils indiquent aussi une alternance de pied de devant et de pied de derrière. Chaque empreinte de la plus grande des trois espèces couvre un diamètre d'environ 50 millimètres, ce qui fait voir que le pied de devant et celui de derrière avaient à peu près les mêmes dimensions. La longueur de l'enjambée était d'environ 20 centimètres, et la séparation entre le pied droit et le pied gauche d'à peu près 10 centimètres. La pose du pied de derrière arrive à très-peu de distance de celle du pied de devant. L'animal paraît avoir été voisin des Sauriens plutôt que des Batraciens ou des Chéloniens. Parmi les exemplaires, on remarquait plusieurs de ces fissures de retrait que produit la chaleur du soleil sur le limon, et en même temps des traces de gouttes de pluie, avec indications d'écoulement des eaux sur une plage humide et sablonneuse; toutes circonstances confirmant cette opinion que les empreintes ont été laissées par des animaux à respiration aérienne.

En 1852, M. Dawson et moi, nous avons découvert les premiers débris osseux de reptiles dans le terrain houiller d'Amérique ; ils étaient engagés à l'intérieur de l'une de ces Sigillariées en position verticale qui sont si fréquentes dans la Nouvelle-Écosse. L'arbre avait environ 60 centimètres de diamètre, et se composait, comme à l'ordinaire, d'un cylindre extérieur d'écorce convertie en houille, et d'un axe intérieur de grès noir, ou plutôt d'un mélange solidifié de limon, de sable et de fragments de bois, le tout coloré par de la matière charbonneuse. Les fragments, réduits à l'état charbonneux, paraissaient être tombés au fond de l'arbre, devenu creux par la décomposition. Dans cette sorte de gangue se trouvaient disséminées la tête, les mâchoires et les vertèbres d'un reptile qui devait avoir eu environ 75 centimètres de long (*Dendrerpeton Acadianum*, Owen). La même gangue nous a fourni une coquille (*Pupa*, fig. 561), le premier mollusque pulmoné qui ait été signalé dans la houille ou dans des lits plus anciens que les Tertiaires. D'après le docteur Wyman, de Boston, le reptile était voisin, par sa structure, du *Menobranchus* et du *Menopoma*, espèces de batraciens qui habitent de nos jours les rivières de l'Amérique du Nord. M. Owen a confirmé cette opinion, et, de plus, a signalé la ressemblance des plantes que l'on voyait dans ces crânes avec celles que l'on a trouvées dans la tête de l'*Archegosaurus* et du *Labyrinthodon* (1). Quant à la manière dont l'animal a été introduit dans le creux de l'arbre, il est difficile de décider s'il y a pénétré à l'époque où le sommet de l'arbre était encore ouvert, ou bien s'il y a été entraîné avec le limon par une inondation.

Des traces de pas de deux reptiles d'inégale grosseur avaient été déjà observées par les docteurs Harding et

(1) *Geol. Quart. Journ.*, vol. IX. p. 58.

Gessner, sur les dalles ondulées de l'étage houiller inférieur de la Nouvelle-Ecosse ; elles avaient évidemment été
laissées par des quadrupèdes marchant sur l'ancien rivage,
ou hors de l'eau ; elles étaient exactement semblables à
celles que laisse le Menopoma actuel.

Avec cette grande espèce de Dendrerpeton, D. *Ovenii*,
on a trouvé les restes d'une seconde espèce, plus petite,
qui montrait encore des appendices de derme : l'intérieur
du même arbre a fourni les os d'un troisième petit reptile,
semblable au lézard, *Hylonomus Lyelli* : cet animal avait une
longueur de 17 centimètres, les membres postérieurs étaient
forts, et ceux de devant étaient comparativement grêles ; le
docteur Dawson suppose qu'il pouvait marcher et courir sur
le sol (1).

En 1854, le professeur Owen a décrit un batracien sau-
roïde (*Baphetes planiceps*), de la famille du *Labyrinthodon*,
que M. Dawson avait extrait du gisement houiller de Pictou,
Nouvelle-Écosse. En 1859, M. Dawson découvrit une autre
espèce d'Hylonomus, deux fois plus grand que celui qui a
été mentionné, ainsi qu'un autre reptile de la même famille, mais d'un autre genre, qui fut appelé, par M. Owen,
Hylerpeton. Enfin, en 1862, M. Marsh reconnut dans
l'étage houiller des South Joggins, Nouvelle-Écosse, deux
vertèbres caudales, larges, à double concavité, qui lui parurent d'abord appartenir à un animal de l'espèce *Enaliosor*,
et qu'il appela *Eosaurus Acadianus ;* mais ces vertèbres,
d'après M. Huxley, se rapporteraient préférablement à un
batracien de la famille du Labyrinthodon.

Le professeur Owen a annoncé en 1853 la première découverte, dans l'étage houiller de Bristol, de restes de reptiles fossiles qui furent rapportés à un nouveau genre de Batraciens, voisin de l'*Archegosaurus* et appelé *Parabatra-
chus*. En 1862, le professeur Huxley décrivit un nouveau
reptile de la famille des Labyrinthodon, aux grandes di-

_____

(1) Dawson, *Animaux à respiration aérienne du terrain houiller de la
Nouvelle-Ecosse.* Montréal, 1863.

mensions, le *Loxomma*, qui avait été exhumé du terrain houiller d'Édimbourg , avec un second reptile d'un autre genre nouveau, désigné sous le nom de *Pholidogaster*. Cet échantillon, provenant de la même série de couches que le précédent, comprenait la tête et la colonne vertébrable presque entière ; il mesurait une longueur de 1^m,10. Dans la même année, cet anatomiste donna le nom d'*Anthracosaurus* à un fossile découvert par M. Russel dans le minerai de fer (*blanck band*, bande noire) de Airdrie, faisant partie du bassin houiller de Glascow. Ce Labyrinthodon mesurait environ 2 mètres de long, sa tête avait un prolongement de 35 centimètres ; ses mâchoires étaient munies de trente-sept dents et ses vertèbres offraient une structure osseuse qui les faisait ressembler à celle des Labyrinthodons Triasiques du type Mastodonsaurien, tandis que le Pholidogaster, d'après M. Huxley, se rapprocherait beaucoup plus de la division Archégosaurienne de cette même famille (1). Ainsi, en dix-neuf ans, on a exhumé du terrain Houiller les squelettes ou les os de plus de douze espèces de reptiles appartenant à neuf genres, sans compter les empreintes de pas qui, pour la plupart, comme celles représentées à la figure 559, semblent différer de toutes celles qu'auraient produites les animaux dont les os nous sont connus.

Ainsi que nous l'avons dit, on ne connaît qu'une seule coquille terrestre, *Pupa vetusta*, Dawson (fig. 561) qui a été trouvée, en 1852, dans l'intérieur d'une sigillaria fossile en position verticale dans un dépôt de la Nouvelle-Écosse. Depuis cette époque, le docteur Dawson a découvert, à un niveau inférieur, un autre lit dans lequel abonde cette coquille ; ce lit séparé de l'arbre contenant le Dendrerpeton par une masse d'une puissance de 370 mètres, et renfermant 21 couches de houille, se compose d'une argile (*underclay*) d'une épaisseur de 2 mètres, et a fourni des radicules de stigmariés, ainsi que de petites coquilles terrestres, à tous les degrés de

(1) Huxley, *Quart. Geol. Journ.*, 1862, 1863.

développement. Ces coquilles sont principalement confinées dans une couche de 5 centimètres d'épaisseur, sans aucun mélange d'espèces aquatiques ; entières, à l'époque de leur enfouissement, elles se montrent aujourd'hui brisées, aplaties et disloquées par la pression ; M. Dawson pense que leur accumulation doit s'être opérée dans la vase formant le fond d'un étang ou d'une crique (1). Feu le professeur Quekett, à qui je soumis, pour qu'il l'examinât au microscope, le premier échantillon de cette coquille trouvé en 1852, observa que les stries de la surface, grossies 50 fois, (*d.* fig. 561), présentaient une ressemblance exacte avec la partie correspondante et de même grosseur du *Pupa juni-*

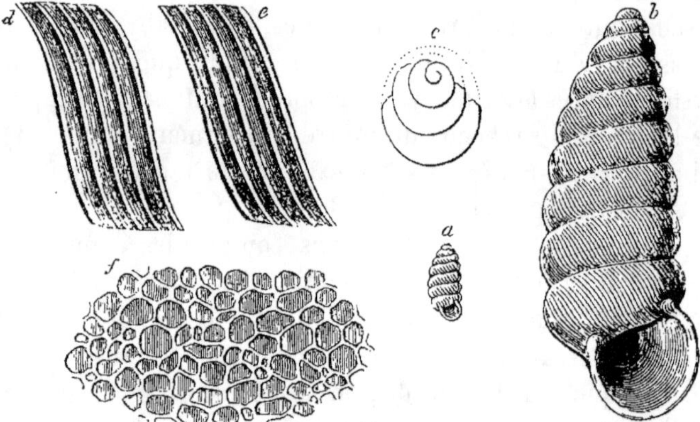

FIG. 561. — *a. Pupa vetusta*, Dawson. Grandeur naturelle. — *b.* La même, grossie. — *c.* Vue du sommet en raccourci. — *d.* Stries de la surface, grossies 50 fois. — *e.* Stries de la surface du *Pupa Juniperi* récent d'Angleterre, grossies 50 fois pour faciliter la comparaison. — *f.* Structure de la coquille vue au microscope, montrant des cellules hexagonales grossies 600 fois.

peri commun d'Angleterre (*e*, fig. 561) ; ce savant remarqua, en outre, que la section transversale offrait des cellules hexagonales grossies 50 fois, tellement identiques avec celles de la Pupa récente, que la même figure pouvait servir à les représenter pour les deux coquilles (2).

(1) Dawson, *Animaux à respiration aérienne du terrain Houiller.*
(2) *Quart. Geol. Journ.*, 1853, vol. IX, p. 58.

Dans un second spécimen de tronc vertical d'arbre creux de 35 centimètres de diamètre, dont l'écorce à côtes dénotait une sigillariée, et faisant partie de la forêt qui nous avait fourni le spécimen de 1852, M. Dawson obtint, non-seulement 50 échantillons de *Pupa vetusta* et 9 squelettes de reptiles appartenant à quatre espèces, mais encore plusieurs exemples d'un articulé ressemblant au centipède ou scolopendre, espèce de ver qui se nourrit de matière végétale en décomposition (fig. 562). Au microscope, on distingua parfaitement la tête, les yeux, les mandibules et le labre de cet insecte, qui offre d'autant plus d'intérêt, qu'il est le plus ancien représentant connu de la classe des Myriapodes,

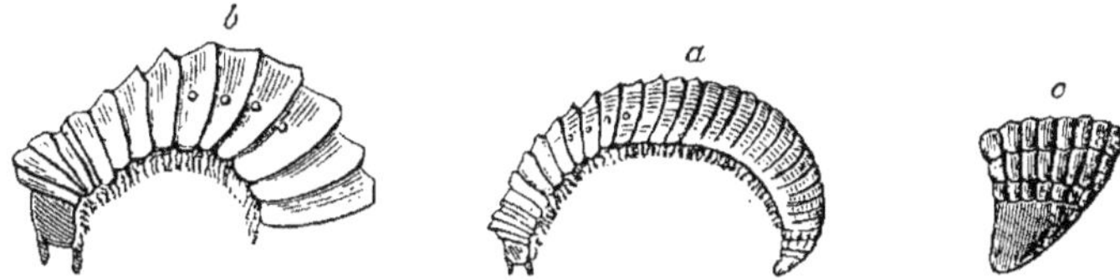

Fig. 562. — *Xylobius sigillariæ*, Dawson. Terrain houiller, Nouvelle-Écosse. *a*. Grandeur naturelle. — *b*. Partie antérieure, grossie. — *c*. Extrémité caudale, grossie.

dont on n'avait auparavant rencontré aucun membre dans les roches plus anciennes que l'Oolite ou schiste argileux lithographique d'Allemagne.

RARETÉ DES VERTÉBRÉS ET INVERTÉBRÉS A RESPIRATION AÉRIENNE DANS LE TERRAIN HOUILLER.

Jusqu'en 1844, les géologues s'accordaient pour admettre que, dans le terrain Houiller et dans toutes les roches antérieures au Permien, il n'existait pas d'animaux vertébrés plus élevés en organisation que les poissons. Aujourd'hui même, nous n'avons fait que de bien faibles progrès dans la connaissance de la faune terrestre de l'époque houillère, car tous les reptiles dont il vient d'être question paraissent avoir été amphibies. Dans les déductions et les raisonnements paléontologiques, les preuves négatives doivent avoir une

valeur réelle ; mais, cette valeur, il nous est, quant à présent, absolument impossible de la déterminer de manière à
pouvoir en faire usage. Aux États-Unis, on extrait annuellement du terrain Houiller 5 millions de tonnes de combustible, et cependant l'on n'a encore découvert aucun insecte
fossile dans les roches carbonifères. Devons-nous en conclure que, durant la période houillère, les insectes manquè-
rent tout à fait dans les forêts de l'ancien monde ? De même,
parce qu'aucune coquille terrestre, *Helix*, *Bulimus*, *Pupa*
ou *Clausilia*, parce qu'aucun mollusque pulmoné aquatique, soit *Lymnæa*, soit *Planorbis*, n'a été trouvé dans le
terrain houiller d'Europe, fouillé plusieurs siècles avant la
découverte de l'Amérique, et exploité de nos jours sur une
si grande échelle, sommes-nous en droit de dire que les coquilles terrestres n'ont commencé à vivre dans les latitudes
européennes qu'après la période carbonifère ?

La théorie du développement progressif rendrait facilement compte de l'absence des Chéloniens et des Sauriens,
ou des Oiseaux et des Mammifères, dans le terrain Houiller,
car on suppose que, à l'époque où ce terrain s'est formé, les
conditions de la planète n'étaient pas encore propices au
développement des créatures d'organisation plus élevée que
celle des Batraciens sauroïdes. Mais cette théorie laisse tout
à fait sans explication la rareté des invertébrés à cette époque, ou l'absence totale de plusieurs de leurs classes les plus
importantes. Il ne faut pas perdre de vue que ce n'est que
depuis l'année 1851, que nous connaissons dans le terrain
Houiller deux ou trois coquilles terrestres et une vingtaine
d'échantillons d'insectes qui surpassent du double, à peine,
le nombre des reptiles carbonifères dont l'existence n'a été
constatée que d'après des empreintes de pas. Nous n'avons
encore qu'une seule coquille terrestre et qu'un seul centipède. Quant à l'Archegosaurus, dont on connaît deux espèces, M. Herman de Meyer m'informa, il y a quelques
années, que les restes de plus de 228 individus avaient passé
par ses mains, aussitôt que la vraie nature du premier

échantillon de ce fossile avait été reconnue, et nous avons vu quels grands progrès nous avons faits depuis la découverte de genres reptiles d'une organisation moins aquatique. Néanmoins, la rareté des animaux à respiration aérienne reste toujours un fait très-remarquable, quand on pense que, pour étudier les couches houillères et l'ancien sol au contact duquel elles se formèrent, nous sommes dans des conditions autrement favorables que lorsqu'il s'agit de toute autre formation primaire, secondaire ou tertiaire.

Nous avons fouillé des centaines de sols remplis de racines fossiles ; nous avons mis à découvert des milliers de troncs verticaux et de souches ligneuses gisant encore dans leur position primitive ; nous avons extrait par millions de mètres cubes un combustible conservant encore sa structure végétale ; et, après tout, nous restons presque aussi peu éclairés, relativement aux animaux à respiration aérienne de cette période, que si la houille que nous avons extraite fût sortie des profondeurs de l'Océan. L'ancienneté des couches carbonifères ne saurait donner le mot de l'énigme ; car nous n'ignorons pas que, pendant l'époque même où la terre supportait une luxuriante végétation, les mers contemporaines nourrissaient des myriades d'êtres animés : des Articulés, des Mollusques, des Rayonnés et des Poissons. Nous devons donc nous efforcer de recueillir un plus grand nombre de faits, si nous tenons à résoudre un problème qui, dans l'état actuel de la science, ne peut qu'exciter notre étonnement ; ne perdons pas de vue que les éléments de ce problème ont été profondément modifiés dans ces vingt dernières années. Notre pauvreté en documents est due principalement à notre manque d'habileté comme collectionneurs et comme interprètes, mais elle doit être aussi attribuée à notre ignorance des lois qui gouvernent la fossilisation des animaux terrestres, quel que soit le rang que ces animaux occupent dans l'échelle de l'organisation.

CALCAIRE CARBONIFÈRE OU CALCAIRE DE MONTAGNE.'

Nous avons dit que, dans le Sud de l'Angleterre et des Galles, cette formation succédait, suivant l'ordre descendant, au terrain Houiller, tandis que, dans le Nord et en Écosse, les calcaires marins alternaient avec le même terrain Houiller ou avec des schistes et grès, contenant parfois des couches de houille. Lorsqu'il est composé exclusivement de carbonate de chaux, le Calcaire de Montagne est dépourvu de plantes terrestres, mais il est tout pénétré de débris marins ; quelquefois même la roche n'est presque qu'un amas de coraux et de crinoïdes.

Les coraux ont, dans ce terrain, une grande importance, et surtout ceux en forme de coupe et d'étoile dont les squelettes, plus massifs et plus pierreux, présentent des particularités de structure qui permettent de les distinguer de toutes les espèces connues dans les couches postérieures au Permien, ainsi que l'ont fait remarquer pour la première fois MM. Milne-Edwards et Haime. Il y aurait donc pour ces êtres deux types : l'un ancien ou *Paléozoïque,* et l'autre nouveau ou *Néozoïque,* si, par ce dernier mot (suivant la proposition du professeur Forbes), on désigne toutes les couches, depuis celles du Trias jusqu'aux plus modernes inclusivement. Les diagrammes suivants (fig. 563, 564) donneront une idée de ces types, et,'bien qu'il faille souvent un naturaliste exercé pour reconnaître les points particuliers de structure que nous avons représentés, le géologue doit s'efforcer de les saisir, car un intérêt théorique considérable se rattache à leurs différences.

Nous verrons ultérieurement que les coraux les plus anciens présentent ce qu'on appelle une disposition quadripartite dans leurs plaques pierreuses ou *lamelles,* — parties du squelette qui supportent les organes de la reproduction. Le nombre des lamelles, dans le type paléozoïque, est de 4, 8, 16, etc. ; tandis que, dans le type plus nouveau, il est toujours de 6, 12, 24 ou autres multiples de 6 ; et ce caractère est constant, que les coraux soient une coupe simple comme dans les figures 563 *a* et 564 *a*, ou des agrégations de coupes comme dans la figure 564 *c*.

Non-seulement les coraux primaires ou plus anciens sont

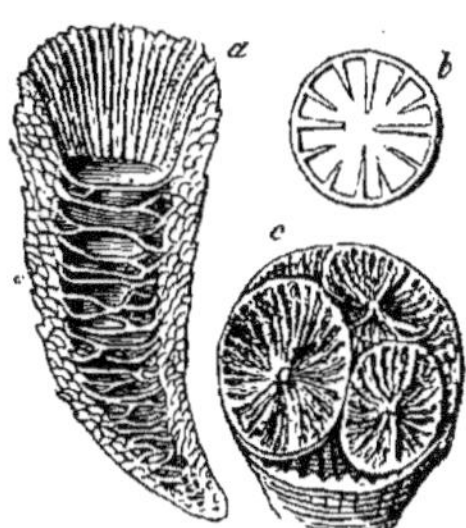

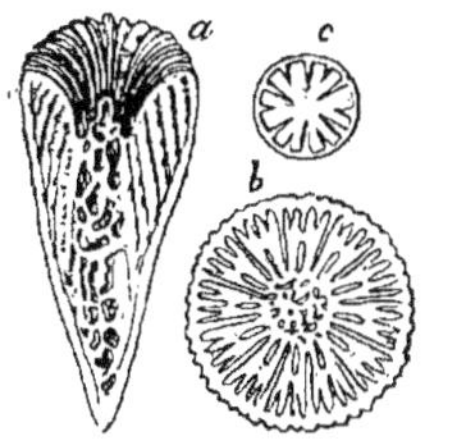

Fig. 563. — Type *paléozoïque* de corail lamellifère et cupuliforme. Ordre *Zoantharia rugosa*, Milne-Edwards et Jules Haime.

a. Section verticale du *Campophyllum flexuosum* (*Cyathophyllum*, Goldf.); demi-grandeur naturelle; du Devonien de l'Eifel. On voit les *lamelles* autour de l'intérieur de la coupe ; les parois présentent un tissu celluleux; de larges lames transversales, appelées *tables*, partagent l'intérieur en chambres.

b. Disposition des *lamelles* dans le *Polycœlia profunda*, Germar, sp.; grandeur naturelle; du calcaire magnésien de Durham. Ce diagramme montre la disposition quadripartite des lamelles caractéristique des coraux paléozoïques ; les lamelles sont au nombre de quatre principales, et huit plus petites, le nombre total dans ce type étant toujours un multiple de quatre.

c. *Stauria astræœformis*, Milne-Edwards. Jeune groupe de grandeur naturelle. Silurien Supérieur; Gothland. Les lamelles, dans chaque coupe, sont séparées par quatre bourrelets saillants en quatre groupes.

Fig. 564. — Type *Néozoïque* de Corail lamellifère cupuliforme. Ordre *Zoantharia Aporosa*, Milne-Edwards et J. Haime.

a. *Parasmilia centralis*. Mantell, sp. Coupe verticale, grandeur naturelle. Craie Supérieure, Gravesend. Dans ce type, les *lamelles* sont massives et s'étendent jusqu'à l'axe du tissu cellulaire lâche; il n'y a pas de lames transversales comme dans la figure 563 *a*.

b. *Cyathian. Bowerbankii*, Edwards et Haime. Coupe transversale, amplifiée. Gault, Folkstone. Dans ce corail, les *lamelles* se comptent par multiples de six. Les douze lamelles principales atteignent l'axe central ou columelle, et entre chaque paire on voit trois lamelles secondaires, en tout quarante-huit. Ne sont pas comptées les courtes lamelles intermédiaires qui partent de la columelle ; elles sont appelées *pieux* (*pali*).

c. *Fungia patellaris*, Lamk. Récente, très-jeune âge. Diagramme amplifié des six septum principaux et des six secondaires. La disposition sextuple est toujours plus manifeste dans le jeune âge que dans l'âge adulte.

tous génériquement et spécifiquement différents des secondaires, tertiaires ou actuels, mais, encore plus que ces derniers, les coraux aux formes les plus remarquables, c'est-à-dire ceux en coupe et en étoile, appartiennent à des ordres distincts, bien que, par leurs apparences extérieures, ils présentent quelquefois une telle analogie avec les genres actuels des récifs, qu'on a pu les confondre entre eux. Il faut donc se hâter d'autant moins de tirer des conclusions trop absolues de la comparaison des polypes modernes avec les paléozoïques, relativement au climat présumé et à la température des eaux des mers anciennes, que les deux groupes de zoophytes sont construits sur des types essentiellement différents. Si l'on tient compte du grand nombre des espèces paléozoïques et néozoïques, on est étonné de voir combien est constante la règle que nous avons posée ci-dessus ; jusqu'à présent, elle n'a souffert que deux exceptions : celle d'un corail quadripartite dans une formation néozoïque (la Crétacée), et celle d'un autre corail de la classe sextuple (une *Fungia ?*) dans des roches paléozoïques (siluriennes).

Parmi les nombreux coraux lamelliformes du Calcaire de Montagne, deux espèces se trouvent largement et abondam-

Fig. 565. — *Lithostrotion basaltiforme,* Phil. sp. (*Lithostrotion striatum,* Fleming; *Astræa basaltiformis,* Conyb. et Phil.); Kendal ; Irlande; Russie; Iowa, ouest du Mississipi, aux États-Unis. (D.-D. Owen.)

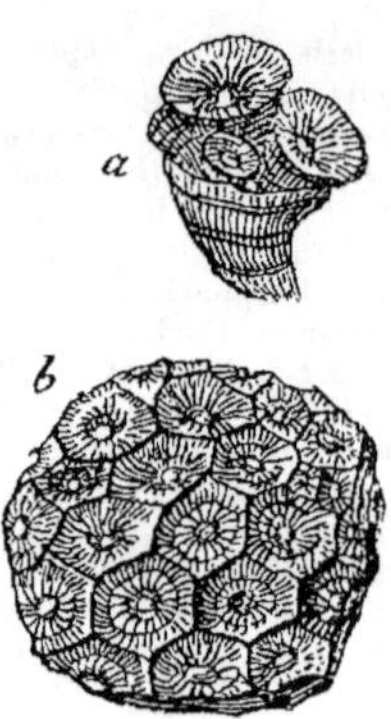

Fig. 566. — *Lonsdaleia floriformis* (Martin sp.), M.-Edwards (*Lithostrotion floriforme,* Fleming. *Strombodes*).
a. Jeune individu, à disque bourgeonné.
b. Portion d'une masse composée, en plein état de développement. Bristol, etc.: Russie.

ment répandues sur toute la surface qui s'étend depuis les confins de la Russie orientale jusqu'aux îles Britanniques.

Ces deux espèces, en même temps que plusieurs autres appartenant aux genres *Zaphrentis, Amplexus, Cyatho-*

phyllum, *Clysiophyllum*, *Syringopora* et *Michelinea* (1), forment un groupe très-différent de tous ceux qui ont précédé ou suivi.

Comme Bryozoaires, dominent les *Fenestella* et *Polypora*, qui constituent souvent des couches considérables. Leurs frondes articulées sont faciles à reconnaître.

Les Crinoïdes abondent aussi dans le Calcaire de Montagne (fig. 567, 568).

Chez la plupart, la coupe ou bassin (fig. 568 *b*) est très-développée comparativement aux bras, bien que ce ne soit pas le cas dans la figure 567. Les genres *Poteriocrinus*, *Cyathocrinus*, *Pentremites*, *Actinocrinus* et *Platycrinus* sont

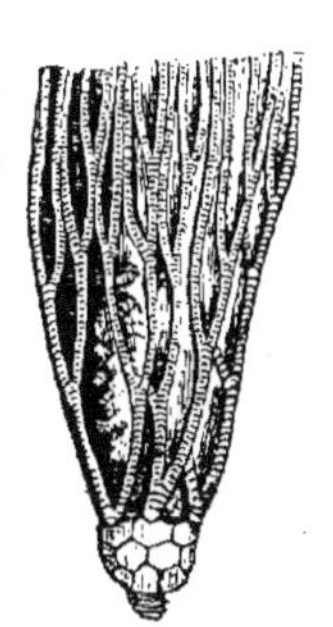

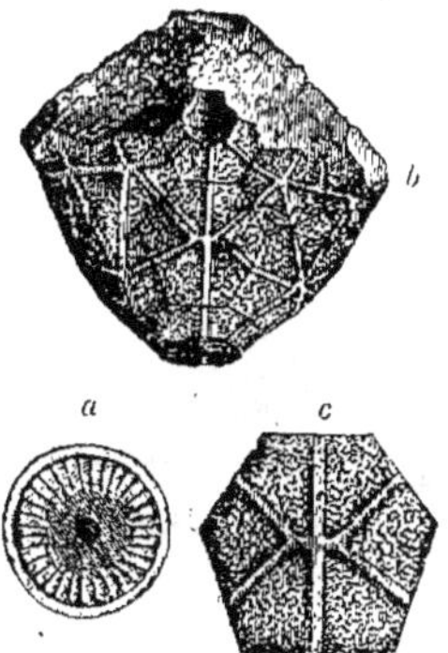

Fig. 567. — *Cyathocrinites planus*, Miller ; le corps et les bras. Calcaire de Montagne.

Fig. 568. — *Cyathocrinus caryocrinoides*, M'Coy.
a. Face d'une articulation de la tige.— *b*. Bassin ou corps, appelé aussi calice ou coupe. — *c*. Une plaque du bassin.

tous caractéristiques de la formation. D'autres Échinodermes y sont rares, les oursins par exemple ; ces derniers ont une structure complexe, et leur enveloppe présente un plus grand nombre de plaques qu'aucun des genres modernes du même groupe. Un seul genre, le *Palœchinus* (fig. 569), est analogue à l'*Echinus* actuel. Un autre genre, *Archœocidaris*, rappelle également le *Cidaris* de nos mers.

(1) Pour les figures de ces coraux, voyez les monographies de la *Palæontographical Society*, 1852.

Les Mollusques sont représentés en majeure partie par des *Brachiopodes* (ou *Palliobranches*), lesquels abondent

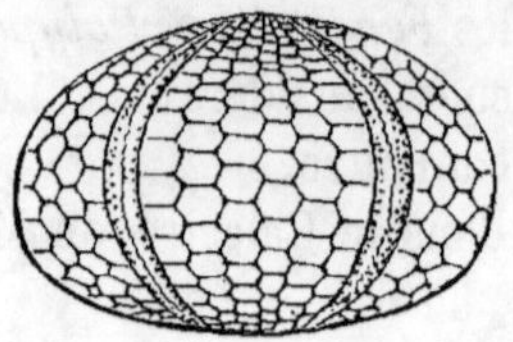

Fig. 569. — *Palæchinus gigas*, M'Coy. Réduit. calcaire de Montagne, Irlande.

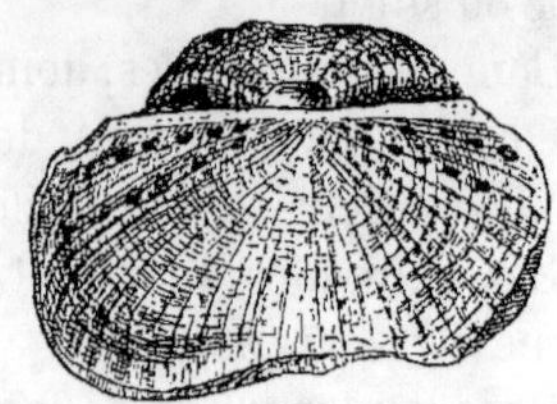

Fig. 570. — *Productus semireticulatus* Martin, sp. (*P. antiquatus*, Sow.). Calcaire de Montagne; Angleterre, Russie, les Andes, etc.

dans la formation et atteignent des dimensions considérables. Peut-être, parmi les plus caractéristiques de ces coquilles, devons-nous signaler les grandes espèces de *Productus*, telles que *P. giganteus*, *P. hemisphæricus*, *P. Semireticulatus* (fig. 570) et *P. scabriculus*. On rencontre

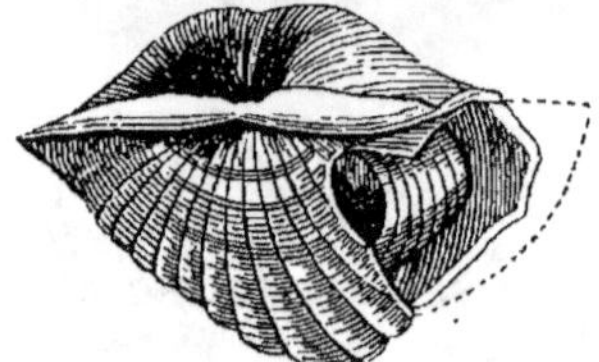

Fig. 571. — *Spirifer trigonalis*, Martin Sp. Calcaire de Montagne; Derbyshire, etc.

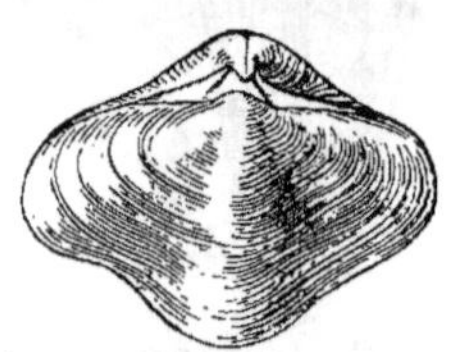

Fig. 572. — *Spirifer glaber*, Martin, sp. Calcaire de Montagne.

abondamment aussi de gros spirifères plissés, *Spirifer striatus*, *S. rotundatus* et *S. trigonalis* (fig. 571), en même temps que des espèces lisses, telles que le *Spirifer glaber* (fig. 572) avec ses nombreuses variétés.

La famille des Brachiopodes, à laquelle appartiennent ces coquilles, est numériquement bien mieux représentée dans ces roches carbonifères que dans les formations secondaires, décrites dans les chapitres précédents (1). Individuellement, ainsi que le fait observer le professeur Ramsay, ces coquilles

(1) *Geol. Quart. Journ.*, p. 41, 1864.

surpasseraient en nombre les mollusques Lamellibranches,
bien que ces Lamellibranches de la série carbonifère soient
deux fois plus nombreux que les Brachiopodes contemporains. On remarquera que le nombre croissant de ce
dernier groupe parmi les mollusques bivalves, sous le
rapport des genres, des espèces et des individus, caractérise
d'une façon tranchée la faune des roches primaires à mesure que l'on descend plus bas dans la série.

Parmi les mollusques Brachiopodes ou palliobranches,
nous citerons la *Terebratula hastata,* non-seulement parce
qu'elle se trouve largement répandue, mais aussi parce
qu'elle conserve souvent encore les bandes colorées qui or-
naient la coquille vivante (fig. 573). Ces bandes colorées se
retrouvent dans plusieurs bivalves lamellibranches, telles
que l'*Aviculopecten* (fig. 574) ; les lignes foncées alternent
avec un fond clair. Quelques univalves spirales présentent

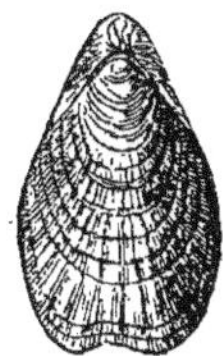
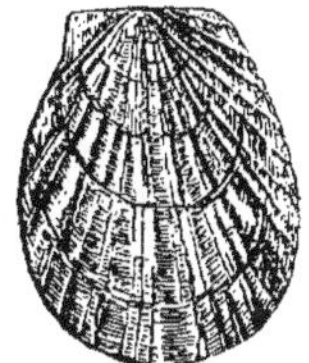
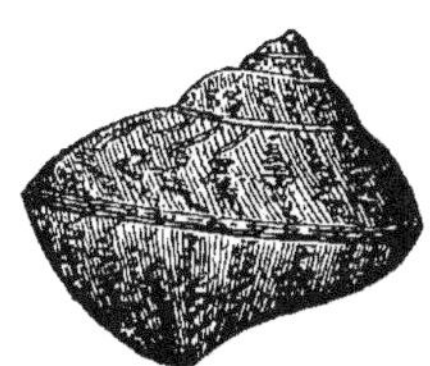

Fig. 573. — *Terebra-*
tula hastata, Sow.,
montrant les bandes
de couleur rayon-
nées. Calcaire de
Montagne. Derby-
shire, Irlande, Rus-
sie, etc.

Fig. 574. — *Aviculopecten*
sublobatus, Phil. Calcaire
de Montagne. Derbyshire,
Yorkshire.

Fig. 575. — *Pleurotomaria cari-*
nata, Sow. (*P. flammigera,* Phil.).
Calcaire de Montagne.
Derbyshire, etc.

aussi leur couleur originelle ; elle est très-distincte dans le
Pleurotomaria (fig. 575), dont la surface porte des taches
ondulées qui lui donnent une certaine ressemblance avec
divers Trochus vivants.

Le seul fait de coquilles si anciennes conservées avec leurs
couleurs est déjà fort remarquable par lui-même ; M. Forbes en a tiré une importante conclusion géologique : suivant
ce naturaliste, la profondeur des mers primitives où s'est

déposé le Calcaire de Montagne n'aurait pas dépassé 90 mètres. En effet, dans les mers actuelles, les testacés aux couleurs et aux dessins bien définis habitent rarement au-dessous de cette dernière profondeur ; le plus grand nombre se rencontrent sur les points où les eaux très-basses laissent passer une abondante lumière, à 3 ou 4 mètres au plus de la surface. Dans les mers Britanniques, certains genres sont toujours blancs ou incolores, au-dessous de 180 mètres, tandis que des individus, appartenant aux mêmes espèces, recueillis dans des zones moins profondes, sont vivement bariolés ou bigarrés.

Cet argument tiré de la couleur des coquilles est très-important, car les Rayonnés, les Articulés et les Mollusques de

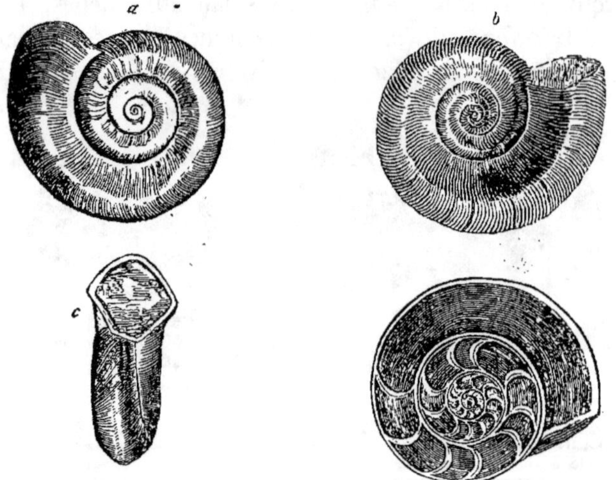

Fig. 576. — *Euomphalus pentangulatus*, Sow. Calcaire de Montagne.

a. Face supérieure. — *b*. Face inférieure ou ombilicale. — *c*. Bouche moins pentagonale chez les individus plus âgés. — *d*. Section polie montrant les chambres intérieures.

la période Carbonifère appartiennent presque tous à des genres que l'on ne trouve plus dans la création vivante, et sur les mœurs desquels on ne peut que difficilement former quelques conjectures.

Plusieurs mollusques carbonifères, tels qu'*Avicula, Nu-*

cula, Solemya et *Lithodomus*, appartiennent sans aucun doute à des genres vivants; mais la plupart, bien que souvent rapportés à des types actuels, tels qu'*Isocardia, Turritella* et *Buccinum*, représentent en réalité des formes qui paraissent avoir été anéanties vers la fin de l'époque paléozoïque. L'*Euomphalus* est une coquille univalve caractéristique de cette période. L'intérieur en est souvent divisé par chambres (fig. 576, *d*) dont les cloisons ne sont point perforées comme dans les coquilles foraminifères ou dans celles qui ont un siphon, telles que le *Nautile*. L'animal semble s'être retiré successivement de la cavité préexistante, après l'avoir fermée, à chaque retraite, par une cloison. Le nombre des chambres est variable, et celles-ci manquent généralement dans le tour intérieur. L'animal de la *Turritella communis* actuelle se construit pareillement, à mesure qu'il avance en âge, des parois constituant autant de cloisons dans la coquille.

On rencontre dans le Calcaire de Montagne près de vingt espèces du genre *Bellerophon* (fig. 577), coquille non cloisonnée, comme les Argonautes vivants. Ce genre ne se re-

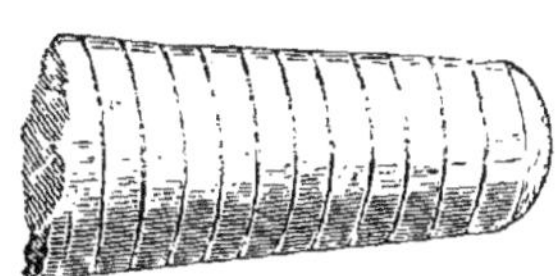

Fig. 577. — *Bellerophon costatus*, Sow. Calcaire de Montagne.   Fig. 578. — *Orthoceras laterale*, Phillips ; portion de la coquille. Calcaire de Montagne.

présente plus dans les couches de date postérieure. On le regarde très-généralement comme appartenant aux *Hétéropodes*, et comme voisin de la coquille cristalline *Carinaria;* mais quelques conchyliologistes pensent que c'était simplement un Céphalopode.

Les Céphalopodes carbonifères ne s'éloignent pas autant du type actuel (*Nautilus*) que les représentants siluriens plus anciens du même ordre ; cependant ils fournissent quelques formes remarquables qui deviennent de plus en plus rares dans les couches postérieures à la houille. Parmi ces formes se distingue l'*Orthoceras*, coquille cloisonnée et munie de siphon, comme serait un Nautile droit et rétréci (fig. 578). Certaines espèces de ce genre mesurent plusieurs décimètres de long. La *Goniatite* est un autre genre presque voisin de l'*Ammonite*, dont elle diffère en ce que les lobes des cloisons sont dépourvus de dentelures ou crénelures latérales, et présentent des bords continus.

L'espèce que reproduit la figure 579 est répandue presque partout ; elle montre admirablement la disposition en zigzag qui caractérise les lobes des cloisons.

Dans une autre espèce (fig. 580), les cloisons ne sont que légèrement ondulées et se rapprochent bien plus par leur forme de celles du Nautile. La position dorsale du siphon distingue néanmoins très-nettement la Goniatite du Nautile,

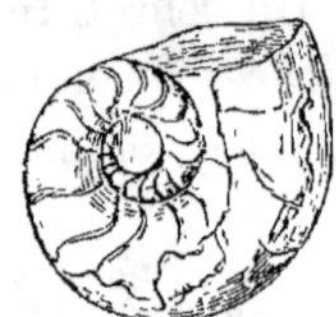

Fig. 579. — *Goniatites crenistria*, Phill. Calcaire de Montagne. Amérique du Nord, Angleterre, Allemagne, etc. *a*. Face latérale.— *b*. Face frontale, montrant la bouche.

Fig. 580. — *Goniatites evolutus*, Phillips. Calcaire de Montagne. Yorkshire.

et prouve que la coquille appartenait à la famille des Ammonites, dont quelques auteurs ne pensent pas qu'elle soit, en réalité, génériquement différente.

Poissons fossiles. — La distribution de ces fossiles dans le terrain dont il s'agit est très-variable : ainsi M. de Koninck, l'éminent paléontologiste de Liége, n'a pu réunir dans sa nombreuse collection des fossiles du Calcaire de Montagne de Belgique, plus de quatre ou cinq exemples d'os ou de dents de poissons. Se fondant sur les exemples fournis par la Belgique, cet auteur a dû conclure que la classe des vertébrés fut extrêmement rare dans les mers carbonifères, et pourtant les recherches faites dans d'autres pays ont conduit à un résultat tout à fait différent. Par exemple, il existe près de Clifton sur l'Avon un célèbre *lit à ossements* presque en-

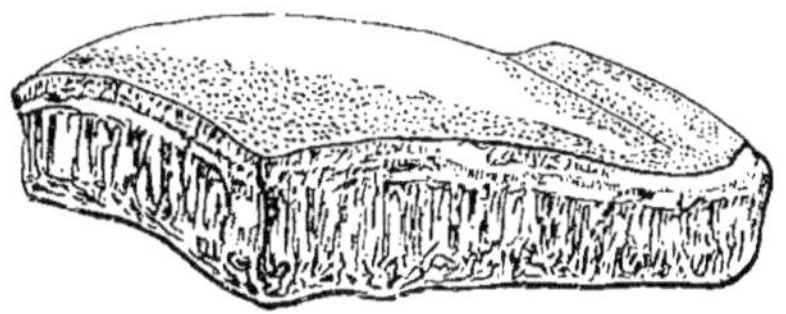

Fig. 581. — *Psammodus porosus*, Agass. Lit à ossements. Calcaire de Montagne. Bristol, Armagh.

tièrement composé d'ichthyolites ; on peut en dire autant des *lits à poissons* d'Armagh en Irlande. Ces lits sont composés principalement de dents appartenant à l'ordre des Placoïdes, et presque toutes roulées comme si elles eussent été transportées d'une grande distance. Quelques-unes sont tranchantes et pointues, comme les dents des requins ordinaires ; celles du genre *Cladodus* sont dans ce cas. Mais la plupart, celles du *Psammodus* et du *Cochliodus* en particulier, sont,

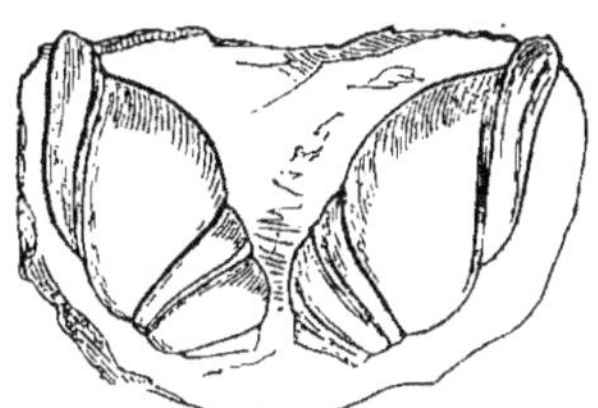

Fig. 582. — *Cochliodus contortus*, Agass. Lit à ossements. Calcaire de Montagne. Bristol, Armagh.

de même que chez le *Cestracion* de Port-Jackson (voy. ci-dessus, fig. 322, t. I, p. 518), massives, insérées au palais et propres à broyer (fig. 581, 582).

On compte dans le Calcaire de Montagne des îles Britanniques plus de soixante-dix autres espèces de poissons fossiles. Les os des nageoires de ces animaux sont assez communs à Armagh et à Bristol ; ceux que l'on désigne sous le nom d'*Oracanthus* ont souvent des dimensions considérables. On rencontre aussi dans les mêmes gisements des poissons Ganoïdes tels qu'*Holoptychius*, mais ils sont beaucoup moins nombreux. Le grand *Megalichthys Hibberti* est répandu depuis les couches supérieures jusqu'aux couches tout à fait inférieures du terrain carbonifère.

Foraminifères. — Dans la partie supérieure du groupe comprenant le Calcaire de montagne, dans le Sud-Ouest de l'Angleterre, près de Bristol, des calcaires, qui se distinguent par une structure oolitique, alternent avec les schistes argileux. Le noyau des corps sphériques excessivement petits qui composent la roche, est formé, comme on peut le voir au microscope, par de petits rhizopodes ou foraminifères. Ce groupe important d'animaux, si abondamment représenté dans les couches des dernières périodes par les Nummulites et leurs nombreux congénères à formes microscopiques, paraît limité dans le Calcaire de Montagne à un nombre très-restreint d'espèces. Il a fourni les *Textularia*, *Nodosaria*, *Endothyra* et *Fusulina* (fig. 583). Les deux premiers genres sont communs à cette période et à toutes celles qui l'ont suivie ; le troisième commence à se montrer dans le Silurien Supérieur,

Fig. 583. — *Fusulina cylindrica*, d'Orb. Grosseur triple. Calcaire de Montagne.

mais il n'est pas encore connu au-dessus du Carbonifère ; le quatrième (fig. 583) est spécial au Calcaire de Montagne et caractérise cette formation aux États-Unis, en Russie, dans l'Amérique arctique et dans l'Asie Mineure.

COUCHES CONTEMPORAINES DU CALCAIRE DE MONTAGNE.

Dans les pays où le calcaire ne constitue pas la portion principale de la série Carbonifère Inférieure, cette formation présente des caractères tout à fait différents, par exemple dans les provinces Rhénanes de Prusse et dans le Hartz. Les schistes et les grès, appelés *Kiesel-schiefer* et Jeune Grauwacke (*Jüngere Grauwacke*) par les Allemands, ont été rapportés, dans le principe, au groupe Devonien, mais aujourd'hui on sait avec certitude qu'ils appartiennent au *Carbonifère Inférieur*. La coquille commune et caractéristique

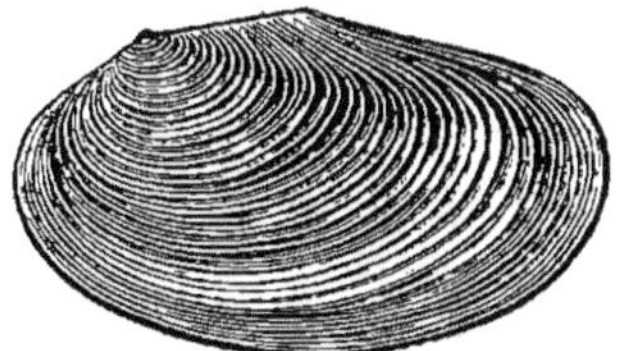

Fig. 584. — *Posidonomya Becheri*, Goldf. Syn., *Estheria Becheri*.
Carbonifère Inférieur.

des schistes carbonifères de cette série, sur le continent et en Angleterre, est la *Posidonomya Becheri* (fig. 584). Quelques espèces bien connues du Calcaire de Montagne, les *Goniatites crenistria* (fig. 579) et *G. reticulatus*, se rencontrent aussi dans le Hartz. On trouve communément au sein des grès du même système des plantes fossiles telles que *Lepidodendron*, *Saginaria*, *Knorrica*, *Calamites Suckovii* et *C. transitionis*, Göpp. ; ces végétaux sont, les uns particuliers et les autres spécifiquement identiques aux fossiles ordinaires du terrain Houiller. La véritable position géologique des roches de la série au Hartz a été pour la première fois déterminée par MM. Murchison et Sedgwick, en 1840 (1).

CALCAIRE CARBONIFÈRE DANS L'AMÉRIQUE DU NORD.

La division inférieure du Terrain Houiller de la Nouvelle-Écosse contient, outre de larges masses de Gypse, quelques bandes de calcaire marin presque entièrement composé d'Encrinites, et fournissant, sur quelques points, des coquilles de genres communs au Calcaire de Montagne d'Europe.

Aux États-Unis, le calcaire carbonifère gît au-dessous des couches qui produisent la houille, et, bien qu'il soit peu développé vers les bords du bassin houiller des Alléghanys ou Grandes Apalaches en Pensylvanie, il se continue en Vir-

(1) *Trans. Geol. Soc.*, Londres, 2e série, vol. VI, p. 228.

ginie et dans le Tennessée. C'est dans les bassins houillers de l'Ouest ou du Mississipi, dans le Kentucky, l'Indiana, l'Iowa, le Missouri et autres États occidentaux qu'il présente l'étendue la plus considérable (1). Il y atteint près de 120 mètres de puissance, et contient abondamment, comme en Europe, des coquilles appartenant aux genres *Productus* et *Spirifer,* avec des *Pentremites* et autres Crinoïdes, ainsi que des coraux. Parmi ces derniers, se rencontre communément le *Lithostrotion basaltiforme* ou *striatum* (fig. 565, t. II, p. 150), ou bien une autre espèce très-voisine.

(1) Owen, *Geol. Survey of Wisconsin*, etc., 1852.

CHAPITRE XXVI

VIEUX GRÈS ROUGE OU GROUPE DEVONIEN.

Vieux Grès Rouge des frontières des Galles. — De l'Écosse et du Sud de l'Irlande. — Végétaux fossiles Devoniens à Kilkenny. — *Holoptychius* du vieux Grès Rouge moyen et *Cephalaspis* du Vieux Grès Rouge Inférieur, dans le Forfarshire. — *Pterygotus* et œufs supposés de crustacés. — Type septentrional du vieux Grès Rouge, en Écosse. — Classification des Ichthyolites du Vieux Grès Rouge, leurs rapports avec les types vivants — Type lithologique particulier de Vieux Grès Rouge dans le Devon et le Cornouailles. — Du terme Devonien. Débris organique de caractère intermédiaire entre ceux du système Carbonifère et du système Silurien. — Série Devonienne en Angleterre et sur le continent. — Roches et fossiles des Devoniens Supérieur, Moyen, Inférieur. — Vieux Grès Rouge de Russie. — Prédominance des Brachiopodes. — Couches Devoniennes des États-Unis et du Canada. — Récifs de Coraux aux Chutes de l'Ohio. — Grès de Gaspé. — Végétation de la période Devonienne.

Nous avons établi dans la coupe (fig. 462, t. II, p. 23), que les couches carbonifères ont pour limite supérieure un système appelé *Nouveau Grès Rouge*, et pour limite inférieure un autre système appelé *Vieux Grès rouge*. Ce dernier groupe doit son nom à cette circonstance que, dans le Herefordshire et en Écosse, où il a été étudié pour la première fois, il se compose principalement de grès rouge, de schiste et de conglomérat. Ce n'est que plus tard qu'on l'a appelé *Devonien*, pour des motifs que nous expliquerons ultérieurement. Pendant plusieurs années il a été regardé comme très-pauvre en débris organiques ; et tel est véritablement son caractère sur de très-larges surfaces où manque la roche calcaire, et où sa couleur est déterminée par l'oxyde rouge de fer.

Vieux Grès Rouge du Herefordshire, etc. —Dans les comtés d'Hereford, de Worcester, de Shrop et dans la Galles du Sud, cette formation atteint quelquefois une puissance de 2, 400 à 3,000 mètres. Elle présente les divisions suivantes :

II. 11

1° Conglomérat.

2° Brownstone, série à pierre brune, — se composant principalement de grès verts-rouges, et brunâtres, avec de grands *Eurypterus*.

3° Marne et Cornstone, — c'est-à-dire marnes argileuses tachetées de rouge et de vert, avec accidents irréguliers de calcaire impur, concrétionné, auquel on a donné le nom de *Cornstone*; avec ces roches se trouvent quelques lits de grès blanc. Dans le Cornstone, ainsi que dans les ardoises et marnes où se rencontre plus abondamment la matière calcaire, on trouve des épines de poissons de la famille des *Acanthotidæ*, et des débris de *Cephalaspis* et *Pteraspis*.

4° Schistes argileux de Ledburg, — couches minces de schiste couleur olive de Ledburg et Ludlow, et grès intercalés dans des lits épais de marne rouge, — poissons des genres *Cephalaspis*, *Auchenaspis*, etc., très-distincts de ceux du silurien sous-jacent.

Vieux Grès Rouge d'Écosse et d'Irlande. — Dans le Sud des Grampians, comtés de Forfar, de Kincardine et de Fife, on peut diviser le Vieux Grès Rouge en trois groupes :

A. Grès jaune.

B. Schiste rouge, grès avec cornstone, et, à la base, un conglomérat (nᵒˢ 1, 2, 3 ; coupe, p. 79, t. 1).

C. Grès tégulaire et grès à paver très-micacés, contenant un faible mélange de carbonate de chaux (nᵒ 4, p. 79, t. 1).

Dans les comtés de Fife et de Forfar, les groupes A, B, C présentent ensemble une épaisseur de 400 à 1,200 mètres, et qui dépasse peut-être cette dernière limite, sur les points où les conglomérats de B sont plus largement développés.

A. — Le membre supérieur, ou grès jaune A, existe à Dura Den, près de Cupar, dans le Fife, où il est immédiatement recouvert par la houille. Il renferme quantité de poissons des genres *Pterichthys* (pour le genre, voyez fig. 600), *Pamphractus*, *Glyptopomus*, *Holoptychius* et autres.

En Irlande, les assises supérieures du Vieux Grès Rouge, ou Grès Jaune de Kilkenny, contiennent des poissons se rapportant aux genres *Coccosteus* et *Dendrodus*, caractéristiques de cette période ; elles fournissent aussi des plantes spécifiquement distinctes de toutes celles que l'on connaît dans le terrain de la houille, mais que l'on peut rapporter

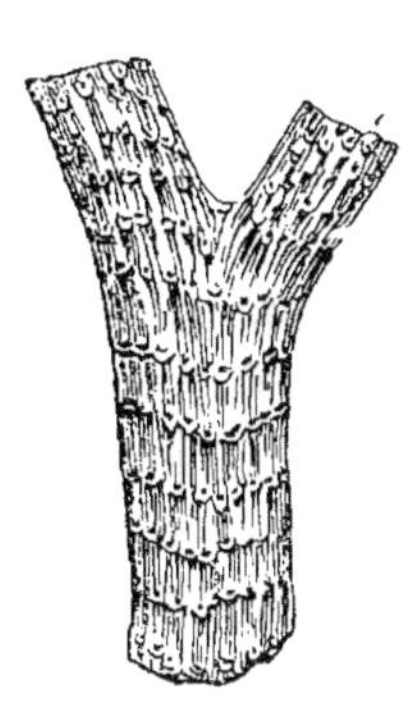

Fig. 585. — Tige de *Lepidodendron*, aplatie au point que la disposition en quinconce des écailles a disparu. Devonien Supérieur, Kilkenny.

Fig. 586. — *Cyclopteris Hibernica*, Forbes. Devonien Supérieur, Kilkenny.

aux genres de ce terrain : tels sont les *Lepidodendron* et *Cyclopteris* (fig. 585 et 586). Dans quelques échantillons, la tige de ce dernier genre présente de larges cicatrices d'insertion ; elle a donc pu appartenir à des fougères arborescentes.

Dans les mêmes couches, on a recueilli des coquilles dont la forme rappelle le genre Anodonte, et qui ont probablement vécu dans l'eau douce. Quelques géologues, il est vrai, inclinent à classer ces couches parmi celles qui forment la base de la série carbonifère, avec le Grès Jaune de M. Griffiths (p. 76, t. II), mais les Ichthyolites et les plantes à caractère spécifique particulier que l'on y rencontre semblent militer victorieusement en faveur de la première opinion.

B. — La division moyenne du Vieux Grès Rouge, telle qu'on l'observe au Sud des Grampians, comprend, en premier lieu, des Schistes et Grès Rouges, avec Cornstone, lesquels occupent la vallée de Strathmore suivant sa longueur, de Stonehaven au Firth de la Clyde ; en second lieu, un conglomérat que l'on rencontre au pied des Grampians et sur le versant des collines de Sidlaw, comme on le voit dans la coupe p. 79, t. I, nᵒˢ 1, 2 et 3. La portion supérieure de cette division nᵒ 1, c'est-à-dire les couches qui, dans le comté de Fife, sont recouvertes par le Grès Jaune, fournit

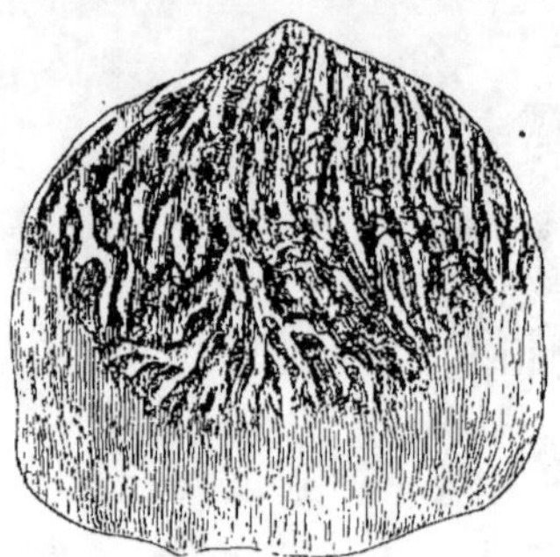

Fig. 587. — Écaille d'*Holoptychius nobilissimus*, Agass., Clashbinnie. Grandeur naturelle.

des écailles d'un grand poisson ganoïde, du genre *Holoptychius*, recueillies pour la première fois par le docteur Fleming, à Clashbinnie, près de Perth. M. Noble a décou-

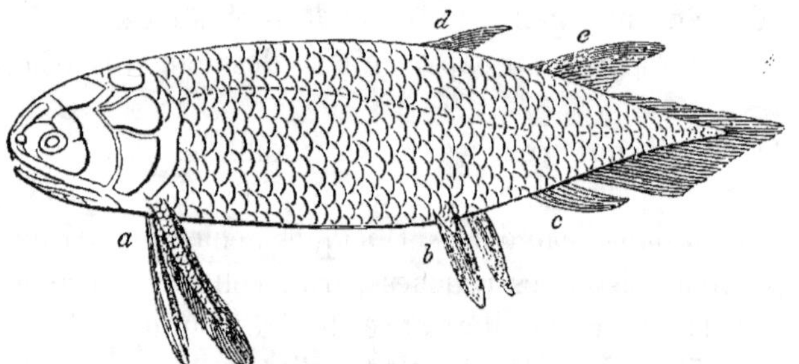

Fig. 588. — *Holoptychius*, restauré par le prof. Huxley (pour les dents de ce genre, voir p. 154, t. II, fig. 556).
a. Nageoires pectorales frangées. — *b*. Nageoires ventrales frangées. — *c*. Nageoire anale. — *d*, *e*. Nageoires dorsales.

vert postérieurement, dans le même gisement, un échantillon entier du même genre, présentant plus de 60 centimètres de long ; quelques-unes des écailles (fig. 587) ne

mesuraient pas moins de 75 millimètres de long sur 62 millimètres de large.

C. — (Tableau, p. 161, t. II.) — La troisième division la
plus inférieure dans le Sud des Grampians consiste en pierre
à paver (*paving stone*) et ardoises grises, avec schistes rouges
et gris. Ces couches gisent au-dessous d'une masse épaisse
de conglomérat. Elles ont fourni plusieurs poissons remar-

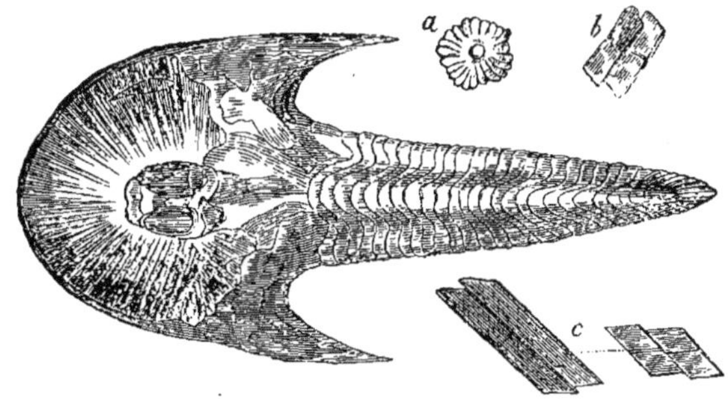

Fig. 589. — *Cephalaspis Lyellii*, Agass. Longueur, 0m,17, D'après un échantillon de
ma collection trouvé à Glammiss, Forfarshire; voy. autres fig., Agass , vol. II,
tab. 1 *a* et 1 *b*.

a. L'une des écailles particulières dont la tête est recouverte, à l'état de complète
conservation. Ces écailles manquent généralement, comme dans l'échantillon ci-dessus
figuré. — *b*, *c*. Écailles de différentes places du corps et de la queue.

quables du genre qu'Agassiz a nommé *Cephalaspis* ou *tête-
bouclier*, d'après le singulier écusson qui recouvre la tête
(fig 589). On a souvent confondu ce poisson avec un Trilobite de la division des *Asaphus*.

Le Rev. Hugh Mitchell a aussi trouvé dans les lits du
même âge que ceux du Perthshire, une espèce de *Pteraspis*,
de la même famille, et M. Powrie compte jusqu'à cinq genres de la famille des *Acanthodidæ* dont on a découvert les
épines, les écailles et autres débris dans les grès gris (1) peu
consistants.

A Carmylie, Forfarshire, dans la même roche, bien connue sous le nom de *pierre à paver d'Arbroath*, on découvre
de temps à autre des débris d'un gros crustacé. Les car-

(1) Powrie, *Geol. Quart. Journ.*, vol. **XX**, p. 417.

riers écossais donnent à ce fossile le nom de *Séraphin*, d'après l'ornement en forme d'aile ou de plume qui garnit l'appendice du thorax, partie qui se retrouve le plus fréquemment dans la roche. Agassiz avait d'abord rapporté

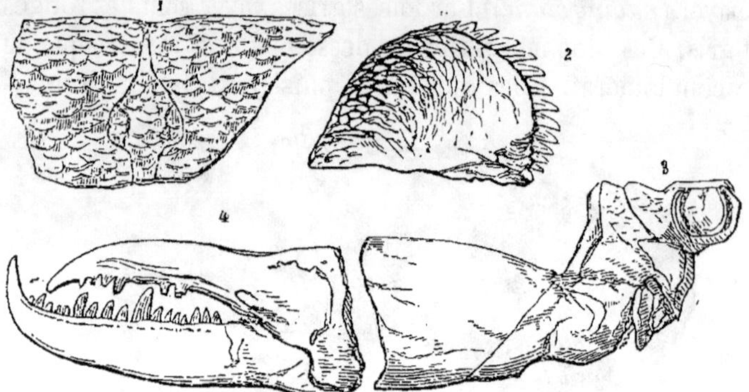

Fig. 590. — Portions du *Pterygotus anglicus*, Agass.

1. Portion moyenne du *Séraphin* ou de la nuque, sculptée sous forme d'écailles. — 2. Portion de la base large de l'un des pieds antérieurs, avec ses fortes épines ou dents qui servaient d'organes de mastication. — 3. Portion voisine de l'une des grandes pinces antérieures. — 4. Partie terminale de la même pince, avec ses deux branches en forme de scie. (Voy. Agass. *Poiss. Foss. du Vieux Grès Rouge*, pl. A.)

1 et 2 sont de grandeur naturelle; 3 et 4 sont réduits de moitié.

quelques-uns de ces fragments à la classe des poissons, mais depuis il a été le premier à reconnaître leur nature crustacée, et, dans la planche n° 1 de ses *Poissons Fossiles du Vieux Grès Rouge*, il a figuré les parties de l'animal sur lesquelles il a cru devoir fonder son opinion.

La restauration du *P. Anglicus*, exécutée proportionnellement à la grosseur de ses debris recueillis dans le Vieux Grès Rouge du Perthshire et du Forfashire, nous donnerait un animal de 1ᵐ,50 à 2ᵐ de long, sur 30 centimètres de large. M. Salter pense que le *P. Problematicus*, Ag., du grès de Downton, et le *P. Gigas*, Salt., de la roche inférieure de Ludlow, atteignaient des dimensions plus grandes, pouvant même dépasser 2 mètres.

Les plus grands crustacés que l'on connaisse de nos jours sont : l'*Inachus Kæmpferi*, de *Haan*, vivant dans le Japon (crabe de l'ordre des brachyures, à courte queue), fort re-

marquable pour la longueur de ses membres, les bras antérieurs étant d'une longueur de 10 centimètres, et les autres
en proportion, de manière à couvrir une surface de près de
2 mètres carrés ; et le *Limulus Moluceanus*, grand crabe

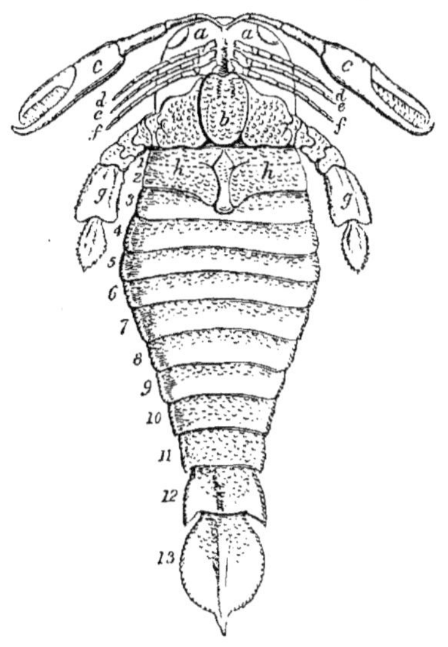

Fig. 591. — *Pterygotus Anglicus*, Agass. Forfarshire. Vue de l'abdomen, restauré par
H. Woodward, F. G. S., d'après des échantillons presque complets d'espèces voisines, que l'on a trouvées dans le Ludlow supérieur, de Lesmahagow.

a. Carapace, montrant les grands yeux sessiles, aux angles antérieurs. — *b.* *Meta-
stoma* ou plaque faisant suite à la bouche, et tenant lieu de lèvre inférieure. — *c, c.* Appendices de Chelodonte (*Antennules*). — *d.* Première paire de pinces simples (*An-
tennes*). — *e.* Seconde paire de pinces simples (*Mandibules*). — *f.* Troisième paire
de pinces simples (premiers *maxillaires*). — *g.* Paire de pattes nageoires, avec leurs
larges articulations à la base et leurs extrémités dentelées faisant l'office de mâchoires. — *h.* Plaque thoracique ou génitale recouvrant les organes de la reproduction (et probablement aussi les branchies) composée de deux larges ailes latérales et
d'un lobe mince médian, dont la forme varie avec le sexe. Cette plaque thoracique
recouvre les deux segments du thorax qui sont indiqués sur la figure par des lignes
ponctuées. — 1-6. Segments du thorax. — 7-12. Segments abdominaux. — 13. Plaque de la queue.

royal de Chine et des mers orientales, qui, dans l'âge adulte,
a une longueur de 90 centimètres, et dont la carapace mesure une largeur de 45 centimètres.

Parka decipiens. Les mêmes pierres à paver et ardoises
tégulaires grossières qui fournissent le *Cephalaspis* et le
Pterygotus, dans les comtés de Forfar et de Kincardine,

contiennent des restes de plantes herbacées que le géologue peut utiliser, vu leur abondance, pour identifier les couches correspondantes, même sur des points très-éloignés. On ignore si ces plantes sont des Fucoïdes, comme je l'avais d'abord pensé, ou des plantes d'eau douce *fluviales*, comme certains botanistes le prétendent. Ces restes sont souvent acccompagnés de fossiles auxquels les carriers donnent le nom de *baies* (*berries*), et qui rappellent par leur forme une mûre ou une framboise comprimée (fig. 592 et 593). Quelques fossiles de ce genre

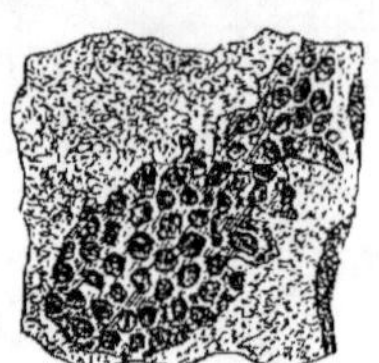

Fig. 592. — *Parka decipiens*, Fleming. Grès des couches inférieures du Vieux Grès Rouge. Ley's Mill, Forfarshire.

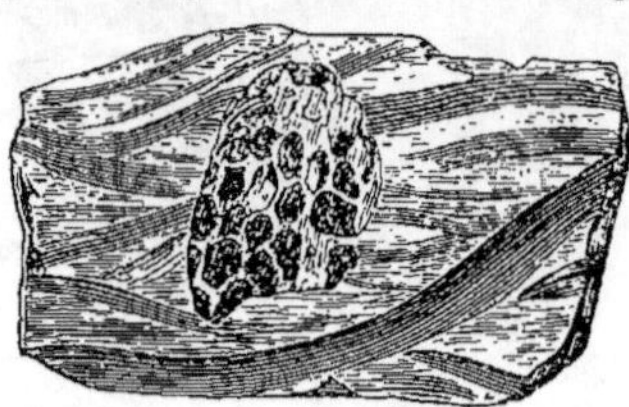

Fig. 593. — *Parka decipiens*, Fleming. Schiste des couches inférieures du Vieux Grès Rouge. Fife.

ont été d'abord observés en 1828 par le docteur Fleming, dans un grès gris du même âge que celui du Forfarshire, à Parkhill près de Newburg, au Nord de Fife. J'en ai plus tard moi-même rencontré au Nord de Strathmore, dans le schiste vertical situé au-dessous du conglomérat, et dans les mêmes couches à Sidlaw Hills, sur tous les points indiqués par le chiffre 4 dans la coupe, page 79, tome I.

Le docteur Fleming a comparé ces fossiles aux panicules d'un *Juncus* ou aux chatons d'un *Sparganium* ou de quelque autre plante voisine, et son opinion a été confirmée par la découverte faite à Balrudderie d'un échantillon à surface inférieure plus lisse que la supérieure, et faisant voir la place présumée de l'attache d'un pédoncule. J'ai trouvé, dans les grès du Forfarshire, quelques

Fig. 594. — Portion de frai d'une espèce de *Natica* d'Angleterre.

échantillons qui n'étaient associés à aucune feuille (fig. 592); ils montraient la plus grande ressemblance avec le frai d'une

Natica récente (fig. 594) dont les œufs auraient été déposés dans une couche mince de sable, et auraient acquis, par leur pression réciproque, une forme polygonale ; mais comme on n'a découvert aucune coquille de gastéropode dans la même formation, le *Parka* n'a probablement aucun rapport avec cette classe d'êtres organisés.

Frappé de la ressemblance de l'un de mes échantillons

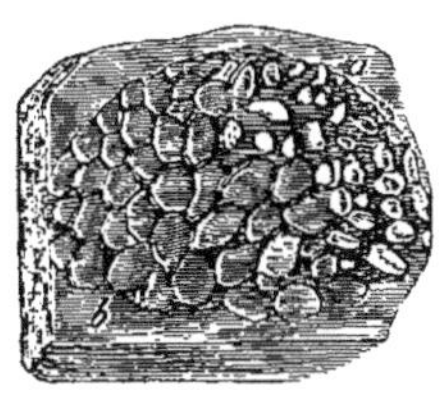

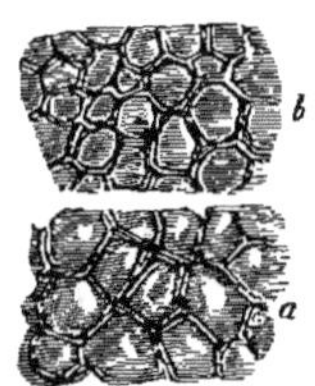

Fig. 595. — Fossile. Vieux Grès Rouge.
Plaque de Vieux Grès Rouge, du Forfar-shire, avec corps ressemblant à des œufs de Batracien.
a. Œufs (?) à l'état charbonneux.
b. Cellules des œufs (?) vides.

Fig. 596. — Récent.
Œufs de la grenouille commune (*Rana temporaria*) ; à un état charbonneux, d'un étang desséché de Clapham Common.
a. Les œufs. — *b.* Section transverse de la masse montrant la forme des cellules à œufs.

(fig. 595), avec une petite agglomération d'œufs desséchés de la grenouille commune d'Angleterre, qu'il avait extraite, noire et charbonneuse (fig. 596), du limon d'un étang près

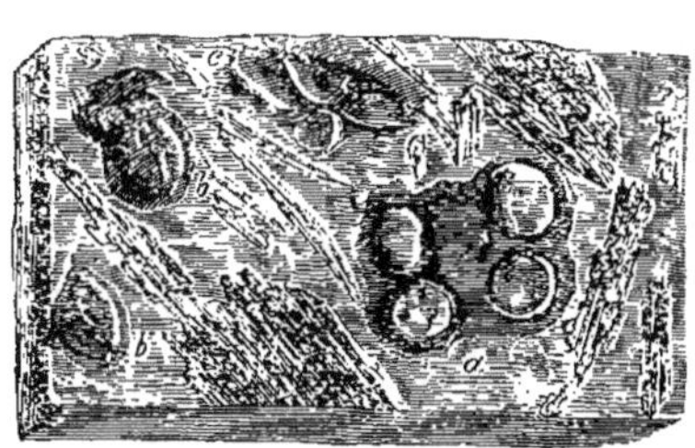

Fig. 597. — Schiste du Vieux Grès Rouge, ou Dévonien du comté de Forfar, avec empreintes de plantes et œufs de crustacés.
a. Deux paires d'œufs (?) ressemblant à ceux des grandes Salamandres ou Tritons, sur le même feuillet de la roche. — *b, b.* Œufs détachés.

de Londres, feu le docteur Mantell a cru devoir rapporter le fossile à un Batracien. M. Newport a partagé cette opinion ;

il a pensé de plus que les fossiles plus gros et plus circulaires (fig. 597) que j'avais recueillis dans le schiste du même terrain (Vieux Grès Rouge), et qui s'étaient présentés solitaires ou par paires, fixés aux feuilles des plantes, pouvaient bien être les œufs de quelque Triton ou Salamandre gigantesque.

L'absence générale de débris de reptiles dans les couches de la période Devonienne s'oppose fortement, aux yeux de bien des géologues, à cette manière de voir, et M. Salter, en 1859, et plus récemment M. Powrie, ont observé que la *Parka decipiens* se rencontre trop souvent associée avec le *Pterigotus,* pour ne pas faire croire que les œufs en question proviennent de ce crustacé. On les a trouvés non-seulement avec le *P. Anglicus* dans le Forfarshire et le Perthshire, mais aussi avec *P. Problematicus* à Ludlow, et avec *P. Ludensis* à Kidderminster, dans les couches du silurien supérieur. A l'hypothèse que ces corps étaient des réceptacles de graines, on a objecté qu'ils ne présentaient aucune trace de style ni d'involucre de feuille. On présume que ces œufs formaient une couche unique enveloppée dans une membrane, et non un amas entassé dans un sac.

Vieux Grès Rouge du Nord de l'Écosse. — La totalité de la région septentrionale de l'Écosse, depuis le cap Wrath jusqu'au versant méridional des Grampians, a été parfaitement écrite par M. Hugh Miller ; elle se compose d'un noyau de granite, gneiss et autres roches hypogènes, qui paraît comme enveloppé d'un manteau de grès. Peut-être avant l'apparition des Grampians, les assises du Vieux Grès Rouge dont est formé ce manteau ont-elles été continues sur toute l'étendue qu'occupe aujourd'hui la grande chaîne ; en effet, une bande de grès suit la ligne de la Moray Frith très-loin à l'intérieur de la grande vallée Calédonienne , et l'on rencontre , sur plusieurs points, des collines détachées de cette roche ainsi que des lambeaux en forme d'îlots. La même roche recouvre aussi d'une calotte les sommités les plus élevées du comté de Sutherland, et présente dans le Morayshire des sortes d'oasis au milieu des roches granitiques de Strathspey.

Comme le Vieux Grès Rouge du nord des Grampians diffère considérablement par son caractère minéralogique de celui du sud de la même chaîne, spécialement dans les divisions moyenne et inférieure, je vais traiter à part de cette formation. Nous avons aujourd'hui d'excellents motifs pour rapporter à une époque bien plus nouvelle, à celle du Trias, la portion supérieure qui d'abord avait été regardée comme contenant, près d'Elgin, des grès légèrement colorés, avec débris de reptiles (*Telerpeton*, etc.) (1). Outre ces grès blanchâtres, on en trouve d'autres, près d'Elgin, de couleur jaunâtre, qui sont peut-être les vrais équivalents du Grès Jaune de Fife (A. p. 162, t. II). Cette division supérieure passe, vers sa base, à des Grès Rouges, bigarrés, qui correspondraient aux lits désignés par B, dans le même tableau, p. 162.

(1) *Restes de reptiles que l'on suppose appartenir au Vieux Grès Rouge.* Dans une précédente édition de cet ouvrage, j'ai signalé la découverte des os d'un reptile, faite dans un grès blanc chargé de carbonate de chaux, et qui formait la partie supérieure d'une longue série de couches concordantes dans les environs d'Elgin. Feu le docteur Mantell donna à ce reptile le nom de *Telerpeton Elginense* ; il était accompagné d'écailles attribuées par Agassiz à un poisson qu'il avait appelé *Stagonolepis*, mais qui appartiennent, ainsi que l'a démontré depuis lors le prof. Huxley, à un crocodilien, du type Téléosaurien. On a maintenant trouvé la mâchoire, les dents, le fémur et quelques vertèbres caudales de cet animal, dont la longueur, d'après ces restes, aurait été d'environ 2ᵐ,50. Les mêmes lits ont fourni un autre reptile *Hyperodapedon*, Huxley, très-voisin du *Rhynchosaurus* triasique, ce qui ferait grandement présumer que ces pierres légèrement colorées des environs d'Elgin, contenant ces fossiles, se rapportent au Trias, et non, comme on l'avait pensé, à la période du Vieux Grès Rouge ou Devonienne.

Le prof. Harkness a montré en 1863 que les couches en question étaient parfaitement concordantes, tant aux environs d'Elgin que dans le Ross-shire ; que le grès de ces couches contenait des poissons appartenant sans la moindre équivoque au Vieux Grès Rouge, mais qu'un conglomérat intervenait généralement entre ces couches et les lits à reptiles. M. C. Moore a justement remarqué (Harkness., *Geol. Quart. Journ.*, vol. XX, p. 129, 1864) que la destruction de roches plus anciennes, attestée par ces dépôts de galets, impliquerait une lacune dans la série et la non représentation d'un laps de temps d'une étendue indéterminée.

Dans cette partie de la série, certains schistes bitumineux et grès à paver (flagstones), ont fourni dans les comtés d'Orkney, Caithness, Cromarty, Moray, Nairn et Bauff, une grande quantité de poissons fossiles. Au-dessous des lits à poissons, viennent les grès et les schistes, dépourvus de restes organiques, et d'une puissance qui atteint quelquefois 300 mètres. Comme le lit à ichthyolites constituait dans le nord la zone la plus inférieure, dans laquelle on ait découvert des fossiles, M. Hugh Miller en forma la base paléontologique du système du Vieux Grès Rouge, et le considéra comme plus ancien que la division *C* du tableau, p. 162, ou division à Grès tégulaire et à paver du Forfarshire, qui contient les *Cephalaspis* et *Pterygotus* déjà décrits, p. 164, t. II. Miller devait naturellement tomber dans cette erreur, car, dans son étude des lits à poissons si soigneusement faite à Cromarty, il observa que ces couches à fossiles étaient immédiatement juxta-posées à certaines roches cristallines ou métamorphiques, de manière à former en apparence la base du système Devonien. Une autre source d'erreur, dit sir Murchison, était fournie par l'amincissement graduel des schistes bitumineux et calcaires, ainsi que des flagstones, à mesure que l'on descend du nord vers le sud. Lorsqu'on atteint les contrées de Nairn et d'Elgin, ces schistes ne sont déjà représentés que par des argiles avec nodules calcaires, et le cas devient encore plus frappant à Gamrie, dans le comté de Banff. En avançant plus loin vers le Sud, la trace même de ces nodules disparaît dans la portion moyenne du Vieux Grès Rouge (1).

De tous ces faits, résultait l'impossibilité de prouver directement par la superposition la position relative des couches moyennes et inférieures de cette formation, car les lits à poissons du Caithness manquent dans le Forfarshire, et les lits à *Cephalaspis* du Forfarshire manquent pareillement dans le Caithness. Mais tous les doutes, s'il en existait en-

(1) *Marchison, Siluria*, 3ᵉ édition, p. 286, 1859.

core, quant à l'ordre véritable de superposition, s'évanouirent en 1861, lorsque M. Peach, s'étant mis, sous la direction de sir Murchison, à la recherche de fossiles dans le Caithness, trouva dans les grès, à plusieurs centaines de mètres au-dessous de la zone à poissons, des restes incontestables de *Pterygotus*. Ces crustacés sont caractéristiques de la zone à *Cephalaspis*, et n'ont jamais été rencontrés dans le grand lit à poissons de la division moyenne du Vieux Grès Rouge. Au reste, cette découverte ne fit que confirmer l'opinion anticipée de sir Roderick, qui avait déjà affirmé que les grès inférieurs de Caithness étaient les équivalents du grès à paver du Forfarshire, et de certaines couches du Herefordshire et du Shropshire, qui recouvrent sans intermédiaire le lit à ossements du Ludlow supérieur (1).

Suivant la remarque de M. Powrie, très-peu de genres et pas une espèce ne sont communs à cette division inférieure ou à Cephalaspis, et aux lits moyens ou de Caithness ; lacune tranchée que l'on n'observe pas entre les formes des poissons du Grès Moyen et celles du Grès Supérieur ou Jaune (2).

CLASSIFICATION DES POISSONS FOSSILES DU VIEUX GRÈS ROUGE.

Les poissons des schistes et flagstones en question sont très-particuliers et caractéristiques. M. Hugh Miller les a le premier étudiés avec beaucoup de succès, et en a donné une admirable description, avec la restauration de plusieurs d'entre eux. En 1844, M. Agassiz en fit aussi le sujet d'une monographie spéciale, dans laquelle il décrivit jusqu'à soixante-cinq espèces propres à l'Angleterre, et sir P. Egerton publia ensuite plusieurs mémoires importants sur le

(1) Powrie, *Geol. Quart. Journ.*, vol. XIV, p. 503, 1858 ; et *Murchison, Siluria*, 3ᵉ édition p. 280, etc., 1859.
(2) Powrie, *ibid.*, p. 428.

Pterichthys et autres genres fossiles. Les travaux de ce savant sur cette matière, y compris un tableau synoptique de tous les genres connus en 1857, ont été reconnus, par le professeur Huxley, comme ayant puissamment contribué à éclaircir ses idées, lorsqu'il entreprit, en 1861, la tâche difficile de classer ces poissons. Nous devons également au zoologiste Russe, Pander, un traité remarquable sur ces ichthyolites. L'essai magistral du professeur Huxley est d'une date plus récente que l'ouvrage de Pander, et contient un arrangement systématique des poissons du Devonien anglais. Ces poissons, fait observer Huxley, surpassent en intérêt tous les autres fossiles, car ils forment l'assemblage le plus ancien d'animaux vertébrés sur lequel on possède des notions un peu complètes ; on ne trouve, en effet, aucuns reptiles plus anciens que ceux de la Houille, et les poissons siluriens, représentés par des échantillons rares et isolés, ne nous donnent qu'un aperçu bien insuffisant des caractères de la faune des poissons, antérieure à la période du Vieux Grès Rouge.

Les poissons du Devonien ont été rapportés, par Agassiz, à deux de ses ordres principaux, les Placoïdes et les Ganoïdes. Des premiers, comprenant dans la période récente le requin, le squale et la raie, on n'a recueilli aucuns squelettes complets ; les échantillons obtenus se bornent à des dents et à des épines de nageoires, appelées Ichthyodorulites. D'après ces restes, on a pu établir les genres *Onchus*, *Odontacanthus* et *Ctenodus*, (Cestracion ?), et plusieurs autres ; on signale aussi quelques poissons à épines de la famille des *Acanthodidæ*, espèces imparfaitement connues. Ces poissons se rapprochent un peu des Placoïdes, suivant Huxley, qui admet pourtant qu'ils auraient peut-être plus de droits à être rangés dans la classe des Ganoïdes, ainsi qu'on le fait ordinairement.

Parmi les Ganoïdes, se trouvent les Cephalaspidés (Voyez fig. 589, p. 165, t. II) représentés par plusieurs genres, *Cephalaspis*, *Pteraspis*, etc., famille très-distincte, offrant néanmoins, suivant Huxley, une parenté étroite avec l'esturgeon.

Toutefois, les poissons du Vieux Grès Rouge appartiennent pour le plus grand nombre à un sous-ordre de Ganoïdes établi par Huxley en 1861, et pour lequel il a proposé le nom de *Crossopterygidæ* (1). Cette appellation, qui signifie *à nageoires frangées*, a été donnée à ces poissons à cause de la disposition particulière des rayons qui composent leurs nageoires couplées, et forment comme une frange autour d'un lobe central, dans le *Polypterus*, par exemple (voir *a*, fig. 598), genre dont plusieurs espèces habitent aujourd'hui

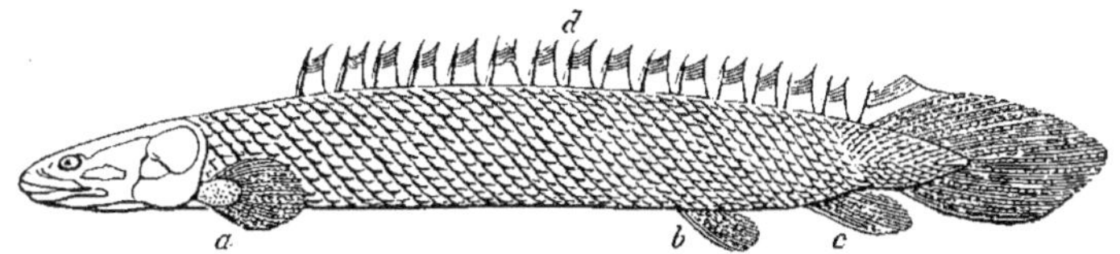

Fig. 598. — *Polypterus* (Voir Agassiz, *Recherches sur les Poissons fossi'es*), vivant dans le Nil et autres rivières d'Afrique.
a. L'une des nageoires pectorales frangées. — *b*. L'une des nageoires abdominales. — *c*. Nageoire anale. — *d*. Nageoire dorsale, ou rangée de nageoires en crochets.

le Nil et autres rivières de l'Afrique. Le lecteur reconnaîtra de suite dans l'*Osteolepis*, poisson commun du Vieux Grès Rouge, des analogies nombreuses avec le *Polypterus*. Ces deux poissons se ressemblent non-seulement par la struc-

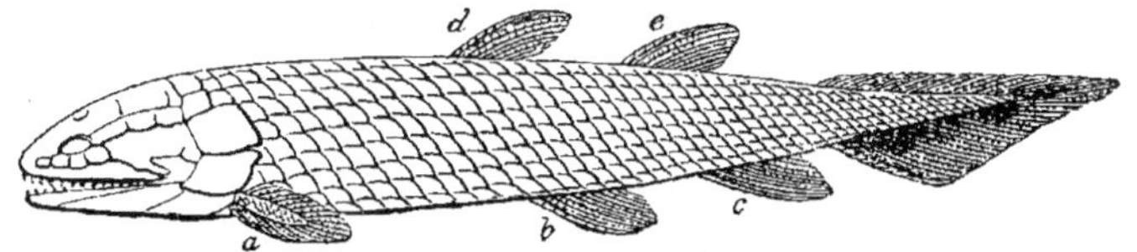

Fig. 599. — Restauration de l'*Osteolepis*, Pander. Vieux Grès Rouge ou Devonien.
a. Nageoire pectorale frangée. — *b*. Nageoire abdominale. — *c*. Nageoire anale. — *d, e*. Nageoires dorsales.

ture des nageoires, ainsi que l'a remarqué le premier Huxley, mais encore par la position de leurs nageoires pectorales, abdominales et anales, ainsi que par la forme allongée de leurs corps et par leurs écailles rhomboïdales. D'un autre

(1) De κροσσωτό:, *crossotos*, (frangé) et πτέρυξ, *pteryx* (nageoire).

côté, la queue est plus symétriquement disposée dans le poisson récent, dont le dos est muni d'une rangée de nageoires
à crochet d'un caractère tout à fait anormal, quant au nombre et à la structure. Les nageoires dorsales de l'*Osteolepis*,
au contraire, ont une position et une structure régulières,
elles n'offrent rien de particulier, si ce n'est qu'elles sont au
nombre de deux, ce que l'on ne voit pas ordinairement dans
les poissons vivants.

Parmi les Ganoïdes à *nageoires frangées*, quelques-uns
ont des écailles rhomboïdales, ainsi : l'*Osteolepis* représenté ci-dessus, *les Diplopterus, Glyptolomus* et *Glyptopomus ;* d'autres les ont cycloïdales, comme les *Holoptychius*
(Voyez fig. 588, p. 164, t. II), *Dipterus*, etc. Le nouveau
genre *Clyptolœmus*, fondé par Huxley d'après les échantillons recueillis dans le Grès Jaune Devonien de Dura Den,
comté de Fife, est non-seulement remarquable par une
frange rayonnée qui environne complétement un lobe central dans les nageoires pectorales et abdominales, mais encore par la répétition de cette structure dans les nageoires
anales et dorsales. Dans les genres *Dipterus* et *Diplopterus*,
comme l'observa Hugh Miller, et dans plusieurs autres pareillement conformés sous le rapport des nageoires, les
Gyroptychius et *Glyptolepis*, par exemple, les deux nageoires dorsales sont placées très en arrière, ou directement
au-dessus des nageoires anales et abdominales.

L'*Asterolepis* était un poisson ganoïde à dimensions colossales. L'*A. Asmusii*, Eichwald, espèce caractéristique
du Vieux Grès Rouge de Russie et d'Écosse, atteignait
6 à 9 mètres de long. Son corps était protégé par une forte
armure osseuse, garnie de tubercules en forme d'étoiles
mais son squelette était simplement cartilagineux. Sa bouche
était munie de deux rangées de dents, les extérieures
petites et semblables à celles des poissons, les intérieures plus
grosses et présentant le caractère de celles des reptiles. On
rencontre aussi l'*Asterolepis* dans les roches Devoniennes
de l'Amérique du Nord.

Tous les poissons du Vieux Grès Rouge, excepté les Placoïdes déjà cités, et quelques autres familles offrant des affinités douteuses avec cette formation, appartiennent à l'ordre des Ganoïdes, poissons ainsi nommés par Agassiz à cause de l'aspect brillant de leurs écailles. La même remarque s'appliquerait également aux poissons des formations primaires et secondaires en général, car les individus du type primaire et du type secondaire plus ancien se montrent avec des queues propres à la division des hétérocerques, tandis que dans ceux des roches tertiaires ce même organe est presque toujours bilobé ou homocercal, comme dans la majeure partie des poissons vivants. En outre, le professeur Huxley appelle l'attention sur ce fait, que les Ganoïdes de la formation primaire et le plus grand nombre de la secondaire ressemblent au *Lepidosteus* vivant, ou à l'*Amia*, genres que l'on rencontre actuellement dans les rivières de l'Amérique du Nord, et dont l'un , le *Lepidosteus*, se propage dans le Sud jusqu'à Guatemala ; tandis que les *Crossopterygii*, ou ichthyolites à nageoires frangées du Vieux Grès Rouge, sont étroitement alliés au *Polypterus* africain, représenté par cinq ou six espèces actuellement vivantes dans le Nil et dans les rivières du Sénégal. Ces Ganoïdes Africains et de l'Amérique septentrionale forment une véritable exception dans la création vivante ; ils sont entièrement confinés dans l'hémisphère Nord, à part quelques *Polypterus* qui auraient franchi l'équateur vers le Sud de l'Afrique, et ne constituent probablement que 27 espèces, sur les 9000 espèces vivantes de poissons connues de M. Günther, et dont plus de 6000 sont conservées aujourd'hui dans les collections du British Museum.

Tous les poissons vivants, à l'exception des 27 espèces que nous venons de mentionner et des Elasmobranches ou Placoïdes, ont la queue également bilobée ou homocercale ; on leur a donné le nom de *Teleostei*, parce que leurs squelettes sont complétement osseux (1). Toutefois, les Ganoïdes vi-

(1) De τέλεος, *teleos* (parfait), et ὀστέον, *osteon* (os).

vants, qui ressemblent le plus à ceux des périodes primaire et secondaire, les *Lepidostei* et *Polypteri*, par exemple, présentent des squelettes intérieurs aussi parfaits que ceux des *Teleostei*, et dans le *Dipterus*, Ganoïde déjà cité du Vieux Grès Rouge, on remarque la même combinaison d'un squelette dur, extérieur ou dermal, et d'un squelette intérieur parfaitement osseux. Il y a donc, sous ce rapport de la structure, concordance parfaite chez les *Dipterus* et *Polypterus*, bien que ces poissons diffèrent essentiellement entre eux par leurs écailles, qui sont cycloïdales chez le premier et rhomboïdales chez le second. Le *Megalichthys*, genre du terrain carbonifère, ressemble au *Polypterus* par la forme de ses écailles, qui sont rhomboïdales, tandis que son squelette interne, comme l'a fait observer Huxley, est tellement ossifié, qu'il existe dans chaque vertèbre un anneau de matière osseuse.

Néanmoins, on ne saurait dire que les Ganoïdes fossiles, généralement distincts des *Teleostei*, présentent dans tous les cas des squelettes internes plus imparfaits que la plupart des types vivants de cet ordre.

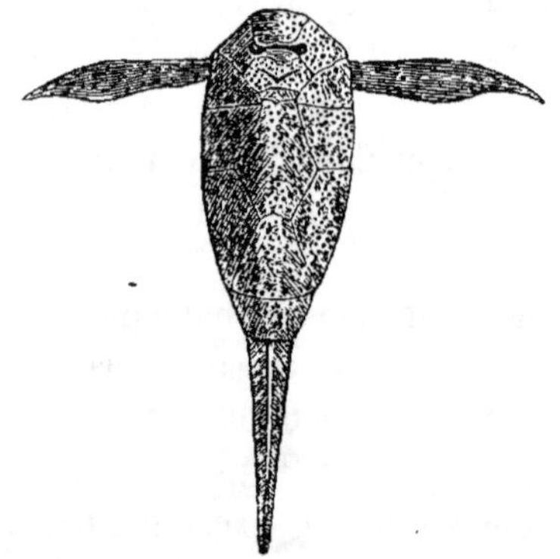

Fig. 600. — *Pterichthys*, Agassiz. Face supérieure, montrant la bouche, telle qu'elle a été restaurée par H. Miller.

Parmi les formes anomales des poissons du Vieux Grès Rouge, qui ne sauraient être rapportées aux *Crossopterygii* d'Huxley, il faut citer le *Pterichthys*, dont on a trouvé cinq espèces dans la division moyenne du Vieux Grès Rouge d'Écosse. Quelques auteurs avaient comparé l'espèce de coquille qui les recouvre à celle des crustacés, avec lesquels, cependant, ils n'ont réellement aucune affinité. Les appendices en forme d'ailes, d'où ce genre a tiré son nom, avaient été d'abord considérés, par Hugh Miller, comme des rames, semblables à celles de la tortue ; ils correspondent, sans aucun doute, aux nageoires pectorales. Le professeur Huxley, à propos du genre allié *Coccosteus*, a pensé que celui-ci avait quelque parenté avec les Siluroïdes, grande famille de Téléostéens vivants. Il a comparé les boucliers osseux qui recouvrent la charpente crânienne des *Coccosteus* à ceux qui protègent la tête et la partie antérieure du corps de certains Siluroïdes, appartenant plus particulièrement au genre *Clarias*.

Devon Méridional et Cornouailles. — Du mot Devonien. — En 1837, on découvrit qu'une grande partie des couches schisteuses et calcarifères du Devon Méridional et du Cornouailles, d'abord rapportées à la série de *transition* ou Silurienne, appartenaient en réalité à la période du Vieux Grès Rouge. Nous devons cette rectification aux travaux du professeur Sedgwick et de Sir R. Murchison provoqués par M. Lonsdale qui, ayant eu l'occasion d'examiner les fossiles du Devonshire Méridional, reconnut que quelques-uns avaient de l'affinité avec ceux du groupe Carbonifère, et d'autres avec ceux du Silurien, tandis que le reste ne se rapportait exactement à aucun de ces systèmes ; l'ensemble montrait un caractère particulier, mais intermédiaire entre celui des groupes plus anciens et celui des groupes plus nouveaux. Cependant ces seules observations paléontologiques ne nous auraient point permis d'assigner avec exactitude aux roches schisteuses et calcaires du Devon Méridional leur véritable place dans la série géologique, si MM. Sedgwick et Murchison n'avaient découvert en 1836-1837 que les schistes à anthracite du Devon Septentrional appartiennent au terrain

Houiller, et non, comme l'avaient précédemment pensé les géologues, à la période de *transition*.

Comme les couches du Devon Méridional sont beaucoup plus riches en débris organiques que les Grès Rouges de date contemporaine du Herefordshire et de l'Écosse, on a proposé le nom nouveau de *système Devonien* pour remplacer celui de Vieux Grès Rouge.

L'ensemble des fossiles montre une connexion extrêmement étroite entre la paléontologie du groupe Silurien et celle du groupe Carbonifère ; cette connexion se manifeste d'une manière remarquable pour les *genres* soit de coraux, soit de coquilles. Quant aux *espèces*, elles sont ordinairement différentes, excepté dans le groupe supérieur.

Les roches de ce groupe, dans le Devon Méridional, se composent en grandepartie de schistes verts, chloritiques, alternant avec des schistes et grès quartzeux. Ça et là interviennent des schistes calcarifères avec calcaires bleus cristallins, et, sur quelques points, des conglomérats qui passent à un grès rouge. Mais la série entière a été profondément altérée et disloquée par l'intrusion du granit de Dartmoor et par celle d'autre roches ignées.

Dans le Devon Septentrional, au contraire, le groupe Devonien n'a pas subi d'aussi grands changements, et montre très-clairement ses rapports avec les roches Carbonifères (*Culm Measures*) qui le surmontent. On remarque la série suivante dans la coupe qui se présente le long de la côte, sur le canal de Bristol, entre Barnstaple et le North Foreland (1).

---

(1) Sedgwick et Murchison, *Trans. Geol. Soc.*, nouvelle série, vol. V, p. 644. — De la Bèche, *Geol. Rep. Devon and Cornwall*, pl. 3. — Murchison, *Siluria*, p. 256.

SÉRIE DEVONIENNE DANS LE DEVON SEPTENTRIONAL.

Groupe supé-
rieur ou 1. *a.* Shistes bruns, calcarifères, avec fosssiles dont plusieurs
Pilton.   sont communs au groupe carbonifère, mais distincts de
                   ce dernier pour la plupart. (Barnstaple, Pilton, etc.)
              b. Grès brun et jaune, avec coquilles marines et plantes
                   terrestres, *Stigmaria*, *Knorria* et autres. (Baggy Point,
                   Marwood, etc.)

Groupe
moyen ou 2. Grès durs, gris et rougeâtres, et ardoises micacées, dépour-
Ilfracombe.   vues de fossiles, reposant sur des schistes tendres, verdâtres,
               d'une épaisseur considérable. (Morte Bay, Bull Point, etc.)
          3. Schistes calcarifères, avec huit ou neuf bandes calcaires, rem-
               plis de coquilles et de coraux semblables à ceux du calcaire
               de Plymouth, *Cyatophyllum cœspitosum*, voir fig. 606,
               Favosites polymorpha, voir fig. 606, etc. (Combe Martin,
               Ilfracombe Harbour, etc.)

Groupe infé-
rieur ou 4. Grès durs, verdâtres, rouges et pourpres ; fossiles accidentels.
Linton.....   *Spirifer*, etc. (Linton, North Foreland, etc.)
           5. Schistes chloriteux, tendres, et partiellement des grès, *Or-*
                this, *Spirifer*, et coraux. (Valley of Rocks, Lyn-
                mouth, etc.)

Les couches qui se succèdent dans cette coupe ont été
comparées à celles du Devon Méridional et du Cornouailles
par les auteurs du système *Devonien* et par d'autres observateurs. M. Sedgwick en a fait récemment l'objet d'un nouvel
examen plus attentif (1). Des géologues d'Angleterre et du
continent les ont successivement identifiées avec celles de la
série Devonienne de France, de Belgique, des Provinces
Rhénanes, du centre de l'Allemagne et de l'Amérique (2). Je
traiterai d'abord des principales divisions établies en Europe.

ROCHES DEVONIENNES SUPÉRIEURES.

Groupe Pilton. —Les schistes et grès de Barnstaple (n°1
a, *b*, de la coupe précédente) ont été d'abord considérés
comme des couches représentées dans le Cornouailles par
les calcaires de Petherwyn, groupe qui affleure pareillement

(1) *Quart. Journ. Geol.*, vol. VIII, p. 1 et suiv.
(2) Dr Fridolin Sandberger, *Sur les Roches Devoniennes du Nassau* (*Geol.
Verhalt. Nassau*). — Fried. A. Roemer, *Sur les Roches Devoniennes du Hartz.*
— Dunker et von Meyer, *Palœontographica*, III° vol., part. I.

de dessous les couches Carbonifères (Culm Measures), et constitue le groupe de *Petherwyn* du Prof. Sedgwick. Des recherches récentes (1) font présumer que ces couches recou-

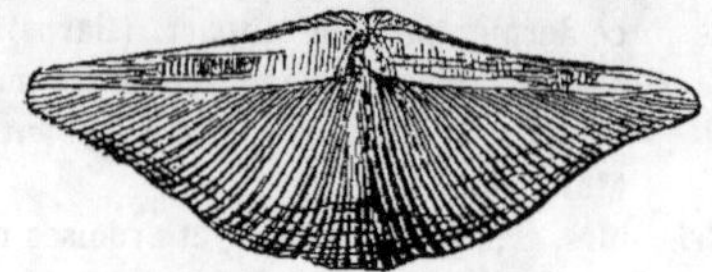

Fɪɢ. 601. — *Spirifer disjunctus*, Sow. Syn., *Sp. Verneuilii*, Murch. Devonien Supérieur, Boulogne.

vrent le groupe de Petherwyn ; elles contiennent le *Spirifer disjunctus*, Sow. (*S. Verneuilii*, Murch., fig. 601), fossile que l'on trouve en Europe, dans l'Asie Mineure et en Chine, les *Spirifer Barriensis, S. Urii*, et la *Strophaloria caperata*, accompagnés d'un grand Trilobite, le *Phacops latifrons*, Bronn (fig. 602), répandu sur tout le globe. Les fossiles sont nombreux dans ce groupe, et sont distincts, dans une proportion de 80 pour 100, de ceux même du Carbonifère Inférieur.

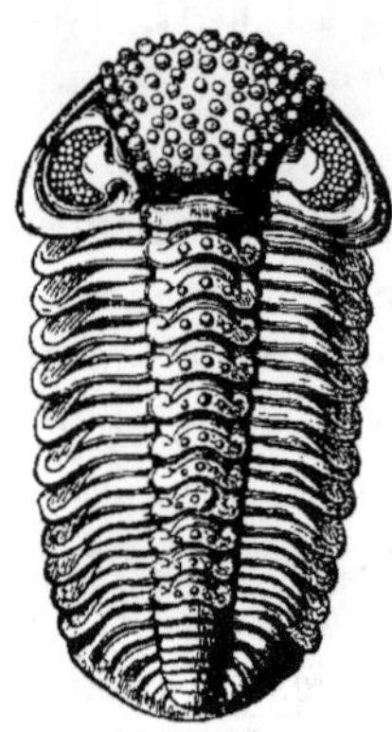

Fɪɢ. 602. — *Phacops latifrons*, Bronn. Caractéristique du Devonien en Europe, en Asie, et dans les Amériques du Nord et du Sud.

Groupe de Petherwyn. — On peut observer à Petherwyn, dans le Cornouailles, une série de calcaires et de schistes argileux dans les meilleures conditions de développement. Ces lits contiennent, entre autres fossiles nombreux, la *Clymenia linearis* (fig. 603) et le petit crustacé *Cypridina Serratostriata* (fig. 604), qui sont si caractéristiques de ces assises supérieures en Belgique, dans les provinces Rhénanes, dans le Hartz, en Saxe et en Silésie, que les couches de la division sont désignées en Allemagne sous les noms de *Clymenien-Kalk* et de *Cypridinen-Schiefer* (2).

(1) Voir Murchison, *Siluria*, 2ᵉ édit., p. 247.
(2) *Ibid.*, chap. X, XIV et XV.

Avec ces fossiles on rencontre, en Angleterre et sur le continent, de nombreuses *Goniatites* (*G. subsulcatus*, Münter), et autres espèces. En Allemagne, les Goniatites sont ordinairement confinées dans des couches particulières ; c'est ce qu'on peut observer à Oberscheid, ainsi qu'à Couvin (Belgique), etc. Les Trilobites ne sont pas rares dans le Cornouail-

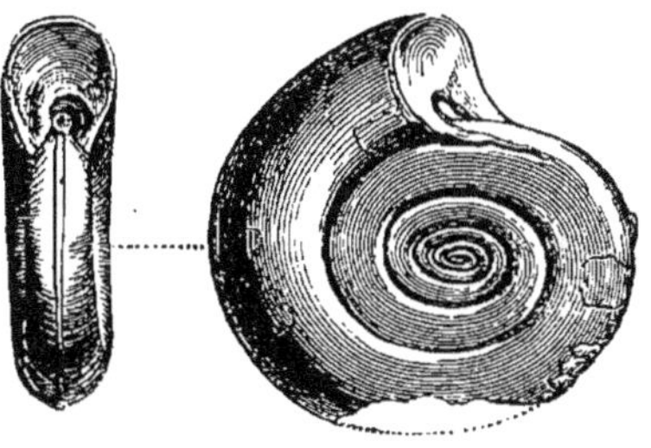

Fig. 603. — *Clymenia linearis*, Munster.
Petherwyn, Cornouailles ; Elbersreuth, Bavière.

Fig. 604.
Cypridina serrato-striata,
Sandberger. Weilburg, etc. ;
Nassau, Saxe, Belgique.

les ; ils se rapportent principalement à des espèces de *Phacops*, *P. lævis*, etc. ; mais dans les calcaires Devoniens supérieurs du Fichtelgebirge, par exemple à Elbersreuth en Bavière, on trouve, répandus en grand nombre, des genres et espèces tels que les *Brontes cyphastis*, etc., qui jamais ne se rencontrent plus haut dans la série, ou ne reparaissent dans aucune partie du calcaire carbonifère.

DEVONIEN MOYEN.

La série non fossilifère (n° 2, p. 181, t. II) du Devon septentrional, et les couches calcaires d'Ilfracombe (n° 3), correspondent aux groupes *de Darmouth et de Plymouth*, auxquels M. Sedgwick a donné le nom de série du *Devon méridional* et qui forme la portion véritablement type du système Devonien. Cette portion comprend les énormes calcaires de Plymouth et de Torbay, calcaires remplis de coquilles de trilobites et de coraux. Une vaste accumulation d'ardoises et de schistes, toute pénétrée des mêmes corps organisés occupe la presque totalité de la partie Sud du Devonshire et une grande portion du Cornouailles. Parmi les coraux, on cite les genres *Favosites*, *Heliolites* et *Cyathophyllum*. Ce dernier abonde également dans les systèmes Silurien et Carbonifère; les deux premiers sont fréquents dans

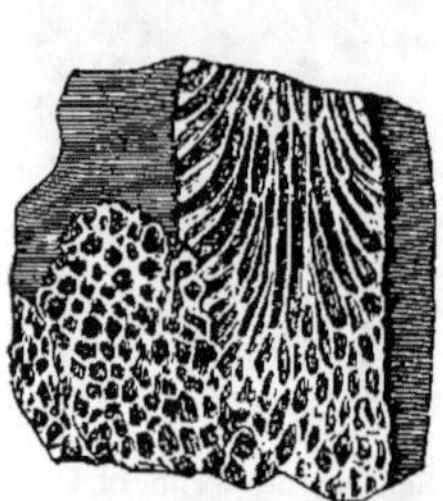

FIG. 605. — *Favosites polymorpha*, Goldf. Sud-Devon. Échantillon poli.
a. Portion grossie, pour montrer les pores.

FIG. 606. — *Cyatophyllum cæspitosum*, Goldf. Plymouth et Ilfracombe.
b. Étoile terminale. — *c*. Coupe verticale, montrant les plaques superposées, et portion d'une autre branche.

les roches Siluriennes. Quelques espèces sont communes aux groupes Devonien et Silurien, par exemple le *Favosites po-*

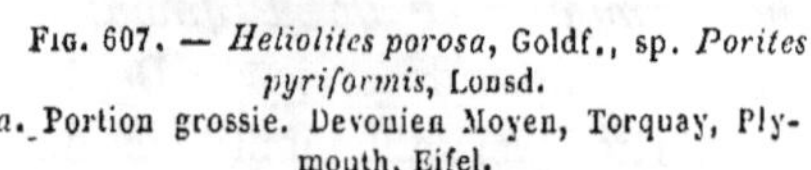
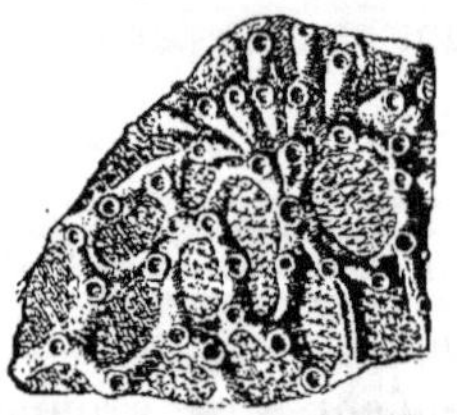

FIG. 607. — *Heliolites porosa*, Goldf., sp. *Porites pyriformis*, Lonsd.
a. Portion grossie. Devonien Moyen, Torquay, Plymouth, Eifel.

FIG. 608. — *Aulopora serpens*, Goldf. (Base de jeune *Syringopora*, Milne Edw. et Haime.)

lymorpha (fig. 605), l'un des fossiles les plus ordinaires du Devonshire. Les *Cyathophyllum cæspitosum* (fig. 606) et *Heliolites pyriformis* (fig. 607) principalement sont caracté-

ristiques ; il en est de même d'une autre espèce très-commune, l'*Aulopora serpens* (608), qui, pendant le jeune âge,
adhère à la surface des coraux et des coquilles, comme nous
l'avons figurée ici, se développe plus tard dans le sens
vertical, et devient un amas de tubes reliés par de petits
appendices. Dans cet état, le polypier a paru constituer un
corail différent, et on lui a donné le nom de *Syringopora*.

A ces fossiles se trouvent associés plusieurs crinoïdes dont

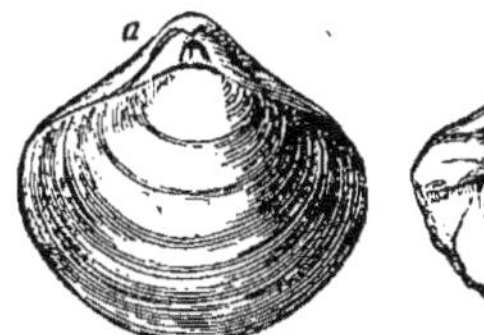  

Fig. 609. — *Stringocephalus Burtini*, Defr. (*Terebratula porrecta*, Sow.) ; Eifel ;
Sud-Devon.
a. Valves unies. — *b.* Les mêmes, vues de côté. — *c.* Intérieur d'une valve plus large,
montrant l'épaisse cloison et une partie de la grosse saillie qui se projette de son extrémité supérieure et tout à fait en travers de la coquille.

quelques-uns, par exemple les *Cupressocrinites*, diffèrent
génériquement de ceux du Calcaire Carbonifère. Les mollus-

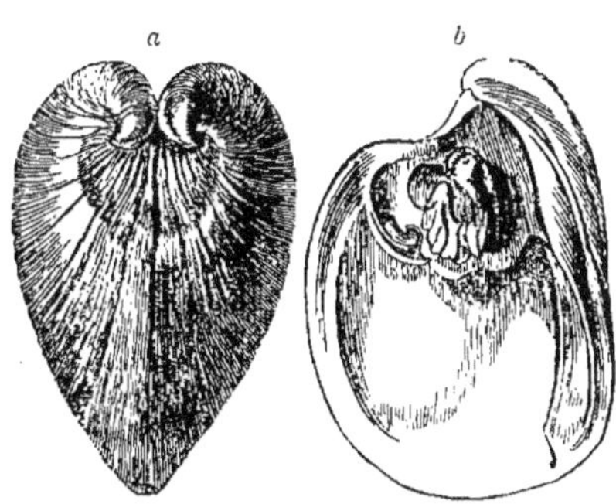 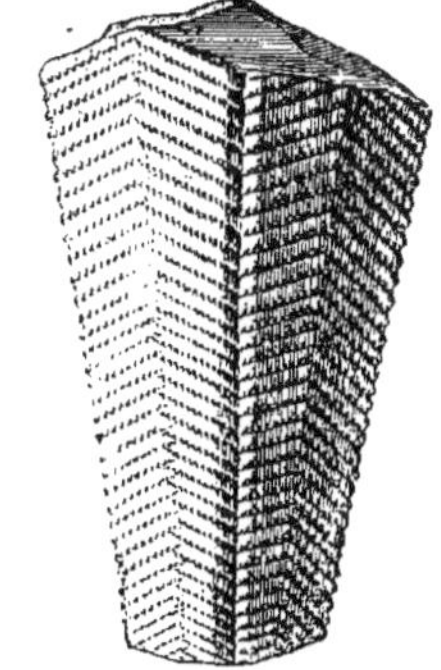

Fig. 610. — *Megalodon cucullatus*, Sow. ; Eifel ;
Bradley, Sud-Devon.
a. Les valves unies. — *b.* Face interne de la valve,
montrant les grosses dents cardinales.

Fig. 611. — *Conularia ornata*
D'Arch. et de Vern.
(*Geol. Trans.*, 2e série, vol. VI,
pl. 29). Refrath, près de Co-
logne.

ques ne sont pas moins caractéristiques et parmi eux nous
citerons le genre *Stringocephalus* (fig. 609), que l'on peut

considérer comme exclusivement Devonien. Plusieurs coquilles de Brachiopodes du genre *Spirifer* et autres abondent
dans la même division ; nous mentionnerons particulièrement l'*Atrypa reticularis*, Linn. (fig. 627, p. 207, t. II),
fossile cosmopolite que l'on rencontre dans les couches Devoniennes depuis l'Amérique jusqu'à l'Asie Mineure, et qui
vécut aussi, comme nous le verrons plus loin, dans les mers
Siluriennes. Les Bivalves lamellibranches communes au
calcaire de Plymouth, dans le Devonshire et sur le Continent, ont fourni le *Megalodon* (fig. 610) et plusieurs bivalves spirales, telles que *Murchisonia*, *Euomphalus* et *Ma-*

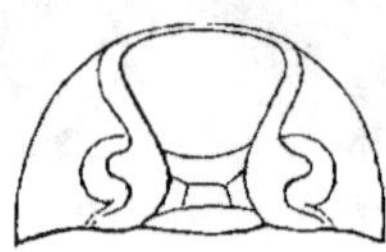

Fig. 613. — Croquis de la tête restaurée du *Brontes flabellifer*.

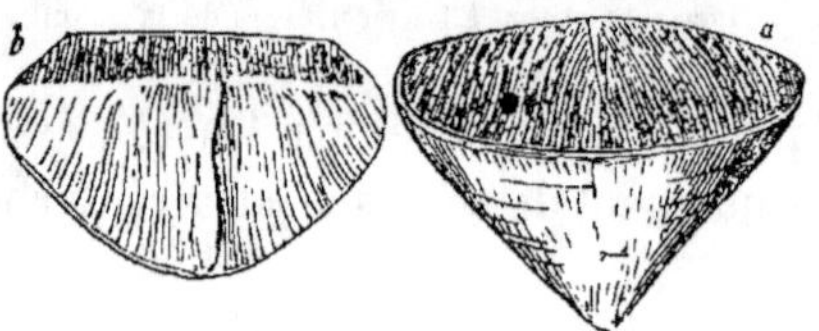

Fig. 612. — *Brontes fla-*
bellifer, Goldf. ; Eifel ;
Sud-Devon.

Fig. 614. — *Calceola sandalina*, Lam.; Eifel; Sud-Devon.
a. Valve ventrale.
b. Face interne de la valve dorsale.

crocheilus. On remarque aussi des Ptéropodes, comme
Conularia (fig. 614). Les Céphalopodes, tels que *Cyrtoceras*,
Gyroceras et autres, appartiennent presque tous à des genres différents de ceux qui prévalent dans le calcaire Devonien Supérieur ou Clymenien-Kalk (Calcaire à Clymènes
des Allemands). On rencontre aussi quelques espèces de
Trilobites, en particulier le caractéristique *Brontes flabelli-*
fer (fig. 612), dont tous les collectionneurs connaissent la
queue en forme d'éventail. On trouve rarement la tête de ce
Trilobite à un état parfait de conservation ; M. Salter en a
essayé une restauration (fig. 613).

On a découvert dans la même formation, en y comprenant le *Calcaire à Stringocephalus* ou *Calcaire de l'Eifel* des Allemands, de nombreux débris de *Coccosteus* et d'autres Ichthyolites ; ces débris ont servi, comme le fait observer Sir Murchison (*Siluria*, p. 371), à identifier la roche avec le Vieux Grès Rouge d'Angleterre et de Russie.

Au-dessous du Calcaire de l'Eifel, principal type du *Devonien* sur le continent, gît un certain schiste que les auteurs allemands ont appelé *Calceola-Schiefer* (*Schiste à Calcéoles*), d'après la *Calceola sandalina* (fig. 614), Brachiopode fossile d'une forme très-curieuse qu'ils contiennent en abondance et que des naturalistes ont récemment rapporté aux coraux. On suppose que ces *Calceola* seraient une forme anormale de l'ordre *Zoantharia rugosa* (voir fig. 563, p. 149. T. II) différant de tous les coraux par l'opercule résistant dont ils sont munis.

DEVONIEN INFÉRIEUR.

Au-dessous des calcaires et des schistes du Devonien Moyen, on observe, entre Coblentz et Caub (1), une série de schistes ardoisiers et de grès quartzeux. Ces derniers constituent la *Vieille Grauwacke du Rhin* de Roemer, et le

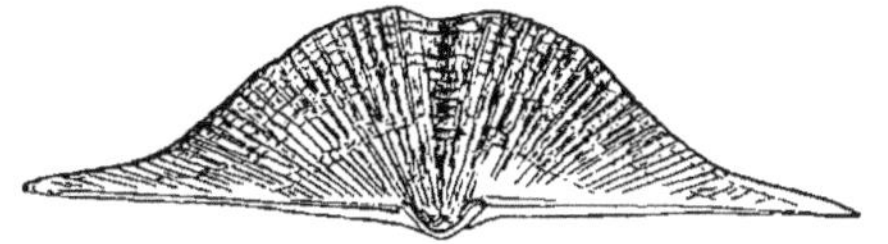

Fig. 615. — *Spirifer mucronatus*, Hall. Devonien de Pensylvanie.

Grès à Spirifères de Sandberger. MM. Sedgwick et Murchison avaient considéré en 1839 une partie de ces roches du Rhin et de quelques-unes des contrées adjacentes comme appartenant au Silurien Supérieur, mais leur âge véritable a depuis été rectifié. Leurs équivalents en Angleterre sont les grès et schistes ardoisiers du Foreland et de Linton dans le

(1) Murchison, *Siluria*, p. 368.

Devon (n°s 4 et 5 de la coupe, p. 181, t. II), et, suivant M. Salter, tel serait aussi le grès de Torbay dans le Devon Méridional, contrée où l'on observe plusieurs des fossiles caractéristiques du Rhin. Les Spirifères à larges ailes, qui caractérisent le *Spirifer-Sandstein* (*Grès à Spirifères*) d'Allemagne, ont des représentants dans les couches Devoniennes de l'Amérique du Nord (fig. 615).

Parmi les Trilobites de cette ère, on remarque plusieurs grandes espèces d'*Homalonotus* (fig. 616). Ce genre en lui-même est plutôt une forme du Silurien, mais les espèces

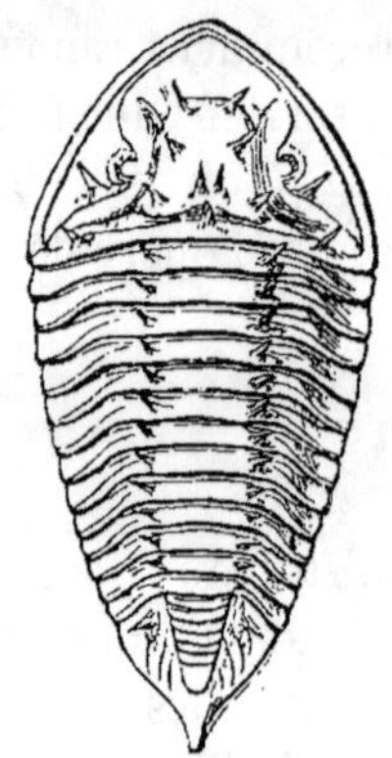

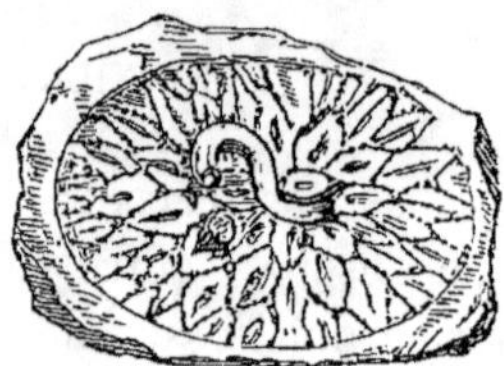

Fig. 616. — *Homalonotus arma-tus*, Burmeister. Devonien Infé-rieur; Daun, dans l'Eifel.

Observation. — Les deux rangées d'épines à la base du corps donnent une apparence de division en trois lobes plus prononcée qu'elle n'existe en réalité dans cette espèce ou dans beaucoup d'autres du même genre.

Fig. 617. — *Pleurodictyum problematicum*, Goldf. Devonien Inférieur; Plymouth et Torquay: Looe, Forez, etc.; Dietz, Nassau, etc.

Observation. — Le fossile adhère à un corps vermiforme (*Serpula*); il existe en relief dans un grès; la base mince et étalée du corail a été retirée pour faire voir les larges cellules polygonales; les parois de celles-ci sont perforées, et, entre elles, les modèles en relief des perforations produisent comme une chaine de ponts.

épineuses qu'il fournit paraissent appartenir exclusivement au *Devonien Inférieur ;* on les rencontre en Angleterre, en Europe et au cap de Bonne-Espérance.

Aux fossiles précédents sont associées plusieurs espèces de Brachiopodes, tels que *Orthis*, *Leptæna*, *Honetes*; des Lamellibranches, comme *Pterinea ;* et un corail fossile très-remarquable, le *Pleurodictyum problematicum* (fig. 617).

Devonien de Russie. — D'après Sir R. Murchison, les couches Devoniennes en Russie s'étendraient sur une région plus vaste que les îles Britanniques. Lorsqu'elles se composent de grès, comme le Vieux Grès Rouge de l'Écosse et de l'Angleterre centrale, elles contiennent des poissons fossiles souvent identiques pour l'espèce, mais plus souvent encore pour le genre, avec ceux de l'Angleterre ; au contraire, lorsqu'elles sont formées de calcaire, elles fournissent des coquilles semblables à celles du Devonshire. Cette circonstance remarquable confirme, d'après Roderick, l'origine contemporaine d'abord assignée à ces formations qui montrent deux types minéralogiques très-distincts en différents points de l'Angleterre (1). Les roches calcaires et arénacées de Russie alternent entre elles de telle sorte qu'il ne saurait subsister aucun doute sur leur synchronisme.

Parmi les poissons communs aux couches de Russie et d'Angleterre sont les *Asterolepis Asmusii*, une espèce plus petite (*A. minor*, Ag.), *Holoptychius nobilissimus* (fig. 588, p. 164, t. II), *Dendrodus strigatus*, Owen, *Pterichthys major*, Ag., et beaucoup d'autres. Mais quelques-uns des plus remarquables parmi les genres écossais, les *Cephalaspis*, *Coccosteus*, *Diplacanthus*, *Cheiracanthus*, etc., n'ont pas encore été trouvés en Russie, ce que l'on peut attribuer, soit à l'état imparfait de nos connaissances actuelles, soit à des causes géographiques qui ont limité l'étendue d'habitat des espèces éteintes. En somme, on a rencontré jusqu'à présent en Russie plus de quarante espèces de poissons ganoïdes et placoïdes ; quelques-uns de ces derniers avaient une taille colossale ; comme on l'a constaté (p. 176. T. II).

BRACHIOPODES DU DEVONIEN.

La prédominance des Brachiopodes ou Palliobranches parmi les coquilles bivalves forme un trait caractéristique dans la conchyliologie des couches Devoniennes, quand on

(1) *Siluria*, p. 329.

compare ces couches avec celles des roches plus nouvelles dans la série, qui ont été décrites dans les chapitres précédents. Il ressort du tableau des fossiles Britanniques, dressé par le professeur Ramsay, que les espèces de Brachiopodes sont deux fois plus nombreuses que celles des Lamellibranches dans les roches Devoniennes, où l'on connaît quatre-vingt-seize Brachiopodes pour quarante-sept Lamellibranches. Dans les roches Siluriennes antérieures la comparaison numérique se montre encore bien plus en faveur des Brachiopodes, tandis que, dans la formation Carbonifère plus moderne, les proportions sont tout à fait renversées ; on compte, en effet, dans ce dernier groupe, 282 espèces de Lamellibranches, et 123 seulement de Brachiopodes.

Le lecteur conclura immédiatement de ce que nous avons dit (p. 636, T. I), que toutes ces espèces oolitiques n'ont pas vécu à la fois et dans le même temps, des changements continuels ayant modifié la faune depuis la période du membre le plus inférieur jusqu'à celle du membre le plus supérieur de la série oolitique ; mais il verra aussi que les proportions des deux familles de coquilles peuvent être parfaitement déduites des faits ci-dessus énoncés. Si l'on consulte le même tableau pour avoir les nombres relatifs de ces mêmes ordres de mollusques dans la série de l'Oolite, on trouve 536 espèces de Lamellibranches et 69 seulement de Brachiopodes ; ces dernières se trouvent donc réduites de près d'un huitième dans le total de la faune bivalve. En nous reportant aux mers actuelles d'Angleterre, nous observerons que Forbes et Hanley donnent 220 espèces vivantes de Lamellibranches et cinq seulement de Brachiopodes ; ces derniers se trouvent ainsi réduits à ne former que 44 p. 100 de la faune totale. Comme les mollusques Lamellibranches sont doués d'une organisation plus complexe et d'un degré supérieur, on a souvent cité, et avec raison, à l'appui de la théorie du développement progressif, le fait de leur prédominance toujours croissante depuis les temps primitifs jusqu'aux époques les plus récentes.

COUCHES DEVONIENNES AUX ÉTATS-UNIS ET AU CANADA.

Dans aucune contrée, les couches qui interviennent entre le Carbonifère et le Silurien n'ont offert une série aussi complète qu'aux États-Unis. Ces couches ont été d'abord étudiées en grand détail, particulièrement au point de vue paléontologique, par les Géologues de l'État de New-York. La surface de cet État égale à elle seule presque toute la Grande-Bretagne, et les roches Devoniennes s'y présentent dans une position à peu près horizontale et normale, de telle sorte que l'on peut y établir avec certitude les rapports des formations entre elles.

Sous-divisions des Couches Devoniennes du New-York, adoptées dans les rapports des Géologues de l'État.

Noms des groupes	Épaisseur en mètres.
1. Groupe de Catskill, ou Vieux Grès Rouge....	610
2. Groupe de Chemung.......................	460
3. Portage...................................	305
4. Genessée..................................	
5. Tully......................................	4.60
6. Hamilton..................................	305
7. Marcellus.................................	15
8. Corniferous...............................	15
9. Onondaga.................................	
10. Schoharie................................	3
11. Cauda-Galli grit..........................	
12. Grès d'Oriskany..........................	1.50 à 10

Ces sous-divisions n'ont pas, à beaucoup près, la même valeur quant à l'épaisseur des couches et à la différence de leurs fossiles, mais chacune porte certains caractères minéralogiques ou organiques qui la distinguent des autres ; de plus, on a trouvé, par la comparaison de la géologie des autres États du Nord de l'Amérique avec celle du New-York, que quelques-uns des groupes ci-dessus mentionnés, par exemple les nᵒˢ 2 et 3, qui ont l'un 460 et l'autre 305 mètres de puissance dans le New-York, se localisaient de plus en plus, et s'amincissaient en gagnant les États circonvoisins, tandis que d'autres groupes, comme les nᵒˢ 8 et 9, dont l'épaisseur totale atteint à peine 15 mètres dans le New-York, se développaient sur une surface presque aussi large que l'Europe.

Quant à la limite supérieure du système, il s'est élevé relativement à ce point peu de divergences, surtout depuis qu'on a trouvé, dans le Grès Rouge n° 1, l'*Holoptychius nobilissimus*, et d'autres poissons génériquement ou spécifiquement caractéristiques du Vieux Grès Rouge d'Europe. Il existe bien plus de doutes encore sur la classification des n°s 10, 11 et 12. Après un voyage aux États-Unis, M. de Verneuil a proposé, en 1847, de ranger le grès d'Oriskany dans le Devonien, et l'examen des fossiles que j'avais recueillis (1842) en Amérique, a conduit M. Sharpe à la même conclusion (1). La ressemblance des Spirifères de ce grès d'Oriskany avec ceux du Devonien Inférieur de l'Eifel a fourni à M. de Verneuil son principal argument ; le grit (grès) de Schoharie qui vient au-dessus, n° 10, a été classé comme Devonien, parce qu'il contient une espèce d'*Asterolepis*. D'un autre côté, M. Hall cite plusieurs fossiles dans les n°s 11 et 12, qui paraissent ressembler au groupe du Ludlow de Murchison plus qu'à aucun type européen ; il range par conséquent ces groupes dans le Silurien Supérieur. Sir William Logan a montré que les fossiles du calcaire de Gaspé dans le Canada oriental militent en faveur de cette opinion, et démontrent au moins combien il est difficile de tracer dans cette contrée une ligne de division entre les systèmes Devonien et Silurien. Le grès d'Oriskany qui, dans le New-York, n'atteint jamais plus de 10 mètres d'épaisseur, en présente quelquefois jusqu'à 90 en Pensylvanie et en Virginie, provinces où MM. W.-B. et H.-B. Rogers l'ont parfaitement étudié en même temps que les autres couches primaires ou paléozoïques.

Les divisions supérieures (comprenant depuis le groupe de Castkill jusqu'au groupe de Genessée inclusivement

---

(1) De Verneuil, *Bulletin*, etc., 4ᵉ série, p. 678, 1857. — D. Sharpe, *Quart. Journ. Geol. Soc.*, vol. IV, p. 145, 1847.

(n°ˢ 1 à 4) se composent de lits arénacés schisteux, qui sont peut-être d'origine littorale. Elles varient beaucoup d'épaisseur, et quelques-unes d'entre elles se prolongent très-loin vers l'Ouest ; tandis que les groupes calcaires n°ˢ 8 et 9, bien que mesurant rarement dans le New-York une épaisseur supérieure à 15 mètres, n'en constituent pas moins un récif de corail presque continu sur une surface qui dépasse 800,000 kilomètres carrés, depuis l'État de New-York jusqu'au Mississipi d'un côté, et d'un autre côté, entre les lacs Huron et Michigan dans le Nord et les rivières Ohio et Tennessée dans le Sud. Dans les États de l'Ouest, ces divisions sont représentées par la portion supérieure de ce qu'on appelle le *Cliff Limestone*. On observe un grand développement de cette formation calcaire aux Chutes ou Rapides de la rivière Ohio, à Louisville, dans le Kentucky, où elle ressemble à un récif de corail moderne. Dans la saison des eaux basses, elle présente à découvert une large surface disposée en gradins horizontaux, et, comme les parties tendres de la pierre ont été décomposées et lavées, les coraux calcaires, plus durs, font saillie et envoient des branches dans toutes les directions comme s'ils étaient vivants. J'ai observé d'énormes masses de plus de 2 mètres de diamètre du *Favosites Gothlandica* avec sa magnifique structure en rayons de miel ; à côté se trouvait le *Favistella* qui offre une combinaison de la structure précédente avec celle d'une étoile d'*Astræa*. On voyait aussi le *Cyathophyllum* en forme de coupe, et la délicate trame de la *Fenestella*, ainsi que l'élégante espèce fossile bien connue en Europe, le *Corail-chaîne Catenipora escharoides* (fig. 631, p. 212, t. II), avec quantité d'autres fossiles analogues. Ces formes corallines étaient mêlées d'articulations, de tiges, et parfois de têtes d'Encrinites liliformes. Bien que des centaines de beaux échantillons aient été tirés de la roche pour enrichir les musées d'Europe et d'Amérique, le gisement en est inépuisable ; il se prépare constamment de nouvelles récoltes sous l'action du courant, et sous l'influence du soleil et de la pluie, lorsque, dans la saison chaude, le canal a été mis à sec. A l'époque de ma visite à cette localité, en avril 1846, les eaux de l'Ohio étaient à plus de 12 mètres au-dessous de leur niveau le plus élevé, et à 6 mètres au-dessus de leur plus bas ; une large surface de la roche était ainsi à nu (1).

La Monographie publiée en 1853 par MM. Milne-Edwards et Jules Haime (*Palæontographical Society*) ne décrit pas moins de quarante-six espèces de coraux Devoniens d'Angleterre, et, sur le nombre, six espèces seulement se retrouvent en Amérique ; ce fait, observe le professeur Forbes, est important pour déterminer la géographie de l'hémisphère septentrional pendant l'époque Devonienne, surtout si l'on tient compte du large développement des Anthozoaires dans le sens latitudinal. Nous devons nous rappeler aussi que les coraux les plus remarquables de ces anciens récifs d'Amérique ou d'Europe, quel que soit leur facies moderne, appartiennent tous au *Zoantharia rugosa*, sous-ordre qui n'a plus aujourd'hui de représentant. Soyons donc très-réservés lorsqu'il s'agit de tirer de la présence et des formes de ces zoophytes, des conclusions relatives à la prédominance d'un climat chaud ou tropical dans de hautes latitudes à l'époque où ils vivaient, car, dit le professeur Forbes, ces conclusions reposeraient uniquement sur la confusion des analogies avec les affinités (2).

La division calcaire dont nous traitons contient aussi des *Goniatites, Spirifers, Pentremites* et plusieurs autres genres de Mollusques et Crinoïdes, analogues à ceux qui abondent dans le Devonien d'Europe ; quelques espèces même sont identiques sur les deux points du globe. Mais la difficulté de déterminer le parallélisme exact entre les sous-divisions du New-York et les membres du Devonien d'Europe résulte du petit nombre d'espèces communes ; on en jugera par l'essai critique qu'a publié M. Hall, en 1851, sur les écrits des auteurs européens, relativement à cette intéressante ques-

(1) Lyell, *Second Visit to the United States,* vol. II, p. 277.
(2) *Geol. Quart. Journ.*, vol. X, pl. LX, 1854.

tion (1). Du reste, nous-mêmes aujourd'hui, sommes-nous capables d'établir le parallélisme entre les principaux groupes du Nord et du Sud de l'Écosse, et les rapports de même genre entre les divisions du Devon et du Rhin ?

Canada. — Dans le Canada occidental, les géologues anglais ont reconnu plusieurs sous-divisions du Devonien de New-York, depuis la formation de Chemung jusqu'à celle d'Oriskany, et les ont même suivies, dans le district du Niagara, par exemple, se continuant d'un pays à l'autre, sans interruption.

Dans le Canada oriental, ou dans la péninsule de Gaspé, au sud de l'embouchure du Saint-Laurent, on observe une masse très-puissante de grès, de conglomérat, et de schistes argileux, très-riche en plantes fossiles et qui se rapporte à la période Devonienne. Les conglomérats se présentent sous la forme de couches massives, dont l'une de 46 mètres d'épaisseur, renferme des galets de quartz blanc, du chert noir, des jaspes de diverses couleurs, des porphyres et des calcaires avec une base de grès. On y rencontre des débris de plantes et d'épines de poissons ou Ichthyodorulites, des genres *Onchus* et *Machœranthum*. Au-dessus de ces lits se trouvent des grès et des schistes argileux d'une grande épaisseur ; quelques-uns de ces grès offrent des ondulations à leur surface. On a observé, vers la partie supérieure de toute la série, une couche mince de houille avec schiste charbonneux, mesurant ensemble une épaisseur de 7 centimètres et demi ; cette couche repose sur un lit d'argile, qui contient des racines de *Psilophyton* (fig. 648), dont on rencontre les tiges et les folioles dans le schiste recouvrant la houille, et dans le schiste charbonneux associé à ce dernier combustible. A plusieurs autres niveaux, les radicules de ce même *Psilophyton* pénètrent verticalement les couches qui ressemblent beaucoup aux argiles fines de la période Carbonifère (2).

Afrique méridionale. — Les recherches de M. Bain

(1) Rapport de Forster et Witney, *On the Geol. of Lake Superior*, p. 302. Washington, 1851.

(2) Sir. W. E. Logan, *Report. of Geol. survey of Canada*, p. 394, 1863.

et de M. Rubidge, au cap de Bonne-Espérance, ont établi l'existence d'une formation considérable du Devonien inférieur dans cette partie de l'hémisphère méridional ; et, fait assez curieux, la faune de ces couches ressemble exactement à celle des régions septentrionales, même dans les détails les plus minutieux. Feu Daniel Sharpe et M. Salter ont décrit plusieurs espèces appartenant aux genres Trilobites (*Homalonotus* et *Phacops*), Annelides (*Tentaculites*), Mollusques (*Cucullella*), ainsi que de grandes espèces de Crinoïdes alliées au *Rhodocrinus*, etc., toutes des mêmes genres que celles que l'on trouve dans le Cornouailles et en Allemagne.

VÉGÉTAUX DE LA PÉRIODE DEVONIENNE.

Les ouvrages de Göppert, Unger et Bronn, nous apprennent que les plantes fossiles des roches Dévoniennes, en Europe, ressemblent génériquement, à peu d'exceptions près, à celles de l'étage houiller ; de plus amples renseignements botaniques, recueillis dans le Canada et aux États-Unis, conduisent à une pareille conclusion, concernant la flore du même âge en Amérique. Le docteur Dawson, de Montréal, dans un important mémoire sur ce sujet (1), fait observer, après avoir énuméré trente-deux genres de plantes Devoniennes et soixante-neuf espèces obtenues dans l'état de New-Yorck et dans le Canada, que ces plantes appartiennent principalement, comme dans la période Carbonifère, aux Gymnospermes et aux Cryptogames. En parcourant son catalogue de *Conifères, Sigillariées, Calamites, Asterophyllites, Lepidodendra, Lepidostobi*, de fougères des genres *Cyclopteris, Neuropteris, Sphenopteris*, etc., et de fruits, tels que : *Cardiocarpum* et *Trigonocarpum ;* on se croirait en présence d'une liste de fossiles carbonifères, et, si l'on y remarque certaines différences dans les espèces, ou même la présence de quelques genres inconnus en Europe, on peut

(1) *Geol. Quart. Journ.*, vol. XV, p. 477, 1859. — Voir aussi, vol. XVIII. p. 296, 1862.

naturellement attribuer ces dissemblances aux circonstances géographiques et à la distance qui sépare l'ancien monde du nouveau. Mais heureusement la formation houillère est plus complétement développée de l'autre côté de l'Atlantique, et concorde singulièrement avec celle d'Europe, tant par ses rapports lithologiques que par la proportion considérable des espèces de ses végétaux fossiles. La superposition vient aussi démontrer d'une manière non équivoque les relations d'âge de ces deux séries ; car on voit, aux États-Unis, les couches Devoniennes affleurer de dessous les couches carbonifères, sur les frontières de la Pensylvanie et de New-Yorck, localités où les deux formations présentent une grande puissance.

En comparant, dans ces contrées, les fossiles du Devonien moyen avec ceux de l'étage houiller moyen, on observe que ces espèces sont toutes distinctes, et que quelques-unes passent du Devonien supérieur aux roches carbonifères inférieures. Le genre le plus caractéristique du Devonien, et qui ne se trouve pas dans la houille, est représenté par le *Psilophyton*, déjà mentionné. D'après le docteur Dawson, cette plante serait une lycopodiacée, à embranchement dichotome (voir *P. Princeps*, fig. 618, A), avec tiges partant d'un rhizome A*b*, muni à sa partie inférieure d'aréoles circulaires *d, e,* ressemblant beaucoup à celle des stigmariées, et projetant comme ces dernières des radicules cylindriques A*c ;* les extrémités de la plupart des branches sont enroulées de façon à ressembler aux frondes ou préfoliaison en crosses des fougères *h ;* les feuilles ou bractées *i*, que l'on suppose appartenir à la même plante, ont été décrites par Dawson, comme receptacles des organes de la fructification. On a rencontré les débris du *Psilophyton princeps* dans tous les membres de la série Devonienne, au Canada, et dans l'État de New-York. A Gaspé, quelques argiles sous-jacentes étaient remplies des radicules verticales de cette plante, absolument comme les argiles plastiques de la houille le sont de celle des stigmariées, en Europe et en Amérique.

Un fragment de bois fossile, trouvé il y a quelques années

par le professeur Hall, dans le calcaire Devonien du groupe
d'Hamilton, sur le lac Érié, aurait, suivant Dawson (1), la

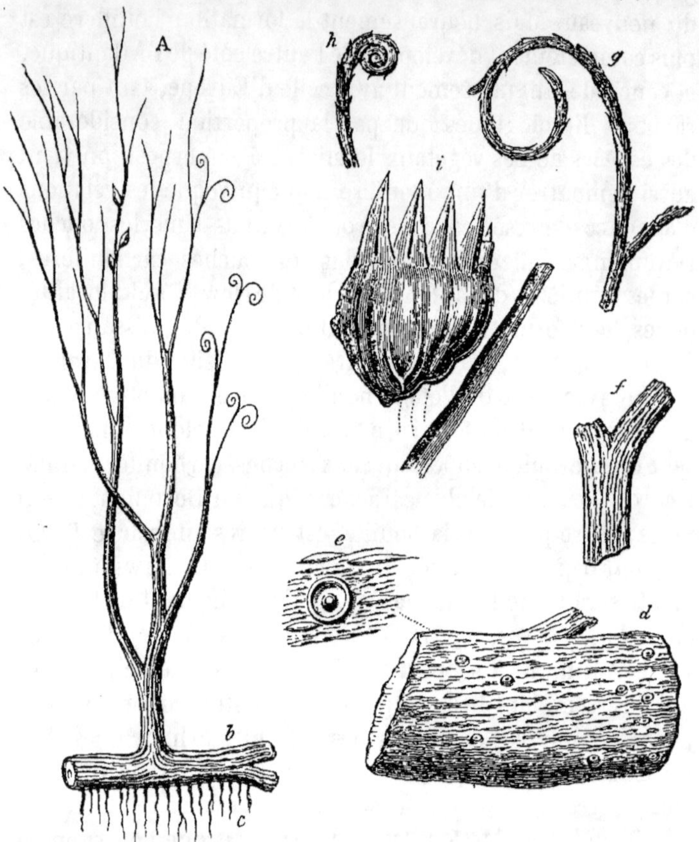

Fig. 618. — *Psilophyton Princeps*, Dawson. *Geol. Quart. Journ.*, vol. XV, 1863;
et Canada Survey, 1863.
Espèce caractéristique de toute la période Devonienne dans l'Amérique du Nord.
A. *Psilophyton Princeps*, plante restaurée par Dawson. — A, *b*. Rhizome ou tige souterraine ressemblant à une racine. — A, *c*. Radicules cylindriques. — *d*. Rhizome.
— *e*. Aréole du rhizome. — *f*. Tige, deux fois la grandeur naturelle. — *g*. Extrémité
des branches. — *h*. Préfoliation verticillée ou en crosse. — *i*. Organes de fructification.

structure d'un angiosperme exogène. A cette seule exception
près, la flore du Devonien d'Amérique, tout comme celle de la

(1) *Geol. quart. Journ.*, vol. XVIII, p. 305, 1862.

période Carbonifère, n'apporte aucune preuve de l'existence de plantes d'une organisation supérieure à celle des gymnospermes.

On pourrait expliquer le caractère monotone de la flore Carbonifère, en supposant que nous n'avons en notre possession que la végétation provenant d'une rangée de couches, consistant en larges surfaces marécageuses, et le professeur Dawson pense que ces plantes Devoniennes se seraient développées sous l'influence de conditions géographiques plus variées, et avec plus d'un caractère analogue à celui des végétaux des plateaux élevés. Dans ce cas, la limitation d'une flore représentée par tant de genres et d'espèces appartenant aux ordres gymnospermes et cryptogames, et l'absence de plantes d'un degré supérieur ne sauraient être expliquées par les raisons précédentes, à moins qu'on ait recours à la théorie du développement progressif: On ne connaît rien des insectes, des coquilles terrestres, ou autres animaux de même origine, contemporains de la flore Devonienne, mais on n'a pas lieu de désespérer des découvertes futures dans cette direction, quand on considère que, malgré le lent progrès de nos connaissances, nous commençons enfin d'avoir quelques renseignements sur la faune terrestre de la période houillère.

On a déjà signalé, en Irlande, la découverte de coquilles d'eau douce, de Lepidodendron, et de fougères (*voir* fig. 565 et 586, p. 163, t. II), accompagnées de poissons de genres Devoniens.

CHAPITRE XXVII

GROUPES SILURIEN ET CAMBRIEN.

Couches siluriennes d'abord appelées couches de Transition. — Du mot Grauwacke. — Sous-divisions des Siluriens Supérieur, Moyen et Inférieur. — Formation de Ludlow et ses fossiles. — Lit à ossements du Ludlow, et débris de poissons fossiles les plus anciens connus. — Formation de Wenlock, ses coraux, Cystidées et Trilobites. — Silurien moyen ou couches de Llandovery. — Roches du Silurien Inférieur. — Lits de Caradoc et de Bala. — Formations du Llandeilo Supérieur et Inférieur. — Cystidées. — Trilobites. — Graptolites. — Vaste épaisseur des couches du Silurien Inférieur, sédimentaires et volcaniques, dans les Galles. — Équivalents Siluriens en Europe. — Roches Siluriennes des États-Unis. — Rapports spécifiques de leurs fossiles avec ceux d'Europe. — Équivalents au Canada. — Les couches Siluriennes ont-elles été formées dans une mer profonde? — Groupe Cambrien. Classification et nomenclature. — Faune primordiale de Barrande. — Cambrien supérieur des Galles. — Schistes de Trémadoc. — Schistes (*flags*) à Lingules. — Cambrien Inférieur. — Groupe de Longdmynd. — Restes organiques les plus anciens connus en Europe. — Équivalents étrangers du groupe Cambrien. — *Zone primordiale* de Bohême. — Trilobites caractéristiques. — Métamorphoses des trilobites. — Schistes alunifères de Suède et de Norwége. Grès de Potsdam aux États-Unis et au Canada. — Empreintes de pas des environs de Montréal. — Couches de Québec et roches de Huron. — Trilobites sur le Mississipi supérieur. — Roches plus anciennes que le Cambrien. — Groupe Laurentien, supérieur et inférieur. — Fossile le plus ancien connu, *Eozoon Canadense*. — Absence d'animaux vertébrés dans les couches inférieures au Silurien supérieur. — Découverte progressive de vertébrés dans les roches plus anciennes. — Hypothèse prématurée de la rareté ou de l'absence de vertébrés dans les formations fossilifères les plus anciennes.

Nous arrivons, en descendant, aux plus anciennes des roches primaires fossilifères, à cette série qui comprend la majeure partie des couches désignées par Werner sous le nom de *transition*, pour les raisons expliquées dans le chapitre VIII, p. 148, 149, t. I. Les géologues avaient l'habitude de donner à ces couches plus anciennes le nom général de *Grauwacke*, employé par les mineurs allemands pour indiquer une variété particulière de grès, ordinairement composé d'un agrégat de petits fragments de quartz, de schiste siliceux (ou Lydienne) et de schiste argileux, cimentés par une matière argileuse. On a donné beaucoup trop d'importance à cette sorte de roche, en lui assignant une époque déterminée dans l'histoire de la terre; en effet, on trouve un grès semblable ou grit (grès grossier) dans le Vieux Grès Rouge, dans le Millstone Grit du terrain Houiller, et quelquefois dans certaines formations Crétacées et même Éocènes des Alpes.

Le tableau suivant indique les formations successives que comprend ce groupe de couches désigné, par sir Rodekick Murchison, sous le nom de Silurien.

ROCHES SILURIENNES SUPÉRIEURES.

1. FORMATION DE LUDLOW.

	Caractères lithologiques dominants.	Epaisseur en mètres.	Débris organiques.
Ludlow Supérieur....	*a. Grès de Downton.* — Grès jaunâtres, à grains fins, et grits (grès grossiers) rougeâtres et durs : base formée par un lit à ossements, avec restes de poissons............	24	Mollusques marins de presque tous les ordres ; les Brachiopodes plus abondants ; Annélides, Crinoïdes et Coraux ; Poissons Placoïdes et Ganoïdes (les plus anciens connus de la classe des poissons). Quelques Graptolites ; Crustacés de l'ordre des Euryptérides ; plantes marines.
	b. Grès micacés, grisâtres, et pierres de limon (Mudstone)...............	213	
Ludlow Inférieur.....	*a. Calcaire d'Aymestry.* — Calcaire argileux....	15	
	b. Schiste du Ludlow Inférieur. — Schiste avec concrétions calcaires, souvent d'une grosseur considérable..........	300	

2. FORMATION DE WENLOCK.

	Caractères lithologiques dominants.	Epaisseur en mètres.	Débris organiques.
Wenlock supérieur...	*Calcaire de Wenlock.* — Couche épaisse de calcaire concrétionné......		
Wenlock inférieur....	*a. Schiste de Wenlock.* — Schiste argileux, fréquemment pierre à paver (Flagstone)............	au-dessus de 900	Mollusques marins et rayonnés ; Crustacés des ordres Trilobite et Euryptéride ; Graptolites abondants.
	b Calcaire de Woolhope et grit du Denbighshire. — Calcaire et schiste argileux, quelquefois remplacés par du grit et des grès feldspathiques......		

ROCHES SILURIENNES MOYENNES.

FORMATION DE LLANDOVERY.

	Caractères lithologiques dominants.	Epaisseur en mètres.	Débris organiques.
Llandovery Supérieur.	*a. Schiste de Tarannon.* — Schistes pourpre ou légèrement colorés.....	300	Crinoïdes et Coraux très-abondants; Cystidées; Mollusques, principalement des Brachiopodes. *Pentameris lœvis* caractéristique des calcaires.
	b. Grès de May-Hill et Calcaire Pentamère. — Calcaire à nodules et schiste noir; grès calcaire avec grits grossiers sous-jacents, souvent colorés en rouge........	240	
Llandovery Inférieur..	*Schistes de Llandovery.* — Grès dur et schiste, souvent avec lits de conglomérats.............	180 à 300	

ROCHES SILURIENNES INFÉRIEURES.

1. FORMATION DE CARADOC.

Caradoc.............	*a. Grès de Caradoc.* — Grès coquilliers avec conglomérats et schistes.... *b. Calcaire de Bala.* — Calcaire arénacé; schiste et grès avec tuffs-trappéens.................	3,650	Brachiopodes nombreux; Lamellibranches; Céphalopodes; Ptéropodes (*Conularia*) de grandes dimensions; Cystidées abondantes; Trilobites atteignant leur maximum en espèces, Graptolites nombreux.

2. FORMATION DE LLANDEILO.

Llandeilo Supérieur...	*a. Llandeilo Supérieur.* — Schistes noirs, avec flags calcaires et grès...		Mollusques, principalement Céphalopodes de grandes dimensions; Hétéropodes (*Bellerophon*) nombreux; Graptolites; Trilobites de grandes dimensions.
Llandeilo Inférieur...	*b. Llandeilo Inférieur ou Couches Arenig.* — Calcaires quartzeux et grits, avec schistes argileux...	300 à 350	Fossiles des mêmes genres, mais différant en espèces de ceux du Llandeilo Supérieur. Trilobites nombreux; Graptolites de diverses espèces.
	c. Roches volcaniques contemporaines avec a et b. — Tufs stratifiés (1000 mètres). Laves feldspathiques et à porphyres (760 mètres)........ ..	1,770	Restes organiques, comme en *a* et *b*.

La dénomination de *Silurien* a été proposée par sir Roderick Murchison, pour désigner une série de couches fossilifères placées sous le Vieux Grès Rouge, et occupant cette partie des

Galles et de quelques autres contrées contiguës en Angleterre, qui constitua jadis le royaume des Silures, tribu des anciens Bretons.

ROCHES SILURIENNES SUPÉRIEURES.

Formation de Ludlow. — Ce membre du groupe Silurien Supérieur mesure, ainsi qu'on le voit dans le tableau qui précède, une épaisseur de 245 mètres, et se divise en deux parties : — Ludlow Supérieur, et Ludlow Inférieur, — à la suite desquelles on rencontre le Calcaire d'Aymestry. Des débris organiques particuliers permettent de distinguer ces trois formations près de la ville de Ludlow et en d'autres endroits des comtés de Shrop et de Hereford.

1. *Ludlow Supérieur.* — *a. Grès de Downton.* — Cette division fut d'abord classée sous le nom de *Tilestones* (pierres à tuile), par Sir R. Murchison, dans le Vieux Grès Rouge, les couches présentant souvent une couleur rouge semblable à celle de ces roches. On la regardait comme formant un groupe de transition entre le Silurien et le Vieux Grès Rouge ; mais aujourd'hui on s'est assuré que ses fossiles ressemblent la plupart spécifiquement, et tous par leur caractère générique, à ceux des couches sousjacentes du Ludlow Supérieur. Parmi ces fossiles, on cite les *Orthoceras bullatum, Platyschima helicites, Bellerophon trilobatus, Chonetes lata,* etc., ainsi que de nombreuses défenses de poissons. On observe parfaitement les lits de cette division à Kington, Herefordshire et à Dowton Castle, près de Ludlow, où ils fournissent des pierres à bâtir.

Lit à ossements (*Bone-bed*). — Le lit à ossements du Ludlow Supérieur mérite une attention particulière comme fournissant le plus ancien exemple de poissons en quantité considérable. Il présente ordinairement une ou deux bandes minces et brunes de fragments osseux, à la jonction du Vieux Grès Rouge, et des roches de Ludlow ; ce lit fut observé pour la première fois par sir Roderick Murchison, près de la ville de

Ludlow, où il atteint une épaisseur de 7 à 10 centimètres. On l'a suivi, depuis, sur une longueur de plus de 70 kilomètres, à partir de ce point jusque dans le Glocestershire et autres comtés, et généralement il n'a pas montré plus de 0^m,025 à 0^m,070 d'épaisseur. A May Hill, deux lits du même genre sont séparés par plus de 4 mètres de couches remplies de fossiles du Ludlow Supérieur (1). La même localité a fourni, immédiatement au-dessus du lit à poissons supérieur, de nombreux corps globulaires qui, suivant le Dr Hooker, seraient des spores d'une plante terrestre cryptogame, probablement d'une Lycopodiacée. Ces lits à ossements viennent précisément au-dessous des couches inférieures du Vieux Grès Rouge formant la portion supérieure du grès de Downton.

La plupart des poissons de ce groupe ont été rapportés par Agassiz à son ordre des Placoïdes, quelques-uns au genre Onchus, auquel les défenses (fig. 619) et les petites écailles

FIG. 619. — *Onchus tenuistriatus*, Agass.   FIG. 620. — Écailles chagrinées d'un
Lit à ossements. Silurien Supérieur ; Ludlow.   poisson placoïde (*Thelodus*).
Lit à ossements. Ludlow Supérieur.

(fig. 620) sembleraient appartenir. On pense, toutefois, que cet Onchus pourrait bien être un de ces Acanthodiens, de l'ordre Ganoïde d'Agassiz, qui sont si caractéristiques de la base du Vieux Grès Rouge dans le Forfarshire, bien que les espèces du Vieux Grès Rouge soient toutes différentes de celles des couches Siluriennes que nous examinons (2). On a découvert aussi dans ces lits la mâchoire et les dents d'un autre genre de poisson vorace (fig. 621) avec des échantil-

FIG. 621. — *Plectrodus mirabilis*, Agass. Lit à ossements. Ludlow Supérieur.

lons de *Pteraspis ludensis*. Comme on le remarque dans la

(1) Murchison, *Siluria*, p. 137-237.
(2) Powrie, *Geol. Quart. Journ.*, vol. XX, p. 138.

plupart des lits à ossements, les dents et les os sont presque
toujours à l'état de fragments roulés.

b. Grès gris et *Mudstone, etc.* — La sous-division du
Ludlow qui vient ensuite est formée d'un grès calcaire gris
ou d'une pierre micacée ; ces roches se décomposent en terre
molle, et contiennent, outre les coquilles que je viens de
signaler, la *Lingula* commune en même temps aux lits de
Tilestones (ou *Ledbury*), à la base du Vieux Grès Rouge.
L'*Orthis orbicularis*, variété ronde de l'*O. elegantula*, est
caractéristique du Ludlow Supérieur, et les couches terreuses
inférieures sont toutes remplies de *Rhynconella navicula*

Fig. 622. — *Orthis elegantula*, Dalm.,   Fig. 623. — *Athyris (Rhynconella) navicula*,
var. *orbicularis*, J. Sow. Delbury.   J. Sow. Calcaire d'Aymestry ; se trouve aussi
Ludlow Supérieur.   dans les Ludlow Supérieur et Inférieur.

(fig. 623), également commune au Ludlow Inférieur. Comme
cela arrive ordinairement dans les formations des périodes
Primaires plus anciennes que le terrain Houiller, les mollusques Brachiopodes prédominent sur les Lamellibranches, bien que ceux-ci soient loin d'être rares. Entre
autres genres, on remarque des *Avicula* et *Pterinea, Cardiola, Ctenondota* (sous-genre de *Nucula*), *Orthonota*, et
Modiola.

Les grès du Ludlow Supérieur présentent quelquefois des
ondulations qui indiquent un dépôt graduel ; la même observation s'applique aux schistes argileux qui les accompagnent.
Ces derniers sont d'une grande épaisseur ; ils ont reçu en
province le nom de *mudstones* (pierres de limon). Quelques-
uns contiennent des tiges de Crinoïdes en position verticale,
qui ont évidemment été fossilisées sur place à l'époque où
elles croissaient au fond de la mer. La facilité avec laquelle
ces roches, lorsqu'elles sont exposées aux injures du temps,
se résolvent en limon (en terre), prouve que, malgré leur an-

cienneté, elles se trouvent encore presque à l'état où elles étaient lors de leur formation.

Ludlow inférieur, Calcaire d'Aymestry. — Le groupe suivant est un calcaire subcristallin et argileux qui, parfois, mesure 15 mètres de puissance ; il se distingue aux environs d'Aymestry et à Sedgley par l'abondance du *Pentamerus Knightii*, Sow. (fig. 624), fossile que l'on trouve aussi dans le

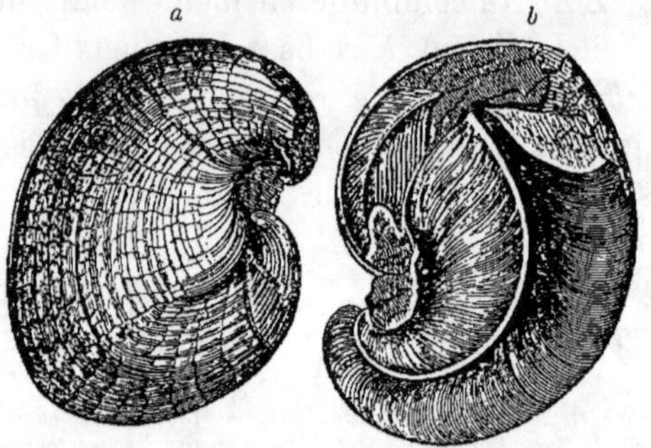

Fig. 624. — *Pentameras Knightii*, Sow. ; demi-grandeur naturelle. Aymestry.
a. Les deux valves unies. — *b*. Coupe suivant la longueur des valves, montrant les cloisons centrales.

Ludlow Inférieur. On a d'abord signalé ce genre de Brachiopode au sein des couches Siluriennes ; c'est une forme exclusivement paléozoïque. Son nom dérive de πέντε (*pente*), cinq, et μέρος (*méros*), partie. Les deux valves sont, en effet,

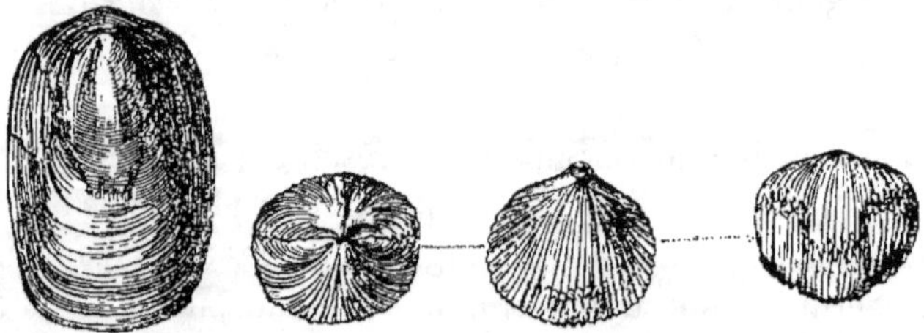

Fig. 625. — *Lingula Lewisii*, J. Sow. Abberley Hills.　　　Fig. 626. — *Rhynchonella (Terebratula) Wilsoni*, Sow. Aymestry.

divisées par une cloison centrale qui forme quatre chambres, et, dans l'une des valves, la cloison elle-même contient une petite chambre, ce qui fait cinq en tout. Ces cloisons ont un développement énorme comparativement à ce qu'on observe chez toutes les autres coquilles de Brachiopodes ; elles ont dû partager l'animal en deux parties à peu près égales ; néanmoins elles sont de la même nature que celles de l'intérieur des *Spirifères*, des *Térébratules* et de plusieurs autres coquilles du même ordre. MM. Murchison et de Verneuil ont observé cette espèce par myriades dans un calcaire blanc, contemporain du Silurien Supérieur, sur les rives de l'Is, au revers oriental des monts Ourals en Russie ; une espèce semblable se rencontre fréquemment en Suède.

Trois autres coquilles abondent dans le calcaire d'Aymestry, ce sont : 1° la *Lingula Lewisii* (fig. 625) ; 2° la *Rhynchonella Wilsoni*, Sow. (fig. 626), appartenant égale-

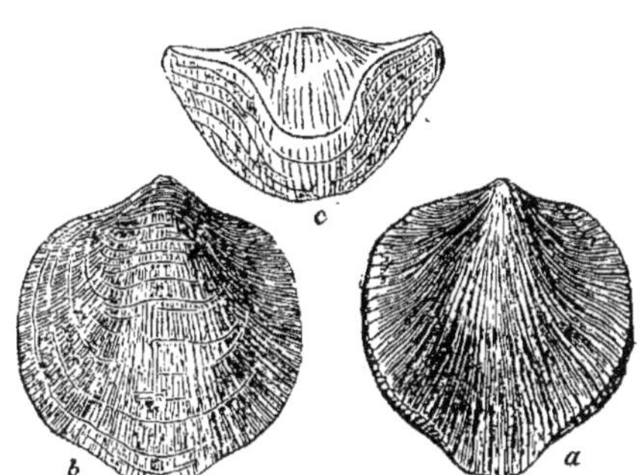

Fɪɢ. 627. — *Atrypa reticularis*, Sin. (*Terebratula affinis*, Min. Couc.). Aymestry.
a. Valve supérieure.— b. Valve inférieure.— c. Bord antérieur des valves.

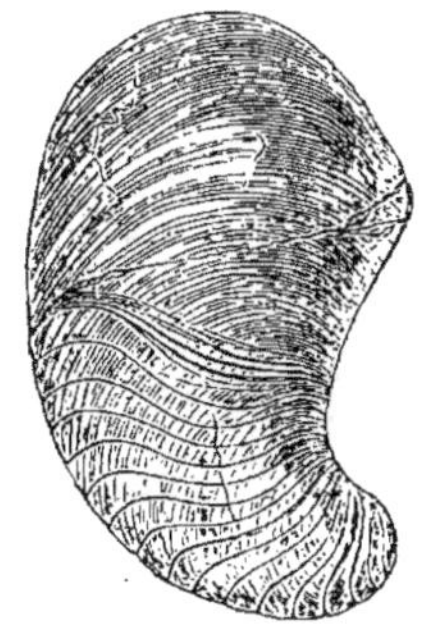

Fɪɢ. 628. — *Phragmoceras ventricosum*, J. Sow. (*Orthoceras ventricosum*, Stein). Un quart de grosseur. Aymestry.

ment au Ludlow Inférieur ainsi qu'au Calcaire de Wenlock ; 3° l'*Atrypa reticularis*, Lin. (fig. 627), que l'on trouve partout dans le Système Silurien Supérieur, et même, en descendant, jusque dans les roches du Llandovery Inférieur.

Le Calcaire d'Aymestry contient un si grand nombre de coquilles, coraux et trilobites, semblables spécifiquement à ceux du Calcaire de Wenlock sous-jacent, que l'on peut difficilement distinguer ces deux membres l'un de l'autre par les seuls fossiles. Toutefois certains débris organiques sont communs au Calcaire d'Aymestry et au Ludlow Supérieur, et plusieurs ne se retrouvent pas dans le Wenlock (1).

M. Lightbody considère le calcaire d'Aymestry comme subordonné aux schistes du Ludlow Inférieur que nous venons de mentionner, ces schistes se montrant sur quelques points au-dessus et au-dessous du groupe du Ludlow avec leurs fossiles caractéristiques (2).

b. Schiste du Ludlow Inférieur. — C'est un dépôt argileux, d'un gris foncé, qui contient, parmi divers fossiles, plusieurs coquilles cloisonnées, très-grandes, de genres à peine connus dans les roches plus nouvelles, comme *Phragmoceras* de Broderip, et *Trochoceras* de Barrande (fig. 628, 629). Ce dernier genre est en partie droit et en partie enroulé en spirale très-aplatie.

L'*Orthoceras Ludense* (fig. 630), de même que le Cépha-

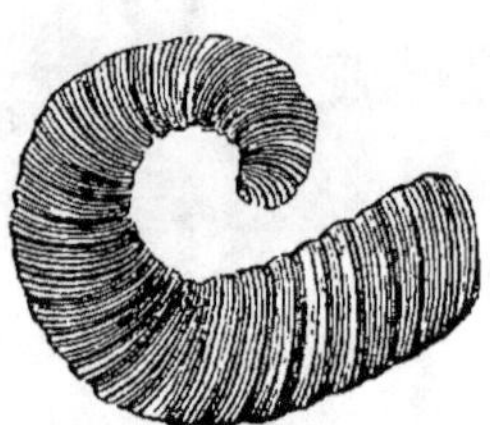

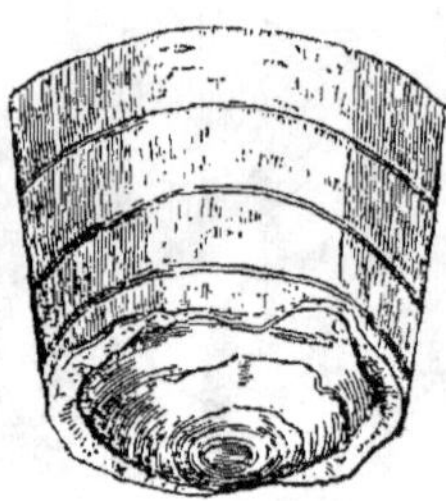

Fig. 629. — (*Trochoceras*) *Lituites giganteus*, J. Sow. ; un quart de grandeur naturelle. Des environs de Ludlow ; se trouve aussi dans les calcaires d'Aymestry et de Wenlock.

Fig. 630. — Fragment d'*Orthoceras Ludense*, J. Sow. Leintwardine, Shropshire.

lopode que nous venons de citer, est presque spécial à ce membre de la série.

On rencontre aussi abondamment dans le Ludlow Inférieur une espèce de Graptolite, *G. Ludensis*, Murch. (fig. 640 t. II, p. 214), forme de zoophyte ou polype qui n'a pas encore été signalée dans les couches supérieures au Silurien.

Les astéries sont loin d'être rares, ainsi que le fait remar-

(1) Murchison, *Siluria*, p. 133.
(2) *Quart. Geol. Journ.*, vol. XIX, p. 374, 1863.

quer sir R. Murchison, dans les roches du Ludlow Inférieur,
et se présentent avec des genres nouveaux, mais qui rappellent les diverses formes vivantes, des familles *Asteriadæ*
et *Ophiuridæ*, visibles dans les mers d'Angleterre.

Poisson fossile le plus ancien connu. — En 1855,
lors de la publication de la dernière édition de cet ouvrage,
je me trouvai dans l'impossibilité de citer un exemple d'un
poisson fossile antérieur au lit à ossements du Ludlow supérieur ; mais en 1859, M. J. E. Lee de Caerleon, membre de
la société géologique, a trouvé un spécimen de Pteraspis, à
Church-Hill, près de Lcintwardine, Shropshire, dans
un schiste inférieur au calcaire d'Aymestry. Ce *Pteraspis* était associé à des coquilles fossiles de la formation
du Ludlow Inférieur, coquilles qui diffèrent considérablement de celles qui caractérisent le Ludlow Supérieur déjà
décrit.

Le genre *Pteraspis*, ainsi que nous l'avons vu (p. 174, t. II),
est regardé par le professeur Huxley comme allié à l'esturgeon, et occupe, par conséquent, un rang qui est loin d'être
inférieur dans la classe des poissons. Il suit de là, que la découverte de ce fossile dans les roches plus inférieures dans la
série que celles qui avaient fourni les plus anciens vertébrés
que l'on connût à cette époque, est un fait d'un grand intérêt. Ceux, en effet, qui ont une foi entière dans la doctrine
du développement progressif, peuvent naturellement espérer
de découvrir des vestiges plus reculés de la classe des poissons dans des couches encore plus primitives, et chercher,
par exemple, dans le Silurien inférieur, ou dans les roches
Cambriennes, des représentants de certains ordres, tels
que Marsipobranches et Pharyngobranches, auxquels la
Lamproie et l'*Amphioxus* appartiennent respectivement. On
pourrait objecter, dit le professeur Huxley, que si les poissons de ces ordres sont absents dans les roches anciennes,
ils le sont également dans les roches plus nouvelles, paléozoïques ou néozoïques pour la même raison, c'est-à-dire, parce
qu'ils sont dépourvus de squelettes osseux ou d'écailles

dures (1) ; mais le même auteur fait observer que la Lamproie
aurait pu laisser au moins quelques traces distinctes de ses
dents cornées. Au surplus, les partisans du développement
progressif ne seraient pas le moins du monde satisfaits de
cette façon d'expliquer l'absence absolue de tous vestiges
d'Ichthyolites dans les couches plus anciennes que le Silurien
Supérieur. En effet, suivant eux, les types primitifs de chaque classe représentant l'état embryonnaire d'êtres d'une
organisation plus élevée, montrent, une fois développés, une
grande diversité de forme et de structure, comme on peut le remarquer, disent-ils, dans les reptiles batrachoïdes avant leur
métamorphose en vrais sauriens, et dans les sauriens avant
leur entrée dans la phase de mammifères placentaires.
Aussi, chaque type primitif, vertébré ou invertébré, dès qu'il
a acquis une certaine prépondérance, que le monde s'ouvre devant lui, et qu'il n'a plus à craindre pour sa vie l'attaque de rivaux d'une structure plus avancée, prendrait-il des
formes et un mode d'organisation variés à l'infini, en imi-
tant parfois par certains de ses caractères des êtres d'un
degré plus élevé. Sous l'influence de conditions aussi favorables, quelques membres des ordres de la Lamproie et de
l'*Amphioxus*, auraient bien pu échanger une moelle épi-
nière gélatineuse ou semi-cartilagineuse contre une colonne
vertébrale osseuse, s'être recouverts d'une peau dure et
écailleuse, ou même s'être armés de dents plus consistantes
que la corne, et cela, sans s'écarter des types de leurs ordres
respectifs. Que l'on eût trouvé de pareils fossiles dans des
roches très-anciennes, et les partisans du développement
progressif les eussent triomphalement réclamés comme arguments en faveur de leur doctrine, mais ces restes manquent
absolument dans des dépôts anciens qui fourmillent de
formes organiques, et les progressionnistes sont forcés en
toute justice d'adopter l'une des deux conclusions suivantes :
ou la théorie du développement progressif est douteuse, ou

(1) *Memoirs of Survey Decade*, vol. X, p. 40.

bien la preuve négative, fournie par l'absence de ces fossiles, n'a aucune valeur pour établir la non-existence de certains types à des époques reculées. Cette dernière alternative me paraît être celle vers laquelle nous devons pencher dans l'état actuel de nos connaissances.

FORMATION DE WENLOCK.

Vient ensuite la formation de Wenlock, que l'on a divisée (voir tabl. p. 201, t. II) en Wenlock Supérieur ou calcaire de Wenlock et en Wenlock Inférieur comprenant : 1° le schiste de Wenlock, 2° le Calcaire de Woolhope et les grès grossiers (*grits*) du Denbighshire.

1. *Wenlock supérieur. — Calcaire de Wenlock.* — Autrefois bien connu des collectionneurs sous le nom de Calcaire de Dudley, il forme, dans le Shropshire, une crête continue, longue de 32 kilomètres, qui s'étend du S.-O. au N.-E., à la distance de 16 kilomètres environ de l'escarpement presque parallèle du Calcaire d'Aymestry. Cette sorte de protubérance allongée doit son existence à la solidité de la roche qui la constitue, et au peu de résistance des schistes qui sont au-dessus et au-dessous. Près de Wenlock, la formation consiste en masses épaisses d'un calcaire subcristallin, gris, rempli de coraux et d'encrinites. Elle est essentiellement de nature concrétionnée, et les concrétions, appelées *Ball-Stones*, dans le Shropshire, mesurent parfois jusqu'à 25 mètres de diamètre. Elles sont formées de carbonate de chaux pur ; la roche qui les entoure est plus ou moins argileuse (1). Dans les collines de Malvern, le Calcaire, suivant le professeur Phillips, est souvent oolitique.

Parmi les nombreux coraux de cette formation, nous mentionnerons le *Corail-chaîne (Halysites catenularius* ou *Catenipora escharoïdes,* fig. 631); c'est l'un des plus faciles à reconnaître et des plus largement répandus en Europe,

____

(1) Murchison, *Siluria*, chap. vi.

dans toutes les divisions du groupe Silurien, depuis le Calcaire d'Aymestry jusque tout près de la base de la série. On y rencontre aussi à profusion un autre corail, le *Favosites Gothlandica* constituant de larges masses hémisphériques, qui se divisent en fragments prismatiques, comme le montre

Fig. 631.

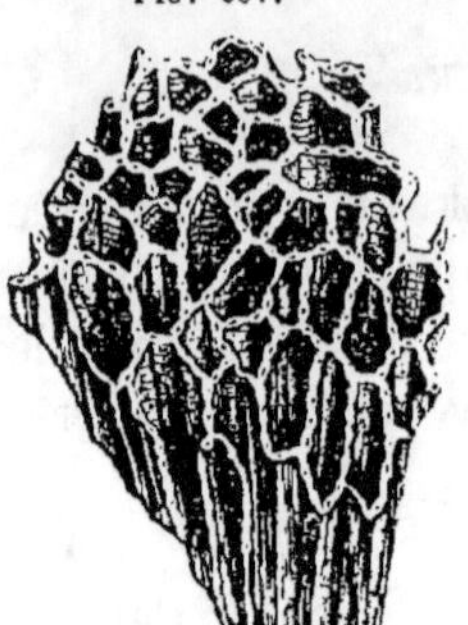

Fig. 632.

Fig. 633.

Fig. 631. — *Ha'ysites ca'enularius*, Linn. sp. Syn., *Catenipora escharoïdes*, Goldf.
Silurieus Supérieur et Inférieur.

Fig. 632. — *Favosites Gothlandica*, Lam Dud ey.
a. Portion d'une grosse masse, moindre que grandeur naturelle. — *b.* Portion grossie, montrant les pores et les divisions en tubes.

Fig. 633. — *Omphyma turbinatum*, Linn. sp. (*Cyathophyllum*, Goldf.).
Calcaire de Wenlock, Shropshire.

la fig. 632. Une troisième forme, très-commune dans le Calcaire de Wenlock, est l'*Omphyma* (fig. 633) ; de même que plusieurs de ses analogues, ce corail nous présente une ressemblance frappante avec les coraux cupuliformes modernes ; mais tous les genres siluriens appartiennent au type paléozoïque que j'ai signalé ci-dessus et offrent la disposition quadripartite dans l'intérieur de la coupe (t. II, p. 149).

Les Crinoïdes, très-nombreux dans la formation, fournissent plusieurs espèces particulières de *Cyathocrinus* (pour le genre, voy. fig. 627) qui ont contribué, par leurs tiges calcaires, leurs bras et leurs coupes à la composition du Calcaire de Wenlock. Comme Cystidées, on n'y observe que peu de formes vraiment remarquables, et quelques-unes d'entre elles sont spéciales au Silurien Supérieur, par exemple le *Pseudocrinites*, qui était armé de bras fixes, pennés (1) (fig. 633).

Les Brachiopodes appartiennent la plupart aux espèces du Calcaire d'Aymestry ; tels sont l'*Atrypa reticularis* (fig. 627, t. II, p. 207) et le *Strophomena depressa*, Sow., sp. (fig. 635) ; mais ces espèces se rencontrent également depuis les Ludlow

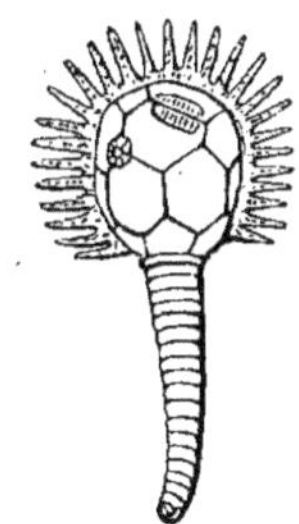

Fig. 634. — *Pseudocrinites bifascialus*, Peirce. Calcaire de Wenlock, Dudley.

Fig. 635. — *Strophomena (Leptæna) depressa,* Sow. Roches de Wenlock et de Ludlow.

et Schiste de Wenlock jusqu'au Grès de Caradoc. Certaines espèces, cependant, sont particulières au Wenlock supérieur ; elles appartiennent aux genres *Rhynconella*, *Retzia*, *Spirifer*, *Athyris*, etc.

Les Crustacés sont à peu près exclusivement représentés

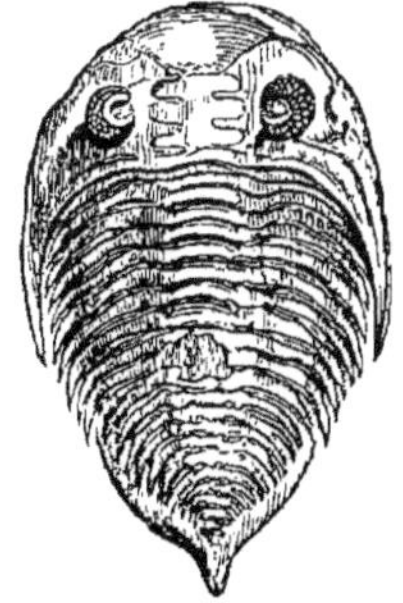

Fig. 636. — *Calymene Blumenbachii*, Brong. Calcaires de Wenlock, de Ludlow et d'Aymestry.

Fig. 637. — *Phacops (Asaphus) caudatus*, Brong. Roches de Wenlock, d'Aymestry et de Ludlow.

Fig. 638. — *Sphærexochus mirus*, Beyrich ; enroulé, Dudley ; aussi dans l'Ohio, Amérique du Nord.

par les trilobites, qui montrent les formes les plus remar-

(1) E. Forbes, *Mem. Geol. Survey*, vol. II, p. 49.

quables. Le *Calymene Blumenbachii*, appelé le *Trilobite de Dudley*, était connu déjà depuis longtemps avant que sa véritable place eût été fixée dans le règne animal. On le rencontre souvent enroulé comme l'*Oniscus* commun, et c'est là un état assez fréquent chez les trilobites, pour nous autoriser à conclure que ces animaux avaient habituellement recours à ce moyen pour se protéger contre l'attaque de leurs ennemis. L'autre espèce commune est le *Phacops caudatus* (*Asaphus caudatus*), Brong. (fig. 637) remarquable par ses grandes dimensions et par sa forme aplatie. Le *Sphærexochus mirus* (fig. 638) se présente comme une boule lorsqu'il est enroulé, la partie antérieure chez cet animal étant extrêmement plate. L'*Homalonotus*, sorte de trilobite chez lequel

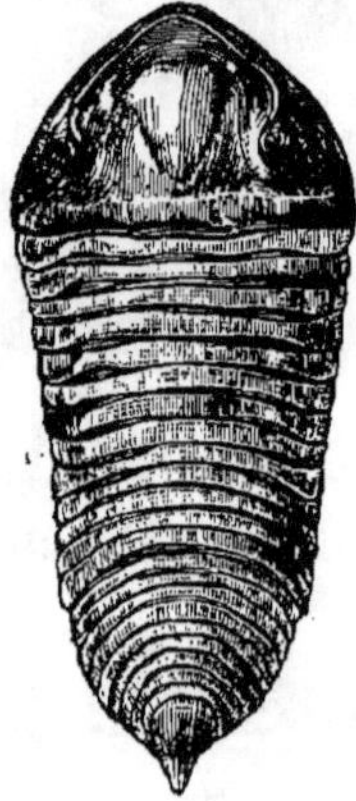 

FIG. 639. — *Homalonotus delphinocephalus*, Konig. Dudley Castle ; un tiers de grandeur naturelle.

FIG. 640. — *Graptolithus Ludensis*, Murchison. Schistes de Ludlow et de Wenlock.

la division tripartite de l'épiderme dorsal est à peine sensible (fig. 639), caractérise particulièrement cette division de la série Silurienne. Cette formation contient, en outre, d'autres genres et espèces nombreux.

Wenlock Inférieur. — *a. Schiste de Wenlock* — Cette roche, suivant S. R. Murchison, constitue le membre le plus étendu et le plus persistant de la formation de Wenlock ; le calcaire, en effet, s'y amincit souvent et finit par disparaître. De même que le Ludlow Inférieur, le schiste contient fréquemment des concrétions elliptiques de calcaire terreux, impur. Dans le district de Malvern, c'est une masse argileuse, en poussière fine, qui atteint à peine une épaisseur de 200 mètres ; mais, dans les Galles, sa puissance dépasse 300 mètres et elle est exploitée pour ses ardoises et ses pierres à dalles (*Flagstones*). Les fossiles les plus abondants y sont, outre les coraux, trilobites et quelques crinoïdes, plusieurs petites espèces d'*Orthis*, de *Cardiola*, et certaines espèces d'*Orthoceratites* à coquille très-mince. On y rencontre aussi de nombreux échantillons de *Graptolites*, groupe de zoophytes confiné aux roches Siluriennes, et que l'on trouve plus rarement dans le Ludlow. Je reviendrai plus tard sur ces fossiles si caractéristiques du Silurien Inférieur.

b. Calcaire de Woolhope et Grit. — Les lits de Woolhope, qui gisent au-dessous du schiste de Wenlock, sont d'une grande importance, bien qu'on ne les ait pas toujours reconnus comme une division du Wenlock. On les rencontre ordinairement sous forme de calcaires massifs ou nodulaires, reposant sur un schiste fin ou flagstone ; d'autres fois sous forme de grit grossier d'une grande épaisseur, comme dans les grès remarquables du Denbighshire. Ce grit forme une chaîne de montagnes qui traverse les Galles du Nord et du Sud, et le sol dans lequel on le rencontre se fait généralement remarquer par une grande stérilité. Il contient, outre les fossiles habituels du Wenlock, quelques autres espèces communes à la roche supérieure du Ludlow, telles que *Chonetes lata* et *Bellerophon trilobatus* (1). Les fossiles principaux du calcaire de Woolhope sont, *Illœnus Barriensis, Homalonotus delphinocephalus* (fig. 639), *Strophomena Imbrex* et *Rhynchonella Wilsoni* (fig. 626). Les espèces de ce dernier atteignent dans les lits de Woolhope des dimensions inusitées, et les échantillons en sont quelquefois deux fois aussi volumineux que ceux du calcaire de Wenlock.

(1) Sedgwick, *Quart. Geol. Journ.*, vol. I, p. 20, 1845.

ROCHES SILURIENNES MOYENNES.

Llandovery supérieur. — *a.* — *Schiste de Tarannon.* — Immédiatement au-dessous de la formation de Wenlock, on rencontre, en certains points, les schistes de Tarannon ou schistes pâles, quelquefois de couleur pourpre, de minime épaisseur aux environs de Llandovery, mais de dimensions plus considérables à Tarannon dans le Montgomeryshire, où, suivant M. Ramsay, ils atteignent une puissance d'environ 300 mètres. Ces schistes, d'après MM. Jukes et Aveline, forment une bande très-persistante, et qui s'étend de Llandovery jusqu'à la Galles du Nord, en traversant Radnor et Montgomery. Les fossiles y sont rares, et la plupart d'entre eux appartiennent à des espèces communes de la formation de Wenlock.

b. Grès de May-Hill. — Vient ensuite dans l'ordre descendant le grès de May-Hill, que l'on peut étudier dans d'excellentes conditions à May-Hill, dans le Gloucestershire, et dans les collines de Malvern et d'Abberley. La position de ces grès a été soigneusement déterminée par le professeur Sedgwick, qui les a considérés comme la base véritable des roches Siluriennes Supérieures. Dans la chaîne du Malvern ils atteignent une épaisseur de 180 mètres. Ces lits furent désignés dans l'origine sous le nom de Caradoc supérieur, alors qu'on les supposait former une partie de la formation de Caradoc, dont nous parlerons plus tard ; mais cette dénomination a été abandonnée pour d'excellents motifs, sur lesquels il est inutile d'arrêter ici l'attention du lecteur. Sir Murchison les a nommés Llandovery supérieur dans la dernière édition de son ouvrage intitulé *Siluria*. On leur a donné aussi, conjointement avec les roches du Llandovery inférieur, le nom de couches Pentamères, parce qu'elles renferment en abondance le *Pentamerus lævis*, brachiopode qui manque à la fois dans le Silurien Supérieur et dans le Silurien Inférieur. Ce fossile est ordinairement accompagné du *P. oblongus*, considéré par certains zoologistes comme le jeune du *P. lœvis,* et par d'autres, comme une espèce distincte. Les deux formes ont une distribution géographique étendue, car on les rencontre, faisant partie de la même série Silurienne, en Russie et aux Etats-Unis.

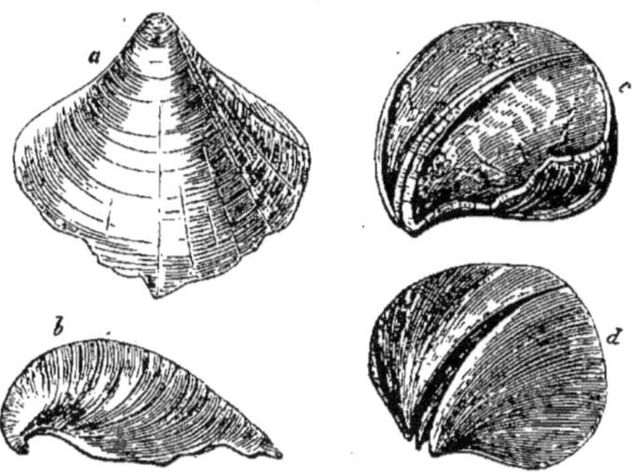

Fig. 641. — *Pentamerus lœvis,* Sow. Couches du Llandovery Supérieur et Inférieur. Peut-être le *Pentamerus oblongus* dans le jeune âge.

a, b. La coquille elle-même, d'après des figures du *Sil. Syst.* de Murchison. — *c.* Moule de la même espèce, avec une portion de la coquille qui subsiste encore, et la place du septum central remplie de calcaire spathique. — *d.* Moule de l'intérieur d'une valve, dans lequel l'espace autrefois occupé par le septum est représenté par une cavité dans laquelle on voit un relief de la chambre au dedans du septum.

Le May-Hill, ou groupe du Llandovery supérieur, se compose quelquefois d'un conglomérat, mais le plus souvent, et spécialement dans la portion supérieure, il consiste en calcaires et schistes. Il s'étend depuis les frontières du Longmynd, en cotoyant Builth, Llandovery et Llandeilo, jusqu'à la mer dans la baie de Marlow, où il se montre particulièrement dans les falaises. Le conglomérat dérive de la désorganisation des roches du Silurien Inférieur. On connaît dans la division de May-Hill soixante espèces de fossiles, qui, pour plus de la moitié appartiennent également, d'après M. Talton, à la formation du Wenlock. Elles consistent en Trilobites des genres *Illœnus* et *Calymene,* en Brachiopodes des genres *Orthis, Atrypa, Leptœna, Pentamerus, Strophomena* et autres; en Gastéropodes des genres *Turbo, Murchisonia* et *Bellerophon;* en Ptéropodes du genre *Conularia.* Les Brachiopodes se rapportent presque tous à des espèces du Silurien Supérieur.

Parmi les fossiles du grès coquillier du May-Hill, on trouve à Malvern, le *Tentaculites annulatus* (fig. 642), An-

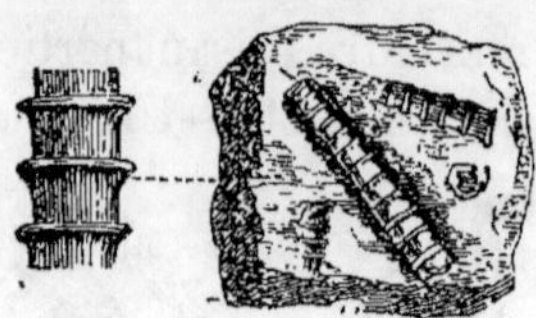

Fig. 642. — *Tentaculites annulatus*, Schlot. Moules intérieurs, dans le grès. Grès du Llandovery Supérieur et de Caradoc, Eastnor Park, près de Malvern. Grandeur naturelle, et l'un des individus grossi.

nélide probablement allié à la *Serpula*. Ce fossile abonde également dans le Caradoc ou Silurien Inférieur.

Roches de Llandovery (Llandovery inférieur de Murchison). — Au-dessous du groupe de May-Hill viennent les roches de Llandovery, ainsi nommées d'une ville située dans les Galles méridionales, où ces couches parfaitement développées gisent en position discordante sous des grès équivalents à ceux du May-Hill. Elles se composent principalement de roches dures, schisteuses, avec bandes de grès et lits de conglomérat de 180 à 300 mètres d'épaisseur. Les fossiles y sont un peu rares, et ceux que l'on y rencontre sont représentés par vingt-huit espèces connues, quelques-unes particulières ; une partie de ces fossiles concorde avec ceux des couches de May-Hill, et le reste, au nombre de seize, appartient aux espèces du Silurien Inférieur. En outre, sir R. Murchison a signalé dans ce groupe jusqu'à cinquante-quatre espèces de fossiles qu'il considère comme communes au Silurien Inférieur (Caradoc) et aux formations de Wenlock, et l'on ne peut mettre en doute qu'elles n'aient toutes existé dans les périodes intermédiaires du Llandovery et du May-Hill.

Quelques géologues ont considéré l'ensemble des séries de Llandovery et de May-Hill, comme des couches de transition entre le Silurien Inférieur et le Silurien Supérieur ; d'autres, au contraire, ont assigné à ces groupes le rang d'un Silurien Moyen. On pourrait observer, avec raison, que le nombre des fossiles propres à ces couches pourrait autoriser une distinction aussi importante, mais, pour le moment, l'adoption de toute autre classification serait de nature à soulever quelque difficulté. Les deux formations de May-Hill et de Llandovery sont intimement liées par leurs fossiles ; les deux tiers des espèces de la zone inférieure étant communes à la zone supérieure. Il faut ajouter que la moitié des espèces du Llandovery passe plus bas au Silurien Inférieur, de même que la moitié des espèces du May-Hill passe au-dessus au Wenlock. En Angleterre, on pourrait tracer, avec le docteur Murchison, une limite entre les Siluriens Inférieur et Supérieur, en rangeant le May-Hill dans la division plus élevée, et le Llandovery dans la division inférieure ; mais, dans les contrées où les deux zones n'offrent aucune concordance dans leurs couches, une semblable ligne de démarcation serait impraticable dans le cœur des lits *Pentamères*. On a souvent eu l'idée de former une troisième division des roches Siluriennes, en classant dans un moyen groupe la série du Wenlock avec les lits de May-Hill et de Llandovery. Les deux Ludlow auraient alors composé le Silurien Supérieur, et les formations de Caradoc et de Llandeilo le Silurien Inférieur (1) ; mais je ne saurais adopter, même pour un mieux, une modification aussi considérable dans la classification généralement reçue.

ROCHES SILURIENNES INFÉRIEURES.

Couches de Caradoc et de Bala. — Le Silurien Inférieur a été divisé de la manière suivante : 1° Grès de Caradoc et couches de Bala ; 2° Llandeilo Flags (ardoises de Llandeilo) ; et 3° Llandeilo inférieur ou formation *Arenig*. Le grès de Caradoc a été d'abord ainsi nommé par sir R. I. Murchison, d'après une montagne qui porte le nom de Caer-Caradoc, dans le Shropshire ; ce lit se compose de grès coquilliers d'une puissance considérable et contient quelquefois une

(1) Voir *Report of Canada Survey*. Tableau des équivalents, p. 932, 1863.

grande quantité de matière calcaire. On rencontre fréquemment cette roche chargée d'un magnifique trilobite, appelé par Murchison *Trinucleus Caractaci* (fig. 647), fossile répandu dans la formation depuis la base jusqu'au

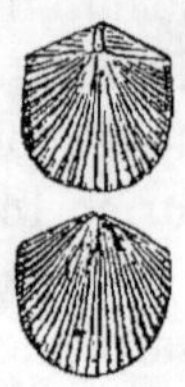 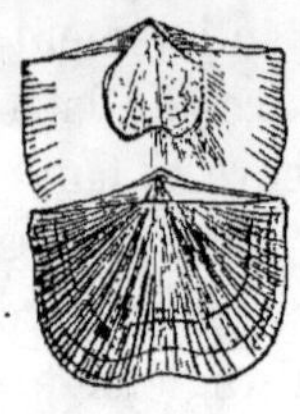 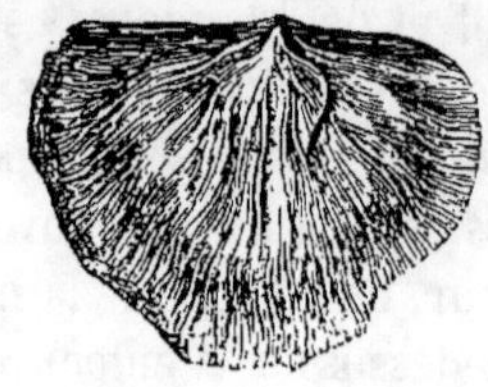

Fig. 643. — *Orthis tricenaria*, Hall. New-York, Canada. Demi-grandeur naturelle.

Fig. 644. — *Orthis vespertilio*, Sow. Shropshire; Galles du Nord et du Sud. Demi-grand. naturelle.

Fig. 645.— *Strophomena (Orthis) grandis*, Sowerby. Deux tiers de grandeur naturelle. Horderly, Shropshire; Coniston, Lancashire.

sommet, et qui est ordinairement accompagné des *Strophomena grandis* (fig. 645) et *Orthis vespertilio* (fig. 644), ainsi que de plusieurs autres espèces.

Burmeister, dans son ouvrage sur l'organisation des trilobites, suppose que ces animaux nageaient à la surface des eaux dans les mers ouvertes et près des côtes, se nourrissant d'animalcules marins et ayant la faculté de se rouler en boules pour se protéger contre l'attaque de leurs ennemis. Il pense également qu'ils subissaient diverses transformations, analogues à celles des crustacés vivants. M. Barrande, auteur d'un admirable travail sur les roches Siluriennes de Bohême, a confirmé l'hypothèse de ces métamorphoses par des observations qu'il a faites sur plus de vingt espèces prises à différents âges, depuis la sortie de l'œuf jusqu'à l'état adulte. Il a étudié ces crustacés à partir du moment où ils ne montraient encore ni yeux, ni queue, ni articulations, jusqu'à celui où ils avaient acquis leur forme complète et le nombre entier de leurs segments. Ces changements s'opèrent avant que l'animal ait atteint la dixième partie de son complet développement, ce qui fait que l'on rencontre rarement les échantillons si délicats et si petits de ces divers états. J'ai emprunté à l'ouvrage de M. Barrande quelques figures représentant les métamorphoses du *Trinucleus* commun (fig. 646, 647).

M. Salter, dans sa monographie des Trilobites d'Angleterre, exprime l'opinion que ces animaux avaient l'habitude

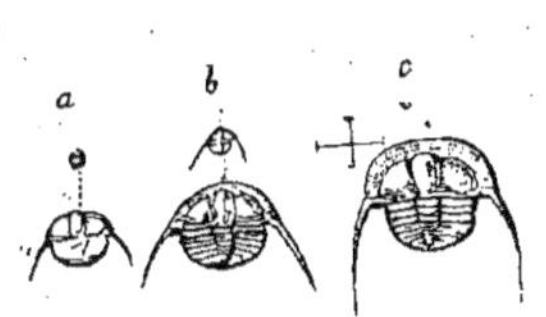

Fɪɢ. 646. — *Trinucleus concentricus* (*T. ornatus*, Barr.), jeunes individus. *a*. Le plus jeune, grandeur naturelle, et le même grossi; pas d'anneaux encore. — *b*. Un peu plus âgé. Une articulation au thorax. — *c*. Encore plus âgé. Trois articulations au thorax. Les quatrième, cinquième et sixième segments se sont produits successivement, probablement chaque fois que l'animal a changé, par la mue, son enveloppe solide.

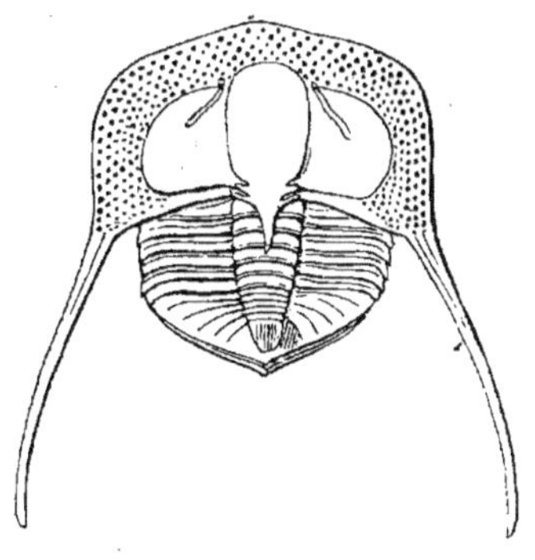

Fɪɢ. 647. — *Trinucleus concentricus*, Eaton. Syn., *T. Caractaci*, Murch. Nord de l'Irlande, les Galles, Shropshire, Amérique du Nord, Bohême.

de vivre au fond de la mer et d'absorber la vase chargée de matières organiques, comme le font les vers marins, et peut-être de dévorer les vers eux-mêmes. Suivant le même auteur, les trilobites n'auraient pas eu de mâchoires, et auraient été pourvus d'une bouche en suçoir (1).

On sait d'une manière positive que les roches épaisses, schisteuses et cristallisées de la Galles du Sud, ainsi que celles de Snowdon et de Bala dans la Galles du Nord, supposées dans le principe de date plus ancienne que les grès Siluriens et les mudstones du Shropshire, sont du même âge que la formation de Caradoc, et contiennent les mêmes restes organiques. A Bala, dans le Merionetshire, on rencontre un calcaire riche en fossiles, au-dessous duquel s'étendent des grès de plusieurs milliers de mètres d'épaisseur. Ce calcaire a fourni plusieurs exemples rares d'étoiles de mer, et une quantité considérable de ces corps particuliers que l'on a désignés sous le nom de *Cystidées*. Ces der-

(1) *Palæontographica*, vol. XVI, p. 9, 1864.

niers sont les fossiles les plus nouveaux que les paléontologistes aient ajoutés à la liste des *Rayonnés*. Leur structure
et leurs affinités zoologiques ont été pour la première fois
décrites dans un essai publié par de Buch, à Berlin, en
1845 ; ce sont les *Sphæronites* des
auteurs anciens ; on les rencontre
habituellement sous la forme de
corps sphéroïdaux, revêtus de plaques polygonales, ils ont une bouche à la face supérieure et un
point d'insertion pour une tige
(presque toujours brisée dans les
échantillons) à la face inférieure
(fig. 648, *b*). M. Forbes les considère comme des formes intermédiaires entre les Crinoïdes et les
Echinodermes. L'*Echinosphærites*

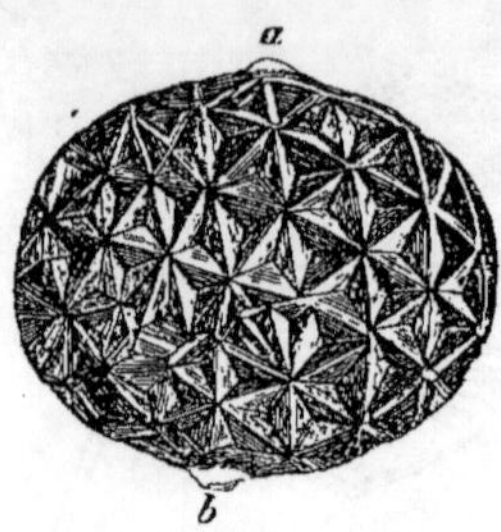

Fig. 648. — *Echinospharites bal-
ticus*, Eichwald, sp. (de la famille des *Cystidées*).
a. La bouche. — *b*. Le point d'insertion de la tige.
Silurien Inférieur ; Galles du Nord
et du Sud.

représenté figure 648 est caractéristique des couches de
Caradoc dans les Galles (1) ; on le rencontre aussi dans les
formations équivalentes de Suède et de Russie.

Outre ce fossile, on trouve dans ces mêmes couches plusieurs autres genres de la même famille, tels que les *Sphæronites, Hemiscomites*, etc. Parmi les mollusques, on cite les
Ptéropodes du genre *Conularia*, à grandes dimensions (pour
le genre, voir la fig. 611, p. 185, t. II). Les Graptolites y
sont rares, excepté dans certaines localités où abonde le
limon noir. Suivie jusque dans l'intérieur de la Galles du
Sud et jusqu'en Irlande, la formation perd beaucoup de son
aspect minéralogique, tout en conservant ses fossiles caractéristiques. Dans le Tyrol elle est particulièrement riche en
débris organiques (2). Il est à remarquer que lorsque ces
couches se présentent sous la forme de tuff trappéen (cendres volcaniques de De la Bèche), sur la crête du Snowdon,

____

(1) *Quart. Geol. Journ.*, vol. VII, p. 11, et *Mem. Geol. Surv*, vol. II,
p. 518.
(2) Voir *Portlock's Report of Londonderry*, 1843.

par exemple, on peut encore observer les espèces particulières qui les distinguent des lits du Llandeilo. La formation paraît généralement avoir eu son origine dans des eaux peu profondes, et sous ce rapport elle diffère du groupe que nous allons décrire. Le professeur Ramsay estime que les couches de Bala, y compris les roches volcaniques contemporaines, stratifiées ou non stratifiées, peuvent atteindre une épaisseur de 3,050 à 3,650 mètres.

Llandeilo Flags.—Les couches Siluriennes Inférieures ont été autrefois divisées par sir R. Murchison, en groupe supérieur appelé grès de Caradoc, déjà décrit, et groupe inférieur, auquel ce géologue a donné le nom de *Llandeilo Flags* (ardoises de Llandeilo), d'après une ville ainsi nommée dans le comté de Caermarthen. Les couches qui composent ce dernier groupe consistent en schiste micacé de couleur foncée, souvent calcaire, couvrant une vaste épaisseur d'argiles schisteuses, ordinairement noires. On observe les mêmes couches à Builth, dans le Radnorshire, où elles alternent avec des matières volcaniques.

Une autre partie plus inférieure encore des roches de Llandeilo se compose d'un schiste ardoisier, noir, charbonneux, d'une épaisseur considérable, souvent chargé de sulfate d'alumine, et quelquefois, comme dans le comté de

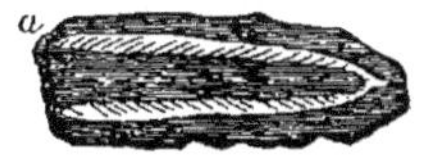
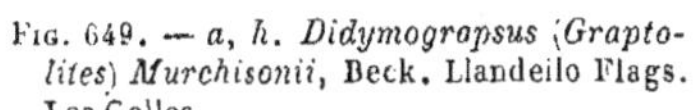

Fig. 649. — *a, h. Didymograpsus* (*Graptolites*) *Murchisonii*, Beck. Llandeilo Flags. Les Galles.　　Fig. 650. — *Diplograpsus pristis*, Hisinger, sp. Shropshire, les Galles, Suède, etc. Llandeilo Flags.

Dumfries, contenant des lits d'anthracite. On a pensé qu'une grande partie de cette matière charbonneuse pouvait être due à une vaste accumulation de débris d'animaux ; en réalité, le nombre des Graptolites que contiennent ces couches est considérable. En 1855-56, j'ai recueilli en Suède et en Norwége une quantité de ces mêmes corps au sein des schistes supérieurs et inférieurs à Graptolites du système

Silurien. M. Beck, de son côté, m'a écrit de Copenhague que
ce pays fournissait des zoophytes fossiles se rapportant aux
Virgularia et *Pennatula*, genres dont les espèces vivent ac-

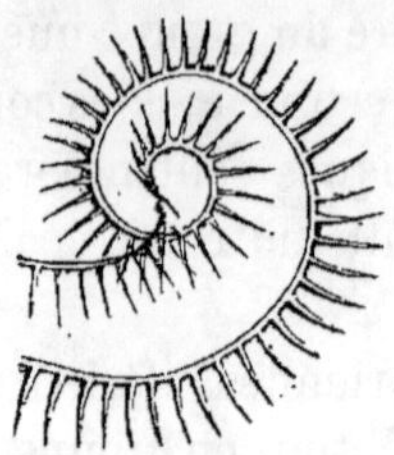

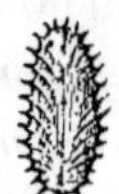

Fig. 631. — *Rastrites peregrinus*, Barrande,   Fig 632. — *Dip'ograpsus folium*, Hisin-
Écosse, Bohême, Saxe.   ger. Dumfriesshire. Suède. Llandeilo
Llandeilo flags.   Flags.

tuellement dans les sédiments boueux ou vaseux. Quelques-
uns de nos plus éminents naturalistes partagent cette opinion, d'autres rapportent ces espèces aux Bryozoaires.

Les Brachiopodes des Llandeilo flags, très-abondants,
ressemblent en général à ceux du grès de Caradoc, mais les
autres mollusques de ces couches appartiennent en grande
partie à des espèces différentes.

Dans les contrées d'Europe, en Russie et en Suède, par
exemple, il n'existe pas dans cette formation de coquilles
plus caractéristiques que les Orthocératites, ordinairement
de grande taille, à syphon très-large et placé sur le côté au
lieu de l'être au centre (voir fig. 633). On rencontre la même

Fig. 633. — *Orthoceras duplex*. Russie et Suède. (Tiré de *Siluria*, Murchison.)
a. Siphon latéral mis à nu par l'enlèvement d'une portion de la coquille cloisonnée. —
b. Continuation du même siphon vu suivant une coupe transversale de la même coquille.

forme dans les couches de Bala, en Angleterre. Parmi les
autres Céphalopodes de ce groupe, on cite des *Lituites*
(fig. 629), *Bellerophon* (fig. 577, p. 155, t. II) et quelques *Ptéropodes* (*Conularia*, *Theca*, etc.); dans les endroits où le sable
abonde, on a recueilli des bivalves Lamellibranches aux larges

dimensions. Les crustacés y sont largement représentés par
les trilobites, qui paraîtraient avoir pullulé dans les mers
Siluriennes, comme les crabes et les crevettes dans nos mers
actuelles. Les genres *Asaphus* (fig. 654), *Ogygia* (fig. 655)

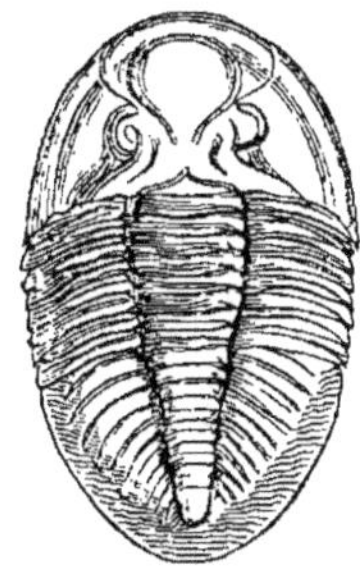

Fig. 654. *Asaphus Tyrannus*, Murch.
Llandeilo ; Bishop's Castle, etc.

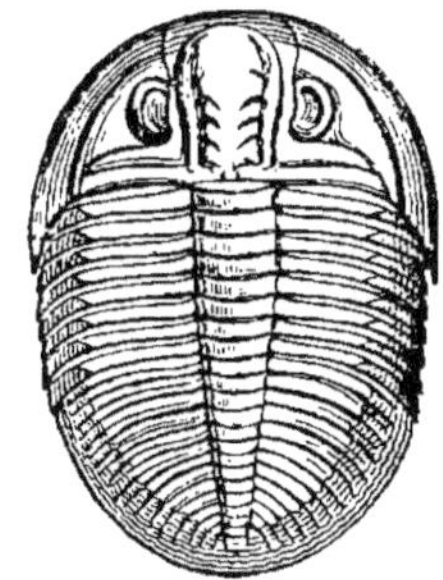

Fig. 655. — *Ogygia Buchii*, Burm. Syn.
Asaphus Buchii. Brong. Builth, Radnorshire, Llandeilo, Caermartheushire.

et *Trinucleus* (fig. 646, 647), caractérisent d'une manière
tranchée la faune Trilobitique, riche et variée de cette période.

Au-dessous des schistes ardoisiers noirs du Llandeilo, on
trouve encore une grande variété de nombreux graptolites,
et les genres de coquilles et de trilobites caractéristiques des
roches Siluriennes Inférieures peuvent être suivis, dans le
Shropshire, le Cumberland et les Galles du Nord et du Sud,
à travers les lits schisteux d'énorme profondeur, alternant
avec des formations de trapp contemporaines de ces couches.
Ces formations se composent de tuffs et de laves ; les tuffs
sont formés de matières analogues à celles que vomirait le
cratère d'un volcan et qui se seraient déposées sur le lit de
l'Océan, soit d'une manière immédiate, soit après avoir été
entraînées de la terre ferme au fond de la mer par l'action
des eaux. L'ensemble de ces lits, y compris le Llandeilo Inférieur, atteindrait dans la Galles du Nord, suivant le professeur Ramsay, une épaisseur de 1,000 mètres. Les laves sont
feldspathiques et ressemblent aux porphyres par leur structure, elles formeraient, d'après le même auteur, un agrégat
de 760 mètres de profondeur.

II.   15

Formation du Llandeilo Inférieur, Murchison ; *Arenig*, Sedgwick. — Immédiatement après dans l'ordre descendant viennent les Schistes et les Grès, dans lesquels on rencontre les roches quartzeuses, appelées *Stiper-Stones* dans le Shropshire. En 1835, lorsque Sir R. Murchison donna le nom de Silurien à toute la série, il considéra les Stiper-Stones comme formant la base de ce système, mais on n'a jamais pu obtenir de faune fossile, qui permît seule au géologue de tracer une ligne déterminée entre ce membre de la série et les Llandeilo Flags situés au-dessus, ou les roches si épaisses que l'on voit au-dessous dans les collines de Longmynd et qui ont été appelées *Grauwacke.* non *fossilifère.* Des couches reconnues positivement du même âge que ces dernières et aussi largement développées dans la montagne d'Arenig, Merionethshire, ont été décrites par M. Sedgwick, en 1843; cet auteur étudia, en même temps les schistes argileux de Skiddaw, qu'il regarda comme appartenant à la même époque, bien que dans les deux cas, les fossiles obtenus ne permissent pas, vu leur petit nombre, de déterminer exactement les rapports chronologiques des deux formations. Les recherches faites plus tard par MM. Sedgwick et Harkness, dans le Cumberland, et par Sir R. Murchison et les Géologues du Gouvernement dans le Shropshire, ont porté le nombre de ces espèces à plus de soixante ; M. Salter les a examinées, et la dernière édition de *Siluria* (p. 52, 1859) démontre qu'elles sont tout à fait différentes de celles des roches susjacentes des Llandeilo flags. Parmi ces fossiles, on cite comme caractéristiques, les *Lingula plumbea, Æglina binodosa, Ogygia Selwynii, Didymograpsus geminus* (fig. 656) et D. *hirundo.*

Fig. 656. — *Didymograpsus geminus*, Hisinger, sp. Suède.

La classification des roches siluriennes a fait naître les deux questions suivantes : premièrement, le Silurien Inférieur, y compris les couches du Caradoc et du Llandeilo déjà décrites, doit-il être séparé de cette division du Silurien, et prendre un nouveau titre, celui de Cambro-Silurien, par exemple? Secondement, cette proposition rejetée, le groupe Arenig ou *Stiper-Stones* (Llandeilo inférieur de Murchison), doit-il être regardé comme la base du Silurien Inférieur ou comme le sommet d'une série distincte et plus ancienne? Relativement à la première question, Sir R. Murchison, dans son important ouvrage déjà cité (1), a donné une liste de cinquante ou soixante espèces de fossiles (les échantillons en ont été examinés par M. Salter ou par le professeur Mc-Coy), toutes communes aux couches des Siluriens Supérieur et Inférieur, ou, en d'autres termes, trouvées également dans le Caradoc et dans la Formation de Wenlock. La distribution de si nombreuses espèces s'étendant depuis le groupe inférieur jusqu'au sommet du groupe supérieur démontre, qu'indépendamment du Llandovery ou Silurien Moyen qui sert de lien entre ces deux groupes, il existe entre ces deux divisions principales (Silurien Supérieur et Silurien Moyen), une connexité qui porterait à rattacher l'ensemble de ces formations à un seul et grand système. Essayer, par conséquent, de désigner, sous un nom nouveau de Cambrien ou de Cambro-Silurien, comme on l'a proposé, les couches de Llandeilo, ce serait attenter aux règles ordinaires de la classification, et introduire une grande confusion dans l'ordre d'une nomenclature depuis longtemps acceptée, et établie dans le principe par Sir R. Murchison, sur des faits paléontologiques et stratigraphiques parfaitement définis.

Quant à la seconde question, celle de savoir, si l'on doit tracer une ligne de démarcation entre les Llandeilo flags et le Stipper-Stones ou groupe Arenig sous-jacent, il y a beaucoup à dire en sa faveur, depuis qu'on a reconnu qu'alors que tant d'espèces passent du Silurien Inférieur au Silurien Supérieur, on n'en voit aucune, suivant M. Salter, passer

____

(1) *Siluria,* p. 485.

au-dessous, c'est-à-dire des Llandeilo Flags ou Llandeilo Supérieur, aux couches d'Arenig ou du Llandeilo Inférieur. Cependant, bien que les espèces soient différentes, les genres sont identiques avec ceux qui caractérisent les roches Siluriennes au-dessus, et l'on n'a jusqu'à ce jour observé dans ces couches, aucun mélange de formes primordiales ou Cambriennes. Toutefois on peut raisonnablement considérer ce groupe d'Arenig comme la base du grand système Silurien, système qui, par l'épaisseur de ses couches, par les témoignages qu'il contient des changements survenus dans la vie animale, présente une importance plus grande que le Dévonien, le Carbonifère ou toute autre division principale de date primaire ou secondaire.

Il serait hasardeux d'émettre une opinion sur l'origine de ces couches, en se basant simplement sur leur épaisseur sans tenir compte des fluctuations considérables qui ont eu lieu dans la vie animale entre les époques du Llandeilo et du groupe de Ludlow, surtout en présence de l'énorme accumulation de roches Siluriennes observées dans la Grande-Bretagne et spécialement dans les Galles, roches qui proviennent, pour la majeure partie, de l'action ignée, et non pas exclusivement des dépôts ordinaires de sédiments de rivières ou de la désorganisation de falaises.

Dans les Archipels volcaniques, aux Canaries par exemple, ne voyons-nous pas les deux causes les plus puissantes connues, l'eau et le feu, simultanément à l'œuvre pour produire d'immenses résultats dans un laps de temps comparativement court? Les coulées incessantes de laves, les pluies de cendres volcaniques sur la terre et les mers, le sable meuble, la poussière de scories, les particules de roches réduites à l'état de cailloux ou de sable, et entraînées à la mer par les rivières et les torrents, de longues lignes de côtes rongées à leur base par l'action destructive d'un Océan profond et ouvert, — toutes ces actions réunies peuvent former des masses considérables de matières, dans un espace de temps qui serait insuffisant pour qu'il se produisît un changement notable dans les espèces. Il doit y avoir néanmoins une limite à l'épaisseur des masses rocheuses, même de celles qui se sont déposées dans des circonstances aussi favorables, car, en jugeant par analogie, nous voyons que les régions tertiaires volcaniques ne fournissent aucun exemple de roches sédimentaires ou ignées, atteignant une puissance de près de 8,000 mètres, sans que la faune ait changé pendant toute la durée de la formation ; et encore cette épaisseur n'est-elle pas comparable à celle des roches des Galles qui mesure une épaisseur de 15,000 mètres. Si donc l'observation nous autorise à porter à 7,600 mètres la masse d'un seul système tel que le Silurien, nous pouvons nous attendre à trouver dans la série suivante des roches sous-jacentes un tout autre ensemble d'espèces ou même de genres fossiles. Les faits paraissent confirmer ces prévisions. Je terminerai mon exposé des formations siluriennes d'Angleterre par le groupe du Llandeilo Inférieur ou d'Arenig et dirai quelques mots de leurs équivalents étrangers, avant de passer à l'examen de roches plus anciennes que le Silurien.

COUCHES SILURIENNES DU CONTINENT EUROPÉEN.

Sur le continent Européen, la période Silurienne occupe une large surface, mais elle n'a jusqu'à présent montré une grande épaisseur dans aucun pays. En Norwége et en Suède, par exemple, sa puissance totale atteint à peine 300 mètres(1), bien que les Siluriens Supérieur et Inférieur d'Angleterre y soient représentés, et que l'on y ait aussi compris quelques lits de schiste qui viennent, comme nous le verrons plus tard, au-dessous du groupe de Llandeilo. En Russie, les couches Siluriennes paraissent moins épaisses encore, et sont constituées principalement par les Siluriens Moyen et Inférieur, ou par un calcaire contenant le *Pentamerus oblongus*,

_____
(1) Murchison, *Siluria*, p. 321.

au-dessous duquel gisent des couches avec fossiles correspondant à ceux du Llandeilo d'Angleterre. La roche la plus inférieure avec débris organiques que l'on ait découverte jusqu'à ce jour est le *Grès à Ungulites* ou *Grès à Obolus* de Saint-Pétersbourg ; cette roche est probablement contemporaine des Llandeilo flags des Galles.

Les Schistes et Grès des environs de Saint-Pétersbourg contiennent dans leurs couches sableuses des grains verts,

Coquilles des couches fossilifères les plus inférieures connues de Russie.

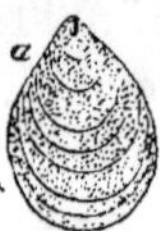 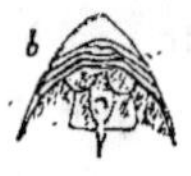 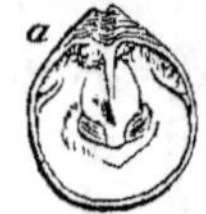 

Fig. 657. — *Siphonotreta unguiculata*, Eichwald ; du grès Silurien le plus inférieur, *grès à Obolus* de Saint-Pétersbourg. *a*. Extérieur de la valve perforé. — *b*. Intérieur de la même, montrant la fin du canal situé en dedans (Davidson).

Fig. 658. — *Obolus Apollinis*, Eichwald ; de la même localité. *a*. Intérieur de la valve ventrale ou plus large. — *b*. Extérieur de la valve supérieure ou dorsale (Davidson *Palœontograph. Monog.*).

et présentant un état de conservation remarquable, eu égard à leur haute antiquité. Les Brachiopodes dominants sont l'*Obolus* ou *Ungulites* de Pander, et un *Siphonotreta* (fig. 657, 658). Ces deux genres ont été découverts récemment dans le Silurien Supérieur ou Calcaire de Dudley.

Parmi les grains verts de ces couches sablonneuses, M. Ehrenberg a (1854) découvert les débris de foraminifères consistant en moules de cellules ; sur cinq ou six formes, trois, suivant lui, se rapporteraient aux genres actuels *Textularia*, *Rotalia* et *Guttulina*.

COUCHES SILURIENNES AUX ÉTATS-UNIS.

La position de quelques-unes de ces couches, plissées et fortement inclinées, dans la chaîne des Apalaches, ou presque horizontales, à l'Ouest de cette chaîne, est représentée dans la coupe (fig. 552, p. 121, t. II) ; mais on peut l'étudier avec bien plus d'avantage au Nord de la même ligne de coupe,

dans les États de New-York, de l'Ohio, et autres pays, au
Nord et au Sud des grands lacs du Canada. Dans ces contrées, de même qu'en Russie, les couches sont presque horizontales, et se montrent plus riches en fossiles bien
conservés qu'en nul autre pays d'Europe. Dans l'État de
New-York, où la succession des lits et les fossiles qu'ils contiennent ont été étudiés avec beaucoup de soin par les géologues du Gouvernement, on a adopté les sous-divisions de
la première colonne du tableau suivant :

*Sous-divisions des couches Siluriennes du New-York (couches inférieures au
Grès d'Oriskany [voy. tableau, p. 191, t. II]).*

Noms consacrés dans le New-York.	Équivalents anglais.
1. Calcaire à Pentamères, supérieur.	
2. — à Encrines............	
3. — schisteux à Delthyris...	
4. — à Pentamères et à Ten-	Silurien Supérieur (ou formations de
taculites..................	Ludlow et de Wenlock).
5. Groupe de calcaire hydraté......	
6. — salifère d'Onondaga......	
7. — du Niagara............	
8. — de Clinton............	
9. Grès de Medina................	Silurien Moyen (ou Groupes de May-
10. Conglomérat d'Oneida..........	Hill et de Llandovery).
11. Grès gris.....................	
12. Groupe d'Hudson River.........	
13. Ardoise d'Utica...............	
14. Calcaire de Trenton.............	Silurien Inférieur (ou Caradoc et cou-
15. — de Black-River.........	ches du Llandeilo Supérieur et In-
16. — de Bird's-Eye..........	férieur).
17. — de Chazy.............	
18. Grès calcifère.................	
19. — de Potsdam................	Cambrien Supérieur.

J'ai donné, dans la seconde colonne, les équivalents supposés d'Angleterre. MM. de Verneuil, Sharpe, Hall et tous
les paléontologistes Européens ou Américains admettent une
correspondance générale très-marquée dans la succession
des formes fossiles et même des espèces, depuis les couches
supérieures jusqu'aux dernières dans l'ordre descendant;
mais il est impossible d'établir le parallélisme pour chaque
petite sous-division. Quant aux trois questions qui suivent,
les opinions sont un peu partagées.

1° Le Calcaire de Niagara, n° 7, sur lequel la rivière du même nom se précipite à la grande Cataracte, et les schistes qui se trouvent au-dessous, correspondent-ils au calcaire et au schiste du Wenlock d'Angleterre? Parmi les espèces que l'on trouve dans cette formation, en Amérique et en Europe, sont les *Calymene Blumenbachii, Homalonotus delphinocephalus* (fig. 639, t. II, p. 214), ainsi que plusieurs autres trilobites ; les *Rynchonella Wilsoni* et *Retzia cuneata; Orthis elegantula, Pentamerus galeatus,* et différents autres brachiopodes ; l'*Orthoceras annulatum* comme céphalopodes et le *Favosites Gothlandica,* avec d'autres grands coraux.

2° Le groupe de Clinton, n° 8, contenant le *Pentamerus oblongus* et le *P. lœvis,* et se rapprochant bien plus par ses espèces fossiles des couches qui le recouvrent que de celles qui le supportent, est-il l'équivalent du Silurien Moyen tel que nous l'avons établi ci-dessus, p. 216, t. II?

3° Le groupe d'Hudson River, n° 12, et le calcaire de Trenton, n° 14, s'accordent-ils paléontologiquement avec le Caradoc ou groupe de Bala, contenant comme eux plusieurs espèces de trilobites, et des fossiles identiques, tels que *Asaphus (Isotelus) gigas, Trinucleus concentricus* (fig. 647, p. 221, t. II), ainsi que diverses coquilles, *Orthis striatula, Orthis biforata* (ou *O. lynx*), *O. porcata (O. occidentalis* de Hall), *Bellerophon bilobatus,* etc. (1)?

Dans son rapport sur les mollusques que j'avais recueillis au sein des couches de l'Amérique du Nord (2), M. Sharpe estime que le nombre des espèces communes aux Roches Siluriennes des deux côtés de l'Atlantique varie entre 30 et 40 pour 100. Ce résultat, bien qu'un examen plus approfondi doive sans aucun doute le modifier plus tard, prouve néanmoins qu'un grand nombre des espèces sont largement distribuées suivant l'étendue. Un chiffre comparativement peu considérable de gastéropodes et de bivalves lamellibranches du nord de l'Amérique paraît susceptible d'identification

(1) Voyez Murchison, *Siluria*, p. 414.
(2) *Quart. Geol. Journ.,* vol. IV.

spécifique avec les fossiles d'Europe, tandis que plus des deux cinquièmes des brachiopodes dont ma collection est principalement composée, ne présentent pas de différences sensibles. On peut rappeler, pour expliquer le fait, que les brachiopodes récents (spécialement ceux du type des Orthis) vivent dans les eaux profondes, et qu'ils ont dû se répandre sur une plus vaste étendue que les coquilles habitant près des côtes. La prédominance des mollusques bivalves de cette classe particulière a fait donner quelquefois à la période Silurienne le nom d'*âge des brachiopodes*.

Les couches calcaires nᵒˢ 15, 16, 17 et 18, qui sont au-dessous du Calcaire de Trenton, ont été classées par M. de Verneuil dans le Silurien Inférieur; elles contiennent, en effet, certaines espèces, telles que *Asaphus (Isotelus) gigas*, *Illœnus crassicauda* et *Orthoceras bilineatum*, qui sont répandues également dans le Calcaire de Trenton superposé (1). Mais, suivant M. Hall, l'identification de l'*Illœnus* serait le résultat d'une erreur à laquelle ce géologue confesse avoir lui-même contribué, et ces couches inférieures contiendraient, d'après lui, un ensemble très-distinct d'espèces dont trois ou quatre seulement, sur quatre-vingt-trois, passeraient aux formations supérieures (2).

Quoi qu'il en soit, le Calcaire de Black River, nᵒ 15, contient certaines formes d'*Orthoceras* de dimensions énormes (quelques-uns atteignent 2 mètres à 2ᵐ,75 de long!), appartenant aux sous-genres *Ormoceras* et *Endoceras*, et paraissant représenter le Silurien Inférieur, ou Calcaire à Orthocères de Suède. De plus, le facies général de la faune de toutes ces couches se ressemble essentiellement. Un autre moyen de pousser la comparaison de nos couches du Llandeilo Européen aussi bas qu'au grès calcifère, nous a été fourni par les recherches de M. Logan au Canada, et par l'étude que M. Salter a faite des fossiles recueillis par le géologue de l'État du Canada, près de l'extrémité S.-E. de la rivière

(1) *Soc. Géol. France, Bulletin*, vol. IV, p. 651, 1847.
(2) Hall; Forster et Witney, *Report on Lake Superior*, Pt. II, 1851.

de Ottawa. En cette dernière localité, une masse calcaire renferme des espèces communes à toutes les couches comprises entre le Grès Calcifère, n° 18, et le Calcaire de Trenton, n° 14. L'*Asaphus gigas* et une autre espèce bien connue de Trenton s'y trouvent mêlés avec le *Maclurea* (coquille

Fossiles des Allumette-Rapides, rivière Ottawa, au Canada.

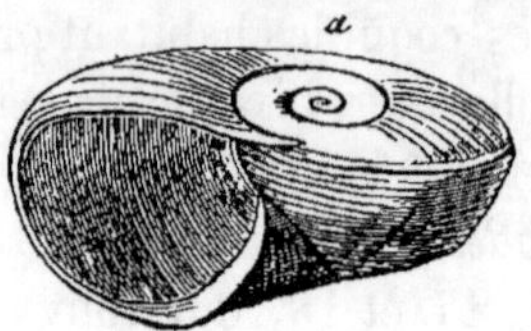
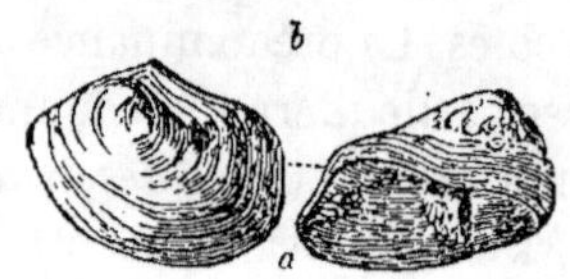

Fig. 659. — *Maclurea Logani*, Salter. — *a.* La coquille. — *b.* Son curieux opercule.

gauche, fig. 659), probablement un Hétéropode massif, suivant Woodward, genre caractéristique du Calcaire de Chazy, ou n° 17. On y rencontre aussi une autre espèce du Calcaire de Trenton, le *Murchisonia gracilis* (fig. 660) (1). L'une des coquilles les plus communes est le *Raphistoma? (Euomphalus) uniangulatum*, Hall, espèce caractéristique du Grès Calcifère lui-même dans le New-York. Au reste, en comprenant dans la même division, les couches du calcaire de Black River, inférieures au Grès Calcifère avec les Llandeilo Inférieur et Supérieur, notre opinion sera en parfaite harmonie avec celles qu'ont récemment émise les géologues anglais et américains à ce sujet.

Fig. 660. — *Murchisonia gracilis*, Hall. Fossile caractéristique du Calcaire de Trenton. Ce genre est commun dans les roches Siluriennes Inférieures.

Au Canada, de même que dans l'État de New-York, le Grès de Potsdam gît au-dessous de ces roches calcaires, mais il contient une série différente de fossiles. On a reconnu des couches Siluriennes sur des points du globe encore plus éloignés de l'Europe, par exemple dans l'Amérique du Sud, en Australie, et le capitaine

(1) Logan, *Report Brit. Assoc. Ipswich*, pp. 59, 63.

Strachey les a vues récemment dans l'Inde. Partout les types de la vie organique permettent d'assigner aux roches une origine contemporaine, mais les espèces fossiles sont différentes, et montrent le peu de fondement de l'ancienne hypothèse qui admettait au sein des mers primordiales la diffusion universelle d'une faune spécifique uniforme ; des provinces géographiques distinctes ont évidemment existé aux temps les plus anciens comme aux plus modernes.

Les roches Siluriennes ont-elles été formées dans une eau profonde ? — M. E. Forbes admet que la majeure partie de la faune Silurienne indique une mer profonde de plus de 130 mètres. Ses arguments sont : d'abord, la petite taille du plus grand nombre des Conchifères ; ensuite la rareté des Pectinibranches (univalves spirales) ; puis l'abondance des mollusques flottants tels que *Bellerophon, Orthoceras,* etc., et celle des Brachiopodes du type *Orthis ;* enfin l'absence ou la très-grande rareté des poissons fossiles.

On sait parfaitement aujourd'hui que certaines Térébratules qui vivent sur la côte d'Australie ne s'éloignent pas des eaux basses ; mais toutes les espèces connues dont la forme se rapproche de l'*Orthis* éteint ne se rencontrent que dans les profondeurs de la mer. Il faut remarquer aussi que M. Forbes, en émettant son opinion, n'ignorait pas l'existence d'anciennes plages autour de la mer Silurienne, dans le Shropshire, et la présence d'espèces littorales de cette antique date dans l'hémisphère septentrional. Ces faits ne contrarient point sa théorie, car il a démontré que, sur la côte de Lycie, des couches de mer profonde étaient, de nos jours même, en voie de formation dans la Méditerranée, à proximité d'une terre haute et escarpée.

Si nous eussions découvert un ancien delta et quelque large rivière Silurienne, nous aurions sans doute une connaissance plus positive des animaux habitant les eaux peu profondes, saumâtres et fluviatiles, et en même temps de la flore terrestre de la période dont il est ici question. Soutenir qu'il n'y a pas eu de delta dans la région Silurienne entière

ce serait, de notre part, une hypothèse toute gratuite ; c'est
absolument comme si les habitants des îles madréporiques
du Pacifique prétendaient généraliser la condition de leur
pays sur l'état actuel de la surface totale du globe.

GROUPE CAMBRIEN.

(*Zone Primordiale de Barrande.*)

La publication du *système Silurien*, faite en 1839 par sir
R. Murchison, après cinq ans de travaux, avait si bien établi,
sur des bases paléontologiques et stratigraphiques, les caractères des roches Siluriennes Supérieures et Inférieures, qu'il
était facile de reconnaître et d'identifier ces formations dans
toutes les autres parties de l'Europe et dans l'Amérique du
Nord, même dans les contrées où les fossiles différaient spécifiquement de ceux de la région classique d'Angleterre où
ils avaient été étudiés pour la première fois. Ce n'est que
dans l'année 1846 que M. Joachim Barrande, après avoir
exploré pendant dix ans la Bohême et avoir recueilli plus
de mille espèces de fossiles, affirma qu'il existait dans cette
contrée, non-seulement des formations équivalentes aux
deux formations ci-dessus signalées, mais encore une série de couches, caractérisée par une faune nouvelle et distincte, à laquelle il donna, dans l'introduction d'un traité
sur les trilobites, le nom d'Etage C, ou de *Faune primordiale*... Les deux premiers Etages, A et B de l'auteur, com-
prenaient des roches cristallines et métamorphiques, ainsi
que des schistes fossilifères. Dans la zone C, appelée plus
tard par lui *primordiale*, il avait découvert, en 1846, au
sein de schistes argileux et ardoisiers d'une épaisseur considérable, jusqu'à vingt-six espèces de trilobites, espèces
toutes nouvelles appartenant en majeure partie à des genres
inconnus jusqu'alors ; il les désigna sous les noms de : *Paradoxides, Conocephalus* (syn. *Conocoryphe*), *Ellipsocephalus,
Arion, Sao* et *Hydrocephalus ;* quelques-uns de ces fossiles

se rapportent au genre *Agnostus*, seule forme qui soit commune à la première et à la seconde faune ; les derniers correspondent au Silurien Inférieur de Murchison. M. Barrande considéra cette première Faune comme le plus ancien membre de l'âge Silurien, en appliquant le terme Silurien, ainsi que le fait Sir Murchison, à la désignation du système qui comprend toutes les couches fossilifères plus anciennes que celles du Devonien. Il parle de ce Silurien comme occupant « *le même horizon que les formations les plus anciennes de Suède, de Norwége et des Iles Britanniques,* » et il ajoute, à propos de l'Etage C : « Il forme donc la base des terrains protozoïques, selon la dernière classification du Rev. professeur Sedgwick (1). » En 1846, il était impossible à Barrande d'approcher de plus près l'exacte corrélation qui existe entre les groupes formés par les couches d'Angleterre et de Bohême, car, à cette époque, le Silurien de Murchison n'avait pas encore une base, physique ou zoologique, bien définie, le Cambrien ou protozoïque de Sedgwick manquant d'une faune qui pût le distinguer du Silurien Inférieur. En outre, les *Lingula Davisii*, que nous allons mentionner, n'étaient pas encore découverts, en 1846, époque à laquelle les nouveaux types organiques de Bohême, plus anciens que les lits du Llandeilo Inférieur, permettaient déjà aux géologues, par leurs caractères si particuliers, de reconnaître des couches d'un âge correspondant en Scandinavie, en Russie, au Canada et aux États-Unis. Quelques années auparavant, on avait bien trouvé en Angleterre, sous les couches du Llandeilo Inférieur, un nombre de fossiles suffisant pour qu'il fût possible d'identifier les différents membres du groupe Cambrien avec leurs équivalents en Irlande, en Écosse et dans d'autres parties de l'Europe. Toutefois, si, en 1846, M. Barrande avait appelé *Bohémiennes,* les roches fossilifères de son Etage C, je ne doute pas que cette dénomination n'eût été généralement acceptée, alors que ce géologue avait acquis

____

(1) *Trilobites de Bohéme,* Leipzig, 1846.

pleinement le droit de donner un nom au nouveau groupe ou système de roches, dont il avait si exactement décrit la position et les fossiles caractéristiques.

Par cette qualification de primordiale donnée à sa faune, M. Barrande avait l'intention d'exprimer son opinion personnelle que les fossiles de l'Etage C témoignaient de la première apparition des phénomènes vitaux sur cette planète, et que, par conséquent, il n'y avait pas lieu de rechercher des couches fossilifères de date plus ancienne et qui n'avaient jamais existé.

Je me suis opposé, dès le principe, à cette nomenclature, ne voulant pas faire présumer, en l'adoptant, que j'admettais une semblable théorie ; j'ai toujours été convaincu, en effet, en étudiant les annales de la géologie, que nous n'avons pas encore poussé nos recherches assez loin dans le passé pour avoir le droit de désespérer de l'extension de nos découvertes dans l'avenir, lorsqu'on aura complétement étudié les immenses régions du globe jusqu'à ce jour inexplorées.

Bien avant 1846, le professeur Sedgwick avait employé le mot de Cambrien, pour désigner certaines roches reconnues aujourd'hui contemporaines de la *zone primordiale* de Barrande. C'est en 1831 que Sedgwick commença d'explorer ces roches, et c'est en 1843 qu'il publia, sur ce qu'il appelait alors les roches protozoïques de la Galles du Nord, des mémoires remplis de coupes détaillées qui montraient d'une façon merveilleuse la structure géologique d'une région inextricable.

Plus tard, les travaux du professeur Ramsay et de nos géologues du gouvernement démontrèrent que les couches des deux Galles, du Nord et du Sud, désignées d'abord sous le nom de Cambriennes, et que l'on supposait plus anciennes que les roches Siluriennes de Murchison, étaient des formations équivalentes aux roches du Silurien Inférieur.

Le tableau suivant indique la succession, en Angleterre et dans les Galles, des couches qui appartiennent au groupe

Cambrien, ou roches fossilifères plus anciennes que le Llandeilo Inférieur. Il donne, en outre, les formations Laurentiennes du Canada, les plus anciennes formations du monde, dans lesquelles on ait encore trouvé des restes organiques.

GROUPE CAMBRIEN.

		Caractères lithologiques prédominants.	Epaisseur en mètres.	Restes organiques.
1. Roches du Cambrien Supérieur. (*Zone primordiale de Barrande*.)....	*a*. Ardoises de Tremadoc.	Ardoises terreuses avec minerai pisolitique............	609	Trilobites des genres en partie du Silurien, en partie du Primordial de Barrande. Bellérophou ; Orthocératite ; Théca.......
	b. Lingula flags.	Flagstones micacés et schistes argileux.............	1,820	Trilobites ; Olenus ; Conocoryphe ; Paradoxides ; Crustacé phyllopode ; Brachiopodes ; Cystidées...........
2. Roches du Cambrien Inférieur. (Groupe de Longmynd.)..........	*a*. Grès grossiers (grits) d'Harlech...	Grès ordinaires et grès grossier (grit).	1,820 à 2,130	Annélides, cinq espèces. (*Arenicolites sparsus*, etc.) Une espèce crustacée ; Clhamia...
	b. Ardoises de Llanberis.	Ardoises avec couches sablouneuses intercalées.......	915	

GROUPE LAURENTIEN.

	Caractères lithologiques prédominants.	Epaisseur en mètres.	Restes organiques.
1. Laurentien Supérieur ou série du Labrador.....	Roches cristallines supérieurement stratifiées, avec quantité de Labradorite et autres variétés de Feldspath...................	3,657	Néant.
2. Laurentien Inférieur.	Gneiss ; Schistes micacés et Hornblende quartzeux, avec couches épaisses de calcaire intercalées, dont l'une est d'environ 300 mètres d'épaisseur................	5,485	Foraminifères. (*Eozoon Canadense*.)

CAMBRIEN SUPÉRIEUR.

Ardoises de Tremadoc. — Les ardoises de Tremadoc, explorées par Sedgwick, mesurent une épaisseur de plus de 300 mètres, et consistent en ardoises terreuses, de couleur noire, que l'on rencontre près de la petite ville de Tremadoc, située sur le côté nord de Cardigan-Bay, dans le Carnarvonshire. Ces couches furent d'abord examinées par Sedgwick, en 1831, examinées de nouveau et décrites par lui en

1846 (1), lorsque M. Davis avait déjà trouvé quelques fossiles
dans les ardoises à Lingules, qui recouvrent ces lits en question. On détermina, en même temps, la position inférieure
de ces ardoises à Lingules, par rapport aux couches de
Tremadoc, et ces dernières, grâce au minerai pisolitique
qu'elles contiennent, purent être suivies depuis Tremadoc
jusqu'à Dolgelly. On n'observa pas alors de fossiles propres
à cette formation, mais plus tard, à la suite des recherches
minutieuses opérées en 1853 et 1857, par les géologues du
gouvernement, on y recueillit trente et une espèces de toutes
les classes, qui furent déterminées par M. Salter. La découverte de ces fossiles permit à ce savant de séparer les lits en
deux divisions : l'une supérieure et l'autre inférieure ; la
première contenait vingt espèces, et la seconde quinze environ. Nous avons déjà vu que dans le Llandeilo Inférieur
(Stipper-Stones ou groupes d'Arenig), où les espèces sont
distinctes, les genres concordent avec les types du Silurien ;
mais, dans ces ardoises de Tremadoc, où les espèces sont
aussi particulières, il existe un mélange à peu près égal des
types Siluriens avec ceux que Barrande a désignés sous le
nom de *primordiaux*. Il faut dire, à la vérité, que dans
notre exploration rétrospective des champs du passé, nous
entrons ici dans un nouveau domaine de la vie. Les trilobites d'espèces nouvelles, mais du Silurien Inférieur par leurs
formes, appartiennent aux genres *Ogygia*, *Asaphus* et
Cheirurus ; ceux qui se rapportent aux types primitifs, ou
faune primordiale de Barrande, aussi bien qu'aux ardoises
à Lingules des Galles, comprennent les *Conocoryphe* (2),
Olenus, de plusieurs espèces, et *Angelina*. Les ardoises du
Tremadoc Supérieur ont fourni les *Bellerophon*, *Orthoceras*,
et *Cyrtoceras*, fossiles distincts de ceux des mêmes genres
du Silurien Inférieur ; elles contiennent aussi le Ptéropode

_(1) *Geol. Quart. Journ.*, vol. III, p. 156.

(2) Ce nom a été substitué à celui de *Conocephalus* de Barrande ; il exprime
le même genre et n'a été changé que parce que les entomologistes en avaient
déjà pris possession.

Theca, mais sont complétement dépourvues de Graptolites.
La seule espèce du Tremadoc qui, suivant Salter, ne soit pas
particulière à ces couches, est la *Lingula Davisii* répandue
dans toute l'étendue de la formation, du sommet à la base,
et qui relie celle-ci avec la zone suivante déjà décrite. Les
ardoises du Tremadoc tout à fait locales semblent être confinées à une petite partie de la Galles du Nord : le professeur
Ramsay pense qu'elles reposent en couches discordantes
sur les Lingula Flags, et qu'un long intervalle de temps a
dû s'écouler entre ces formations.

Lingula Flags. — Immédiatement au-dessous des ardoises
de Tremadoc, dans la Galles du Nord, on rencontre des
Flagstones (ardoises en dalles), et des ardoises micacées,
dans lesquelles M. Davis a recueilli, en 1846, une *Lingula*,
et c'est de cette circonstance que vient le nom d'*ardoises à
Lingules* (1). Dans ces ardoises et schistes argileux, on a
trouvé plus tard d'autres fossiles différant spécifiquement de
ceux des couches du Llandeilo, ou portion la plus inférieure

Fossiles des *Lingula Flags*, ou Roches Fossilifères les plus inférieures d'Angleterre.

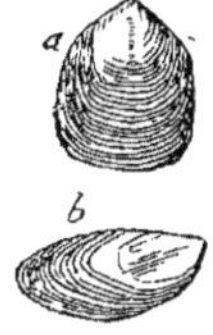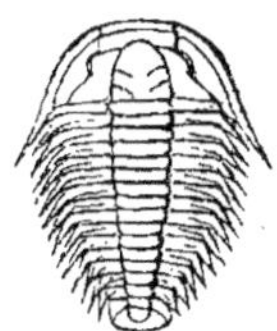

Fig. 661. — *Hymenocaris vermi-*   Fig. 662. — *Lingula Da-*   Fig. 663. — *Olenus mi-*
  cauda, Salter. Crustacé Phyllo-   *visii*, M'Coy.   *crurus*, Salter. Demi-
  pode. Demi-grandeur naturelle.   a. Demi-grandeur nat.   grandeur naturelle.
                                    b. Tordue par le clivage.

Lingula Flags de Dolgelly et Ffestiniog ; Galles du Nord (2).

du Silurien Inférieur qui fut alors connue, sous le rapport paléontologique. On découvrit des trilobites des genres *Olenus*
et *Conocoryphe* (pour le genre, voir fig. 667), d'autres for-

(1) Cette coquille a été rapportée depuis par Salter à un sous-genre *Lin-*
gulella, mais je conserve le nom originel dans ce chapitre, parce que les géologues l'ont depuis longtemps employé pour désigner les couches dans lesquelles ce fossile se trouve en abondance.

(2) Ces figures ont été empruntées à la *Siluria* de sir R. Murchison (2e édit.,
1854), ch. xi.

II.   16

mes qui seront bientôt publiées par nos géologues de l'État, ainsi que des *Paradoxides* (voir pour le genre, fig. 666), autre type de la faune primordiale de Bohême, établie par Barrande. On rencontre également dans ces ardoises noires des Galles du Nord et du Sud, un Crustacé Phyllopode (fig. 661), plusieurs genres de Brachiopodes, avec une Cystidée et une éponge rares. M. Salter a déjà décrit, en tout, quarante ou quarante-cinq espèces de ces fossiles, il a encore en sa possession d'autres formes à examiner.

Dans le Merionetshire, dit le professeur Ramsay, les *Lingula flags* mesurent de 1500 à 1800 mètres de puissance ; dans le Carnarvonshire, près de Llanberis, ils n'ont qu'une épaisseur de 600 mètres, ayant perdu 1200 mètres de profondeur, dans l'espace de 17 kilomètres environ. Dans l'île d'Anglesey et sur les bords du Menai-Straits, les lits de Llandeilo et de Bala reposent directement sur les couches du Cambrien (inférieur) ; quant aux Lingula Flags et aux ardoises de Tremadoc, ces groupes manquent totalement (1).

CAMBRIEN INFÉRIEUR.

(*Groupe de Longmynd.*)

Harlech Grits. — On connaît des formations stratifiées, de grande épaisseur, plus anciennes que les Lingula Flags, mais qui n'ont fourni jusqu'à ce jour aucuns restes organiques, et que le professeur Sedgwick a désignées diversement sous les noms de groupe de Longmynd, et de groupe de Bangor. Elles comprennent : 1° les grès d'Harlech et de Barmouth ; et 2° les ardoises de Llanberis. Les grès de cette période atteignent dans les collines de Longmynd, Shropshire, une puissance de 1800 mètres, sans aucune interposition de matières volcaniques ; et dans certaines parties du Merionetshire elles mesurent une plus grande épaisseur. Les recherches de M. Salter dans le Shropshire et de feu le docteur Kinahan à Wicklow ont mis à

____

(1) *Anniversary Address, Geol. Quart. Journ.*, vol. XIX, p. 39, 1863.

jour dans ces roches, l'existence d'au moins cinq espèces d'Annélides, dont deux ont reçu les noms d'*Arenicolites sparsus*, et *A. didymus*. On rencontre ces fossiles par myriades dans une épaisseur de 1600 mètres à Longmynd, où l'on a aussi découvert un crustacé de forme indécise, qui a été nommé *Palæopyge Ramsayi*. Les sables de cette formation présentent souvent des ondulations ; ayant été laissés évidemment à sec aux basses eaux, leur surface a pu se dessécher au soleil, se contracter et par suite présenter des crevasses. On y remarque aussi des empreintes de gouttes de pluie, analogues à celles que nous avons figurées p. 110, t. II (1).

Llanberis slates. — Les ardoises de Llanberis et de Penrhyn dans le Carnarvonshire, y compris les couches sablonneuses qui les accompagnent, atteignent quelquefois l'épaisseur considérable de 900 mètres. Ces couches ne sont peut-être pas plus anciennes que celles de Harlech et de Barmouth, car elles peuvent bien représenter les dépôts de limon fin du fond de la même mer, sur les bords de laquelle se seraient accumulés les sables ci-dessus-mention-

Les plus anciens Fossiles connus jusqu'à nos jours en Europe (1864).

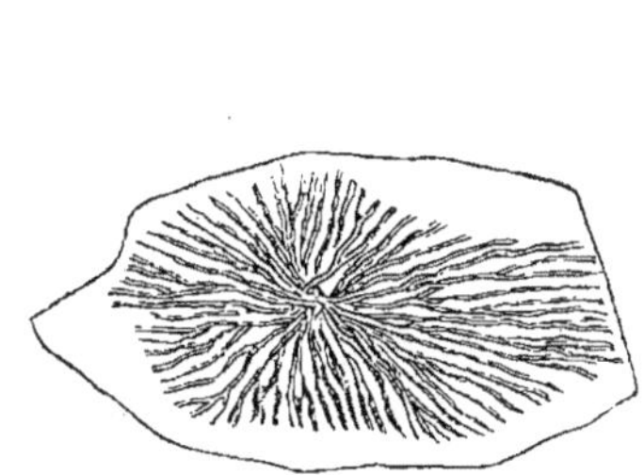

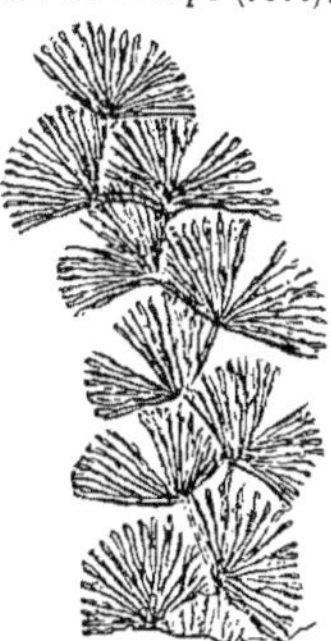

Fɪɢ. 664. — *Oldhamia radiata*, Forbes.
Wicklow, Irlande.

Fɪɢ. 665. — *Oldhamïa antiqua*, Forbes.
Wicklow, Irlande.

nés. En Irlande, juste en face d'Anglesey et de Caernarvon, quelques-unes de ces roches schisteuses ont fourni deux espèces de zoophytes auxquelles feu le professeur Forbes a donné le nom d'*Oldhamia*. On peut considérer ces fossiles

(1) Salter, *Quart. Geol Jo rn*. vol. XIII, 1857.

comme les plus anciens corps organisés que l'on connaisse
aujourd'hui en Europe.

On peut raisonnablement avancer que la faune de Longmynd, si jamais cette faune donne de plus amples résultats,
soit dans les îles Britanniques, soit ailleurs, différera considérablement de celle du Cambrien Supérieur, car ses couches, sans mélange de matières volcaniques, ont une épaisseur énorme, et doivent avoir exigé un long espace de
temps pour leur formation.

ROCHES CAMBRIENNES DE BOHÊME.
(Zone primordiale de Barrande.)

J'ai déjà parlé, p. 236, t. II, des magnifiques résultats obtenus et publiés, en 1846, par M. Barrande. Dans cette même
année, ce géologue, à la suite d'une longue exploration des
terrains de Bohême, découvrit une grande série de formations paléozoïques, pour la désignation desquelles il adopta
le terme général de Silurien créé par sir R. Murchison. La
première ou la plus ancienne de ces trois faunés Siluriennes,
appelée par lui primordiale, correspond à celle du Cambrien
Supérieur d'Angleterre, telle que nous l'avons décrite ci-
dessus ; la seconde se rapporte exactement au Silurien Inférieur de Murchison, et la troisième au Silurien Supérieur du
même auteur. Lorsque le naturaliste français entreprit seul
d'explorer la Bohême, le nombre total des espèces fossiles
recueillies dans ce pays et décrites, dépassait à peine le
nombre vingt, et Barrande en avait déjà obtenu en 1850
jusqu'à onze cents, parmi lesquelles deux cent cinquante
crustacés (principalement des trilobites), deux cent cinquante
céphalopodes, cent soixante gastéropodes et ptéropodes,
cent trente mollusques acéphales, deux cent dix brachiopodes, cent dix coraux, etc... Plus tard, en 1856, ce savant
constatait que sa collection de fossiles provenant du même
Silurien et des roches primordiales de Bohême renfermait
de quatorze à quinze cents espèces (1).

(1) Parallèle entre les dépôts siluriens de Bohême et de Scandinavie.

Les Trilobites ont fourni, au sein de cette zone primordiale, les genres *Paradoxides, Conocephalus (Conocory-*

Fossiles des Couches Fossilifères les plus inférieures de Bohême, ou *Zone primordial*
de Barrande.

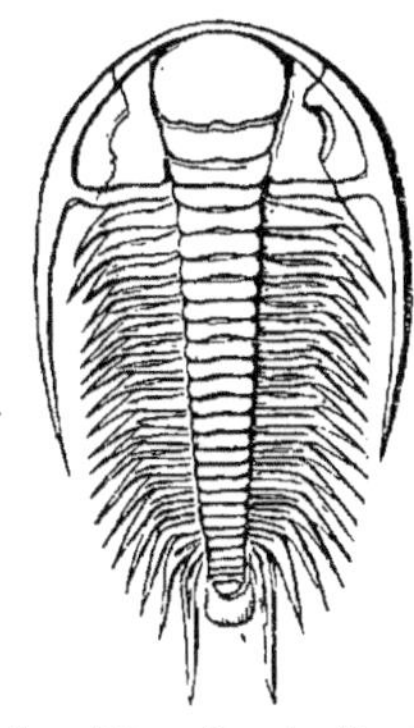

Fig. 667. — *Conocoryphe striata.* Syn., *Conocephalus
striatus,* Emmrich. Demi-grandeur naturelle. Ginetz
et Skrey.

Fig. 666. — *Paradoxides Bo-
hemicus,* Barr., environ un
tiers de grandeur naturelle.
*Couches Siluriennes les plus
inférieures* de Ginetz, Bohême.
(Étage C. de Barrande.)

Fig. 668. — *Agnostus
integer,* Beyrich.
Grandeur naturelle et
grossie.

Fig. 669. — *Agnostus Rex,* Barr.
Grandeur naturelle. Skrey.

*phe), Ellipsocephalus, Sao, Arionellus, Hydrocephalus et
Agnostus.* Ces trilobites primordiaux ont tous une physionomie qui leur est propre, et qui dépend de la multiplicité de
leurs segments thoraciques, ainsi que de la diminution de
leur bouclier caudal ou pygidium.

L'un des trilobites *primordiaux* ou du Cambrien supérieur, fossile du genre *Sao,* forme que l'on n'a encore rencontrée jusqu'à présent, sur aucun autre point du globe, a
fourni à M. Barrande un magnifique exemple des métamorphoses de ces animaux, qu'il a pu suivre à plus de vingt
phases successives de leur développement. J'ai représenté,
dans les figures ci-dessus, quelques-unes de ces transformations, afin que le lecteur puisse prendre une idée de la
manière graduelle dont apparaissaient les différents segments
du corps et des yeux. Lorsqu'on réfléchit à l'état ordinairement altéré et cristallin des roches de cet âge, et à l'absence
de vie organique que l'on y remarque sur la plus grande

partie de la Galles du Nord, de l'Irlande et du Shropshire; lorsque, d'un autre côté, on voit l'étude des couches de Bohême fournir la connaissance des plus minimes détails

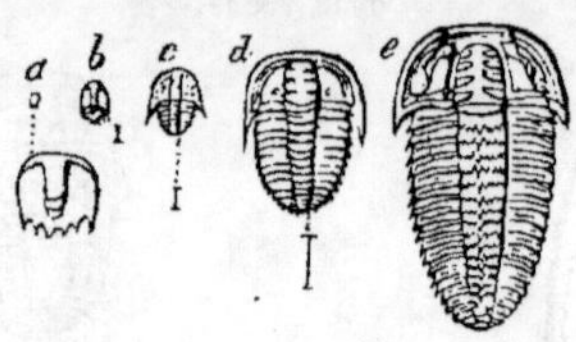

Fig. 670. — *Sao hirsuta*, Barrande: à ses divers âges. Skrey.
Les petites lignes au-dessous des figures indiquent les grandeurs naturelles. Chez les plus jeunes, *a*, on ne voit encore aucun segment; à mesure que la métamorphose s'avance, *b*, *c*, les segments du corps commencent à se développer; à l'âge indiqué en *d*, les yeux apparaissent, mais les sutures faciales ne sont pas achevées; *e* représente l'animal à l'état complet de développement, de grandeur naturelle.

relatifs à l'histoire naturelle de ces crustacés, on est justement étonné et l'on conçoit l'espoir légitime qu'un jour viendra où les géologues pourront jeter quelque lumière sur la condition de la planète et de ses habitants à des époques de beaucoup plus anciennes que celle du Cambrien; les points du globe, en effet, qui ont été soumis à un examen aussi approfondi que la Galles du nord et la Bohême sont insignifiants relativement à ceux qu'il reste à connaître sur la carte du globe entier.

En Bohême, la faune primordiale de Barrande emprunte exclusivement son importance aux trilobites nombreux et particuliers qu'elle contient. Toutefois, ces anciens schistes ont fourni deux genres de brachiopodes, *Orthis* et *Orbicula*, un ptéropode du genre *Theca*, et quatre échinodermes de la famille des Cystidées.

Toutes les espèces de Bohême diffèrent jusqu'à présent de celles que l'on a trouvées en Angleterre, ce que l'on peut attribuer entièrement à l'influence des causes géographiques. Néanmoins, ce fait paraît confirmer l'hypothèse, avancée par nous dans cet ouvrage, d'une zone *primordiale* caractérisée par des fossiles distincts du groupe entier du Silurien Inférieur, car les autres formations Siluriennes plus élevées dans la série adoptée par Barrande ont chacune plusieurs espèces qui se rencontrent aussi dans les sous-divisions successives de la série Anglaise.

Suède et Norwége. — Les couches du Cambrien Supérieur de la Galles du Nord sont représentées en Suède, et les fossiles en ont été décrits par un éminent naturaliste, M. Angelin, dans sa *Palæontologica Suecica* (1852-54). Les schistes *alunifères*, ainsi qu'on les appelle en Suède, qui reposent sur un grès à fucoïdes, contiennent des trilobites, genres des *Paradoxides, Olenus, Agnostus* et autres; quelques-uns de ces genres, le dernier mentionné par exemple, présentent des formes rudimentaires, sans yeux et avec les segments du corps peu développés; chez d'autres, comme les *Paradoxides*, les segments sont excessivement multipliés. Ces particularités s'accordent avec les caractères des crustacés que l'on rencontre dans les couches du Cambrien Supérieur.

Les roches Suédoises ont également fourni des crustacés de la famille des *Cytherinidæ;* parmi les mollusques, une petite espèce d'*Orthoceras*, seul céphalopode primordial connu jusqu'à ce jour, et enfin un graptolite; le tout mêlé avec un grand nombre des formes fossiles que Barrande a découvertes dans les couches du même âge en Bohême.

États-Unis et Canada. — J'ai déjà signalé dans le tableau, p. 231, t. II, la position relative du grès de Potsdam qui, pendant longtemps, a été regardé comme la formation fossilifère la plus inférieure connue aux États-Unis et au Canada. Feu le docteur Dale Owen a publié en 1852, dans sa description du Wisconsin, une esquisse graphique des roches sédimentaires qui bordent la partie haute du Mississipi et qui gisent à la base de toute la série Silurienne. Ces roches ont quelques centaines de mètres d'épaisseur et la plupart ressemblent au grès de Potsdam, mais les étages supérieurs renferment des bandes intercalées de calcaire magnésien, et les étages inférieurs quelques lits argileux. Parmi les coquilles que recèlent ces couches, on cite des espèces de *Lingula* et d'*Orthis* et plusieurs trilobites du nouveau genre *Dikelocephalus* (fig. 671). Ces roches, que l'on rencontre

dans l'Iowa, le Wisconsin et le Minnesota, paraissent desti-
nées à jeter plus tard un grand jour sur l'état de la vie organique pendant la période Cambrienne.

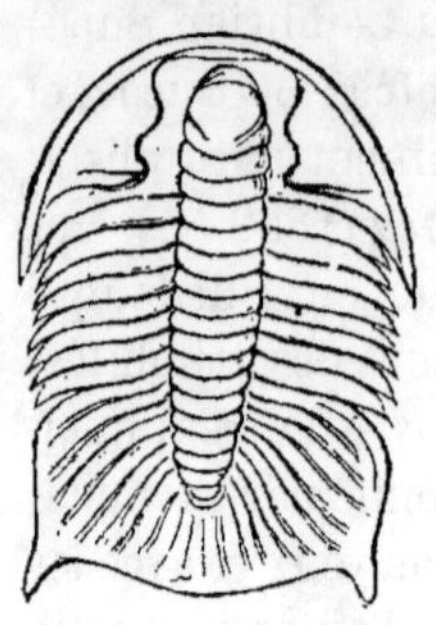

Fig. 671. — *Dikelocephalus*
Minnesotensis, Dale, Owen.
Un tiers de diamètre.
Grand crustacé du groupe
des Olénoïdes. Grès de
Potsdam. Chutes de Sainte-
Croix, sur le Mississipi Su-
périeur.

On a déjà compté six couches contenant des trilobites et séparées par des
assises de 3 à 45 mètres de puissance.

J'ai visité les grès de Potsdam, sur
les rives du Saint-Laurent et sur les
bords du lac Champlain ; dans certaines localités, à Keesville par exemple,
ce grès est quartzeux, à grain fin, passant presque à un vrai quartzite. Il se
divise en couches horizontales à surface ondulée, tout à fait semblables à
celles des ardoises à lingules d'Angleterre, et remplies d'une petite *Lingula*
de forme ronde (*Obolella* de Billings)
si abondante, que la roche se partage par plans parallèles,
absolument comme les écailles du mica dans certains grès
micacés. Cette formation, ainsi que nous l'apprend sir W.
Logan, a 215 mètres de puissance au Canada ; la portion inférieure est un conglomérat avec cailloux roulés de quartz ;
la portion supérieure est un grès à fucoïdes, percé de petits trous verticaux très-caractéristiques et qui paraissent
avoir été produits par des annélides (*Scolithus linearis*).

Sur les bords du Saint-Laurent, près de Beauharnais et
ailleurs encore, on observe, à la surface des lits ondulés,
de nombreuses empreintes fossiles signalées pour la première fois, en 1847, par M. Abraham de Montréal, et que
l'on supposa produites par des tortues ; mais Logan en ayant
envoyé à Londres quelques plaques dont plusieurs offraient
des traces en relief, M. Owen les examina et crut devoir
rejeter les déterminations antérieures. Pour ce savant, les
empreintes n'appartiennent ni à des chéloniens, ni même à
aucun animal de l'embranchement des vertébrés. Il incline
à croire qu'elles sont dues à plusieurs espèces différentes

d'un animal articulé, probablement voisin du *Crabe Royal*
ou Limule. Entre les deux rangés d'empreintes, court une
sorte de sillon médian ou canal que le professeur suppose
avoir été tracé par un appendice caudal plutôt que par une
portion saillante du tronc. Quelques-uns des individus paraissent avoir eu trois, et d'autres quatre paires de membres
conformés pour la marche. La distance en travers des deux
rangées varie de 10 à 15 centimètres, ce qui indique un
animal d'une taille de beaucoup supérieure à celle de tous
les individus découverts jusqu'à présent dans des couches
aussi anciennes. Sous ce rapport, ces empreintes concordent
avec celles des *Eurypteridæ* gigantesques, que l'on a découvertes dans les roches du Devonien Inférieur et du Silurien
Supérieur. Leur seule importance consiste dans leurs dimensions considérables, et cet exemple nous avertit du danger
qu'il y aurait à tirer des conclusions trop absolues de faits
purement négatifs, relativement à l'extrême pauvreté de la
faune des mers primitives.

D'après les investigations récentes des naturalistes du Canada, les grès de Potsdam reposent certainement sur des
ardoises et des schistes, s'étendant depuis New-York jusqu'à
Terre-Neuve et occupés par une série de trilobites. Ces fossiles, bien que d'espèces distinctes, ressemblent par leurs formes
aux genres trouvés dans le Cambrien Supérieur d'Europe.

Groupe de Québec. — Le *Dikelocephalus* ci-dessus mentionné est un des fossiles les plus remarquables que l'on ait
trouvé dans les calcaires de Québec, calcaires qui ont récemment excité un vif intérêt. La faune de ces calcaires semblerait être mélangée, et ce caractère serait de nature à faire
supposer que le groupe de Québec, tel qu'il a été défini
par Sir W. Logan et M. E. Billings, représente nos groupes
réunis du Llandeilo inférieur (Arenig) et de Tremadoc. Les
graptolites caractéristiques gisent dans la portion supérieure
de ces couches, et sont identiques à ceux de Skiddaw ; le
mélange des genres primordiaux avec ceux du Silurien Inférieur, dans la partie la moins élevée, nous rappelle une ré-

union analogue dans les ardoises de Tremadoc, et en outre, suivant M. Billings, ce groupe renfermerait de nombreuses espèces semblables à celles des Grès calcifères, formation qui recouvre sans intermédiaire le grès de Potsdam, dans lequel elle pénètre inférieurement d'une manière imperceptible.

Série Huronienne. — Immédiatement au-dessous du Cambrien Supérieur, on rencontre des couches que sir Logan a désignées sous le nom de série *Huronienne.* Cette série, d'une énorme épaisseur, se compose principalement de quartzite, et de grandes masses d'ardoises chloritiques, de couleur verdâtre, qui renferment quelquefois des galets de roches cristallines, provenant de la formation Laurentienne que nous allons décrire. Bien que les calcaires soient rares dans cette série, on en a pourtant reconnu une bande de 90 mètres d'épaisseur, qu'on a pu suivre sur une étendue considérable jusqu'au nord du lac Huron. On y trouve des lits de diorite intercalés en stratification concordante dans les membres quartzeux et argileux de cette série. Aucune des couches n'a encore fourni de débris organiques, et l'on ne sait jusqu'à présent si ce groupe doit être regardé comme un Cambrien inférieur modifié ou comme une formation plus ancienne dans un état semi-métamorphique. Les couches Huroniennes mesurent une épaisseur d'environ 5,500 mètres, et reposent en stratification discordante sur le Laurentien dont nous allons nous occuper.

ROCHES LAURENTIENNES.

L'exploration géologique exécutée sous la direction de sir Logan a fait reconnaître, vers le nord du fleuve Saint-Laurent, une série énorme de roches cristallines de gneiss, micaschites, quartzite et calcaire, de plus de 9,000 mètres d'épaisseur ; elles ont reçu le nom de Laurentiennes et leur étendue connue jusqu'à présent se déploie déjà sur une surface d'environ 300,000 kilomètres carrés. Ces couches, plus anciennes que le Cambrien fossilifère et que la série Huronienne, ont

dû subir de grandes perturbations avant la formation du
grès de Potsdam et des autres roches primordiales. Une
moitié de ce Laurentien, la partie la plus ancienne, se
trouve en position discordante par rapport à la portion plus
nouvelle de la même série.

Laurentien supérieur ou *série du Labrador.* — Le Groupe
Supérieur, dépassant en épaisseur 3,000 mètres, consiste en
roches cristallines stratifiées, dans lesquelles on n'a pas
encore trouvé de débris organiques. Ces roches se composent en grande partie de feldspaths, dont la composition varie depuis l'anorthite jusqu'à l'andesine, ou depuis ces sortes
de minéraux renfermant moins de un pour cent de potasse
et de soude jusqu'à celles qui contiennent plus de sept pour
cent de ces alcalis, avec prédominance de la soude. Ces
roches feldspathiques forment quelquefois des masses montagneuses, sans aucun mélange d'autres minéraux ; quelquefois aussi, elles renferment du pyroxène qui passe à
l'hypersthène, et souvent elles ont une texture granitique.
Une des variétés de ces roches est identique au Labradorite, roche opalescente du Labrador. Les montagnes Adiron-
dack, dans l'État de New-York, appartiennent à la même
série, et l'on suppose que les roches hypersthène de Skye,
qui ressemblent minéralogiquement à cette formation sont
peut-être du même âge géologique.

Laurentien inférieur. — Cette série, d'environ 6,000
mètres d'épaisseur, se présente, comme nous l'avons dit, en
stratification discordante avec la précédente ; elle se compose en grande partie de gneiss de teinte rougeâtre et de
feldspath orthoclase ; sur quelques points, on rencontre des
couches de quartz presque pur, de 120 à 180 mètres d'épaisseur, des lits intercalés de schistes micacés et à hornblendes,
ainsi que des calcaires ordinairement cristallins.

On a suivi plusieurs de ces calcaires à de grandes dis-
tances, et l'un d'eux a une puissance de 250 à 600 mètres.
Dans celui qui offrait la masse la plus considérable, Sir W.
Logan observa, en 1859, une espèce de corps organique

présentant beaucoup de ressemblance avec le fossile Silurien appelé *Stromatopora rugosa*, et qui avait déjà été obtenu, l'année précédente, par M. J. Mc Cullock, au grand Calumet sur la rivière Ottawa. En 1864, M. Dawson de Montréal a examiné ce fossile, et à l'aide du microscope il a pu en découvrir la structure, qui est celle d'un Rhizopode ou Foraminifère. Le docteur Carpenter et le professeur T. Rupert Jones ont confirmé depuis cette opinion, en comparant la structure de ce fossile à celle bien connue du nummulite. Cet animal paraîtrait s'être développé par la superposition successive de couches minces, et avoir formé des bancs de calcaire, analogues aux polypiers des coraux actuels. Des parties du squelette originel, consistant en carbonate de chaux, sont encore dans un état parfait de conservation, et certains vides espacés dans le fossile calcaire ont été comblés par de la serpentine et de l'augite blanche. Le docteur Dawson a donné à ces débris organiques les plus anciens que l'on connaisse, le nom d'*Eozoon Canadense*; leur antiquité est telle que l'espace de temps qui les sépare de l'époque du Cambrien Supérieur ou du Grès de Potsdam serait égal, suivant Sir W. Logan, à celui qui s'est écoulé entre le grès de Potsdam et les calcaires nummulitiques de la période tertiaire. Les roches Laurentiennes et Huroniennes mesurent ensemble une épaisseur de 15,000 mètres, et le Laurentien inférieur a subi des perturbations avant le dépôt de la formation plus nouvelle de la même série. On doit s'attendre naturellement à découvrir d'autres preuves de discordance sur plus d'un point, dans une succession aussi considérable de couches.

Le Laurentien Supérieur diffère minéralogiquement, ainsi qu'on l'a vu, du Laurentien Inférieur, et la présence de galets de gneiss dans les conglomérats Huroniens tendrait à prouver que les couches Laurentiennes étaient déjà dans un état métamorphique, avant qu'elles eussent été brisées à leur partie supérieure pour fournir des matériaux à la série Huronienne. N'eût-on pas même découvert l'Eozoon, qu'on pouvait raisonnablement conclure par analogie que, de

même que les quartzites avaient été d'abord à l'état de sables,
et que le gneiss et le micaschiste dérivaient des grès et des
schistes argileux ; de même, les masses calcaires, de 120 à
300 mètres et plus d'épaisseur, étaient d'origine organique.
On croit généralement aujourd'hui que tel a été le cas pour
les calcaires Silurien, Devonien, Carbonifère, Oolitique,
Crétacé et pour ces roches nummulitiques de l'âge tertiaire
qui portent les marques de l'affinité la plus intime avec les
bancs d'Eozoon du Laurentien Inférieur. La roche stratifiée
la plus ancienne d'Écosse est celle que Sir R. Murchison a
appelée *gneiss fondamental*, roche qui constitue la masse
entière de l'île de Lewis dans les Hébrides. En certains endroits des Higlands occidentaux, ces gneiss supportent en
stratification discordante le Cambrien Inférieur et diverses
roches métamorphiques. On suppose que cet ancien gneiss
d'Écosse est peut-être du même âge que la partie du groupe
du Grand Laurentien que l'on rencontre dans l'Amérique
du Nord.

SUR L'ABSENCE DES VERTÉBRÉS DANS LES ROCHES SITUÉES
AU-DESSOUS DU SILURIEN SUPÉRIEUR.

Période supposée d'animaux invertébrés. — Nous avons
vu que, dans la partie supérieure du système Silurien, il
existait près de Ludlow un lit à ossements, et que ce lit abon-
dait en débris de poissons, dont quelques-uns très-élevés en
organisation et se rapportant au genre *Onchus* et *Pteraspis*.
Sir Murchison a fait connaître en 1840 ces ichthyolites, et
les a considérés comme « les êtres les plus anciens de leur
classe. » Dans la troisième édition de son ouvrage intitulé
Siluria, ce savant maintient sa première opinion, et observe
que les actives recherches de ces vingt dernières années, en
Europe et en Amérique, « n'ont pas réussi à modifier cette
généralisation ; on peut regarder, ajoute-t-il, le système Silurien comme représentant une longue période primitive pendant laquelle aucun animal vertébré n'a vécu. »
Dans l'année même (1859) où Sir Murchison hasardait

cette remarque, la découverte du *Pteraspis*, signalée p. 210, t. II, dans les roches du Ludlow Inférieur, nous faisait remonter d'un degré de plus dans l'histoire du passé et ajoutait un renseignement nouveau à ceux que nous possédions déjà sur l'existence des poissons de cette époque. Mais c'est un fait certainement bien digne d'intérêt que, jusqu'à ce jour, on n'ait cité encore aucun débris de poissons dans aucune couche plus ancienne que la base du Ludlow Supérieur.

Lorsqu'on réfléchit au nombre de Mollusques, Échinodermes, Coraux, Trilobites et autres fossiles que l'on a déjà obtenus des couches plus anciennes des Siluriens Supérieur, Moyen et Inférieur, on se demande comment il se fait qu'au sein de ces couches qui ont été étudiées avec autant de soin et sur une aussi vaste étendue que n'importe quelle autre série de formations fossilifères, on n'ait pas rencontré un seul Ichthyolite.

Cependant, quelle que soit la valeur du fait, nous sommes en droit de ne point admettre sans hésitation que le globe, après avoir été habité depuis longtemps par toutes les grandes classes d'invertébrés, soit resté totalement dépourvu d'animaux vertébrés. Rappelons-nous d'abord que l'on n'a découvert ni insectes, ni coquilles terrestres, ni mollusques pulmonés d'eau douce, ni crustacés terrestres, ni plantes (excepté des Fucoïdes) dans les roches inférieures au Silurien Supérieur. Mais on explique l'absence de ces divers animaux en supposant que tous les dépôts connus de cette époque auraient été formés au sein de mers éloignées des terres ou bien au delà de l'influence des rivières. Sur quelques points, comme dans la Galles du Nord et dans l'Amérique septentrionale, on a rencontré, il est vrai, certains dépôts d'eau basse ou même de rivage, mais on peut dire d'une manière générale que les dépôts Siluriens, jusqu'à ce jour connus, ont montré sans exception un caractère marin plus qu'aucune autre formation d'importance comparable.

Un fait curieux, et qui n'est peut-être pas simplement une coïncidence fortuite, c'est que la couche unique où l'on

ait signalé des débris de plantes terrestres est aussi la seule
dans laquelle on ait trouvé en certaine quantité des ossements de poissons. Les lits à ossements, en général, tels que
ceux du Trias Supérieur près de Bristol et de Stuttgard, du
Calcaire Carbonifère aux environs de Bristol et d'Armagh,
et enfin celui du Ludlow Supérieur, contiennent des dents et
des os complétement roulés, et indiquant un long transport.
L'association de spores de Lycopodiacées (voir p. 204, t. II)
aux os de poissons du Ludlow montre que les plantes ont
été arrachées par les eaux de quelque terre ferme existant
alors, puis transportées et accumulées pêle-mêle avec les
ossements dans un réceptacle sous-marin ; et c'est un fait
bien connu que, dans l'état actuel du globe, on rencontre les
poissons en très-grand nombre sur les points où les fleuves
débouchent dans la mer. Plus habituellement, toutefois, partout où le Ludlow Supérieur est dépourvu de plantes comme
cela arrive ordinairement, il l'est aussi d'Ichthyolites, comme
dans les couches du Wenlock ou de Llandeilo.

On a supposé que les Céphalopodes, durant la période
Silurienne, avaient été assez abondants pour suppléer à la
fonction des poissons ; mais on peut répondre à cela que ces
deux classes existaient cependant à la fois dans le Silurien
Supérieur, et qu'elles habitèrent ensemble les mers Carbonifère et Liasique, comme on les voit encore aujourd'hui en
diverses parties de l'Océan. Avouons aussi que nous ne savons encore que trop peu de chose relativement à la distribution des os, des dents, ou des cadavres de poissons sur le
fond de l'Océan actuel, pour avoir le droit de donner comme
base à des théories l'absence de ces sortes de débris sur de
vastes étendues aux époques primitives.

Les naturalistes qui, de nos jours, ont exploré le lit de la
mer, nous apprennent qu'en général les restes de vertébrés
y sont aussi rares que sur le sol d'une forêt où des milliers
de mammifères et de reptiles ont vécu pendant des siècles.
Dans l'été de 1850, MM. Forbes et Mc Andrew ont dragué
le fond des mers Britanniques depuis l'île de Portland jus-

qu'au Land's End dans le Cornouailles, et de là jusqu'aux Shetlands ; ils ont recueilli et classé les différents corps organiques qu'ils avaient obtenus dans cent quarante draguages distincts, opérés à différentes distances dans la mer, les uns à 400 mètres, d'autres à 16 kilomètres du rivage. La liste des espèces d'invertébrés marins, Rayonnés, Mollusques ou Articulés, qu'ils ont ainsi retirés, est considérable, et le nombre des individus énorme ; mais les seuls exemples d'animaux vertébrés consistaient en quelques os de l'oreille et en deux ou trois vertèbres de poisson : en tout, six échantillons.

Un fait plus extraordinaire encore a été observé par M. Mc Andrew. Ce naturaliste, qui a soumis au draguage les grands *Ling Banks*, bancs sous-marins que fréquente la morue, aux îles Shetlands, n'a pas retiré de ces sortes de fonds un seul os ou dent de poisson mort, bien qu'il ait quelquefois extrait du limon des poissons vivants. C'est peut-être ici l'un des faits les plus singuliers que l'on ait constaté, car on n'ignore pas que, dans certains parages, le fond des mêmes mers du Nord est couvert d'ossements de poissons récents. Ainsi que je l'ai rapporté dans mes *Principes de Géologie* (Index, *Vidal*), deux lits à ossements ont été découverts par les hydrographes anglais, l'un dans la mer d'Irlande, et l'autre dans la mer qui avoisine les îles Feroë, le premier s'étendant sur 3 kilomètres, et le dernier sur 5 kilomètres et demi de longueur. Partout, dans ces parages, le plomb a ramené des vertèbres de poissons, de profondeurs qui ont varié de 80 à 430 mètres. Ces lits à ossements peuvent se comparer aux lits analogues du Ludlow Supérieur, et, de nos jours comme à l'époque Silurienne, existent sur le fond de l'Océan d'autres larges surfaces où ne se rencontrent point d'ossements ni dans le limon ni dans le sable.

Il a pu arriver, quelque étrange que semble le fait, que les poissons n'aient laissé après eux aucun témoignage de leur présence sur les lieux qu'ils ont librement fréquentés, et que, d'un autre côté, les courants aient entraîné leurs ossements en grand nombre vers des régions entièrement dépourvues de poissons vivants. Un tel état de choses eût été en tout point analogue à celui qui de nos jours existe sur les terres habitables, où les squelettes de quadrupèdes, d'oiseaux et de reptiles terrestres, au lieu de s'accumuler sur le sol après la mort de l'animal, au moins dans leurs parties les plus solides, ne tardent pas à être broyés sous la dent des bêtes féroces, ou subissent la loi de la décomposition chimique ; et si, dans un âge futur, un géologue voulait retrouver des témoignages de leur primitive existence, il devrait les chercher ailleurs qu'aux endroits où ces êtres ont vécu. Il aurait à explorer les lieux que les eaux recouvraient alors, et ceux où des ossements et des carcasses auraient probablement été entraînés par les inondations et ensevelis pour toujours au sein des sédiments.

J'ai groupé dans le tableau ci-contre les dates des découvertes principales des différentes classes d'animaux dans les anciennes roches : le lecteur saisira ainsi d'un seul coup d'œil la marche graduelle de nos progrès dans la recherche des animaux vertébrés au sein des formations de plus en plus reculées vers le passé ; il apprendra à ne point considérer l'état actuel de nos connaissances comme la dernière expression de la science relativement aux dates de création de chacune des classes des corps animés.

Dates des découvertes relatives aux différentes classes de Vertébrés fossiles, montrant les progrès successifs qui ont été faits dans ce genre de recherches en explorant les roches d'une haute antiquité.

	Années.	Formations.	Localités.
MAMMIFÈRES..	1798.	Éocène Supérieur..........	Paris (Gypse de Montmartre) (1).
	1818.	Oolite Inférieure..........	Stonesfield (2).
	1847.	Trias Supérieur...........	Stuttgard (3).

(1) Cuvier (Georges), *Bull. Soc. Philom.*, **XX.** Des ossements avaient été trouvés dans le gypse quelques années auparavant ; mais c'est dans le Mémoire précité qu'ils ont été déterminés ostéologiquement, et que leur véritable position géologique a été établie.

(2) En 1818, Cuvier, lors d'une visite au Muséum d'Oxford, se prononça sur le caractère d'une mâchoire de Stonesfield, et la rapporta à un mammifère. (Voyez ci-dessus, p. 627, t. I.)

(3) Plieninger. (Voyez ci-dessus, p. 26, t. II.)

	Années.	Formations.	Localités.
Oiseaux	1782.	Éocène Supérieur..........	Paris (Gypse de Montmartre) (1).
	1839.	Éocène Inférieur...........	Ile de Sheppey (argile de Londres) (2).
	1854.	— —	Couches de Woolwich 3).
	1855.	— —	Meudon (argile plastique) (4).
	1858.	Greensand Supérieur.......	Cambridge (5).
	1863.	Oolite Supérieure..........	Solenhofen (6).
Reptiles	1710.	Permien (ou Zechstein).....	Thuringe (7).
	1844.	Carbonifère...............	Saarbruck, près de Trèves (8).
Poissons	1709.	Permien (ou Kupfer-Schiefer).	Thuringe (9).
	1793.	Carbonifère (Calcaire de Montagne).................	Glascow (10).
	1828.	Devonien..................	Caithness (11).
	1840.	Ludlow Supérieur..........	Ludlow (12).
	1859.	Ludlow Inférieur..........	Leintwardine (13).

(1) Darcet découvrit, et Lamanon figura comme appartenant à un oiseau fossile quelques débris de Montmartre, détermination que confirma plus tard Cuvier (*Ossem. fossiles*, art. Oiseaux).

(2) Owen, *Geol. Trans.*, 2ᵉ série, 1839, vol. VI, p. 203. L'oiseau fossile découvert la même année dans les schistes de Glaris (dans les Alpes), et d'abord rapporté à la craie, l'est aujourd'hui aux couches Nummulitiques, et peut, par conséquent, dater d'une époque plus récente que l'Argile de Sheppey.

(3) M. Prestwich a également signalé un os d'oiseau qui a été trouvé par M. de la Condamine dans la partie supérieure des couches de Woolwich. (*Quart. Geol. Journ.*, vol. X, p. 157.)

(4) Antérieurement, dans l'année 1855, on recueillit à Meudon, près de Paris, à la base de l'argile plastique, le tibia et le fémur d'un énorme oiseau, d'une taille au moins égale à celle de l'autruche. Cet animal, désigné sous le nom de *Gastornensis Parisiensis*, paraît, d'après les mémoires de MM. Hébert, Lartet et Owen, appartenir à un genre éteint. Le professeur Owen le rapporte à la classe des oiseaux terrestres de rivage, plutôt qu'à une espèce aquatique. (*Quart. Geol. Journ.*, vol. XII, p. 204, 1856.)

(5) M. Louis Barrett a découvert plusieurs parties du squelette d'un oiseau de la tribu des Goëlands, dans les lits à coprolites du Greensand Supérieur. (Voir t. I, p. 520.)

(6) L'*Archæopteryx macrura* (Owen) a été classé parmi les oiseaux, en 1863, par Owen. On l'a rencontré dans la pierre lithographique de Solenhofen, qui n'avait auparavant fourni qu'une plume unique, probablement du même oiseau. (Voir t. I, 615.)

(7) Le Monitor fossile de Thuringe (*Protorosaurus Speneri*. Voir Meyer) a été figuré par Spener, de Berlin, en 1810. (*Miscel.* Berlin.)

(8) Voir t. II, p. 135.

(9) *Memorabilia Saxoniæ Subterr.*, Leipzig, 1709.

(10) *History of Rutherglen*, par le Rév. David Ure, 1793.

(11) Sedgwick et Murchison, *Geol. Trans.*, 2ᵉ série, vol. III, p. 141, 1828.

(12) Sir R. Murchison. Voir ci-dessus, p 203, t. II.

(13) M. Lee, de Caerleon (voir p. 209, t. II), avait découvert antérieurement un *Pteraspis* en présence de M. Lightbody, membre de la Société géologique.

Observation. — Les témoignages fournis par les empreintes de pas, bien qu'ayant leur importance, n'ont pas été compris dans le tableau ci-dessus comme étant moins exacts que ceux tirés des os et des dents.

Combien d'écrivains vivent encore, et qui, avant l'année 1854, n'admettaient pas le moindre doute sur la non-existence des reptiles avant l'ère Permienne! Cependant, en moins de dix-neuf ans, ils ont pu voir les restes de reptiles de plus d'une famille, exhumés des diverses parties de la période Carbonifère. Antérieurement à l'année 1818, on croyait généralement que le Palæothérium du gypse de Paris, et ses associés, représentaient les premiers quadrupèdes à sang chaud qui eussent apparu sur la terre. Cette idée était si profondément imprimée dans l'esprit de la plupart des naturalistes, que la découverte des Mammifères de Stonesfield fut impuissante à l'ébranler. D'abord on contesta à la roche son ancienneté, aux débris leur caractère de mammifères.. Et même, longtemps encore après que toute controverse eut cessé à ce sujet, on n'appréciait pas la véritable portée du fait nouveau, quant à la doctrine du développement progressif.

Les découvertes dont il est ici question nous montrent bien quelle est la véritable portée des faits négatifs quand il s'agit d'établir la non-existence de certaines classes d'animaux à des époques données du passé. Tout zoologiste admettra qu'entre la première création et l'extinction finale de chacun des mammifères oolitiques aujourd'hui connus, il y eut un grand nombre de générations successives soit à Stonesfield, soit dans le Purbeck ; et, si la répartition géographique de chaque espèce fut limitée (supposition purement gratuite), chaque génération a dû se composer de plusieurs centaines et, probablement, de plusieurs milliers d'individus au moment du développement maximum des espèces. Par conséquent, lorsque, pour la première fois, en 1854, on rencontra deux ou trois mâchoires de *Stereognathus* ou *Spalacotherium*, après des échantillons sans nombre de Mollusques et de Crustacés, et des centaines d'insectes, de poissons et de reptiles, on n'apprit pas seulement que ces quadrupèdes avaient individuellement existé à l'époque en question, mais que des milliers et peut-être des millions des mêmes espèces avaient peuplé la terre sans laisser après elles, soit sous la forme d'ossements, soit sous celle d'empreintes, aucun témoignage de leur existence, ou du moins sans que les recherches les plus persévérantes aient pu nous en faire retrouver quelque trace.

Nous remarquerons dans le tableau qui précède qu'un grand nombre des découvertes sont dues à l'habileté et à l'ardeur des géologues anglais. La Grande-Bretagne est jusqu'à présent le seul pays où l'on ait trouvé des mammifères au sein des roches oolitiques. Si la géologie n'eût pas été cultivée avec autant de zèle dans notre île, saurions-nous quelque chose des deux groupes importants de mammifères tertiaires plus anciens que la faune du gypse de Paris (considérée jadis comme la plus ancienne qui eût peuplé la terre)? connaîtrions-nous d'abord le groupe de mammifères de la série de Headon, puis un autre de date beaucoup plus ancienne, antérieur même à l'Argile de Londres? Cette dernière formation a déjà fourni des indications de Cheiroptères, de Pachydermes et de Marsupiaux. Si chaque point du globe eût été étudié avec le même soin, — si l'Europe entière, l'Asie, l'Afrique, l'Amérique et l'Australie étaient aujourd'hui aussi bien connues, que de modifications devraient recevoir les dates assignées dans le tableau précédent aux plus anciennes apparitions des poissons, des reptiles, des oiseaux et des mammifères! Maintenant, si toute autre région, par exemple une partie de l'Espagne, de même étendue que l'Angleterre et l'Écosse, venait à être soumise à un pareil examen (et nous ne connaissons encore qu'imparfaitement la Grande-Bretagne), chaque classe de Vertébrés reculerait probablement d'un ou de plusieurs pas vers l'abîme du temps : les poissons pénétreraient sans doute dans le Silurien Inférieur, — les reptiles, dans le Devonien Supérieur, — les mammifères, dans le Trias Inférieur, — les oiseaux, dans l'Oolite Moyenne; — et quant aux Invertébrés, les trilobites et les céphalopodes descendraient dans le Cambrien Inférieur, — et les Foraminifères, dans les roches appelées aujourd'hui *Azoïques,* plus anciennes que le Laurentien Inférieur.

Cependant, après ces révisions du tableau, et d'autres analogues, l'ordre de succession chronologique des différentes classes d'animaux fossiles continuerait probablement d'être le même ; — en d'autres termes, nos chances de succès, en suivant les traces de chaque classe vers des époques de plus en plus reculées, deviendraient de plus en plus faibles selon que nous passerions des poissons aux reptiles, puis aux mammifères et enfin aux oiseaux.

Dans ces dernières années, nous avons eu des preuves saisissantes de la difficulté que présente la découverte d'ossements humains, dans ces couches remplies d'outils, sous forme de silex, fabriqués par la main de l'homme. On connaît aussi, en Belgique par exemple, des masses étendues de roches Éocènes extrêmement abondantes en coquilles et autres organismes, et qui, malgré les recherches les plus attentives, n'ont pu fournir, dans l'espace d'un siècle, un seul os de mammifère. Dans le monde entier, les roches crétacées et oolitiques n'ont donné qu'un exemple unique d'un oiseau fossile. On dirait presque qu'il faut avoir recours à une évocation d'autant plus puissante que le fossile dont on veut exhumer les restes de son sépulcre de pierre appartient à une organisation plus élevée.

> « *Unwilling I my lips unclose,*
> *Leave, oh! leave me to repose.*
> Je ne veux point parler,
> Laissez-moi, oh! laissez-moi le repos. »

Nous rencontrerions les Ichthyolithes beaucoup plus répandus à chaque époque, et pénétrant dans la série à de plus grandes profondeurs qu'aucune autre classe de vertébrés fossiles ; et cela se comprend, car, d'abord, les paléontologistes ont beaucoup plus souvent affaire aux couches d'origine marine, et, ensuite, les os de poissons, quelque partielle et capricieuse que soit leur distribution sur le lit de la mer, se rencontrent plus facilement que ceux de reptiles ou de mammifères. L'extrême rareté des oiseaux dans les couches Récentes et Pliocènes, même dans celles d'origine d'eau douce, nous conduit aussi à supposer qu'on ne doit trouver leurs débris qu'avec une grande difficulté dans les roches plus anciennes, comme le démontre du reste le tableau ; et même dans les couches tertiaires, où l'on peut plus aisément rencontrer des dépôts formés au sein des lacs et des estuaires.

Le seul désaccord qui existe entre les résultats géologiques et ceux que nos dragages pouvaient indiquer *à priori*, consiste dans la fréquence des reptiles fossiles et la rareté comparative des mammifères. Il semblerait que, durant les périodes secondaires, sans même en excepter la partie la plus nouvelle de la période Crétacée, il y aurait eu un développement de la classe des reptiles bien supérieur à celui que l'on peut observer de nos jours sur aucun point du globe. La prédominance de cette même classe sur celle des mammifères a dépendu probablement des conditions climatériques, et elle semblerait impliquer en même temps, avant la période Tertiaire, le développement limité, sinon l'absence totale des mammifères placentaires, terrestres ou aquatiques. Ces derniers, plus nombreux, seraient alors devenus assez puissants pour arrêter dans son développement et refouler la classe des vertébrés, leurs alliés les plus proches par la structure, et leurs ennemis les plus directs dans la lutte à soutenir pour la conservation de la vie. Quoi qu'il en soit, l'impossibilité dans laquelle nous sommes, d'assigner des limites même conjecturales à l'extension chronologique de chaque classe de vertébrés, à mesure que nous rétrogradons dans le passé, et notre impuissance à découvrir les traces de ces animaux dans les couches plus anciennes, impuissance qui s'accroît en proportion du degré de leur organisation, sont autant d'arguments en faveur du développement progressif, ou au moins de l'apparition successive sur la terre d'êtres s'élevant de plus en plus dans l'échelle animale, jusqu'à l'avénement de l'homme lui-même.

CHAPITRE XXVIII

ROCHES VOLCANIQUES.

Trapp. — Dérivation de ce mot. — Origine ignée de la roche, d'abord révoquée en doute. — Son facies général et ses caractères. — Cônes et Cratères volcaniques, leur formation. — Composition minérale et texture des roches volcaniques. — Variétés de Feldspath. — Hornblende et Augite. — Isomorphisme. — Roches, comment faut-il les étudier? — Basalte, Trachyte, Greenstone, Porphyre, Scorie, Amygdaloïde, Lave, Tuff. — Agglomérat. — Latérite. — Liste alphabétique et explication des noms et synonymes des Roches Volcaniques. — Tableau des analyses des minéraux les plus abondants au sein des roches volcaniques et hypogènes.

J'ai décrit jusqu'à présent les roches aqueuses ou fossilifères; il me reste à traiter de celles que l'on peut appeler Volcaniques, dans le sens le plus large de ce mot. Supposons que *a, a*, dans le diagramme ci-dessous, représentent des formations cristallines granitiques et métamorphiques, *b, b* des couches fossilifères, et *c, c*, des roches volcaniques. On observera quelquefois ces dernières, comme nous l'avons

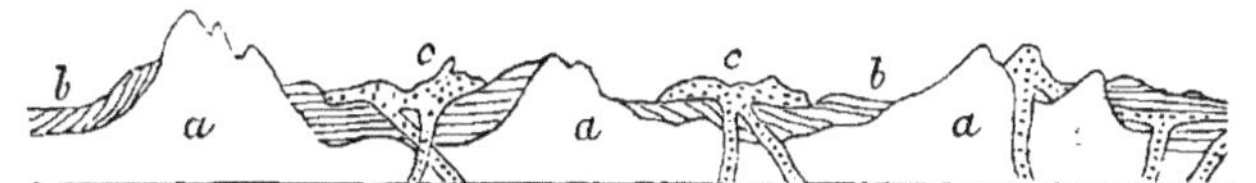

Fig. 672. — *a*. Formations hypogènes, stratifiées et non stratifiées. — *b*. Formations aqueuses. — *c*. Roches volcaniques.

dit dans le chapitre premier, perçant à travers *a* et *b ;* dans quelques cas aussi elles seront superposées à celles-ci, et accidentellement elles alterneront avec les couches *b, b*. On les verra également, sur certains points, passer insensiblement à la division non stratifiée *a*, ou roches Plutoniques.

Lorsque les géologues examinèrent pour la première fois attentivement la structure des contrées Nord et Ouest de l'Europe, ils ignoraient encore complétement les phénomènes des volcans actuels. Rencontrant certaines roches dépourvues de stratification et douées d'une composition minérale particulière, ils leur donnèrent différents noms, tels que Basalte, Greenstone, Porphyre et Amygdaloïde. A toutes ces roches que l'on avait reconnu appartenir à une même famille, Bergmann appliqua la dénomination de *Trapp*, d'après *Trappa* (suédois), qui signifie *suite de gradins*. Ce nom fut depuis très-généralement adopté dans la nomenclature scientifique ; on avait en effet observé que plusieurs des roches de cette classe se présentaient en grandes masses tabulaires d'étendue inégale, de manière à former une succession de terrasses ou gradins contre les flancs des vallées. Cette forme paraît dériver de deux causes : d'abord de la terminaison brusque, originelle, de nappes de matière fondue qui ont coulé sur un sol à sec, ou sur le fond de la mer, en couvrant une surface unie. Nous savons en effet que lorsqu'une lave est sortie d'un volcan, la coulée, après avoir cessé de s'avancer et s'être solidifiée, se termine presque toujours en une pente abrupte, comme en *a*, figure 673. Mais, en second lieu, la forme de gradins provient plus fréquemment de la manière dont les masses horizontales de roches ignées, telles que *b*, *c*, intercalées entre les couches aqueuses ou entre les dépôts de poussière et de cendre volcaniques, ont été ultérieurement et à différents niveaux mises à découvert par la dénudation. Une telle configuration n'est point, en réalité, particulière aux roches de Trapp : des lits puissants de calcaire et d'autres sortes de pierre dure sont coupés souvent par des terrasses et des précipices semblables ; toutefois, pour ces dernières roches, le phénomène se présente sur une plus petite échelle, elles sont moins nombreuses, moins accentuées que les *gradins* des roches volcaniques, et par conséquent se rapprochent davantage, quant à leur structure et à leur composition, des masses qui leur sont associées.

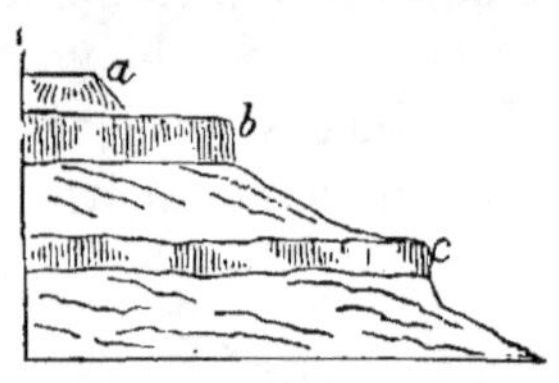

Fig. 673. — Trapp sous forme de gradins.

Bien que les roches trappéennes aient des caractères très-variés, le jeune géologue apprendra néanmoins facilement à les distinguer, comme classe, des formations aqueuses. Quelquefois elles présentent, ainsi que nous l'avons dit, la forme de masses tabulaires, mais non divisées par des plans horizontaux de stratification comme le sont les dépôts sédimentaires. Elles constituent souvent des chaînes de collines, et fréquemment elles sont coniques; il n'est pas rare de les rencontrer sous forme de *dykes*, c'est-à-dire de murs coupant les couches fossilifères. La roche est parfois colonnaire, et accidentellement les colonnes se décomposent en boules de grosseur qui varie de quelques centimètres à plusieurs décimètres de diamètre. La surface en décomposition se convertit habituellement en une sorte de croûte couleur de rouille, et ce phénomène s'opère par l'oxydation de la matière ferrugineuse qui existe en quantité considérable dans les Trapps contenant de l'Augite et du Hornblende ; ou bien, dans les variétés feldspathiques de trapp, cette surface devient opaque par la couleur blanche qu'acquiert le minéral appelé Feldspath. Lorsqu'on examine chacune de ces roches volcaniques dans les parties qui n'ont pas subi de désagrégation, on découvre ordinairement une disposition cristalline d'un ou de plusieurs des minéraux composants. Quelquefois la texture de la masse est cellulaire ou poreuse ; les pores et les cellules ont été souvent remplis, après coup, de carbonate de chaux ou de toute autre substance minérale provenant d'infiltration.

Grand nombre de roches volcaniques produisent, par leur désagrégation, un sol fertile : les éléments qui les composent, la silice, l'alumine, la chaux, la potasse, le fer et autres y sont sans doute en proportions convenables pour le développement de la végétation. Comme ces roches ne font point effervescence dans les acides, on pourrait d'abord supposer qu'elles sont dépourvues de matière calcaire; mais bien que le *carbonate* de chaux y soit rare, excepté toutefois dans les nodules d'amygdaloïdes, nous verrons que la chaux peut entrer largement dans la composition de l'Augite et du Hornblende (voir tableau, t. II, p. 289).

Cônes et Cratères. — Dans les régions où l'éruption volcanique s'est faite à ciel ouvert, et dont la surface n'a jamais été, depuis, soumise à aucune dénudation aqueuse de quelque importance, les cônes et les cratères présentent le trait le plus frappant de la classe de formations dont nous traitons ici. On voit plusieurs centaines de cônes dans la France centrale, dans les anciennes provinces d'Auvergne, du Velay et du Vivarais ; ils suivent, la plupart, une direction linéaire, et forment des chaînes entières de montagnes. Bien qu'aucune éruption n'ait eu lieu dans cette contrée depuis les temps historiques, on peut suivre encore d'une

Fig. 674. — Partie de la chaîne de volcans éteints, appelée Monts Dôme, Auvergne.
(Scrope.)

manière très-distincte les coulées de lave qui, descendues de différents cratères, se sont dirigées vers les vallées voisines. L'origine du cône et du cratère n'est point difficile à expliquer, car de nos jours on en a vu plusieurs tout à fait semblables se produire par les éruptions volcaniques. Une crevasse ou fente s'ouvre d'abord au sein de la terre, et par la solution de continuité s'échappent bientôt d'énormes quantités de vapeurs et de gaz. Les explosions sont si violentes, que les fragments de pierres lancés de l'intérieur, se heurtant violemment dans les airs, retombent ensuite en atomes sur le sol. En même temps s'élève par la cheminée ou soupirail duquel les gaz s'étaient échappés, une pierre fondue ou *lave*. Quoique extrêmement lourde, cette lave est soulevée par le pouvoir d'expansion des fluides gazeux comprimés dans sa masse, et principalement des vapeurs aqueuses, tout comme on voit de l'eau bouillir à la surface d'un vase lorsque, dans son fond, la vapeur a commencé de se

produire par l'action de la chaleur. D'énormes quantités de
lave arrivent ainsi à l'air, où elles se séparent en fragments
et acquièrent une texture spongieuse par le développement
subit des gaz qui s'y trouvaient emprisonnés ; elles donnent
lieu dès lors à des *scories ;* d'autres portions se réduisent à
l'état de poudre ou de poussière impalpable. La chute sur le
sol, autour de l'orifice d'éruption, des différentes matières
rejetées, donne lieu à un monticule conique dans lequel les
enveloppes successives de sable et de scorie forment des
bandes qui plongent suivant toutes les directions à partir de
l'axe central. Cependant un vaste creux appelé *cratère* est
resté au milieu du monticule, ouvert au passage continuel,
ascendant, de la vapeur et des autres fluides gazeux. Quelquefois la lave coule par-dessus les bords de ce cratère, elle
augmente ainsi l'épaisseur des parois du cône, en même
temps qu'elle double leur solidité ; mais d'autres fois elle
rompt le cône sur un point de sa circonférence (fig. 674),
et souvent alors elle coule de la fissure jusqu'au pied du monticule, ou jusqu'à une certaine distance de sa base (1).

Composition et nomenclature. — Avant de parler
du rapport qui existe entre les produits des volcans modernes
et ceux des roches ordinairement appelées trappéennes,
avant aussi de décrire les formes extérieures dans chacune
de ces deux catégories, ainsi que la position qu'elles occupent au sein de la croûte terrestre, je dois traiter d'abord de
leur composition minérale et indiquer leurs noms. Les variétés dont j'aurai à parler le plus souvent sont le basalte et
le trachyte, auxquels j'ajouterai la dolérite, le greenstone,
le clinkstone (2) et autres ; les autres variétés, fondées principalement sur des particularités de texture, sont les suivantes : porphyre amygdaloïde, lave, brèche volcanique ou
agglomérat, tuff, scories et ponce. On peut dire, d'une manière générale, que toutes ces roches sont composées princi-

(1) Pour la description et la théorie des volcans en activité, voyez *Principes de géologie,* chap. xxiv et suiv., et xxxii.
(2) Le *Clinkstone* est le *Phonolite* des auteurs français. (*Note du traducteur.*)

palement de deux minéraux ou familles de minéraux simples, *Feldspath* et *Hornblende* (1); mais la prépondérance
du feldspath se fait remarquer même dans ces roches chez
lesquelles l'élément de hornblende fournit le caractère distinctif et la couleur dominante.

Les deux minéraux que nous venons de citer doivent être
considérés comme deux groupes plutôt que comme deux
espèces. Le feldspath, par exemple, peut être d'abord du
feldspath commun[souvent appelé Orthoclase (2)] : c'est un
feldspath potassique, c'est-à-dire dans lequel l'alcali dominant est de la potasse (voyez le Tableau qui suit, sur la composition des roches); en second lieu, le feldspath peut être de
l'Albite, ou feldspath sodique, dans lequel l'alcali dominant
est de la soude; en troisième lieu, on peut avoir de l'Oligoclase
qui contient aussi plus de soude que de potasse, et se distingue de l'Albite par sa teneur moindre en silice; en quatrième
lieu, du feldspath labrador (*Labradorite*), qui diffère des
précédents non-seulement par ses reflets irisés, mais aussi,
par l'angle de ses fragments de cassure ou son clivage, par
sa composition dans laquelle il entre moins de silice que
dans l'Albite, et enfin par la chaux qui fait partie de ses
bases. L'anorthite, ainsi appelée à cause de l'obliquité des
angles interfaciaux de ses prismes rhomboïdaux, se rapproche beaucoup par sa composition du labradorite. Souvent
aussi l'on cite deux autres sortes de feldspaths, l'un appelé
vitreux, l'autre *compacte*, lesquels toutefois ne sauraient
être considérés comme des variétés d'une importance égale
aux précédentes, car les feldspaths albitique et commun
existent quelquefois eux-mêmes en cristaux transparents ou
vitreux; quant au feldspath compacte ou pétro-silex, c'est un
composé de nature moins bien définie, contenant quelquefois une large proportion de soude et de potasse; on peut

(1) Les géologues français ajouteraient un troisième minéral, l'*Augite*,
mais nous verrons plus loin comment l'auteur entend ici le Hornblende.

(*Note du traducteur.*)

(2) *Orthose* des minéralogistes français.   (*Note, ibid.*)

l'appeler une pâte feldspathique et le considérer comme un résidu qui serait resté après la cristallisation d'une partie de la matière première. Les analyses les plus récentes ont démontré que toutes les variétés de feldspath peuvent contenir à la fois de la potasse et de la soude, quoique dans certaines d'entre elles un seul de ces éléments soit prédominant.

Le groupe dans lequel le *hornblende* domine se compose principalement de deux variétés : le Hornblende proprement dit et l'Augite ; on regardait autrefois ces deux variétés comme très-distinctes, mais certains minéralogistes éminents ne seraient pas éloignés aujourd'hui de les considérer comme un seul et même minéral, variable seulement par sa forme cristalline, tout comme le soufre natif diffère du soufre artificiel.

L'histoire des changements successifs d'opinion relativement à ces minéraux est vraiment curieuse et instructive. Werner distingua le premier l'augite du hornblende, et la séparation qu'il en fit obtint plus tard la sanction de Haüy, Mohs et autres célèbres minéralogistes. Il fut constaté que la forme des cristaux différait dans les deux espèces, en même temps que la structure indiquée par le *clivage*, c'est-à-dire par cette sorte d'opération qui consiste à diviser le minéral à l'aide d'un ciseau ou par le choc d'un marteau, dans la direction suivant laquelle il cède le plus facilement. L'analyse prouva aussi que l'augite contenait habituellement plus de chaux, moins d'alumine, et pas du tout d'acide fluorique ; ce dernier principe, quoiqu'on ne le trouve pas toujours dans le hornblende, entre cependant souvent en quantité minime dans sa composition. Ajoutons à ces caractères l'observation d'un fait géologique particulier, c'est que les deux substances, l'augite et le hornblende, sont très-rarement associées dans la même roche ; et lorsque le cas arrive, comme dans certaines laves de date moderne, le hornblende occupe, à travers la masse de la roche, les points où la cristallisation a pu s'opérer plus lentement, tandis que l'augite tapisse simplement les cavités où les cristaux ont dû se produire rapidement.

On a remarqué aussi que, dans les scories cristallines des hauts fourneaux, les formes augitiques sont fréquentes, tandis que celles de l'autre minéral manquent totalement; d'après cette circonstance, on a pensé que le hornblende a pu résulter d'un refroidissement lent, et l'augite d'un refroidissement rapide. Cette manière de voir a été confirmée par un fait : Mitscherlich et Berthier sont parvenus à produire artificiellement de l'augite, mais n'ont jamais pu réussir à faire du hornblende. Récemment, Gustave Rose a fondu une masse de ce dernier minéral dans un fourneau de porcelaine, et a trouvé qu'en refroidissant il ne reprenait pas sa forme première, mais prenait invariablement celle de l'augite. Le même minéralogiste a remarqué dans des roches de Sibérie certains cristaux qui présentaient le *clivage* du hornblende, tandis que leur forme extérieure appartenait à l'augite.

Si, d'après de tels faits, on est en droit de conclure que la même substance peut prendre indifféremment la forme cristalline du hornblende ou de l'augite, suivant son refroidissement plus ou moins rapide, il est certain, d'autre part, que la variété communément appelée augite, et qui se reconnaît par une forme cristalline particulière, contient d'ordinaire plus de chaux et moins d'alumine que le hornblende proprement dit, bien que les quantités de ces éléments ne soient pas toujours identiques dans la même espèce. Sans aucun doute les faits et les expériences que nous avons relatés ci-dessus démontrent la très-grande analogie des deux minéraux; mais cependant la conversion elle-même d'une espèce en l'autre par la fusion et par une nouvelle cristallisation ne saurait prouver leur identité absolue. En effet, souvent il existe au sein d'un cristal quelques portions qui ne sont point en combinaison chimique parfaite avec le reste. Par exemple, le carbonate de chaux a quelquefois entraîné une portion considérable de silice sous la forme cristalline qui lui est propre; la silice s'y trouvait mécaniquement mêlée à l'état de sable, et cependant le carbonate de chaux a cristallisé sans sortir de son système. Ceci est un cas extrême ; en

diverses autres circonstances, un ou plusieurs des ingrédients du cristal ont été exclus de l'union chimique proprement dite ; et, après la fusion, lorsque la masse a cristallisé
de nouveau, les mêmes éléments ont pu très-bien se combiner dans des proportions semblables ou différentes, et ainsi
produire un minéral nouveau ; ou bien l'un des principes gazeux de l'atmosphère, l'oxygène par exemple, s'est uni avec
quelqu'un de ces éléments au moment où la matière a passé
de l'état de fusion à l'état solide.

Les quantités variables d'impureté ou matières étrangères
dont nous venons de parler, et qui peuvent se rencontrer
dans tous les échantillons, excepté dans les cristaux les plus
transparents et les plus parfaits, expliquent en partie les
désaccords que présentent les résultats obtenus par les chimistes, même les plus exercés, dans l'analyse d'un même
minéral. Des cristaux déclarés d'abord appartenir à une seule
espèce, d'après les caractères physiques, la forme cristalline
et les propriétés optiques, ont été souvent reconnus plus tard
par d'habiles expérimentateurs comme composés d'éléments
distincts (voyez le tableau sur la composition comparée des
minéraux qui constituent les roches). Ce désaccord parut
dans le principe devoir renverser toute la théorie atomi-
que, c'est-à-dire la doctrine qui admet une relation fixe et
constante entre la forme cristalline ou la structure d'un minéral et sa composition chimique. Toutefois l'anomalie apparente qui menaçait de jeter la confusion dans l'ensemble de la science minéralogique, ne tarda pas à se
relier à des principes fixes, au moyen de découvertes
faites par le professeur Mitscherlich, de Berlin. Ce savant
avança que la composition des minéraux, qui avait d'abord
paru si variable, était gouvernée par une loi générale à
laquelle il donna le nom d'*isomorphisme* (de ἴσος, *isos*, égal,
et μορφή, *morphé*, forme). D'après cette loi, les éléments
d'une espèce minérale donnée ne sont pas exclusivement et
toujours de la même nature ; mais l'un d'eux peut être remplacé par une portion équivalente d'un autre analogue.

C'est ainsi que dans l'augite, en place d'une partie de la chaux se trouve quelquefois du protoxyde de fer ou de manganèse, sans que néanmoins la forme du cristal et l'angle de ses plans de clivage changent. Ces substitutions corrélatives d'éléments particuliers ne sauraient toutefois dépasser certaines limites.

Pyroxène. — Ce nom, inventé par Haüy, est souvent employé au lieu de celui d'Augite (1) dans la description des roches volcaniques. C'est à vrai dire, suivant M. Delesse, un nom général sous lequel on peut comprendre l'Augite, la Diallage et l'Hypersthène, car ces trois minéraux sont des variétés d'une seule et même espèce, ayant une formule chimique identique avec des bases variables.

Amphibole. — C'est aussi un nom général sous lequel on peut comprendre le Hornblende et l'Actinolite (2).

Après cette petite digression sur quelques-uns des progrès récents qui ont été faits en minéralogie, je dois engager maintenant l'élève géologue à s'efforcer autant que possible de se familiariser avec les caractères de cinq, au moins, des minéraux simples les plus abondants au sein des roches. Ces minéraux sont le Feldspath, le Quartz, le Mica, le Hornblende et le Carbonate de Chaux. On ne saurait acquérir ce genre de connaissance par les livres seulement ; il faut voir les objets eux-mêmes, et les étudier avec l'aide d'un maître. Il est bon de s'habituer à reconnaître la nature des roches au moyen de la lentille grossissante. On apprendra d'abord à distinguer le feldspath du quartz ; c'est là un des pas les plus importants à faire quand on commence. Le quartz est beaucoup plus dur que le feldspath ; la pointe d'un canif raye facilement ce dernier, tandis qu'elle ne laisse aucune trace sur la surface du premier.

---

(1) Le nom d'*Augite* est consacré par les minéralogistes français à l'une des variétés principales de l'espèce Pyroxène, caractérisée par la prédominance de l'oxyde de fer et par une couleur noire ; une autre des variétés principales prend le nom de Diopside. (*Note du traducteur.*)

(2) Une troisième variété ou sous-espèce d'amphibole est généralement adoptée en France, la Trémolite ou Grammatite. (*Note ibid.*)

Lorsque ces deux minéraux sont cristallins, il est facile de les distinguer l'un de l'autre par la différence suivante : le feldspath présente une cassure lamellaire due au clivage; le quartz, une cassure essentiellement vitreuse ; mais lorsqu'ils se rencontrent à l'état grenu et non cristallin, le jeune géologue ne devra point se décourager, si, même après une pratique exercée, il se voit incapable de les reconnaître par les yeux seulement. Lorsque le feldspath est en cristaux, il est facile, comme nous avons vu, à distinguer par son clivage; mais, lorsqu'il se trouve en grains, on doit le soumettre à l'action du chalumeau : les bords des fragments s'arrondissent dans la flamme ou dard obtenu par cet instrument, tandis que ceux de quartz sont infusibles. Pour distinguer entre elles les différentes variétés de feldspath que nous avons énumérées, ou celles de hornblende et d'augite, il sera souvent indispensable de recourir à l'emploi du goniomètre à réflexion, instrument qui permettra au minéralogiste de mesurer l'angle de clivage et de déterminer la forme du cristal.

Les caractères extérieurs et la composition des feldspaths sont extrêmement différents de ceux de l'augite ou du hornblende ; il s'ensuit que les roches volcaniques dans lesquelles ces minéraux dominent sont faciles à distinguer entre elles. Mais il s'y rencontre des mélanges des deux éléments en proportions très-variées : la masse est quelquefois exclusivement composée de feldspath, et d'autres fois c'est l'augite qui domine. Entre ces deux termes extrêmes, on observe toute espèce de passage ; cependant certains composants prévalent tellement dans la nature organique, et montrent une si grande uniformité d'aspect et de composition, qu'il est utile en géologie de les considérer comme roches distinctes, et de leur donner des noms tels que Basalte, Greenstone, Trachyte et autres, dont nous allons parler.

Basalte. — Au nombre des roches dans lesquelles l'augite joue un rôle important, on doit citer en première ligne le Basalte. Bien que ce nom de roche nous soit plus familier que celui d'aucune autre sorte de Trapp, il est difficile d'en donner une définition précise, tant l'expression a été généralisée, et quelquefois vaguement employée. On l'a communément appliquée à toute roche trappéenne de couleur noir-bleuâtre, ou gris de plomb, et présentant une texture uniforme et compacte. Dans un sens plus restreint, ce mot indique un mélange intime de feldspath, d'augite et de fer, mélange auquel est souvent associé un minéral de couleur vert-olive appelé Olivine, en grains distincts ou en masses noduleuses. Le fer y est ordinairement magnétique, appartenant par conséquent à l'espèce fer oxydulé, et souvent accompagné d'un autre métal, le titane. Le mot·*Dolérite* est très-employé aujourd'hui pour désigner cette roche, lorsque le feldspath en est la variété dite Labradorite, par exemple dans les laves de l'Etna. Le Basalte, suivant le docteur Daubeny, serait, dans le sens le plus strict, composé d'un « mélange intime d'augite et d'un minéral zéolitique qui semble avoir été formé aux dépens du labradorite par l'addition d'eau; la présence de l'eau dans toutes les *Zéolites* fait qu'elles bouillonnent au chalumeau, caractère duquel elles ont tiré leur nom (1). Dans ces dernières années, les analyses de M. Delesse et d'autres minéralogistes éminents ont démontré qu'il fallait abandonner l'ancienne opinion admettant l'augite comme minéral prédominant du Basalte, ou même de la plupart des roches trappéennes augitiques. Bien que la présence de l'augite donne à ces roches un caractère distinctif qui les fait contraster avec les Trachytes, leur principal élément de composition est encore le feldspath.

La *Roche d'Augite* (*Augite Rock*), suivant Leonhard, est composée principalement ou entièrement d'augite (2), et certaines veines, suivant Delesse, seraient formées exclusivement de ce minéral; mais la majeure partie des masses qui reçoivent le nom de Roche d'Augite sont plus riches en feldspath vert qu'en augite. L'*Amphibolite*, ou *Roche de Hornblende*, est aussi une roche trappéenne de la même fa-

(1) *Volcanos*, 2ᵉ édit., p. 18.
(2) *Mineralreich*, 2ᵉ édit., p. 85.

mille basaltique, qui contient beaucoup de hornblende, et dans laquelle on a même admis que ce minéral est prédominant ; M. Delesse a trouvé, au contraire, par l'analyse, que le feldspath en forme le plus souvent l'élément principal, et que la pâte est feldspathique.

Dans quelques variétés de basalte, la quantité d'Olivine est très-considérable ; et, comme ce minéral ne diffère que légèrement par sa composition chimique de la Serpentine (voy. plus loin le tableau des analyses), qu'il contient même une plus grande proportion de magnésie que cette dernière espèce, on a supposé, et l'on a eu raison, qu'avec le temps certains basaltes fortement chargés d'olivine avaient peut-être été convertis par l'action métamorphique en serpentine.

Trachyte. — Ce nom, dérivé de τραχύς, grossier, sert à désigner une classe feldspathique de roches volcaniques à pâte grossière, celluleuse, âpre au toucher. On a généralement considéré cette pâte comme étant principalement de l'albite, mais, suivant M. Delesse, sa composition serait variable ; son alcali prédominant est le plus généralement la soude. Dans la masse sont disséminés des cristaux de feldspath vitreux, de mica, et quelquefois de quartz et de hornblende ; toutefois le Trachyte proprement dit ne contient pas de quartz. Les variétés de feldspath qu'on rencontre dans le Trachyte sont des trisilicates, c'est-à-dire des composés dans lesquels la silice est à l'alumine dans la proportion de trois atomes à un (1).

Le *Porphyre trachytique*, suivant M. Abich, possède la composition ordinaire du trachyte ; il compte du quartz en plus, pas d'augite ni de fer titané. Le nom d'*Andésite*, a été donné par Gustave Rose à un trachyte des Andes, qui contient le feldspath appelé Andésine, en même temps que du feldspath vitreux (Orthoclase), et du hornblende, disséminés à travers la pâte de couleur foncée.

Clinkstone, ou Phonolite. — Parmi les produits feldspa-

____

(1) Docteur Daubeny, *On Volcanos*, 2ᵉ édit., pp. 14, 15.

thiques de l'action volcanique, cette roche est remarquable par sa tendance à la division laminaire, caractère qui l'a fait employer comme pierre à couvrir (tégulaire). Elle sonne lorsqu'on la frappe avec un marteau ; de là son nom. Elle est compacte, et ordinairement colorée de bleu-grisâtre ou brunâtre. Sa composition est variable, c'est presque entièrement du feldspath, et, dans quelques cas, suivant Gmelin, ce serait du feldspath et de la Mésotype. Lorsqu'elle contient des cristaux disséminés de feldspath, on lui donne le nom de *Clinkstone porphyry* (Phonolite porphyrique).

Le *Greenstone* est la plus abondante de ces roches volcaniques qui sont intermédiaires par leur composition entre les Basaltes et les Trachytes. Son nom a été généralement appliqué à tout mélange grenu composé de hornblende et de feldspath, ou d'augite et de feldspath. Le mot *Diorite* désigne exclusivement le composé de hornblende et de feldspath. D'après les analyses de M. Delesse et d'autres, la cause principale de la couleur verte, dans la plupart des Greenstones, ne serait point le hornblende vert ou l'augite, mais une base siliceuse verte, très-variable, et ne paraissant pas avoir une composition définie. Toutefois la couleur foncée de la Diorite provient habituellement des particules disséminées de hornblende.

Les Basaltes contiennent moins de silice que les Trachytes, et plus de chaux et de magnésie ; il en résulte que, indépendamment de la présence fréquente du fer, ils sont plus lourds. Abich a donc conseillé de peser ces roches pour apprécier leur composition, dans les cas où il est impossible d'isoler leurs minéraux constituants. Ainsi, la variété de basalte nommée Dolérite, qui contient 53 pour 100 de silice, a pour pesanteur spécifique 2,86, tandis que le trachyte, qui recèle 66 pour 100 de silice, ne pèse spécifiquement que 2,68 ; le porphyre trachytique contenant 69 pour 100 de silice ne pèserait que 2,58. Si donc on choisit une roche de composition intermédiaire, par exemple la plus abondante parmi celles du pic de Ténériffe, qu'Abich appelle Trachyte-dolé-

rite, sa teneur en silice étant intermédiaire, c'est-à-dire de
58 pour 100, elle pèsera 2,78, ou par conséquent, plus que
le trachyte, et moins que le basalte (1). Les basaltes sont de
couleur foncée, quelquefois presque noirs, tandis que les
trachytes sont gris et même blancs. Comparés aux roches
granitiques, les basaltes et les trachytes contiennent chacun
plus de soude ; les feldspaths potassiques prédominent généralement dans les granits. De plus, les roches volcaniques,
qu'elles soient basaltiques ou trachytiques, contiennent
moins de silice que les granits, dans lesquels l'excédant de
ce dernier élément a cristallisé pour former du quartz. Ce
minéral, si important dans les granits, manque au contraire,
habituellement, dans les formations volcaniques, ou ne s'y
montre jamais dominant.

La fusibilité d'une roche ignée dépasse généralement
celle de toute autre roche, car la matière alcaline et la chaux
abondent dans sa composition, et servent comme de fondant
à la grande quantité de silice qui, autrement, serait complétement réfractaire.

Nous devons maintenant nous occuper de cette catégorie
des roches ignées dont les caractères sont fondés plutôt sur
la forme que sur la composition.

Le *Porphyre* appartient à cette classe ; il est très-caracté-
ristique des formations volcaniques. Lorsque des cristaux
distincts d'un ou de plusieurs minéraux sont disséminés au
sein d'une pâte terreuse ou compacte, la roche prend le nom
de porphyre (fig. 675). Ainsi le trachyte peut être porphyritique ; car, dans cette roche, tout comme dans un grand
nombre de laves modernes, il existe des cristaux de feldspath.
Mais certains porphyres fournissent aussi des cristaux d'augite, d'olivine et d'autres minéraux. Si la pâte est du greenstone, du balsate ou du pitchstone (pierre de poix) (2), la roche
peut recevoir le nom de *greenstone-porphyry* (greenstone-
porphyre), *pitchstone-porphyry* (rétinite porphyroïde),

(1) Docteur Daubeny, *On Volcanos*, 2e édit., pp. 14, 15.
(2) Rétinite des géologues français.   (*Note du traducteur.*)

et ainsi de suite. L'ancien type classique de cette roche est le porphyre roche d'Égypte, bien connu sous le nom de *Rosso antico* (Rouge antique). Il consiste, suivant M. Delesse, en une pâte feldspathique rouge dans laquelle sont disséminés des cristaux rouges de feldspath oligoclase, avec quelques particules de hornblende (Amphibole) noirâtre, et grains de minerai de fer oxydé (fer oligiste). Le *Porphyre rouge quartzifère* est une roche beaucoup plus siliceuse, contenant environ 70 ou 80 pour 100 de silice, tandis que le porphyre d'Égypte n'en recèle que 62 pour 100.

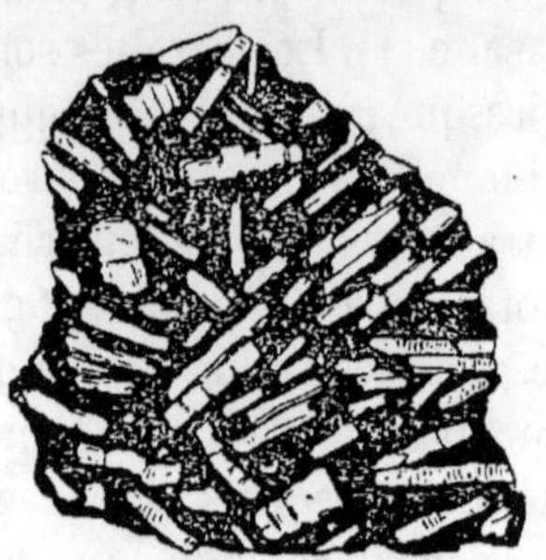

Fig. 675. — Porphyre.
Cristaux blancs de feldspath dans une pâte noire de hornblende et de feldspath.

Amygdaloïde. — C'est encore une forme de roche volcanique à composition très-variable. Elle comprend toute roche dans laquelle sont répandus au travers d'une pâte de wacke, de basalte, de greenstone ou autres sortes de trapp, des nodules arrondis ou amygdalaires de minéraux divers, tels que calcédoine, agate, spath calcaire, zéolite. Son nom dérive du mot grec *amygdala*, amande. L'origine de sa structure n'est pas difficile à expliquer, car des roches analogues se forment dans les laves modernes. De petites cavités ou cellules préexistaient dans la matière en fusion, et servaient à loger des bulles de vapeur ou de gaz. Après ou pendant la consolidation de cette matière, les espaces devenus vides ont été remplis graduellement par une substance qui s'est séparée de la masse ou qui s'est infiltrée par voie aqueuse. Comme les bulles se sont parfois allongées par la coulée de la lave avant son refroidissement, les contenus de leurs cavités ont la forme d'amandes. Dans certains trapps amygdaloïdes d'Écosse, dont les nodules sont décomposés, les cellules vides ont une enveloppe lustrée ou vitreuse, et sous ce rapport elles ressemblent tout à fait aux laves scoriacées, ou au laitier des hauts fourneaux.

La figure ci-contre représente un morceau détaché de la partie supérieure d'une coulée de lave basaltique en Auvergne. La moitié en est scoriacée, et les cellulosités en sont complétement vides ; l'autre moitié est amygdalaire, et ses cavités sont totalement remplies de carbonate de chaux qui forme des noyaux blancs.

Lave. — Cette dénomination est un peu vague ; on l'a appliquée à toute matière en fusion ayant coulé de soupiraux volcaniques. Lorsqu'une

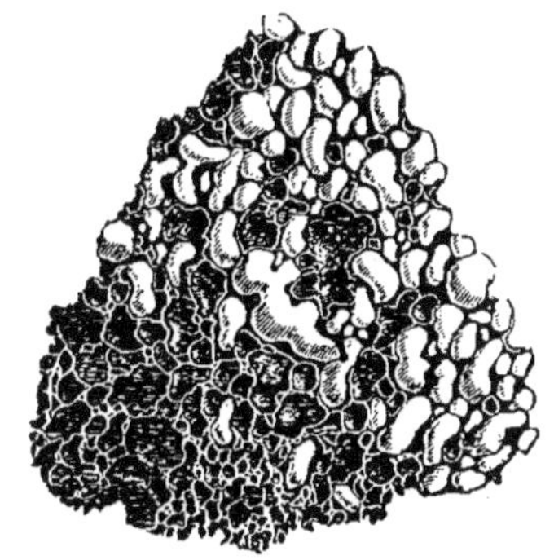

Fig. 676. — Lave scoriacée, en partie convertie en amygdaloïde.
Mont de la Veille, département du Puy-de-Dôme. France.

telle matière se refroidit à ciel ouvert, la partie supérieure devient ordinairement scoriacée, et la masse intérieure acquiert une structure de plus en plus compacte dans le sens de la profondeur, ou suivant qu'elle s'est consolidée plus lentement et sous une pression plus forte. Toutefois, à la partie inférieure d'un courant de lave, on rencontre très-souvent un peu de roche scoriacée formée par la première et très-mince nappe de matière liquide qui précède souvent la coulée principale, et arrive au contact de l'eau ou d'un sol humide.

Les laves les plus compactes sont souvent porphyritiques ; les portions scoriacées elles-mêmes contiennent quelquefois des cristaux imparfaits provenant de roches plus anciennes où ces cristaux préexistaient, et n'ont pas été fondus à cause de leur nature moins fusible.

La matière en fusion qui s'élève dans un cratère, ou même celle qui vient à s'infiltrer dans quelque fissure des flancs du cône, prend le nom de lave ; cependant cette expression appartient plus proprement à la pâte fluide qui a coulé à l'air libre ou sur le lit d'un lac ou d'une mer. Si cette même pâte n'a point atteint la surface du cratère, mais a pénétré simplement dans les crevasses intérieures, elle prend le nom de trapp.

Les laves présentent toute espèce de composition : quelques-unes sont trachytiques, celles du pic de Ténériffe, par exemple ; grand nombre sont basaltiques, celles du Vésuve et de l'Auvergne ; d'autres sont andésitiques, celles du Chili ; quelques-unes enfin des plus modernes au Vésuve contiennent de l'augite vert, et plusieurs de l'Etna renferment ce dernier minéral et du feldspath Labrador (1).

Les *Scories* et la *Ponce* sont à mentionner aussi comme roches poreuses, produites par l'action de gaz sur des matières que la chaleur volcanique a fondues. Les *Scories* sont ordinairement d'une couleur brun-rougeâtre ou noire ; c'est en quelque sorte une écume des laves basaltiques ou augitiques. La *Ponce* est une substance légère, spongieuse et fibreuse, produite par l'action de gaz sur des laves trachytiques et autres ; toutefois les rapports de son origine à la composition de la lave ne sont pas encore parfaitement établis. De Buch prétend que jamais elle ne se rencontre sur les points où le feldspath labrador est exclusif.

Tuff volcanique, Tuff trapp. — Les petits fragments angulaires de scorie et de ponce dont il a été question ci-dessus, ainsi que la poussière de ces mêmes roches, lancés par les explosions volcaniques, forment des tuffs ; ceux-ci abondent dans toutes les contrées à volcans actifs où de véritables sortes de pluies de ces matières, entremêlées de petits fragments d'autres roches arrachées du cratère, sont tombées sur la terre ou dans la mer. Les tuffs, alors, se trouvent souvent mêlés de coquilles, et sont stratifiés. Leur pâte est quelquefois liée par un ciment calcaire, ce qui produit une pierre susceptible d'un beau poli. Dans les cas même où il

(1) G. Rose, *Ann. des min.*, t. VIII, p. 32.

n'existe que peu ou pas de chaux, les éléments qui composent les tuffs ordinaires montrent une grande tendance à s'unir entre eux. Outre la spécialité de composition, certains tuffs ou *volcanic grits* (grès grossiers volcaniques), comme on les a nommés, diffèrent des grès ordinaires par l'angularité de leurs grains, et souvent passent aux *brèches volcaniques*.

Au dire de M. Scrope, les géologues italiens limitent le mot *tuff*, ou *tufa*, aux mélanges feldspathiques, et principalement à ceux de ponce; ils réservent le nom de *peperino* aux tuffs basaltiques (1). Les pépérinos ainsi compris sont ordinairement bruns, et les tuffs gris ou blancs.

On observe parfois des lits extrêmement compactes de substances volcaniques, stratifiés avec des roches fossilifères; ce sont, dans quelques cas, des tuffs, bien que leur densité ou leur compacité soient telles, qu'ils ressemblent à plusieurs de ces différentes sortes de trapp que l'on rencontre dans les dykes ordinaires. La boue de couleur chocolat qui, durant des semaines, est sortie du cratère de l'île Graham, dans la Méditerranée, en 1831, a dû, sans mélange avec d'autres matières, produire une pierre plus pesante que le granit. On a observé que chaque centimètre cube de poussière impalpable tombée pendant des jours entiers de l'atmosphère, à l'époque d'éruptions modernes, pesait, sans compression, autant que les roches trappéennes ordinaires, et souvent était identique à celles-ci par la composition minérale.

Palagonite-tuff (Tuff-Palagonite). — La nature des tuffs volcaniques doit varier beaucoup suivant la composition minérale des cendres et des débris lancés de chaque évent volcanique, ou d'un seul évent à différents intervalles. Dans la description de l'Islande, nous lisons que les Tuffs-Palagonites sont très-communs. Le nom de Palagonite fut donné pour la première fois par le professeur Bunsen à un minéral qui se rencontre dans les formations volcaniques de Palago-

____

(1) *Geol. Trans.*, 2ᵉ série, t. II, p. 211

nia, en Sicile. C'est plutôt une substance minérale qu'un minéral proprement dit, car elle est toujours amorphe, et n'a jamais été trouvée à l'état cristallisé. Sa composition varie, mais on peut la considérer comme un hydro silicate d'alumine, contenant de l'oxyde de fer, de la chaux, de la magnésie et un peu d'alcali. Elle est de couleur brune ou brun-noirâtre, et a pour pesanteur spécifique 2,43. Elle entre pour une large proportion dans la composition des tuffs et brèches volcaniques, et Bunsen la considère comme une roche altérée, résultant de l'action de la vapeur d'eau sur les tuffs volcaniques.

Agglomérat. — Dans le voisinage des émanations volcaniques, on observe fréquemment des accumulations de fragments anguleux qui ont été produits, pendant les éruptions, par l'action explosive de la vapeur battant en brèche les formations pierreuses sous-jacentes, et les chassant dans l'atmosphère. Ces fragments tombent en pluie tout autour du cône ou cratère, et peuvent se répandre même jusqu'à une certaine distance sur la contrée environnante. Les fragments consistent habituellement en différentes variétés de laves scoriacées et compactes ; mais d'autres sortes de roches, telles que du granit, ou même des calcaires fossilifères, y sont mêlées ; en somme, on y observe toute substance à travers laquelle les gaz, dans leur expansion, ont pu se frayer un passage. Le vent a favorisé la dispersion de ces matières, par ses variations de direction ou d'intensité ; elles se sont sans doute aussi groupées selon la pente du cône le long duquel elles ont roulé, et suivant l'intensité des pluies qui accompagnent souvent les éruptions. Mais si le pouvoir de l'eau ou celui des vagues et des courants de la mer suffit pour transporter des fragments à de grandes distances, il ne manque pas aussi d'émousser leurs angles (à moins que la glace n'intervienne), et dès lors la formation est un *conglomérat*. Si parfois des portions globulaires de scories abondent dans un agglomérat, il ne faut donc point attribuer leur forme arrondie exclusivement à l'usure.

La grosseur des fragments angulaires, dans certains agglomérats, est énorme : elle va jusqu'à 2 et 3 mètres de diamètre. Les masses mesurent souvent 15 à 30 mètres d'épaisseur, sans montrer aucune trace de stratification. On pourrait restreindre le sens de ce mot *brèche volcanique*, en l'appliquant seulement aux sortes de tuffs composés de petits fragments anguleux.

La croûte écumeuse d'une coulée de lave se partage souvent, pendant que celle-ci est en mouvement, par fragments anguleux, dont quelques-uns, après la cessation du cours de la lave, font saillie de 1 à 2 mètres au-dessus de la surface. Une croûte ainsi brisée ressemble beaucoup pour sa structure aux agglomérats que nous avons décrits ci-dessus, bien que sa composition soit habituellement plus homogène.

La *Latérite* est une roche rouge, jaspée et ressemblant à de la brique ; elle est composée de silicate d'alumine et d'oxyde de fer. Les petits lits rouges, nommés *lits d'ocre*, qui séparent entre elles les laves de la Chaussée des Géants, sont des latérites. M. Delesse a reconnu en eux des trapps imprégnés d'oxyde rouge de fer, partiellement réduits à l'état de kaolin. Par une décomposition plus avancée, ils deviennent de l'argile colorée d'ocre rouge. Deux des laves du Giant's-Causeway sont séparées par un lit de lignite ; il n'est donc pas improbable que les bandes de latérite que l'on voit dans les falaises d'Antrim aient été produites par décomposition atmosphérique. A Madère et aux îles Canaries, les courants de lave d'origine subaérienne sont souvent séparés par des bandes rouges de latérite, qui probablement ont été d'anciens sols formés par la décomposition de la surface des coulées. Plusieurs de ces sols primitifs sont devenus rouges dans l'atmosphère par l'oxyde de fer, et d'autres ont été convertis en rouge-brique au contact des laves fondues et brûlantes. Ces bandes rouges sont souvent prismatiques, et les petits prismes sont perpendiculaires aux nappes de lave. L'argile rouge ou la marne de la même couleur, formées, comme nous l'avons dit plus haut, par la désagrégation de la lave, des scories ou du tuff, se sont souvent accumulées sur de grandes épaisseurs dans les vallées de Madère; elles y furent apportées par l'action alluviale; quelques-unes aussi des couches épaisses de latérite qui existent dans l'Inde peuvent bien avoir eu la même origine. Toutefois, dans cette partie du globe, surtout dans le Deccan, le mot *latérite* paraît avoir été trop vaguement employé.

Il deviendrait oiseux d'énumérer toutes les sortes de trapp et de lave que divers observateurs ont considérées comme assez abondantes pour mériter des noms distincts, d'autant plus que chacun a pu exagérer l'importance des variétés dominantes dans les lieux qui lui étaient mieux connus. Il sera néanmoins utile de faire suivre ici, sous forme de glossaire, une liste alphabétique des noms et synonymes dont on fait le plus généralement usage, avec de courtes explications auxquelles j'ai ajouté un tableau d'analyse des minéraux simples les plus abondants au sein des roches volcaniques et hypogènes.

Explication des noms et synonymes, ainsi que de la composition minérale des Roches Volcaniques les plus abondantes.

Agglomérat. Brèche grossière, composée de fragments de roches lancés des cratères volcaniques, angulaires pour la plupart, et sans aucun mélange de cailloux usés par l'eau. On peut donner le nom de *Conglomérats Volcaniques* aux mélanges où se rencontrent ces dernières sortes de pierres.

Amphibolite. Voyez Roche de Hornblende.

Aphanite. Voyez Cornéenne.

Amygdaloïde. Forme particulière de roche volcanique, voyez ci-dessus, p. 278, t. II.

Basalte. Mélange intime de feldspath et d'augite, avec fer magnétique, olivine, etc. (Voyez p. 273, t. II.)

Basanite. Nom donné par Alex. Brongniart à une roche ayant pour base le basalte, avec cristaux plus ou moins nombreux et distincts d'augite qui s'y trouvent disséminés.

CLAYSTONE et CLAYSTONE-PORPHYRY (1). Pierre terreuse et compacte, ordinairement de couleur pourpre ; ressemble à de l'argile endurcie ; passe au Hornstone ; contient généralement des cristaux disséminés de feldspath, et parfois de quartz.

CLINKSTONE. *Syn. : Phonolite, Pétrosilex fissile* (voy. t. II, p. 275). Roche d'un gris bleu, montrant une tendance à se diviser en grandes lames très-dures ; cassure nette ; sonnant sous le choc du marteau ; composée principalement de feldspath, et, suivant Gmelin, de feldspath et de mésotype (Leonhard, *Mineralreich*, p. 102).

CORNÉENNE ou APHANITE. Roche compacte et homogène, sans traces de cristallisation, à cassure unie comme certains basaltes compactes ; elle se compose de hornblende, quartz et feldspath, intimement liés. Son nom dérive du mot latin *cornu*, corne, qui fait allusion à sa texture compacte et à sa dureté.

DIORITE. Sorte de Greenstone, composée de feldspath et de hornblende en grains. D'après Rose (*Ann. des Mines*, t. VIII, p. 4), la *Diorite* renfermerait de l'albite et du hornblende ; mais Delesse (2) a montré que le feldspath peut être de l'oligoclase ou du labrador. Sa couleur noire est due à des lamelles disséminées de hornblende (voy. ci-dessus, p. 276, t. II.)

DOLÉRITE. Elle est, suivant Rose, *ibid.*, p. 32, composée d'augite noir et de feldspath Labrador ; d'après Leonhard (*Mineralreich*, etc., p. 77), ses éléments constituants seraient de l'augite, du feldspath Labrador et du fer magnétique (voyez ci-dessus, p. 274, t. II).

DÔMITE. Trachyte terreux qui existe au Puy-de-Dôme, Auvergne.

EUPHOTIDE. Mélange de particules cristallines de feldspath Labrador et de Diallage (Rose, *ibid.*, p. 19). Suivant certains auteurs, cette roche serait un mélange d'augite, hornblende et Saussurite, minéral allié au jade (Allan, *Mineralogy*, p. 158). Haidinger a, le premier, observé que dans cette roche le hornblende entoure les cristaux de diallage.

FELDSPATH COMPACTE, appelé aussi PÉTROSILEX. La roche ainsi nommée comprend le hornstone de certains auteurs ; elle est voisine du Clinkstone, mais plus dure, plus compacte et translucide. C'est une roche variable, dont la composition chimique n'est pas bien définie (Mac-Culloch, *Classification des Roches*, p. 481).

FELSTONE. Même roche que le feldspath compacte. Lorsque celui-ci contient des cristaux feldspathiques, il devient *felstone* ou porphyre Feldspathique. Voy. aussi Hornstone.

(1) Argilolite et Argilophyre de la nomenclature française.
(Note du traducteur.)
(2) Delesse, *Ann. des Mines*, 1851, t. XVI, p. 323.

Gabbro. Voyez Roche de Diallage.

Greenstone. *Syn. :* Mélange de feldspath et de hornblende (voy. ci-dessus, t. II, p. 276).

Greystone (Graustein de Werner). Roche d'un gris de plomb ou verdâtre, composée de feldspath et augite. Le feldspath s'y trouve en proportions qui dépassent 75 pour 100 (Scrope, *Journ. of Sciences*, n° 42, p. 221). Les laves de Greystone sont intermédiaires pour la composition entre les basaltes et les trachytes.

Hornstone Porphyry. Variété de porphyre feldspathique à base de hornstone. (*Léonhard, loc. cit.*) Ce dernier minéral diffère du feldspath compacte, ordinaire, en ce qu'il est plus silicaté et plus difficilement fusible.

Latérite. Roche rouge, jaspée, et ressemblant à de la brique, composée d'une roche trappéenne altérée et d'oxyde de fer, ou quelquefois consistant en argile colorée par de l'ocre rouge (voy. ci-dessus, t. II, p. 283).

Lave vitreuse. Voyez Pitchstone et Obsidienne.

Mélaphyre. Variété de porphyre noir, composée de feldspath Labrador et d'une petite quantité d'augite. On avait d'abord attribué sa couleur noire à des cristaux microscopiques d'augite qu'on y découvre; mais M. Delesse a démontré que la pâte perd cette couleur par l'acide hydrochlorique, tandis que cet acide n'attaque pas les cristaux d'augite qui s'y trouvent isolés et généralement en très-petit nombre (*Ann. des Mines*, 4ᵉ série, t. XII, p. 228). Le nom de la roche vient de μέλας, *melas*, noir.

Obsidienne. Lave vitreuse ressemblant à du verre fondu, très-voisine du pitchstone (rétinite).

Ophiolite. Nom donné par Alex. Brongniart à la serpentine.

Ophite. Dénomination appliquée par Palassou à certaines roches trappéennes des Pyrénées, d'une composition très-variable, et dans lesquelles on observe du feldspath Labrador et du hornblende, quelquefois de l'augite; couleur parfois grisâtre. Cette roche passe à la serpentine.

Palagonite-Tuff. Tuff volcanique altéré, renfermant la substance appelée Palagonite (t. II, p. 281).

Pearlstone (Perlite). Roche volcanique ayant l'éclat de la perle, ordinairement à structure nodulaire; très-rapprochée de l'obsidienne, mais moins vitreuse.

Pépérino. Sorte de tuff volcanique, composé de scorie basaltique (voy. t. II, p. 281).

Pétrosilex. Voyez Clinkstone et Feldspath compacte.

Phonolite. *Syn. :* Clinkstone.

PITCHSTONE (Rétinite des Français). Lave vitreuse, à éclat moins vif que l'obsidienne; d'un vert noirâtre; ressemblant à un verre, mais ayant un aspect résineux comme la poix; elle contient ordinairement du feldspath vitreux (Orthose), un peu de mica, du quartz et du hornblende. Dans l'île d'Arran, elle forme un dyke de 9 mètres d'épaisseur qui coupe un grès.

PONCE. Forme légère, spongieuse et fibreuse de trachyte (voy. t. II, p. 280).

PORPHYRE AUGITIQUE. Cristaux de feldspath Labrador et d'augite, sur un fond vert ou gris foncé (Rose, *Ann. des Mines*, t. VIII, p. 22, 1835).

PORPHYRE PYROXÉNIQUE, même roche que le Porphyre Augitique; Haüy a donné le nom de Pyroxène à l'augite (1).

RÉTINITE. Voyez Pitchstone.

ROCHE D'AUGITE. De la famille des basaltes; composée de feldspath et d'augite (voy. t. II, p. 274).

ROCHE DE DIALLAGE. *Syn.* de Euphotide, Gabbro et de quelques Ophiolites. Composée de feldspath et de diallage.

ROCHE DE HORNBLENDE OU AMPHIBOLITE. Cette roche, telle que l'a définie Leonhard, est entièrement composée de hornblende; mais, aussi pure de composition, elle est exceptionnelle et se montre seulement à l'état de veines. Toutes les roches dans lesquelles le hornblende domine, devenant alors les *roches amphiboliques* des auteurs français, peuvent recevoir la dénomination de Roche de Hornblende. Elles contiennent toujours plus ou moins de feldspath, et passent au basalte ou au greenstone, ou bien à l'aphanite (voy. t. II, p. 274).

ROCHE D'HYPERSTHÈNE. Mélange de particules de feldspath Labrador et d'hypersthène (Rose, *Ann. des Mines*, t. VIII, p. 13); offrant la structure de la syénite ou du granit. Ce composé abonde dans les trapps de Skye. La roche est extrêmement tenace, grise ou noir-verdâtre. Quelques géologues la considèrent comme un greenstone dans lequel l'hypersthène remplace le hornblende. Cette opinion repose, suivant Delesse, sur le fait suivant: on trouve ordinairement, dans la roche d'hypersthène, du hornblende enveloppant les cristaux de ce dernier minéral qui possède un éclat perlé ou perlé métallique.

SCORIES. *Syn. :* Cendres volcaniques; variétés poreuses de lave, d'un rouge brun ou noir (voy. t. II, p. 280).

SERPENTINE. Roche verdâtre, contenant beaucoup de magnésie. Sa composition la rapproche étroitement du minéral nommé *Serpentine noble* (voy.

____

(1) L'Augite forme l'une des divisions de l'espèce Pyroxène adoptée par Haüy; le Diopside en est une autre division.   (*Note du traducteur.*)

Tableau des analyses, t. II, p. 289) qui la traverse sous forme de veines.
Les minéraux que fournit le plus fréquemment la serpentine sont la
diallage, le grenat, la chlorite, le fer oxydulé et le fer chromé. La diallage et le grenat sont plus riches en magnésie au sein de la serpentine
que dans les autres roches (Delesse, *Ann. des Mines,* 1851, t. XVIII,
p. 309). On remarque, mais rarement, la serpentine en dykes coupant
les couches contiguës; elle se rapporte indifféremment à la série trappéenne ou à la série hypogène. Son absence des produits volcaniques récents indique qu'elle appartient véritablement au groupe des roches métamorphiques; et même, lorsqu'elle se trouve en dykes traversant les
formations aqueuses, on dirait un basalte altéré, abondant en olivine.

Téphrine. *Syn.* de Lave. Nom proposé par Alex. Brongniart.

Toadstone (1). Nom vulgaire, usité dans le Derbyshire pour indiquer une
sorte de Wacke (voy. ce nom).

Trachyte. Composé principalement d'une pâte feldspathique, avec cristaux
de feldspath vitreux.

Trass. Sorte de tuff ou boue rejetée par des cratères lacustres pendant les
éruptions ; commune dans l'Eifel, Allemagne.

Tuff. *Syn.* : Tuff-trapp, Tuff volcanique (voy. t. II, p. 280).

Tuff-trapp. Voyez t. II, p. 280.

Tuff volcanique. Voyez t. II, p. 280.

Wacke. Variété molle et terreuse de trapp, d'aspect argileux. Elle ressemble
à de l'argile endurcie. La pointe d'acier y laisse des traces brillantes.

Whinstone. Nom usité dans certaines provinces en Écosse, pour désigner le
greenstone et autres roches dures.

(1) Mot à mot *Pierre de crapaud ;* nous n'avons pas d'expression française
univoque qui désigne autrement cette roche.   (*Note du traducteur.*)

ANALYSE DES MINÉRAUX QUI ABONDENT LE PLUS DANS LES ROCHES VOLCANIQUES ET HYPOGÈNES.

NOMS DES MINÉRAUX.	Silice.	Alumine.	Magnésie.	Chaux.	Potasse.	Soude.	Oxyde de fer.	Manganèse.	RESTE.
Actinolite (Bergman)	64	.....	22	.....	....	....	3		
Augite noir des roches volcaniques (Klaproth)	48,00	5,00	8,75	24,00	.....	....	10,80	1,00	
Carbonate de chaux (Biot)	.....	.....	.....	56,33	.....	....	......	....	43,05 C.
Chiastolite (Landgrabe)	68,50	30,11	1,13	.....					0,27 F.
Chlorite (Kobell)	31,14	17,14	34 40				3,85	0,53	12,20 E.
— (Delesse)	31,07	15,47	19 14	0,46			19,99	traces	11,55 E.
— du St-Gothard (Varrentrapp)	25,37	28,79	17,09	.....			28,79	.....	8,96 E.
Diallage de l'euphotide (Delesse)	49,30	5,50	17,61	15,43			9,43	0,51	0,85 E. 0,30 Ch.
— de bronzite du Tyrol (Kœhler)	56,81	2,07	29,6	2,20			8,46	0,62	0,22 E.
Épidote (Vauquelin)	37	21	.....	15		....	24	1,5	
Feldspath commun (Rose)	66,75	17,5	.....	1,25	12	....	0,75		
— — (Delesse)	64,91	19,16	0,65	0,78	11,07	2,49	traces		
— Albite (Rose)	68,84	20,53	.....	traces	....	9,12			
— — d'un phorphyre des Vosges (Delesse)	71,50	15,50	0,50	1,73	3,16	5,94	traces		
— Andésine, d'une syénite des Vosges (Delesse)	58,91	24,59	0,40	4,01	2,53	7,59	0,99	.....	
— Labradorite (Klaproth)	55,75	26,5	.....	11	....	4	1,25	.....	0,5 E.
— du vert antique (verde antico) (Delesse)	53,20	27,31	1,01	8,02	3,40	3,52	1,03	.....	
— Oligoclase, de la protogine du Mont-Blanc (Delesse)	63,25	23,92	0,32	3,23	2,31	6,88	traces		
— Oligoclase d'Arendal (Scheerer)	62,87	22,91	traces	3,61	1,39	8,16	1,89		
Grenat (Klaproth)	35,75	27,25	.....	.....	.....	.....	36	0,25	
— (Phillips)	43	16	.....	20	.....	.....	16		
Hornblende (Klaproth)	42	12	2,25	11	traces	.....	30	0,25	
— (Bousdorff)	45,69	12,18	18,79	13,85	.....	.....	7,32	0,22	1,5 F.
— de la diorite orbiculaire de Corse (Delesse)	47,88	8,23	18,40	7,05	0.14	0,65	16,15	traces	1,50 perle.
Hypersthène (Klaproth)	54,25	2,25	14	1,5	.....	.....	24,5	traces	1 E.
Leucite (Klaproth)	53,75	24,62	.....	.....	21,35	.....			
Malacolite ou Sahlite, vert (Delesse)	53,42	1,38	14,95	21,72	.....	.....	8,53		
Mésotype (Geblen)	54,64	19,70	....	1,61	.....	15,09	......	.....	9,83 E.
— (Berzelius)	46,80	26,50	.....	9,87	....	5,40	......	.....	12,30 E.
Mica (Klaproth)	42,5	11,5	9	.....	10	.....	22	2	
— (Vauquelin)	50	35	.....	1,33	.....	.....	7		
— noir (H. Rose)	40,00	12,67	0,63	.....	5,61	.....	19,03 S.	15,70	1,63 T. 2,00 F.
— vert, de la protogine (Delesse)	41,22	13,92	4,70	2,58	6,05	1,40	21,31 S. 5,03 P.	1,09	1,58 F. 0,90 perle.
— rouge, d'un ca'c. crist. (Delesse)	37,54	19,80	30,32	0,70	7,17	1,00	1,61	0,10	0,22 F. 1,51 perle.
— rose, d'un granit (C Gmelin)	49,06	33,61	0,41	.....	4,19	.....	.....	1,40	3,59 L. 3,28 F. 0,11 P.
— blanc de la pegmatite (Delesse)	46,23	33,03	2,10	.....	8,87	1,45	3,48 S.	traces	4,18 perte. 4,12.
Olivine (Berzelius)	40,86	.....	47,35	.....	.....	.....	11,72	0,43	
— (Klaproth)	50	.....	38,5	0,25	.....	.....	12		
— des pierres météoriques (Klaproth)	41,00	.....	38,5	.....	.....	.....	18,5		
Serpentine (Hisinger)	43,07	0,25	40,37	0,5	.....	.....	1,17	.....	12,45 E.
— asbestiforme (Delesse)	41,58	0,42	42,61				1,69	.....	13,70 E.
— commune (Delesse)	40,83	0,92	37,98	1,50			7,39	traces	10,70 E.
Stéatite (Delesse)	61,85	.....	28,53				1,40	.....	5,22 E.
— (Vauquelin)	64	.....	22				3		5 E.
Talc pur (Delesse)	61,75	.....	31,68		.....	.....	1,70	.....	3,83 E.
— (Klaproth)	61,75	.....	30,5		2,75	.....	2,5		
Tourmaline ou Schorl noir, d'un granit du Devon (Rammelsberg)	37,00	33,09	2,58	0,50	0,65	1,39	9,33 S. 6,19 P.	......	0,12 P. 7,66 B. 2,09 perte. 1 49 F.
— rouge, d'un granit de Moravie (Rammelsberg)	41,16	41,83	0,61	.....	2,17	1,37	....	97 S.	0,22 Ph. 3,56 B. 0,41 L. 2,70 F. 3,77 perte.
Tourmaline (Gmelin)	35,48	34,75	4,68	.....	0,48	1,75	17,44	1,89	4,02 B.

Dans la dernière colonne, à droite, les abréviations indiquent : B., acide boracique ; C., acide carbonique ; Ch., oxyde de chrôme ; E., eau ; F., acide fluorique ; L., lithine ; P., acide phoshporique ; T., oxyde de titanium. Dans la septième colonne des nombres, P. signifie protoxyde, et S. veut dire sesquioxyde.

CHAPITRE XXIX

ROCHES VOLCANIQUES (*suite*).

Dykes de trapp. — Quelques-uns font saillie. — D'autres ont laissé des vides par la décomposition. — Ramifications et veines de trapp. — Dykes plus cristallins à leur centre. — Couches altérées au contact ou dans le voisinage. — Disparition des débris organiques. — Conversion de la craie en marbre. — Trapp intercalé dans les couches. — Structure colonnaire et globulaire. — Rapports des roches trappéennes avec les produits des volcans actifs. — Forme, structure extérieure et origine des montagnes volcaniques. — Cratères et Calderas. — Iles Sandwick. — Lave coulant sous terre. — Cônes tronqués. — Calderas de Java. — Iles Canaries. — Origine et structure de la Caldera de Palma. — Roches plus anciennes et autres plus nouvelles, en couches discordantes, dans ce volcan. — Conglomérat aqueux à Palma. — Hypothèse d'un soulèvement. — Pentes sur lesquelles peuvent s'arrêter les laves pierreuses. — Étendue et nature de l'érosion produite par les eaux à Palma. — Ile de Saint-Paul dans l'Océan Indien. — Pic de Ténériffe, et ruines de son cône le plus ancien. — Madère. — Ses roches volcaniques en partie marines et en partie sub-aériennes. — Axe central d'éruption. — Plongements variables des laves solides près de l'axe, et à certaine distance de celui-ci. — Lit à feuilles et à plantes terrestres fossiles. — Vallées centrales de Madère, sans cratères ni calderas.

J'ai traité, dans le dernier chapitre, de la composition et des caractères minéralogiques des roches volcaniques ; je vais décrire maintenant la position qu'elles occupent au travers de la croûte terrestre, ainsi que les formes extérieures qu'elles affectent. Les variétés principales de basalte, trachyte, greenstone et autres roches se trouvent parfois en dykes traversant les formations stratifiées ou non stratifiées. D'autres fois ce sont des masses informes qui pénètrent ces formations ou les recouvrent ; ou bien, enfin, elles sont à l'état de feuillets horizontaux intercalés dans les couches.

Dykes volcaniques ou trappéens. — Nous avons déjà parlé des fentes que l'on observe dans toutes les espèces de roches, et dont certaines mesurent jusqu'à plusieurs mètres de largeur ; ces fentes sont remplies tantôt de terre ou de frag-

ments à formes anguleuses, tantôt de sable et de cailloux.
Supposons qu'au lieu de ces sortes de matières, une certaine
quantité de substance fondue ait été injectée dans la fente
béante, et qu'elle s'y soit consolidée, nous aurons une masse

Fig. 677. — Dyke dans la vallée près de Brazen Head, Madère.
(D'après un dessin du capitaine Basil Hall, de la Marine Royale.)

tabulaire qui ressemblera à un mur, et que nous appellerons
un dyke de trapp. Il n'est pas rare de rencontrer des dykes
de ce genre traversant des couches peu consistantes, telles
que tuff, scories, ou schiste argileux qui, plus altérables que
le trapp, auront été souvent emportées par la mer, les rivières
ou la pluie; dans ces différents cas, les dykes se montreront
en saillie contre un escarpe-
ment ou à la surface même de
la contrée (fig. 677).

Dans les îles d'Arran et de
Skye, ainsi qu'en d'autres parties de l'Écosse où le grès, le
conglomérat et diverses roches
dures sont traversées par des
dykes de trapp, le phénomène
inverse a lieu : le dyke s'est
décomposé plus rapidement
que la roche encaissante, il a
disparu de la fissure, laissant
à sa place une cavité plus

Fig. 678. — Fentes devenues vacantes
par la décomposition du trapp. Stra-
thaird, Skye (Mac Culloch).

grande qui s'étend jusqu'à une distance de plusieurs mètres

de la côte, comme on le voit ci-contre (fig. 678). Dans ces cas, le greenstone du dyke est habituellement plus dur et plus résistant que le grès ; mais l'action chimique, et principalement l'oxydation du fer, ont produit une décomposition plus rapide.

Assez fréquemment dans l'île d'Arran et sur d'autres points en Écosse, les couches, à leur contact avec le dyke, et jusqu'à une certaine distance de celui-ci, ont été endurcies au point de résister aux injures de l'air plus que le dyke lui-même ou que les roches voisines. Lorsque pareil cas se présente, deux murs parallèles de couches endurcies font saillie au-dessus du niveau général de la contrée, et suivent la direction du dyke.

Comme les fentes envoient parfois des ramifications, ou bien se divisent en deux ou plusieurs fissures d'égal diamètre, on observe des dykes de trapp qui se bifurquent et se ramifient d'une façon tortueuse, au point de mériter quel-

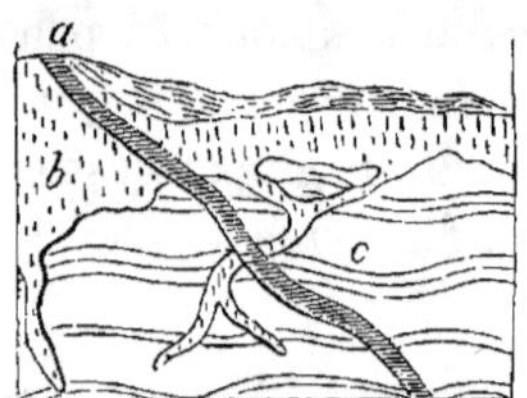

Fig. 679. — Veines de trapp ; Airdnamurchan.

quelquefois le nom de veines ; mais ce phénomène paraît plus habituel dans le granit que dans le trapp. L'esquisse ci-contre (fig. 679), due au crayon du docteur Mac-Culloch, représente une portion de falaise au bord de la mer dans le comté d'Argyle ; la masse incombante de trapp, *b*, envoie quelques veines qui se terminent vers le bas de l'escarpement. Une autre veine de trapp, *aa*, coupe à la fois le calcaire, *c*, et le trapp, *b*.

La figure 680 retrace le plan d'un dyke ramifié de greenstone qui traverse le grès sur la baie voisine de Kildonan Castle, dans l'île d'Arran. Le rameau le plus fort varie de 1,50 à 2 mètres d'épaisseur ; il donne l'échelle des dimensions pour les autres.

Aux Hébrides et en d'autres pays, les masses de trapp qui

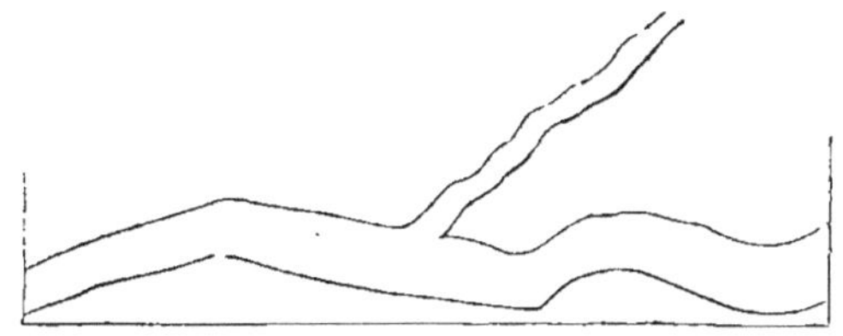

Fig. 680. — Plan d'un dyke de greenstone traversant le grès (Arran).

constituent une vaste surface du sol, et cachent les roches stratifiées sous-jacentes, reparaissent le long des falaises, et se prolongent en bas sous forme de veines ou de dykes qui, probablement, vont rejoindre d'autres masses de roches ignées à une profondeur plus considérable, comme nous l'avons figuré dans le diagramme ci-dessous. Ces dykes se voient sur la côte de Skye ; le plus important n'a pas moins de 30 mètres d'épaisseur.

On rencontre parfois dans les dykes plusieurs variétés de roches trappéennes, telles que basalte, greenstone, por-

Fig. 681. — Trapp traversant et recouvrant le grès près de Suisbnish, Skye (Mac Culloch).

phyre feldspathique et trachyte. Les trapps amygdaloïdes s'y trouvent aussi, quoique plus rarement ; enfin, on y signale même des tuffs et des brèches ; les matériaux de cette dernière catégorie peuvent avoir été précipités dans des fissures béantes au fond de la mer, — ou bien, pendant des éruptions ayant eu lieu sur terre, elles seront retombées en pluie dans ces mêmes fissures.

Certains dykes de trapp se continuent sans interruption sur des kilomètres entiers, en suivant une direction presque rectiligne : c'est ce qu'on observe dans le nord de l'Angleterre.

Dans ce cas, les fissures qui ont été remplies doivent avoir été d'une longueur extraordinaire.

Souvent le trapp, sur les bords ou contre les parois d'un dyke, est moins cristallin ou plus terreux que dans le centre : c'est que la matière fondue s'est figée plus rapidement au contact des parois froides de la fissure, tandis que, dans le centre, où la matière du dyke s'est conservée plus long-temps à un état de mollesse et de fluidité, la cristallisation a été lente. Cependant, j'ai observé un phénomène inverse aux environs de Santa-Cruz, à Ténériffe, sur un dyke qui coupe des lits horizontaux de scories dans la falaise près du Barranco de Bufadero. Ce dyke est vertical par sa direction générale, mais légèrement flexueux ; son épaisseur est d'environ $0^m,30$ Des murs de basalte compacte forment les parois ; mais, au centre, la roche est éminemment cellulaire sur une largeur de près de 10 centimètres. Dans cet exemple, la fissure a dû s'élargir après que la lave se fut consolidée de chaque côté, et la matière fondue, additionnelle, qui s'épancha dans l'espace moyen, se refroidit sans doute plus rapidement que celle des parois.

Dans l'ancien cratère du Vésuve, appelé Somma, on observe une bande mince de lave semi-vitreuse bordant certains dykes. Il existe aussi parfois, à la jonction des dykes de greenstone avec le calcaire, une *Sahlband* ou lisière de serpentine. Sur la rive gauche du fiord de Christiania en Norwége, j'ai vu, avec M. Keilhau, un dyke fort remarquable de greenstone syénitique, traversant, dans toute sa longueur, des couches Siluriennes jusqu'au promontoire de Nœsodden,

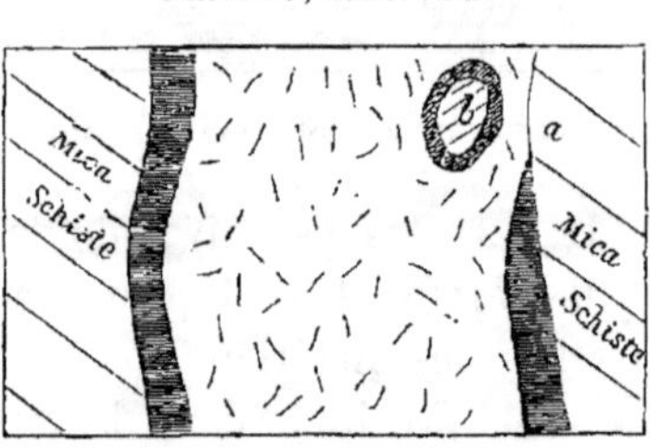

Fig. 682. — Dyke de greenstone syénitique à Nœsodden, Christiania.

b. Fragments enclavés de schiste cristallin, entourés d'une enveloppe de greenstone.

où il pénètre au sein du micaschiste. La figure 682 représente en plan certains points où le dyke se montre sur une
largeur de huit pas. Vers le milieu, il est éminemment cristallin et granitoïde, d'une couleur pourpre, contenant quelques cristaux de mica, et contrastant fortement avec le mi-
caschite blanchâtre ; entre celui-ci et la roche syénitique
existe habituellement, de chaque côté, une bande noire,
distincte, épaisse de $0^m,45$, et composée de greenstone noirâtre. A première vue, ces bandes ressemblent à deux dykes
concomitants ; cependant elles ne sont en réalité que des variétés de forme revêtue par les matières syénitiques dans le
voisinage ou au contact du micaschiste. Vers le point a, l'une
des salbandes s'interrompt sur une certaine longueur; mais,
tout près, et comme enclavé au milieu du dyke, se trouve
un gros bloc détaché, b, qui présente la structure du gneiss,
et se compose de hornblende et de feldspath. Autour de ce
bloc, on voit une petite zone circulaire de basalte foncé
ou de greenstone à grains fins, assez semblable aux bandes
épaisses qui bordent le dyke ; mais cette zone n'a guère
plus de 25 millimètres d'épaisseur.

Il paraît donc évident que le fragment b a exercé sur la
matière du dyke, en accélérant sans doute le refroidissement,
une action analogue à celle qu'ont produite, mais sur une
plus grande échelle, les parois de la fissure. Cet exemple
montre aussi avec quelle facilité une syénite granitoïde peut
passer aux variétés ordinaires de la famille des roches volcaniques.

Le fait d'un fragment étranger, b (fig. 682), enclavé au
milieu du trapp, comme s'il provenait de quelque roche
sous-jacente ou des parois d'une fissure, n'est point du tout
rare. Un dyke de greenstone, d'une épaisseur de 3 mètres,
situé dans les faubourgs nord de Christiania, en Norwége,
en fournit une autre magnifique illustration (voy. le plan,
figure ci-contre). Ce dyke traverse un schiste argileux que
ses fossiles font rapporter à la Série Silurienne. Dans la pâte
noire du greenstone, on remarque des portions anguleuses

ou arrondies de gneiss, quelques-unes blanches, d'autres d'une légère couleur de chair, certaines sans lamelles,

Fig. 683. — Dyke de greenstone, avec fragments de gneiss. Sorgenfri, Christiania.

comme le granite, d'autres, enfin, incrustées de lamelles qui, d'après leurs directions diverses et souvent opposées, ont évidemment été répandues au hasard à travers la gangue. Ces portions empâtées de gneiss mesurent de 2 à 20 centimètres environ de diamètre.

Roches altérées par les dykes volcaniques. — Après les remarques qui précèdent sur la forme et la composition des dykes, je dois décrire les altérations que ceux-ci produisent quelquefois sur les roches qui les touchent ou les avoisinent. Ces changements sont ordinairement ceux que l'on peut attendre de la chaleur intense d'une matière en fusion et des gaz qui s'y trouvent emprisonnés.

Plas-Newydd. — M. Henslow (1) a décrit un exemple frappant de ce genre de phénomène, qu'il a observé aux environs de Plas-Newydd, Anglesea. Le dyke a 40 mètres de large ; c'est une roche composée de feldspath et d'augite (dolérite de certains auteurs). Les couches de schiste et de calcaire argileux qu'il traverse dans une direction perpendiculaire, sont altérées jusqu'à une distance de 9 mètres, et même, en quelques endroits, de 11 mètres au delà des bords du dyke. Le schiste, à mesure qu'il approche du trapp, devient de plus en plus compacte ; il atteint son maximum d'endurcissement au point de jonction. Là il perd en partie sa structure schisteuse, mais on distingue encore ses divisions en petits lits parallèles. En plusieurs points, ce schiste est converti en jaspe porcelanique dur. Dans la portion la plus en-

____

(1) *Cambridge Transactions*, vol. I, p. 402.

durcie de la masse, les coquilles fossiles, principalement les
Productus, sont presque détruits; cependant on reconnaît
encore assez souvent leurs empreintes. Le calcaire argileux a
subi des changements analogues : en approchant du dyke, il
a perdu de plus en plus sa texture terreuse, et il a fini par
devenir grenu et cristallin ; mais le phénomène le plus curieux, c'est l'apparition, au sein du schiste, de nombreux
cristaux d'analcime et de grenat, qui sont limités de la
manière la plus exclusive aux portions de la roche sur
laquelle le dyke a produit son action (1). Les cristaux de
grenat contiennent jusqu'à 20 pour 100 de chaux ; cette base
provient de la décomposition des coquilles fossiles de Productus. M. Sedgwich a rencontré le même minéral, dans
des circonstances très-analogues, à High-Teesdale, où le
fait se produit également dans un schiste et un calcaire altérés par le basalte (2).

Antrim.—En plusieurs localités du comté d'Antrim, Nord
de l'Irlande, on voit la craie à silex traversée par des dykes
basaltiques. La craie est convertie en marbre grenu dans le
voisinage du basalte ; le changement s'étend quelquefois
jusqu'à 2 ou 3 mètres de la paroi du dyke ; c'est près du
point de contact qu'il est le plus prononcé, et, en s'éloignant
de ce point, il s'efface graduellement jusqu'à ce qu'enfin
l'action cesse d'être sensible. « Le produit le plus rapproché
du dyke, » dit le docteur Berger, « est un calcaire cristallin
brun foncé, dont les cristaux se clivent aussi larges que ceux
du calcaire grossier primitif (métamorphique) ; plus loin, la
roche est saccharine, par conséquent à grains fins et arénacés. On y observe aussi une variété compacte présentant
l'aspect de la porcelaine, et d'une couleur gris bleuâtre;
cette variété devient, vers sa limite externe, d'un blanc jaunâtre, et passe insensiblement à la craie non altérée. Les
silex, dans la craie altérée, ont généralement acquis une

(1) *Cambridge Transactions,* vol. I, p. 410.
(2) *Ibid.,* vol. II, p. 175.

couleur gris jaunâtre (1). » Toute trace de débris organiques a disparu de la portion la plus cristalline du calcaire.

La figure suivante (684) représente trois dykes basaltiques traversant la craie sur une largeur seulement de 27 mètres. La craie, au contact de ces trois dykes, ou comprise entre

Fig. 681.

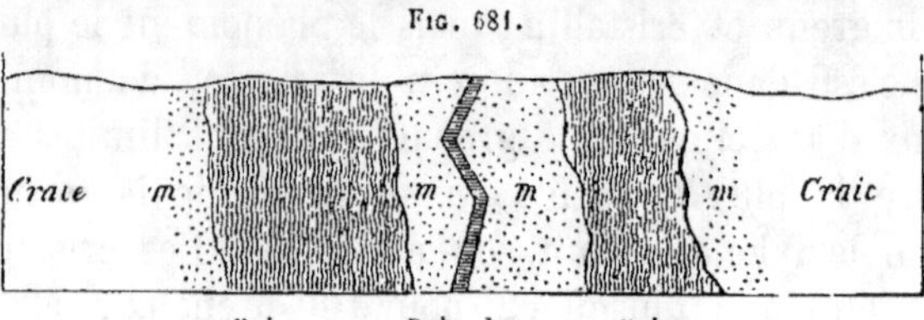

Dyke   Dyke de   Dyke
de 11 mètres.   0m,30.   de 6 mètres.

Dykes basaltiques dans la craie, en l'île de Rathlin, Antrim. Plan à découvert sur la plage. (Conybeare et Buckland) (2).

eux, est convertie en marbre finement grenu, *mm*. Le contraste complet de composition et de couleur des roches intruses et des roches envahies rend, dans ces sortes de cas, les phénomènes excessivement clairs et intéressants.

Un autre dyke, dans le nord-est de l'Irlande, a converti une masse de grès rouge en hornstone (silex corné). Par l'action d'un troisième, un schiste du terrain houiller a pris, en durcissant, le caractère d'un schiste siliceux ; ailleurs, l'argile schisteuse du lias s'est transformée également en schiste siliceux, tout en conservant de nombreuses empreintes d'ammonites (3).

En présence de toutes ces métamorphoses, on devait s'attendre à rencontrer des couches de houille, substance essentiellement combustible, modifiées extraordinairement au contact de roches fondues. Effectivement, dans la même contrée d'Antrim, certain dyke de greenstone traversant une couche de houille a réduit celle-ci à l'état de cendre jusqu'à la distance de 2^m,75 de chaque côté.

A Cockfield-Fell, Nord de l'Angleterre, on remarque de

(1) Dr Berger, *Geol. Trans.*, 1re série, vol. III, p. 172.
(2) *Geol. Trans.*, 1re série, vol. III, p. 210, et pl. 10.
(3) *Ibid.*, p. 213 ; et Playfair, *Illust. of Hutt. Theory*, p. 253.

semblables changements ; des échantillons pris à une distance d'environ 27 mètres d'un trapp ne se distinguent pas de la houille ordinaire ; ceux que l'on recueille plus près du dyke sont à l'état de cendre, et ont tout à fait le caractère du coke ; enfin, les échantillons pris au contact même du dyke sont convertis en une substance qui ressemble à de la suie (1).

On pourrait multiplier les exemples à l'infini ; pour terminer, j'en choisirai simplement deux ou trois.

La roche de Stirling Castle est un grès calcaire, fracturé et violemment déplacé par une masse de greenstone ; celle-ci, évidemment, était à l'état fondu lorsqu'elle envahit les couches. Le grès a été endurci ; il a pris au point de jonction une texture approchant de celle du silex corné. A Salisbury Craig et Arthur's Seat, près d'Édimbourg, un grès qui touche au greenstone se trouve changé en roche jaspoïde.

Les grès secondaires de Skye sont transformés en quartz solide sur plusieurs points où ils rencontrent des veines ou des masses de trapp ; un lit de quartz, dit le docteur Mac-Culloch, observé près d'une masse de trapp, au milieu de couches houillères, dans le comté de Fife, fut jadis, suivant toute probabilité, un grès ordinaire, postérieurement endurci et converti en quartzite par l'action de la chaleur (2).

Cependant, bien que, dans un très-grand nombre de cas, les couches qui avoisinent les dykes soient ainsi altérées, que le schiste argileux ait été métamorphosé en schiste siliceux ou en jaspe, le calcaire en marbre cristallin, le grès en quartz, la houille en coke, et les débris fossiles totalement ou partiellement détruits ou déformés, il n'est pas du tout rare de rencontrer les mêmes roches, dans les mêmes districts, absolument intactes au voisinage des dykes volcaniques.

Cette grande inégalité entre les effets produits par les roches ignées provient souvent d'une différence qui a existé

(1) Sedwick, *Camb. Trans.*, vol. II, p. 37.
(2) *Syst. of Geol.*, vol. I, p. 206.

dans leur température et celle des gaz qu'elles contenaient ; la température est plus intense en certaines laves que dans d'autres, et pour la même lave elle se modifie à mesure que le courant s'éloigne de son point de départ. La conductibilité pour la chaleur a pu varier aussi dans les roches envahies, suivant leur composition, leur structure, les dislocations qu'elles ont subies, et peut-être encore selon la quantité d'eau (ainsi susceptible d'être chauffée) qu'el'es recélaient. Dans certains cas, les éléments de ces roches ont dû se trouver associés en proportions voulues pour passer rapidement à l'état de combinaison chimique et former de nouveaux minéraux ; au contraire, dans d'autres cas, la masse a été plus homogène, ou les proportions des éléments moins aptes à subir l'association définie.

Il faut aussi tenir compte de cette circonstance, qu'une fissure, tantôt se remplit d'une lave qui commence immédiatement à se refroidir, et tantôt donne passage à un courant de matière fondue qui peut monter pendant des jours et des mois pour alimenter des coulées qui inondent la surface de la contrée sous-jacente, ou pour s'échapper sous la forme de scories de l'intérieur du cratère. De plus, si les parois d'une crevasse sont chauffées par la vapeur chaude avant que la lave s'élève, comme nous savons que cela arrive de nos jours sur le flanc de certains volcans, le calorique additionnel fourni par le dyke et ses gaz agira avec bien plus d'énergie.

Injections de trapp entre les couches. — Comme preuve de la force mécanique dont est doué le trapp fluide qui s'introduit dans les roches, je citerai l'exemple du Whin-Sill, où l'on voit une masse de basalte de 18 à 24 mètres de haut, représentée en *a* (fig. 685), engagée sous forme de coins entre des roches de calcaire *b* et de schiste *c*, lesquelles ont été séparées de la grande masse de calcaire et de schiste *d* à laquelle elles étaient primitivement unies.

En cet endroit, le schiste est endurci ; le calcaire qui, à distance du trapp, est de couleur bleue et contient des coraux fossiles, se trouve au contraire, au voisinage immédiat, converti en marbre grenu et dépourvu de fossiles.

Il n'est pas rare que des masses de trapp soient intercalées dans les couches, et conservent sur de larges étendues un

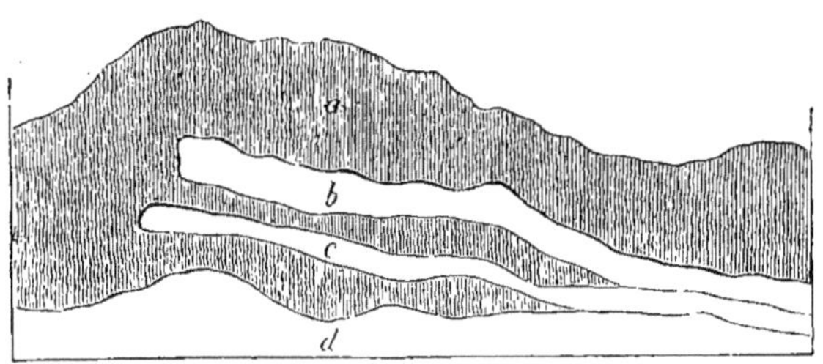

Fɪɢ. 685. — Trapp intercalé dans des couches disloquées de calcaire et de schiste, à Withe Force, High-Teesdale, Durham (Sedgwich) (1).

parallélisme exact avec les plans de stratification. Ces masses ont dû, sur quelques points, se frayer latéralement un passage entre les divisions des lits, direction suivant laquelle le fluide en progression rencontrait une résistance moins considérable, surtout lorsqu'aucune fissure verticale ne communiquait avec la surface, et qu'une puissante pression hydrostatique s'exerçait au moyen des gaz chassant la lave vers la partie supérieure.

Structure colonnaire et globulaire. — L'une des formes les plus caractéristiques des roches volcaniques, et spécialement des basaltes, est celle de colonnes. On l'observe lorsque de grosses masses se sont divisées en prismes réguliers qui, tantôt se séparent facilement les uns des autres, tantôt restent fortement adhérents. Le nombre des côtés, dans ces prismes, varie de trois à douze; on en compte généralement de cinq à sept. Souvent il existe à intervalles presque égaux des séparations transversales qui rappellent les articulations d'une colonne vertébrale. On voit un cas de ce genre à la Chaussée des Géants (Irlande). La longueur et le diamètre des prismes varient aussi extrêmement. Le docteur Mac Culloch en cite dans l'île de Skye qui mesurent en-

(1) *Camb. Trans.*, vol. II, p. 180.

viron 120 mètres de long ; d'autres, dans le Morven, ne dépassent pas 0^m,025. Quant à leur diamètre, il atteint, à Ailsa,
2^m,75, à Morven, 0^m,025 ou moins encore (1). Ils sont ordinairement droits ; quelques-uns cependant sont courbes.
On signale des exemples des uns et des autres dans l'île de
Staffa. Au travers d'un lit horizontal ou nappe de trapp, les
colonnes sont verticales ; dans un dyke vertical, elles sont
horizontales. Comme exemple de ce dernier cas, je mention-
nrai la masse de basalte appelée Chimney (cheminée) à
Sainte-Hélène (fig. 686) ; c'est une pile de prismes hexago-

FIG. 686. — Dyke volcanique composé de
prismes horizontaux. Sainte-Hélène.

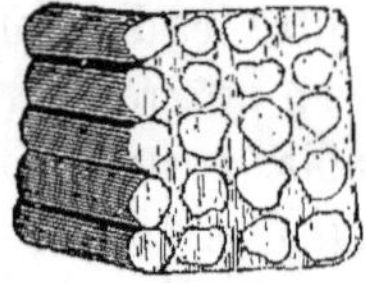

FIG. 687. — Petite portion du dyke représenté figure 686.

naux, de 19 mètres de hauteur, qui, évidemment, indique
le reste d'un dyke étroit, jadis encaissé par des parois rocheuses plus tard démantelées et abaissées jusqu'au niveau
de la mer. Dans la figure 687, j'ai représenté sur une échelle
moins réduite une petite portion de ce dyke (2).

Comme il est constaté que le trapp colonnaire a d'abord
été à l'état fluide, on conçoit que les prismes soient toujours
dirigés perpendiculairement aux *surfaces de refroidissement*. Par conséquent, si ces surfaces sont courbes, les colonnes, au lieu d'être perpendiculaires ou horizontales, devront être inclinées sous des angles de toute espèce. On

(1) Mac Culloch, *Syst. of Geol.*, vol. II, p. 137.
(2) Seale, *Geognosy of St. Helena*, pl. 9.

peut admirer un magnifique exemple de ce phénomène dans
une vallée du Vivarais, contrée montagneuse du Midi de la
France. Vers le milieu d'une région de gneiss, le géologue
rencontre à l'improviste plusieurs cônes volcaniques de sable meuble et de scories. Du cratère de l'un de ces cônes,
appelé la Coupe d'Aysac, un courant de lave est descendu
vers le fond d'une vallée étroite. Ce courant ne s'interrompt
qu'aux points où la rivière Volant et les torrents qu'elle reçoit ont coupé et enlevé des portions de la lave solide. L'esquisse suivante (fig. 688) retrace ce qui reste de cette lave

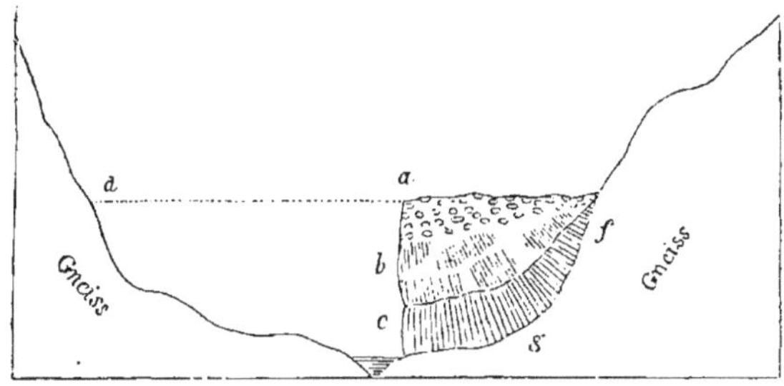

FIG. 688. — Lave de la Coupe d'Ayzac, près Antraigue, département de l'Ardèche.

sur l'un des points où le torrent latéral rejoint la vallée principale du Volant. Il est évident que la coulée a rempli jadis
la vallée entière jusqu'au niveau que j'ai marqué par une
ligne ponctuée *d, a;* mais la rivière a graduellement tout
entraîné au-dessous de cette ligne, et le torrent tributaire a,
de son côté, ouvert une large brèche dans le sens transver-
sal. La coupe nous montre en premier lieu qu'ici, comme
dans le reste de la contrée, la lave se compose de trois parties :
une supérieure, *a,* scoriacée; une moyenne, *b,* formée de
prismes irréguliers, et une inférieure *c,* à colonnes régulières, verticales et s'élevant en surplomb sur la rive du
Volant, où elles ont pour support une base horizontale de
gneiss ; elles sont inclinées sous un angle de 45° en *g,* et horizontales en *f.* Leur direction, sur tous ces points, a été
déterminée d'après la loi que nous avons établie, c'est-à-dire
par la forme concave de la vallée originelle.

La figure suivante (689) représente plusieurs de ces colonnes courbes et inclinées que l'on observe sur les versants des vallées dans la région montagneuse du nord de Vicence (Italie), et vers le pied des montagnes plus élevées des Alpes (1). Différents de ceux du Vivarais, les basaltes du Vicentin sont évidemment sortis du fond de la mer, et les vallées actuelles ont été, depuis, creusées par la dénudation.

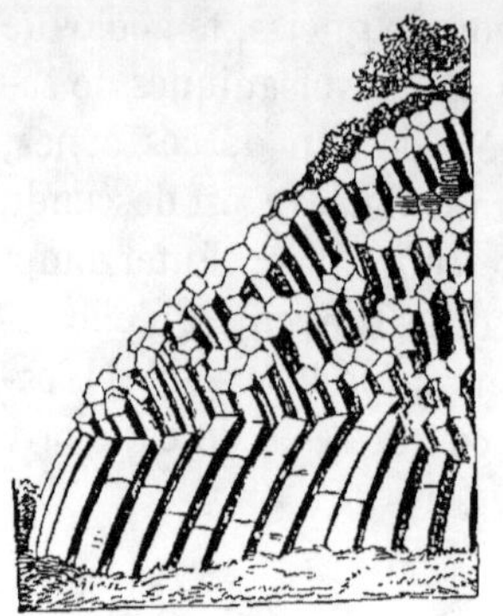

Fig. 689. — Basalte colonnaire du Vicentin. (Fortis.)

La structure colonnaire n'appartient point du tout exclusivement aux roches trappéennes où l'augite domine : elle est commune au phonolite, au trachyte et à d'autres roches feldspathiques de nature ignée. Dans ces dernières, toutefois, elle fournit rarement des formes polygonales aussi régulières.

Nous avons déjà dit que les colonnes basaltiques se divi-

Fig. 690. — Piliers basaltiques du Kasegrotte, l'ertrich-Baden, à moitié chemin entre Trèves et Coblentz. Hauteur de la grotte : 2 mètres à 2m,45.

saient souvent par joints transversaux. Quelquefois les segments, au lieu de se montrer angulaires, présentent une

(1) Fortis, *Mémoire sur l'Histoire naturelle de l'Italie*, t. 1, p. 233, pl. 7.

forme sphéroïdale, de sorte que chaque pilier est formé par une série de boules, ordinairement aplaties, comme on peut l'observer à la *Grotte des Fromages* (Bertrich-Baden), dans l'Eifel, non loin de la Moselle (fig. 690). En cet endroit, le basalte fait partie d'une petite coulée de lave qui peut avoir de 9 à 12 mètres d'épaisseur, et qui est sortie de l'un des nombreux cratères encore debout sur les hauteurs environnantes. On pourrait figurer la position de la lave, sur les bords de la rivière, dans cette vallée, par une coupe semblable à celle que nous avons déjà donnée (fig. 635); seulement il faudrait substituer au gneiss les couches inclinées de schiste et de grès argileux appelés grauwackes.

Dans certaines masses de greenstone, de basalte et d'autres roches trappéennes en décomposition, la structure globulaire est tellement accentuée, que la roche a l'apparence de gros boulets de canon. Suivant M. Delesse, le milieu de chaque sphéroïde aurait été un centre de cristallisation autour duquel les divers éléments de la roche se seraient disposés symétriquement pendant le refroidissement; et en même temps, dit cet auteur, ce milieu eût constitué un centre de contraction. La forme globulaire des sphéroïdes serait donc le résultat combiné de la cristallisation et de la contraction (1).

Un spécimen remarquable de ce genre de structure est fourni par un trachyte résineux, ou rétinite porphyroïde de l'une des îles Ponza situées dans la Méditerranée, entre Terracine et Gaëte. Les boules varient de quelques millimètres à près d'un mètre de diamètre, et sont de forme ellipsoïdale (fig. 691). La roche en entier est à l'état de décomposition, « et lorsque ces boules, dit M. Scrope, sont restées exposées pendant quelque temps aux injures de l'air, elles se séparent, au simple toucher, en nombreuses calottes concentriques semblables à celles d'une racine bulbeuse,

(1) Delesse, *Sur les roches globuleuses* (*Mémoires de la Société géologique de France*, 2ᵉ série, t. IV).

avec noyau compacte à l'intérieur. Les lames courbes de ce
noyau ne sont pas très-avancées en décomposition ; mais, au
choc violent du marteau, elles s'exfolient facilement (1). »

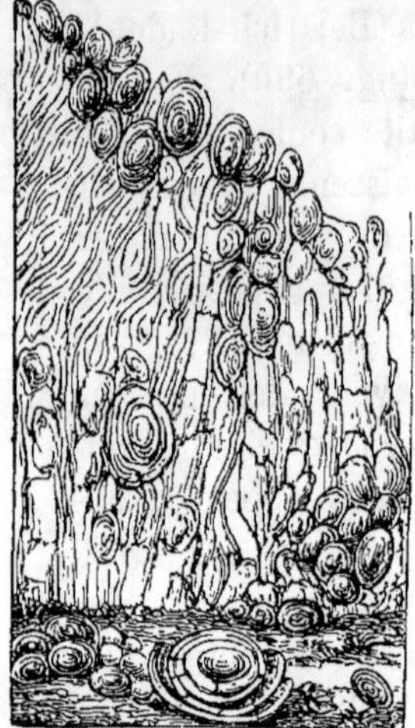

Fig. 691. — Rétinite globiforme.
Chiaja di Luna, île Pouza. (Scrope.)

Le clinkstone (phonolite) et autres roches trappéennes peuvent aussi acquérir une texture fissile ; cette propriété a permis de les employer à couvrir les habitations. Une même masse présente dans certains cas à la fois la structure prismatique et la structure schisteuse. Les causes qui ont dû produire cette disposition sont encore complétement ignorées, mais on suppose qu'elles se lient aux changements de température survenus pendant le refroidissement, comme on le fera voir dans la suite. (Voir chapitre XXXV et XXXVI).

RAPPORTS DES ROCHES TRAPPÉENNES AVEC LES PRODUITS DES VOLCANS ACTIFS.

Lorsqu'on réfléchit sur les modifications qu'éprouvent les
couches près de leur contact avec les dykes trappéens, quand
on songe à la complète analogie et souvent à l'identité de
composition et de structure des roches appelées trappéennes
et des laves vomies par les volcans actuellement en activité,
on comprend difficilement qu'on ait pu se demander grave-
ment, pendant plus d'un demi-siècle, si les trapps étaient
d'origine ignée ou aqueuse. Jusqu'à un certain point, on
admettait une différence réelle entre les formations trapp-
péennes et celles plus spécialement désignées sous le nom de
volcaniques. Une grande partie des roches trappéennes, que

_____

(1) Scrope, *Geol. Trans.*, 2e série, vol. II, p. 205.

l'on avait étudiées d'abord dans le nord de l'Allemagne et
en Norwége, en France et en Écosse, etc., semblaient avoir
été formées entièrement sous l'eau ou injectées dans les fissures et entre les couches ; rien n'annonçait qu'elles eussent
jamais coulé à l'air ou sur le fond d'une mer peu profonde.
Par conséquent, lorsque l'on comparait ces produits d'actions ignées sous-marines ou souterraines, aux cônes incon-
sistants de scories friables, de tuff et de lave, ou bien aux
coulées étroites, la plupart scoriacées et poreuses, qu'on observe au Vésuve et à l'Etna, la ressemblance ne laissait pas
que de paraître éloignée et équivoque. C'était en réalité
comme si l'on eût comparé les racines d'un arbre à ses feuilles et à ses branches ; tous ces organes, bien que faisant partie d'une même plante, diffèrent cependant de forme, de texture, de couleur, de mode d'accroissement et de position.
Un cône extérieur accompagné de ses cendres meubles et de
sa lave poreuse est comparable au feuillage léger et aux
branches ; les roches cachées au-dessous le sont aux racines.
Mais il ne suffit pas de dire du volcan,

>   ..... Quantum vertice in auras
> Ætherias, tantum radice in Tartara tendit,

(Autant le sommet s'élève vers la région éthérée, autant les racines descendent dans les profondeurs du Tartare)

car la *racine*, ou base du cône, descend littéralement jusqu'au Tartare, c'est-à-dire jusqu'aux régions du feu souterrain ; et la portion cachée dans les profondeurs de l'abîme
est probablement toujours plus importante par le volume et
l'extension que celle qui est visible au-dessus du sol.

On a vu, dans le chapitre VI, avec quelle fréquence des
masses épaisses de couches avaient été enlevées par la dénudation sur d'immenses surfaces ; ce fait peut nous expliquer
la disparition de toute partie proéminente de l'enveloppe extérieure d'anciens volcans sous-marins ou sub-aériens, d'autant plus que les matières qui forment cette enveloppe sont
toujours les plus légères et les plus destructibles. La forme

abrupte sous laquelle les dykes de trapp se terminent d'ordinaire à l'extérieur (fig. 692), et les cailloux de trapp usés
par les eaux qui existent dans l'alluvium recouvrant le dyke,

Fig. 692. — Couches traversées par un dyke de trapp, et recouvertes d'alluvium.

prouvent de la manière la plus incontestable l'ablation complète de la croûte superficielle de ces formations. Il est facile,
toutefois, de concevoir ce qui s'est passé dans les régions du
trapp, d'après les faits analogues que nous pouvons observer dans les volcans en activité.

Nous verrons, dans les chapitres suivants, qu'il existe dans
la croûte terrestre, des tuffs volcaniques de tous les âges, et
que ces tuffs contiennent des coquilles marines témoignant
d'éruptions survenues à plusieurs époques géologiques successives. Ces sortes de roches, ainsi que les trapps qui leur sont
associés, ne sauraient être comparées à la lave ni aux scories
qui se sont refroidies à l'air ; il faut chercher leurs analogues parmi les produits des éruptions volcaniques sous-
marines actuelles. Si l'on objecte qu'il n'est pas possible
d'étudier ces dernières, nous répondrons que, dans presque
toutes les régions à volcans actifs, les mouvements souterrains ont déterminé de grands changements dans le niveau
relatif des terres et des mers, et que ces changements, survenus à des époques comparativement récentes, ont mis au
jour les effets des opérations volcaniques qui ont eu lieu sur
le fond de l'Océan.

Par exemple, l'examen des roches ignées de Sicile, spécialement de celles du Val di Noto, a prouvé que les variétés
les plus ordinaires de trapp d'Europe avaient été produites
sous les eaux de la mer à une époque moderne, c'est-à-dire
à partir du moment où la Méditerranée fut habitée par

le plus grand nombre des espèces actuelles de testacés.

Ces roches ignées du Val di Noto, ainsi que les masses trappéennes plus anciennes d'Écosse et d'autres pays, diffèrent des formations volcaniques sub-aériennes en ce qu'elles sont plus compactes et plus pesantes, et aussi parce qu'elles forment quelquefois des coulées étendues de matières intercalées dans les couches marines, ou bien des conglomérats stratifiés dont les galets arrondis sont tous du trapp ; enfin, elles sont caractérisées par l'absence de cônes et de cratères réguliers, ainsi que par le défaut de conformité avec la lave aux niveaux les plus bas des vallées existantes.

Il est très-probable cependant que des cônes en forme d'îles existèrent jadis sur quelques points du Val di Noto, et qu'ils furent enlevés par les flots, tout comme le cône de l'île Graham, dans la Méditerranée, et celui de Nyöe, sur la côte d'Islande, lesquels disparurent, le premier en 1831, et le second en 1783 (1). Tout ce qui pourrait rester dans ces circonstances, après que le lit de la mer se serait élevé et converti en continent, se réduirait à des dykes et masses informes de roches ignées faisant saillie à travers des nappes de laves étendues sur l'ancien fond marin, ou à des couches de tuff formées de matériaux d'abord détachés, puis entraînés au loin par les vents et les vagues, et finalement déposés. On verrait aussi des conglomérats avec cailloux roulés de trapp, que l'action des vagues aurait accumulés pendant la dénudation de ces îles volcaniques, émerger du fond des eaux partout où le lit de la mer aurait été converti en continent. La proportion de matières ignées, originellement sous-marines, a toujours été considérable, car ceux des soupiraux des volcans qui n'existent pas sous l'élément aqueux sont la plupart insulaires, ou, s'ils sont placés sur le continent, c'est presque toujours près de la côte.

Quant à l'absence de porosité dans les formations trappéennes, les apparences sont souvent fort trompeuses, car

(1) Voyez *Principes de Géologie*, Index : ILE GRAHAM, NYOE, CONGLOMÉRATS VOLCANIQUES, etc.

tous les amygdaloïdes, comme nous l'avons démontré, sont des roches poreuses dans les cellules desquelles une matière minérale (silice, carbonate de chaux ou autre) a pénétré ultérieurement (voy. t. II, p. 279), quelquefois peut-être par sécrétion, pendant le refroidissement et la consolidation de la lave.

Dans la Little Cumbray, l'une des îles Western, près d'Arran, l'amygdaloïde contient accidentellement des cavités allongées remplies de spath brun; et, lorsque les nodules en ont été enlevés par l'eau, on voit les parois des cavités tapissées du vernis vitreux si caractéristique des pores d'une lave schistoïde. Dans certaines parties de la roche, soustraites à l'action de l'air et de l'eau, les cellules sont vides et semblent avoir toujours été en cet état. On ne saurait par conséquent distinguer ces amygdaloïdes de certaines laves modernes (1).

Le docteur Mac Culloch, après avoir examiné avec une grande attention ces amygdaloïdes, et les autres roches ignées d'Écosse, observe avec raison que : « C'est discuter simplement sur des mots que de refuser aux anciennes éruptions de trapp le nom de volcans sous-marins ; car il y a similitude entre les deux phénomènes, du moins sur tous les points essentiels, bien que les trapps ne rejettent plus aujourd'hui ni flamme ni fumée (2). » Suivant le même auteur, « il ne serait pas improbable que quelques-unes des roches volcaniques de ces pays eussent été vomies à l'air (3). »

Bien que les principaux éléments minéralogiques des laves sub-aériennes soient identiques avec ceux des trapps d'intrusion, et que la structure colonnaire et globulaire appartienne en commun aux deux sortes de roches, certains produits volcaniques ne se rencontrent jamais dans les couches de lave : tels sont le greenstone, le porphyre très-cristallin, et ces trapps dans lesquels le quartz et le mica figurent au nombre

(1) Mac Culloch, *West Islands*, vol. II, p. 487.
(2) *Syst. of Geol.*, vol. II, p. 114.
(3) *Id., ibid.*

des éléments constituants. En un mot, les roches trappéennes d'intrusion, qui forment le passage entre les laves et les roches plutoniques, s'éloignent d'autant plus par leurs caractères de la lave, qu'ils se rapprochent davantage du granit. Ces considérations sur les rapports entre les roches volcaniques et les roches trappéennes seront mieux comprises, lorsque le lecteur aura étudié, dans le XXXIIIᵉ chapitre, ce qui concerne les formations plutoniques.

FORME EXTÉRIEURE, STRUCTURE ET ORIGINE DES MONTAGNES VOLCANIQUES.

J'ai déjà parlé, dans le dernier chapitre (t. II, p. 266), de l'origine des cônes volcaniques à sommets cratériformes. J'ai traité aussi, plus à fond, de ce sujet, dans les *Principes de Géologie* (chap. XXIV à XXVII) où sont décrits le Vésuve, l'Etna, Santorin et Barren Island. La formation de ces montagnes ou îles est de beaucoup antérieure à l'ère historique. Leurs portions les plus anciennes montrent les mêmes traits extérieurs et la même structure que la plupart des volcans éteints d'époques encore plus reculées. Or, ces derniers sont évidemment dus à une série complexe d'opérations qui ont différé avec les circonstances, suivant que l'accumulation s'est opérée au-dessus ou au-dessous du niveau de la mer, que la lave s'est échappée d'une ou de plusieurs issues contiguës, et enfin que les roches soumises à la fusion, dans les régions souterraines, ont contenu plus ou moins de silice, de potasse, de soude, de chaux, de fer et d'autres éléments.

Nous connaissons mieux les effets des éruptions survennes au-dessus des eaux, c'est-à-dire de celles appelées sub-aériennes ou sus-marines. Cependant les produits même de ces dernières sont agencés avec tant de complication, qu'on a émis à leur égard quantité d'opinions contradictoires ; nous en examinerons quelques-unes dans ce chapitre.

Cratères et Calderas. — Iles Sandwich. — Dans la partie géologique du Voyage d'Exploration entrepris sous les auspices des États-Unis et publié en 1849, M. Dana nous apprend que deux des principaux volcans des îles Sandwich, les monts Loa et Kea, en Owyhee, sont de vastes cônes

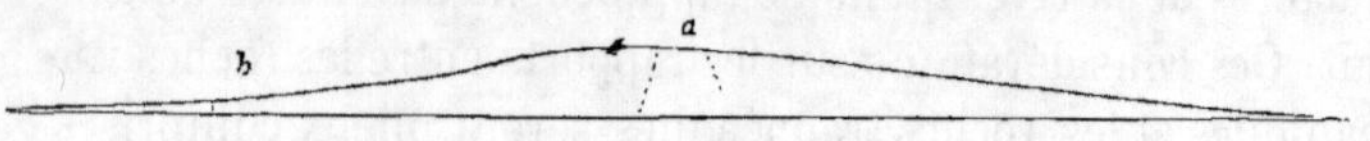

Fig. 693. — Mont Loa, îles Sandwich. (Dana.)
a. Cratère du sommet. — b. Cratère latéral de Kilauea.
Les lignes ponctuées indiquent une colonne supposée de roche solide laissée par la lave qui s'est consolidée après les éruptions.

tronqués, de plus de 4,000 mètres de haut (fig. 693), égalant chacun deux fois et demie l'Etna par leurs dimensions.

Des sommets de ces monts, qui bien qu'élevés sont dépourvus de pittoresque, et par des ouvertures situées non loin de leur extrémité supérieure, ont coulé successivement des courants de lave, larges souvent de 3 kilomètres ou plus, et quelquefois longs de 42 kilomètres. Ces courants, sortis l'un après l'autre, quelques-uns à des époques modernes, ont suivi toutes les directions, à partir du sommet du cône, et parcouru des pentes inclinées de 4 à 8 degrés, mais, en quelques endroits, beaucoup plus abruptes. Parfois des crevasses profondes, ouvertes sur les flancs de ces montagnes coniques, ont été remplies par des coulées de lave qui passaient à la surface, et la matière liquide, en se consolidant dans les fissures, a formé des *dykes*.

Le cratère latéral de Kilauea, b (fig. 693), est situé à une hauteur de 900 à 1,210 mètres au-dessus du niveau de la mer; il a donc environ la même élévation que le Vésuve. Il présente à son milieu une immense dépression de 300 mètres de profondeur, dont le bord ne mesure pas moins de 3 à 5 kilomètres de diamètre. On voit ordinairement la lave bouillir au fond, dans une sorte de lac dont le niveau change continuellement, le liquide s'élevant ou s'abaissant de plusieurs centaines de décimètres, suivant l'état d'activité ou de repos du volcan. Mais, au lieu de déborder par-dessus le cra-

tère, comme cela arrive d'ordinaire dans les soupiraux volcaniques, la colonne de roche fondue, dès que la pression est arrivée à son paroxysme, se fraye un passage à travers quelque
galerie souterraine ou fente conduisant à la mer. M. Coan,
missionnaire Américain, a décrit une éruption qu'il observa
en juin 1840, au moment où la lave, qui s'était élevée très-
haut dans le gouffre, commençait à couler. Sa direction fut
annoncée d'abord par l'apparition d'une lumière vive partant
du fond d'un ancien cratère appelé Arare. Ce cratère, actuellement recouvert d'une forêt, est profond de 120 mètres ; il est
situé à 9 kilomètres Est de Kilauea. La concordance de cette
lumière vive avec la décharge ou paracentèse du grand réservoir , fut suivie d'un changement considérable dans
le niveau de la lave à Kilauea : celle-ci baissa pendant
trois semaines, jusqu'à ce que l'éruption eût cessé, et alors
le lac était descendu à 120 mètres au-dessous du niveau qu'il
occupait auparavant. Le passage de la matière fluide, de Kilauea à Arare, eut donc lieu sous terre, et M. Coan suppose
que ce fut à plus de 300 mètres au-dessous de la surface. La
seconde indication de la marche souterraine de la même lave
se montra à 2 ou 3 kilomètres d'Arare : la coulée de feu fit
éruption, et vint se répandre extérieurement sur une surface
de plusieurs hectares ; elle reprit ensuite sa route sous le sol,
s'avança sur des kilomètres entiers dans la direction de la
mer, et reparut une troisième fois au fond d'un autre ancien
cratère également recouvert d'arbres, qu'elle remplit en partie. Le courant disparut encore sur plusieurs kilomètres,
puis il se fraya une nouvelle issue, et celle-ci fut la dernière, à
43 kilomètres de Kilauea, sur un point que le capitaine Wil-
kes assure être à 380 mètres au-dessus du niveau de la mer.
De là, le courant suivit une longueur de 19 kilomètres à ciel
ouvert, puis il se précipita d'une falaise de 15 mètres de
haut, et coula ensuite pendant trois semaines à la mer. Il
avait parcouru 60 kilomètres depuis Kilauea. La croûte du
sol, sur toute la route suivie par la lave souterraine, était
traversée d'innombrables fissures rejetant de la vapeur, et,

en quelques points, la roche sous-jacente était soulevée de 6 à 9 mètres.

Ainsi, ce seul volcan fournit à la fois l'exemple d'une lave coulant du sommet d'un cratère très-élevé, et d'une matière fondue progressant sous terre. Quant à celle-ci, a-t-elle formé des nappes entre les produits stratifiés des précédentes éruptions, ou bien les a-t-elle pénétrés par des fentes obliques ou verticales? On ne saurait répondre à cette question. Sur un point en particulier, et sur une certaine étendue, on dit qu'elle s'est dirigée latéralement, soulevant le sol sur son passage.

La coupe suivante du cratère de Kilauea due à M. Dana est tracée suivant le plus court diamètre ab, qui mesure environ 2,285 mètres. Les rochers formant la ceinture ac et bd

Fig. 694. — Coupe du cratère de Kilauea, îles Sandwich. (Dana.)
a, b. Bords extérieurs de la dépression suivant son plus court diamètre.— c, e, f, d. B'ack-ledge. — gh. Lac de lave.

sont la plupart tout à fait verticaux, et s'élèvent à 200 mètres; ils se composent d'une roche compacte disposée en assises presque horizontales, lesquelles ne sont point séparées par des scories, et fournissent une épaisseur qui varie entre plusieurs millimètres et quelques mètres. Au-dessous de ces assises, on arrive au *Black-Ledge* (noir gradin), ce et fd, composé de matériaux semblables et stratifiés. Ce gradin (ou rebord) est élevé de 100 mètres au-dessus du lac de lave gh, dont il forme le circuit. La cavité ab et ses parois sont probablement dues à un affaissement des roches primitives, occasionné par la fusion de leurs bases. Le rebord inférieur ce et fd a pu résulter en partie d'un abaissement vertical de la masse; mais l'autre portion a sans doute été fournie par les nappes de lave qui ont coulé l'une après l'autre sur le Black-Ledge. Si, quelque jour le fluide chauffé, montant du

foyer volcanique jusqu'au bas de la grande ouverture, venait
à augmenter de volume, il pourrait, en se répandant sous
terre, fondre beaucoup plus loin les masses sous-jacentes,
et, produisant ainsi un défaut de support, reculer les limites
de l'amphithéâtre de Kilauea. On distingue sur différents
points, aux environs de Kilauea, des traces non équivoques
d'affaissements de plus de 30 et de 60 mètres. Ces affaissements sont limités par des parois verticales. Si tous étaient
réunis, ils constitueraient une surface abaissée de 13 kilomètres carrés, ou deux fois celle du Kilauea lui-même. Des
accidents semblables ont eu lieu sans doute au sommet du
mont Loa, car, en cet endroit, la pression hydrostatique de
la lave qui parvient aux bords du cratère le plus élevé, a
(fig. 690), doit être considérable et provoquer la formation
de fentes latérales. Dans de pareils cas, la lave se précipite
dans toute ouverture qui lui est offerte, et commence à produire ses effets souterrains. Si, alors, la matière fondue rencontre, à un niveau inférieur, quelque point où elle puisse
s'échapper, et où la pression soit plus considérable, il arrive
parfois que tout le sommet de la montagne, ou sa plus forte
portion s'écroule.

On a observé en des temps modernes des exemples de
phénomènes semblables à Java et dans les Andes. Ainsi
s'expliquerait pourquoi, d'ordinaire, dans les montagnes
volcaniques, un cône actuellement en activité est entouré des
ruines d'un autre cône, plus large et plus ancien, qui se termine habituellement par un précipice en forme de croissant,
tourné vers l'élévation d'origine plus récente. Quant aux volcans depuis longtemps éteints, le pouvoir d'érosion exercé par
l'eau en mouvement, ou, dans certains cas, par la mer, ont
parfois grandement modifié la forme de l'*atrium*, c'est-à-dire
de l'espace compris entre le cône ancien et le cône plus
nouveau. La cavité a dû se prolonger ainsi vers le bas et
finir par un ravin. Alors, il n'est guère possible d'évaluer
la quantité de roches qui manquent et qui ont été enlevées
par l'explosion à l'époque où le cratère originel était en ac-

tivité, ni même d'estimer quelle a été plus tard la portion
engouffrée ou dénudée.

Java. — Dans l'île de Java, d'après le docteur Junghuhn,
quarante-six éminences coniques, d'une hauteur qui varie
de 1,220 à près de 3,660 mètres au-dessus du niveau de
la mer, constituent les pics les plus élevés d'une chaîne
montagneuse dirigée à travers l'île, de l'est à l'ouest. Toutes
ces éminences, à l'exception d'une seule, ont été visitées et
graphiquement représentées par l'infatigable voyageur que
nous venons de citer. Dans aucune d'elles n'ont été découverts des débris marins, ni sur les flancs ni à l'intérieur,
bien que des couches de formation marine existent plus près
de la mer, à des niveaux inférieurs. Le docteur Junghuhn
attribue l'origine de chacun de ces volcans à une succession
d'éruptions sub-aériennes produites par un ou plusieurs
évents centraux ; les scories, la cendre et les fragments de
roches auraient été lancés dans l'atmosphère, et des courants
de lave trachytique ou basaltique seraient descendus le long
des pentes. On a vu, à des époques récentes, des produits
semblables vomis par les sommets les plus élevés de ces pics.
La pente extérieure de chaque cône est généralement plus
abrupte vers son extrémité supérieure, où les couches
volcaniques présentent en même temps le plus fort plongement, 20, 30 et 35 degrés même ; mais celles-ci deviennent
de moins en moins inclinées à mesure qu'elles descendent ;
et, près de la base du cône, l'obliquité n'est plus que de 10
et souvent de 4 ou 5 degrés (1). La rencontre des laves de
plusieurs volcans voisins les uns des autres produit quelquefois des sortes de plateaux d'une grande hauteur, ou *selles*,
dont les lits sont très-légèrement inclinés. Au sommet de
plusieurs des monts les plus élevés, le cône et le cratère aujourd'hui en activité ont de faibles dimensions, et sont entourés d'une plaine de cendres et de sable. Cette plaine est

(1) *Java, deszelfs gedaante, bekleeding en invendige structuur, door F.
Junghuhn*. — Traduction allemande de la 2ᵉ édition, par Haaskarl. Leipzig,
1852.

circonscrite à son tour par ce que le docteur Junghuhn appelle l'*ancienne enceinte du cratère*, laquelle mesure jusqu'à 305 mètres d'altitude verticale. Il existe aussi quelquefois, comme au mont appelé Tengger, une terrasse de hauteur intermédiaire, comparable au *Black ledge* de Kilauea (fig. 694). Beaucoup de ces espaces ainsi entourés d'une rangée de rochers semi-circulaires ou presque circulaires ont des dimensions bien supérieures à celles de tout ce que nous connaissons en fait de cratères ou de dépressions occupées par un lac de lave liquide. Les Espagnols ont donné à ces cavités le nom de *caldera* (chaudron). Nous pourrons employer le mot dans un sens technique, quelle que soit l'origine que l'on assigne au phénomène. Plusieurs de ces cavités, à Java, n'ont pas moins de 4 milles géographiques de diamètre (près de 7 kilomètres 1/2), et Junghuhn attribue leur formation à une troncature produite par explosion et par affaissement d'anciens cônes d'éruption. Malheureusement, bien que plusieurs de ceux-ci, et les plus élevés, aient perdu une partie de leur hauteur en des temps historiques, ni les habitants de Java ni leurs dominateurs hollandais ne nous ont transmis jusqu'à présent aucun renseignement sur l'origine et la marche du phénomène dont il vient d'être question (1).

Le docteur Junghuhn pense que le Papadayang a perdu une partie de son sommet en 1772 ; mais la plupart des villes posées sur ses flancs, que l'on dit avoir été englouties par l'affaissement du sol, auraient été simplement ensevelies sous la lave.

Du point culminant de plusieurs des *calderas* de Java coulent des rivières qui, avec le temps, ont creusé de profondes vallées dans les flancs de la montagne. En général, les pentes extérieures de chaque cône sont sillonnées par d'étroits ravins rectilignes, profonds de 60 à 180 mètres, qui rayonnent du sommet dans toutes les directions, et devien-

____

(1) *Principes de Géologie*, 9ᵉ édition, p. 493.

nent plus nombreux en descendant. Les crêtes ou *côtes* qui séparent ces ravins rappellent, par leur disposition, les rayons d'une ombrelle. Une montagne d'une hauteur surpassant 3,050 mètres, ne présente, au-dessus, ni sillons ni crêtes ; à 3,050 mètres, il n'y en a pas plus de trois, tandis qu'à 150 mètres plus bas, on en compte jusqu'à quarante. Ils paraissent tous produits par l'action de l'eau courante, et si, parfois, ils entament le bord d'une caldera, c'est uniquement parce que le cône a été tronqué assez bas pour que son sommet ne s'élève plus aujourd'hui qu'à l'ancienne région moyenne où les torrents ont pratiqué ce genre de dentelure. On doit conclure de ces faits que, si un cône échappe à la destruction produite par une explosion ou par un engloutissement, il peut rester intact dans sa portion supérieure, tandis qu'à un temps donné, vers sa base, il sera déchiré de profonds ravins creusés par les torrents latéraux.

Le docteur Junghuhn a remarqué, comme l'avait fait aussi Dana dans les îles du Pacifique, que les montagnes volcaniques, quelque larges et quelque exposées qu'elles soient aux pluies torrentielles, n'ont pas de rivières tant que le feu agit à leur intérieur, ou que le cratère le plus élevé continue à rejeter d'intervalle en intervalle des pluies de scories et des flots de lave. Ces injections et courants de roche fondue remplissent toutes les inégalités ou dépressions superficielles dans lesquelles l'eau pourrait s'amasser ; de plus, le terrain est si poreux, que le ruisselet le plus exigu ne saurait se former. Au contraire, lorsque les feux souterrains ont, pendant longtemps, alimenté l'éjection, et sont près d'être épuisés, quand aussi les scories superficielles et les laves se décomposent et se recouvrent d'un sol argileux, l'érosion par les eaux commence bientôt ses opérations avec une énergie proportionnée à la rapidité de la pente et à la nature incohérente du sable et des cendres. Les laves les plus solides sont parfois caverneuses, et presque toujours elles alternent avec des scories et tuffs dont la désagrégation est facile ; alors elles résistent moins aux agents extérieurs, et la plupart sont promptement réduites à l'état de fragments d'une petitesse qui permet leur déplacement, car la division s'opère chez elles par des joints verticaux ou fentes, et produit des colonnes.

Iles Canaries. — Palma. — J'ai traité avec beaucoup de détail, dans les *Principes de Géologie*, des différentes théories qui ont été mises en avant par les autorités les plus compétentes, sur l'origine des cônes volcaniques et sur les lois qui régissent le mouvement de la lave en même temps que sa consolidation ; je me bornerai donc ici à décrire les faits que j'ai observés à Madère et dans quelques-unes des îles Canaries. Mon voyage en ces contrées date de l'hiver 1853 - 1854 ; j'ai eu pour compagnon et collaborateur M. Hartung, de Kœnigsberg (1). Nous avons visité entre autres l'île de Palma, localité devenue classique par la description qu'en a donnée, en 1825, Léopold de Buch ; ce savant l'a considérée comme un type de ce qu'il appelait *cratère de soulèvement*.

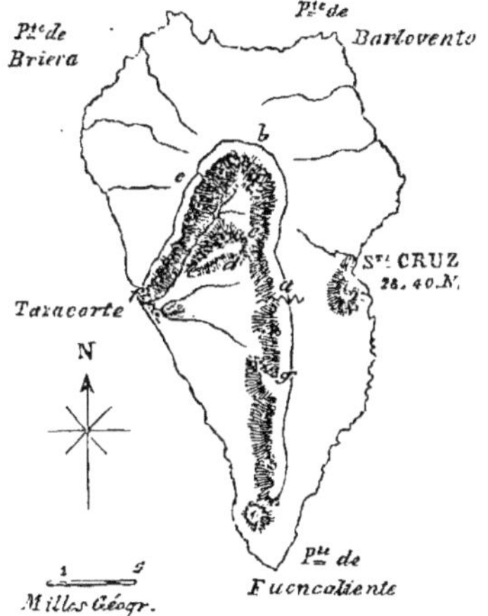

(1 mille géogr. = 1ᵏⁱˡ,85 environ.)

Fig. 695. — Carte de Palma, d'après le capitaine Vidal, de la Marine Royale.

Palma est située à 46 milles géographiques (85 kilomètres

(1) Voyez Hartung, *Geology of Madeira and Porto Santo*. Leipzig, 1864.

environ) ouest de Ténériffe. Vue du détroit qui sépare les deux îles, elle paraît se composer de deux masses montagneuses principales entre lesquelles est la dépression *a* (Carte, fig. 695), ou passage de Tacanda élevé de 1400 mètres environ au-dessus du niveau de la mer. A part certaines irrégularités que je mentionnerai ultérieurement, la plus septentrionale de ces masses montre, pour la forme générale, une grande ressemblance avec un grand cône tronqué ; elle présente au centre une vaste et profonde cavité nommée par les habitants *la Caldera*. Cette cavité (*b, c, d, e*, fig. 695) mesure 3 à 4 milles géogr. (5 à 7 kilom.) de diamètre, et les précipices qui en forment l'enceinte s'élèvent de 450 à 760 mètres verticalement. A la base de ceux-ci commence une pente escarpée que recouvre une splendide forêt de pins, et qui se prolonge jusqu'à 300 et quelquefois 600 mètres plus bas. Le centre de la Caldera se trouve à 600 mètres environ au-dessus de la mer. Vers la moitié septentrionale de la crête circulaire se dressent des pics qui comptent plus de 2,000 mètres au-dessus du même niveau. Chaque année cette partie se recouvre d'un manteau de neige pendant les mois d'hiver.

Extérieurement, les versants du cône tronqué inclinent vers toutes les directions ; les pentes en sont plus abruptes près de la crête, et beaucoup moins à mesure qu'elles se rapprochent de la contrée basse. Un grand nombre de ravins prennent leur origine sur les flancs de la montagne, à partir d'une petite distance au-dessous du sommet ; d'abord peu profonds, ils gagnent en dimensions à des niveaux plus bas, et, en même temps, ils augmentent en nombre comme sur les cônes de Java dont nous avons parlé ci-dessus.

La crête escarpée, circulaire, de la Caldera est continue sur toute sa longueur jusqu'au point Sud-Est, où le torrent qui écoule ses eaux s'est creusé une gorge profonde (*b, b'*, fig. 696) ; il existe à peine un sentier par lequel le visiteur puisse descendre, si l'on excepte le passage appelé *Cumbrecito* (*e*, Carte, fig. 695, t. II, p. 319). Ce passage est un *col* étroit

ou point de déversement des eaux, situé à 600 mètres environ
au-dessus du fond de la Caldera, et à 1,200 mètres au-dessus
de la mer ; il se trouve à la limite précise de deux formations
géologiques dont je vais parler incessamment. Il correspond
aussi à la hauteur où, sur d'autres points de la Caldera, les

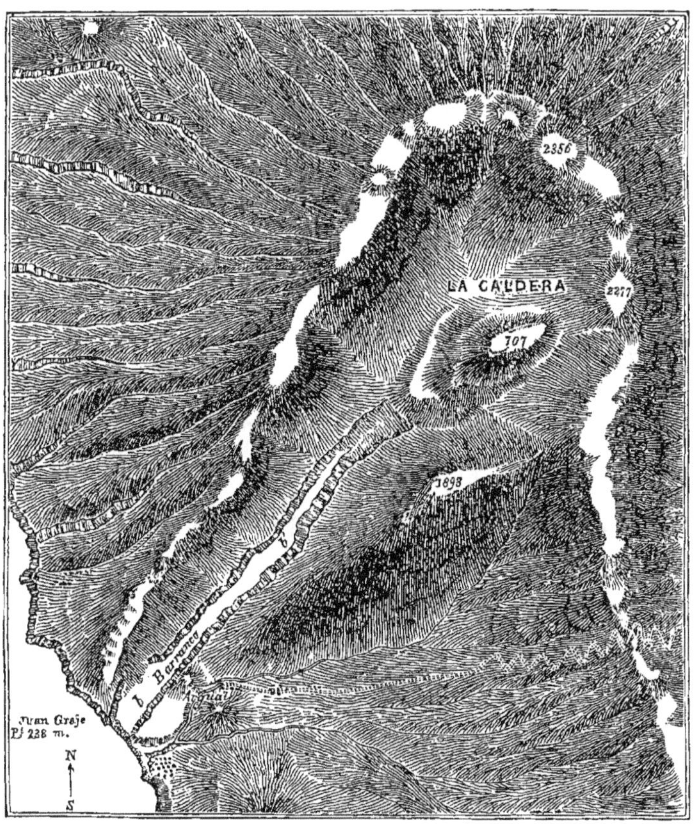

Fɪɢ. 696. — Carte de la Caldera de Palma, et du grand ravin appelé *Barranco de las
Angustias;* d'après le Rapport du capitaine Vidal, de la Marine Royale, 1837. Échelle
de deux milles géographiques (3ᵏⁱˡ,763702) au pouce (0ᵐ,0253995).

précipices verticaux rejoignent l'espèce de talus ou pente ro-
cailleuse couverte de pins. L'autre entrée, et c'est la principale, par laquelle la Caldera rejette ses eaux, pénètre par

II.   21

le grand ravin ou *Barranco* (*b*, *b'*, fig. 696), qui s'étend de l'extrémité Sud-Ouest de la Caldera jusqu'à la mer, distance de 8,300 mètres; dans l'espace ainsi compris, l'eau du torrent arrive d'une hauteur de 460 mètres environ.

L'esquisse (fig. 697) est due à la plume de Von Buch; elle a été prise d'un point de la mer que nous n'avons pas

Fig. 697. — Vue de l'île de Palma, et de l'entrée à la cavité centrale ou Caldera, d'après l'ouvrage *Iles Canaries*, de L. de Buch.

visité nous-mêmes; mais nous en avons vu assez pour nous convaincre que plusieurs cônes latéraux ont dû se produire le long de la grande pente vers la gauche, ainsi que de nombreux et profonds sillons naissant près du sommet et rayonnant vers la mer (voyez la Carte, fig. 696). Évidemment la mer ne peut pénétrer par le grand Barranco, comme on serait cependant tenté de le croire d'après cette esquisse.

La coupe ci-dessous (fig. 698) est tracée à travers l'île, de Santa-Cruz de Palma à Briera-Point, ou du Sud-Est au

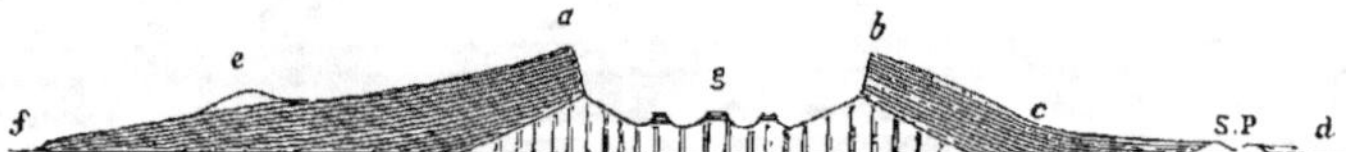

Fig. 698. — Section à travers l'île de Palma, de Pointe Briera, au N.-O., à Santa-Cruz de Palma, au S.-E. (Voy. la carte, fig. 695, t. II, p. 319.)

b. La Caldera (hauteur de *a*, 1830 mètres). — *c*. Point où commence la pente plus rapide. — *d*. Santa-Cruz de Palma ou Tedote. — *e*. Cône latéral, 1200 mètres au-dessus de la mer (carte de Vidal). — *f*. Pointe de Briera. — *g*. L'un des lambeaux de la formation supérieure au centre de la Caldera. — S. P. Cône et cratère à moitié ensevelis de San-Pedro.

Nord-Ouest (voy. Carte, t. II, p. 319). Les hauteurs sont proportionnées aux distances horizontales; nous les avons établies ainsi, M. Hartung et moi.

On voit les laves incliner légèrement vers la mer, à Santa-Cruz où nous les avons observées coulant autour du cône de San-Pedro qu'elles ont déjà presque à moitié enseveli sans pénétrer dans le cratère. Nous éloignant du même point de la côte, et montant le profond Barranco de la Madera, nous avons aperçu, juste au-dessous de *c*, les laves basaltiques plongeant sous un angle de 5 degrés sans qu'il existât aucun dyke dans cette partie. Plus haut, où les bandes injectées étaient rares encore, le plongement augmentait de 10 à 15 degrés, et il devenait plus fort à mesure que l'on approchait de la Caldera, en *b*, où ces bandes abondaient.

La coupe (fig. 699) est perpendiculaire à la précédente, et traverse le cône dans la direction du grand Barranco, c'est-à-dire du N.-E. au S.-O.

Des deux lignes inclinées qui descendent de la Caldera à la mer par le fond du Barranco, la plus inférieure, *mi*, représente le lit actuel du torrent ; l'autre ligne, *kl*, indique le niveau auquel se voient, par lambeaux détachés, des lits de gravier très-élevés au-dessus de la rivière actuelle : nous les avons indiqués par les espaces ponctués *k ;* ils existent aussi au Sud-Ouest, sur la même pente. Ces lits, ainsi que les graviers et conglomérats continus plus inférieurs, en *l* et *i*, sont plus récents qu'aucune des roches volcaniques mentionnées dans la coupe.

La formation volcanique supérieure, dont je parlerai plus loin, est traversée de dykes nombreux que nous n'avons pu figurer sur cette petite échelle. Les lignes verticales tracées sur la formation inférieure représentent quelques-uns des dykes qui abondent aussi en cet endroit, les uns perpendiculaires, d'autres sans nombre, inclinés et tortueux à travers les mêmes roches. Les cinq proéminences de forme un peu pyramidale que l'on voit au fond de la Caldera (de chaque côté de *m*) ressemblent par leur structure et leur composition à la formation supérieure, et, sans doute, elles se sont affaissées pour prendre leur position actuelle, si la Caldera a été produite par engloutissement, ou bien elles ont glissé

Fig. 699.

COUPE DE L'ILE DE PALMA, DU NORD-EST AU SUD-OUEST.

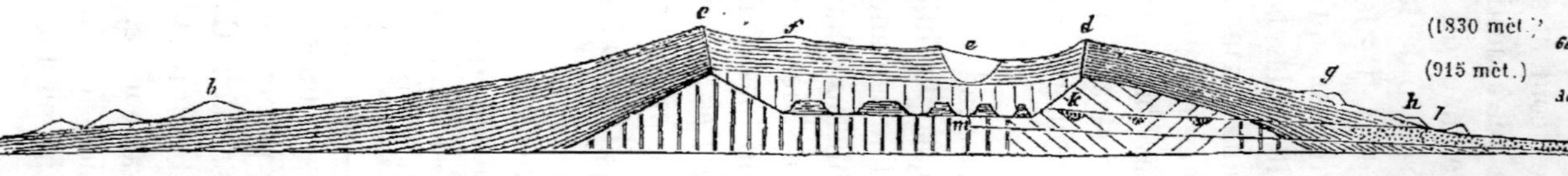

Cette coupe passe à travers la Caldera et le Barranco de las Angustias; les hauteurs sont proportionnées aux distances horizon'ales.
D'après les observations de C. Lyell et G. Hartung, 1854. (Voyez carte, t. II, p. 319.)

a. Pointe de Barlovento. (Voy. carte, fig. 695, t. II, p. 319.)

b. L'un des cônes, S.-S.-E., à partir de la pointe de Barlovento.

c. Pico de la Cruz, élevé de 2,356 mètres, et formant partie du bord septentrional de la Caldera.

cd. La Caldera.

d. Sommet du mont appelé Alejanado, de 1,892 mètres d'altitude, constituant la paroi méridionale de la Caldera.

e. Le Cumbrecito, ouverture la plus élevée conduisant à la Caldera.

f. Pico de Cedro, de 1,277 mètres de hauteur, le point le plus élevé du bord oriental de la Caldera.

g. Cône latéral sur les flancs de Alejanado.

h. Cône de Argual.

i. Falaise de Tazacorte.

kl. Ancienne ligne d'eau, oblique, marquée par une limite supérieure de gravier ou conglomérat.

mi. Niveau de la rivière, ou torrent du Barranco de las Angustias.

Les traits plus accentués, dans ce diagramme, indiquent les portions qui seules tombent sous la ligne de coupe; les traits plus faibles indiquent les autres portions du circuit oriental de la Caldera, qui sont en perspective, et que le spectateur serait à même d'apercevoir s'il était sur le bord occidental.

vers le bas, si la cavité doit être attribuée principalement à l'action érosive des eaux.

Dans la description de la coupe (fig. 699), nous avons annoncé que les rochers formant la ceinture de la Caldera consistaient en deux formations : supérieure et inférieure. La première présente seule des précipices verticaux, de la base desquels descend, sous une pente abrupte, la formation inférieure ; mais celle-ci, bien que figurant extérieurement un talus, n'est point en réalité composée de matériaux brisés ou de débris détachés des roches supérieures ; ce sont des masses en place qui la constituent. Les deux formations sont d'origine volcanique, mais elles diffèrent de composition et de structure : dans la supérieure, les lits sont un agglomérat de scories, de lapillis et de laves principalement basaltiques, le tout plongeant vers l'extérieur, et, en apparence, à partir de l'axe du cône originel, sous des angles variables de 10 à 28 degrés. Les laves solides ne représentent guère plus du quart de la masse entière, et se divisent en bandes d'épaisseurs diverses, quelques-unes scoriacées et vésiculaires, d'autres plus compactes, et même, dans quelques cas, grossièrement colonnaires. On voit toutes ces masses plus pierreuses s'amincir en dehors, et finir par s'éteindre partout où l'on peut les suivre horizontalement à une distance de 400 à 800 mètres, et moindre le plus souvent. Des brèches grossières ou agglomérats dominent dans la portion inférieure, comme si le commencement de la seconde série de roches eût signalé une ère de violentes explosions gazeuses. Certaines assises de cet agrégat de pierres à vives arêtes et de scories atteignent une puissance de 60 à 90 mètres. Elles sont réunies par une pâte de poussière volcanique ou scorie spongiforme.

Du côté droit du grand Barranco, près de sa sortie de la Caldera, nous avons observé, dans le précipice du bord, une colonne élevée de roches amorphes, bulbeuses, dont les scories rouges ou couleur de rouille étaient comme tordues, et rappelaient ainsi certaines laves que l'on remarque sur les pentes du Vésuve. Ce fait nous a paru démontrer que là, jadis, dut exister un soupirail, ou canal de décharge, qui fut ultérieurement enseveli sous les produits de nouvelles éruptions. Des dykes sans nombre, plus ou moins verticaux, consistant principalement en lave basaltique, traversent l'enceinte rocheuse de la Caldera ; quelques-uns se terminent en montant, mais la plupart atteignent jusqu'au bord de la crête, et, par conséquent, sont postérieurs au précipice entier.

Nous n'avons pu découvrir dans aucune des masses d'agglomérat accumulées par les chutes successives, autour de la base des escarpements, un seul galet ou fragment usé par les eaux ; chaque pierre empâtée conservait ses angles, ou si, parfois, on en rencontrait de globulaires, c'étaient des scories plus ou moins spongieuses et dont la forme, bien évidemment, ne pouvait être due à l'action des eaux. Il serait impossible de se rendre compte de l'absence de galets usés, si la brèche grossière eût été produite par la force aqueuse sur une surface horizontale aussi étendue que la Caldera et les roches volcaniques qui l'entourent. La seule cause connue, capable de disperser sans arrondir leurs bords des blocs aussi pesants, dont quelques-uns mesurent jusqu'à 2 mètres de diamètre, aurait été le pouvoir de la vapeur, à moins que l'on suppose à la glace une coopération avec l'eau dans la production du mouvement en question ; mais l'intervention de la glace ne saurait être admise à cette latitude (28° 40′), car on cherche en vain des traces de l'action glaciaire dans les autres régions montagneuses des îles Canaries.

La formation inférieure de la Caldera est aussi d'origine ignée. Elle diffère par sa couleur dominante de la formation supérieure ; elle est couleur de thé vert, et, sur quelques points, jaune clair, au lieu de présenter la teinte brune, ou le gris de plomb, ou bien les nuances rougeâtres ordinaires au basalte et aux scories qui lui sont associées. On y rencontre communément des lits d'un tuf légèrement verdâtre, avec

des roches de trachyte et de greenstone, le tout tellement
entremêlé de dykes, les uns verticaux, d'autres obliques,
quelques autres, enfin, tortueux, qu'il nous a été impossible
de déterminer l'inclinaison générale de ces lits, bien qu'au
sommet de la grande gorge ou Barranco, ils se dirigent certainement en dehors, c'est-à-dire au Sud, comme l'a démontré de Buch. Mais, en suivant la coupe par le bas du
même ravin, vers le point où se partage le mont appelé
Alejanado (*d*, figs., pp. 319 et 324), et sur leque les roches
de la formation inférieure sont très-cristallines, on constate
un fait qui n'a point été signalé par le géologue prussien, c'est
que des bandes à découvert dans des escarpements de 450
mètres d'élévation présentent une disposition anticlinale
avec plongement d'abord au Sud et ensuite au Nord, sous
des angles qui varient de 20 à 40 degrés (voy. la coupe,
fig. 699, *k*). Il est donc permis de présumer que les couches
plus anciennes ont subi de grands mouvements avant l'accumulation de la formation supérieure. Comme ces couches
n'ont encore fourni aucunes traces de débris organiques,
on ne peut savoir positivement si elles sont d'origine sub-
aérienne ou sous-marine. On peut seulement affirmer qu'elles
ont dû leur production à des éruptions successives, principalement de laves feldspathiques et de tuf. Plusieurs d'entre
elles qui, probablement dans le principe, ont été des tufs
peu consistants, se sont fortement durcies plus tard par le
contact des dykes, et ont subi de profondes altérations sous
d'autres influences plutoniques; elles ont ainsi acquis une
structure demi-cristalline et un caractère presque métamorphique.

C'est un fait digne de remarque que l'existence d'une
masse aussi considérable de roches volcaniques d'une date
ancienne, juste sur l'emplacement d'une accumulation également vaste de laves et de scories d'une autre époque comparativement moderne; ce fait, du reste, s'observe généralement sur des points très-différents du globe. Il faut en
conclure que si, dans l'histoire des volcans, on cite des con-

trées qui auraient été, pendant une certaine période, le foyer de l'action ignée la plus intense, pour rentrer, à l'époque suivante, dans l'état de repos, de même aussi la manifestation de la chaleur souterraine a dû souvent persister sur un même point pendant plusieurs périodes géologiques successives, se relâchant peut-être un peu par intervalles, mais reprenant bientôt avec non moins d'énergie que par le passé.

Nous avons à examiner aussi l'origine de la masse volcanique plus élevée, c'est-à-dire de la série de roches auxquelles se lie plus intimement la forme particulière de la Caldera. La masse a-t-elle possédé la forme de dôme dès le principe, et s'est-elle accrue sous cette forme même par la superposition d'une enveloppe conique de lave et de cendres recouvrant une autre masse préexistante ; ou bien, comme de Buch et son école l'admettent, les matières composantes se répandirent-elles d'abord horizontalement ou presque horizontalement, et furent-elles plus tard soulevées tout d'une pièce sous la forme de ce dôme dont la Caldera est le centre ? Telle est la question qui se présente tout d'abord. Suivant la première hypothèse, le cône se serait élevé graduellement et complété de chacune de ses couches avec leur inclinaison actuelle, et puis aurait été ultérieurement traversé par tous ses dykes avant que la Caldera se fût dessinée. D'après l'autre hypothèse, la Caldera serait résultée de ces mêmes mouvements qui donnèrent la forme de dôme à la masse et inclinèrent fortement les couches ; en d'autres termes, le cône et la Caldera auraient été produits simultanément. Ces deux manières de voir sont singulièrement opposées ; l'agent principal invoqué est, pour l'une, le soulèvement, pour l'autre, le dépôt de matières tombées en traversant l'atmosphère. Le sens fondamental de l'expression *cratère de soulèvement* se rapporte à l'espèce de mouvement auquel certaine école attribue l'origine d'un cône ou d'une caldera ; tandis que les agents principaux, pour l'école opposée, sont les explosions gazeuses, les affaissements et la dénudation par les eaux.

L'accueil favorable qui a été fait à la doctrine des soulève-

ments s'explique par plusieurs circonstances : un courant de
lave, a-t-on dit, qui se dirige sur une pente de plus de trois
degrés, ne saurait y déposer une roche pierreuse à texture
pleine ; et, si l'inclinaison dépasse 5 ou 6 degrés, la matière
volcanique ne laisse sur son trajet qu'une bande mince et
étroite de nature cellulaire ou fragmentaire. Par conséquent,
sur tout point où l'on rencontrera des lits parallèles de lave
compacte contre les flancs d'une caldera, surtout si ces lits
mesurent une certaine épaisseur, on sera sûr qu'ils se seront
solidifiés primitivement sur une pente très-douce ; et si,
aujourd'hui, ils se trouvent inclinés sous les angles de 10,
20 et 30 degrés, il faudra conclure qu'ils ont été, dans le
principe, presque horizontaux, et plus tard, seulement,
amenés à leur état actuel d'inclinaison ; la même conclusion
sera applicable aux couches de lapillis, scories, tufs et conglomérats qui alternent avec eux. On suppose qu'un tel dérangement de couches a presque toujours produit une large ouverture près du centre de soulèvement, et, pour Palma en particulier, la Caldera (que de Buch appelle l'*axe creux du cône*)
fournit un exemple d'une solution de continuité de ce genre.

La théorie des cratères de soulèvement a suscité certaines
objections auxquelles, jusqu'à présent, il n'a pas été répondu
d'une manière satisfaisante.

D'abord, dans un grand nombre de calderas, dans celle
de Palma, par exemple, le bord de la grande cavité et la
rangée circulaire de précipices qui l'entoure ne présentent
pas d'échancrures sur trois des quatre côtés ; or, il serait
difficile de concevoir comment une série de couches volcaniques de 600 à 900 mètres d'épaisseur, s'étendant jadis sur
une surface de 9 à 11 kilomètres du plus court diamètre,
aurait été ainsi soulevée en masse et inclinée sous des angles
aigus vers tous les points de l'horizon, sans avoir cependant
éprouvé de rupture un peu considérable. On s'attendrait naturellement à rencontrer sur chaque face des fissures béantes
s'élargissant à l'approche de la caldera. Les dykes, il est
vrai, attestent à n'en pas douter plusieurs dislocations qu'au-

rait subies la masse, et qui seraient survenues à des époques successives souvent très-éloignées les unes des autres. Mais aucun de ces dykes n'a dû appartenir à la période du soulèvement paroxysmal de la fin ; car, si la caldera eût existé lorsqu'ils commencèrent, la matière en fusion, aujourd'hui solidifiée dans chaque dyke, aurait, au lieu de s'infiltrer dans une fente, coulé dans le bas de la caldera pour en oblitérer la grande cavité.

On a objecté encore l'impossibilité d'admettre qu'une aussi vaste série d'agglomérats, de tufs, de lapillis stratifiés et de laves très-scoriacées, ait pu sortir d'un point limité, sans bientôt donner naissance à un monticule et parfois à un mont élevé. Les fragments très-anguleux des agglomérats, dont une seule couche mesure quelquefois 60 à 90 mètres d'épaisseur, ont dû, après s'être heurtés dans les airs, tomber de nouveau près du bord du soupirail, et s'y disposer en bandes inclinées, plongeant au dehors de l'axe central d'éruption. Cette hypothèse concorde parfaitement avec la prédominance des agglomérats, lapillis et scories, dans les murs circulaires de la Caldera ; mais, dans les ravins plus rapprochés de la mer, où l'inclinaison des couches diminue de manière à n'être plus que de 10 ou même de 5 degrés, la proportion de la matière massive comparée à la matière fragmentaire est précisément l'inverse. Il est naturel aussi que les dykes soient plus nombreux sur les points où les éjections ont été par rapport aux assises plus solides dans la proportion de 3 à 1 (comme en *b*, fig. 698, t. II, p. 322) ; tandis que les dykes seront plus rares lorsque les laves massives prédomineront (comme en *c*, *ibid.*). Plusieurs des lits scoriacés de *b* furent peut-être les extrémités supérieures de courants qui donnèrent naissance à des roches compactes en arrivant à *c*, et se répandirent sur une contrée plus horizontale ; mais cette supposition ne saurait être admise par les partisans de la théorie des soulèvements, car elle implique l'existence d'un cône de beaucoup antérieur à l'époque de la catastrophe qui, selon eux, détermina la formation de la montagne conique.

Cependant, si l'on refuse d'admettre que les couches aient été soulevées par un effort postérieur à l'accumulation de toutes les roches compactes et fragmentaires, comment expliquer la forte inclinaison de certaines laves compactes sur la partie élevée des pentes de la Caldera? Ces laves ont parfois 15 à 30 mètres de puissance; elles offrent une forme lenticulaire lorsqu'on les regarde du bas des escarpements, et, suivant toute apparence, elles sont parallèles aux lits de scories et de lapillis qui leur sont associés. Mais, malheureusement, il est impossible de gravir jusqu'au sommet, et de savoir si ce parallélisme n'est point une simple fiction. Les bandes solides ne s'étendent généralement que sur de petits espaces horizontaux, et quelques-unes ne sont peut-être autre chose que des laves d'intrusion, de la nature des dykes, et plus ou moins parallèles aux lits d'éjection. Des laves de cette sorte doivent, à une époque où le cratère était comble, s'être frayé un passage entre les couches fortement inclinées de scories et de lapillis. On sait que les laves s'épanchent souvent des flancs ou de la base d'un cône, au lieu de s'élever jusqu'aux bords du cratère. Néanmoins, une ou deux des masses pierreuses dont il vient d'être question m'ont paru ressembler aux laves qui coulent à la surface du sol. Elles ont pris sans doute une forme solide sur le large bord formé par le circuit du cratère. Ce circuit lui-même présenta probablement une largeur considérable après que le cône eut été partiellement tronqué. De plus, certaines laves peuvent avoir rempli parfois totalement l'*atrium,* ou, dans le cas particulier de la Somma et du Vésuve, ce qu'on appelle l'*atrio del Cavallo,* c'est-à-dire l'espace compris entre le nouveau et l'ancien cône. Lorsque, par des produits de nouvelles éruptions, une pente uniforme s'est constituée, et que les deux cônes se sont réunis en un seul (*e*, *d*, *c*, fig. 705, p. 346, t. II), la prochaine rupture à la base d'un côté de la montagne peut montrer, au travers des parois de la Caldera, une masse de roche compacte d'une grande épaisseur, reposant sur les éjections, et recouverte par celles-ci. De semblables enclaves de lave solide se formeront sur les flancs de chaque montagne volcanique toutes les fois qu'il y aura rencontre de cônes latéraux ou, comme on les appelle, de cônes parasites, qui heurteront ou arrêteront le courant de lave, et parfois offriront de profonds cratères dans lesquels se précipitera la matière fondue.

L'intervention de ces différentes causes nous explique bien quelques cas exceptionnels de lits de roche massive intercalés au milieu d'autres lits d'une nature meuble ou scoriacée, le tout se montrant fortement incliné. Mais, pour rendre compte d'une succession de laves compactes et véritablement parallèles sous une forte inclinaison, il faut supposer que ces laves ont coulé originellement le long des flancs d'un cône oblique de 10 à 15 degrés, et même plus, comme cela arrive dans plusieurs volcans actifs. Elles peuvent même avoir acquis postérieurement une pente plus abrupte, car il serait téméraire d'exclure toute force de dislocation locale pendant le développement d'une montagne volcanique. On voit certains dykes croisant d'autres dykes d'une composition différente, ce qui indique, pour leur formation, des périodes distinctes. Le volume des roches remplissant les innombrables fissures que l'on observe à Palma doit être énorme, et, s'il venait à être entraîné, la masse des éjections s'écroulerait infailliblement, et perdrait à la fois de sa hauteur et de sa base. L'injection d'une telle matière à un état liquide dut être accompagnée d'une distension graduelle du cône, laquelle se serait opérée en même temps par des additions intérieures et extérieures que j'ai comparées ailleurs aux anneaux de croissance, endogènes et exogènes, d'un arbre.

Mais, dans l'hypothèse des soulèvements, on ne saurait admettre une inclinaison qui augmente par des déchirures et des injections aussi répétées, car il faudrait supposer en même temps que les pentes seraient devenues de plus en plus abruptes à mesure que le cône aurait vieilli et grandi ; puis enfin, comme conséquence, que les couches supérieures de lave solide se seraient conformées à des surfaces déjà inclinées de 20 degrés, ou même de 28 degrés, comme dans le cas particulier de la Caldera de Palma.

Les défenseurs de l'hypothèse des soulèvements sont donc conséquents avec eux-mêmes lorsqu'ils attribuent le mouvement total des couches, que celles-ci aient été solides ou incohérentes, exclusivement à une catastrophe terminale. Le développement absolu de la force souterraine est pour eux le dernier incident de chaque série d'opérations volcaniques, la dernière scène du drame, et ils concluent à la nature paroxysmale de l'événement final, d'après l'absence de tout signe de l'action successive et intermittente qui caractérisait les phénomènes volcaniques antérieurs.

Certains géologues pensent qu'aucune lave n'est capable de se solidifier en coulant sur une pente de plus de 3 degrés. Cette opinion est erronée, et je crois l'avoir prouvé dans mon mémoire sur le Mont-Etna (1), où j'ai démontré, en me fondant sur des observations faites en 1857, que des laves modernes, quelques-unes d'une date connue, avaient formé des lits continus de pierre compacte sur des pentes de 15, 36 et 38 degrés, et de plus de 40 degrés dans l'éruption de 1857. L'épaisseur de ces couches tubulaires varie de 45 centimètres à 8 mètres, et leurs plans de stratification sont parallèles à ceux des scories superposées et sous-jacentes qui forment une partie des mêmes courants.

Au Nord-Est de Fuencaliente, à l'extrémité méridionale de Palma, on voit des laves, si récentes qu'elles sont encore noires et dépourvues de végétation, incliner jusque sous des angles de 22 degrés ; et cependant elles contiennent d'énormes masses de pierre compacte qui se sont consolidées principalement contre les parois de cavités profondes en forme de tunnels de 6 à 9 mètres. Ces parois se composent de lits dont la consolidation a marché de l'extérieur à l'intérieur ; au centre est resté un canal occupé par de la lave qui paraît avoir été assez liquide pour couler au dehors, et laisser ainsi une

(1) *Phil. Trans.*, 1858.

ouverture arquée, tandis que le plafond souvent s'est écroulé à l'intérieur. La force de la croûte enveloppante de scories, à l'extrémité inférieure du courant de lave où de pareilles cavités ont existé, a dû suffire pour arrêter le progrès de ce courant pendant des heures ou des jours, et en même temps la consolidation a pu se faire sous une grande pression hydrostatique.

Avant de quitter Palma, il nous reste encore à résoudre une question, celle de la quantité de dénudation qui s'est opérée dans la Caldera et ses environs. En supposant que la grande cavité, ou tout au moins une partie de cette cavité soit résultée de la troncature d'un cône, — comme nous en avons suggéré l'idée dans le cours de nos explications antérieures, — jusqu'à quel point a-t-elle été postérieurement élargie, ou modifiée dans sa forme par l'érosion aqueuse? Il existe, ainsi que nous l'avons dit, dans le grand Barranco, un conglomérat composé de cailloux parfaitement arrondis, et de plus de 250 mètres d'épaisseur (voy. description de la coupe, t. II, pp. 323, 325). Ce dépôt énorme, développé sur une longueur de 5 à 6 kilomètres, provient évidemment de la destruction de roches analogues à celles de la Caldera, car le torrent actuel charrie incessamment des blocs de la même nature et de toute espèce de grosseur; il les arrondit par le frottement dans son lit. Par quels changements de configuration survenus dans l'île, postérieurement à la formation du volcan ancien et de sa Caldera, s'est donc produite cette vaste accumulation de gravier qui, ensuite, a été partagée sur une profondeur de 250 mètres? Le ravin au fond duquel coule aujourd'hui le torrent entame jusqu'à cette profondeur la masse du conglomérat ancien. La présence de deux ou trois lits de lave contemporaine placés entre les couches de poudingue ne doit point nous surprendre; car, même de temps historique, des éruptions ont eu lieu dans la moitié méridionale de Palma. Ces masses de lave basaltique, dont l'une présente la structure colonnaire, n'ont point été vomies par la Caldera, mais sont sorties de cônes plus rapprochés de la

mer et immédiatement voisins du Barranco, par exemple du
cône d'Argual (voy. Carte, t. II, p. 321) et autres. De même
âge que le conglomérat, ces laves se composent seulement de
trois ou quatre courants d'étendue limitée ; en beaucoup
d'endroits, les falaises qui bordent la rivière sont dépourvues, sur une rive comme sur l'autre, de toute formation
volcanique. Du côté droit du Barranco, le conglomérat s'arrête, à l'Ouest, contre le précipice élevé E (fig. 700), qui

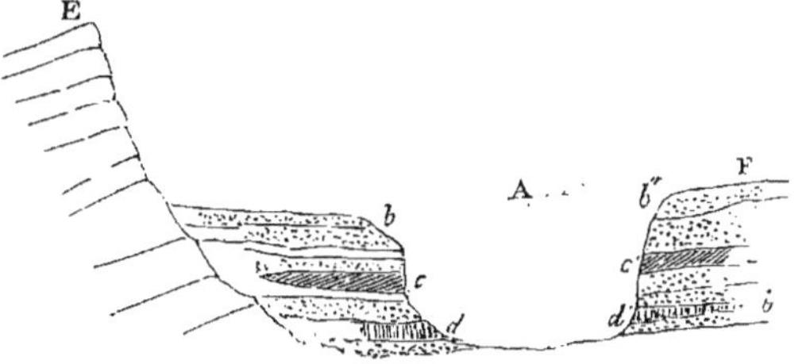

Fig. 700. — A. Ravin ou Barranco de las Angustias, près de sa terminaison, à Palma.
b, b', b″. Conglomérat épais de 245 mètres sur quelques points.
c, c′. Lave intercalée dans les lits de conglomérat.
d, d′. Autre courant plus ancien de lave basaltique, en partie colonnaire.
E. Falaise d'anciennes roches volcaniques de la formation supérieure (t. II,
p. 328), prolongement du bord occidental de la Caldera.
F. Plateau sur lequel est bâtie la ville d'Argual.

n'est autre chose qu'un prolongement de la portion occidentale de l'enceinte de la Caldera. Il peut se faire que son étendue à l'Est de *b′* soit très-considérable, mais on né saurait
l'affirmer, car cette portion est cachée sous les scories et laves
modernes qui se sont répandues sur le grand plateau F.

Comme on ne rencontre pas de débris organiques dans le
gravier ancien, on n'a aucun moyen positif de déterminer
s'il est fluvial ou marin. La hauteur de sa base au-dessus de
la mer, sur le point où son épaisseur dépasse 250 mètres, est
d'environ 116 mètres ; mais quelques lambeaux s'élèvent à
des niveaux de 300 et 460 mètres : tel est celui du sommet
du Barranco, que l'on voit en *k*, et d'autres, dans la coupe
(fig. 699, t. II, p. 624). Une masse aussi considérable de
gravier témoigne de l'enlèvement d'une quantité prodigieuse
de matériaux soustraits à la Caldera par l'action aqueuse.

Que l'élément de transport ait été l'eau de rivière ou celle de la mer, il n'est pas moins certain qu'une grande partie des débris volcaniques, sable, lapillis et scories décrits ci-dessus (t. II, p. 325) comme appartenant à la formation supérieure de la Caldera, ne laisseraient après eux que peu de cailloux roulés : presque tous ces dépôts périssables seraient entraînés sous forme de limon dans l'Atlantique. Les portions les plus dures perdraient par la destruction même de leurs arêtes et leur conversion en galets plus de la moitié de leur masse originelle, pour fournir au lit de l'Océan une quantité énorme de matières sédimentaires. Nous avons vu dans la Caldera de gros blocs que des chutes d'eau avaient détachés, une quinzaine de jours avant notre arrivée, et qui avaient roulé des précipices supérieurs pendant la fonte des neiges ; de profonds dégâts continuaient à s'opérer dans la portion inférieure des roches, sous l'influence des mêmes causes. On nous apprit aussi qu'un terrible cours d'eau s'était précipité du Barranco, au printemps de 1854, renversant plusieurs maisons ou fermes sur son passage. L'action d'érosion, même de la pluie et des rivières, aidée de tremblements de terre, pourrait sans aucun doute, durant le cours des âges, remplir une vallée aussi vaste que la Caldera, mais probablement d'une autre forme. J'attribue volontiers à la cause volcanique la rangée circulaire de rochers qui circonscrit la Caldera, car elle me rappelle d'une manière frappante les précipices entourant sur trois côtés le Val del Bove à l'Etna ; de plus, elle s'accorde parfaitement avec la description qu'a donnée Junghuhn des *anciens murs des cratères* actifs de Java, dont quelques-uns égalent, s'ils ne surpassent pas la Caldera de Palma. Celle-ci fut peut-être, dans le principe, un véritable cratère, lequel s'élargit plus tard en caldera par la destruction partielle d'un grand cône ; mais, si les choses se passèrent ainsi, la dénudation a dû depuis apporter de profondes modifications. Aucun géologue ne saurait aujourd'hui préciser la part qui revient à l'action des eaux et à celle des volcans. Le phénomène d'une rivière qui se creuse un lit à travers une masse épaisse d'alluvium ancien déposé pendant les oscillations de niveau des terres n'est point exclusif aux contrées volcaniques, et je n'insisterai pas davantage ici sur son explication ; je renverrai le lecteur à ce qui a été dit dans le septième chapitre (t. I, p. 134 et suiv.).

La dénudation a-t-elle été produite par les eaux de la mer ou par les eaux fluviales ? Telle est l'importante question qu'il nous reste maintenant à examiner. Nous avons démontré que les matières composantes du grand cône ou ensemble de cônes du Nord de Palma étaient d'origine sub-aérienne : nous l'avons prouvé par la forme angulaire des fragments de roches qui existent dans les conglomérats ; mais on peut se demander si, lorsque la Caldera fut formée, longtemps après, il ne s'établit pas avec la mer, par le grand Barranco, une communication analogue à celle du cratère de Saint-Paul (fig. 702) ; ou même encore si, après une période de submersion partielle, l'île ne se serait point élevée de nouveau à sa hauteur originelle. Dans un pareil cas, les eaux, en se retirant, auraient laissé derrière elles un conglomérat formé en partie de cailloux de rivière, rassemblés sur les points où le torrent aurait pénétré successivement à la mer, et en partie de pierres arrondies par les vagues. Le torrent se serait creusé finalement un ravin profond dans le gravier et les laves qui lui étaient associées, à l'époque où la terre commença de nouveau à s'élever. De telles oscillations de niveau, bien que dépassant 600 mètres, sont loin d'être improbables, et elles nous mettent à même d'expliquer plus naturellement que par toute autre cause l'origine de la configuration du pays. Quant au fait que, jusqu'à ce jour, on n'aurait découvert aucune coquille marine dans le conglomérat, les recherches n'ont pas été assez complètes pour nous autoriser à profiter d'une preuve aussi négative. Mais, en même temps, je confesse qu'ayant trouvé, avant de visiter Palma, des coquilles marines et des bryozoaires en très-grande abondance dans certains conglomérats marins élevés de la grande Canarie, et n'ayant pas, au contraire, rencontré un seul de ces corps organisés dans le Barranco de las Angustias, je regardai le gravier ancien comme étant d'origine fluviale. De telles conclusions sont toujours douteuses lorsqu'elles ne s'appuient pas sur des preuves plus positives, et l'intervention de la mer explique peut-être beaucoup mieux que l'action fluviale divers phénomènes auxquels la Caldera et le Barranco doivent leur configuration. Nous en citerons un seul exemple, celui de la falaise élevée E (fig. 700, t. II, p. 335) déjà mentionnée ailleurs, et *cf* (Carte, t. II, p. 319), qui s'étend à 6 ou 8 kilomètres de la Caldera vers la mer, sur le bord droit du Barranco, tandis qu'aucune autre falaise de hauteur ou de structure analogues ne se rencontre sur l'autre bord, où l'on aperçoit, au contraire, sur une longueur de plusieurs kilomètres, vers le Sud-Est, un plateau F (fig. 700, t. II, p. 335) supportant plusieurs petits cônes volcaniques. On peut supposer que la mer abandonna jadis l'escarpement E après avoir enlevé une portion de l'extrémité Sud-Ouest de l'ancien mont en forme de dôme du Nord de Palma, tandis qu'un torrent ou une rivière aurait produit un escarpement de même forme et d'élévation presque égale sur les deux bords. Quant au fait du conglomérat ancien qui monte sous un plan incliné *ilk* (t. II, p. 324), à partir du niveau de la mer jusqu'à une hauteur de 460 mètres près de l'entrée de la Caldera, il ne milite pas du tout en faveur de l'action fluviale, bien que certains lambeaux élevés de la même roche appartiennent véritablement à un ancien lit de rivière : dans l'Amérique du Sud, des lits de gravier d'origine marine offrent une pente semblable en montant vers l'intérieur des terres ; Darwin (1) a donné une explication très-satisfaisante de ce genre de disposition.

Le *Pas* du Cumbrecito (*e*, fig. 699, t. II, p. 324) fournit un autre argument en faveur de la dénudation par la mer ; il forme une échancrure dans la ligne supérieure des escarpements qui entourent la Caldera, et sépare la montagne

____

(1) *Geol. Observ., South America*, p. 43.

appelée Alejenado *d* (fig. 699, t. II, p. 324) de la paroi orientale *cf*, coupant dans toute sa hauteur la formation supérieure; la rangée de précipices *fe*, au côté oriental de la Caldera, se continue sans interruption et conserve son altitude absolue de 460 à 610 mètres au-dessus de sa base jusqu'au Sud du Cumbrecito, c'est-à-dire de *e* en *a* (Carte, fig. 695, t. II, p. 319). Dans ce prolongement des roches, qui atteint vers le Sud jusqu'à la distance de 800 mètres, on voit des lits de matières volcaniques et des dykes, tout comme dans les parois de la Caldera.

L'échancrure qui forme le pas du Cumbrecito, *e* (t. II, p. 324), a bien plus l'apparence d'un ancien lit creusé par un courant d'eau que celle d'une fissure ou crevasse produite par une faille. Dans le cas d'une faille, la formation inférieure n'aurait point résisté, et ne serait pas restée debout en travers du Cumbrecito pour constituer un relief de partage des eaux; mais elle se serait enfoncée, et aurait été remplacée par les roches basaltiques venant d'en haut. Si l'on admet que la mer ait jadis fait irruption dans la Caldera par ce point, et en même temps par le grand Barranco, l'élément aqueux aura pu produire une brèche telle que *e*, et toute une ligne de falaises comme celle que l'on observe aujourd'hui entre *e* et *a* (Carte, t. II, p. 319); il n'y aura pas eu de falaises correspondantes à l'Ouest de *e*, *a*.

Cependant on ne découvre aucun amas de conglomérat attestant l'érosion supposée au Cumbrecito, qui est élevé de 1,166 mètres au-dessus du niveau de la mer. On pourrait aussi objecter à l'hypothèse d'une dénudation produite par la mer à Palma, que, sur les pentes extérieures de cette île, on n'observe pas de falaise marine ancienne; les flancs de la montagne, moins les points sillonnés par les ravins ou hérissés de cônes latéraux, descendent à la mer par une pente uniforme. Pour répondre à cette objection, j'observerai que je n'ai point recours à une submersion des 915 mètres supérieurs de l'ancien cône pour permettre à la mer de se précipiter à la fois dans le grand Barranco et le Cumbrecito, et

de couler dans la Caldera ; il me suffit de supposer au sol
un abaissement qui permette aux vagues de battre la base
des falaises basaltiques dans l'intérieur de la Caldera, et de
se frayer un passage à travers le Cumbrecito ; celui-ci dut
présenter de tout temps une dépression considérable prati-
quée aux dépens de la formation supérieure. Mais des vagues
qui auraient eu le pouvoir d'accumuler dans le Barranco
une masse de conglomérat de 245 mètres d'épaisseur n'au-
raient-elles laissé aucun témoignage de leur action d'érosion
sur les pentes de l'île ? On n'y voit aucun monument de ce
genre, et de là une objection qui ne manque pas de valeur
contre la supposition que la mer n'aurait jamais pénétré dans
la Caldera. Pour expliquer le phénomène, nous dirons d'abord
que des falaises ne se produisent pas aussi facilement sur le
côté d'une île vers lequel plongent les lits que sur celui
d'où part leur plongement ; en second lieu, des falaises
et berges marines peu développées, préexistantes, ont pu
disparaître plus tard sous les pluies de cendre ou sous des
courants de laves partis des cônes latéraux pendant les éruptions contemporaines du conglomérat du grand Barranco.

Sur la côte orientale de Palma, à la distance de 800 mètres environ de la mer, dans le ravin de Las Nieves, non loin
de Santa-Cruz, on observe un conglomérat de cailloux parfaitement arrondis, d'une épaisseur de 30 mètres, recouvert de lits successifs de lave dont la puissance est de 30 mètres aussi. Dans cet exemple, les lits anciens de gravier occupent une position très-analogue au cône enseveli S, P,
(fig. 698, t. II, p. 322) ; j'en ai conclu, lors de mon séjour
à Palma, qu'ils étaient d'origine fluviale. Mais, quel que soit
leur mode de formation, qu'ils aient été accumulés par l'eau
douce ou par l'eau salée, il n'en est pas moins vrai que la
superposition d'une masse aussi énorme de lave à un conglomérat lui-même de 30 mètres d'épaisseur démontre la
facilité avec laquelle les pentes extérieures d'une île ont été
dénudées par la mer, et cependant n'ont conservé aucun
signe superficiel de l'action exercée par les vagues ; toute

ancienne berge ou delta ayant existé jadis à l'embouchure d'un torrent a pu disparaître plus tard sous l'enveloppe de nouvelles éruptions volcaniques. Néanmoins nous sommes arrivés, M. Hartung et moi, sur place, à conclure que les flots de la mer n'avaient jamais pénétré dans la Caldera, bien qu'ils aient pu atteindre à quelque distance dans l'espace aujourd'hui occupé par le Barranco de las Angustias, ou par certaines couches de conglomérat largement répandues à l'Est de celui-ci.

Depuis la cessation de l'action des volcans dans le Nord de Palma, les éruptions les plus fréquentes paraissent avoir eu lieu suivant une ligne courant N. et S., de a à Fuencaliente (Carte, t. II, p. 319); l'un des volcans de cette ligne, appelé Verigojo, g, ne mesure pas moins de 2,000 mètres d'élévation. Les laves qui sont descendues de plusieurs ouvertures, le long de cette chaîne, ont atteint la mer sur les côtés Est et Ouest, et plusieurs d'entre elles sont aussi arides et dépourvues de végétation que si elles venaient de couler. La tendance habituelle des évents volcaniques à suivre une disposition linéaire, telle qu'on la remarque sur une grande échelle dans les volcans des Andes et de Java, se reproduit en petit pour les cônes et cratères de la courte chaîne de Palma. Des auteurs pensent que le phénomène se lie avec l'existence de fentes profondes qui, au sein de la terre, communiqueraient avec un foyer de chaleur.

En discutant aussi longuement que je l'ai fait la question de savoir si la mer a joué un rôle important ou minime dans l'agrandissement de la Caldera de Palma, j'ai voulu montrer au moins combien il faut de faits et d'observations pour expliquer la structure et la configuration de ces sortes d'îles volcaniques. Peut-être trouvera-t-on utile que je cite encore, comme illustration du même sujet, la condition géographique actuelle de l'île Saint-Paul ou Amsterdam, située dans l'Océan Indien, à moitié distance entre le cap de Bonne-Espérance et l'Australie.

Le cratère de cette île n'a que 1 kilomètre et demi de

diamètre sur 55 mètres de profondeur, et les plus élevés des
sommets qui l'entourent mesurent environ 245 mètres, de

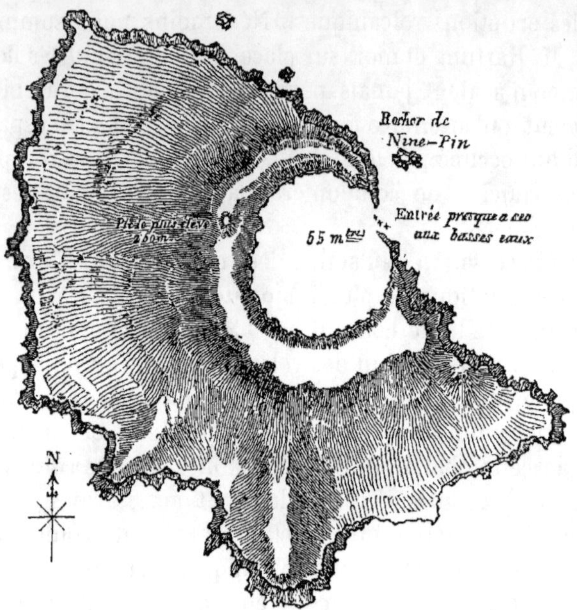

Fig. 701. — Carte de l'île de Saint-Paul, dans l'Océan Indien ; latitude, 38° 44′ S.; longitude, 77° 57′ E.; examinée par le capitaine Blackwood, de la marine royale, 1842.

Fig. 702. — Vue du cratère de l'île de Saint-Paul.

telle sorte que, relativement à leur masse, ces cônes et cratères sont insignifiants, comparés au cône et à la Caldera de

Palma, ou aux dômes volcaniques analogues de Loa et Kea,
îles Sandwich. Mais l'île de Saint-Paul fournit un exemple de
cette classe de volcans insulaires dans lesquels l'Océan pénètre aujourd'hui par un seul passage. Tout cratère a presque invariablement un côté beaucoup plus surbaissé que les
autres, celui vers lequel les vents prédominants ne soufflent
jamais ; en effet, dans la direction de ce côté, les pluies de
poussière et de scories sont rarement chassées pendant les
éruptions. Il existe aussi, sur la pente inférieure, un point
situé plus bas que tous les autres, par lequel, dans le cas
d'une submersion partielle, la mer peut entrer aussi souvent que la marée monte, ou aussi fréquemment que le vent
souffle dans cette direction. Par la même raison qu'elle se

Fig. 703. — Profil de l'île de Saint-Paul (côté N.-E.). Nine-pin rocks éloignés de
3 kilomètres. (Capitaine Blackwood.)

conserve une entrée dans le *lagoon* d'un *attole* ou récif an-
nulaire du corail, la mer ne laisse pas se combler le passage
qui la conduit au cratère, mais elle se retire à la marée basse,
ou toutes les fois que le vent tourne. L'échancrure, par conséquent, devient d'autant plus profonde que l'île s'élève
davantage au-dessus du niveau de la mer ; elle augmente
peut-être de plusieurs décimètres ou de quelques mètres en
un siècle.

Le cratère du Vésuve avait, en 1822, 610 mètres de profondeur ; si son cône eût été à moitié submergé comme celui
de Saint-Paul, le pouvoir d'excavation de l'Océan, joint à la
force graduelle de soulèvement, aurait donné lieu à une vaste
caldera. Par conséquent, de quelque nature qu'aient été les
forces, ignée ou aqueuse, qui ont façonné le Val del Bove, à
l'Etna, ou le profond abîme appelé la Caldera au Nord de
Palma, il est facile de concevoir qu'un grand nombre de cratères se sont agrandis sous forme de calderas par le pouvoir

de dénudation de l'Océan, quelque considérables qu'aient été d'ailleurs les oscillations survenues dans les niveaux relatifs de la terre et de la mer.

Pic de Ténériffe. — La vue suivante, gravée d'après une esquisse que nous avons prise, M. Hartung et moi, lors de notre voyage à Ténériffe, en 1854, indique la manière dont ce cône élevé est entouré sur deux de ses côtés par ce que je considère comme les ruines d'un cône plus ancien, résultant principalement d'éruptions sorties d'un sommet disparu. Ce sommet, duquel une ou plusieurs bouches volcaniques ont probablement vomi leurs laves et leurs diverses éjections, ne dut pas occuper jadis précisément la place sur laquelle s'élève le Pic actuel ; celui-ci, non plus, n'a pas eu de tout temps la même forme, mais sa position n'a probablement pas matériellement changé. Le grand circuit ou demi-circuit fourni par les escarpements c, c, et qui entoure l'atrium bb, est analogue à l'enceinte de la Caldera de Palma ; mais, à Ténériffe, les pentes abruptes ont des dimensions insignifiantes comparativement à celles de Palma. En général, leur hauteur ne dépasse pas 150 mètres, et rarement elle atteint 300 mètres. La plaine ou atrium bb (fig. 704 et 705), qui s'étend au pied des escarpements, et que l'on désigne dans la localité sous le nom de Las Cañadas, est recouverte de sable et de ponce lancés du Pic ou des cratères ouverts sur ses flancs. Des courants copieux de lave d, d ont aussi coulé vers le bas, partant de bouches latérales et spécialement d'un cratère appelé le Chahorra f (fig. 705), lequel ne se voit pas dans l'autre figure (704), caché qu'il est par le Pic. La dernière éruption de ce volcan date de 1798.

Par le défaut de coupes naturelles, aucun géologue n'est parvenu encore à déterminer jusqu'à quel point les laves d, d (fig. 704 et 705) ont rétréci le cirque ou atrium b, ou bien se sont frayé une voie à partir du rocher c ; mais supposons que le Pic et le Chahorra continuassent à vomir des produits pendant des siècles, le cône nouveau a ne tarderait pas à s'unir au cône ancien, et la lave coulerait d'abord de e à c,

Fig. 704.

LE PIC DE TÉNÉRIFFE ET LAS CAÑADAS VUS DU NORD-EST.

a. Le Pic, élevé de 1,220 mètres environ au-dessus du niveau de la plaine b.
bb. L'atrium, ou las Cañadas.
c, c. Enceinte de la Caldera, ou escarpements autour de l'atrium.
d, d. Laves qui ont coulé du Pic, ou de cônes latéraux.
e. Point correspondant à e de la coupe, figure 705, tome II, page 346.

puis de *a* à *c* (fig. 705) ; de telle sorte que la pente finirait
par ressembler à celles que formèrent la lave et les éjections

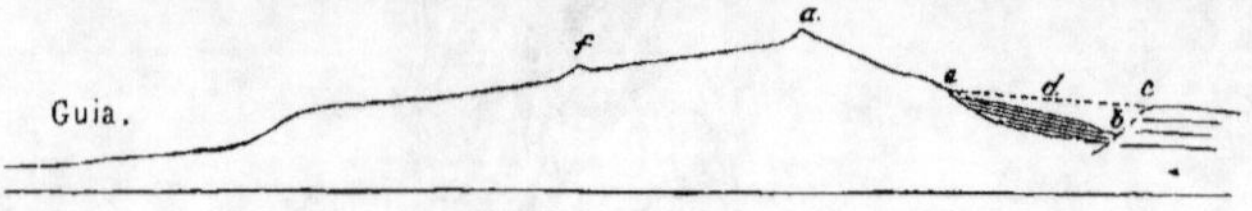

Fig. 705. — Coupe à travers une partie de Ténériffe, du N.-E. au S.-O. Hauteurs proportionnées aux distances, d'après de Buch, *Iles Canaries.*
a. Pic de Ténériffe. — *b.* Las Cañadas ou atrium. — *c.* Escarpements qui entourent
l'atrium. — *d.* Laves modernes. — *f.* Cône et fratère de Chahorra.

parties du sommet *a*, vers Guia, sur le versant S.-O. du
cône.

Madère. — Chaque île volcanique, autant que je puis en
juger par mes observations personnelles, a ses caractères
particuliers de structure géographique et géologique, et cela,
dans de si larges limites, que je n'ai pas la moindre tenta-
tion de me servir d'une théorie unique, par exemple de celle
des *cratères de soulèvement*, pour expliquer leur origine et
leur mode d'accroissement. Peu d'îles se ressemblent plus
entre elles que Madère et Palma ; toutes deux sont composées
principalement de roches basaltiques d'origine sub-aérienne ;
mais, lorsqu'on les compare soigneusement entre elles, il
n'est aucun point de leur structure qui ne présente des différences.

La formation la plus ancienne connue à Madère est d'o-
rigine volcanique sous-marine, et se rapporte peut-être à
l'époque tertiaire du Miocène Supérieur, comme on l'expli-
quera dans le chapitre xxxi. On rencontre à San Vicente,
sur la côte septentrionale, des tufs et calcaires faisant partie
de cette formation qui contiennent des coquilles marines et
des coraux, s'élevant à plus de 360 mètres au-dessus de la
mer, et portant ainsi le témoignage d'un exhaussement
qui daterait au moins du commencement de l'action volcanique dans cette contrée.

Les cailloux roulés de ces couches marines sont parfaitement arrondis et polis ; ils contrastent fortement, sous ce

Fig. 706.

COUPE DE MADÈRE, DU NORD AU SUD, C'EST-A-DIRE DE POINT SAINT-JORGE A POINT DA CRUZ, PRÈS FUNCHAL.

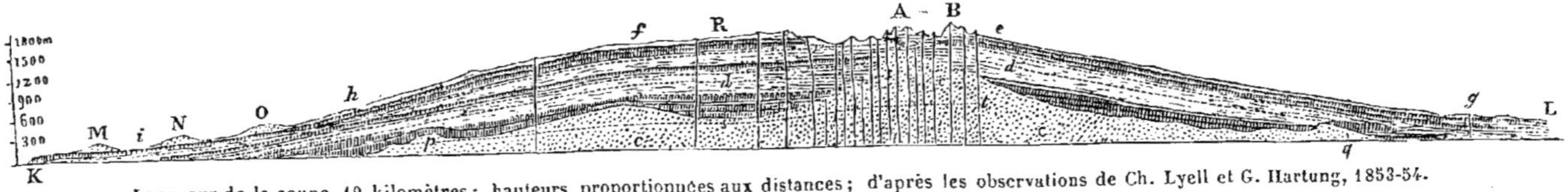

Longueur de la coupe, 19 kilomètres ; hauteurs proportionnées aux distances ; d'après les observations de Ch. Lyell et G. Hartung, 1853-54.

A. Pico Torres (ou Pico du Gatto), élevé d'environ 1,845 mètres.
B. Pico Ruivo, le mont le plus élevé de Madère ; environ 1,848 mètres de hauteur.
c. Scories, agglomérat, lapillis, tufs et éjections volcaniques, avec laves accidentelles fortement scoriacées.
d. Alternances de laves avec tuffs et lapillis, ou avec bandes de partage en argile rouge (latérite). La même lettre comprend aussi toutes les alternances des lits entre R et s.
e. Commencement de laves plus fortement inclinées au côté nord de Madère ; pente ordinairement de 10 degrés.
f. Commencement de laves plus fortement inclinées au côté méridional ; la pente, ordinairement de 15 degrés.
g. Dyke de Jogo de Bola, dans Ribeiro S. Jorge.

h. Inclinaison des lits, 15 degrés ; parfois, mais rarement, 20 degrés.
i. Pente ou plongement des laves, 5 degrés.
K. Point da Cruz, près Funchal.
L. Point S. Jorge, sur la côte nord.
M. Pico da Cruz, élevé de 356 mètres ; cône moderne.
N. Pico S. Martinho, 235 mètres de haut.
O. Pico S. Antonio, 430 mètres.
p. Cône enseveli dans Ribeiro do Torreào.
q. Lignite et lit à feuilles.
R. Pico S. Antonio, 1,740 mètres de haut.
pst. Ligne au-dessous de laquelle les roches sont cachées à la vue. Tout ce qui existe au-dessous de cette ligne ne repose que sur des conjectures.

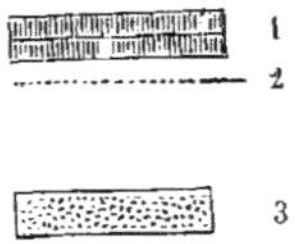

1
2

Les lits indiqués par le signe nᵒ 1 se composent de laves plus ou moins compactes au-dessous desquelles gisent des argiles rouges ou latérites, probablement d'anciens sols (voy. t. II, p. 283), représentées par les lignes interrompues nᵒ 2. Ces bandes rouges, de même que les laves nᵒ 1, sont très-nombreuses en réalité ; mais, par le défaut d'espace, nous n'avons pu en figurer que quelques-unes dans le diagramme.

3

Formation scoriacée, c et décrite p. 348, t. II.

rapport, avec les fragments angulaires des mêmes variétés de roches volcaniques si fréquentes dans les tufs et agglomérats situés au-dessus, et formés à un niveau supérieur à celui de la mer.

La longueur de Madère, de l'Est à l'Ouest, est d'environ 48 kilomètres, et sa largeur, du Nord au Sud, de 16 kilomètres. La coupe ci-contre (fig. 706) tracée sur une échelle dont les hauteurs sont proportionnées aux distances horizontales, facilitera l'intelligence des rapports sous lesquels, géologiquement considérée, Madère ressemble à Palma ou en diffère. Dans la région centrale, en A, de même que dans la contrée qui l'entoure de tous côtés, on voit, comme au centre de Palma, un grand nombre de dykes pénétrer à travers une vaste accumulation d'éjections volcaniques c. On y observe aussi, de même qu'à Palma, à mesure que l'on s'éloigne du centre, les dykes diminuer en nombre, et les lits de scories, lapillis, agglomérats et tufs commencer à alterner avec les laves pierreuses d, d, jusqu'à la distance d'un kilomètre et demi au plus de l'axe central ; à cette distance se présente une masse volcanique située au-dessous de fh et eg, consistant à peu près exclusivement en nappes ou coulées de laves, avec quelques bandes rouges d'argile ocreuse ou latérite. Ces bandes rouges ont une épaisseur qui varie de quelques centimètres à un mètre environ ; elles se composent tantôt de couches de tuf, tantôt de sols anciens provenant de la décomposition des laves, et dans les deux cas, calcinées jusqu'à la couleur rouge-brique, elles ont été altérées par le contact de la matière en fusion qui les a recouvertes. Quelques-unes de ces bandes sont sentées dans la figure 706, par des lignes interrompues. Les lignes plus foncées avec des barres verticales ▦▦▦ indiquent des laves ayant originellement coulé sur la surface qui, si elle avait contenu des espaces vides, présenterait une plus grande alternance de ces laves. Ces bandes consistent en basaltes plus ou moins vésiculaires, et quelquefois en trachyte. La teinte plus claire c

exprime une accumulation de scories, d'agglomérats et d'autres matériaux qui ont dû s'entasser, à ciel ouvert, dans l'intérieur ou autour des orifices principaux d'éruption, et entre les cônes volcaniques. Cette formation plus ancienne, bien que représentée par une teinte plus claire, n'est point pour cela une masse amorphe ; elle est divisée en couches innombrables qui plongent vers tous les points de l'horizon, et dont le mode d'arrangement serait difficile à retracer dans un petit diagramme.

Le Pico Torres A, élevé de plus de 1,830 mètres, est l'un des nombreux pics centraux composés de matières re-jetées. Par l'union de la base de plusieurs pics semblables, il se forme des reliefs ou crêtes montagneuses du sommet desquels se projettent des dykes verticaux semblables à des tours qui restent debout au-dessus de la surface en décom-bres des couches moins consistantes de tuf et de scories. De là ces lignes pittoresques et brisées qui donnent un cachet particulier et tout à fait romantique au paysage de la région la plus supérieure de Madère. Au nord de A s'élance le Pico Ruivo B, le plus élevé de l'île, mais qui ne dépasse cepen-dant que de quelques décimètres la hauteur du Pico Torres. Sa composition est la même, mais sa portion culminante, qui atteint 90 mètres, conserve une forme plus nettement coni-que, et se trouve surmontée d'un dyke de basalte avec de l'olivine à sa partie supérieure ; des courants de laves sco-riacées adhèrent à ses flancs abrupts. Plusieurs grands pics semblables se profilent à l'Est et à l'Ouest de A : ils sem-blent des ruines de cônes d'éruption ; du moins, les maté-riaux qui composent certains d'entre eux ont-ils été disposés sous toute espèce d'inclinaisons et de directions. Parmi ces pics, on distingue le Pico Grande, C (fig. 708), aujourd'hui enseveli à moitié sous des laves plus modernes qui ont en-touré sa base.

On remarquera que, dans la région centrale, entre *e* et *f* (fig. 706, p. 347, t. II), les couches de lave sont presque hori-zontales ou ne plongent guère que de 3 à 5 degrés, tandis que l'angle d'inclinaison des lits entre e et h est souvent de 17 degrés sur le flanc méridional, et habituellement de 10 degrés au Nord, ou entre e et g. L'inclinaison modérée des laves entre B, A et R a été produite par la juxtaposition d'une multitude de cônes qui ont empêché les courants de matière fondue de couler librement de l'axe principal ou fourneau à lave vers la mer, tant dans la direction du Nord que dans celle du Sud. Le prolongement marqué de cette pente douce des deux côtés de R, et depuis R jusqu'en f, doit être attribué à ce fait que, sous le point F, il existe un bord très-ancien formé par les matières vomies c, constituant une barrière qui s'est opposée au libre passage des laves centrales vers l'Océan. La vallée ou cavité ds, comprise entre cette chaîne secondaire de monticules scoriacés ensevelie au-dessus de e ou au-dessous de f, et la chaîne centrale de même nature, plus élevée au-dessous de A, a été comblée par des lits horizontaux de laves. Ceux-ci, à leur tour, ont été recouverts de masses énormes de basalte et de tuf, depuis d jusqu'en R et depuis R jusqu'en f, masses qui se sont accumulées au point de former à la fin une stratification de matériaux d'une épaisseur de 1,050 mètres. La vallée profonde ou Curral offre des coupes naturelles de ces vastes accumulations, sous forme de précipices presque perpendiculaires. Mais lorsque la lave a surmonté l'ancien rebord situé au-dessous de f, et que rien ne s'oppose plus à son libre cours vers la mer, elle coule avec une pente rapide, souvent sous un angle de 17 degrés, vers le Sud. Plus près de la mer, sur les deux côtés de l'île, en i et L, où existent les laves les plus modernes, l'inclinaison diminue jusqu'à 5 degrés et même 3 degrés et demi, comme on le voit en K, près de Funchal. Sous le rapport de l'inclinaison plus faible des laves vers la mer, et de leur association en cet endroit à des cônes modernes d'éruption; tels que M, N, O, il existe une étroite analogie entre Madère et Palma. On observe aussi des cônes d'éruption ensevelis sur différents points tels que q et p (fig. 706); ces cônes ont été recouverts par la lave arrivant de la région centrale.

Comme règle générale, les laves de Madère, qu'elles soient cellulaires ou compactes, ne sont pas disposées par nappes continues parallèles les unes aux autres. Lorsqu'on les examine dans les falaises au bord de la mer, sur des coupes qui croisent la direction suivant laquelle elles ont coulé, on voit qu'elles varient beaucoup d'épaisseur, même à la simple distance de quelques centaines de mètres, et qu'ordinairement elles s'amincissent jusqu'à disparaître entièrement en moins de 400 mètres. Dans les ravins qui rayonnent du centre de l'île, les lits sont plus persistants ; néanmoins, même en ces endroits, on les voit ordinairement se terminer à quelques kilomètres ; leur épaisseur est aussi très-variable, et parfois elle s'élève brusquement de quelques décimètres à plusieurs mètres.

Dans aucune des divisions rouges ou latérites dont il vient d'être question je n'ai rencontré des débris de plantes fossiles ; mais M. Smith, de Jordanhill, a été plus heureux, et a recueilli, en 1840, des branches et racines carbonisées d'arbrisseaux, au sein des argiles rouges inférieures au basalte, près de Funchal. Nous avons, toutefois, obtenu, M. Hartung et moi, au ravin de Saint-Jorge, partie Nord de l'île, des preuves suffisantes de la primitive existence d'une végétation terrestre, et, conséquemment, de l'origine sub-aérienne d'une grande partie des laves de Madère. On connaît depuis longtemps l'existence d'un lit de lignite impur couvert de basalte, en q, dans la coupe (fig. 706). Nous avons observé, associées à ce lignite, plusieurs couches de tuf et d'argile ou boue endurcie, dans l'une desquelles gisaient en abondance des feuilles de plantes dicotylédonées et de fougères. Suivant M. Charles J.-F. Bunbury, qui se trouvait avec moi à Madère pendant l'hiver de 1853-1854, l'une de ces fougères indiquerait par sa vernation particulière le genre *Woodwardia radicans*, espèce aujourd'hui commune à Madère. Le même auteur découvrit plus tard parmi les restes fossiles, le *Davallia Canariensis*, fougère actuelle de Madère, un *Ne-*

phrodium, et plusieurs autres plantes du même genre. Parmi les feuilles dicotylédonées, certaines se rapportent en apparence à la famille des Myrticées ; elles sont la plupart à surface lisse, non plissée, avec une texture un peu rigide, coriace, et des bords entiers. « Ces caractères, dit M. Bunbury, appartiennent au type Laurier, et impliquent une certaine analogie entre les débris de végétaux anciens et les forêts modernes de Madère, où les lauriers et autres arbres toujours verts abondent avec leurs feuilles charnues, lustrées et à bords entiers, tandis qu'au-dessous se trouve une végétation de fougères et autres plantes (1). »

Depuis cette époque, le professeur Heer, de Zurich, a publié, en 1855, un travail sur quelques autres fossiles recueillis par M. Hartung dans le tuf de San-Jorge. On y compte 27 formes, se rapportant aux fougères et aux plantes phénogames, concordant pour la plupart avec les espèces actuelles de Madère, telles que *Pteris aquilina*, *Trichomanes radicans*, etc. ; on y remarque aussi des feuilles ressemblant à celles de l'*Osmunda regalis* (?), que l'on ne retrouve plus depuis longtemps dans l'île. Parmi les Dicotylédonées, le professeur décrit les *Mirica Faya*, *Oreodaphne fœtens*, *Erica arborea*, etc., ainsi que quelques genres, les *Corylus* et *Ulmus*, par exemple, actuellement étrangers à Madère. Les déterminations botaniques du professeur Heer et de sir C. Bunbury nous porteraient à rapporter ce lit à feuilles à une époque aussi moderne que la période du Nouveau Pliocène, sinon que celle du Post-Pliocène (2).

Le lignite et le lit à feuilles dont nous avons parlé se trouvent à 305 mètres au-dessus du niveau de la mer, et sont surmontés de basaltes et de scories sur 335 mètres de haut ; ce fait implique l'existence d'une ancienne végétation terrestre bien antérieure à la formation volcanique qui la recouvre. La nature des tufs qui accompagnent le lignite, et quel-

(1) Bunbury, *Quart. Geol. Journ.*, 1854, vol. X, p. 326.
(2) Heer, *Schweiz. Gesellschaft für Naturwissenschaften*, Band XV.

ques-uns des agglomérats environnants, autorise à admettre
que, près de cet endroit, eut lieu jadis une série d'éruptions.
Il n'est pas improbable non plus que, çà et là, aient existé
des cratères latéraux où se seraient accumulés le lignite et le
lit à feuilles; en effet, bien que les bouches volcaniques soient
remarquablement rares à Madère, en égard au nombre considérable de cônes d'éruption, on remarque sur le mont appelé Lagoa, à 4 kilomètres Ouest de Machico, un cratère
aussi parfait que celui d'Astroni près de Naples.

Au bas de la cavité circulaire (fig. 707), profonde d'environ 45 mètres, se trouve une plaine de 150 mètres à peu
près de large, occupée à son milieu par un étang vers lequel
la portion plane du sol incline doucement de tous les points
de l'horizon. Les cratères éteints offrent souvent une nappe
d'eau de ce genre à leur intérieur. Excepté vers son milieu,

Fig. 707. — Cratère de Lagoa, à 3 kilomètres Ouest de Machico, (Madère.
Dans ce dessin, d'après un croquis que j'ai pris moi-même, la profondeur du cratère
paraîtra peut-être trop considérable; mais on remarquera qu'il ne présente pas de
grands arbres, et que la plupart des buissons que l'on voit appartiennent au *Vaccinium
Madeirense*, de 1m,50 à 1m,80 de haut. Immédiatement derrière le premier plan, on
aperçoit une rangée artificielle de rochers qui se présentent comme un rempart.

l'étang dont il est ici question est peu profond et nourrit
des plantes aquatiques. Un grand nombre de feuilles y auront sans doute été chassées par les vents des hauteurs environnantes, pour former un amas de matières semblables à de
la tourbe, et susceptibles de se convertir en lignite.

Si des courants de lave, descendant des hauteurs les plus
considérables, fussent entrés dans ce cratère de Lagoa, ils

eussent formé des masses épaisses de roche compacte qui se seraient refroidies lentement sous une grande pression, comme celles qui surmontent aujourd'hui le lignite impur de Saint-Jorge. L'inclinaison de ce dernier dépôt ne saurait être clairement déterminée, les couches ne sont visibles que sur une très-courte étendue ; on peut en dire autant du lit à feuilles, dont on découvre cependant une portion plus inférieure en descendant le ravin. Il semble toutefois que le plongement a lieu vers le Nord, c'est-à-dire vers la mer ; il concorde avec l'inclinaison générale des couches basaltiques et tufacées.

Au centre de Madère est une vallée profonde appelée le Curral (B, fig. 708), entourée de précipices qui ont de 400 à 800 mètres de haut, et de pics plus élevés encore. Quelques auteurs l'ont comparée à un cratère ou caldera, par la raison que sa portion supérieure est située dans la région où abondent les éjections et les dykes. Le Curral, toutefois, s'étend,

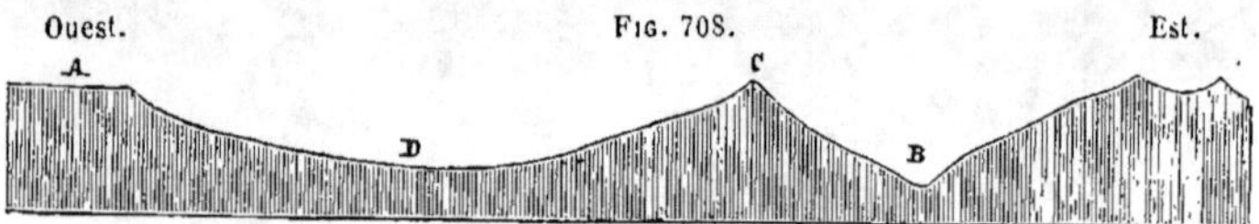

Coupe à travers la région centrale de Madère, de l'Est à l'Ouest.
A. Portion du plateau appelée le *Paul da Serra*. — B. Curral ; vallée de 90 mètres de profondeur. — C. Pico-Grande. — D. Vallée de la Serra d'Agoa.

sans diminuer de profondeur, au delà de cette région, et il laisse voir très-distinctement tous les lits qui le composent (R, s, fig. 706). Les masses volcaniques dont il est formé ne plongent pas non plus, en dehors, dans toutes les directions à partir du Curral comme d'un point central ou de l'axe creux d'un cône. Le Curral n'est, en fait, que l'une des trois grandes vallées qui rayonnent du district le plus montueux ; une seconde dépression appelée la Serra d'Agoa (D, fig. 708) est presque aussi profonde ; une rivière la parcourt du Nord au Sud ; une troisième vallée, celle de la Janella, envoie ses eaux vers le Nord. La coupe que nous avons donnée (fig. 708), et qui passe à travers une portion de l'axe de l'île, dans la direction E. et O., montre comment le Curral et la Serra d'Agoa, B et D, sont séparés par une crête étroite et élevée C, d'un point de laquelle s'élance à près de 1,645 mètres le Pico-Grande. Il n'y a pas de différence essentielle de forme entre ces trois grandes vallées et plusieurs de celles qui, dans les Alpes et les Pyrénées, n'ont eu de rapport avec aucune action volcanique superficielle.

Dans les Alpes, comme en d'autres chaînes élevées, la formation des vallées a sans doute été favorisée par les mouvements souterrains, graduels ou brusques, et par la dislocation des roches. On peut en dire autant de Madère et de presque toute région volcanique qui atteint une grande élévation ; mais, si l'on songe que les hauteurs centrales (A et B, fig. 706) atteignent plus de 1,800 mètres au-dessus du niveau de l'Océan, et que les eaux qui en découlent, gonflées par la fonte des neiges, arrivent à la mer après un cours qui n'a guère plus de 9 kilomètres (tel est le cas pour le Curral et à peu près aussi pour la Serra d'Agoa), on comprendra que presque toute la dénudation produite soit simplement le résultat de l'érosion sub-aérienne.

L'absence générale de cailloux usés par les eaux, dans les tufs que surmontent les laves, à Madère, est très-frappante, et contraste avec la présence fréquente de lits de gravier au-dessous d'un si grand nombre de coulées en Auvergne. Elle prouve que Madère, de même que les montagnes volcaniques de Java, ou le mont Etna, ou bien encore le Mona Loa, dans les îles Sandwich, n'ont pu avoir un seul torrent à leur surface tant que les éruptions ont été fréquentes sur leurs pentes et que les laves poreuses absorbaient entièrement les eaux pluviales (1). Par conséquent, la période d'érosion fluviale a dû suivre la formation du noyau central d'éjection c (fig. 706, t. II, p. 347) et des laves d (*ibid.*). Si l'on admet que ces laves sont d'origine supra-marine jusqu'à un niveau aussi bas que celui marqué par la ligne *pst*, et peut-être plus

(1) Voyez les *Observations sur l'Etna*, C. Lyell. — *Principes de Géologie*, chap. xxv, 9ᵉ édit., p. 405.

bas encore, il faudra bien conclure aussi qu'une île de plus de 1,220 mètres de hauteur s'est formée sans qu'aucun soulèvement ait eu lieu.

Les mouvements qui ont élevé les dépôts marins de San-Vicente se sont limités à un court espace ou développés sur une large étendue. Mais jusqu'à quel degré ont-ils modifié la forme de l'île, ou ajouté à sa hauteur? jusqu'à quel point aussi faut-il attribuer à ces mouvements la forte inclinaison des laves qu'on aperçoit dans les ravins contre les flancs de la montagne *fh* et *eg* (fig. 706)? On peut supposer que les laves de date plus moderne, près de Funchal, sont restées relativement horizontales, parce qu'elles ont échappé à l'action des forces perturbatrices auxquelles le noyau, plus ancien, fut exposé. Sans vouloir discuter ici ce sujet (dont j'ai traité si complétement à l'occasion de Palma), j'observerai que très-certainement différentes parties de Madère ont été formées successivement. Près de Porto da Cruz, par exemple, sur la côte septentrionale, on rencontre des trachytes d'une teinte grise, et des tufs trachytiques presque de couleur blanche, en lits légèrement inclinés ou presque horizontaux, qui ont comblé en partie des vallées profondes, creusées antérieurement dans les roches basaltiques plus anciennes; ces dernières roches sont inclinées vers le Nord sous un angle de 10 degrés, et recouvrent le lit à feuilles ainsi que le lignite précédemment signalés (fig. 706, t. II, p. 347). Durant les convulsions qui accompagnèrent la sortie de chaque nouvelle série de laves, les roches plus anciennes furent plus ou moins disloquées et inclinées, sans que pour cela ait été détruite la forme générale de l'ancien dôme, que nous avons supposé avoir été le résultat d'éruptions réitérées provenant des soupiraux du centre.

La localité de Porto da Cruz fournit un magnifique exemple non-seulement des longs intervalles de temps qui ont séparé les sorties de nappes distinctes de lave, mais aussi de l'antériorité des éruptions basaltiques aux coulées trachytiques. J'ai vu aussi un cas de ce genre sur le versant Sud de

Madère : entre le Jardim et Pico-Bodes, à la distance directe de 9 kilomètres environ Nord-Ouest de Funchal, existe une série parfaitement nette de roches trachytiques, d'une épaisseur considérable, et occupant le point géologique le plus élevé. Cette série consiste en trachytes blancs et gris qui se montrent à des hauteurs variables de 760 à 1,150 mètres au-dessus du niveau de la mer. On explique leur position en admettant que ce sont les lits les plus supérieurs représentés en *h* dans la coupe (fig. 706, t. II, p. 347), et sur la pente au-dessus de *h*. L'hypothèse d'après laquelle, à chaque série d'éruptions volcaniques, les laves trachytiques auraient coulé en premier, puis auraient été suivies des nappes basaltiques (voy. t. II, p. 364), n'est donc point justifiée à Madère, bien que quelques-unes des coulées les plus modernes, comme celles du pied des cônes (M, N, O, fig. 706), y soient basaltiques.

Généralement, la plus supérieure et la plus puissante des coulées de lave, issues de l'axe central de Madère, se compose d'une roche feldspathique de nature hétérogène, mais qui, en somme, est plus trachytique que basaltique. Cette roche se sépare en masses sphéroïdales de plusieurs décimètres de diamètre, et est très-remarquable lorsque le fer qu'elle contient s'est suroxydé à l'atmosphère. M. Delesse, qui a bien voulu analyser plusieurs de mes échantillons, a trouvé que certaines variétés de cette roche dépourvues d'augite, résultaient simplement d'un mélange de feldspath vert-noirâtre et d'olivine. Suivant lui, la plupart des géologues français désigneraient sous le nom général de basalte ces diverses variétés de roche. Quel que soit le nom qu'on lui donne, ce produit indique un changement dans la nature minérale des matériaux émis en dernier lieu de l'axe central. Sur les points où l'île présente une surface peu étendue, ce trapp sphéroïdal atteint souvent la mer, mais dans les parties plus larges et plus élevées de Madère, il forme une enveloppe superficielle qui s'étend sur une certaine distance, à partir seulement des hauteurs centrales, près de *o*, par

exemple (fig. 706, p. 347). Il faut aller, près de Funchal, jusqu'à une élévation de 3,350 à 3,650 mètres pour
rencontrer cette formation feldspathique ; les terrains inférieurs le long des côtes sont occupés par de véritables

Fig. 709. — Surface de la lave, près de Port-Moniz, pointe N.-O. de Madère ; d'après un
dessin de M. Hartung. — *a*. Un lit de ruisseau à travers la lave.

basaltes, qui n'offrent jamais une structure sphéroïdale.

Comme indication de caractères différentiels, dans les
formations volcaniques superficielles de Madère, je ferai la
remarque que plusieurs des pics centraux, par exemple A
(fig. 706), ne semblent être que des squelettes de cônes d'é-
ruption, tandis que les formes des cônes plus modernes M,
N, O, situés à des niveaux inférieurs et plus rapprochés de
la mer, sont régulières, et ne présentent aucuns dykes
faisant saillie sur leurs sommets ou sur leurs flancs. Cette
différence dans la configuration impliquerait pour les collines les plus dégradées une antiquité plus reculée, mais elle
peut résulter tout aussi bien de ce que ces accumulations
d'éjections sans consistance, ont été exposées dès l'origine à
de plus grandes causes de détérioration, dans des régions où
la neige fond subitement, et où les vents soufflent avec beaucoup de violence. En outre, une couverture épaisse de gazon
et de buissons, préservatif le plus efficace contre l'action plu-
viale, ne saurait se former rapidement dans des contrées aussi
montagneuses et aussi sujettes aux ouragans.

Quelques-unes de ces laves ont aussi, à Madère, un aspect
particulièrement récent, comparées à d'autres qui sont recouvertes d'une terre végétale de considérable épaisseur.
Voyez les courants de lave que l'on observe près de Port-
Moniz : l'un d'eux est hérissé d'aspérités, comme le sont

certaines coulées de Palma qui datent des temps historiques.
Je dois au crayon de M. Hartung le dessin précédent d'une
lave de Port-Moniz que je n'ai point visitée moi-même. Elle
est traversée par un ancien lit de torrent a, comme j'en ai
déjà décrit un exemple (p. 333, t. II). Pendant combien de
temps peuvent se maintenir de tels caractères de structure?
je l'ignore; la durée doit être dépendante de la composition
minérale de la roche. Quelques-unes des laves d'Auvergne,
de date anté-historique, et certainement de la plus haute
antiquité, sont couvertes d'inégalités presque aussi pronon-
cées; cet aspect de conservation indique seulement, avec
probabilité, une origine comparativement moderne.

CHAPITRE XXX

SUR LES DIFFÉRENTS AGES DES ROCHES VOLCANIQUES.

Caractères pour établir l'âge relatif des roches volcaniques. — Caractère de la superposition et de l'intrusion. — Caractère de l'altération des roches au contact d'autres roches. — Caractère fourni par les débris organiques. — Caractère minéralogique. — Caractère des fragments enclavés. — Roches volcaniques de la période Post-Pliocène. — Basalte de la baie de Trezza en Sicile. — Roches volcaniques Post-Pliocènes des environs de Naples. — Dykes de la Somma.

J'ai rapporté les couches sédimentaires à une longue succession de périodes géologiques ; je dois maintenant chercher jusqu'à quel point les formations volcaniques peuvent être classées dans un ordre chronologique semblable. Les caractères de l'âge relatif de cette classe de roches sont au nombre de quatre : 1° la superposition et l'intrusion, avec ou sans altération des roches au contact; 2° les débris organiques ; 3° la nature minéralogique ; 4° les fragments enclavés de roches plus anciennes.

Caractère de la superposition, etc. — Lorsqu'une roche volcanique repose sur un dépôt aqueux, on doit en conclure qu'elle est plus nouvelle que ce dépôt ; mais la règle ne saurait être applicable, si c'est la formation aqueuse qui surmonte la formation volcanique, car une matière en fu-

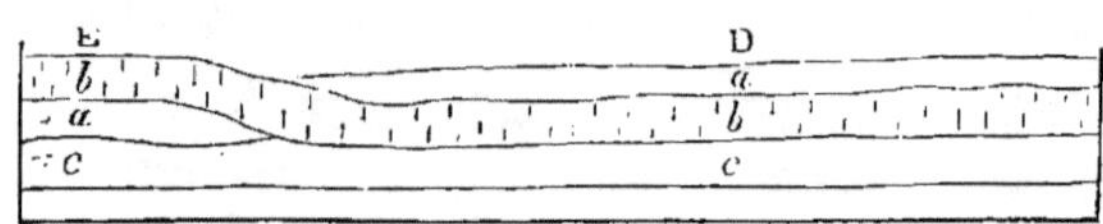

Fig. 710.

sion, arrivant de bas en haut, a pu pénétrer au sein d'une masse sédimentaire sans en atteindre la surface, ou bien se forcer un passage entre deux couches, telles que b et D (fig. 710), ensuite se refroidir et se consolider, sans pro-

duire aucune discordance de stratification. La superposition
n'a donc pas autant de valeur, comme caractère d'âge, pour
les roches volcaniques non stratifiées que pour les formations
fossilifères. On ne doit avoir recours à ce caractère que lorsque les premières de ces roches sont contemporaines, et
non lorsqu'elles sont des produits d'intrusion. Or on les appelle contemporaines quand elles ont été engendrées par
l'action volcanique simultanément avec les couches aqueuses
qui leur sont associées. Par exemple, dans la coupe, en D
(fig. 710), on peut à peu près affirmer que le trapp *b* a coulé
sur le lit fossilifère *c*, et que, après sa consolidation, *a* s'est
déposé à son tour sur le trapp, *a* et *c* appartenant tous deux
à la même période géologique. Mais si la couche *a* était altérée par *b* au point de contact, nous devrions en conclure que
le trapp s'est introduit après coup ; il en serait de même si,
en poursuivant *b* à quelque distance, on découvrait à la fin
qu'il coupe la couche *a* et la recouvre ensuite comme en E.

On risque néanmoins beaucoup de confondre une roche
volcanique d'intrusion avec une roche réellement contemporaine ; car une coulée de lave qui se répand sur le fond de la
mer ne recouvre pas partout la
même couche, soit parce que
celle-ci a été dénudée par places,
soit parce que, nouvellement formée, elle s'amincit sur certains
points, ce qui permet à la lave

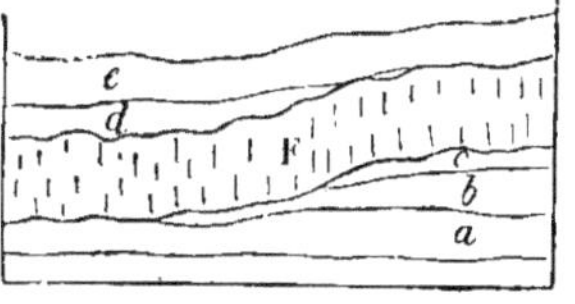

Fig. 711.

de se croiser sur ses bords. De plus, le fluide igné, en coulant
sur la surface, ne manque pas de se creuser, par l'effet
de sa pesanteur, un lit au travers du limon mou et du
sable. Supposons que la lave sous-marine F (fig. 711) soit
arrivée de cette manière au contact des couches *a*, *b*, *c*, et
qu'après sa consolidation, les lits *d*, *e*, s'y soient déposés
dans un sens presque horizontal, de manière toutefois à
être discordants avec F, l'apparence d'une intrusion subséquente sera complète, bien que le trapp soit en réalité contemporain. Il ne faut donc point se hâter de conclure que la

roche F est d'intrusion, à moins que l'on ne découvre que les couches d, e ou c ont été altérées, par la chaleur par exemple, au point de jonction.

Le caractère de l'âge, fourni par la superposition, s'applique essentiellement à tout tuf volcanique stratifié, suivant la règle que nous avons déjà posée pour les dépôts sédimentaires (voy. t. I, p. 155).

Caractère de l'âge, fourni par les débris organiques. — Nous avons vu comment, dans le voisinage de volcans en activité, des scories, des cendres, du sable fin et des fragments de roches lancés dans l'atmosphère, retombaient en pluie sur le sol, dans les lacs, ou bien dans les mers voisines. Au sein des tufs ainsi formés on rencontre des coraux, des coquilles ou tous autres corps organiques durables que l'événement a surpris soit sur le fond d'un lac, soit sur celui d'une mer ; et ces corps nous servent de témoignages permanents pour rappeler la période à laquelle appartient l'éruption volcanique. Des couches tufacées, formées de cette manière aux environs du Vésuve, de l'Etna, de Stromboli et d'autres volcans en activité, dans les îles ou près des côtes, fourniront des indications sur leur âge relatif à l'époque plus ou moins éloignée où les feux de ces monts volcaniques seront éteints. C'est par des faits de ce genre que le géologue établit des coïncidences d'âge entre les roches volcaniques et les différentes couches fossilifères primaires, secondaires et tertiaires.

Les tufs dont il est ici question peuvent ne pas être toujours marins ; ils renferment, sur tel point, des coquilles d'eau douce, et sur tel autre, des ossements de quadrupèdes terrestres. La diversité des débris organiques distribués à travers ces formations se comprend facilement, si l'on réfléchit à la large dispersion de la matière vomie lors des dernières éruptions, par exemple, à celle du volcan de Coseguina dans la province de Nicaragua (19 janvier 1835). Des cendres chaudes et des scories fines furent lancées à une immense hauteur ; elles recouvrirent le sol environnant sur une épaisseur de plus de 3 mètres, et sur un rayon de 32 kilomètres à partir du cratère, dans une direction Sud. Des oiseaux, des animaux domestiques et des bêtes sauvages, en grand nombre, furent frappés de mort et ensevelis dans la cendre. Quelques débris volcaniques, tombèrent même jusqu'à Chiapa, à plus de 1,700 kilomètres, et cela, non point dans la direction du vent, comme on aurait pu l'imaginer, mais à l'opposé de cette direction, preuve évidente qu'un contre-courant exista alors dans la région supérieure de l'atmosphère ; il tomba également une certaine quantité de cendres à la Jamaïque, à une distance de plus de 1,000 kilomètres au Nord-Est. En pleine mer aussi, à plus de 1,600 kilomètres du point d'éruption, le capitaine Eden, du *Conway*, rapporte qu'il navigua, sur une longueur dépassant 60 kilomètres, à travers de la ponce flottante dont quelques morceaux étaient d'une grosseur considérable (1).

Caractère de l'âge, fourni par la composition minérale. — De même qu'un sédiment de composition homogène peut, en se déchargeant à l'embouchure d'une large rivière, se déposer simultanément sur une surface considérable, de même aussi telle variété particulière de lave coulant d'un cratère pendant une éruption s'étalera parfois sur une vaste étendue. L'Islande en a fourni un exemple en 1783 : la matière fondue vomie par le Skaptar Jokul se précipita par flots dans des directions opposées, et donna naissance à une masse continue dont les points extrêmes étaient éloignés de 135 kilomètres l'un de l'autre. Cet énorme courant de lave se consolida sur une épaisseur de 30 à 180 mètres ; sa largeur variait de quelques centaines de mètres à 24 kilomètres (2). Or, si, par la suite des temps, une pareille masse fût venue à se morceler, nous serions peut-être encore aujourd'hui à même de reconnaître l'identité des portions détachées, par leur ressemblance de composition minérale. Néanmoins ce caractère ne peut pas tou-

(1) Caldcleugh, *Phil. Trans.*, 1836, p. 27.
(2) *Principes*, etc., Index : Skaptar Jokul.

jours servir au géologue ; car, bien que la lave produite pendant une même éruption, et même pendant les coulées successives d'un seul volcan, offre habituellement un caractère dominant, quelquefois cependant différentes portions d'un seul courant de lave ou d'une masse continue de trapp varient sensiblement par la composition et par la structure minérales.

En Auvergne, dans l'Eifel et autres pays où se rencontrent à la fois le trachyte et le basalte, la première de ces roches est presque toujours plus ancienne que la dernière ; mais les deux alternent quelquefois partiellement dans le volcan du mont Dore en Auvergne, et nous avons vu, d'autre part, qu'à Madère, les roches trachytiques recouvraient une série basaltique plus ancienne (t. II, p. 357). Cependant, la majeure partie des trachytes occupe une position inférieure et se trouve coupée et recouverte par le basalte. Il ne faut pas néanmoins conclure de cette circonstance que le trachyte a prédominé à une certaine époque de l'histoire de la terre, et le basalte à une autre époque, car nous savons que les laves trachytiques appartiennent à plusieurs périodes successives, et que même il en sort encore aujourd'hui de plusieurs cratères en activité ; mais dans toute localité où sont survenues de longues séries d'éruptions, les laves plus feldspathiques paraissent avoir été vomies les premières, et les plus augitiques ne sont venues qu'ensuite. L'hypothèse imaginée par M. Scrope fournit peut-être une solution satisfaisante de ce problème. Suivant l'habile observateur, les minéraux qui abondent dans le basalte ont une pesanteur spécifique plus considérable que ceux qui composent les laves feldspathiques : ainsi, le hornblende, l'augite et l'olivine ont chacun trois fois le poids de l'eau, tandis que le feldspath commun, l'albite et le labrador ont à peine deux fois et demie ce poids ; la différence est plus considérable encore lorsque ces minéraux sont en roche, car le basalte et le greenstone contiennent beaucoup plus de fer à l'état métallique que le trachyte et les autres laves feldspathiques, ou les roches trappéennes. Si, par conséquent, une masse considérable de roches vient à fondre dans les entrailles de la terre, sous l'influence de la chaleur volcanique, les éléments les plus denses du fluide bouillant descendront au fond, et les plus légers viendront à la surface, pour être les premiers lancés dans l'atmosphère par la force d'expansion des gaz ; par suite, les matières qui occuperont le niveau le plus inférieur dans le bain souterrain en sortiront les dernières, pour venir occuper la place supérieure à l'extérieur de la croûte terrestre.

Caractère fourni par les fragments enclavés. — On peut quelquefois déterminer l'âge relatif de deux roches trappéennes, ou celui d'un dépôt aqueux et d'un trapp sur lequel il repose, par la rencontre de fragments de l'une de ces roches dans l'autre, et cela dans les cas surtout où la superposition serait insuffisante. Il n'est pas rare non plus d'observer un conglomérat composé presque exclusivement de cailloux roulés de trapp, associés à quelque formation stratifiée fossilifère dans le voisinage de la masse trappéenne. Si les cailloux se rapportent en général pour le caractère minéral à cette dernière roche, on peut établir son âge relatif par la connaissance de l'époque où ont été formées les couches fossilifères associées au conglomérat. Des identifications de ce genre ont été faites par l'observation directe de berges composées de cailloux de trapp au pied d'îles volcaniques modernes, par exemple à la base de l'Etna.

Périodes tertiaires du nouveau Pliocène. — Choisissons maintenant des exemples de roches volcaniques appartenant à des périodes géologiques successives, pour démontrer que les causes ignées n'ont cessé à aucune des époques anciennes du globe, et qu'elles ont disloqué les masses partout où elles ont vomi des produits.

Une partie des laves, tufs et dykes trappéens de l'Etna, du Vésuve et d'Ischia, date de l'ère historique ; une autre partie, de beaucoup la plus considérable, est sortie des abîmes de la terre à une époque immédiatement antérieure,

pendant laquelle les eaux de la Méditerranée étaient déjà
peuplées des espèces actuelles de testacés et que l'Europe
était habitée par certaines espèces, maintenant éteintes, d'élé-
phants, de rhinocéros et d'autres quadrupèdes. Dans une
troisième portion, plus ancienne, de ces volcans, qui correspond à la fin de la période du nouveau Pliocène, moins de
dix coquilles, et quelquefois une seule sur cent, diffèrent
de celles de nos mers actuelles (voir p. 307, t. I).

Nous avons déjà constaté pour l'Etna, que des formations
Post-Pliocènes se rencontrent aux environs de Catane, tandis que les laves les plus anciennes du grand volcan sont de
date Pliocène ; ces dernières sont associées à des dépôts sédimentaires, à Trezza et autres endroits situés au Sud et à l'Est,
sur les flancs orientaux du grand cône (voyez p 307, t. I).

Les îles des Cyclopes, que les Siciliens appellent Isole Dei
Faraglioni, et dont les falaises, au bord de la mer, font voir des
couches d'argile, de tuf et de lave, sont situées dans la baie

Fig. 712. — Vue de l'île des Cyclopes, dans la baie de Trezza (1).

de Trezza et peuvent être regardées comme l'extrémité d'un
promontoire séparé de la terre principale ; elles fournissent
de nombreuses preuves d'éruptions sous-marines qui auraient envahi ou traversé les couches argileuses, et produit

(1) Cette vue de l'île des Cyclopes a été gravée d'après un dessin original
de mon ami feu le capitaine Basile Hall, de la marine royale.

des brèches tufacées. Celles-ci contiennent un grand nombre de fragments anguleux et endurcis d'argile feuilletée, à divers états d'altération produite par la chaleur, et entremêlés de sable volcanique.

La plus élevée des petites îles, ou plutôt des rochers des Cyclopes, a 60 mètres environ de haut ; le sommet en est formé d'une masse d'argile stratifiée dont les feuillets sont parfois séparés par de minces bandes arénacées. Les couches plongent au Nord-Ouest, et reposent sur une masse de lave colonnaire (fig. 712) dans laquelle les sommets des piliers sont usés et arrondis souvent jusqu'à être hémisphériques.

Fig. 713.— Contorsion de couches dans la plus grande des îles des Cyclopes.

Sur quelques points, dans l'île voisine, la plus grande du même groupe, et qui se trouve vers le Nord-Est de celle que représente notre dessin (fig. 712), l'argile sus-jacente a été profondément altérée et endurcie par la roche ignée; parfois aussi elle a été contournée de la manière la plus bizarre ; cependant la disposition feuilletée non-seulement est restée intacte, mais encore s'est accentuée de plus en plus par l'endurcissement.

La coupe (fig. 713) représente une portion de la roche altérée, de quelques décimètres carrés ; les feuillets minces et alternants de sable et d'argile ont revêtu la structure que l'on observe souvent dans quelques-uns des schistes métamorphiques les plus contournés.

Une vaste solution de continuité dirigée en longueur de l'Est à l'Ouest divise l'île la plus grande à peu près en deux parties égales, et montre distinctement sa structure intérieure. Dans la coupe ci-contre, on voit un dyke de lave qui, après avoir traversé une autre masse de lave plus ancienne, a pénétré dans les couches tertiaires sous-jacentes. Sur un point, la roche lavique se ramifie et se termine en veines d'une épaisseur de plusieurs décimètres à quelques millimètres seulement (fig. 714).

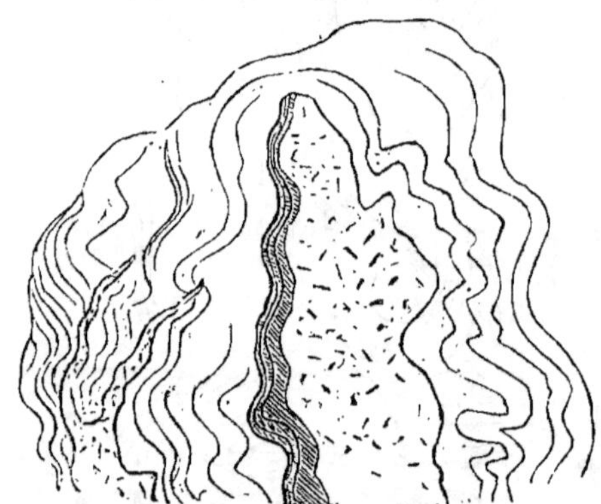

Fig. 714. — Couches du Nouveau Pliocène envahies par la lave, île des Cyclopes (coupe horizontale).

a. Lave. — *b.* Argile feuilletée et sable. — *c.* Les mêmes roches altérées.

Les feuillets arénacés sont beaucoup plus durs au point de contact, et les argiles ont été converties en schiste siliceux. Dans cette île, les roches altérées revêtent, sur leur surface exposée à l'air, une sorte de structure analogue à celle de rayons de miel ; cette structure contraste singulièrement avec le contour uni et égal que les mêmes lits présentent à leur état habituel de faible consistance.

Les pores de la lave sont quelquefois tapissés ou même entièrement remplis de carbonate de chaux et d'un zéolite ressemblant à l'analcime, auquel on a donné le nom de Cyclopite. Ce minéral se rencontre aussi dans de petites fissures au travers de la marne altérée, preuve que les mêmes causes, quelles qu'elles soient, sublimation ou infiltration aqueuse, qui ont introduit les minéraux dans les cavités de la lave, ont aussi injecté les mêmes matières dans les fissures béantes des couches sédimentaires contiguës.

Formations Post-Pliocènes des environs de Naples. — J'ai raconté, dans les *Principes de Géologie*, l'histoire des changements que la région volcanique de la Campanie a subis, comme tout le monde sait, pendant ces deux derniers mille ans. L'effet d'accumulation produit par les opérations ignées durant cette période ne laisse pas que d'être considérable : il comprend la formation du cône moderne du Vésuve, qui date de l'an 79, et la production de plusieurs petits cônes à Ischia, en même temps que celle du Monte-Nuovo, en 1538. Des courants de lave arrivant à la surface du sol ou sur le fond de l'Océan, du sable volcanique, de la ponce, des scories lancés dans l'atmosphère pour retomber à terre, avec une abondance telle que des cités entières ont été ensevelies, de vastes étendues de la mer comblées ou converties en écueils, un sédiment tufacé transporté par les rivières et les inondations à la mer, — ne sont-ce pas là des preuves que, durant une seule et même période récente, ont eu lieu des oscillations permanentes des niveaux relatifs de la terre et des eaux, et cela, sur plusieurs points à la fois de la surface totale, ou même sur un point unique, comme par exemple, à Pozzuoli, où l'on a constaté des élévations et des abaissements de plus de 6 mètres? On observe aujourd'hui, se rapportant à ces convulsions, sur les bords de la baie de Baies, des couches tufacées récentes remplies d'objets fabriqués de main d'homme, et mêlées de coquilles marines.

Nous avons dit aussi (t. I, p. 307) que, lorsqu'on examine avec attention ce même pays, on ne tarde pas à s'apercevoir qu'il se compose en majeure partie de couches tufacées de date antérieure à l'histoire ou à la tradition ; ces couches ont une puissance telle qu'elles constituent des monts de 150 à plus de 600 mètres de haut ; les unes contiennent des coquilles marines exclusivement d'espèces récentes ; d'autres renferment un léger mélange de coquilles, dans lequel les espèces éteintes entrent pour un ou deux pour cent. A cette dernière classe appartient l'ancien cône du Vésuve, appelé Somma, qui a des dimensions plus considérables que le cône plus récent, et se trouve traversé par un bien plus grand nombre de dykes. En comparant cette ancienne portion de la montagne avec celle de date moderne, on observe un point principal de différence, savoir : la plus grande fréquence, dans l'ancien cône, de fragments de roches sédimentaires altérées, rejetées pendant les éruptions. On conçoit facilement que les premières explosions aient agi avec la plus grande violence, brisant et lançant dans l'air tout ce qui s'opposait à l'issue de la lave et des gaz qui l'accompagnaient, de telle sorte que d'énormes amas de fragments de roches rejetées doivent se rencontrer partout où existent des brèches tufacées formées par les plus anciennes éruptions. Mais, une fois le passage ouvert et un soupirail ordinaire établi, les matériaux repoussés n'ont plus consisté qu'en lave liquide ; celle-ci a pris ensuite la forme de sable et de scories, ou de fragments angulaires résultant d'une rupture de la lave solide, de n'importe quelle nature, qui bouchait précédemment l'issue.

Parmi les fragments qui abondent au sein des brèches tufacées de la Somma, les plus communs sont ceux de dolomie saccharoïde ; on suppose que cette dernière roche a été formée aux dépens d'un calcaire ordinaire altéré par la chaleur et les vapeurs volcaniques.

Le carbonate de chaux entre dans la composition d'un si grand nombre de minéraux simples, à la Somma, que M. Mitscherlich attribue, et, suivant nous, avec beaucoup de raison, leurs nombreuses variétés à l'action de la chaleur volcanique qui s'est exercée sur les masses calcaires sous-jacentes.

Dykes de la Somma. — Les dykes que l'on voit dans le grand escarpement de la Somma, vers le cône moderne du Vésuve, sont très-nombreux. La plupart d'entre eux sont verticaux, et traversent à angle droit les lits de lave, de scories, de brèche volcanique et de sable dont l'ancien cône se compose. Ils font saillie de plusieurs centimètres, ou même parfois de quelques décimètres, à la surface escarpée du rocher ; ils sont extrêmement compactes, et moins sujets à la destruction que les tufs et laves poreuses qu'ils traversent. Leur longueur varie depuis quelques mètres jusqu'à 150 mètres, et leur largeur, de $0^m,30$ à $3^m,65$. Certains d'entre eux coupent toute la série des lits inclinés dans l'escarpement de la Somma, à partir du sommet jusqu'à la base ; d'autres s'arrêtent court à moitié chemin, et quelques-uns font voir leurs deux extrémités. Par leur composition minérale, ils diffèrent peu des laves de la Somma ; c'est une pâte de leucite (amphigène) et d'augite, à travers laquelle sont disséminés de gros cristaux de ce dernier minéral, et quelques-uns de leucite (1). Il n'est pas rare de rencontrer un dyke coupant un autre dyke, et, sur le point particulier d'intersection, on aperçoit une faille ou glissement.

Dans quelques circonstances, cependant, les fentes semblent avoir été remplies par le côté ; les parois du cratère se sont crevassées sous forme d'étoile (se sont étoilées autrement dit), comme on le voit figure 715. Mais cette forme de fendillement est une exception à la règle générale, car rien

(1) L.-A. Necker, *Mém. de la Soc. de Physiologie et d'Histoire naturelle de Genéve*, t. II, part. 1, nov. 1822.

n'est plus remarquable que le parallélisme ordinaire des
deux parois d'un dyke : il est presque aussi régulier que
celui des deux pans opposés d'un mur en maçonnerie. Ce
caractère paraît d'abord des plus inexplicables, surtout si
l'on songe aux inégalités et dentelures des crevasses produites par les tremblements de terre au sein de masses
d'une composition aussi hétérogène que celles constituant
le cône de la Somma. Pour expliquer ce phénomène,
M. Necker rappelle le récit qu'a fait Sir W. Hamilton

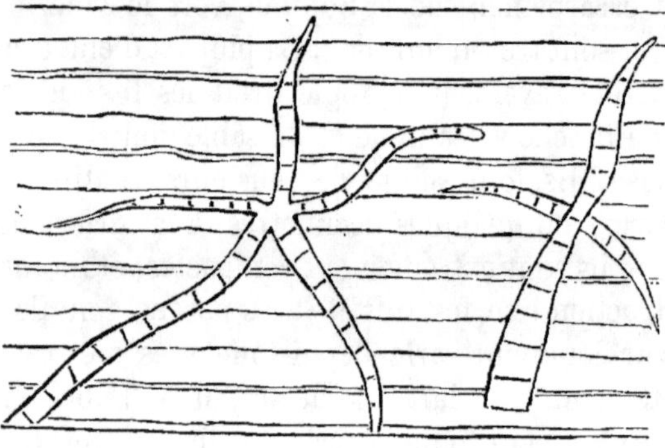

Fig. 715. — Dykes ou veines à Punto del Nasone, Somma (Necker) (1).

d'une éruption survenue au Vésuve en 1779 : « Les laves,
soit qu'elles fussent en ébullition sur le cratère, soit qu'elles
s'échappassent des parties coniques du volcan, se creusaient
constamment, au bas de la partie abrupte de la montagne,
des canaux aussi réguliers que s'ils eussent été produits par
la main de l'homme ; et pendant qu'elles étaient encore à un
état de complète fusion, elles continuaient leur course le
long de ces conduits qui, quelquefois, étaient ainsi remplis
jusque vers le bord, et d'autres fois l'étaient plus ou moins,
suivant la quantité de matière en mouvement.

« Les canaux, lorsqu'on les examinait après une éruption,
avaient en général, comme je l'ai constaté moi-même, de

____

(1) D'après un dessin de M. Necker, dans le Mémoire cité ci-dessus.

0^m,60 à 1^m,50 ou 2 mètres de largeur, et de 2^m,15 à 2^m,40 de profondeur. Ils étaient souvent cachés à la vue par une quantité de scories formant une croûte à la surface ; et la lave, après avoir continué son cours, à chemin couvert, sur une longueur de quelques mètres, pénétrait pour se refroidir de nouveau dans un conduit ouvert. Il m'est arrivé, après une éruption, de marcher dans ces galeries souterraines et couvertes, excessivement curieuses : les parois latérales, le plancher et le plafond étaient *parfaitement lisses et nivelés* presque partout ; ils avaient été laissés à cet état par la violence des courants de lave incandescente qui les avaient parcourus pendant plusieurs semaines consécutives (1). »

Or, les parois de la fissure verticale par laquelle est montée la lave pour atteindre au soupirail volcanique ont dû être exposées à la même érosion que les canaux dont il vient d'être question. Le frottement prolongé et uniforme du lourd fluide obligé de s'élever n'a pas manqué de niveler et polir le fond sur lequel il s'est exercé ; de plus, la chaleur intense a dû fondre les masses qui se projetaient et obstruaient le passage de la matière incandescente.

La texture des dykes, au Vésuve, n'est pas la même sur les bords que vers le centre. Au centre, observe M. Necker, la roche est à plus gros grains, les éléments constituants montrent un état plus cristallin ; tandis que, vers le bord, la lave est quelquefois vitreuse, et toujours à grains plus fins. Une bande mince de partage, qui, par son caractère, ressemble au pitchstone (rétinite), se rencontre quelquefois au contact du dyke vertical et des couches qu'il a coupées. M. Necker cite une de ces bandes, à l'endroit appelé Primo Monte, dans l'Atrio del Cavallo ; lorsque je visitai la Somma, en 1828, j'en vis trois ou quatre autres en différents points du grand escarpement. Ces phénomènes sont en parfaite harmonie avec les résultats des expériences de Sir James Hall et de M. Gre-

____

(1) *Phil. Trans.*, vol. **LXX**, 1780.

gory Watt : ils indiquent qu'une texture vitreuse est l'effet d'un refroidissement subit, tandis qu'au contraire un grain cristallin s'est produit lorsque les minéraux en fusion ont pu se consolider lentement et tranquillement sous une haute pression.

Il est évident que la partie centrale d'une lave en voie de se solidifier dans une fissure perd sa chaleur plus lentement que les côtés ; cependant la différence n'est pas aussi sensible, proportionnellement, qu'entre le fond et la surface d'une lave qui coule à ciel ouvert. Dans ce dernier cas, la partie la plus supérieure est invariablement scoriforme, vitreuse et poreuse sur tous les points où elle s'est trouvée en contact avec l'atmosphère, et où le refroidissement a été plus rapide ; au contraire, à une profondeur plus grande, la masse présente une structure plus lithoïde, et devient de plus en plus pierreuse à mesure que l'on descend, jusqu'à ce qu'enfin on arrive à reconnaître, au moyen d'un verre grossissant, les minéraux simples dont la roche est composée. En l'examinant plus bas encore, on va jusqu'à découvrir à l'œil nu ses diverses parties constituantes, et, dans les coulées du Vésuve, à distinguer des cristaux d'augite et de leucite.

On peut facilement, dit M. Necker, observer le même phénomène, quoique sur une plus petite échelle, dans un fragment que l'on détache de la lave liquide d'une coulée en mouvement. Le fragment se refroidit instantanément, et la surface se recouvre d'une enveloppe vitreuse, tandis que l'intérieur, à grain extrêmement fin, prend un aspect plus pierreux.

Il faut remarquer, toutefois, que la bande vitreuse de départ dont nous venons de parler est rare au Vésuve, bien que les portions latérales des dykes y soient à grain plus fin que la portion centrale. On se rendra compte peut-être de ces faits, comme l'auteur, du reste, que nous venons de citer le pense lui-même, par la chaleur élevée que les parois de la fissure ont acquise avant que la masse fluide ait commencé à se consolider ; car, dans de tels cas, la lave doit se refroidir très-lentement, même sur les côtés. Certaines fissures aussi se remplissent par en haut ; cela arrive fréquemment dans les volcans des îles Sandwich, suivant les observations de M. Dana, et alors le refroidissement sur les côtés doit être plus rapide que lorsque la matière fondue monte du foyer volcanique, douée d'une température excessive. M. Darwin m'apprend qu'à Sainte-Hélène presque tous les dykes ont les bords vitreux.

La roche qui constitue les dykes dans la portion ancienne comme dans la masse moderne du Vésuve est beaucoup plus compacte que la lave commune, car la pression d'une colonne de matière fondue remplissant une fente dépasse de beaucoup celle d'un courant ordinaire de lave, et cette pression chasse les gaz qui donnent lieu aux cellules.

Presque tous les dykes du Vésuve montrent une tendance à se diviser en prismes horizontaux, phénomène qui s'accorde avec la formation des colonnes verticales au travers des lits horizontaux de lave : car, dans les deux cas, les divisions qui donnent naissance à la structure prismatique sont perpendiculaires aux surfaces de refroidissement. (*Voir* ci-dessus p. 302, t. II.)

CHAPITRE XXXI

SUR LES DIFFÉRENTS AGES DES ROCHES VOLCANIQUES (*suite*).

Roches volcaniques de la période du Nouveau Pliocène. — Val di Noto. — Dykes de Sicile. — Région d'Olot en Catalogne. — Roches volcaniques de la période du Vieux Pliocène. — Toscane. — Rome. — Roches volcaniques d'Olot en Catalogne. — Cônes et courants de lave. — Ravins et anciens lits de gravier. — Jets d'air appelés Bufadors. — Age des volcans de la Catalogne. — Période Miocène Supérieure. — Archipels volcaniques de Madère, des Canaries et des Açores. — Période du Miocène Inférieur. — Lignite de l'Eifel, et brèches trachytiques contemporaines. — Age du lignite. — Caractères particuliers des volcans de l'Eifel Supérieur et Inférieur. — Cratères lacustres. — Trass. — Volcans de Hongrie.

ROCHES VOLCANIQUES DE LA PÉRIODE DU NOUVEAU PLIOCÈNE.

Val di Noto. — J'ai déjà parlé (t. I, p. 311) des roches ignées associées à une grande formation marine de calcaire, sable et marne, dans la partie méridionale de la Sicile, à Vizzini en particulier, et en d'autres endroits. Au sein de cette formation, qui appartient, comme nous l'avons fait voir, à la période du Nouveau Pliocène, des lits épais d'huîtres et de coraux reposent sur la lave, et ne sont nullement altérés au point de contact. En d'autres localités, on observe des dykes de roches ignées qui coupent les couches fossilifères, et ont transformé les argiles en un schiste siliceux dont les feuillets, au point de jonction, sont contournés et partagés en fragments innombrables : les environs de la ville de Vizzini fournissent un exemple de ce genre.

Les formations volcaniques du Val di Noto se composent habituellement de la variété la plus ordinaire de basalte, avec ou sans olivine. La roche est quelquefois compacte, souvent très-celluleuse. Accidentellement les cellules sont vides, soit dans les dykes, soit dans les courants, et certaines localités montrent des cas où ces cellules sont remplies de spath calcaire, d'arragonite et de zéolites. La structure de la masse est parfois sphéroïdale ; dans certaines circonstances, rares, il est vrai, elle est colonnaire. J'ai vu des dykes d'amygdaloïde, de wacke et de basalte prismatique coupant le calcaire, au fond de la cavité dite Gozzo degli Martiri, au-dessous de Melilli.

Dykes en Sicile. — On remarque aussi des dykes de lave vésiculaire et amygdalaire traversant le tuf marin ou pépérino, à l'Ouest de Palagonia ; quelques-uns des pores de la lave sont vides, d'autres sont remplis de carbonate de chaux. Dans de tels cas, on peut supposer que le pépérino

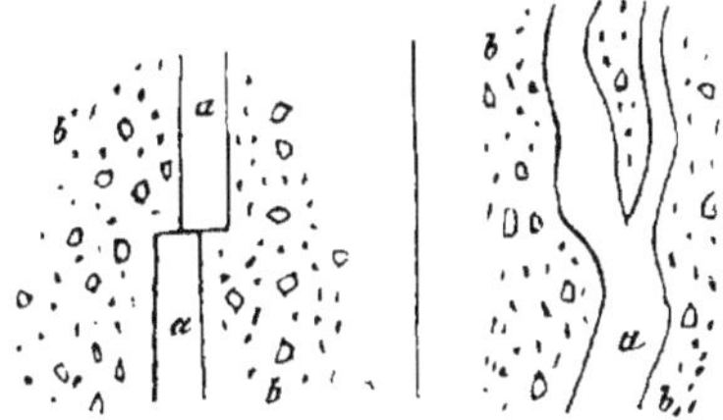

Fig. 716 et 717. — Plans de dykes près de Palagonia.

a. Lave. — b. Pépérino composé de sable volcanique, mêlé de fragments de lave et de calcaire.

est résulté de la chute de sable volcanique, de scories, et en même temps de fragments calcaires lancés par une explosion sous-marine , semblable à celle qui a donné naissance à l'île Graham (île Julia), en 1831. Lorsque la masse se fut jusqu'à un certain point consolidée, une crevasse s'ouvrit, et la lave monta par des fissures dont les parois étaient parfaitement unies et parallèles. Après son refroidissement, la matière en fusion qui avait obstrué la solution de continuité (fig. 716) fut brisée et refoulée par un mouvement latéral.

Dans la seconde figure (fig. 717), la lave offre d'une manière bien plus tranchée encore l'apparence d'une veine qui se serait frayé un passage à travers le pépérino. Il est très-probable que nous observerions les mêmes accidents, si nous pouvions examiner le lit de la mer dans cette partie de la Méditerranée où les vagues ont récemment entraîné la nouvelle île volcanique ; en effet, dès qu'un amas de fragments a été emporté par la dénudation, on peut s'attendre à voir des coupes de dykes à travers le tuf, ou, en d'autres termes, des sections de canaux par lesquels la lave souterraine est parvenue à la surface.

Roches volcaniques d'Olot en Catalogne. — Les géologues sont loin encore de pouvoir assigner à chacun des groupes volcaniques répandus en Europe une place chronologique précise dans la série tertiaire ; mais je vais décrire

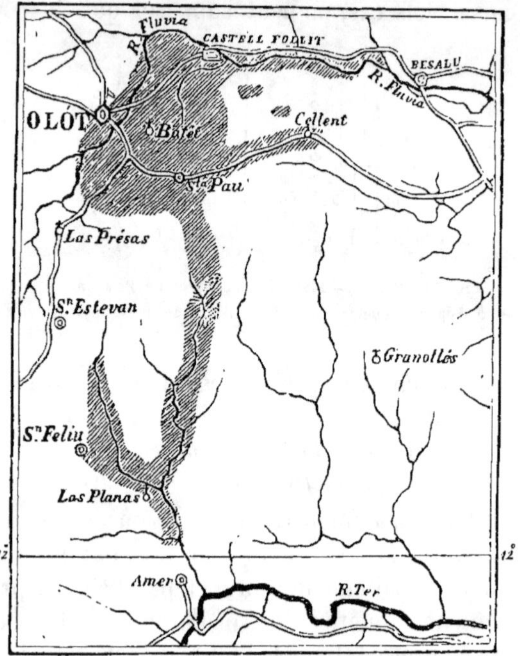

Fɪɢ. 718. — Région volcanique de Catalogne.

comme appartenant probablement en partie à la période Post-Pliocène et en partie à celle du Nouveau Pliocène, un district de volcans éteints des environs d'Olot, Nord de l'Espagne, district peu connu, et que j'ai visité pendant l'été de 1830.

La totalité de la surface recouverte par les produits volcaniques, en Catalogne, n'a pas plus de 27 kilomètres du Nord au Sud, et environ 10 kilomètres de l'Est à l'Ouest. Les issues d'éruption occupent exclusivement une bande étroite qui court du Nord au Sud, et ses ramifications, représentées dans la carte ci-contre comme s'étendant vers l'Est, se composent seulement de deux coulées de lave, celles de Castell Follit et de Cellent.

Le Dʳ Maclure, géologue américain, a, le premier, signalé l'existence de ces volcans (1), et, d'après la description qu'il en a faite, la région volcanique s'étendrait sur vingt lieues carrées, de Amer à Massanet. J'ai en vain cherché dans les environs de Massanet, Pyrénées, des traces d'un courant de lave, et je puis assurer que la carte ci-dessus donne une représentation exacte de la véritable surface volcanique.

Structure géologique du district. — Les éruptions ont eu lieu exclusivement à travers des roches fossilifères constituées par un grès gris et verdâtre avec conglomérat, ainsi que par quelques lits épais de calcaire nummulitique. Le conglomérat contient des cailloux roulés de quartz, calcaire et Lydienne. Ce système de roche est très-largement développé à travers la Catalogne; l'un de ses membres est un grès rouge auquel se trouve subordonnée la fameuse Roche-de-Sel (sel gemme) de Cardona, considérée habituellement comme datant de l'époque crétacée.

Près d'Amer, dans la vallée du Ter, vers les confins méridionaux du pays tels qu'ils sont tracés dans la carte, on voit des roches cristallisées consistant en gneiss, micaschiste et schiste argileux. Elles se dirigent suivant une ligne presque parallèle aux Pyrénées, et ont rejeté sur leurs flancs les couches fossilifères qui plongent ainsi au Nord et au Nord-Ouest. Ce plongement, orienté vers les Pyrénées, se lie à un axe distinct d'élévation, et domine à travers la surface figurée par la carte; l'inclinaison des couches est parfois de 40 à 50 degrés.

(1) Maclure, *Journ. de phys.*, 1808, vol. LXVI, p. 219; cité par Daubeny, *Description of Volcanos*, p. 24.

Il est évident que la géographie physique de la contrée n'a subi, depuis le commencement de l'ère des éruptions volcaniques, d'autres changements matériels que ceux qui ont dû résulter de l'introduction de nouvelles éminences de scories et de coulées de lave sur la surface préexistante. Si l'on supposait des laves de nouveau en fusion et sortant de leurs cratères respectifs, elles descendraient les mêmes vallées où on les voit aujourd'hui, et viendraient occuper encore les espaces qu'elles remplissent actuellement. L'unique différence qui existerait dans la configuration extérieure entre les laves anciennes et les laves récentes consisterait dans l'absence, chez celles-ci, de ravins ou de toutes traces d'érosion produite par les eaux.

Cônes et laves volcaniques. — On compte environ quatorze cônes distincts avec cratères dans cette partie de l'Espagne, outre plusieurs autres points d'où les laves sont peut-être sorties ; tous ces cônes sont disposés le long d'une bande étroite qui court Nord et Sud, comme nous le voyons dans la carte. La plupart des cônes les plus complets existent aux environs immédiats d'Olot; quelques-uns sont représentés dans la gravure ci-contre (fig. 719, n°s 2, 3 et 5). La plaine où cette ville est bâtie résulte évidemment de coulées successives de lave, qui sont parties de ces monticules pour descendre dans le bas de la vallée, qui dut avoir jadis une profondeur plus considérable, analogue à celle des autres dépressions longitudinales de la contrée environnante.

Dans le dessin (fig. 719), j'ai tâché de faire ressortir par un système d'ombres les différentes formations géologiques dont la contrée se compose (1). Les montagnes (n° 1) qui se profilent en blanc dans le lointain du spectateur sont les Pyrénées; elles consistent en roches hypogènes et fossilifères anciennes. En face de ces montagnes, on voit les formations fossilifères (n° 4), ombrées. Plus près de l'observateur, les collines 2, 3, 5 sont des cônes volcaniques, et le reste du

(1) Ce dessin est fait d'après un croquis que j'ai pris moi-même sur place, en 1830.

páysage, dans la lumière, est formé de cendres et laves
volcaniques.

La Fluvia, qui coule près de la ville d'Olot, a coupé, sur
une profondeur de 12 mètres seulement, les laves de la

Fig. 719. — Vue des volcans aux environs d'Olot en Catalogne.

plaine que nous avons mentionnée. Le lit de la rivière est un
basalte dur, et, au pont de Santa-Madelina, on aperçoit
deux courants très-distincts de lave superposés l'un à l'autre,
et séparés par un lit horizontal de scories d'une épaisseur
de 2^m,45.

Dans un autre endroit, au sud d'Olot, la surface unie de
la plaine est interrompue par un monticule de lave, appelé
le *Bosque de Tosca*, dont la partie supérieure est scoriacée,
et recouverte d'épais amas de fragments de basalte plus ou
moins poreux. Entre ces nombreux amas existent des cavités
profondes qui ont l'apparence de petits cratères. Le tout
ressemble précisément à certains courants modernes de
l'Etna, ou à celui de Côme, près de Clermont ; ce dernier,
comme le Bosque de Tosca, n'est recouvert que d'une maigre
végétation.

Plusieurs des volcans de Catalogne sont aussi entiers que ceux des environs de Naples ou des versants de l'Etna. L'un d'eux, appelé Montsacopa (n° 3, fig. 719), est de forme très-régulière et présente une dépression circulaire ou cratère à son sommet. Il est principalement composé de scories rouges que l'on ne saurait distinguer de celles des petits cônes de l'Etna. Les collines environnantes d'Olivet (n° 2) et de Garrinada (n° 5) ont une forme et une composition semblables. Le plus grand cratère de toute la contrée existe plus à l'Est d'Olot, et se nomme Santa-Margarita. Il a 137 mètres de profondeur et environ 1 kilomètre et demi de circonférence. Comme Astroni, près de Naples, on le voit couvert d'une riche végétation d'arbres, et différents gibiers abondent dans la forêt qui le recouvre.

Bien que les volcans de Catalogne aient percé au travers des grès, schiste et calcaire, comme ceux de l'Eifel en Allemagne, que nous décrirons plus loin, il existe une différence remarquable dans la nature des éjections qui composent les cônes en ces deux régions. Dans l'Eifel, la quantité des fragments de grès et schiste qui sont sortis des évents volcaniques est tellement considérable, qu'elle dépasse en volume les scories, la cendre et la lave; mais j'ai cherché en vain dans les cônes des environs d'Olot des fragments de roche étrangère, et don Francisco Bolos, éminent botaniste d'Olot, m'assure n'en avoir jamais découvert lui-même.

Les sables et cendres volcaniques ne sont pas limités aux cônes, mais ont été quelquefois dispersés par le vent sur la surface totale de la contrée, puis rassemblés dans les vallées étroites, comme on le voit entre Olot et Cellent (fig. 720). La matière volcanique, cinériforme et légère, est en lits minces, réguliers, exactement comme si elle fût tombée sur la pente du conglomérat solide. Aucun courant, sans doute, n'a parcouru la vallée postérieurement à la chute des scories; autrement celles-ci auraient été, en majeure partie, emportées. Les courants de lave, en Catalogne comme en Auvergne, dans le Vivarais, en Islande et dans tous les pays

montagneux, présentent une épaisseur considérable le long
des défilés étroits, mais ils s'étalent en nappes comparativement plus minces dans les vallées plus larges. Lorsqu'une
rivière a coulé sur un sol presque horizontal, comme dans la

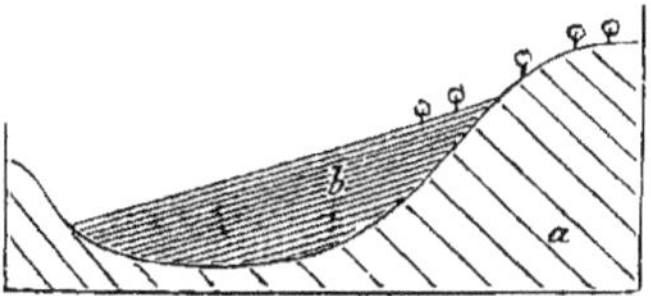

Fig. 720. — a. Conglomérat. — b. Bandes minces de sable et scories volcaniques.

grande plaine des environs d'Olot, l'eau ne s'est creusé qu'un
lit de médiocre profondeur ; mais, si la pente a été considérable, le courant a ouvert une tranchée profonde pour pénétrer quelquefois, suivant le sens vertical, à travers la partie
centrale d'un courant igné, mais plus fréquemment pour

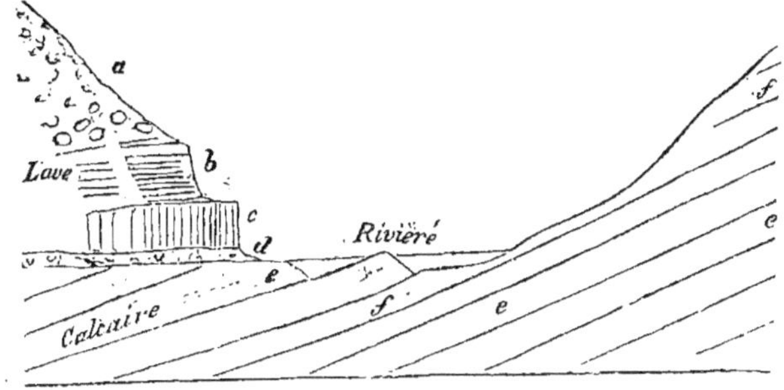

Fig. 721. — Coupe au-dessus du pont de Cellent.
a. Lave scoriacée. — b. Basalte schisteux. — c. Basalte colonnaire. — d. Scories, sol
végétal et alluvium. — e. Calcaire nummulitique. — f. Grès micacé gris.

s'engager entre les laves et les roches secondaires ou tertiaires
qui bordent la vallée. Par exemple, dans la coupe (fig. 721),
au pont de Cellent, à 9 kilomètres Est d'Olot, on aperçoit
la lave longeant le petit ruisseau, tandis que des roches
stratifiées inclinées en constituent le lit et la rive opposée.
La partie supérieure de la lave de cet endroit, tout comme
celle des courants de l'Etna et du Vésuve, est scoriacée ; plus bas, elle devient moins poreuse et prend une

structure sphéroïdale ; à un niveau plus inférieur encore, elle se divise en plaques horizontales, chacune d'environ $0^m,050$ d'épaisseur, et se montre plus compacte. En dernier lieu, dans la partie la plus profonde, se trouve une masse de basalte prismatique de $1^m,50$ de puissance. Souvent, les colonnes verticales reposent immédiatement sur les roches stratifiées sous-jacentes ; mais, entre les deux systèmes existent, par places, du sable et des scories comme on en voit se répandre sur une contrée pendant une éruption volcanique ; ces dépôts, s'ils n'étaient protégés, comme ils le sont ici, par une lave qui les surmonte, seraient bientôt entraînés de la surface du sol. Parfois le lit d contient quelques cailloux roulés et des fragments angulaires de roches ; d'autres fois, c'est une terre fine qui a dû constituer un ancien sol végétal.

On remarque, en plusieurs localités, des lits de sable et de cendre intercalés entre la lave et la roche stratifiée sous-jacente, par exemple le long du courant de lave qui descend de Las Planas vers Amer, et s'arrête à 3 kilomètres de cette ville. La rivière, en cet endroit, a souvent partagé la lave, et même, jusqu'à une profondeur de $5^m,50$, le calcaire sous-jacent. Quelquefois un alluvium de plusieurs mètres d'épaisseur se trouve interposé entre les formations ignée et marine. Il est intéressant de noter que, dans tous ces amas ou d'autres, composés de cailloux roulés par les eaux et occupant une position semblable, il n'y a pas de fragments arrondis de lave ; tandis que, dans les lits de gravier plus modernes des rivières de cette contrée, les galets volcaniques abondent.

L'excavation la plus profonde que j'aie observée en cette partie de l'Espagne, et qui ait été produite par une rivière au travers d'une lave, se voit au fond d'une vallée près de San Feliu de Pallerols, à l'opposite du Castell de Stolles. La lave a comblé ce fond de vallée, et suivant sa largeur court un étroit ravin sur une profondeur de 30 mètres. Dans sa partie inférieure, la lave présente une structure colonnaire. Il a fallu, sans doute, un temps considérable pour le creusement d'un ravin aussi profond ; mais, aujourd'hui, on a des motifs de penser que le courant igné au sein duquel il est ouvert date d'une époque plus ancienne que ceux de la plaine des environs d'Olot. D'un autre côté, la déclivité du sol, et, conséquemment, la vélocité de ce courant ayant été plus considérables, un volume plus notable de roches dut être emporté dans le même temps.

Je donnerai encore une coupe (fig. 722) pour élucider le phénomène volcanique de ce district. Une coulée de lave, partie d'une crête de colline à l'Est d'Olot, est descendue par

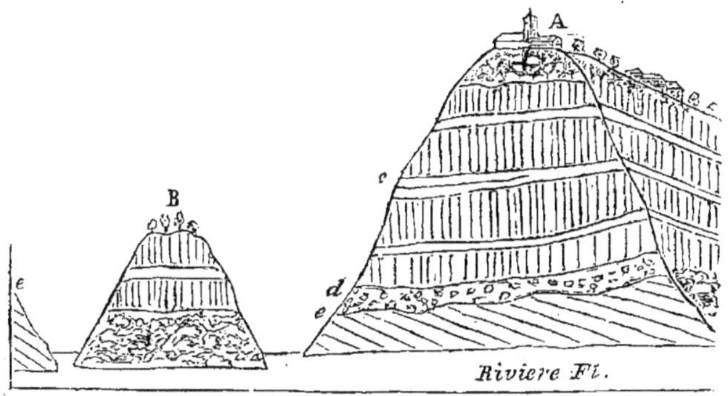

Fig. 722. — Coupe à Castell Follit.
A. Ville et église de Castell Follit, au sommet et au bord de précipices de basalte. — B. Ilot de chaque côté duquel les branches de la rivière Teronel coulent pour aller rejoindre la Fluvia. — c. Escarpement de lave basaltique, en grande partie colonnaire, de 40 mètres de haut. — d. Alluvium ancien au-dessous du courant de lave. — e. Couches inclinées de grès.

une pente très-rapide jusqu'à la vallée de la rivière Fluvia. Là, elle est arrivée d'abord au contact de l'eau courante, qui en a saisi quelques portions et mis à découvert la structure intérieure, produisant un précipice d'environ 40 mètres de haut, au bord duquel se trouve la ville de Castell Follit.

Par la jonction des rivières Fluvia et Teronel, la masse de lave a été partagée en deux endroits, et il en est résulté la roche isolée B (fig. 722) qui, probablement, n'a jamais été aussi élevée que la falaise A, car elle a dû former la partie inférieure de la pente du courant originel.

Lorsqu'on examine les falaises verticales, on voit que la

II.   25

partie supérieure de la lave sur laquelle la ville est construite offre une structure scoriacée, et passe, inférieurement, à un basalte sphéroïdal ; quelques-uns des plus gros sphéroïdes n'ont pas moins de $1^m,80$ de diamètre. Au-dessous se trouve un basalte plus compacte avec cristaux d'olivine. Il existe en tout cinq niveaux de basalte dont les plus supérieurs sont sphéroïdaux et les autres prismatiques, séparés par des lits minces, non colonnaires, quelques-uns schisteux. Ces niveaux résultent sans doute de coulées successives de lave appartenant à la même éruption ou à des périodes différentes. La masse totale repose sur un alluvium de 3 mètres à $3^m,65$ d'épaisseur, composé de cailloux roulés de calcaire et de quartz, mais sans aucun mélange de roches ignées ; sous ce rapport seulement, cette masse paraît différer du gravier moderne de la Fluvia.

Bufadors. — Les roches volcaniques des environs d'Olot possèdent souvent une structure caverneuse semblable à celle de certaines laves de l'Etna ; et, sur plusieurs points de la colline de Batet, aux environs de la ville, le son que rend le sol, lorsqu'on le frappe, est comme celui que ferait entendre dans une même circonstance un souterrain voûté. A la base de cette dernière colline, on remarque les embouchures de cavernes souterraines, au nombre de douze, appelées par les gens du pays *Bufadors :* de ces embouchures s'échappe, pendant l'été, un air froid ; mais en hiver, dit-on, le courant est à peine sensible. Je visitai l'un de ces Bufadors au commencement d'août 1830 ; la chaleur était plus intense que d'habitude pour la saison, et je trouvai effectivement qu'un air froid se dégageait de son ouverture, ce qui s'explique facilement. Lorsque l'air extérieur, dilaté par la chaleur, vient à monter, l'air plus froid et plus lourd des cavernes de l'intérieur de la montagne s'échappe au dehors, sous l'influence de la pression, pour suppléer au fluide que l'élévation de température a raréfié.

Quant à l'âge de ces volcans espagnols, on a voulu admettre que, tout comme en Auvergne et dans l'Eifel, les

premiers habitants du pays avaient été témoins oculaires de
l'action volcanique. En 1421, dit-on, époque à laquelle Olot
fut détruite par un tremblement de terre, une éruption eut
lieu près d'Amer et brûla la ville. Les recherches de Don
Francisco Bolos ont, je crois, démontré de la manière la
plus convaincante que le dernier épisode de cette histoire
n'a pas de véritable fondement historique, et tout géologue,
en visitant Amer, acquiert la certitude qu'il n'y a jamais eu
d'éruption en ce lieu. Il est vrai que, dans l'année ci-dessus
mentionnée, la ville d'Olot tout entière, à l'exception d'une
seule maison, fut renversée par un tremblement ; ce tremblement coïncida sans doute avec l'une des secousses qui, à
des intervalles éloignés, pendant les cinq derniers siècles,
agitèrent les Pyrénées, et en particulier la contrée située
entre Perpignan et Olot : dans cette contrée, les mouvements
atteignirent leur paroxysme précisément à l'époque que
nous signalons ici.

La destruction de la ville a peut-être été due à la nature
caverneuse de la roche sous-jacente ; car la Catalogne se
trouve située au delà de la zone très-étendue, dans laquelle
les tremblements de terre ont produit en Europe le plus de
ruines pendant la période historique.

Donc, puisque nous n'avons aucuns documents historiques pour nous guider sur l'âge de ces volcans éteints, con-
sultons les monuments géologiques. Le diagramme ci-dessous
(fig. 723) fournit, sous une forme synoptique, l'ensemble
des résultats obtenus par de nombreuses coupes.

L'alluvium plus moderne (*d*) est partiel ; il a été formé
par l'action que les rivières et les inondations ont exercée
sur la lave. Au contraire, le gravier plus ancien (*b*) était
répandu sur la contrée avant des éruptions volcaniques.
Dans aucun de ces dépôts, jusqu'à présent, on n'a découvert
des débris organiques ; on peut donc seulement affirmer que
l'action ignée des volcans commença postérieurement à la
production de quelques-unes des roches les plus nouvelles de
la série Nummulitique (Éocène) de Catalogne, et antérieure-

ment à la formation d'un alluvium (*d*) d'une date inconnue.
L'intégrité des cônes montre simplement que la contrée n'a

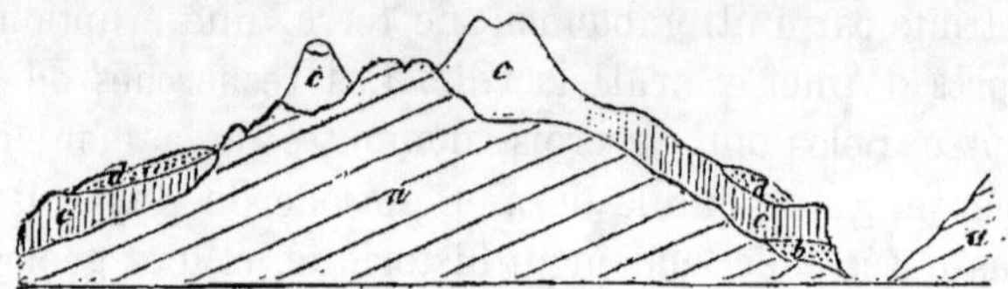

Fig. 723. — Superposition de roches dans la région volcanique de Catalogne.
a. Grès et calcaire nummulitiques. — *b*. Alluvium plus ancien, dépourvu de galets volcaniques. — *c*. Cône de scories et de lave. — *d*. Alluvium plus récent.

point été agitée par de violents tremblements de terre, ni
soumise à l'action d'inondations désastreuses depuis leur
origine.

A l'Est d'Olot, sur la côte de Catalogne, on observe des
couches tertiaires marines qui atteignent, près de Barce-
lone, la hauteur de 150 mètres environ. D'après les coquilles
qu'elles m'ont fournies, ces couches semblent correspondre
pour l'âge aux lits Subapennins ; il n'est pas improbable
non plus que leur élévation du fond de la mer ait eu lieu
pendant la période des éruptions volcaniques des environs
d'Olot. Dans ce cas, les émissions ignées dateraient en partie
de la période du nouveau Pliocène et en partie de celle du
Post-Pliocène ; mais leur âge, jusqu'à présent, est resté
tout à fait incertain.

Période du vieux Pliocène - Italie. — On rencontre à
Radicofani, Viterbe et Aquapendente, en Toscane, ainsi
que dans la Campagne de Rome, des tufs volcaniques sous-
marins intercalés dans les couches du vieux Pliocène des
monts Subapennins. Leur disposition indique évidemment
qu'ils sont le produit d'éruptions survenues à l'époque où
les marnes et sables coquilliers de ces monts Subapennins
étaient en voie de dépôt. Cette opinion (1), je l'exprimai
après mon voyage de 1828 en Italie, et elle a été recemment

(1) Voyez 1re édit. des *Principes de Géologie*, vol. III, chap. xiii et xiv
1833, et éditions précédentes de cet ouvrage, chap. xxxi.

confirmée (1850) par les arguments fournis par Sir R. Murchison en faveur de l'origine sous-marine des roches volcaniques les plus anciennes d'Italie (1). Ces roches, comme on le sait parfaitement, reposent en position discordante sur les marnes Subapennines, et s'étendent ainsi vers le Sud jusqu'au Monte-Mario compris dans les faubourgs de Rome. L'étude des fossiles marins de Monte-Mario qu'ont entreprise avec tant de soins MM. Rayneval, Vanden Hecke et Ponzi, a jeté récemment un nouveau jour sur l'âge exact de ces dépôts. Ces explorateurs ont comparé jusqu'à 160 espèces (2) de cette formation avec les coquilles du Crag-Corallin de Suffolk, si bien décrit par M. Charles Wood ; et la concordance spécifique entre les fossiles anglais et les fossiles italiens est si grande, que nous n'hésitons pas, après avoir tenu compte de la distance géographique et de la différence de latitude, à rapporter les espèces des deux pays à la même période, c'est-à-dire au vieux Pliocène tel que nous l'avons défini dans cet ouvrage. Il est très-probable, qu'on pourrait découvrir, entre les trachytes les plus anciens de Toscane et les roches les plus modernes des environs de Naples, une série de produits volcaniques de tous les âges, depuis le vieux Pliocène jusqu'à l'époque historique.

ROCHES VOLCANIQUES DE LA PÉRIODE DU MIOCÈNE SUPÉRIEUR.

Madère et Porto-Santo. — En traitant d'une manière générale de l'origine et de la structure des montagnes à volcans, j'ai décrit, avec une certaine étendue, les tufs volcaniques et autres roches ignées de date Tertiaire et Post-Tertiaire dans l'île de Madère. Parmi les dépôts sous-marins, j'ai constaté qu'il en existait quelques-uns contemporains de la période du Miocène supérieur, comme le démontrent les coquilles fossiles renfermées dans les tufs qui se sont accumulés à San Vicente, sur la partie nord de l'île jusqu'à la

(1) *Geol. Quart. Journ.*, vol. **VI**, p. **281**.
(2) *Catalogues des fossiles de Monte Mario*, Rome, 1854.

hauteur de 400 mètres au-dessus du niveau de la mer. Une formation semblable constitue la portion fondamentale de Porto-Santo, île voisine de Madère, à une distance de 6 kilomètres environ. Dans les deux localités, les couches marines d'une hauteur égale, sont recouvertes de laves d'origine supra-marine.

C'est à Baixo, situé en regard de l'extrémité méridionale de Porto-Santo, que j'ai obtenu la plus grande quantité de fossiles, des tufs, conglomérats et lits de calcaire qui composent les terrains de cette île. Dans cette seule localité, le nombre des espèces recueillies monte à plus de 60, dont cinquante mollusques, qui , pour la plupart, ne sont représentés que par des moules.

Quelques-unes de ces coquilles ont probablement vécu dans l'endroit même pendant les intervalles de temps qui se sont écoulés entre les éruptions, d'autres auraient été lancées par l'action volcanique dans l'eau ou dans l'atmosphère avec des éjections boueuses, et, en retombant, se seraient déposées sur le lit de la mer. Certains fragments de lave celluleuse, qui entrent dans la composition des brèches et conglomérats, ont leurs vides en partie comblés par des concrétions calcaires et sont ainsi à moitié couvertis en amygdaloïdes.

Dans les coquilles communes à Madère et à Porto-Santo, on remarque, parmi les univalves, de larges cônes, des strombes et des cauris ; parmi les bivalves lamellibranches les *Cardium, Spondylus* et *Lithodomus ;* parmi les Echinodermes le grand Clypeaster, *C. Altus,* fossile éteint du Miocène d'Europe.

M. Karl Meyer a donné dans la *Madeira* de Hartung un très-long catalogue de fossiles, mais dans la collection que j'ai formée, et dans une autre plus riche encore de M. J. Yate Johnson, on peut voir plusieurs formes qui ne se trouvent pas dans la liste de Meyer ; je citerai entre autres, la *Pholadomya* et une grande *Terebra.* M. Johnson a également trouvé dans ces tufs volcaniques de Baixo un magnifique échantillon de *Nautilus (Atruria) zigzag*, fossile Falunien d'Europe bien connu, et l'Echinoderme *Brissus Siciliæ*, espèce vivante de la Méditerranée, recueillie à l'état fossile dans les couches Miocènes de Malte. M. Meyer identifie un tiers des coquilles de Madère avec les formes connues du Miocène d'Europe ou Falunien. Le gros Strombus de San Vicente et de Porto-Santo, *S. Italicus*, est une coquille éteinte des formations Subapennines ou du vieux Pliocène.

Les mollusques déjà fournis par les diverses localités de Madère et de Porto-Santo sont au moins au nombre de cent, et suivant le docteur S. P. Woodward, plus d'un tiers appartient à des espèces encore vivantes, dont la plupart ont cessé d'habiter les mers voisines de ces contrées.

On a fait remarquer (p. 342, t. I), que l'on rencontre dans les dépôts du vieux Pliocène et du Miocène Supérieur d'Europe, des formes nombreuses présentant un aspect plus méridional que celles qui vivent aujourd'hui dans la mer qui baigne çes rivages. La même observation s'applique aux coraux fossiles ou zoanthaires, au nombre de six, que j'ai recueillis à Madère, et qui appartiennent aux genres *Astræa, Sarcinula, Hydnophora*, etc. M. Lonsdale a déclaré que ces formes étaient étrangères aux côtes de ces îles, et qu'elles concordaient avec celles de latitudes plus tropicales et de certaines parties de la mer Rouge. Ainsi donc les coquilles Miocènes de Madère appartiendraient à la faune d'une mer plus chaude que celle qui sépare aujourd'hui cette contrée du point le plus rapproché des côtes d'Afrique. D'un autre côté, les observations faites en 1859, par le Rev. R. T. Lowe, nous apprennent que sur les quatre-vingt-dix coquilles recueillies par lui sur la plage sablonneuse de Mogador, plus de la moitié ou cinquante-trois de ces mollusques marins sont des espèces communes à l'Angleterre, bien que Mogador soit à 18 degrés et demi au sud des rivages les plus voisins de ce pays. Il en est de même pour les coquilles actuelles de Madère et de Porto-Santo qui sont des espèces de climat tempéré, bien que spécifiquement elles diffèrent en grande partie de celles de Mogador (1).

Grande - Canarie. — On trouve dans les îles Canaries, et spécialement dans la Grande-Canarie, la même formation marine du Miocène Supérieur. Aux environs de Las Palmas, des tufs stratifiés, avec laves et conglomérats intercalés, se présentent sous forme de petites couches presque horizontales dans des falaises marines d'environ 90 mètres de hauteur. M. Hasting et moi ne pûmes découvrir dans ces tufs des coquilles marines à une plus grande élévation que 120 mètres au-dessus du niveau de la mer, mais comme le dépôt qui les contient atteint dans l'intérieur une hauteur de 335 mètres, on conçoit que le sol a subi un exhaussement d'au moins cette quantité. Les *Clypeaster altus*, *Spondylus gœderopus*, *Pectunculus pilosus*, *Cardita calyculata*, et plusieurs autres coquilles servent à identifier cette formation avec celle de Madère ; l'*Ancillaria glandiformis*, qui n'est pas rare, et quelques autres fossiles, nous rappellent les faluns de Touraine.

Les soixante-deux espèces Miocènes que j'ai recueillies dans la Grande-Canarie se rapportent, suivant le docteur S. P. Woodward, à quarante-sept genres, dont dix ne sont plus représentés depuis longtemps dans la mer voisine ; ce sont les *Corbis*, forme d'Afrique, *Hismites*, vivant aujourd'hui dans l'Orégon, *Thecidium* (*T. Mediterraneum*, identique au fossile Miocène de Saint-Juvat, en Bretagne, France), *Calyptræa*, *Hipponyx*, *Nerita*, *Erato*, *Oliva*, *Ancillaria* et *Fasciolaria*.

Ces tufs des rivages méridionaux de la Grande-Canarie, contenant des coquilles du Miocène Supérieur, paraissent être à peu près du même âge que les roches volcaniques les plus anciennes de l'île, qui se composent de diabase schisteuse, de phonolite et de trachyte. Au-dessus de ce dépôt se sont accumulés des tufs trachytiques, des laves marines et

____

(1) *Linnean Proceedings; Zoology*, 1860.

des produits basaltiques provenant de volcans sub-aériens ; le tout forme une épaisseur de 1,200 à 1,500 mètres, les parties centrales de la Grande-Canarie atteignant une élévation de 1,820 mètres au-dessus du niveau de l'Océan. Certaines laves ont un aspect très-récent et auraient été vomies depuis l'époque où l'excavation des vallées avait déjà atteint quelques décimètres de leur profondeur actuelle. Très-modernes, géologiquement parlant, ces laves de date inconnue seraient pourtant antérieures à la colonisation européenne de la Grande-Canarie.

A 400 mètres environ au nord de Las Palmas, un banc élevé s'offre à la vue dans une localité appelée San-Catalina, située dans la partie Nord-Est de l'île ; il est placé entre la base de la haute falaise formée de tufs à coquilles Miocènes et le bord de la mer. De cette plage, dont l'élévation au-dessus de la ligne des hautes eaux est de 7^m,50, et qui se trouve à une distance d'environ 45 mètres du rivage, j'ai obtenu avec l'assistance de Don Pedro Maffiotte, plus de cinquante espèces de coquilles marines vivantes. La plupart d'entre elles, suivant le docteur S. P. Woodward, n'habitent plus les mers contiguës ; le *Strombus bubonius*, par exemple, que l'on rencontre de nos jours vivant sur la côte occidentale d'Afrique, le *Cerithium procerum*, forme actuelle du Mozambique, ainsi que d'autres espèces de la Méditerranée, les *Pecten Jacobæus* et *P. polymorphus*. Quelques-uns de ces testacés vivent dans les eaux profondes, et le dépôt en question semblerait en somme indiquer des eaux d'une profondeur de plus de 30 mètres.

Açores. — L'île de Sainte-Marie, l'une des Açores, a fourni depuis longtemps des coquilles marines connues des géologues. Elles furent trouvées sur la côte Nord-Est dans un petit promontoire en saillie, appelé Ponta do Papagio (ou Pointe du Perroquet), et principalement dans un calcaire de 6 mètres d'épaisseur ; les couches sur lesquelles repose ce calcaire sont de même nature que celles qui le recouvrent et se composent de laves basaltiques, de scories et de conglomérats. Les cailloux roulés du conglomérat sont liés entre eux par un ciment de carbonate de chaux.

M. Hartung, dans sa *Relation sur les Açores*, publiée en 1860, décrit vingt-trois coquilles de Sainte-Marie (1) dont huit peut-être sont identiques aux espèces vivantes, et douze peuvent être rapportées, avec plus ou moins de certitude, aux formes Tertiaires d'Europe, et particulièrement à celles du Miocène Supérieur. Parmi les nouvelles espèces, la plus caractéristique et la plus abondante est le *Cardium Hartungi ;* ce fossile, inconnu en Europe, se trouve très-communément à Porto-Santo et à Baixo ; il sert à relier la faune Miocène des Açores à celle de Madère.

Il découle, de ce que nous avons dit dans le vingt-neuvième chapitre et dans celui-ci, que les éruptions volcaniques de Madère, des Canaries et des Açores commencèrent dans la période du Miocène Supérieur et se continuèrent jusqu'à l'époque Post-Pliocène. Dans quelques îles des groupes des Canaries et des Açores, les feux volcaniques ne sont pas encore éteints, ainsi que l'attestent les éruptions observées de Lanzerote, Ténériffe, Palma, Saint-Michel et autres localités.

Les preuves fournies par chacun de ces trois archipels autorisent à conclure que des formations sous-marines Miocènes ont été sujettes pendant les émissions successives de laves, à un soulèvement analogue à celui qu'ont subi les couches marines du Pliocène dans les portions les plus anciennes du Vésuve et de l'Etna pendant les éruptions de date Post-Tertiaire. Dans la Grande-Canarie, à Ténériffe et à Porto-Santo, j'ai observé des plages élevées, montrant que des mouvements d'exhaussement s'étaient continués dans chacune de ces localités jusqu'à la période Post-Tertiaire.

(1) Hartung, *Die Azoren*, 1860 ; voy. aussi *Insel Gran Canaria, Madeira et Porto Santo*, 1864, Leipzig.

ROCHES VOLCANIQUES DU MIOCÈNE INFÉRIEUR.

L'Eifel. — Une grande partie des roches volcaniques du Rhin Inférieur et de l'Eifel est contemporaine des dépôts du Miocène Inférieur, auxquels appartiennent la plupart des *Brown-Coal* (charbon brun) des Allemands. On voit sur les deux bords du Rhin, dans les environs de Bonn, les formations tertiaires de cet âge reposer en stratification

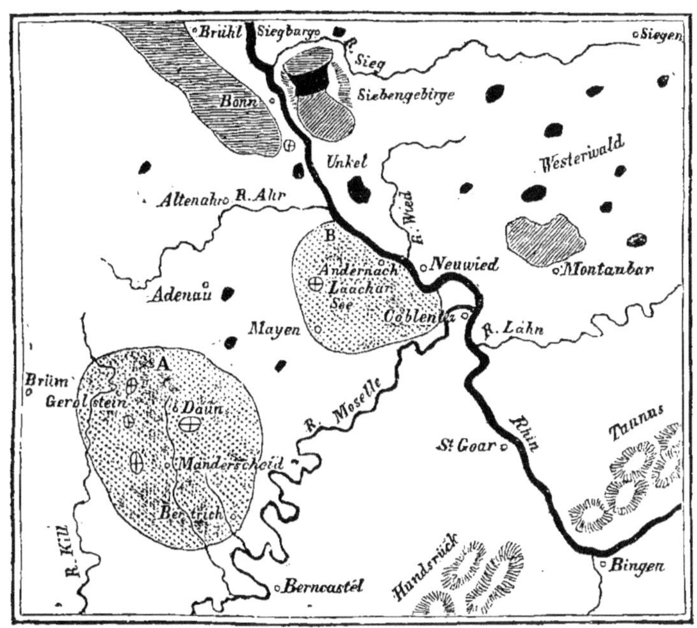

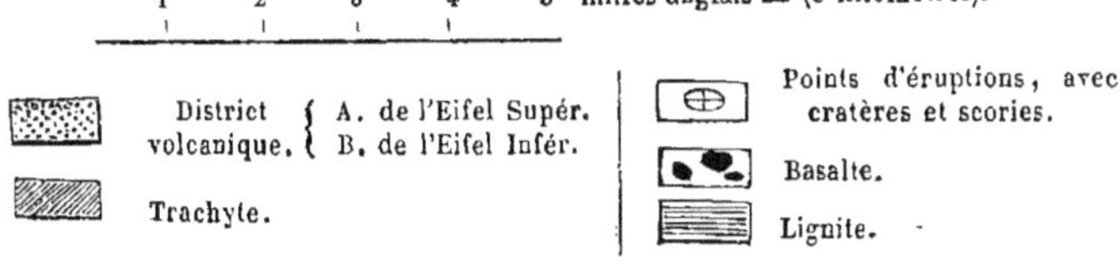

Fig. 724. — Carte de la région volcanique de l'Eifel Supérieur et de l'Eifel Inférieur.

N. B. La partie de la carte qui a été laissée en blanc est formée de roches Siluriennes et Devoniennes inclinées.

discordante sur des couches fortement inclinées ou verticales de roches Siluriennes et Devoniennes. On pourra
prendre une idée de sa position géographique, et de l'espace
qu'occupent les roches volcaniques à la fois dans le Westerwald et l'Eifel, sur la carte (fig. 724) que je dois à feu
M. Horner; un séjour de plusieurs années dans le pays a
mis ce savant à même de vérifier les cartes de MM. Noegge-
rath et Von Oeynhausen, d'où celle-ci est principalement
extraite (1).

La formation de lignite de cette région consiste en lits de
sable meuble, grès, conglomérat, argile, avec nodules de
minerai de fer argileux et parfois de silex. Des bandes minces d'un lignite couleur brun clair ou quelquefois noir alternent avec les argiles et sables, et souvent sont répandues
sans régularité au sein des roches. Elles contiennent de nombreuses empreintes de feuilles et de tiges d'arbres, et sont
avantageusement exploitées comme combustible; de là le
nom de la formation.

Sur plusieurs points alternent, avec les mêmes roches, de
minces couches de tufs trachytiques; et, au sein de ces tufs,
on observe des feuilles de plantes identiques avec celles du
lignite, circonstance prouvant que, pendant la période d'accumulation de ce dernier dépôt, ont eu lieu quelques éjections volcaniques.

M. Von Dechen a donné dans son ouvrage sur le Siebengebirge (Sept Collines) (2) une liste nombreuse des débris
animaux et végétaux des couches d'eau douce associées au
lignite. On rencontre, au sein de ces couches, des plantes
appartenant aux genres *Flabellaria*, *Ceanothus* et *Daphno-
gene* (en particulier le *D. cinnamomifolia*, fig. 204, t. I,
p. 420), et près de cent cinquante autres plantes.

Les poissons, dans le *brown-coal* des environs de Bonn,
sont répandus au sein d'un schiste bitumineux appelé lignite
papyracé, parce qu'on peut le diviser en feuilles extrêmement

____

(1) Horner, *Trans. of Geol. Soc.*, 2ᵉ série, vol. V.
(2) *Geognost. Beschreib. des Siebengebirges am Rhein.* Bonn, 1852.

minces. Les individus en sont très-nombreux, mais paraissent appartenir à un petit nombre d'espèces, et quelques-
uns se rapportent, suivant M. Agassiz, aux genres *Leuciscus,
Aspius* et *Perca.* On a découvert aussi, dans le lignite papyracé, des débris de grenouilles d'espèces éteintes ; on peut
en voir une série complète au Muséum de Bonn : ils présentent depuis l'état le plus imparfait de têtard jusqu'à celui
d'animal complet. Avec ces débris on a trouvé une salamandre qu'il est difficile de distinguer de l'espèce récente, et
aussi des restes de divers insectes.

Au-dessus du lignite gît un vaste dépôt de gravier principalement composé de cailloux roulés de quartz blanc, mais
contenant aussi quelques fragments d'autres roches ; ce dépôt ne forme parfois qu'une mince enveloppe, d'autres fois il
atteint une puissance de plus de 30 mètres. Ce gravier se
distingue nettement, par ses caractères, de celui qui constitue aujourd'hui le lit du Rhin ; les Allemands l'appellent
Kiesel gerölle ; souvent il atteint de grandes élévations, et,
sur plusieurs points, il est recouvert d'éjections volcaniques.
Évidemment la contrée a subi d'énormes changements dans
sa géographie physique depuis la formation de ce gravier
dont, en effet, la position est rarement en rapport avec le
système actuel d'écoulement des eaux (drainage) ; de plus la
grande vallée du Rhin, ainsi que toutes les roches volcaniques
les plus modernes de la même région, lui sont postérieures.

On voit près d'Andernach, et en d'autres endroits, quelques-uns des lits les plus récents de sable volcanique, de
cendres et de scories, alternant avec le *loam* (limon) autrement appelé *loess,* que nous avons décrit ailleurs comme
rempli de coquilles récentes, terrestres ou d'eau douce, et
que l'on doit rapporter à la période Post-Pliocène. J'ai déjà
fait entendre que cette intercalation de matières volcaniques
entre des couches de loess peut s'expliquer, sans admettre
que les dernières éruptions de l'Eifel Inférieur aient eu lieu
à une époque aussi récente que celle de l'accumulation de
ces couches.

Les roches ignées de Westerwald et des montagnes nommées les Siebengebirge se composent en partie de laves basaltiques et en partie de laves trachytiques; ces dernières sont, en général, les plus anciennes des deux groupes. Il y a plusieurs variétés de trachyte: certaines sont éminemment cristallines, et ressemblent à un granit à gros éléments, avec larges cristaux séparés de feldspath. Le tuf trachytique abonde aussi dans cette région. Ces formations, dont quelques-unes ont été certainement contemporaines de la production du lignite, furent les premières d'une longue série d'éruptions, dont la plus récente est survenue à une époque où la contrée avait déjà acquis, ou à peu près, sa configuration géographique actuelle.

Volcans plus récents de l'Eifel. — Cratères à lacs. — J'ai reconnu, dans les volcans les plus modernes de l'Eifel, des caractères distincts de tous ceux que j'avais observés précédemment en France, en Italie, en Espagne; je vais les décrire ici rapidement. Les roches fondamentales de la contrée sont des grès et schistes gris et rouges, avec calcaires accidentels, le tout rempli de fossiles du Devonien ou groupe du Vieux Grès Rouge. Les volcans se sont fait jour au milieu de ces couches inclinées, à une époque où les systèmes actuels de collines et de vallées s'étaient déjà dessinés. Les éruptions ont eu lieu parfois dans le fond de vallées profondes, d'autres fois sur le sommet de collines, et fréquemment sur des plateaux; un voyageur qui parcourt ce district ne manque pas d'en rencontrer fréquemment des traces, et sans s'y attendre; souvent même il marche sur le bord d'un cratère avant de soupçonner seulement qu'il approche de l'emplacement d'une ancienne bouche à feu. Par exemple, supposons qu'en arrivant au village de Gemund, immédiatement au Sud de Daun, il quitte le ruisseau qui coule au fond d'une vallée profonde où affleurent des couches de grès et de schiste; qu'il gravisse, de là, une colline escarpée à la surface de laquelle on voit la tranche des mêmes couches plongeant à l'intérieur de cette colline; lorsqu'il aura atteint une hau-

teur considérable, il commencera à rencontrer des fragments
de scories répandus çà et là à la surface ; enfin, dès qu'il sera
parvenu au point culminant, il se trouvera tout à coup sur
le bord d'un *tarn* ou bassin d'un lac profond, circulaire
(fig. 725).

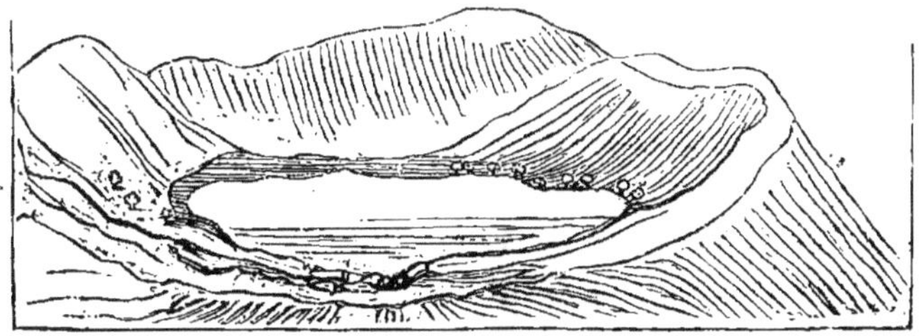

Fig. 725. — Le Gemunder Maar.

Ce lac, que l'on appelle le Gemunder Maar, est l'un des
trois qui existent en cet endroit, tout à fait rapprochés, car
une même crête sépare deux cavités voisines. A voir le premier de ces lacs (fig. 725), on reconnaît la forme ordinaire
d'un cratère ; du reste, il fallait s'y attendre, par la rencontre
de scories répandues à la surface du sol. Mais, si l'on examine
les parois du cratère, on ne tarde pas à apercevoir des précipices de grès et de schiste qui ne montrent aucune trace
de l'action ignée ; on y cherche en vain ces lits de lave et de
scories plongeant dans toutes les directions, que nous sommes habitués à considérer comme caractéristiques des
éruptions volcaniques. Toutefois, à mesure que l'observateur
s'avance vers le côté opposé du lac, et visite les cratères
c et *d* (fig. 726), il rencontre une quantité considérable de
scories, et quelques laves : il remarque, en même temps, que
la surface entière du sol est parsemée de sable volcanique et
de fragments rejetés d'un schiste à moitié fondu, qui a conservé sa texture feuilletée à l'intérieur, tandis que la surface
est vitrifiée et scoriforme.

A quelques kilomètres au sud du lac que je viens de mentionner est le Pulvermaar de Gillenfeld, lac ovale, d'une
forme très-régulière, entouré d'une crête continue de ma-

tériaux fragmentaires rejetés, schiste et grès, et conservant une altitude uniforme de 45 mètres environ au-dessus des eaux. Sa pente, à l'intérieur, est de 45 degrés à peu près; à

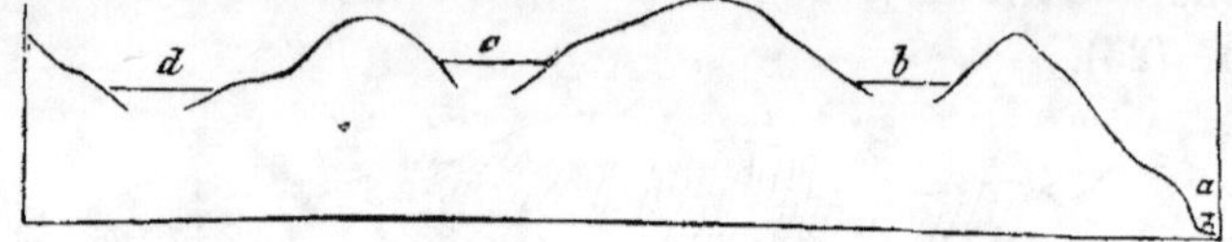

Fig. 726. — *a*. Village de Gemund. — *b*. Gemunder Maar. — *c*. Weinfelder Maar. — *d*. Schalkenmehren Maar.

l'extérieur, elle est de 35 degrés. Des matières volcaniques sont entremêlées, très-rares, aux éjections qui, en cet endroit, cachent totalement à la vue les roches stratifiées de la contrée (1).

Le Meerfelder Maar est une cavité d'un diamètre et d'une profondeur beaucoup plus considérables, creusée dans les mêmes couches; ses côtés présentent, sur quelques points, des sections abruptes de roches secondaires inclinées, et celles-ci, en d'autres endroits, sont recouvertes d'un épais manteau de schiste pulvérulent. Je n'ai pu découvrir de scories parmi les matériaux rejetés, mais on y a signalé des boules d'olivine et autres substances volcaniques (2). Cette cavité, que nous pouvons supposer avoir émis une énorme quantité de gaz, a presque 1 kilomètre et demi de diamètre, et l'on dit qu'elle mesure plus de 180 mètres de profondeur. Dans son voisinage est une montagne appelée le Mosenberg, formée, à sa partie inférieure, de grès rouge et schiste, mais supportant à son sommet un triple cône volcanique, tandis que de ses flancs descend une coulée distincte de lave. Le circuit du cratère du cône le plus large m'a rappelé tout à fait la forme et les caractères de celui du Vésuve; mais j'ai été surtout frappé du mur ou parapet abrupt, et presque en surplomb, que les scories présentaient vers l'extérieur, par exemple en *a*, *b* (fig. 727). Je ne puis expliquer cette forme

(1) Scrope, *Edinb. Journ. of Scienc.*, juin 1826, p. 145.
(2) Hibbert, *Extinct Volcanos of the Rhine*, p. 24.

qu'en supposant que les fragments, à la température de la
chaleur rouge lorsqu'ils vinrent remplir la cavité, se cimen-
tèrent en une masse compacte, et continuèrent pendant quelque temps à garder leur état de demi-fusion.

Si l'on passe de l'Eifel Supérieur à la contrée inférieure de
même nom, de A à B (voy. carte, t. II, p. 395), on rencontre
le fameux cratère à lac de Laach, qui offre une ressem-

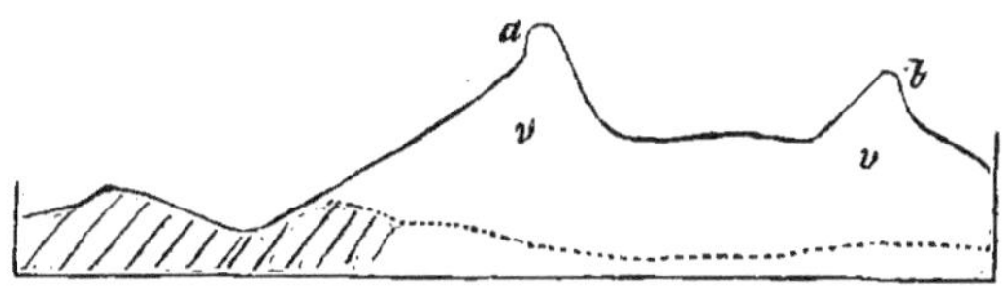

Fig. 727. — Roches stratifiées. — v. Volcaniques.
Profil du Mosenberg, Eifel Supérieur.

blance plus frappante encore qu'aucun de ceux jusqu'ici
mentionnés avec le Lago di Bolsena et autres d'Italie ; il est
en effet surmonté d'un rebord de collines à pente douce, composées de tufs meubles, de scories et blocs de diverses variétés de lave.

L'un des volcans les plus intéressants de la rive gauche du
Rhin, aux environs de Bonn, se nomme le Roderberg. Il
offre un cratère circulaire d'à peu près 400 mètres de diamètre sur 300 mètres de profondeur, et il est aujourd'hui
recouvert par des champs de blé. Des couches fortement inclinées de grès et schiste anciens s'élèvent jusqu'à la lèvre de
l'un des côtés de sa bouche béante ; mais elles sont couvertes
de gravier quartzeux, et celui-ci, à son tour, supporte des
scories volcaniques et un sable tufacé. La paroi opposée du
cratère se compose de cendres et roches scoriformes, semblables à celles du sommet du Vésuve. Il est de la dernière
évidence que l'éruption s'est faite à travers le grès et l'alluvium qui le recouvre immédiatement ; j'ai même observé
quelques cailloux roulés de quartz mêlés aux scories contre
les flancs de la montagne, comme s'ils eussent été lancés
dans l'air pour retomber avec les cendres volcaniques. J'ai

déjà annoncé qu'une grande portion de ce cratère avait été comblée par du loess.

Le trait le plus remarquable de la plupart des cratères que nous avons décrits ci-dessus est l'absence de toute trace d'altération ou de torréfaction contre leurs parois, lorsque celles-ci sont formées de couches régulières de grès et schiste anciens. Il est évident que les sommets des collines composées des roches stratifiées que nous venons de mentionner ont été, dans certains cas, emportés par les explosions gazeuses, et qu'au contraire pas de laves et souvent très-peu de scories sont sorties de la cavité nouvellement formée. En réalité, rien n'est plus frappant, dans les volcans de l'Eifel, que la preuve qu'ils fournissent d'un dégagement prodigieux de gaz, non accompagné de coulées de matières fondues, excepté çà et là, où celles-ci ont encore un volume insignifiant. Je ne connais pas d'autres volcans éteints où des explosions gazeuses d'une telle abondance et d'une telle énergie aient amené une aussi minime quantité de lave. Cependant, c'est en vain que j'ai cherché dans l'Eifel des indications à l'appui de l'hypothèse dite des *cratères de soulèvement* (chap. XXIX), suivant laquelle les roches stratifiées auraient été soulevées tout autour de la bouche volcanique par l'émission subite de volumes énormes de gaz, pour former des masses coniques à couches plongeant au dehors, de tous les côtés de l'axe central.

Trass. — Dans l'Eifel Inférieur, des éruptions de lave trachytique ont précédé l'émission des courants de basalte, et d'immenses quantités de ponce ont accompagné partout la sortie des trachytes. L'alluvium tufacé appelé *trass*, qui a recouvert de larges surfaces dans ce pays, et comblé quelques vallées aujourd'hui en partie creusées de nouveau, n'est pas stratifié. Sa base est presque entièrement composée de ponce contenant des fragments de basalte et d'autres laves, des morceaux de schiste, d'ardoise et de grès calcinés, ainsi que de nombreux troncs ou branches d'arbres. Si ce trass se forma durant la période des éruptions volcaniques, peut-être son origine fut-elle analogue à celle du *moya* des Andes.

On comprend facilement qu'une masse semblable pourrait très-bien aujourd'hui se produire par un énorme volume de gaz se développant dans l'un des bassins à lac. L'eau resterait pendant des semaines dans un état d'ébullition violente, jusqu'à ce qu'elle ait acquis la consistance de boue, exactement comme la mer qui continua à rester chargée de vase rouge, autour de l'île Graham, dans la Méditerranée, en 1831. Qu'une brèche vînt alors à s'ouvrir sur l'un des côtés du cône, le flot précipiterait d'énormes amas de fragments de schiste et grès qui iraient combler la vallée la plus proche. Des forêts entières pourraient disparaître sous la violence d'un cataclysme pareil, et de là, l'existence de ces nombreux troncs d'arbres que l'on trouve dispersés irrégulièrement à travers le trass.

La disposition de ce trass, conforme à celle du sol des vallées actuelles, démontre qu'il est d'origine comparativement moderne, et que son âge remonte à la période Pliocène, ou tout au plus à celle du nouveau Pliocène. Il faut rapporter à une date aussi moderne les cônes parfaits de scories et les coulées de lave que l'on rencontre dans l'Eifel, ainsi que les petits cônes avec cratères des environs d'Andernach et les laves colonnaires de Bertrich-Baden entre Trèves et Coblenz (fig. 690, p. 304, t. II).

Hongrie. — Beudant a décrit, dans son remarquable ouvrage sur la Hongrie, cinq groupes distincts de roches volcaniques. Ces groupes, bien que peu développés en étendue, fournissent des traits saillants de la géographie physique de cette contrée : ils s'élèvent, sous forme abrupte, du milieu de plaines étendues formées de couches tertiaires. Ils ont sans doute constitué des îles dans la mer ancienne, comme aujourd'hui Santorin et Milo dans l'Archipel Grec. Beudant a remarqué que les produits minéraux de ces deux dernières îles ressemblent extraordinairement à ceux des volcans éteints de Hongrie, où abondent plusieurs des mêmes espèces ou variétés minérales, opale, calcédoine, silex résineux (résinite), perlite, obsidienne et pitchstone (rétinite).

Les laves, en Hongrie, sont principalement feldspathiques, consistent en différentes variétés de trachyte ; plusieurs sont cellulaires et servent de pierre à moudre ; quelques-unes sont poreuses et même scoriformes, ce qui indique leur sortie à ciel ouvert. On y rencontre de la ponce en quantité et aussi des conglomérats, ou plutôt des brèches dans lesquelles des fragments de trachyte sont liés par du tuf ponceux ou quelquefois par de la silice.

Il est probable que ces roches ont été imprégnées de silice par des eaux de source chaudes analogues aux Geysers, ou peut-être dans quelques cas, par des vapeurs aqueuses, lesquelles, comme celles de Lancerote, auraient déposé de l'hydrate de silice.

Sous l'influence de ces sources ou vapeurs, les troncs et branches d'arbres entraînés par les inondations, et ensevelis dans les tufs sur les versants de la montagne, ont pu se silicifier. On creuse rarement, dit Beudant, à une certaine profondeur, dans le dépôt ponceux d'un massif volcanique, sans rencontrer du bois opalisé, ou, quelquefois, des troncs entiers d'arbres à grandes dimensions et d'un poids considérable, complétement silicifiés.

D'après les espèces de coquilles recueillies principalement par M. Boué et examinées par M. Deshayes, il paraîtrait que les débris fossiles enfouis dans les tufs volcaniques et au sein des couches qui alternent avec ceux-ci, en Hongrie, appartiennent au type Miocène, et qu'ils ne sont point identiques, comme on l'avait d'abord supposé, avec les fossiles du bassin de Paris.

CHAPITRE XXXII

SUR LES DIFFÉRENTS AGES DES ROCHES VOLCANIQUES (*suite*).

Roches volcaniques de la période tertiaire (suite). — Volcans éteints d'Auvergne. — Mont Dore. — Brèches et alluvium du mont Perrier, avec ossements de quadrupèdes. — Rivière barrée par un courant de lave. — Chaîne de petits cônes, de l'Auvergne au Vivarais. — Monts Dôme. — Puy de Côme. Puy de Pariou. — Cône non dénudé par les inondations générales. — Roches volcaniques du Miocène Inférieur aux environs de Clermont. — Colline de Gergovia. — Roches volcaniques Éocènes de Monte Bolca. — Trapp de la période Crétacée. — Période Oolitique. — Période du Nouveau Grès Rouge. — Période Carbonifère. — *Rocher* et *Aiguille* près de Saint-Andrew's. — Période du Vieux Grès Rouge. — Période Silurienne. — Période Cambrienne. — Roches Volcaniques Laurentiennes.

Roches volcaniques d'Auvergne. — Les volcans éteints de l'Auvergne et du Cantal, dans le centre de la France, paraissent avoir commencé leurs éruptions durant la période du Miocène inférieur, et atteint leur maximum d'intensité pendant les ères Miocène Supérieur et Pliocène. J'ai déjà signalé la grande succession d'événements dont l'Auvergne fut le théâtre depuis la dernière retraite de la mer (voy. t. I, p. 364).

Les monuments les plus anciens de la période Tertiaire que montre cette contrée sont des dépôts lacustres d'une grande épaisseur (2, fig. 728, p. 408, t. II), dont les conglomérats inférieurs contiennent des cailloux roulés de quartz, micaschiste, granit et autres roches non volcaniques, sans le plus léger mélange de produits ignés. A ces conglomérats succèdent des calcaires ainsi que des marnes calcaires et argileuses (3, fig. 728), contenant des coquilles et des os de mammifères du Miocène Inférieur ; les lits les plus élevés du dépôt alternent parfois avec un tuf volcanique de même âge. Après le remplissage d'anciens lacs ou l'épuisement de leurs eaux, d'énormes masses de trachyte, de basalte et de brèche volcanique s'accumulèrent sur une épaisseur de milliers de mètres, et se superposèrent au granit ou aux couches lacustres contiguës. La plus grande partie de ces roches ignées paraît être sortie pendant les périodes Miocène Supérieur et Pliocène ; des quadrupèdes éteints de ces époques, et principalement des genres Mastodonte, Rhinocéros et autres, furent ensevelis dans les cendres ou à travers les lits de sable et de gravier d'alluvion, et durent leur conservation à l'épanchement de la lave qui vint les recouvrir.

La plus ancienne et la plus remarquable des masses volcaniques de l'Auvergne est le Mont Dore, qui repose sans intermédiaire sur des roches granitiques, à distance des couches d'eau douce (1). Ce mont énorme s'élève rapidement à la hauteur de quelques mille mètres au-dessus du plateau qui l'entoure, et conserve la forme de cône surbaissé, un peu irrégulier ; ses versants s'inclinent sous une pente plus ou moins abrupte jusqu'au niveau de la haute plaine environnante. Le cône se compose de lits minces de scories et de ponce avec leur détritus à un état ténu, ainsi que de couches intercalées, trachytiques et basaltiques qui, souvent, descendent en nappes non interrompues jusqu'à la base du mont, où elles s'étalent circulairement (2). On observe aussi des conglomérats composés de fragments de roches ignées, les uns anguleux et les autres arrondis, alternant avec les roches dont il a été question ci-dessus ; ces différentes masses plongent à partir de l'axe central, et sont parallèles aux pentes de la montagne.

Le sommet du Mont Dore est couronné de sept ou huit pics rocheux, et l'on ne saurait y voir aujourd'hui un cratère régulier, mais on peut facilement en imaginer un qu'auraient démantelé les tremblements de terre, et dégradé les agents aqueux. Peut-être n'a-t-il formé dans l'origine , comme le cratère le plus élevé de l'Etna, qu'une saillie insignifiante relativement à sa grande masse, et

(1) Voyez la carte, t. I, p. 354.
(2) Scrope, *Central France*, p. 98.

peut-être aussi a-t-il été fréquemment détruit et renouvelé.

Suivant l'opinion de certains géologues, ce mont, de même que le Vésuve, l'Etna et autres volcans à proportions colossales, ne devrait pas sa forme de dôme à la prédominance d'éruptions sur un ou plusieurs points centraux, mais bien au soulèvement de couches primitivement horizontales de lave et de scories. J'ai expliqué les raisons qui me font rejeter cette opinion (chap. XXIX, où j'ai parlé de Palma, et *Principes de Géologie* (1)). L'inclinaison moyenne du dôme, au Mont Dore, est de 8 degrés 6 minutes, tandis que dans les monts Loa et Kea, îles Sandwich, dont les pentes résultent de coulées de laves récentes, l'inclinaison, suivant la description de M. Darwin (voir fig. 693, p. 312, t. II), est de 6 degrés 30 minutes sur un point, de 7 degrés 46 minutes sur un autre. Je ne trouve pas absolument nécessaire de supposer que les courants basaltiques de l'ancien volcan de France aient été jadis plus horizontaux qu'ils ne le sont aujourd'hui. Néanmoins, il est extrêmement probable que, durant la longue série d'éruptions qu'exigea l'accumulation d'une aussi vaste masse de matières volcaniques, dont l'épaisseur est le plus grande au sommet ou centre du dôme, quelques dislocations ou soulèvements eurent lieu, et que, pendant la distension de la masse, les couches de laves et de scories durent, sur certains points, acquérir un peu plus ou un peu moins d'obliquité qu'elles n'en possédaient dans le principe.

Quant à l'âge de l'énorme massif du Mont Dore, il n'a pas été, jusqu'à présent, établi d'une manière définitive, car on n'a rencontré aucuns débris organiques au sein des tufs, sauf des empreintes de feuilles d'arbres qui ne sont point encore déterminées. On peut affirmer avec certitude que les premières éruptions ont été postérieures à ces sortes de grès grossiers et conglomérats de la formation d'eau douce de la Limagne qui ne contiennent pas de cailloux roulés de roches volcaniques. D'un autre côté, des éjections

(1) Chap. xxiv, xxv et xxvi, 7ᵉ, 8ᵉ et 9ᵉ éditions.

ont eu lieu avant le drainage (desséchement) des grands
lacs, et d'autres postérieurement à ce desséchement, à
une époque où de profondes vallées avaient été déjà ouvertes
au travers des couches d'eau douce.

J'ai essayé, dans la coupe ci-dessous, de faire comprendre
la structure géologique d'une partie de l'Auvergne que j'ai
examinée pour la seconde fois, en 1843 (1); cette coupe pourra
donner une idée de la série très-longue et compliquée d'évé-

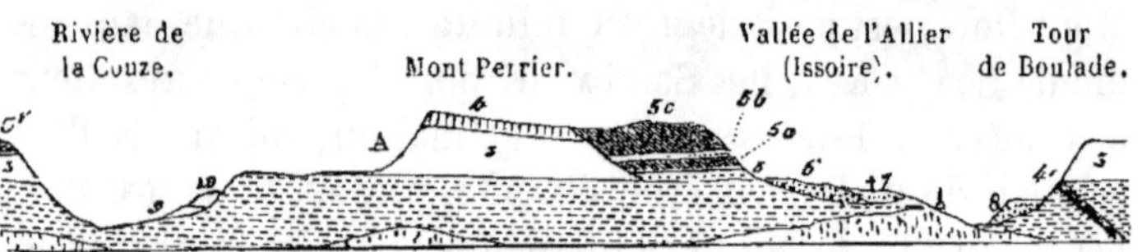

Fig. 728. — Coupe de la vallée de la Couze, à Nechers, passant par le mont Perrier et
Issoire, jusqu'à la vallée de l'Allier et à la Tour de Boulade (Auvergne).

10. Coulée de lave de Tartaret, près de sa terminaison à Nechers. — 9. Lit à ossements,
argile sableuse rouge, sous la lave de Tartaret. — 8. Lit à ossements de la Tour de
Boulade. — 7. Alluvium plus nouveau que le n° 6. — 6. Alluvium avec ossements
d'hippopotame. — 5 *c*. Brèche trachytique ressemblant à 5 *a*. — 5 *b*. Lit à ossements supérieur, gravier, etc., de Perrier. — 5 *a*. Brèche ponceuse et conglomérat,
masses angulaires de trachyte, quartz, cailloux roulés, etc. — 5. Lit à ossements
inférieur, de Perrier ; sable et gravier ocreux. — 4' Dyke basaltique. — 4. Plateau
basaltique. — 3. Lits d'eau douce supérieurs ; calcaire, marne, gypse, etc. — 2. Formation d'eau douce inférieure ; argile rouge, sable vert, etc. — 1. Granit.

nements dont ce pays a été le théâtre, à dater du dépôt des premières couches lacustres (n° 2) sur le granit (n° 1). Des changements que de nombreuses preuves attestent, impliquent une
profonde dénudation sans aucune intervention de la mer pendant la totalité de cette période. Les lits supérieurs d'eau douce
(n° 3), une fois formés au sein d'un lac, durent subir une profonde destruction, et cela, avant l'excavation des vallées de la
Couze et de l'Allier. On a découvert dans ces lits plusieurs
des fossiles du Miocène inférieur que nous avons décrits dans
le chapitre XV. Le dyke basaltique 4' est l'un des nombreux
exemples d'intrusion de matières volcaniques à travers les
couches d'eau douce anciennes ; il a peut-être daté du Miocène ou du Pliocène, et donné naissance, une fois parvenu

(1) Voir *Quarterly geol. Journ.*, vol. II, p. 77.

à la surface et étalé sur le sol, à une sorte de plateau de basalte comme on en voit couronnant les collines tertiaires en Auvergne et particulièrement (4) au Mont Perrier.

Il n'est pas rare de rencontrer des lits de gravier à ossements de mamifères éteints, sous ces coulées anciennes de basalte, par exemple au point A, entre le n° 4 et les couches d'eau douce n° 3 dont la surface, évidemment, forma, à cette époque, le niveau le plus inférieur auquel coulèrent les eaux qui arrosaient la contrée. Ultérieurement vint se déposer, sur ce plateau basaltique, un lambeau de sable et de gravier ocreux (n° 5) contenant de nombreux ossements de quadrupèdes. Au-dessus repose une brèche ou conglomérat ponceux, avec blocs anguleux de trachyte, et quelques cailloux roulés de quartz. A ce dépôt font suite les formations 5 *b* semblable à 5, et 5 *c* identique avec la brèche trachytique 5 *a*. Ces deux brèches paraissent, d'après leur similitude avec d'autres roches analogues observées au Mont Dore, être descendues des flancs de la montagne pendant ses éruptions ; les dépôts d'alluvion qui alternent avec elles contiennent des débris de mastodonte, rhinocéros, tapir, daim, castor et quadrupèdes d'autres genres, pouvant se rapporter à quarante espèces environ, toutes éteintes. J'avais d'abord admis que ces débris appartenaient au même âge que les faluns du Miocène de Touraine ; mais de plus récentes recherches montreraient qu'on doit plutôt les ranger dans l'époque Pliocène plus ancienne.

Ces quadrupèdes, quel que soit leur âge dans la série Tertiaire, ont certainement habité le pays dès l'origine des formations 5 et 5 *c*. Ils furent probablement enveloppés par des inondations, et précipités des flancs de volcans en éruption, alors que d'énormes quantités de vapeurs s'échappaient du cratère, ou que de vastes amas de neige fondaient subitement sous l'action de la lave, comme cela s'est vu de nos jours à l'Etna et en Islande. Un déluge occasionné par de tels accidents entraîne nécessairement, vers les vallées ou plaines qui s'étendent au pied d'un relief, des fragments de roches ignées mêlées de boue.

Nous verrons plus tard que la vallée d'Issoire ravagée par ces anciennes inondations, fut d'abord creusée aux dépens des formations 2, 3 et 4, comblée plus tard par les masses 5 et 5 *c*, puis excavée de nouveau avant l'accumulation des alluvions plus modernes (n°ˢ 6 et 7). Dans ces dernières aussi, M. Bravard a découvert des espèces particulières de mammifères fossiles, entre autres des os d'hippopotame.

Enfin, lorsque la vallée de l'Allier céda une fois de plus à l'érosion, du côté d'Issoire, il se forma un talus de fragments anguleux de basalte et de calcaire d'eau douce (n° 8), appelé le lit à ossements de la Tour de Boulade ; dans ce gisement, MM. Bravard et Pomel ont recueilli plusieurs autres mammifères du nouveau Pliocène : *Elephas primigenius*, *Rhinoceros tichorhinus*, *Cervus* (y compris un Renne), *Equus*, *Bos*, *Antelope*, *Felis* et *Canis*. Ce dépôt paraît véritablement le plus nouveau des environs, car, en traversant la vallée de la Couze pour aller d'Issoire à Mont Perrier, on rencontre un autre lit à ossements (n° 9) surmonté d'une coulée de lave (n° 10).

L'histoire de cette coulée, qui se termine à quelques cents mètres au-dessous du point n° 10, dans les faubourgs du village de Nechers, est curieuse sous plus d'un rapport. La lave présente la forme d'une bande étroite, longue de 21 kilomètres au plus, et remplit le fond de la vallée suivie par la rivière Couze qui sort d'un lac au pied du Mont Dore. Ce lac est retenu par une barrière traversant l'ancien lit de la Couze, et se composant en partie du cône volcanique formé de scories meubles, appelé le Puy de Tartaret, de la base duquel est sortie la coulée dont il est ici question. L'espèce de digue jetée ainsi devant la rivière et qui a donné lieu au Lac de Chambon, est résultée également d'un glissement étendu de terrain, survenu peut-être à l'époque de la grande éruption qui a produit le cône.

Ce cône de Tartaret fournit un monument imposant des différents âges auxquels sont survenues les éruptions ignées en Auvergne ; car, évidemment, il s'est produit au fond de la vallée actuelle, dont les limites sont des précipices profonds formés de nappes d'anciens trachytes ou basaltes colonnaires qui ont coulé jadis du Mont Dore, partant de niveaux très-élevés (1).

Lorsqu'on suit le cours de la rivière Couze, depuis sa source au lac de Chambon jusqu'à l'extrémité terminale du courant de lave de Nechers, c'est-à-dire sur une distance de 21 kilomètres, on remarque que le torrent s'est creusé, sur plusieurs points, un lit profond au travers de la lave, dont la partie inférieure est colonnaire. Dans quelques gorges étroites, l'eau a été assez impétueuse pour emporter des masses entières de roche basaltique, quoique le travail d'érosion ait été, suivant toute probabilité, extrêmement lent, car le basalte était tenace et dur, et chaque colonne a dû, l'une après l'autre, être démantelée et réduite en cailloux, puis transformée en sable. Pendant le temps qu'a exigé cette opération, le cône pourtant si périssable de Tartaret, composé de sable et de cendres, est resté intact ; ce qui prouve que ni grande inondation ni déluge n'ont bouleversé cette région durant l'intervalle qui s'est écoulé entre l'éruption du Tartaret et les temps actuels.

Revenons maintenant à la coupe (fig. 728) : je ferai observer que le courant de lave de Tartaret, qui a diminué beaucoup d'épaisseur et de volume vers son extrémité terminale, présente en cet endroit une section perpendiculaire, de 7 mètres de haut, tournée vers la rivière. Au-dessous de la lave est l'alluvium n° 9, formé d'une argile rouge sableuse, qui devait couvrir le fond de la vallée lorsque vint à descendre le courant de roche fondue. Des ossements fournis par cet alluvium rappellent une espèce de rat des champs, *Arvicola* ; on y distingue aussi la dent molaire d'un cheval éteint, *Equus fossilis*. D'autres débris, recueillis dans la même couche, appartiennent aux genres *Sus, Bos, Cervus,*

____

(1) Pour une vue du Puy de Tartaret et du Mont Dore, voyez l'ouvrage de Scrope, *Volcanos of Central France.*

Felis, Canis, Martes, Talpa, Sorex, Lepus, Sciurus, Mus, et *Lagomys,* au total quarante-trois espèces au moins, toutes très-proches voisines d'animaux récents, mais la plupart offrant, suivant M. Bravard, quelques points de différence, par exemple le cheval dont il vient d'être question, examiné par M. Owen. On a rencontré également, associés aux fossiles que nous avons énumérés, des ossements de grenouille, serpent, lézard et de plusieurs oiseaux, ainsi qu'un grand nombre de coquilles terrestres récentes, telles que *Cyclostoma elegans, Helix hortensis, H. nemoralis, H. lapicida,* et *Clausilia rugosa.* Si l'on admet que ces animaux ont été entraînés par les inondations qui accompagnèrent les éruptions du Puy de Tartaret, la date de ce dernier événement étant comparativement très-moderne, ils appartiendraient à la fin du nouveau Pliocène, ou peut-être au Post-Pliocène. Néanmoins, le courant qui s'est échappé du Puy de Tartaret est très-ancien relativement à l'existence de l'homme ; on en a la preuve non-seulement dans la différence que présente la faune mammifère comparée à celle d'aujourd'hui, mais encore dans le fait de l'existence, à 2 kilomètres et demi environ de Saint-Nectaire, d'un pont romain d'une forme et d'une construction telles qu'il doit dater du ve siècle, peut-être même d'une époque beaucoup plus ancienne. Ce pont est jeté sur la rivière Couze ; il est supporté par deux arches, chacune de 4 mètres environ de large ; ces arches sont posées dans la lave de Tartaret, sur les deux côtés de la rivière, circonstance démontrant jusqu'à l'évidence qu'un ravin semblable à celui qui existe aujourd'hui avait déjà été creusé par la rivière à travers la lave, treize ou quatorze siècles auparavant.

On compte, dans le centre de la France, plusieurs centaines de cônes petits comme celui de Tartaret ; un grand nombre d'entre eux, semblables au Monte Nuovo près de Naples, sont le produit d'une seule éruption. Plusieurs de ces cônes suivent une direction sensiblement linéaire qui va de l'Auvergne au Vivarais et ont vomi surtout des courants de lave basaltique ; — ils avaient été déjà fidèlement décrits en 1802, par M. de Montlosier. Ceux d'Auvergne, appelés les Monts Dôme, situés sur un plateau granitique, constituent une crête irrégulière (voy. t. II, fig. 674, p. 266) de 28 kilomètres de long sur 3 kilomètres de large. Ils sont ordinairement tronqués à leur sommet, mais le cratère est souvent intégralement conservé; la lave a coulé de leur base, bien que très-fréquemment aussi le cratère présente, sur l'un de ses bords, une échancrure par laquelle la matière fluide s'est échappée. Ils sont composés de scories meubles, de blocs de lave, lapillis et pouzzolane, avec fragments de trachyte et de granit.

Puy de Côme. — On peut encore signaler comme petit volcan le Puy de Côme et sa coulée de lave, près de Clermont. Cette éminence conique s'élève d'un plateau granitique, sous l'angle de 30 à 40 degrés, jusqu'à la hauteur de 275 mètres. Son sommet offre deux cratères distincts, l'un d'une profondeur verticale de 76 mètres. Un courant de lave, qui s'est échappé au pied occidental de cette colline au lieu de s'épancher de l'un ou de l'autre cratère, a suivi une pente granitique dans la direction de l'emplacement actuel de la ville de Pont-Gibaud. De là il s'est étalé en une large nappe descendant par un plan rapide à la vallée de la Sioule, et remplissant l'ancien lit de la rivière sur une longueur de plus de 1 kilomètre et demi. Ainsi chassée de son premier parcours, la Sioule s'est frayé une voie nouvelle entre la lave et le granit de sa rive occidentale, et l'excavation a mis à découvert une sorte de muraille de basalte colonnaire, sur une profondeur d'environ 15 mètres (1).

Ce ravin continue de s'approfondir chaque hiver, quelques colonnes de basalte sapées dans leurs fondements s'écroulent, descendent le lit de la rivière, et sont transformées, avec le temps, en sable et cailloux. Quant au cône de Côme, il est resté jusqu'à ce jour intact ; ses matériaux meubles ont été protégés par une épaisse végétation, et, comme il est situé sur une élévation qui n'est commandée par

____

(1) Scrope, *Central France*, p. 60 et planche.

aucune autre, il se trouve à l'abri des inondations causées par
les pluies. Il n'y a pas de limite à la dégradation que pourra
subir, par la suite des temps, le basalte très-dur, si la géographie physique de la contrée ne vient pas à changer, et, par
opposition, il n'y aura pas de terme au nombre d'années pendant lesquelles le sommet de Côme, composé de matériaux
incohérents et destructibles, appelé le Puy de Côme, conser-
vera sa condition actuelle. Pour cette localité, en effet, les résultats produits par les actions aqueuse et atmosphérique
dans les temps passés, nous offrent la contre-partie des changements auxquels on doit s'attendre dans les temps futurs.

Lave de Chaluzet. — Un autre volcan situé plus bas le
long du cours de la Sioule fournit un second exemple du
même phénomène : c'est le Puy Rouge, monticule conique

Fig. 729. — Coulée de lave de Chaluzet (Auvergne), à son point de terminaison (1).
a. Lave scorjacée. — b. Basalte colonnaire. — c. Gravier. — D. Ancienne galerie de
mine. — E. Sentier. — f. Gneiss.

situé au nord du village de Pranal. Le cône de ce volcan est
complétement formé de scories rouges et noires, de tuf et

(1) Lyell et Murchison, *Ed. New Phil. Journ.*, 1829.

bombes volcaniques (1). Sur son versant occidental, vers le village de Chaluzet, existe un cratère démantelé duquel est sortie une puissante coulée de lave se dirigeant dans la vallée de la Sioule. La rivière s'est, depuis, creusé un ravin à travers la lave et le gneiss sous-jacent, sur une profondeur qui va quelquefois à 122 mètres.

Au-dessus de l'escarpement dont est formé le côté gauche de ce ravin, on voit une masse puissante de lave scoriacée noire et rouge, qui devient de plus en plus colonnaire vers sa base (fig. 729). Inférieurement à cette lave, existe, sur $0^m,90$ d'épaisseur, le lit c de sable et de gravier, qui fut évidemment un ancien lit de rivière, et qui, maintenant, se trouve à une hauteur de 7 mètres au-dessus des eaux de la Sioule. A ce gravier, d'où s'échappent des sources, succède un gneiss corrodé f, sur la profondeur de 7 mètres à l'endroit que représente l'esquisse ci-dessus. En D, tout près du village de Les Combres, on remarque l'entrée d'une galerie d'où l'on a extrait du minerai de plomb gisant dans le gneiss. Cette mine montre que le lit à galets suit d'une manière continue une direction horizontale entre le gneiss et la masse volcanique. Ici encore, évidemment, pendant que le basalte était graduellement rongé et entraîné par la force de l'eau courante, le cône qui avait fourni la lave échappait à la destruction, situé comme il l'était sur un plateau de gneiss élevé de quelques centaines de mètres au-dessus du niveau de la vallée dans laquelle s'était exercée la force du torrent.

Puy de Pariou. — Le bord du cratère du Puy de Pariou, près de Clermont, est tellement aigu, et a si peu souffert des injures du temps, qu'à peine offre-t-il une place pour s'y tenir debout. Ce cône et divers autres ont résisté, je le suppose, non point en dépit de leur nature meuble ou

----

(1) Sortes de masses allongées, fusiformes, renflées vers leur milieu, qui ont été lancées dans l'atmosphère par les éruptions volcaniques; la croûte extérieure est scoriacée; l'intérieur de la portion renflée est occupé ordinairement par du péridot grenu.   (*Note du traducteur.*)

poreuse, comme on pourrait le croire de prime abord, mais
à cause même de ce caractère. Il ne doit pas se rassembler de
filets d'eau sur une surface où la pluie est immédiatement
absorbée, à mesure qu'elle tombe, par le sable et les scories,
comme c'est le cas bien manifeste pour l'Etna. Une trombe
seule, se précipitant directement sur le Puy de Pariou, eût
été capable d'emporter une portion de la montagne, en supposant toutefois que cette trombe ne se fût point engouffrée
dans les entrailles du cône par suite d'un tremblement de
terre.

On conçoit donc que de telles éminences, d'un aspect si
bien conservé et d'une forme si complète, puissent cependant
remonter à une très-haute antiquité. Le Dr Daubeny a fait,
avec raison, observer que, si ces volcans eussent été réellement en activité à l'époque de la conquête par Jules César, ce
général, qui campa dans les plaines de l'Auvergne et mit le
siége devant sa principale ville (Gergovia, près de Clermont),
n'aurait pas manqué de signaler le fait des éruptions. Si
quelques souvenirs de celles-ci eussent subsisté aux temps de
Pline et de Sidoine Apollinaire, le premier de ces anciens
auteurs aurait-il omis d'en faire mention dans son *Histoire
Naturelle*, et le dernier, d'en dire quelques mots, au moins
dans les descriptions de sa province natale ? La résidence de
ce poëte était située sur les bords du lac Aidat, qui a dû sa
formation au barrage d'une rivière par l'un des courants de
lave les plus récents (1).

Plomb du Cantal. — Quant à l'âge des roches ignées du
Cantal, on ne saurait jusqu'à présent rien affirmer avec certitude, sinon qu'elles surmontent les couches lacustres du Miocène inférieur de ce pays, couches se rapportant peut-être
en partie à l'Éocène Supérieur et en partie au Miocène Inférieur (voy. carte, t. I, p. 354). Elles constituent un énorme
dôme dont la pente moyenne n'est que de 4 degrés, et qui,
évidemment, comme le cône de l'Etna, n'a pu se former que
par une longue série d'éruptions. Il se compose de trachyte,

(1) Daubeny, *On Volcanos*, p. 14.

phonolite, lave basaltique, tufs et conglomérats ou brèches,
et s'élève à une hauteur de quelques milliers de mètres. On
y voit de nombreux dykes de phonolite, de trachyte et de
basalte, spécialement dans le voisinage de la grande cavité
(probablement jadis un cratère) autour de laquelle les sommets les plus élevés du Cantal sont rangés circulairement ;
quelques-uns de ces sommets, à l'exception du Plomb du
Cantal, montent beaucoup au-dessus du bord ou lèvre du
cratère supposé. Une éminence pyramidale, nommée le Puy
Griou, occupe le milieu de cette cavité (1). Il est clair que
le volcan du Cantal s'est ouvert précisément sur l'emplacement du dépôt lacustre que nous avons décrit (t. I, p. 367),
lequel a rempli une dépression du micaschiste. Au sein des
brèches, même aux points les plus culminants de la montagne, on observe des fragments rejetés de ces lits d'eau
douce dont nous avons parlé, et quelquefois aussi de petits
blocs de silex contenant des coquilles du Miocène inférieur.
Les vallées rayonnent dans toutes les directions à partir des
hauteurs centrales du mont, et elles augmentent en largeur
à mesure qu'elles s'en éloignent. Celles de Cer et de Jour-
danne, qui ont plus de 32 kilomètres de long, sont très-
profondes, et laissent voir à nu la structure de la montagne.
On n'y observe aucune alternance de lave avec les couches
non dérangées de l'Éocène ; les tufs sont complétement
dépourvus de coquilles d'eau douce, bien que quelques-uns
d'entre eux fournissent des débris fossiles de végétaux terrestres, ce qui paraît impliquer différentes réapparitions de
la végétation sur la montagne pendant les intervalles de
temps qui ont séparé les grandes éruptions. Au côté septentrional du Plomb du Cantal, à la Vissière, près Murat, se
trouve un point, noté sur la carte (t. I, p. 354), où l'on voit les
calcaire et marne d'eau douce recouverts d'une épaisseur de
245 mètres environ de roche volcanique ; des failles traversent ces couches de calcaire et de marne (2).

(1) *Mém. de la Soc. géol. de France*, t. I, p. 175.
(2) Lyell et Murchison, *Ann. des sc. nat.*, oct. 1829.

En traitant (chapitre XV) des dépôts lacustres du centre de la France, nous avons établi que, à travers le groupe arénacé et caillouteux qui s'est déposé dans les bassins à lacs de l'Auvergne, du Cantal et du Velay, on n'avait jamais découvert de galets volcaniques, bien que des masses de roches ignées en occupent le voisinage immédiat. Comme cette observation repose sur les recherches les plus minutieuses, nous sommes tout à fait en droit d'admettre que les éruptions volcaniques n'avaient point encore commencé lorsque se déposèrent les plus anciennes sous-divisions des groupes d'eau douce.

Dans le Cantal et le Velay, on n'a encore saisi aucune preuve positive d'éruptions ignées survenues pendant le dépôt des couches d'eau douce ; mais on ne saurait toutefois révoquer en doute que quelques explosions volcaniques aient eu lieu en Auvergne avant la mise à sec des lacs, et à l'époque où vivaient les espèces animales et végétales du Miocène Inférieur. A Pont-du-Château, près de Clermont, par exemple, une coupe naturelle, sur la rive droite de l'Allier, fait voir des tufs volcaniques alternant avec un calcaire d'eau douce, lequel, très-pur sur quelques points, est mélangé sur d'autres de particules de matière volcanique, comme s'il se fût déposé en même temps que le sable et les scories rejetés par les cratères du voisinage (1).

On observe un autre exemple d'un gisement analogue au Puy de Marmont, près Veyres : une marne d'eau douce alterne avec un tuf volcanique contenant des coquilles Miocènes. Le tuf ou brèche de cette localité est précisément la roche qui résulterait de cendres volcaniques tombant dans l'eau et se mêlant à des fragments vomis de marne ou d'autres roches stratifiées. Ces tufs et marnes sont fortement inclinés, et traversés par un filon de basalte qui, en s'élevant dans la montagne, se divise en deux branches.

Gergovia. — La colline de Gergovia, près Clermont,

(1) Scrope, *Central France*, p. 21.

fournit un troisième exemple de ces phénomènes. Je crois, avec MM. Dufrénoy et Jobert, qu'il n'y a pas en cet endroit l'alternance d'une coulée contemporaine de lave et de couches d'eau douce, que d'autres observateurs ont supposée (1);

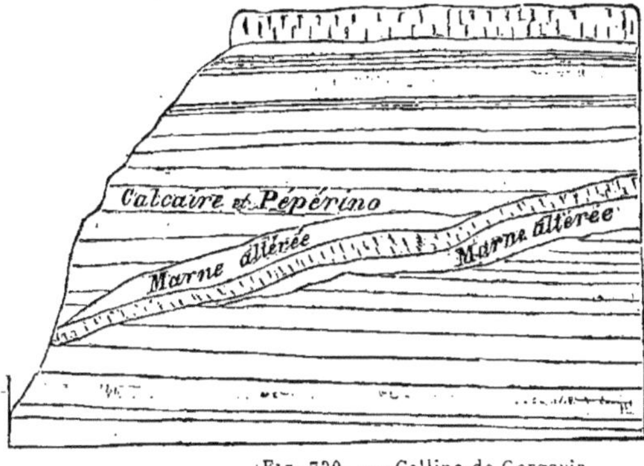

Fɪɢ. 730. — Colline de Gergovia.

mais, par leur position et leur contenu, certains tufs qui sont associés à ces roches résultent évidemment d'éruptions volcaniques survenues pendant le dépôt des couches lacustres.

Le pied de la colline est formé de lits légèrement inclinés de marnes blanches et verdâtres, qui mesurent plus de 90 mètres de puissance, et sont traversés par un dyke de basalte que l'on peut étudier dans le ravin au-dessus du village de Merdogne. Ce dyke coupe les couches marneuses sous un angle très-ouvert, produisant en général beaucoup d'altération et de confusion jusqu'à une certaine distance du point de contact. Au-dessus des marnes blanches et vertes, on voit une série de couches calcaires et marneuses contenant des coquilles d'eau douce, et alternant avec le tuf volcanique. Dans la partie la plus inférieure de cette division, des lits de marne pure sont interstratifiés avec un tuf compacte, fissile, ressemblant à celui déposé sous l'eau en Italie et en Sicile, que l'on appelle *peperino*. Parfois on distingue des fragments

_____

(1) Scrope, *ibid.*, p. 7.

de scories au sein de la roche. Plus haut dans la colline, succède un autre groupe de la même épaisseur, principalement composé de tuf, sur lequel gisent d'autres couches marneuses entremêlées de matière volcanique. Parmi les espèces de coquilles fossiles que j'ai recueillies au sein de ces couches, je citerai la *Melania inquinata*, un *Unio* et un *Melanopsis;* mais ces spécimens n'ont pas été suffisants pour me permettre de déterminer avec précision l'âge de la formation.

Il existe différents points, en Auvergne, où les roches ignées ont été injectées de force par des émissions subséquentes, à travers les argiles et les calcaires marneux, de telle sorte que le tout constitue une sorte de chaos bréchiforme : entre cette masse confuse et le basalte, on ne découvre quelquefois aucune ligne tranchée de démarcation. Les cavités de la roche sont souvent remplies de calcédoine, de cristaux de mésotype, de stilbite et d'arragonite. Aux formations de cette classe appartient peut-être une des brèches qui avoisinent immédiatement le dyke dans la colline de Gergovia ; mais on ne saurait admettre que le sable volcanique et les scories qui alternent avec les marnes et les calcaires, dans la partie supérieure de cette colline, aient été, comme le dyke, introduits après coup par une force poussant d'en bas. Ces produits ont dû se déposer comme les sédiments qui tombent au fond des eaux, et sont résultés uniquement d'une action ignée, contemporaine de l'accumulation des couches lacustres.

Le lecteur se rappellera que cette conclusion s'accorde très-bien avec les preuves que nous avons déduites (chapitre XV) de l'abondance des silex, travertin et gypse déposés avec les couches lacustres supérieures ; car ces roches sont celles précisément que produiraient des eaux de source minérales et thermales.

Roches volcaniques Éocènes. — Le calcaire fissile de Monte Bolca, aux environs de Vérone, est renommé depuis des siècles en Italie pour les Ichthyolites parfaitement conservés qu'il contient en quantité. Agassiz a décrit jusqu'à cent trente-trois espèces de poissons fossiles recueillis dans un seul dépôt, et la multitude des individus qui représentent la plupart de ces espèces est attestée par la variété des échantillons qui enrichissent les Musées principaux d'Europe. Ces fossiles proviennent tous de fouilles uniquement entreprises dans un but scientifique par des amateurs d'histoire naturelle. Si la pierre lithographique de Solenhofen, si riche en fossiles, n'eût été exploitée que pour des recherches du même genre, le dépôt serait resté presqu'à l'état de livre scellé pour les paléontologistes, tant les restes organiques s'y trouvent épars et disséminés dans toutes les couches. En 1828, j'ai visité Monte Bolca en compagnie de Sir Roderick Murchison, et nous acquîmes alors la conviction que les couches à poissons formaient une partie des roches Eocènes de la formation adjacente de Vicente. Nous nous assurâmes aussi que les produits volcaniques associés, se composant principalement de peperino ou tuf basaltique brun, étaient intercalés dans les dépôts marins de même âge, chargés de fossiles semblables à ceux qui caractérisent le groupe Eocène Moyen de Monte Bolca. Quelques-uns de ces tufs fournirent des nummulites, et dans une visite postérieure, Sir R. Murchison obtint des couches qui séparent celles qui abondent plus particulièrement en poissons fossiles, deux espèces, *Nummulites globulus* et *N. mille-Caput* (1). Nous observâmes des dykes de basalte traversant des masses énormes de peperino dans le Monte Postale qui se réunit au Monte Bolca. Là, évidemment, existait la preuve d'une longue série d'éruptions sous-marines de date Eocène, pendant lesquelles, fait remarquer Sir R. Murchison, un nombre considérable de poissons a dû être détruit par le dégagement de la chaleur, les gaz nuisibles et la boue tufacée, comme cela arriva lorsque l'île de Graham émergea, en 1831, entre la Sicile et l'Afrique. A cette époque les eaux de la Méditer-

(1) Murchison, *On the structure of the Alps*, *Quart. Geol. Journ.*, vol. V, p. 225.

ranée se chargèrent de limon rouge, et furent couvertes de cadavres de poissons sur une vaste étendue (1).

Aux marnes et calcaires de Monte Bolca sont associés des lits contenant du lignite, du schiste argileux et de nombreuses plantes, décrites par Unger et Massalongo, et rapportées par eux à la période Eocène. Le professeur Heer, ainsi que je l'ai déjà dit (p. 461, t. I) fait remarquer que la plupart des espèces sont communes à Monte Bolca et à l'argile blanche d'Alum Bay, dépôt de l'Eocène moyen. Pour établir cette opinion, le même botaniste se fonde sur le caractère tropical de la flore de Monte Bolca, présentant des différences avec la flore sous-tropicale du Miocène inférieur de Suisse et d'Italie, dans laquelle il existe un mélange plus considérable de formes propres à un climat tempéré, telles que saule, peuplier, bouleau, orme et autres. Toutes ces espèces manquent à Monte Bolca, et d'un autre côté les conifères y sont représentés par cinq espèces de *Podocarpus*, et les Dicotylédonées par le figuier, la famille des Santalacées et quelques *Proteaceæ*. On y voit aussi plusieurs formes tropicales de légumineuses, des palmiers à éventail, un palmier avec fruits voisin du cocotier, et même, suivant Massalongo, un épiphyte du genre Orchidées. Lorsqu'on pense, qu'à peine un seul des poissons de Monte Bolca a été trouvé dans une autre localité d'Europe, on reste frappé de l'extrême imperfection des monuments paléontologiques mis à notre disposition. Nous avons pris l'habitude de croire que nous avons une connaissance plus qu'ordinaire de la géologie de la période Eocène, et nous avons pourtant la certitude que des groupes de coquilles passent d'une manière presque continue d'une période à l'autre, depuis l'époque des sables de Thanet jusqu'à celle des couches de Bembridge et du Gypse de Paris. Il est vrai que la disette générale de poissons dans ces couches pourrait faire conclure de prime abord à une extrême pauvreté des formes de ce genre durant cette longue période, mais, qu'il survienne un accident local, tel que les éruptions volcaniques

____

(1) *Principes de Géologie,* chap. XXVI, 9ᵉ édit., p. 432.

de Monte Bolca, et aussitôt nous sont révélées les preuves de la richesse et de la grande variété de cette classe de Vertébrés dans la mer Eocène. Les genres de poissons de Monte Bolca, s'élèvent, suivant Agassiz, à soixante-quinze, dont vingt particuliers à cet'e localité, et huit seulement communs à la période antérieure du Crétacé. Sur ces soixante-quinze genres, quarante-sept se montrent pour la première fois dans les roches de Monte Bolca, aucune de ces formes n'ayant encore été obtenue dans les formations antérieures. Ces poissons diffèrent beaucoup de ceux de la période secondaire, car, à l'exception des Placoïdes, ils sont tous *Téléostéens* (à squelettes complétement osseux); et un seul genre, le *Pycnodus,* appartient à l'ordre des Ganoïdes, qui composent, comme nous l'avons vu, la majeure partie des Ichtyolithes enfouis dans les roches secondaires.

Période Crétacée. — Bien que nous ne possédions pas de preuves d'éruptions volcaniques survenues en Angleterre pendant le dépôt de la craie et du grès vert, ce serait une erreur de supposer que cette contrée n'a été le théâtre d'aucune action ignée durant la période Crétacée. M. Virlet a clairement démontré, dans son travail sur la *Géologie de Morée*, p. 205, qu'en Grèce, certains trapps, qu'il appelle ophiolites, appartiennent à cet âge : tels sont ceux qui alternent en stratification concordante avec le calcaire crétacé et le grès vert, entre Kastri et Damala en Morée. Ils sont formés en grande partie de roches de diallage et de serpentine, ainsi que d'un amygdaloïde avec noyaux calcaires et pâte de serpentine.

En certaines parties de la Morée, l'âge de ces roches volcaniques se déduit des faits suivants : les calcaires lithographiques de l'ère Crétacée sont traversés par des trapps, et l'on observe à Nauplie et en d'autres lieux un conglomérat contenant, au milieu de son ciment calcaire, plusieurs fossiles bien connus de la craie et du grès vert, en même temps que des fragments, sous forme de galets, de la même roche d'ophiolite, qui remplit les dykes mentionnés ci-dessus.

Période de l'Oolite et du Lias. — Bien que les trapps verts et serpentineux de Morée appartiennent principalement à l'ère Crétacée, il paraîtrait que certaines éruptions de roches semblables auraient commencé pendant la période Oolitique (1); il est probable aussi qu'une grande partie des masses trappéennes appelées ophiolites dans les Apennins, et associées au calcaire de cette chaîne, correspondent au même âge.

Quant à l'origine d'une certaine portion des roches volcaniques des Hébrides, elle est contemporaine de l'Oolite, que ces roches traversent et recouvrent, comme l'a constaté le professeur E. Forbes, en 1850. Certaines éruptions de Skye, par exemple, ont eu lieu vers la fin de la période Oolitique Moyenne, et avant le commencement de la division Supérieure du même terrain (2).

Trapp de la période du Nouveau Grès Rouge. — Dans la partie méridionale du Devonshire, les masses trappéennes sont associées au Nouveau Grès Rouge, et, suivant Sir H., de la Bèche, au lieu d'avoir pénétré au travers du grès après la formation de cette roche, elles auraient été produites par des actions volcaniques contemporaines. Certains lits de grès grossier, mêlés d'une marne rouge ordinaire, ressemblent à des sables rejetés d'un cratère; et, dans les conglomérats stratifiés qui se rencontrent près de Tiverton, on remarque de nombreux fragments anguleux de trapp-porphyre, dont quelques-uns pèsent jusqu'à une ou deux tonnes; ils sont entremêlés de galets d'autres roches. Ces fragments anguleux ont probablement été lancés de cratères volcaniques, et sont retombés sur la matière sédimentaire dans le moment même où celle-ci se déposait (3).

Période Carbonifère. — Le docteur Fleming assure avoir constaté deux classes de roches trappéennes, dans le bassin houiller du Forth, en Écosse. La plus récente de

(1) Boblaye et Virlet, *Morée*, p. 23.
(2) *Geol. Quart. Journ.*, 1851, vol. VII, p. 108.
(3) De la Bèche, *Geol. Proceedings*, vol. II, p. 198.

ces deux classes, appartenant à la série supérieure du
terrain houiller, se voit très-bien le long des bords du Forth,

Fig. 731. — Roche et Fuseau de Saint-Andrews, vus en 1838.
a. Tuf non stratifié. — *b*. Greenstone colonnaire. — *c*. Tuf stratifié.

dans le Fifeshire, où elle se compose de basalte avec olivine,
d'amygdaloïde, greenstone, wacke et tuf. Les roches parais-

sent avoir été rejetées de volcans, à une époque où les couches sédimentaires étaient encore horizontales, et avoir subi ultérieurement les mêmes dislocations que ces couches. Dans les tufs volcaniques du même âge, on rencontre non-seulement des fragments de calcaire, de schiste argileux, de schiste siliceux et de grès, mais aussi des morceaux de houille.

L'autre classe plus ancienne de trapps carbonifères longe le bord méridional de Stratheden, et forme une crête parallèle aux Ochils, allant de Stirling jusqu'aux environs de Saint-Andrews. Ces roches sont formées presque exclusivement de greenstone, et deviennent, dans quelques cas, terreuses et amygdalaires. Elles sont régulièrement stratifiées avec le grès, le schiste et le minerai de fer des couches houillères les plus inférieures, et, sur le Lomond oriental, avec le Calcaire de Montagne.

J'ai examiné ces roches, en 1838, dans les falaises Sud de Saint-Andrews ; ce sont en grande partie des tufs stratifiés, recourbés et contournés comme les couches de houille concomitantes. J'ai découvert, dans le tuf, des fragments de schiste et de calcaire carbonifère, ainsi que des veines de greenstone traversant le tout. Sur un point situé à 3 kilomètres environ de Saint-Andrews, la vague marine, frappant la base des falaises, a mis à découvert plusieurs masses de trapp, dont l'une (fig. 731) a reçu les noms de *Rock and Spindle* (1) (Quenouille et Fuseau) ; c'est une sorte de piton

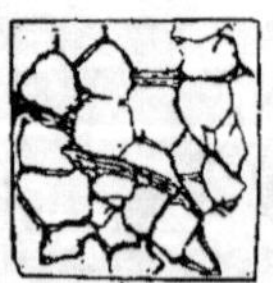

Fig. 732. — Colonnes de greenstone vues à leur extrémité *b* de la figure 731.

de tuf que l'on peut effectivement comparer à une quenouille, et, vers sa base, existe une protubérance de greenstone

(1) *Rock* (rocher) signifie en écossais *quenouille*, comme les lecteurs du poëme anglais de Burn pourront se le rappeler.

colonnaire, dont les piliers divergent d'un centre et ressemblent, à distance, aux rayons d'une roue. Le plus long diamètre de cette roue est d'environ 1^m,50, et l'on voit distinctement les extrémités polygonales des colonnes autour de la circonférence ou cercle de rotation, comme le montre la figure. Cette masse me paraît l'extrémité d'un nœud ou veine de greenstone qui a pénétré le tuf. Les prismes pointent dans toutes les directions, car la surface entière fut autrefois soumise à un refroidissement simultané, et les polyèdres, dans ces cas, se disposent toujours perpendiculairement aux surfaces, comme nous l'avons fait voir précédemment (t. II, p. 302).

Le docteur Fleming m'a fait remarquer dans la paroisse de Flisk, région Nord du comté de Fife, un dyke de trapp coupant les grès et schistes gris qui constituent la partie la plus inférieure du Vieux Grès Rouge, mais qui est probablement de date carbonifère. On peut suivre, sur une longueur de plusieurs kilomètres, ce dyke traversant le trapp amygdaloïde et autres trapps de la colline appelée Norman's Law. Il présente, dans son cours, une bonne illustration du passage de la texture trappéenne à la structure plutonique ou fortement cristalline. Le professeur G. Rose, à qui j'ai soumis des échantillons de ce dyke, les a rapportés à la roche de dolérite ; ils consistent en augite d'un noir verdâtre et feldspath Labrador, ce dernier minéral plus abondant que l'autre. On y trouve aussi une petite quantité de fer magnétique, peut-être titanifère. Le résultat de cette analyse est intéressant, car les laves anciennes et modernes de l'Etna sont toutes également composées d'augite, de labradorite et de fer titanifère.

Trapp de la période du Vieux Grès Rouge. — Si l'on se rapporte à la coupe montrant la structure du Forfarshire, que nous avons donnée (t. I, p. 79), on verra que les lits de conglomérat, n° 3, occupent le niveau moyen du système du Vieux Grès Rouge, 1, 2, 3, 4. Tantôt les cailloux roulés de ce conglomérat sont composés de roches granitiques et quartzeuses, tantôt ils consistent exclusivement en diverses variétés de trapp, lesquelles, bien qu'omises à dessein dans la coupe, ne laissent pas que de se rencontrer souvent en masses amorphes ou en dykes parcourant les vieux tilestones fossilifères n° 4, ou alternant avec eux en stratification concordante. Toutes les divisions du Grès Rouge, 1, 2, 3, 4, sont parfois pénétrées par des dykes, mais ceux-ci sont rares dans les n°s 1 et 2, les membres supérieurs du groupe consistant en schiste rouge et grès de la même couleur. Ces phénomènes, que l'on observe au pied des Grampians, se présentent encore dans les collines de Sidlaw ; et il semble que, dans cette partie de l'Écosse, les éruptions volcaniques aient été plus fréquentes que dans la division plus ancienne de la période du Vieux Grès Rouge.

Les roches trappéennes dont il s'agit consistent principalement en porphyre feldspathique et en amygdaloïde dont les noyaux sont quelquefois calcaires, souvent calcédonieux, et fournissent de magnifiques agates. On y rencontre aussi des claystone (argilolite), phonolite, greenstone, feldspath compacte et tuf. Certaines d'entre elles ont coulé à la manière des laves sur le fond de la mer, et ont enveloppé des galets de quartz qu'elles ont rencontrés sur leur passage, de manière à donner naissance à des conglomérats à pâte de greenstone, dont on voit un exemple à Lumley Den, collines Sidlaw. De chaque côté de l'axe de cette chaîne de collines (voy. coupe, t. I, p. 79), les lits de trapp massif et les tufs composés de sable et cendres volcaniques plongent régulièrement au Sud-Est ou au Nord-Ouest, comme les schistes et les grès. Mais la structure géologique de la chaîne des Pentlands, près d'Édimbourg, démontre que la formation de ces roches ignées date de la partie plus récente de la période Devonienne ou du Vieux Grès Rouge. Ces montagnes élevées de 3000 mètres au-dessus du niveau de la mer, consistent en conglomérats et grès de l'âge du Devonien Supérieur, reposant sur les arêtes inclinées de grès grossiers et schistes contemporains du Devonien Inférieur et du Silurien Supérieur.

Les roches volcaniques du même âge intercalées dans ce Vieux Grès Rouge Supérieur, se composent de laves feldspathiques, ou felstones, associées à des lits de cendres et de tufs. Les laves, principalement formées de felstone ou feldspath compacte, furent originellement les unes de structure dense, les autres de structure celluleuse ; ces dernières ont été converties en amygdaloïdes. Les Pentland Hills, disent MM. Maclaren et Geikie, fournissent la preuve évidente, qu'à l'époque du Vieux Grès Rouge Supérieur, le district situé au Sud-Ouest d'Édimbourg a été longtemps le siége d'un puissant volcan, qui vomissait de vastes coulées de lave, et projetait des pluies de cendres ; son action se serait continuée presque jusqu'à l'aurore de la période carbonifère (1).

Période Silurienne. — Il résulterait de recherches faites dans le Shropshire par Sir R. Murchison, que, durant la période du dépôt des couches du Silurien Inférieur de ce pays, de fréquentes éruptions volcaniques auraient eu lieu sur le fond de la mer ; les cendres et scories rejetées auraient donné naissance à une sorte particulière de grès ou grit tufacé, différant des autres roches de la série Silurienne, et existant seulement sur les points où sont sorties les roches syénitiques et autres masses trappéennes. Ces tufs se rencontrent sur les flancs du Wrekin et du Caer Caradoc, et contiennent des fossiles Siluriens tels que moules d'encrines, trilobites et mollusques. Bien que fossilifères, ils ressemblent à une argilolite (*claystone*) sableuse de la famille des Trapps (2).

Des bandes de trapp, de quelques centimètres d'épaisseur, alternent, en certains endroits des comtés de Shrop et de Montgomery, avec des couches sédimentaires du système Silurien Inférieur. Ce trapp consiste en porphyre schistoïde et feldspath cristallin, dont les lits sont traversés de fissures semblables à celles que présentent aussi les grès, calcaire et

______

(1) Maclaren, *Geology of Fife and Lothians.* Geikie, !*Trans. Royal Soc.* Edinburgh, 1860-1861.

(2) Murchison, *Silurian System*, etc., p. 230.

schiste concomitants, et plongent sous le même angle et avec la même direction (1).

Dans le Radnorshire, on remarque douze bandes de trapp stratifié, alternant avec des schistes et ardoises, sur une épaisseur de 116 mètres. Les lits de trapp consistent en porphyre feldspathique, phonolite et autres variétés; les Llandeilo flags interposés se composent de grès et schiste avec trilobites et graptolites (2).

Les collines de Snowdon dans le comté de Caernarvon se composent en grande partie de tufs volcaniques, dont les plus anciens sont intercalés dans le calcaire et schiste de Bala. On y voit aussi des laves feldspathiques du même âge, altérant, suivant le professeur Ramsay, les schistes sousjacents. Ces derniers ont dû être recouverts par de la lave à l'état de fusion, car la couche schisteuse ultérieurement déposée sur la lave refroidie et consolidée a complétement échappé à toute altération. La même formation fait voir aussi des greenstones, qui, bien que souvent en stratification concordante avec les schistes, ne sont en réalité que des roches d'intrusion; elles altèrent les couches qui les comprennent, et, suivies à de grandes distances, elles se montrent quelquefois traversant les schistes, et envoyant des ramifications dans les dépôts voisins. Néanmoins, ces greenstones paraissent appartenir, tout comme les laves, à la période du Silurien Inférieur.

Roches volcaniques Cambriennes. — En décrivant les lits à lingules de la Galles du Nord, nous leur avons reconnu une épaisseur de 2130 mètres. Dans la portion supérieure de ces dépôts, des tufs volcaniques ou matériaux cinériformes sont intercalés avec un sédiment boueux ordinaire, et çà et là associés à des couches épaisses de lave feldspathique. Ces roches forment les montagnes appelées les Arans et les Arenigs; on y rencontre de nombreux green-

(1) Murchson, *Silurian system*, etc., p. 212.
(2) *Ibid.*, p. 325.

stones, roches d'intrusion, bien que souvent sur un certain espace leur stratification soit conforme à celle des couches. « Quantité des cendres, dit le professeur Ramsay, sembleraient être d'origine sous-aérienne, et l'on peut parfaitement supposer que des îles, à l'exemple de celle de Graham, ont élevé leurs cratères au-dessus de la mer à diverses époques, et que la désorganisation par l'action de l'eau de ces masses soulevées a fourni la matière cinériforme, d'où proviennent ces conglomérats de cendres. Des produits visqueux auraient été également lancés dans l'atmosphère comme des bombes volcaniques, et seraient retombés au milieu de la poussière et des fragments de cristaux (qui concourent souvent à la formation des cendres), avant leur refroidissement et leur consolidation parfaite (1). »

Roches volcaniques Laurentiennes. — Les roches Laurentiennes que l'on rencontre au Canada, spécialement dans l'Ottawa et à Argenteuil, sont les masses d'intrusion les plus anciennes connues. Elles forment une rangée de dykes de greenstone ou dolérite noirâtre à grains fins, composée de feldspath et de pyroxène, qui contiennent accidentellement des paillettes de mica et des particules de pyrites. Le diamètre de ces roches varie de quelques décimètres à une centaine de mètres, leur structure est colonnaire, et les colonnes sont franchement perpendiculaires sur le plan du dyke. Quelques-uns de ces dykes envoient des embranchements dans les masses environnantes. Ces dolérites sont traversées par de la syénite d'intrusion, et celle-ci, à son tour, est traversée de nouveau et pénétrée par du porphyre feldspathique, dont la base consiste en pétrosilex, ou mélange d'orthoclase et de quartz. Tous ces trapps paraissent être de date Laurentienne, car les roches fossilifères les plus inférieures, les grès de Potsdam ou Cambriens, par exemple, en recouvrent les portions altérées par l'érosion (2). Quant à savoir si l'on

(1) *Geol. Quart. Journ.*, vol. IX, p. 170, 1853.
(2) Logan, *Géologie du Canada*, 1863.

diot donner une même origine volcanique à la plupart de ces
roches cristallines de la série Laurentienne, telles que les
variétés de gneiss porphyritiques ou granitoïdes à grains
grossiers, qui montrent rarement des traces de stratification,
ou quelques serpentines, c'est là un point très-difficile à
déterminer, dans une région qui a subi de si grands changements sous l'influence de l'action métamorphique.

CHAPITRE XXXIII

ROCHES PLUTONIQUES. — GRANIT.

Facies général du granit. — Sa décomposition en masses sphériques. — Structure grossièrement colonnaire. — Analogies et différences entre les formations volcaniques et plutoniques. — Minéraux dans le granit, et leur disposition. — Granit graphique et porphyritique. — Pénétration mutuelle de cristaux de quartz et de feldspath. — Minéraux accidentels. — Syénite. — Granits syénitique, talqueux et tourmalinifère (*schorly granit*). — Eurite. — Passage du granit au trapp. — Exemples de ce phénomène aux environs de Christiania, et dans le comté d'Aberdeen. — Analogie de composition entre le trachyte et le granit. — Veines de granit en Glen Tilt, Cornouailles, à Valorsine et en d'autres localités. — Composition différente des veines, comparée à celle de la masse principale de granit. — Filons dans les couches à leur jonction avec le granit. — Nodules de granit, en apparence isolés. — Veines de quartz. — Les roches Plutoniques sont-elles quelquefois superposées à d'autres roches? — L'exposition de leur surface est due à la dénudation.

Après les roches Volcaniques, on peut traiter des roches Plutoniques, car ces deux classes ont entre elles les plus étroits rapports. J'ai déjà parlé des dernières comme constituant la portion non stratifiée des formations cristallines ou hypogènes, et j'ai dit qu'elles différaient des roches Volcaniques, non-seulement par leur texture plus cristalline, mais encore par l'absence de tufs et brèches, qui sont le résultat d'éruptions produites à ciel ouvert ou sous la mer à des profondeurs peu considérables. Elles diffèrent aussi par l'absence de ces pores ou cavités cellulaires que l'expansion des gaz, d'abord emprisonnés, a produite au sein des laves ordinaires. D'après ces particularités et d'autres encore, on peut conclure que les granits se sont formés à de grandes profondeurs de la terre, qu'ils se sont refroidis et ont cristallisé lentement sous une pression puissante qui n'a point permis aux gaz de s'échapper. Les roches volcaniques, au contraire, bien que généralement venues d'en bas, ont subi un refroidissement beaucoup plus rapide, et toujours à la surface ou près de la surface du sol. C'est donc d'après l'hypothèse que les granits auraient été engendrés à une vaste profondeur, qu'on leur a donné le nom de *roches Plutoniques*. L'élève géologue comprendra aisément que l'influence de la chaleur doive continuer et s'étendre à partir du foyer de tout cratère en activité jusqu'à une distance qui peut atteindre plusieurs kilomètres ; il lui sera facile aussi d'estimer jusqu'à quel point devront être différents les effets qui, sous cette influence, se produiront dans les entrailles de la terre ; il pourra sans peine se faire une idée de la manière dont les roches volcaniques et plutoniques, quoique dissemblables par leur texture et quelquefois même par leur composition, se formeront cependant simultanément, les unes à la surface, et les autres à de très-grandes profondeurs.

Certains auteurs ont compris toutes les masses dont il s'agit ici sous une dénomination unique, celle de Granit, laquelle embrasse dès lors une nombreuse famille de roches

Fig. 733. — Amas granitiques, près Sharp Tor, Cornouailles.

cristallines et composées, gisant ordinairement au-dessous de toutes les autres formations ; par opposé, nous avons vu le trapp recouvrir très-fréquemment des couches de différents âges. Le granit conserve un caractère très-uniforme sur une large étendue de pays, constituant des élévations d'une forme arrondie, particulière, ordinairement recouvertes d'une chétive végétation. La surface en est généralement à l'état de décomposition et de ruine ; les collines sont surmontées de monceaux de pierres semblables à des débris d'une masse stratifiée, comme on le voit dans la figure ci-dessus, et quelquefois analogues à des amas de blocs de transport, avec lesquels on les a, dans certains cas, confondus. Ces pierres, d'abord anguleuses, acquièrent insensiblement une forme arrondie, par l'action de l'air et de l'eau, car leurs bords et leurs angles s'émoussent plus rapidement que le milieu des faces. Nous avons déjà décrit une structure sphérique semblable comme caractéristique du basalte et d'autres formations volcaniques ; il faut la rapporter à des causes analogues, jusqu'à présent encore peu connues.

Bien que ce soit une des particularités du granit de ne prendre aucune forme définie, cette roche, cependant, se

Fɪɢ. 734. — Granit à structure cuboïde et grossièrement colonnaire ; Land's End, Cornouailles.

trouve parfois traversée de fissures, de manière à affecter une structure cuboïde ou même colonnaire ; on observe des exemples de ce phénomène près de Land's End, dans le Cornouailles (fig. 734).

Les formations plutoniques ont également cela de commun avec les formations volcaniques, que des veines ou ramifications partant de la masse centrale les parcourent dans diverses directions, ainsi que les roches qui les accompagnent, et produisent dans ces dernières des altérations que nous allons décrire. Elles offrent aussi de l'analogie avec les trapps par l'absence de débris organiques ; mais elles en diffèrent par leur plus grande uniformité de texture ; des masses entières de roches plutoniques, d'une étendue indéfinie, paraissent avoir été produites dans les conditions les plus uniformes. Elles s'en éloignent aussi en ce qu'elles ne sont jamais scoriacées, ni amygdalaires, et ne forment pas de porphyres à pâte non cristalline, ou n'alternent nulle part avec des tufs. Enfin elles ne forment jamais de conglomérats, bien que présentant quelquefois un passage de l'état de granit à gros grains à celui de granit à petits grains, et d'autres fois, contenant de petites masses à texture fine empâtées dans une variété plus grossière.

On considère habituellement le feldspath, quartz et mica, comme minéraux essentiels du granit ; le feldspath est le plus abondant des trois, et la proportion du quartz dépasse celle du mica. Ces minéraux sont réunis par ce qu'on appelle

Fig. 735.   Fig. 736.

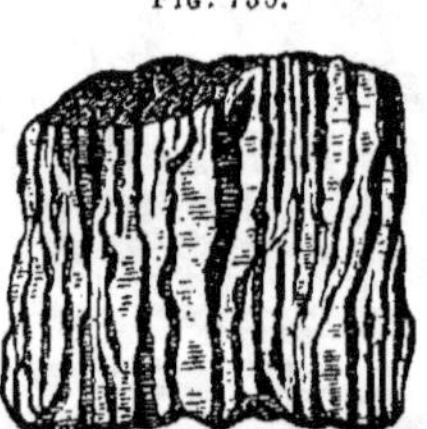 

Granit graphique.

Fig. 735. — Coupe parallèle aux lames.
Fig. 736. — Coupe perpendiculaire aux lames.

une cristallisation confuse : c'est-à-dire que les cristaux ne présentent pas, à travers la roche, des dispositions régulières comme dans le gneiss (voir plus loin, fig. 756). Cependant la variété dite *granit graphique*, qui se rencontre d'ordinaire en veines dans le granit commun, offre une certaine régularité. Le granit graphique est un composé de feldspath et de quartz, à structure imparfaitement laminaire. Les cristaux de feldspath paraissent avoir été les premiers formés, laissant entre eux des espaces occupés aujourd'hui par un quartz de couleur foncée. Ce dernier, lorsqu'on partage l'échantillon perpendiculairement aux plaques alternantes des deux minéraux, montre des lignes brisées que l'on a comparées à des caractères hébraïques. La variété de granit à laquelle les Français donnent le nom de *Pegmatite*, et qui est un mélange de quartz et de feldspath commun, habituellement avec lamelles de mica blanc d'argent, passe souvent au granit graphique.

Le granit ordinaire, aussi bien que la syénite et l'eurite, contient habituellement deux sortes de feldspath : 1° le feldspath commun ou orthoclase, dans lequel l'alcali dominant, la potasse, se présente généralement sous forme de gros cristaux blancs ou couleur de chair ; 2° le feldspath, dans lequel prédomine la soude , à cristaux plus petits que le précédent , ordinairement d'un blanc terne ou taché, et strié comme l'albite, dont il diffère pour la composition (1).

En règle générale, le quartz à l'état compacte ou amorphe constitue une masse vitreuse servant de pâte dans laquelle le feldspath et le mica ont cristallisé; car, bien que ces minéraux soient beaucoup plus fusibles que la silice, ils ont souvent imprimé leur forme sur le quartz. Ce fait, qui paraît au premier abord un paradoxe, a donné lieu à diverses explications ingénieuses. On aurait pu naturellement supposer que, pendant le refroidissement de la masse, la portion siliceuse aurait été la première à se consolider, et que les différentes variétés de feldspath, de même que les grenats et les tourmalines, plus facilement fusibles, auraient été les dernières à subir cette transformation. C'est l'inverse qui a eu lieu : des cristaux de minéraux plus fusibles se sont trouvés enveloppés dans un quartz aujourd'hui dur, transparent et

(1) Delesse, *Ann. des Mines*, 1852, t. III, p. 409, et 1848, t. XIII, p. 675.

vitreux, qui souvent a pris l'empreinte la plus délicate de leur forme extérieure, a reproduit, par exemple, jusqu'aux stries les plus fines de la surface prismatique des tourmalines. Différentes interprétations de ce phénomène ont été successivement proposées par MM. Élie de Beaumont, Fournet et Durocher. Ces savants en ont référé d'abord aux expériences de M. Gaudin sur la fusion du quartz, expériences démontrant que la silice, en se refroidissant, possède la propriété de rester visqueuse, tandis que ce n'est jamais le cas pour l'alumine. On admet que la *silice gélatineuse* conserve, à un degré remarquable, son état de plasticité très-longtemps après que la température du mélange granitique a baissé ; M. Élie de Beaumont, de son côté, pense que l'action électrique est pour quelque chose dans le maintien de la viscosité de la silice. Parfois, cependant, on rencontre le quartz et le feldspath se communiquant mutuellement leurs formes, ce qui prouve une cristallisation simultanée des deux minéraux (1).

Il résulte des expériences et des observations de Gustave Rose que le quartz du granit a la pesanteur spécifique de 2,6, caractéristique de la silice précipitée dans une solution, et non la densité inférieure 2,3, propre à cette roche traitée dans le laboratoire par la voie sèche, c'est-à-dire refroidie après avoir été soumise à la fusion. Toutefois on s'est peut-être trop hâté de conclure que la consolidation du granit s'opère d'une façon tout autre que le refroidissement des laves, de celles qui sont même les plus cristallines, et de supposer, en outre, qu'une chaleur intense avait été nécessaire pour la production des masses montagneuses de roches plutoniques. Pour décider la première question, il faudrait savoir si l'on peut obtenir ou non, même dans le laboratoire, la silice à l'état cristallisé par le procédé de la fusion. M. Sorby, qui a consacré beaucoup de temps et de talent à la solution de ces problèmes et autres analogues,

---

(1) *Bulletin de la Société Géologique de France*, 2ᵉ série, IV, p. 1304 ; et d'Archiac, *Histoire des progrès de la Géologie*, I, p. 38.

pense que cette cristallisation peut être obtenue dans ces conditions. Il m'informe que l'examen d'un échantillon de quartz fondu par M. David Forbes, l'a convaincu que la silice peut se cristalliser par la voie sèche, et qu'il a trouvé dans du quartz, partie constituante de certains trachytes de la Guadeloupe et d'Islande, des cavités vitreuses tout à fait semblables à celles que l'on rencontre dans les minéraux volcaniques purs (1); le fait prouverait d'une manière péremptoire que ce quartz, comme l'obsidienne, serait sorti cristallisé d'une matière en fusion.

On entend par cavités vitreuses des cellules dans lesquelles un liquide est devenu, par le refroidissement, d'abord visqueux et puis solide sans cristalliser ou subir un changement défini dans sa structure physique. Dans les minéraux composant les roches granitiques, on distingue souvent à l'aide du microscope des cavités semblables à celles que nous venons de mentionner, remplies les unes de gaz ou vapeurs, d'autres d'un liquide. Les mouvements des bulles ainsi emprisonnées servent à distinguer les cavités de cette nature de celles qui contiennent de la substance vitreuse.

M. Sorby conclut de la rencontre fréquente des cavités à fluides dans le quartz du granit, à la présence ordinaire de l'eau dans la formation de cette roche. Au reste, on peut en dire autant de presque toutes les laves, et il y a aujourd'hui plus de quarante ans que M. Scrope insistait sur le rôle important de l'eau dans les éruptions volcaniques ; il supposait que l'élément liquide était si bien combiné avec les matériaux de la lave, que la masse fluide en acquérait une plus grande mobilité et par suite se dégageait plus facilement du volcan. C'est un fait bien connu que de la vapeur s'échappe, pendant des mois, et quelquefois pendant des années, des cavités de la lave, lorsque celle-ci est en voie de refroidissement et de consolidation.

Voici, en quelques mots, comment on peut résumer le ré-

____

(1) Voir *Quart. Geol. Journ.*, vol. XIV, p. 465.

sultat des expériences et des opinions de M. Sorby sur ce sujet difficile. Les conditions physiques sous l'influence desquelles se sont produites les roches volcaniques et granitiques présentent une similitude frappante ; dans les deux cas, la fusion ignée, la dissolution aqueuse, et la sublimation gazeuse combinent leurs actions, et quant à l'action de l'eau, dit le même auteur, elle est dans la formation du granit, tout aussi énergique que celle de la chaleur (1).

On ne saurait douter de la présence de l'eau dans les vastes profondeurs où s'élabore la fusion des roches, et cela pour deux raisons : premièrement, parce que ce liquide entre largement, à l'état de combinaison solide, dans la composition de la plupart des minéraux communs, et particulièrement de ceux qui appartiennent à la classe des alumineux ; secondement, parce que les eaux de la pluie et de la mer ayant une tendance à s'infiltrer dans les fissures et à pénétrer les roches poreuses, doivent finir par se frayer une voie jusqu'aux régions occupées par les foyers souterrains. Dans tous les cas, l'existence de l'eau sous une grande pression n'infirme nullement l'opinion que nous avons émise quant à la température excessive dont jouit la masse dans laquelle elle est combinée.

En Islande, à des profondeurs moyennes, prétend Bunsen, cette chaleur atteindrait le degré de la fusion blanche. Raison de plus, pour que les conditions de température nécessaires dans l'intérieur du sol à la consolidation et à la cristallisation des éléments du granit et de la lave, soient complétement incapables de nous faire juger du degré de chaleur acquis par ces mêmes matières, avant qu'elles aient pu former des lacs et des mers de roches fondues dans les entrailles de la terre.

En traitant dans le trente-neuvième chapitre des roches métamorphiques, nous examinerons dans quelles proportions ces roches métamorphiques, contenant les mêmes mi-

____

(1) Voyez *Quart. Geol. Journ.*, vol. XIV, p. 488.

néraux que les granits, ont pu se produire sous l'influence
de l'action hydrothermale sans l'intervention d'une chaleur
comparable, par son intensité, à celle des volcans en éruption.

Granit porphyroïde. — On a souvent donné ce nom à la
variété de granit dans laquelle de gros cristaux de feldspath
commun, ayant parfois plus de 0ᵐ,075 de long, sont disséminés au travers d'une pâte ordinaire de granit. La figure (737) nous montre un exemple de cette texture telle que
l'a fournie un granit de Land's End en Cornouailles. Les
deux plus gros cristaux prismatiques de l'échantillon sont du
feldspath; on aperçoit de plus petits cristaux de même forme,
répandus dans la pâte. A travers celles-ci apparaissent aussi
des paillettes noires de mica, dont le contour est un hexa-
gone plus ou moins net. Le reste de la masse se compose de
quartz d'une translucidité qui contraste fortement avec l'o-

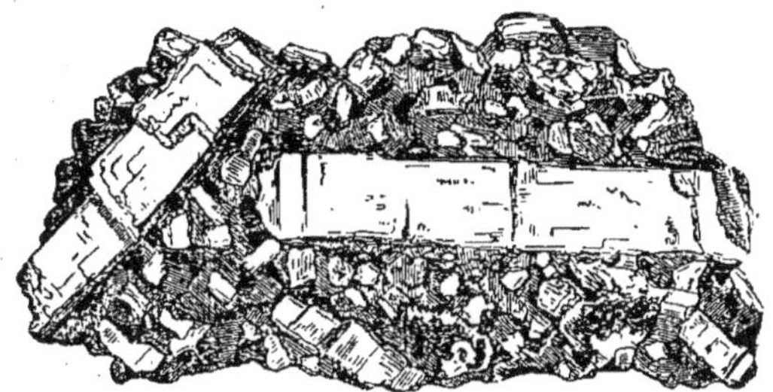

Fɪɢ. 737. — Granit porphyroïde; Land's End, Cornouailles.

pacité du feldspath blanc et du mica noir, mais la gravure
n'a pu rendre ni la transparence du quartz ni l'éclat argen-
tin du mica.

Le caractère minéral uniforme de vastes masses de granit
semble indiquer que d'énormes quantités d'éléments composants furent mêlées intimement, et cristallisèrent ensuite
dans des conditions exactement semblables. Cependant, le
granit peut renfermer divers minéraux autres que les précédents, mais purement accidentels. On cite, en particulier, la
tourmaline ou schorl noir, l'actinolite, le zircon, le grenat

et le spath fluor ; mais ces minéraux sont trop rares dans la roche pour en modifier l'aspect général. Leur présence montre néanmoins que les ingrédients ne furent pas partout précisément les mêmes ; et de plus grandes variations encore se font remarquer entre les proportions relatives du feldspath, du quartz et du mica.

Syénite. — Lorsque le hornblende (1) remplace le mica, ce qui arrive fréquemment, la roche devient une Syénite, ainsi nommée d'après d'anciennes carrières très-célèbres desquelles on l'a extraite aux environs de Syène en Égypte. A moins qu'on ne l'examine de près, la syénite conserve toute l'apparence d'un granit ordinaire ; de plus, elle appartient incontestablement, comme membre géologique, à la même famille de roches plutoniques que le granit. Toutefois, après avoir conservé un caractère essentiellement granitique sur de vastes étendues, elle finit assez souvent par perdre son quartz, et passe alors insensiblement à un greenstone syénitique, roche de la famille des trapps. Werner a considéré la syénite comme un composé binaire de feldspath et de hornblende, et a regardé le quartz comme simple minéral accidentel dans cette roche.

Granit syénitique. — On a désigné sous ce nom un composé quadruple de quartz, feldspath, mica et hornblende. Cette roche se rencontre en Écosse et dans l'île de Guernesey.

Granit talqueux (ou Protogyne des Français). — C'est un mélange de feldspath, quartz et talc. Il abonde dans les Alpes et en quelques parties du Cornouailles, où il produit, par sa décomposition, le kaolin (*China clay*), dont on exporte annuellement plus de 12,000 tonnes pour la fabrication des poteries (2).

Schorl rock (roche de Tourmaline) et *Granit tourmalinifère*. — La première de ces roches est un agrégat de schorl

(1) L'une des divisions de l'amphibole, de couleur vert foncé.

(*Note du traducteur.*)

(2) Boase, *On Primary Geology*, p. 16.

ou tourmaline et de quartz. Lorsque le feldspath et le mica s'y ajoutent, elle passe au granit tourmalinifère. Cette dernière variété est comparativement rare.

Eurite. — Roche dans laquelle les éléments du granit sont disséminés au sein d'une pâte à grain très-fin. Lorsque cette roche est cristalline, on aperçoit, parmi la masse, des cristaux de quartz, mica, feldspath commun et feldspath à soude. Parfois le mica manque, et le feldspath commun domine de manière à donner une couleur blanche ; alors l'eurite devient un granit feldspathique, *Weisstein* de Werner, *Whitestone* des Anglais, *Leptynite* des Français ; on distingue souvent, dans l'ensemble, des cristaux microscopiques de grenat.

Toutes ces variétés et autres de granit passent à certaines espèces de trapp, circonstance qui fournit l'un des arguments sur lesquels repose l'hypothèse, aujourd'hui en faveur, de l'origine ignée des granits. Le contraste entre la forme la plus cristalline de ces roches et celle du trapp le plus ordinaire ou terreux est incontestablement très-prononcé ; mais chaque membre de la classe des produits volcaniques peut devenir un porphyre, comme aussi la pâte du porphyre est souvent cristalline au point de passer à une sorte de granit, avec lequel, du reste, elle montre beaucoup d'analogie pour sa composition minérale.

Les minéraux qui constituent à la fois les roches granitiques et volcaniques sont composés presque exclusivement de sept éléments : silice, alumine, magnésie, chaux, soude, potasse et fer (voy. tableau, t. II, p. 289) ; ces éléments peuvent se rencontrer les mêmes, en proportions identiques, dans une lave poreuse, un trapp compacte ou bien un granit cristallin. On découvrira peut-être par un examen plus attentif (car il reste encore beaucoup à apprendre sur ce sujet) que la réunion de tels éléments en certaines proportions favorise plus que telle autre une structure cristalline ou nettement granitique ; l'expérience prouve d'ailleurs que des matériaux semblables ont la propriété de former, suivant les circonstances, des roches très-différentes. La même lave est tantôt vitreuse et tantôt scoriacée, ici compacte, là porphyritique, etc., suivant la rapidité du refroidissement ; et certains trachytes ou greenstones syénitiques auraient sans aucun doute produit des granits et des syénites, s'ils avaient cristallisé lentement.

On a supposé aussi que la nature particulière et la structure du granit s'expliquait par cette circonstance spéciale, que la roche, se refroidissant lentement et se consolidant à l'air, aurait retenu l'eau que l'on voit s'échapper des laves. Les expériences de Boutigny ont démontré que l'eau contenue dans une matière fondue, à la température du rouge blanc, ne peut se vaporiser avant l'abaissement préalable de cette température. De telles découvertes, si elles n'expliquent pas la manière dont se sont formés les granits, servent du moins à nous rappeler la différence complète des conditions qui ont présidé à la production des roches plutoniques et volcaniques (1).

Il serait facile d'ajouter ici encore bien d'autres exemples, et de multiplier les noms des autorités scientifiques pour prouver le passage du granit aux roches trappéennes. Sur la côte occidentale du Fiord de Christiania, en Norwége, il existe une large étendue de trapp, consistant principalement en greenstone-porphyre et greenstone syénitique, qui repose sur des couches fossilifères. A ces roches, vers la limite méridionale, succède un espace également très-vaste de syénite ; le passage de la roche volcanique à la masse plutonique est tellement graduel, qu'il est impossible de tracer une ligne de démarcation entre les deux.

« Le granit ordinaire du comté d'Aberdeen, dit le docteur Mac-Culloch, est le composé ternaire habituel de quartz, feldspath et mica ; mais parfois le hornblende remplace ce dernier minéral. En certains endroits se présente une variété formée seulement de feldspath et hornblende ; un examen

____

(1) E. de Beaumont, *Bull. Soc. Géol.*, vol. IV, 2ᵉ série, p. 1318 et 1320.

plus attentif de ce mélange des deux éléments fait apercevoir sur quelques points une structure à grains ténus, et la roche finit par ne plus se distinguer des vrais greenstones de la famille des trapps. La même roche passe aussi d'une manière non moins graduelle à un basalte ; elle finit par une argilolite friable, qui montre une tendance schisteuse dans sa surface exposée à l'air. Tous ces caractères ne diffèrent point de ceux que nous avons remarqués dans les îles de trapp de la côte occidentale. » Le même auteur fait mention d'un granit composé de hornblende, mica, feldspath et quartz, qui, aux Shetland, passe aussi par une transition insensible au basalte (1).

On connaît en Hongrie des variétés de trachyte d'origine

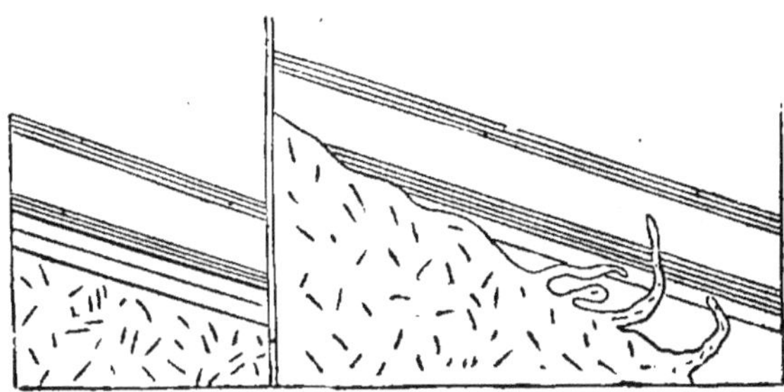

Fɪɢ. 738.   Fɪɢ. 739. — Jonction du granit au schiste argileux, dans le Glen Tilt (Mac-Culloch) (2).

géologiquement moderne dans lesquelles on rencontre communément non-seulement des cristaux de mica, mais encore de quartz, ainsi que du feldspath et du hornblende. Il est facile de concevoir comment de telles masses volcaniques peuvent, à une certaine distance de la surface, passer inférieurement au granit.

J'ai déjà essayé de faire ressortir l'étroite analogie qui existe entre les formes de certaines veines granitiques et celles de quelques bandes trappéennes ; les couches traversées par les roches plutoniques ont subi des changements

(1) *Syst. of Geol.*, vol. 1, p. 157 et 158.
(2) *Geol. Trans.*, 1ʳᵉ série, vol. III, pl. 21.

très-semblables à ceux que montrent à la jonction les dykes volcaniques. On voit, en Glen Tilt (Écosse), des exemples où des couches alternantes de calcaire et de schiste argileux sont en contact avec une masse de granit. Le contact ne se présente pas tel qu'il devrait être si le granit fût sorti avant le dépôt des couches (et, dans ce cas, la figure 738 eût bien représenté la véritable coupe); mais l'union s'est faite ainsi qu'on le voit (fig. 739): la ligne ondulée de granit coupe différentes couches, et quelquefois pénètre, sous forme de veines tortueuses, au travers de lits de schiste argileux et de calcaire, dont elle diffère complétement par sa composition.

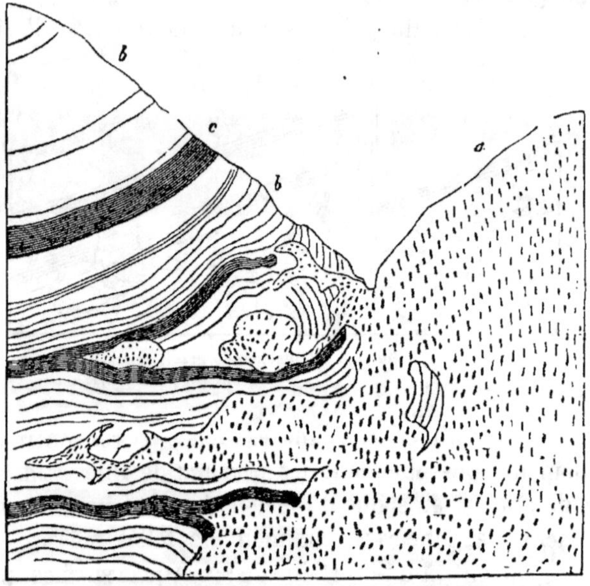

Fig. 740. — Jonction du granit au calcaire, dans le Glen Tilt (Mac-Culloch).
a. Granit. — *b*. Calcaire. — *c*. Schiste argileux, bleu.

Le calcaire a parfois changé de caractère au voisinage de la masse granitique ou de ses veines ; il a acquis une structure plus compacte, semblable à celle du chert ou hornstone, et, en même temps, une cassure esquilleuse ; il ne fait plus que faiblement effervescence dans les acides.

Le diagramme ci-dessous (fig. 740) retrace un autre point de jonction que l'on observe dans le même district : le granit envoie ici des ramifications si nombreuses, que le calcaire et le schiste en sont comme réticulés ; les veines diminuent, vers leur terminaison, jusqu'à devenir aussi minces qu'une feuille de papier ou qu'une fibre végétale. En quelques points, on croit apercevoir des fragments de granit disséminés dans le calcaire ; et l'on ne distingue aucune liaison entre ces fragments et d'autres masses plus considérables de la même roche ; dans d'autres cas, au contraire, ce sont des lambeaux de calcaire que l'on voit enclavés au milieu du granit. La couleur ordinaire du calcaire de Glen Tilt est le bleu de plomb ; sa texture est à gros grains et très-cristalline ; mais, à mesure qu'il s'approche du granit, particulièrement aux endroits où il est pénétré de veines de plus en plus petites, la texture cristalline disparaît pour faire place à une autre qui est exactement celle du hornstone (*petrosilex*). Le schiste argi-

Fig. 741. — Veines de granit traversant le schiste argileux. Montagne de la Table, cap de Bonne-Esp. (1).

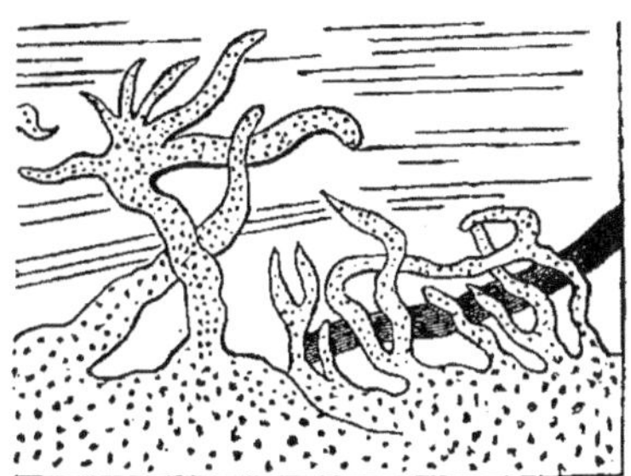

Fig. 742. — Veines de granit traversant le gneiss. Cap Wrath (Mac-Culloch) (2).

leux qui lui est associé passe souvent à un schiste amphibolique, en arrivant très-près du granit (3).

Dans cet exemple et divers autres, la conversion du calcaire en roche siliceuse ne faisant plus qu'une effervescence

(1) Cap. B. Hall, *Trans. Roy. Soc. Edinb.*, vol. VII.
(2) *Western Islands*, pl. 31.
(3) Mac-Culloch, *Geol. Trans.*, vol. III, p. 259.

lente dans les acides serait difficile à expliquer, si l'on n'avait
la certitude qu'en raison des particules de quartz, mica ou
feldspath qu'ils contiennent, ces calcaires sont toujours impurs. Il est probable que les éléments de ces minéraux, dès
que la roche a été soumise à une forte chaleur, ont été fondus,
et se sont, par suite, répandus plus uniformément au travers
de la masse.

Dans les roches plutoniques comme au sein des produits
volcaniques, la matière injectée présente toute espèce de
forme, depuis la veine tortueuse jusqu'au dyke le plus régulier, le plus analogue à ceux qui coupent les tufs et laves du
Vésuve et de l'Etna. On peut voir, entre autres exemples, des
dykes de granit sur le côté méridional du mont Battock, l'un
des Grampians ; les parois opposées de ces bandes injectées y

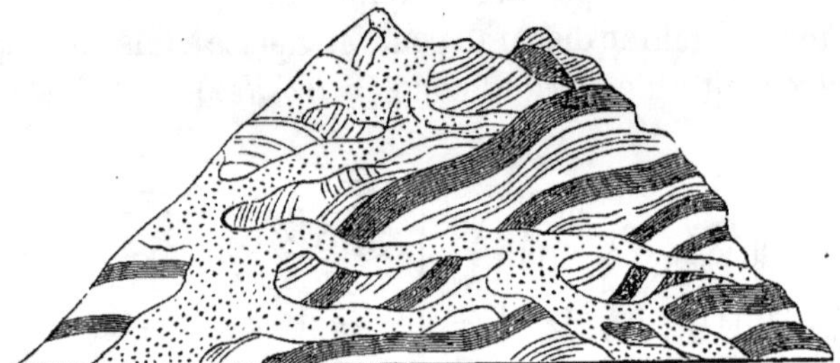

Fig. 743. — Veines de granit traversant le gneiss, au cap Wrath, en Écosse.
(Mac-Culloch).

conservent quelquefois un parallélisme exact sur une longueur
considérable.

En général, cependant, les veines de granit se montrent,
sur tous les points du globe, plus sinueuses que celles de
trapp. C'est le genre de forme qu'elles présentent à la pointe
la plus septentrionale de l'Écosse comme à l'extrémité la
plus méridionale de l'Afrique, ainsi qu'on le voit par les dessins ci-dessus.

Il n'est pas rare d'observer deux systèmes de veines granitiques se coupant l'un l'autre ; quelquefois même on en
distingue jusqu'à trois parfaitement distincts, par exemple

aux environs de Heidelberg, sur les rives du Necker. Dans cette contrée, la roche fournit trois variétés qui diffèrent entre elles par la couleur, le grain et diverses particularités de composition minérale. L'un des groupes, évidemment le second pour l'âge, croise un granit plus ancien ; un troisième, plus nouveau, passe au travers des deux précédents.

Dans l'île Shetland, on remarque deux sortes de granit, l'un composé de hornblende, mica, feldspath et quartz, de couleur foncée, et inférieur au gneiss ; l'autre, rouge, et pénétrant le précédent, sous forme de veines, dans toutes lesdirections (1).

Les figures 743 et 744 montrent la manière dont les veines de granit se ramifient et se coupent les unes les autres. Elles représentent aussi la manière dont, au cap Wrath dans le comté de Sutherland, le gneiss est traversé par des bandes de la roche plutonique. La couleur de ces bandes contraste fortement avec celle du schiste amphibolique qui s'y trouve associé au gneiss, et rend le phénomène très-remarquable.

Les veines de granit ont ordinairement subi une certaine altération dans leur composition minérale, et leur texture est généralement plus fine que celle de la roche contiguë dans laquelle elles se ramifient. Ainsi, comme l'observe le professeur Sedgwick, la masse principale de granit, en Cornouailles, est un agrégat de mica, quartz et feldspath ; mais les veines sont quelquefois dépourvues de mica, et n'offrent qu'une association grenue de quartz et de feldspath. Dans d'autres variétés, le quartz domine à l'exclusion presque absolue du feldspath et du mica : sur d'autres points, le mica et le quartz disparaissent totalement, et la veine n'est plus composée que de feldspath grenu (2).

La figure 744 représente un groupe de veines granitiques dans le Cornouailles ; elle a été donnée par MM. Von Oeyn-

(1) Mac-Culloch, *Syst. of Geol.*, vol. I, p. 58.
(2) *On the Geol. of Cornwall*, Camb. Trans., vol. I, p 124.

hausein et Von Dechen (1). La masse principale de granit offre ici une apparence porphyroïde, et contient de gros cris-

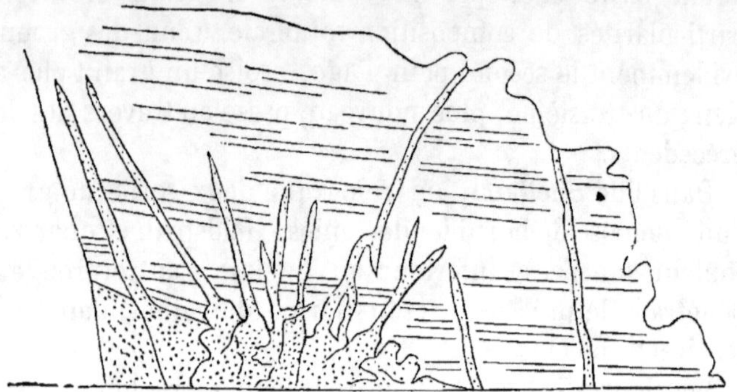

Fig. 744. — Veines de granit passant au travers du schiste amphibolique; Carnsilver. Cove, Cornouailles.

taux de feldspath ; mais les veines sont à grains fins et dépourvues de cristaux de ce genre. Elles mesurent en moyenne de 5 à 6 mètres de hauteur, et quelquefois plus.

En Valorsine, vallée proche du Mont-Blanc (Savoie), un granit ordinaire, composé de feldspath, quartz et mica, envoie, dans différentes directions, des veines au travers d'un gneiss talqueux (ou protogyne stratifiée); sur quelques points, des ramifications latérales partent à angle droit du filon principal (fig. 745); les veines, spécialement les

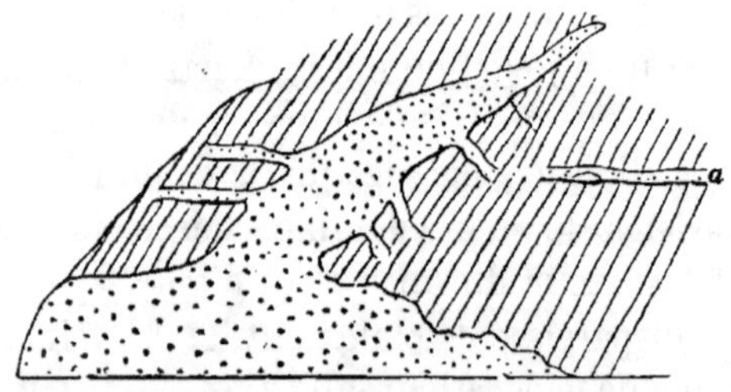

Fig. 745. — Veines de granit dans le gneiss talqueux (L.-A. Necker).

plus petites, sont à éléments plus ténus que la masse de granit.

(1) *Philos. Magaz.* et *Annals*, n° 27, nouv. série, mars 1829.

Il faut observer qu'ici le schiste et le granit, à mesure qu'ils se rapprocehnt l'un de l'autre, semblent se communiquer une réciproque influence, car tous deux subissent des changements dans leur caractère minéral. Le granit, sans être stratifié, contient déjà quelques particules vertes, et le gneiss talqueux acquiert une structure granitoïde sans perdre sa stratification (1).

Le professeur Keilhau m'a signalé, dans la contrée de Christiania, plusieurs localités où le caractère minéral du gneiss semble avoir été affecté, jusqu'à une certaine distance du point de contact, par un granit d'origine plus récente ; le gneiss, sans avoir perdu sa structure lamelleuse, s'est chargé d'une quantité considérable d'un feldspath plus rouge que le minéral du même nom qui caractérise le gneiss de Norwége.

Le granit, la syénite et les porphyres à structure granitoïde, toutes les roches plutoniques, en un mot, contiennent souvent des métaux à leur point de jonction avec les formations stratifiées, ou près de ce point. D'un autre côté, les veines qui parcourent les roches stratifiées sont généralement plus métallifères au contact que partout ailleurs. On en a conclu que les métaux avaient pénétré, sous forme gazeuse, les masses fondues, et que le contact d'une roche différente, à une température également dissemblable, ou, quelquefois, l'existence de fissures dans d'autres roches du voisinage, avaient déterminé la sublimation des métaux (2).

On observe à Markerud, près de Christiania, en Norwége, divers cas où la direction des couches n'a point été, même sur de vastes surfaces, dérangée par l'introduction du granit massif ou veineux. Certains géologues ont considéré ce fait comme militant en faveur de la théorie de l'injection du granit à un état fluide. Mais on peut répondre que des dykes ramifiés de trapp, que l'on considère presque tous aujourd'hui comme ayant jadis été fluides, traversent les mêmes

(1) Necker, *Sur la vallée de Vulorsine* (*Mém. de la Soc. de Phys. de Genève*, 1828). J'ai visité, en 1832, la localité que représente la figure 745.
(2) Necker, *Procced. of Geol. Soc.*, nᵒ 26, p. 392.

couches fossilifères, près de Christiania, sans troubler leur direction ni leur plongement (1).

Quelques auteurs ont pensé que l'isolement réel ou apparent de grosses ou de petites masses de granit détachées du corps principal, que l'on voit en *a*, *b*, figure 746, ou ci-des-

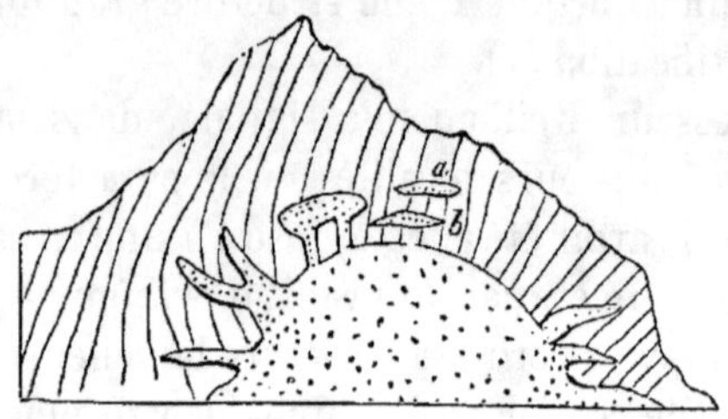

Fig. 746. — Vue générale de la jonction du granit et du schiste, en Valorsine (L.-A. Necker).

sus, figure 739, et en *a*, figure 745, est incompatible avec la doctrine sur les veines que nous développons en ce moment. Nous répondrons que plusieurs de ces masses enclavées ne sont, en réalité, que des sections transversales de prolongements radiculaires du granit ; toutefois, il se peut que d'autres de ces masses soient véritablement des portions détachées de roches à structure plutonique, et qu'elles aient formé comme des sortes de taches au milieu des couches envahies, sur les points où existèrent des concentrations de matières plus fusibles que le reste de la pâte, et jouissant d'une plus grande aptitude à se combiner sous la forme de granit.

Le granit, de même que diverses roches stratifiées, se montre souvent traversé de veines de quartz pur, mais on ne saurait suivre ces veines comme celles de granit ou de trapp jusqu'aux masses dont elles dépendent. Elles furent simplement, autrefois, des fentes que vint remplir de la matière siliceuse. L'infiltration, dans quelques cas, s'est évidemment opérée après la consolidation de la roche contenante. Par exemple, j'ai observé dans le gneiss de Tronstad Strand, le

(1) Keilh au, *Gæa Norvegica.* Christiania, 1838.

long de la plage, près de Drammen, en Norwége, la coupe
que je donne ici (fig. 747). Les couches alternantes de gneiss

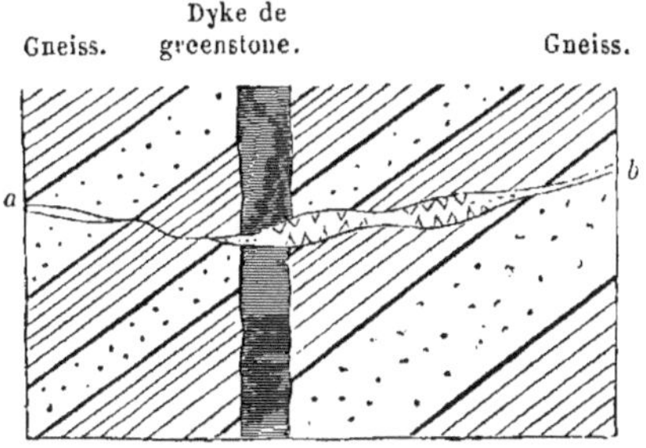

Fɪɢ. 747. — *ab*. Veine de quartz traversant le gneiss et le greenstone; Tronstad Strand,
près Christiania.

granitoïde blanchâtre et de schiste amphibolique noir me
paraissent avoir été d'abord coupées par un dyke de greenstone, d'environ 0^m,75 d'épaisseur : et, plus tard, s'est ouverte la crevasse *a b* qui a traversé toutes ces roches et s'est
remplie de quartz. Les parois opposées sont, en certains endroits, tapissées de cristaux transparents de quartz, et le
milieu de la veine est occupé par du quartz blanc, opaque,
ordinaire.

Nous avons vu que les formations volcaniques avaient reçu
le nom de *sus-jacentes*, parce que non-seulement elles pé-
nétraient les autres roches, mais encore les surmontaient.
M. Necker a proposé, pour les granits, l'expression de roches
ignées *sous-jacentes ;* cette dernière épithète caractérise
bien la différence qu'il a voulu indiquer. Quelques-uns des
premiers observateurs ont, il est vrai, supposé que le granit
de Christiania, en Norwége, s'était, dans les massifs montagneux de ce pays, introduit entre les couches primaires ou
paléozoïques, de manière à recouvrir les schistes et calcaires
fossilifères; mais, bien que le granit envoie des ramifications dans les roches à fossiles, et qu'il leur soit décidément
postérieur en âge, M. le professeur Keilhau a contesté, dans
le cas actuel, sa superposition en masse, et j'ai eu l'occasion
d'étudier par moi-même, en 1837, cette question si contro-

versée. On observe, en réalité, sur une petite échelle, dans cette localité, des lits de porphyre euritique dont certains mesurent quelques décimètres, d'autres plusieurs mètres d'épaisseur et pénètrent dans le granit ; ils méritent d'être classés plutôt comme roches plutoniques que comme masses trappéennes ; on peut même réellement les admettre comme interposés en stratification concordante dans les couches fossilifères : tels sont les porphyres *a*, *c* (fig. 748), lesquels

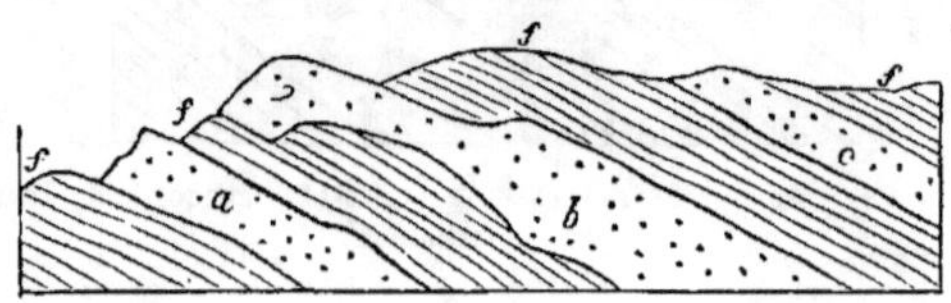

Fig. 748. — Porphyre euritique alternant avec des couches fossilifères primaires, près Christiania.

séparent les schistes bitumineux et calcaires argileux *f*, *f*. Mais quelques-uns de ces porphyres sont en partie discordants, comme en *b* ; ils feraient supposer que d'autres encore, malgré leur apparence d'interstratification, ont été nécessairement injectés. Certaines roches porphyritiques que nous avons mentionnées ci-dessus sont fortement quartzeuses, et d'autres très-fedspathiques. A mesure que la masse augmente de volume, elle acquiert une texture plus granitique, une stratification moins concordante, et elle commence à envoyer des prolongements à travers les couches contiguës. En un mot, c'est un magnifique exemple de la dégradation qui existe entre les roches volcaniques et les masses plutoniques, non-seulement quant à leur composition minérale et à leur structure, mais encore quant à leurs rapports de position avec les formations qui leur sont associées. Si l'on peut employer ici l'expression de *sus-jacentes* pour désigner des roches plutoniques, ce n'est qu'autant que la roche commence à acquérir un caractère trappéen.

Nous avons déjà fait comprendre comment la chaleur qui, dans tout volcan actif, part de profondeurs indéfinies, peut produire simultanément des effets très-différents près de la surface du sol ou à de grandes distances verticales de cette surface. Or on ne saurait admettre que des roches résultant de la cristallisation de matières fondues sous la pression de quelques milliers de mètres doivent ressembler à celles formées à l'air ou non loin de la croûte terrestre. Ainsi s'explique la production, à de profonds niveaux, d'une classe de roches analogues aux masses volcaniques, et cependant différentes de celles-ci sous plusieurs rapports ; nous pouvions soupçonner le fait avant même notre description des formations plutoniques. Maintenant, jusqu'à quel point ces roches concordent-elles, à la fois par leurs caractères positifs et négatifs, avec la théorie de leur origine souterraine profonde ? Le jeune géologue répondra lui-même à cette question en se reportant aux développements que nous avons déjà donnés.

Cependant on a objecté que, si les roches granitiques et volcaniques étaient simplement des membres différents d'une seule grande série, on devrait rencontrer, dans les chaînes montagneuses, des dykes volcaniques passant en haut à la lave et en bas au granit. Nous répondrons que nos coupes verticales étant habituellement très-limitées, si l'on parvient à reconnaître sur certains points un passage du trapp à la lave poreuse, et sur d'autres une transition du granit au trapp, c'est plus qu'on ne pouvait espérer en pareille circonstance.

L'étendue prodigieuse de dénudation produite durant les époques reculées enseigne au géologue que les antiques roches cristallines, qui occupèrent un très-bas niveau dans la croûte terrestre lorsqu'elles vinrent à se former, furent plus tard dépouillées de leur enveloppe et mises à découvert. On doit rapporter leur élévation actuelle au-dessus du niveau de la mer aux mêmes causes qui ont produit l'exhaussement des couches marines jusqu'aux points culminants de certaines chaînes de montagnes. Mais je reviendrai sur ce sujet et d'autres semblables dans le prochain chapitre, où j'expliquerai l'âge relatif des différents massifs granitiques.

CHAPITRE XXXIV

SUR LES DIFFÉRENTS AGES DES ROCHES PLUTONIQUES.

Difficulté de préciser l'âge d'une roche plutonique. — Caractère de l'âge, déduit de la position relative. — Caractère de l'intrusion et de l'altération. — Caractère de la composition minérale. — Caractère des fragments inclus. — Roches plutoniques Récentes et Pliocènes ; pourquoi n'apparaissent-elles point à la surface ? — Roches plutoniques Tertiaires des Andes. — Roches Crétacées altérées par le granit. — Altération du Lias par le même agent, dans les Alpes et dans l'île de Skye. — Couches Carbonifères au contact du granit de Dartmoor. — Granit de la période du Vieux Grès Rouge. — Syénite et couches Siluriennes en Norwége. — Association de la même roche au gneiss. — Roches plutoniques les plus anciennes. — Granit sorti sous forme solide. — Sur l'âge probable des granits d'Arran, en Écosse.

Lorsqu'on adopte la théorie ignée du granit telle que nous l'avons expliquée dans le précédent chapitre, et que l'on considère les différentes roches plutoniques comme ayant été engendrées à des époques successives au-dessous de la surface de la planète, il faut s'attendre à rencontrer de plus grandes difficultés dans la détermination de l'âge précis de ces roches que dans celle des formations volcaniques et fossilifères. Rappelons-nous que, pour établir l'âge de masses volcaniques d'une même période, plusieurs moyens sont à notre disposition : la nature de lave qui s'est répandue jadis sur le fond de la mer ou s'est produite à ciel ouvert, les tufs et conglomérats déposés aussi sur des surfaces découvertes, les débris organiques que les masses précédentes contiennent, enfin leur intercalation dans les couches fossilifères. Mais toutes ces données échappent dès que l'on veut fixer la chronologie d'une roche qui a cristallisé dans son bain de fusion au centre de la terre. Nous sommes alors réduits aux seuls caractères suivants : 1° la position relative ; 2° l'intrusion et l'altération des roches au contact ; 3° la nature minérale ; 4° les fragments inclus.

Caractère de l'âge, déduit de la position relative.
— On rencontre des couches fossilifères non altérées de chaque âge, reposant immédiatement sur des roches plutoniques ; il en existe un exemple à Christiania en Norwége : là, le dépôt du Post-Pliocène surmonte un granit. L'Auvergne en fournit un autre cas : ce sont des couches Miocènes d'eau douce qui recouvrent cette roche ; à Heidelberg, sur le Rhin, c'est le Vieux Grès Rouge qui occupe une semblable place. Dans tous ces cas et autres analogues, l'infériorité de position se lie à l'ancienneté plus grande du granit. La roche cristalline était solide lorsque les couches sédimentaires vinrent s'y déposer, et ces dernières contiennent d'habitude des cailloux arrondis de la masse granitique sous-jacente.

Caractère fourni par l'intrusion et l'altération.
— Mais, lorsque les roches plutoniques envoient des ramifications dans les couches, et les altèrent près du point de contact, en donnant lieu aux phénomènes que nous avons décrits précédemment (t. II, p. 444), il est clair que, semblables en cela aux trapps d'intrusion, ces roches sont plus récentes que les couches envahies et altérées. Nous reviendrons plus loin sur ce sujet.

Caractère de la composition minérale. — Malgré leur uniformité générale d'aspect, les roches plutoniques, comme nous l'avons vu dans le dernier chapitre, fournissent plusieurs variétés telles que Syénite, Granit talqueux et autres. L'une de ces roches se rencontre parfois, exclusive, sur une vaste étendue de pays, conservant un caractère homogène ; aussi, dès que son âge relatif a été rétabli sur un point, on reconnaît aisément son identité partout ailleurs, et l'on détermine, par une seule coupe, les rapports chronologiques d'une longue chaîne de montagnes. Lorsque, par exemple, on a observé en Norwége que le granit syénitique dans lequel abonde le minéral appelé zircon a modifié les couches siluriennes avec lesquelles il était en contact, on ne saurait hésiter à rapporter à la même époque plusieurs autres masses de syénite zirconienne identiques du Sud de ce pays.

Certains géologues ont pensé que l'on pouvait, jusqu'à un certain point, établir l'âge relatif des différents granits, simplement par leurs caractères de composition minérale : la syénite, par exemple, ou granit avec hornblende, serait plus moderne que le granit commun ou micacé; des recherches récentes s'opposent à ces généralisations. Le granit syénitique de Norwége, dont il a été question, peut appartenir au même âge que les couches siluriennes qu'il traverse et altère, mais aussi dater de la période du Vieux Grès Rouge, tandis que celui de Dartmoor, bien que composé de mica, quartz et feldspath, est plus nouveau que la Houille (voy. t. II, p. 468).

Caractère des fragments inclus. — Ce criterium est rarement de quelque importance, car les portions enveloppées dans le granit sont, d'ordinaire, tellement altérées, qu'on ne peut établir avec certitude de quelles roches elles dérivent. Dans les Montagnes Blanches (Amérique septentrionale), on voit, au dire du professeur Hubbard, une veine de granit traversant une autre roche de même nature, et contenant des fragments d'ardoise et de trapp qui ont dû tomber dans la fissure au moment où les matières fondues s'élevèrent pour la remplir (1). On a ici la preuve que le granit est postérieur à certaines formations schisteuses et trappéennes superficielles.

Roches plutoniques Récentes et Pliocènes; pourquoi n'apparaissent-elles pas à la surface ? — Les explications que j'ai données dans les vingt-neuvième et dernier chapitres, sur les rapports probables existant entre les formations plutoniques et volcaniques, conduisent naturellement à conclure que des roches d'une certaine classe ne peuvent jamais se produire à la surface ou non loin de la surface du sol, sans que, simultanément ou bientôt après, se forment au-dessous d'autres roches de la même classe. Il n'est pas rare que des courants de lave mettent plus de dix ans à se

____

(1) Silliman, *The Americ. Journ.*, n° 69, p. 123.

refroidir à l'air, et, lorsqu'ils ont une grande épaisseur, ils exigent une période plus longue encore. La matière fondue que rejeta le Jorullo, au Mexique, en 1759, matière qui s'accumula sur certains endroits à plus de 160 mètres, conserva sa température élevée plus d'un demi-siècle (1). On conçoit dès lors sans peine que de vastes masses de lave souterraine puissent rester à l'état incandescent dans les foyers volcaniques pendant d'immenses périodes, et que le progrès de leur refroidissement se montre extrêmement lent. Quelquefois même ce refroidissement se ralentit durant de longs intervalles par de nouvelles émanations de calorique ; on cite la lave du cratère de Stromboli, l'une des îles Lipari, restée plus de deux mille ans à l'état d'ébullition. On peut supposer que cette masse fluide communiquait avec quelque réservoir souterrain de matière en fusion. Il en est de même quant à l'île de Bourbon, où, pendant une longue période, se sont produites jadis des émissions successives de lave, de deux ans en deux ans ; il est difficile de supposer que, dans le même temps, la lave profonde n'ait pas été à un état permanent de liquéfaction. Si donc il est raisonnable de penser qu'environ deux mille éruptions ont lieu dans le cours de chaque siècle, soit sous les eaux de la mer, soit à des niveaux supérieurs à sa surface (2), il faut en conclure que la quantité de roches plutoniques engendrées de nos jours, ou en voie de formation, doit être considérable.

Mais, comme les roches plutoniques se sont formées à une certaine profondeur de l'écorce solide, elles ne deviennent accessibles à l'observation humaine que par suite d'exhaussements ou de dénudations. Entre la période durant laquelle une roche plutonique a cristallisé au sein des régions souterraines, et celle où elle est devenue visible sur un point de la surface on compte ordinairement une ou deux époques géologiques ; on ne peut donc pas espérer trouver des granits Récents ou Pliocènes à découvert sur le sol, à moins de

(1) Voyez les *Principes*, etc., Index : JORULLO.
(2) *Principes*, etc., Index : ÉRUPTIONS VOLCANIQUES.

supposer qu'un intervalle de temps suffisant se soit écoulé pour permettre un exhaussement ou une dénudation notables depuis le commencement de la période Pliocène. Une roche plutonique doit donc, en général, être très-ancienne relativement aux formations fossilifères et volcaniques, une fois qu'elle devient visible. Nous savons qu'avec l'exhaussement des terres ont coïncidé quelquefois, dans l'Amérique méridionale, des éruptions volcaniques et des éjections de lave ; il est facile d'en déduire que des roches plutoniques d'une époque plus reculée ont été poussées à la surface par des roches de la même classe qui se sont formées successivement au-dessous. En effet, l'infra-position pour les roches plutoniques, comme la superposition pour les couches sédimentaires, sont habituellement caractéristiques d'une origine plus récente.

Dans le diagramme suivant (fig. 749), j'ai essayé de représenter l'ordre interverti suivant lequel les formations sédimentaires et plutoniques peuvent se rencontrer au sein de la croûte terrestre.

La roche plutonique la plus ancienne, n° I, s'est élevée à des époques successives, jusqu'à ce qu'elle ait montré enfin un point de sa surface le long d'une chaîne montagneuse. Cette apparition a été favorisée par l'influence ignée des roches plutoniques plus nouvelles, n°ˢ II, III et IV. Une portion des couches fossilifères primaires n° 1 a suivi le même mouvement ascensionnel, poussée qu'elle a été par une force identique. On remarquera que les *couches* Récentes n° 4, et le *granit* Récent ou roche plutonique n° IV, sont plus éloignés entre eux que toutes les autres formations, bien que datant du même âge. D'après notre hypothèse qu'explique le diagramme, il faudrait des convulsions de plusieurs périodes pour que le granit *Récent* ou granit de la période Post-Tertiaire fût exhaussé au point de former les crêtes les plus élevées et les axes centraux des chaînes de montagnes. Pendant ce long intervalle de temps, les couches *Récentes* n° 4 pourraient se recouvrir d'un grand nombre de formations sédimentaires plus modernes.

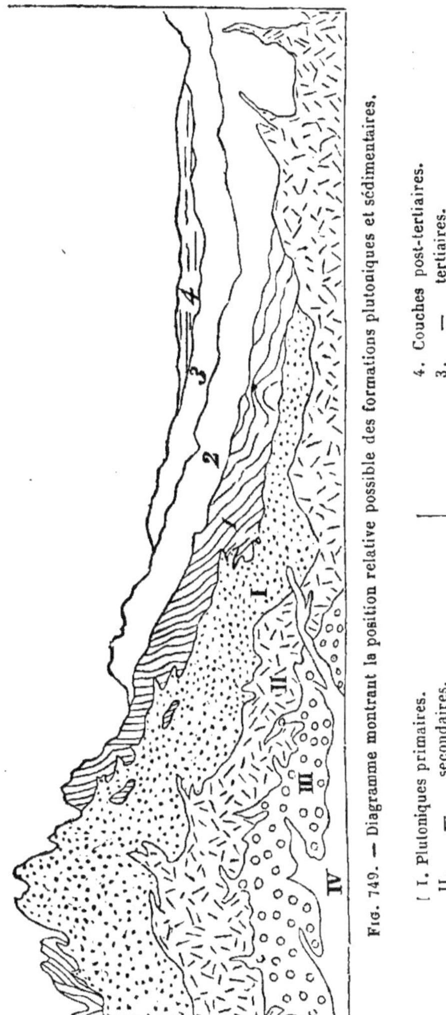

Fɪɢ. 749. — Diagramme montrant la position relative possible des formations plutoniques et sédimentaires.

[I. Plutoniques primaires.
II. — secondaires.
III. — tertiaires.
IV. — post-tertiaires.

4. Couches post-tertiaires.
3. — tertiaires.
2. — secondaires.
1. — fossilifères primaires.

Les roches métamorphiques ne sont pas indiquées dans ce diagramme; mais le jeune géologue n'aura pas de peine à deviner, d'après ce qui a été dit dans le chapitre xxxɪɪ, que les formations stratifiées nos 1 et 2, envahies par le granit, ont dû être métamorphosées.

Granit et roches plutoniques Éocènes. — Dans la première partie de cet ouvrage (t. I, p. 484), j'ai rapporté la grande formation nummulitique des Alpes et des Pyrénées à

la période Éocène ; il résulte de ce caractère d'âge une fois
établi que les puissants mouvements qui ont élevé les roches
fossilifères à la hauteur de plus de 3,000 mètres au-dessus
du niveau actuel de la mer ont commencé dès l'époque tertiaire. Dans ces régions au moins, sinon en d'autres contrées,
on pourra rencontrer des formations hypogènes de date
Éocène faisant saillie hors de l'axe central ou des portions
les plus disloquées de la plus haute chaîne de l'Europe. Et,
en effet, dans les Alpes Suisses, le *Flysch* lui-même, ou
partie supérieure de la série nummulitique, a été quelquefois
envahi par les roches plutoniques, et converti en schiste
cristallin de la classe des roches hypogènes. Il ne saurait
guère y avoir de doute sur la fluidité ou l'état pâteux du
granit talqueux ou gneiss du Mont-Blanc lui-même, à une
époque postérieure au dépôt du *flysch* (dépôt de fond de mer) ;
la question, par conséquent, relative à l'âge de la roche
ignée, n'est pas tant de savoir si cette roche est un granit,
un gneiss secondaire ou tertiaire, que de décider si l'on doit
la rapporter à l'époque Éocène ou Miocène.

La région des Andes a éprouvé de grands mouvements
d'élévation pendant la période Post-Tertiaire ; on peut donc
s'attendre aussi à découvrir des roches plutoniques tertiaires
visibles à la surface sur quelques points de cette chaîne. Les
connaissances que l'on possède déjà sur la structure des
Andes Chiliennes nous mettront naturellement sur la voie
de ces découvertes. Une coupe dirigée en travers du long
relief a prouvé à M. Darwin qu'entre Valparaiso et Mendoza,
la Cordillère se compose de deux chaînes séparées et parallèles, formées de roches sédimentaires de différents âges
dont les couches reposent sur des roches plutoniques qui les
ont altérées. La chaîne occidentale ou la plus ancienne,
nommée les Peuquenes, fournit des schistes argileux, calcarifères, noirs, qui s'élèvent à une hauteur de près de
4,260 mètres au-dessus de la mer, et dans lesquels on distingue des coquilles des genres *Gryphœa*, *Turritella*, *Terebratula* et *Ammonites*. On suppose que ces roches sont de

l'âge de la partie moyenne de la série secondaire d'Europe. Elles sont traversées et altérées par des dykes et masses d'une roche plutonique présentant la texture du granit ordinaire, mais contenant rarement du quartz, et surtout composée d'albite et de hornblende.

La chaîne orientale est formée principalement de grès et conglomérats d'une vaste épaisseur, dont les matériaux ont été fournis par les ruines de la chaîne occidentale. Les cailloux roulés des conglomérats sont, la plupart, des fragments arrondis de ces schistes fossilifères que nous venons de mentionner. La ressemblance de la série entière avec certains dépôts tertiaires répandus sur les côtes du Pacifique, ressemblance qui se rapporte à la fois au caractère minéral et à la présence de lignite et de bois silicifié disséminés au sein des couches, nous conduit à penser que cette série (grès et conglomérats) est aussi d'origine tertiaire. De plus, non-seulement les strates sont associées à des roches trappéennes et tufs volcaniques, mais encore elles ont été altérées au contact d'un granit composé de quartz, feldspath et talc. En outre, elles sont traversées par des dykes du même granit, et par de nombreux filons de fer, cuivre, arsenic, argent et or, filons qui tous continuent dans le granit sous-jacent (1). On possède donc des preuves suffisantes pour admettre que la roche plutonique qui, dans les Andes du Chili, se montre ainsi à découvert sur une large surface, est de date postérieure à certaines formations tertiaires.

Mais la théorie adoptée dans cet ouvrage, et qui assigne une origine souterraine aux formations hypogènes, manquerait de base si l'on supposait que le fait d'un granit tertiaire, visible à la surface du sol, n'est point une exception rare à la règle générale. Un laps de temps considérable a dû s'écouler entre la formation des roches plutoniques et métamorphiques au sein des régions profondes, et leur apparition

____

(1) Darwin, pp. 390, 406 ; 2ᵉ édition, p. 319.

sur terre. Une longue série de mouvements souterrains a été nécessaire pour l'exhaussement de ces roches dans l'atmosphère, ou leur émersion du fond de l'Océan ; avant qu'elles soient devenues visibles à l'homme, les couches qui les recouvraient ont été déchirées profondément et entraînées par la dénudation.

Nous savons que dans la baie des Baiæ en 1858, à Cutch en 1819, et à différentes époques au Pérou et au Chili, l'exhaussement permanent ou l'abaissement des terres, à dater du commencement du siècle actuel, ont été accompagnés d'émissions subites de lave volcanique sur un ou plusieurs points de la région. Ne peut-on pas en conclure que les mouvements d'ascension ou d'affaissement de la croûte terrestre, par suite desquels les mers sont converties en continents, et ceux-ci en mers, ne sont que des résultats de l'action ignée souterraine ? Il est bien difficile de ne pas admettre que cette action concourt, avec une énergie remarquable, à *calciner* (*bake*) et, parfois, à liquéfier les roches, en augmentant le volume des unes et diminuant celui des autres. Elle contribue aussi à la production des gaz, à leur expansion sous l'influence de la chaleur, et à l'injection de matières liquides dans les fissures formées à travers les roches superposées. On comprendra le degré d'intensité avec lequel les causes souterraines ont agi en Sicile depuis le dépôt des couches du Nouveau Pliocène, si l'on se rappelle que sur la moitié de la surface de l'île ces couches ont été haussées depuis 15 mètres jusqu'à 600 et même 900 mètres au-dessus du niveau de la mer. En Sicile également, les roches plus anciennes, contiguës aux couches tertiaires marines précédentes, ont dû éprouver, durant la même période, de semblables mouvements d'ascension.

Ces observations peuvent s'appliquer à la presque totalité de l'Europe, car, depuis le commencement de la période Éocène, la surface entière de cette portion de la terre, y compris quelques-uns des points centraux et les plus élevés des Alpes elles-mêmes, comme je l'ai démontré ailleurs (1), et excepté seulement quelques districts, ont émergé des abîmes pour s'élever jusqu'à la hauteur actuelle ; les continents antérieurs à l'ère Éocène avaient eux-mêmes acquis déjà, presque partout, leur altitude additionnelle. Un abaissement marqué eut lieu dans la même période, et cet abaissement se fit sur une étendue qui égala, si elle ne dépassa pas, la surface totale du continent européen. On se demandera donc quelle dut être la quantité de changements d'importance comparable survenus dans la croûte terrestre pendant une durée de temps égale antérieurement à l'époque Éocène ? Les géologues qui contestent l'énergie plus intense des causes souterraines aux époques éloignées de l'histoire de la terre trouveront, pour répondre à cette question, bien plus de difficultés qu'ils ne s'y seraient attendus.

Le principal effet de l'action volcanique qui se produisit dans les profondeurs de la terre, durant la période tertiaire, fut sans doute l'exhaussement de la surface des formations hypogènes d'une époque antérieure au Carbonifère. Une autre série de mouvements, d'une violence égale, éleva les roches plutoniques et métamorphiques de plusieurs périodes secondaires, et, si la même force continuait encore à agir, les premières convulsions qui auraient lieu mettraient au jour les roches hypogènes *Tertiaires* et *Récentes*. Sous l'influence de ces changements, plusieurs des couches sédimentaires actuelles perdraient beaucoup par la dénudation ; d'autres acquerraient une structure métamorphique, et fondraient, dans les bas niveaux, en roches plutoniques et volcaniques. En même temps, il ne manquerait pas de se déposer une vaste épaisseur de strates nouvelles, tandis que s'accompliraient l'exhaussement et la destruction partielle des roches plus anciennes. Mais je renvoie le lecteur à l'avant-dernier chapitre de cet ouvrage, pour un plus ample développement du système.

(1) Voy. la carte d'Europe, et explication dans les *Principes*, vol. I.

Période Crétacée. — Nous démontrerons, chap. XXXV, que, dans les Pyrénées Orientales, la craie, tout comme le lias, a été altérée par le granit. Il n'est pas facile de distinguer si ce granit fut crétacé ou tertiaire. Supposons que b, c, d, figure 750, soient les trois membres de la série Crétacée, dont le plus inférieur b aurait éprouvé des modifications sous l'influence du granit A, influence qui ne se serait pas propagée jusqu'à c, ou n'en aurait que légèrement

Fig. 750.

affecté les lits les plus inférieurs. En ce cas, il sera difficile au géologue de décider si les couches d ont existé au temps où se firent l'intrusion A et la modification de b et c, ou bien si elles se sont déposées plus tard sur c.

Mais, comme certaines roches crétacées et même tertiaires ont subi un exhaussement de plus de 2,740 mètres, dans les Pyrénées, on ne saurait admettre qu'aucune formation plutonique des mêmes périodes n'ait été mise à découvert par la dénudation à des niveaux de 600 et 900 mètres sur les versants de cette chaîne.

Période de l'Oolite et du Lias. — Dans le département des Hautes-Alpes, en France, M. Élie de Beaumont a signalé un calcaire argileux de couleur noire, rempli de bélemnites, à quelques mètres d'une masse de granit. A cette distance, le calcaire commence à prendre une structure grenue, mais à grains extrêmement fins. Plus près du point de jonction, ce même calcaire devient grisâtre et acquiert une texture saccharoïde. Dans une autre localité, près de Champoléon, certain granit, composé de quartz, mica noir et feldspath rose, recouvre en partie des roches secondaires, produisant une altération qui s'étend en profondeur à environ 9 mètres et diminue dans les couches de plus en plus éloignées du granit (fig. 751). Au sein de la masse altérée, les lits argileux ont été durcis, le calcaire est saccharoïde, les grès sont quartzeux (1) ; au milieu, se trouve une bande mince de granit imparfait. Une autre circonstance importante mérite d'être signalée : près du point de contact, le granit et les roches secondaires sont devenus métallifères, et contiennent des nids ainsi que de petites veines de blende, galène, fer et pyrite cuivreuse. Les roches stratifiées se montrent, à ce point de contact, plus dures et plus cristallines, tandis que le granit, au contraire, devient plus friable et moins nettement cristallisé (2).

Bien que le granit soit la masse superposée dans la coupe (fig. 751), il ne faut point en conclure qu'il a coulé à la ur-

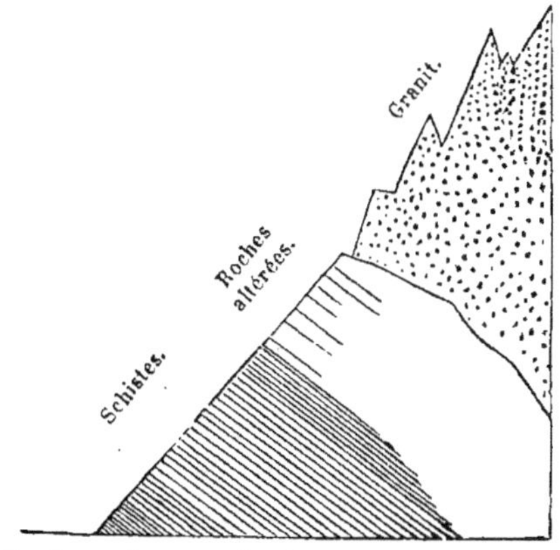

Fig. 751. — Jonction du granit aux couches Jurassiques ou Oolitiques, près Champoléon, dans les Alpes.

face des couches, car les dislocations sont telles, dans cette partie des Alpes, que les roches occupent rarement la position prise dans l'origine.

M. le Dᵣ Mac-Culloch a décrit une masse considérable de

(1) Convertis en *Quartzite*.   (*Note du traducteur.*)
(2) Élie de Beaumont, *Sur les Montagnes de l'Oisans*, etc. (*Mém. de la Soc. d'hist. nat. de Paris*, t. **V**).

syénite, qui, dans l'île de Skye, traverse des calcaires et schistes de l'âge du lias (1). A distance du granit, le calcaire contient des coquilles, mais il n'en montre pas de traces près du point de jonction, où il a été converti en marbre cristallin pur (2).

A Predazzo (Tyrol), des couches secondaires, appartenant en partie à la période Oolitique, ont été pénétrées et modifiées par des roches plutoniques, surtout par un porphyre augitique qui passe insensiblement au granit. Le calcaire est converti en marbre grenu, avec bande de serpentine au point de jonction (3).

Période Carbonifère. — On a d'abord considéré le granit de Dartmoor, en Devonshire, comme l'une des plus anciennes roches plutoniques, mais on sait très-bien aujourd'hui qu'il est postérieur aux couches à combustible du même comté ; celles-ci, d'après leur position et leur contenu en plantes houillères de caractère bien tranché, constituent actuellement, pour M. le professeur Sedgwick et Sir R. Murchison, des membres de la véritable série carbonifère. De même que le granit syénitique de Christiania, celui dont il est ici plus spécialement question s'est fait jour à travers les formations stratifiées sans changer beaucoup leur direction. Or, du côté Nord-Ouest de Dartmoor, les membres successifs du terrain à combustible buttent contre le granit, et se métamorphisent à mesure qu'ils s'en approchent. Ces couches sont aussi traversées de veines granitiques et de dykes plutoniques appelés *Elvans* (4). Le granit du Cornouailles est probablement du même âge, et, par conséquent, aussi moderne que les strates Carbonifères, s'il ne l'est pas plus.

Période Silurienne. — On sait depuis longtemps que le granit des environs de Christiania, en Norwége, est de

---

(1) Murchison, *Geol. Trans.*, 2ᵉ série, vol. II, part. II, pp. 311, 321.
(2) *Western Islands*, vol. I, p. 330, pl. 18, fig. 3, 4.
(3) Von Buch, *Annales de chimie*, etc.
(4) *Proceed. Geol. Soc.*, vol. II, p. 562 ; et *Trans.*, 2ᵉ sér., vol. V, p. 686.

date plus récente que les couches Siluriennes du même pays.
De Buch a, le premier, annoncé le fait en 1813 : ce granit est
postérieur aux calcaires à orthocères et à trilobites. Les
preuves en sont la présence de veines granitiques qui traversent un schiste et un calcaire, et l'altération de ces dernières roches jusqu'à une distance considérable du point de
contact, altération produite soit par des veines, soit par la
masse centrale dont les veines ne sont que des rameaux
(voy. t. II, p. 454). De Buch a supposé que les roches plutoniques alternaient ici avec les strates fossilifères, et que de
vastes lambeaux de granit recouvraient parfois ces strates ;
cette opinion est erronée : elle reposait sur le fait que les
lits de schiste et de calcaire plongent souvent vers le granit,
au point de jonction, comme s'ils devaient passer sous sa
masse, par exemple en *a* (fig. 752), tandis qu'en *b*, au côté

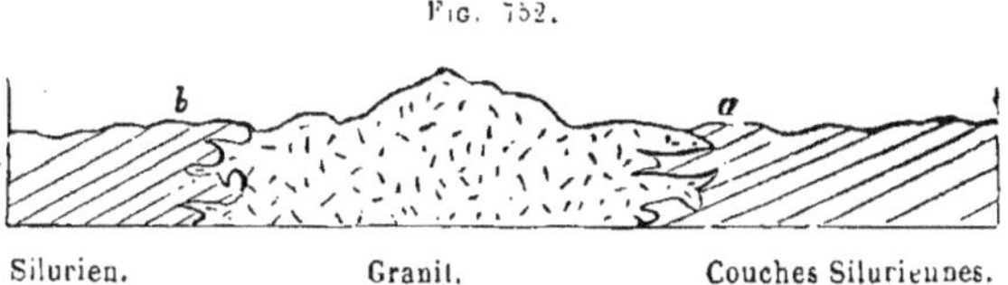

Fig. 752.

opposé de la même montagne, les lits s'élèvent contre les
flancs du granit. Mais, lorsqu'on observe avec attention les
points de contact, on voit que la roche plutonique pénètre
elle-même, sous forme de prolongements, au sein des roches
stratifiées fossilifères ; nulle part cependant elle ne les couvre en larges masses, ainsi que le font si fréquemment les
formations trappéennes (1).

Or, le même granit, qui est plus nouveau que les couches
Siluriennes, en Norwége, envoie aussi, dans ce pays, des
veines au travers d'une ancienne formation de gneiss ; et les
rapports de la roche plutonique au gneiss, à leur jonction,
présentent le plus grand intérêt, si l'on considère avec l'atten-

(1) Voyez *Gœa Norvegica*, et autres ouvrages de Keilhau ; j'ai exploré le
pays en société de ce savant.

tion qu'elle mérite la différence d'époque qui dut séparer leur origine.

Cette différence, et par conséquent la durée de l'intervalle, peut se supputer d'après les faits suivants : les lits fossilifères ou Siluriens reposent en stratification non concordante sur les sommets tronqués du gneiss dont les couches inclinées ont été dénudées avant que les strates sédimentaires se fussent déposées (fig. 753). Les preuves de la dénudation

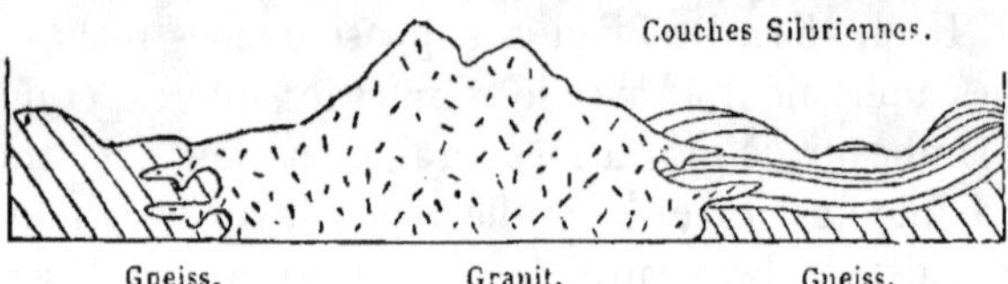

Fig. 753. — Granit projetant des veines dans les couches Siluriennes et le Gneiss; Christiania, Norwége.

sont de deux sortes : d'abord, on rencontre parfois à la surface du gneiss, lorsqu'on déblaye les lits plus nouveaux qui le recouvrent, des débris organiques usés et arrondis ; en second lieu, on a trouvé des cailloux roulés de gneiss dans quelques-unes des couches Siluriennes. Par conséquent, entre l'origine du gneiss et celle du granit, sont intervenues d'abord la période où les couches de gneiss furent dénudées, en second lieu, l'époque d'accumulation des dépôts Siluriens. Cependant, le granit qui est sorti après un si long intervalle de temps est si intimement lié au gneiss ancien, vers les points de jonction, que l'on ne peut tracer qu'une ligne arbitraire de séparation entre les deux ; et, d'autre part, les veines tortueuses de granit passent librement à travers le gneiss, envoyant quelquefois çà et là de petites ramifications, comme si la roche plus ancienne n'eût pas offert la moindre résistance à ce passage. Ces phénomènes sont probablement l'effet de l'action hydrothermale (voir plus bas p. 492, t. II). Mais, dans la supposition où les points de jonction seuls eussent été visibles, et où l'on n'eût pas connu par d'autres coupes la durée de la période qui s'est écoulée entre la consolidation du gneiss et l'injection du granit, on aurait peut-être admis que le gneiss était à peine solidifié, ou qu'il n'avait point encore acquis complétement son caractère métamorphique lorsqu'il fut envahi par la roche plutonique. D'après cet exemple, on voit combien il doit être difficile, en Écosse et d'autres pays, de préjuger l'âge de certains granits qui envoient des veines dans le gneiss et autres roches métamorphiques, et de décider s'ils appartiennent à l'époque Primaire ou aux périodes Secondaire et Tertiaire.

Granits les plus anciens. — Il y a un demi-siècle à peine, on croyait généralement que toute roche granitique était *primitive*, c'est-à-dire qu'elle avait été formée avant le dépôt des premières couches sédimentaires et avant la création des êtres organisés. Mais, aujourd'hui, les opinions ont tellement changé, qu'il n'est pas facile de faire remonter l'origine d'une masse donnée de granit à une époque antérieure à l'accumulation de toute série fossilifère. Vînt-on à découvrir quelques strates du Cambrien Inférieur reposant immédiatement sur le granit, sans altération au point de contact ou sans veines granitiques, on serait sûr que la roche plutonique est antérieure aux dépôts fossilifères les plus anciens constatés. Et encore est-il présomptueux de supposer qu'après des investigations qui n'ont encore atteint qu'une très-faible partie du globe, nous connaissions les couches fossilifères les plus anciennes de notre planète. En supposant même que ces couches fussent bien constatées, nous serait-il permis d'affirmer que nulle part il ne se trouve des lits antérieurs ayant contenu des débris organiques, mais devenus plus tard métamorphiques? Si l'on vient à rencontrer des cailloux roulés de granit dans un conglomérat du Cambrien Inférieur, on acquerra la certitude que le granit père fut produit avant la formation de ce terrain. Que si les couches incombantes appartiennent au Silurien ou au Cambrien Supérieur, le granit fondamental, bien que d'une très-haute antiquité, sera peut-être postérieur en âge aux formations fossilifères *connues*.

Protrusion de granit solide. — Dans le comté de Sutherland, près de Brora, un granit commun composé de feldspath, quartz et mica, qui se voit au contact immédiat de couches Oolitiques, a, sans nul doute, été élevé à la surface à une époque postérieure au dépôt de ces couches (1). Le professeur Sedgwick et Sir R. Murchison seraient portés à considérer ici le granit comme ayant été poussé, sous forme solide, à travers les divers dépôts sous-marins avec lesquels il ne se trouvait peut-être pas originellement en contact, et comme les ayant fracturés de manière à former une brèche le long de la ligne de jonction. Cette brèche, qui existe en effet, se compose de fragments de schiste, grès et calcaire avec fossiles de l'Oolite, le tout lié par un ciment siliceux. Les couches secondaires, à quelque distance du granit, ne sont que légèrement dérangées; mais, à mesure qu'elles s'en approchent, la dislocation devient plus prononcée.

Si l'on admet que les roches solides hypogènes, stratifiées ou non stratifiées, aient été, dans de tels cas, poussées de manière à percer les dépôts sédimentaires, on se rendra compte de plusieurs phénomènes géologiques qui, autrement, eussent été inexplicables. Ainsi, par exemple, à Weinböhla et Hohnstein, près de Meissen, en Saxe, on a signalé une masse de granit recouvrant des couches des périodes Crétacée et Oolitique, sur un espace de 90 à 120 mètres carrés. Il résulte clairement, d'un Mémoire du docteur B. Cotta sur ce sujet (2), que le granit est sorti à l'état solide. Il n'existe pas de veines au point de jonction ; on n'observe pas, non plus, d'altération produite par la chaleur, mais on remarque des traces évidentes d'une action de fractionnement et de trituration, et, sur quelques points, on reconnaît une brèche dans laquelle des morceaux de granit sont mêlés à des fragments de roches secondaires. De même que le granit surmonte le lias et la craie, de même le lias repose sur des couches de la période crétacée.

Age relatif des granits d'Arran. — Dans cette île, la

(1) Murchison, *Geol. Trans.*, 2e série, vol. II, p. 307.
(2) *Geognotische Wanderungen*. Leipsick, 1838.

plus considérable du Firth de Clyde, et qui mesure 32 kilo-

Fig. 754.

COUPE GÉNÉRALE D'ARRAN, DU NORD AU SUD.

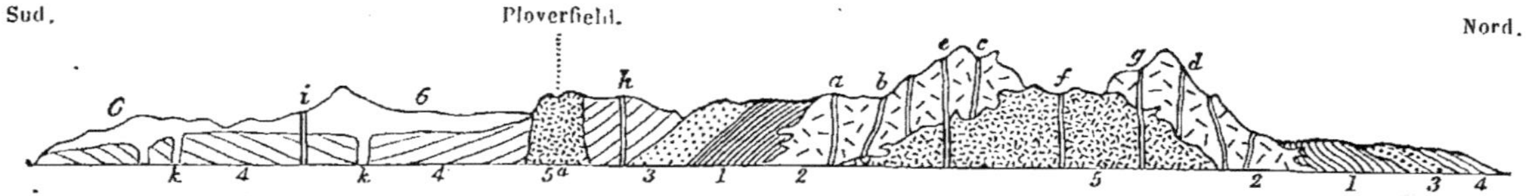

1. Schistes métamorphiques ou hypogènes, les plus anciennes formations d'Arran.

2. Granit à gros éléments, envoyant des veines à travers les schistes, n° 1.

3. Vieux Grès Rouge et Conglomérat, contenant des cailloux roulés, provenant exclusivement des roches n° 1, sans aucun mélange de fragments granitiques.

4. Schiste carbonifère, calcaire et grès rouge.

5. Granit à grains fins, envoyant des veines dans le granit plus ancien n° 2, et que l'on suppose traverser quelques-uns des dykes trappéens (1) b, c et d, par exemple. Ce granit n° 5 est toujours séparé des schistes n° 1 par le granit plus ancien n° 2. M. Bryce l'a pourtant observé, au côté sud du noyau, dans un état moins complet d'isolement, et touchant directement le schiste. La sec-

tion du noyau que nous donnons ici est conforme à la position qu'occupe généralement ce granit à l'est et à l'ouest.

5 a. Granit semblable à petits grains, probablement contemporain du noyau n° 5, mais détaché de celui-ci et plus récent que toutes les autres roches, le trapp n° 6 excepté. On trouve superficiellement ce granit à Ploverfield et Craig Dhu, voy. p. 474, t. II.

6. Trapp en superposition et en dykes. Dans ces deux cas, il se compose de felstones, basaltes et greenstones ; on y voit aussi des dykes de rétinite, roche qui n'a jamais été trouvée sus-jacente.

a, b, c, d. Dykes nombreux de basalte et de rétinite dans le granit à gros grains ; quelques-uns de ces dykes, b, c, d, traverseraient le granit à petits grains (voy. p. 474, t. II).

e, f, g. Dykes de basalte et de greenstone, rares dans le granit à petits grains ; certains, comme e, g, sont supposés communs au granit à gros grains et à celui à petits grains.

h. L'un des dykes nombreux de porphyre feldspathique traversant les roches carbonifères.

i. Dykes de trapp de toutes variétés de roches, y compris la rétinite.

k, k. Dykes de schistes, basaltes et greenstones, de même composition que les roches sus-jacentes de trapp.

(1) Dans la figure ci-dessus, j'ai essayé de réprésenter la structure normale de l'île, en y comprenant les récentes découvertes du docteur Bryce. Je dois dire cependant qu'une section faite sur les lieux du nord au sud ne montrerait pas les roches exactement dans la position que je leur ai donnée dans le dessin.

mètres de longueur du Nord au Sud, les quatre grandes

classes de roches, Fossilifères, Volcaniques, Plutoniques et Métamorphiques, sont développées à un degré remarquable, sur une surface comparativement restreinte, mais avec leurs caractères particuliers bien tranchés. Au Nord, le granit atteint la hauteur de 300 mètres au-dessus de la mer, et se termine sous forme de pics (voy. coupe, fig. 754.) Les flancs de la même montagne sont occupés par des schistes chloritiques, des ardoises tégulaires bleues et autres roches de l'ordre des métamorphiques (n° 1), au travers desquelles le granit (n° 2) envoie des veines. Ce granit est donc plus nouveau que les schistes hypogènes (n° 1) qu'il pénètre.

Les schistes sont fort inclinés ; on les voit surmontés de conglomérats et grès (n° 3) que l'on peut rapporter à la formation du Vieux Grès Rouge, et auxquels succèdent différents schistes et calcaires fossilifères (n° 4), de la période Carbonifère ; au-dessus viennent d'autres couches de grès et conglomérat (partie supérieure du n° 4), au sein desquelles on n'a pas encore rencontré de fossiles ; elles sont peut-être carbonifères, bien qu'on les ait supposées appartenir à la période du Nouveau Grès Rouge ou du moins à une partie de la période Poïkilitique. Toutes les formations précédentes sont traversées par des roches volcaniques (n° 6) consistant en greenstone, basalte, pechstein, argilophyre et autres variétés. Ces roches se montrent, soit sous la forme de dykes, soit sous celle de masses de 15 à 215 mètres d'épaisseur, recouvrant les couches (n° 4). Dans une localité particulière, à Ploverfield, en Glen Cloy, un granit à grains fins (5, a) projette des veines à travers le grès ou les lits supérieurs du n° 4. Cette découverte intéressante de granit dans la région Sud d'Arran, sur un point où il est séparé du massif septentrional de la même roche par une immense épaisseur de couches secondaires, est due à M. Necker, de Genève, et date du voyage de ce savant, à Arran, en 1839. Le docteur Mac-Culloch a signalé depuis longtemps dans le noyau granitique du Nord deux variétés distinctes de cette roche (voir la figure 754). Elles occupent des bandes séparées, qui se composent toutes deux de quartz, de feld-

spath et de mica, mais les éléments cristallins dans la variété à
grains fins sont si petits qu'ils donnent à la matière un aspect
arénacé et qu'au toucher on la prendrait pour du sable. Plus
tard le professeur Ramsay détermina les limites géographiques
des deux variétés, limites qui ont été postérieurement marquées avec plus de précision et figurées sur une carte, par le
docteur Bryce, auteur d'un ouvrage remarquable sur la géologie d'Arran. Ce dernier observateur remarque que l'espèce
de granit à petits grains n'atteint jamais au-dessus du niveau
de la mer une élévation aussi grande que la variété à gros
grains. Il a aussi découvert, en 1864, que la variété à grains
fins n'est pas entièrement isolée, ainsi qu'on l'avait d'abord
supposé, par une enveloppe de granit à gros grains, mais que,
à la partie sud du noyau, elle se met en contact avec les schistes, qu'elle pénètre et altère. Le même géologue a trouvé,
indépendamment du dépôt de granit à petits grains de Ploverfield, une autre couche moins développée de la même roche
à l'ouest de la même région. Ce granit de Craig-Dhu, c'est
le nom qu'on lui donne, mesure une étendue de 460 mètres,
en longueur, et de 250 à 300 mètres en largeur ; il paraît
surgir à la jonction du Vieux Grès Rouge avec les couches
Carbonifères.

Au point de contact avec ce granit et près de ce point le
conglomérat du Vieux Grès Rouge devient cristallin à sa base
composée de grès, et renferme des fragments de granit de
forme elliptique et d'une structure minérale identique à
celle des masses adjacentes. Il a été déjà bien constaté qu'on
ne rencontre nulle part dans le Vieux Grès Rouge des morceaux de granit, arrondis ou anguleux, et comme c'est seulement dans cette localité que ce granit s'est présenté en
étroite relation avec les roches cristallines et d'intrusion,
le docteur Bryce en a conclu qu'il avait été injecté à l'état
fluide ou moitié fluide dans ces couches. J'ai vu à Caithness
une jonction analogue, observée à deux reprises en 1827 et
en 1828 par sir Murchison, la dernière fois conjointement
avec le professeur Sedgwick, et dont ces savants ont donné

une fidèle description. Dans ces falaises de Caithness au point même de contact avec certains grès oolitiques, calcaires et schistes argileux, se montre une brèche contenant des fragments de granit associés à des débris de la roche envahie, et ces fragments, disent les mêmes auteurs sembleraient avoir été violemment poussés par une force mécanique au travers des couches fracturées et altérées (1). Dans le granit à gros grains du noyau septentrional les dykes trappéens de rétinite et de basalte sont nombreux ; mais ces dykes sont comparativement rares dans le granit à petits grains, dans lequel on avait supposé qu'ils manquaient totalement jusqu'aujour où le docteur Bryce en découvrit trois ou quatre, composés de basalte et de greenstone, courant dans les directions Nord et Nord-Ouest. On peut aussi penser, avec le professeur Ramsay, que la plupart des dykes qui pénètrent le granit plus ancien sont coupés brusquement à leur jonction avec la roche plus récente ou à grains ténus, suivant la disposition figurée en *a*, *b*, *c*, *d*, fig. 754, bien qu'on n'ait pas encore observé le fait. De même, nous sommes parfaitement convaincus que certains de ces dykes traversant le granit à petits grains ont pénétré la roche à gros éléments ; le docteur Bryce le croit aussi, bien qu'il n'ait pas encore pu saisir le passage d'une de ces variétés de granit, d'une roche nouvelle à une plus ancienne. Il est très-probable que le granit à petits grains du noyau est de même âge que celui de Ploverfield et de Craig-Dhu, et ces dernières roches, à leur tour, seraient de date plus moderne que toutes les formations d'Arran, en exceptant le trapp susjacent (n° 6), et les dykes qui l'accompagnent. Mais, d'un autre côté, le granit à plus gros éléments (n° 2) serait peut-être la roche la plus ancienne d'Arran, en exceptant les schistes hypogènes (n° 1) à travers lesquels il envoie des ramifications et qu'il altère au point de contact.

On opposera peut-être à cette conclusion la circonstance curieuse et vraiment remarquable dont le docteur Mac-

____

(1) *Geol. Trans.*, 2e série, vol. II, p. 353 et vol. III, p. 132.

Culloch a fait ressortir toute l'importance, savoir : que l'on ne rencontre aucun galet de granit dans les conglomérats du Vieux Grès Rouge d'Arran, bien que ceux-ci mesurent quelques centaines de mètres d'épaisseur, et gisent au pied de hautes montagnes granitiques qui les dominent. Comme, en règle générale, tous ces agrégats de cailloux et de sable sont principalement composés des débris de roches préexistantes qui se trouvent dans leur voisinage immédiat, l'absence totale de cailloux granitiques a justement étonné les géologues qui ont successivement visité l'île d'Arran et l'ont explorée avec soin, ainsi que je l'ai fait moi-même dans le désir d'y trouver une exception ; mais les recherches ont été vaines. Les portions arrondies du conglomérat consistent exclusivement en quartz, chlorito-schiste et autres membres de la série métamorphique ; même, dans les conglomérats plus nouveaux du n° 3, on n'a encore découvert aucun fragment granitique. Sommes-nous autorisés à affirmer que le granit à gros éléments (n° 2), de même que la variété à petits grains de la roche analogue (n° 5), sont plus modernes que toutes les autres masses de l'île ? Je ne le pense pas, du moins jusqu'à présent ; mais on peut admettre avec confiance que, lorsque les lits divers de grès et conglomérat se formèrent, aucun granit ne se montrait encore à la surface, ou n'avait été mis à découvert par la dénudation, dans l'île d'Arran. Il est clair que les schistes avaient déjà pris fond en sable et gravier lorsque se déposèrent les strates n° 3 ; mais, à cette époque, les flots n'avaient pas encore exercé leur action sur le granit qui, aujourd'hui, montre des ramifications pénétrant dans le schiste. Devons-nous dès lors conclure que les schistes ont subi la dénudation avant d'avoir été envahis par le granit ? Cette hypothèse, qui n'est pas inadmissible, ne comporte cependant pas une certitude absolue. En effet, à l'époque où se déposa le Vieux Grès Rouge, les couches métamorphiques constituaient déjà sans doute des îles dans la mer (fig. 755), et, contre ces îles frappèrent les brisants, où à leur surface coulèrent des torrents et des rivières

emportant le gravier et le sable. La roche plutonique ou granit
(B) aura peut-être été d'abord injectée à un certain niveau
au-dessous, mais la dénudation n'aura jamais mis sa surface
à découvert.

Quant à l'époque et au mode de protrusion du granit à

Fig. 755.

gros grain (n° 2), on peut dire que cette roche est sortie en
masse sous forme solide, pendant cette longue série d'opérations ignées qui ont produit les formations plutoniques et
certains dykes trappéens du même âge (n° 5).

Nous avons démontré que ces éruptions, quelle que soit
leur date, sont survenues après le dépôt de toutes les couches
fossilifères d'Arran. Il est évident aussi que postérieurement aux roches granitiques et trappéennes survint la grande
dénudation aqueuse, que ces roches subirent probablement
au moment où elles émergèrent de l'Océan : le fait est
prouvé par la terminaison abrupte de dykes nombreux tels
que b, c, d, lesquels sont coupés à fleur de surface du granit
et du trapp.

La théorie de la protrusion, sous forme solide, du noyau
septentrional de granit, reçoit sa confirmation de la manière
dont les schistes hypogènes (n° 1) et les lits de conglomérat
(n° 3) plongent de tous les côtés. En quelques endroits, il est
vrai, les schistes inclinent vers le granit ; mais on pouvait
s'attendre à cette exception, car les couches hypogènes ont
subi des dislocations à plus d'une époque géologique, et,
dans quelques cas du moins, ont peut-être occupé, lors de
leur sortie, une position inverse. Par conséquent, la forte inclinaison et le plongement dans tous les sens (*quâquâ versal
dip*) des lits autour des bords de la bosse granitique, ainsi que
l'horizontalité comparative des couches fossilifères de la portion méridionale de l'île, sont des faits parfaitement en ac-

cord avec l'hypothèse d'énormes mouvements sur le point
où l'on suppose que le granit est sorti en masse solide, et où
l'on peut concevoir qu'il s'est développé latéralement par
l'injection réitérée de nouvelles matières fondues (1).

(1) Pour la géologie d'Arran, consultez les ouvrages des docteurs Hutton et
Mac-Culloch, les mémoires de MM. Von Dechen et Von Oeynhausen, celui du
professeur Sedgwick et sir R. Murchison (*Geol. Trans.*, 2e série), le Mémoire
de L.-A. Necker, lu à la Société royale d'Édimbourg, 20 avril 1840, et celui
de M. Ramsay (*Geol. of Arran*, 1841); et enfin l'ouvrage de M. Bryce (*Geol.
of Arran* et *Clydesdale*, 3e édit., 1864). J'ai exploré moi-même une grande
partie de l'île, en 1836.

CHAPITRE XXXV

ROCHES MÉTAMORPHIQUES.

Caractère général des roches métamorphiques. — Gneiss. — Schiste amphibolique. — Micaschiste. — Schiste argileux. — Quartzite. — Chlorito-
schiste. — Calcaire métamorphique. — Liste alphabétique et explication
des roches métamorphiques les plus abondantes. — Origine de ces roches.
— Leur stratification. — Couches fossilifères converties, au contact des
granits d'intrusion, en roches diverses de la série métamorphique. — Arguments que l'on a tirés de ce fait pour expliquer la nature de l'action
plutonique. — Le temps permet à cette action de se propager au travers
des masses les plus denses. — De quelles sortes de roches sédimentaires
chaque variété de la classe métamorphique dérive-t-elle ? — Objections
qui ont été faites à la théorie du métamorphisme. — Conversion particlle
de schiste Éocène en gneiss.

Nous avons jusqu'à présent étudié trois classes distinctes
de roches : aqueuses ou fossilifères, volcaniques, plutoniques
ou granitiques ; il nous reste maintenant, pour terminer, à
examiner celles des couches cristallines (hypogènes) auxquelles on a donné le nom de *métamorphiques*. Cette dernière expression, comme nous l'avons dit ailleurs, implique
l'hypothèse que les couches, après s'être disposées au fond
des eaux, auraient acquis, sous l'influence de la chaleur et
d'autres causes, une texture éminemment cristalline. Les
géologues qui ne partagent pas cette opinion peuvent appliquer aux roches dont il s'agit les épithètes de stratifiées hypogènes, ou hypogènes schisteuses.

Ces roches, dans leur état le mieux caractérisé et le plus
normal, sont tout à fait dépourvues de débris organiques ;
elles ne contiennent, non plus, aucunes portions distinctes
d'autres roches, arrondies ou angulaires. Quelquefois on les
observe sur des points isolés, au centre de chaînes montagneuses étroites ; mais, dans d'autres cas, elles s'étendent sur
de larges surfaces, occupant, par exemple, la presque totalité
de la Suède et de la Norwége où, de même qu'au Brésil,

elles se montrent à de bas et à de hauts niveaux. Dans la
Grande-Bretagne, ceux des membres de la série qui se rapprochent le plus du granit par leur composition (tels sont les
gneiss, micaschiste, schiste amphibolique) se trouvent limités
à la contrée Nord des rivières Forth et Clyde.

Quelque cristallines que ces roches puissent être en certains pays, elles n'envoient jamais, comme le granit et le
trapp, des veines au sein des formations contiguës, que ces
formations soient du schiste ancien ou du granit, ou bien un
groupe de couches fossilifères plus modernes.

On a essayé maintes fois d'assigner un ordre général de
succession ou de superposition aux membres de cette
famille ; on a supposé, par exemple, que le schiste argileux
occupait invariablement un niveau supérieur au micaschiste,
et que celui-ci surmontait toujours le gneiss. Mais, bien que
cet ordre soit en réalité le plus constant dans quelques régions isolées, il est loin d'être universel. Je renverrai, du
reste, sur ce sujet, au chapitre XXXVII, où sont exposés les
rapports chronologiques des roches métamorphiques.

Voici les principaux membres de la série métamorphique :
gneiss, micaschiste, schiste amphibolique, schiste argileux,
chlorito-schiste, calcaire hypogène ou métamorphique, et
certaines sortes de quartz ou quartzites.

Gneiss. — On peut dire que cette roche est un granit
stratifié, ou, pour ceux qui n'adopteraient pas cette der-

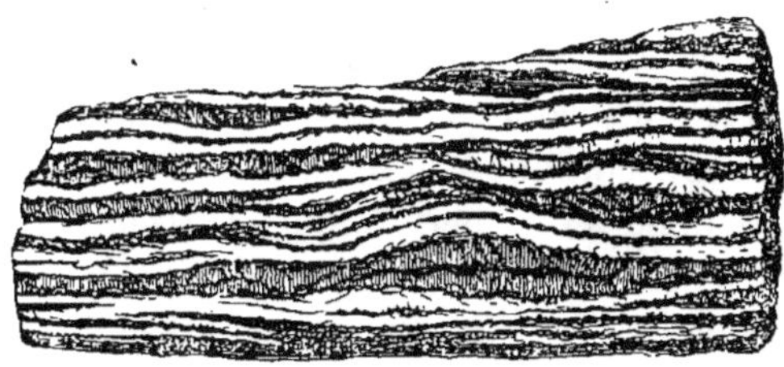

Fɪɢ. 756. — Morceau de gneiss, de grandeur naturelle ; coupe perpendiculaire
aux feuillets.

nière expression, un granit feuilleté, car elle est formée des
mêmes matériaux que le granit : c'est-à-dire de feldspath,

quartz et mica. Dans l'échantillon que j'ai figuré ici, les bandes blanches sont presque exclusivement du fedspath grenu,
entremêlé çà et là d'écailles de mica et de particules de quartz.
Les bandes noires sont composées de quartz gris et de mica
noir, avec particules accidentelles de feldspath. La roche se
divise plus facilement suivant les bandes noires, dont la surface exposée au jour est toute brillante de paillettes de mica.
Le quartz qui accompagne ces bandes l'emporte cependant
de beaucoup sur le minéral foliacé ; mais le clivage le plus
facile est déterminé par la quantité de ce dernier minéral
dans les bandes noires.

Au lieu de se séparer ainsi en lames minces, le gneiss se
partage quelquefois en bandes plus épaisses dans lesquelles
le mica n'est que légèrement parallèle aux plans de stratification.

Cependant, le mot *gneiss*, en géologie, a généralement
un sens plus large, et sert à désigner une formation dans
laquelle domine la roche proprement mentionnée sous ce
nom, mais avec laquelle on rencontre aussi, en lits alternants, d'autres roches métamorphiques, et plus spécialement
du schiste amphibolique. On considère alors les autres membres de la série métamorphique comme subordonnés au véritable gneiss.

Le lecteur prévoit déjà quelles pourront être les différentes
variétés de roches alliées au gneiss, dans lesquelles le feldspath entrera comme élément essentiel ; il lui suffira pour
cela de se rappeler ce qui a été dit du granit. Par exemple,
en ajoutant le hornblende aux mica, quartz et feldspath, on
aura un gneiss syénitique ; ou bien, si au mica l'on substitue
le talc, on obtiendra un gneiss talqueux, roche composée de
feldspath, quartz et talc, en cristaux distincts ou en particules simplement cristallines (protogyne stratifiée des Français).

Schiste amphibolique. — Il est ordinairement noir,
composé simplement de hornblende (amphibole), avec proportions variables de feldspath et, quelquefois, de particules

de quartz. Lorsque le hornblende et le feldspath sont en quantités sensiblement égales, et que la roche n'est point schisteuse, celle-ci correspond par ses caractères aux green-stones de la famille des trapps ; alors on l'a nommée *Green-stone primitif*. On peut aussi l'appeler *Roche de hornblende*. Certaines masses contenant aussi du hornblende sont probablement des roches volcaniques devenues, après coup, plus cristallines ou métamorphiques.

Micaschiste, ou Schiste micacé. — Cette roche se rapproche du gneiss, et constitue l'une des plus abondantes de la série métamorphique. Elle est schisteuse, essentiellement composée de mica et de quartz, le mica paraissant quelquefois former la masse totale. Des lits de quartz pur s'y rencontrent accidentellement. En certains districts, des grenats sous forme de dodécaèdres réguliers entrent comme partie intégrante dans la masse. Le micaschiste passe par des gradations insensibles au schiste argileux.

Schiste argileux. — Il peut ressembler beaucoup à une argile endurcie ou à un schiste argileux ; dans la plupart des cas il est extrêmement fissile, et fournit de très-bonnes pierres à couvrir les toits. Parfois il possède un éclat brillant et soyeux dû à de petites paillettes de mica ou de talc qu'il contient. Sa couleur varie du verdâtre au gris bleuâtre ou au gris de plomb, et l'on doit dire de ce schiste, plus que de tout autre, qu'il appartient en commun aux séries métamorphique et fossilifère, car des schistes argileux pris dans chacune de ces divisions ne se distingueraient pas les uns des autres par les seuls caractères minéralogiques (1).

Quartzite, ou Roche de Quartz. — C'est une agrégation de particules de quartz, soit sous forme de petits cristaux, soit, ce qui est plus ordinaire, sous celle de corps arrondis, le tout en couches régulières associées au gneiss et à d'autres roches métamorphiques. Le quartz compacte,

(1) D'après l'ensemble des caractères assignés ici par l'auteur au *schiste argileux,* cette roche nous paraîtrait aussi comprendre les *ardoises* et les *phyllades* des géologues français.   (*Note du traducteur.*)

celui qu'on trouve si fréquemment en veines, existe aussi associé au quartzite grenu. Les deux variétés alternent avec le micaschiste ou le gneiss ; il arrive parfois qu'elles passent à ces roches par addition de mica, ou de feldspath et de mica.

Chlorito-schiste. — C'est une roche schisteuse, verte, dans laquelle abonde surtout la chlorite en très-fines paillettes, ordinairement mêlées de petites particules de quartz, ou quelquefois de feldspath et de mica ; elle est souvent associée au gneiss et au schiste argileux, avec lesquels on la voit se fondre dans certains cas.

Calcaire cristallin ou Métamorphique.—Cette roche hypogène, que les plus anciens géologues ont appelée *Calcaire Primaire*, se montre, dans quelques circonstances, sous la forme d'un marbre blanc, cristallin, grenu, qui alors est exploité pour la sculpture et l'ornementation architecturale, surtout s'il est en masses assez considérables ; mais, plus fréquemment, on le rencontre en lits minces comme les feuillets d'un schiste, et il ressemble beaucoup, pour la couleur et l'apparence extérieure, à certaines variétés de gneiss et de micaschiste. Lorsqu'il alterne avec ces dernières roches, il contient souvent des cristaux de mica, et, accidentellement, du quartz, feldspath, hornblende, talc, chlorite, grenat et autres minéraux. Rarement on l'observe dans les districts hypogènes de Norwége, de Suède et d'Écosse ; mais il est très-largement développé dans les Alpes.

Avant de me livrer à des considérations relatives à l'origine probable des roches métamorphiques, je donnerai d'abord, sous forme de glossaire, de courtes explications sur quelques-unes des variétés principales de ces roches, et j'indiquerai leurs synonymes.

Explication des noms, des synonymes et de la composition minérale des roches métamorphiques les plus abondantes.

AMPÉLITE. Schiste alumineux (Brongniart); il se rencontre à la fois dans la série métamorphique et la série fossilifère.

AMPHIBOLITE. Roche de hornblende (voy. cette roche).

ARKOSE. Nom donné par Brongniart à un composé des mêmes minéraux que le granit; l'arkose, en effet, ressemble beaucoup à cette dernière roche. On la trouve à la jonction du granit et de formations de différents âges; elle consiste en cristaux de feldspath, de quartz et quelquefois de mica; ces minéraux, après avoir été d'abord désagrégés par une action postérieure à une première consolidation, ont été réunis à nouveau par un ciment siliceux ou quartzeux. L'arkose est souvent traversée de veines de quartz.

CALCAIRE HYPOGÈNE (voy. page précédente, 484).

CALCAIRE PRIMAIRE, ou CALCAIRE HYPOGÈNE (voy. *ibid.*).

CHLORITO-SCHISTE (ou *Schiste chloritique*). Roche schisteuse, verte, contenant abondamment de la chlorite, minéral écailleux, vert (voy. *ibid.*).

EURITE. Nous l'avons déjà mentionnée comme roche plutonique (t. II, p. 443), mais elle se rencontre aussi, et avec une composition absolument identique, en lits subordonnés au gneiss ou au micaschiste.

GNEISS. Roche stratifiée ou feuilletée; même composition que le granit (voy. t. II, p. 482).

GNEISS A HORNBLENDE, ou SYÉNITIQUE. Composé de feldspath, quartz et hornblende.

GNEISS TALQUEUX. Même composition que le granit talqueux ou protogyne, mais stratifié ou feuilleté (voy. t. II, p. 481.)

GRANIT TALQUEUX. Voyez PROTOGYNE.

MARBRE. (Voyez t. I, p. 20, et t. II, p. 484.)

MICASCHISTE, ou SCHISTE MICACÉ. Roche schisteuse, composée de mica et de quartz en proportions variables (voy. t. II, p. 483).

PHYLLADE. D'Aubuisson donne ce nom au schiste argileux, d'après Φυλλὰς, amas de feuilles.

PROTOGYNE. Voyez *Gneiss talqueux* (t. II, p. 482); lorsque la roche n'est pas stratifiée, c'est un granit talqueux.

QUARTZITE, ou ROCHE DE QUARTZ. Roche stratifiée; agrégat de grains de quartz (voy. t. II, p. 483).

ROCHE DE HORNBLENDE, ou AMPHIBOLITE. Voyez ci-dessus (t. II, p. 287). Membre à la fois de la série métamorphique et de la série volcanique. Composition du schiste à hornblende; mais l'amphibolite n'est pas fissile.

ROCHE DE QUARTZ, ou QUARTZITE. Voyez ce dernier nom.

SCHISTE ACTINOLITIQUE. Roche schisteuse, feuilletée, composée principalement d'actinolite [minéral vert-émeraude, voisin du hornblende (1)], avec mélange de grenat, mica et quartz.

(1) Pour les minéralogistes français, l'actinolite s'appelle simplement *actinote*, et constitue l'une des trois sous-divisions de l'amphibole.
(Note du traducteur.)

Schiste a chiastolite. Il diffère peu du schiste argileux, mais il renferme de nombreux cristaux de chiastolite ; épaisseur considérable dans le Cumberland. La chiastolite est en longs cristaux, minces, rhomboïdaux. Pour sa composition (voyez le tableau, t. II, p. 289).

Schiste a hornblende. Composé de hornblende et de feldspath (voy. t. II, p. 482).

Schiste argileux. (Voyez t. II, p. 483.)

Schiste chloritique. (Voyez Chlorito-schiste.)

Schiste micacé, ou Micaschiste. (Voyez ce nom.)

Schiste talqueux (1). Composé principalement de talc, ou de talc et de quartz, ou de talc et de feldspath ; sa texture ressemble quelquefois à celle du schiste argileux.

Serpentine. Elle a déjà été décrite (p. 287, t. II) parce qu'on la rencontre, stratifiée ou non stratifiée, dans les deux divisions de la série hypogène.

Talschiste. (Voyez note au bas de la page.)

ORIGINE DES ROCHES MÉTAMORPHIQUES.

J'ai traité longuement de la composition minérale des roches métamorphiques ; il me reste maintenant à développer les détails de leur structure et leur histoire, à donner en même temps le précis des opinions qui ont été successivement émises sur leur origine probable. Mais, d'abord, je préviens le lecteur que nous mettons ici le pied sur un sol peu sûr, et que bientôt nous atteindrons les limites au delà desquelles devront cesser toutes les inductions positives, et ne commencer que de simples conjectures. Une hypothèse fut jadis très en faveur, et même encore aujourd'hui compte plusieurs partisans parmi les géologues : on suppose que la texture cristalline et l'absence de toutes traces d'origine mécanique ou de contenu organique au sein des roches métamorphiques proviennent d'une condition particulière et naissante qu'aurait présentée la planète à l'époque de la formation de ces roches. J'examinerai en détail les arguments qui combattent cette hypothèse, lorsque je montrerai, dans le dernier chapitre de ce volume, à combien d'âges différents se rapportent les formations métamorphiques, comment aussi

____

(1) On lui donne aussi le nom de *talschiste*.　　　　(*Ibid.*)

ont été produits le gneiss, le micaschiste, le schiste argileux et le calcaire hypogène (celui de Carrare, par exemple), et cela, non-seulement à dater de la première introduction des corps organiques sur la terre, mais encore longtemps après la succession de plusieurs des différentes races de plantes et d'animaux.

La doctrine qui a trait aux couches cristallines, comprises sous le nom de métamorphiques, doit trouver place immédiatement ici ; nous chercherons d'abord si réellement on est autorisé à donner à ces couches l'épithète de stratifiées, dans le sens strict de ce mot, c'est-à-dire de roches déposées primitivement au sein des eaux sous forme de sédiment. Cette épithète, que les géologues ont généralement adoptée pour désigner les roches métamorphiques, indique suffisamment la divisibilité de celles-ci en lits très-analogues, au moins quant à la forme, aux couches fossilifères ordinaires. La ressemblance, du reste, n'est point du tout limitée à l'existence accidentelle, dans les deux groupes de roches, de la même structure laminaire, mais elle s'étend à toute espèce de disposition en harmonie avec l'absence de fossiles, sable, galets, ondulations et autres caractères que la théorie métamorphique suppose avoir été anéantis par l'action plutonique. Ainsi, on trouve au sein des formations cristallines, aussi bien que dans les formations fossilifères, une alternance de lits variant beaucoup pour la composition, la couleur et l'épaisseur. Le gneiss s'y trouve entremêlé de petites bandes de schiste amphibolique noir, ou de chlorito-schiste vert, ou bien encore de quartz grenu ou de calcaire ; l'échange entre ces différentes matières peut se répéter un nombre de fois indéfini. Le micaschiste alterne de même avec le chlorito-schiste, ou avec des lits de quartz pur, ou des couches de calcaire grenu.

Nous avons déjà dit que, près du contact immédiat des veines granitiques et des dykes volcaniques, on observait des altérations profondes de la roche, plus spécialement au voisinage du granit. Il sera peut-être utile ici d'ajouter d'autres exemples pour démontrer qu'une texture, impossible à distinguer de celle qui caractérise les formations métamorphiques les plus cristallines, a transformé des couches jadis fossilifères.

L'extrémité méridionale de la Norwége comprend un large district qui occupe le bord occidental du fiord de Christiania, et, dans cette circonscription, le granit et la syénite percent, par places, à travers les couches fossilifères, ou bien, ce qui est plus habituel, envoient des veines au sein de ces couches, au point de contact. Les roches stratifiées de cet endroit, pétries de coquilles et de zoophytes, consistent principalement en schistes, calcaires et grès ; elles sont invariablement altérées près du granit, par exemple à 45 et jusqu'à 365 mètres. Les schistes alumineux ont durci et sont devenus siliceux ; ils ressemblent parfois à du jaspe. Le durcissement de bandes alternatives d'un schiste vert et brun-chocolat a donné lieu à un véritable jaspe rubané ; chaque nuance reproduit fidèlement les lignes primitives de stratification. Plus près du granit le schiste contient souvent des cristaux de hornblende que l'on voit même à une distance de plusieurs centaines de mètres du point de jonction ; ce hornblende de couleur noire s'y trouve tellement abondant, que des géologues éminents, voyageant dans la contrée, ont pris la roche pour le schiste amphibolique ancien, subordonné à la grande formation de gneiss en Norwége. Fréquemment aussi apparaissent dans la masse, entre le granit et le schiste amphibolique mentionné ci-dessus, des paillettes de mica et du feldspath cristallin ; cette association minérale ressemble soit à un gneiss, soit à un micaschiste. On découvre rarement des fossiles à travers ces schistes, et les quelques débris qu'ils pourraient fournir disparaissent à mesure que la roche devient plus cristalline, c'est-à-dire qu'elle se rapproche davantage du granit. En quelques endroits, la matière siliceuse du schiste est devenue du quartz grenu, et, lorsqu'il s'y ajoute du hornblende et du mica, la roche altérée perd sa stratification, et passe à une sorte de granit. Le calcaire qui, loin de cette dernière roche, offre une texture terreuse et une couleur bleuâtre, qui souvent aussi abonde en coraux, devient au contraire, en s'en rapprochant, un marbre blanc, saccharoïde, quelquefois siliceux ; la structure grenue continue, en certains cas, jusqu'à plus de 365 mètres du contact. Les coraux sont, la plupart, profondément altérés quant à leur forme, mais cependant il en subsiste quelques-uns bien conservés, même dans le marbre blanc. Le calcaire altéré et

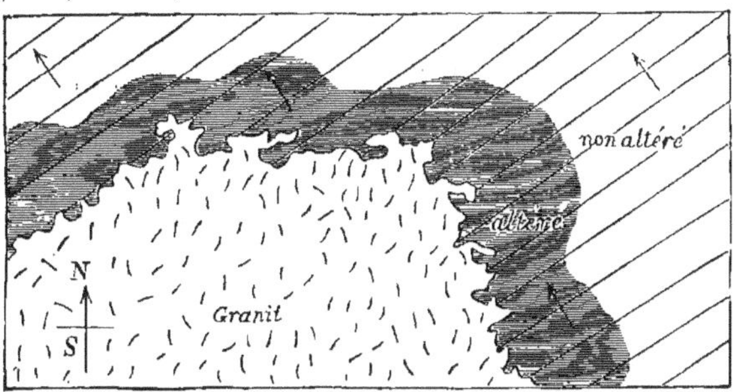

Fig. 757. — Zone d'altération des schiste et calcaire fossilifères près du granit : Christiania. *Les flèches indiquent le plongement, et les lignes droites la direction des lits.*

le schiste endurci contiennent tous deux des grenats assez fréquents ; on y remarque, de plus, des minerais de fer, de plomb, de cuivre et un peu d'argent. Ces altérations existent, soit que le granit traverse les couches fossilifères parallèlement à leur direction générale, soit qu'il les pénètre perpendiculairement à cette direction, comme nous l'avons montré par le plan ci-dessus (1).

Les schistes endurcis et rubanés dont il a été question précédemment montrent une étroite ressemblance aver certaines argiles schisteuses du terrain houiller de Russel's Hall, près Dudley : en cette localité, le combustible a brûlé sous terre pendant des années. Des lits d'argile schistoïde, d'une épaisseur considérable, recouvrant la houille en ignition, ont été calcinés et endurcis à tel point, qu'ils ont acquis une

(1) Keilhau, *Gæa Norvegica*, pp. 61, 63.

cassure siliceuse, et les petites bandes en sont devenues alternativement vertes et rouge-brique.

Le granit de Cornouailles envoie pareillement des veines au travers du schiste argileux grossier, appelé par les gens du pays *killas*. Ce Killas est converti en schiste amphibolique près de son contact aux veines. Le phénomène se voit très-bien à la jonction du granit et de la roche en question, à Saint-Michael's Mount (Mont Saint-Michel), petite île d'environ 90 mètres de haut, située dans la baie, à la distance d'environ 35 kilomètres de Penzance.

Le granit lui-même de Dartmoor, en Devonshire, se serait introduit, d'après Sir H. de la Bèche, dans les ardoises et grès ardoisiers appelés grauwackes, plissant et contournant les strates sur son passage, et leur envoyant des ramifications. Par suite, quelques-unes de ces roches schisteuses seraient devenues « micacées ; d'autres, plus endurcies, auraient gagné les caractères du micaschiste et du gneiss ; le reste, enfin, aurait été transformé en une roche dure, zonée, fortement chargée de felsdpath (1). »

Il résulte des recherches de M. Dufrénoy que, dans les Pyrénées-Orientales, existent des massifs granitiques d'âge postérieur aux formations appelées lias et craie en ce pays, et que ces roches fossilifères sont fortement altérées dans leur texture et souvent imprégnées de minerai de fer au voisinage du granit. Ainsi, aux environs de Saint-Martin, près Saint-Paul de Fénouillet, le calcaire crayeux devient plus cristallin et saccharoïde à mesure qu'il approche du granit, et il perd toutes traces des fossiles qu'il contenait d'abord en abondance ; sur quelques points aussi, ce calcaire devient dolomitique, et se montre tout pénétré de petites veines de carbonate de fer, ou tacheté de minerai rouge du même métal (fer oligiste). A Rancié, le lias, près du granit, est non-seulement imprégné d'oxyde de fer, mais chargé de pyrite, de trémolite, de grenat, ainsi que d'un minéral un peu ana-

____

(1) *Geol. Manual*, p. 479.

logue au feldspath, et que l'on appelle *Couzéranite,* d'après la localité où il se trouve plus spécialement.

Or, les altérations que nous venons de décrire comme ayant été produites dans les roches par des dykes volcaniques et par les veines granitiques, prouvent incontestablement que la nature possède des moyens de transformer des strates fossilifères en couches cristallines, de déterminer au sein des lits un nouveau caractère minéral, semblable, sinon tout à fait identique avec celui du gneiss, du micaschiste et d'autres membres stratifiés de la série hypogène. La nature précise de ces causes d'altérations que l'on nomme provisoirement plutoniques est des plus obscures, des plus douteuses ; mais la réalité des faits existe, et nous devons admettre que l'influence de la chaleur a eu des rapports avec la transmutation, si, pour les raisons que nous avons développées, on accepte l'origine ignée du granit.

Les expériences de Grégoire Watt, qui a fondu diverses roches dans son laboratoire pour les laisser ensuite se solidifier par un refroidissement lent, prouvent d'une manière péremptoire qu'une masse minérale peut très-bien, sans avoir subi une fusion complète, prendre un nouvel arrangement moléculaire, et acquérir une cristallisation partielle (1). Il est donc facile de comprendre que toutes traces de coquilles et d'autres débris organiques disparaissent, et que de nouvelles combinaisons chimiques aient lieu, sans supposer la masse injectée à un degré de fusion qui efface toute ligne de stratification.

Il ne faut pas croire, cependant, que la chaleur, agissant sur une masse pierreuse, à l'air libre, soit tout ce que peut fournir la cause plutonique ; nous n'ignorons pas que les volcans en éruption rejettent non-seulement de la lave fluide, mais encore de la vapeur et des gaz chauds qui s'échappent du cratère, en tourbillons énormes, et cela pendant des jours, des semaines ou même des années sans discontinuité,

(1) *Philos. Trans.,* 1804.

la vapeur et les gaz ne cessant de se dégager de la lave pendant toute la durée de sa consolidation.

On sait aussi que des sources thermales continuent à jaillir pendant des siècles sur divers points de la surface occupée jadis par des volcans, dont l'activité est depuis longtemps éteinte. Il en est de même dans les contrées sujettes à de violents tremblements de terre où l'on observe fréquemment des sources de même nature s'échappant des lignes de fracture, ou des failles produites par le déplacement des roches. Ces eaux chaudes sont le plus ordinairement chargées d'éléments minéraux très-variés ; leur température se conserve invariablement la même de siècle en siècle, et la composition des substances terreuses, métalliques et gazeuses dont elles sont saturées reste d'une uniformité remarquable. C'est un fait bien constaté que les sources chaudes ou froides, qui sont chargées d'acide carbonique et souvent d'une petite quantité d'acide fluorhydrique, sont, pour les roches dont elles pénètrent les pores, des causes puissantes de décomposition et de réaction chimique.

Les changements produits par les eaux alcalines de Plombières, dans les Vosges (1), ont été parfaitement décrits par Daubrée et leur étude offre un intérêt tout particulier. Ces eaux marquent 71° centigrades, température supérieure de 60° à celle qui caractérise en moyenne les sources ordinaires du département. Les Romains avaient amené ces eaux, au moyen de conduits prolongés ou aqueducs, dans des thermes, ou construction à bains, dont les matériaux des fondations encore visibles consistaient en chaux, grès et fragments de briques, le tout formant une masse compacte et résistante. Les eaux thermales s'étaient infiltrées pendant des siècles à travers ces diverses parties de la maçonnerie et avaient donné lieu à la production des zéolithes, apophyllite et chabasie, par exemple ; des spaths calcaires, arragonite et spath fluor, ainsi qu'à celle de minéraux siliceux tels que l'opale.

(1) Daubrée, *Sur le Métamorphisme*, Paris, 1860.

Tous ces produits étaient logés dans les vides des briques et du mortier, ou formaient une partie constituante de ces matériaux modifiés dans la disposition de leurs éléments. La quantité de chaleur dépensée dans une suite de 2,000 ans, pour la production des phénomènes que nous venons de mentionner, a dû être incontestablement énorme; mais quant à l'intensité de cette chaleur développée à chaque instant de sa durée, elle a toujours été insignifiante.

On peut conclure de ces faits, ainsi que des expériences et observations des Senarmont, Daubrée, Delesse, Scheerer, Sorby, Sterry Hunt et autres, que, lorsqu'il existe dans les entrailles de la terre des volumes considérables de matière en fusion, contenant sous une énorme pression de l'eau à une température élevée et divers acides, ces masses souterraines à l'état fluide abandonnent insensiblement une partie de leur chaleur par le dégagement à travers les fissures des vapeurs et des différents gáz, servant à la production des sources thermales; ou par le passage de ces mêmes produits aériformes à travers les pores des roches sus-jacentes et injectées. Les roches mêmes les plus compactes, lorsqu'elles sont séchées et exposées à l'air, peuvent être regardées comme de véritables éponges remplies d'eau ; car, d'après les expériences de Henry, l'eau, sous une pression hydrostatique de 29 mètres, absorbe trois fois plus d'acide carbonique que sous la pression ordinaire de l'atmosphère. L'eau s'empare également de bien d'autres gaz, et cela avec d'autant plus de rapidité que la pression qu'elle subit est plus grande. Bien que la matière gazeuse d'abord absorbée ne tarde pas à se condenser et à céder son calorique, cependant la succession continue des émissions venant d'en bas, additionnées pendant des siècles, finit par élever la température de l'eau et celle de la roche contenante. Dans ce cas, l'eau n'est pas seulement un véhicule de la chaleur, mais encore, à cause de son affinité pour les silicates, elle transforme en quartz, feldspath, mica et autres minéraux, les matériaux décomposés des roches qu'elle envahit. Quant au quartz, l'eau tenant en dissolution des silicates alcalins, comme cela existe dans les sources de Plombières, l'eau, dis-je, peut le produire par la seule influence de la chaleur, sans le secours d'aucune réaction chimique. Suivant Daubrée, il faudrait une très-faible quantité d'eau, pour opérer des transformations importantes dans la structure minérale des roches, et quant à la chaleur, nécessaire à la production des silicates, il suffit, par la voie humide, de celle qui donne le rouge naissant, tandis que, par la voie sèche, le même résultat exige une température bien plus élevée.

M. Fournet a démontré, dans sa description du gneiss métallifère des environs de Clermont en Auvergne, que toutes les petites fissures de la roche sont complétement remplies de gaz acide carbonique libre ; le gaz sort abondamment du sol, sur ce point et en différents autres de la contrée voisine. Les éléments du gneiss se sont tous ramollis à l'exception du quartz, et de nouvelles combinaisons de l'acide avec la chaux, le fer et le manganèse, sont continuellement en voie de se former (1).

Les Stufas de Saint-Calogero, dans la plus grande des îles Lipari, nous fournissent un autre exemple de l'action des gaz souterrains. En cette localité, d'après la description qu'en a publiée Hoffmann, on voit, sur près de 6 kilomètres, le long de la côte, des couches horizontales de tuf formant des falaises de plus de 60 mètres de haut, et décolorées en divers endroits, ou profondément altérées par les vapeurs pénétrant la masse. Des argiles de couleur foncée sont devenues jaunes et souvent blanc de neige, ou bien ont acquis une structure bigarrée ou bréchiforme, traversées qu'elles sont de bandes ferrugineuses rouges. Sur certains points, les produits des fumerolles ont fourni, à l'analyse, des sublimés d'oxyde de fer ; mais il paraît aussi que des veines de calcédoine, d'opale et de gypse fibreux sont résultées des exhalations volcaniques (2).

(1) Voyez *Principes*, etc., Index : Sources chargées d'acide carbonique, etc.
(2) Hoffmann, *Liparischen Inseln*, p. 38. Leipzick, 1832.

Le lecteur consultera aussi avec fruit la description que M. Virlet a faite de la corrosion de roches dures, siliceuses et jaspoïdes aux environs de Corinthe, corrosion exercée par l'action prolongée de gaz souterrains (1); il lira également avec intérêt les détails donnés par le docteur Daubeny sur la décomposition que les roches trachytiques, dans la solfatare près de Naples, ont subie sous l'influence des gaz hydrogène sulfuré et acide chlorhydrique (2).

Bien que ces divers exemples ne nous montrent que des phénomènes superficiels, il n'en est pas moins clair que les fluides gazeux ont dû traverser toute l'épaisseur des roches poreuses ou fissurées qui séparaient leurs réservoirs souterrains de l'air extérieur. La puissance totale de la croûte de la terre, que les vapeurs ont pénétrée ou sont en voie de pénétrer, peut aller jusqu'à plusieurs milliers de mètres, et l'action ignée, modifiante, de ces vapeurs s'étendre à travers la totalité de cette masse solide.

Nous savons d'après les recherches du professeur Bischoff, qu'à Aix-la-Chapelle, la vapeur d'une source chaude, dont la température n'est cependant que de 57 à 75 degrés centigrades, a converti la surface de certains blocs de marbre noir en une masse pâteuse. Ce savant pense donc que la vapeur, au sein de la terre, jouissant d'une température égale ou même supérieure à celle du point de fusion de la lave, et possédant une élasticité dont même la marmite de Papin ne donnerait qu'une faible idée, doit transformer les roches en matière liquide (3).

Les observations précédentes répondent d'avance à certaines objections spécieuses qui ont été faites contre la théorie du métamorphisme : on a invoqué pour les roches leur faible pouvoir conducteur du calorique ; en réalité, les masses pierreuses, une fois desséchées à l'air, diffèrent beaucoup, sous ce rapport, des métaux. On s'est donc demandé

(1) Voyez *Principes de Géol.*, et *Bull. de la Soc. Géol. de France*, t. II, p. 230.
(2) Voyez *Principes de Géol.*, et Daubeny, *Volcanos*, p. 167.
(3) James, *Ed. New Phil. Journ.*, n° 51, p. 43.

comment des changements qui ne sauraient s'étendre qu'à quelques décimètres du contact d'un dyke, avaient cependant pénétré à travers des masses montagneuses de couches cristallines mesurant plusieurs kilomètres de puissance. Nous avons fait voir que l'influence plutonique de la syénite, en Norwége, avait quelquefois altéré des couches fossilifères sur une distance de 460 mètres, soit dans le sens de leur plongement, soit dans celui de leur direction (voy. fig. 757, p. 489, t. II). C'est ici véritablement un cas extrême ; mais il est rationnel d'accorder à des influences analogues le pouvoir d'affecter, en certaines circonstances favorables, des masses d'un volume plus considérable. La théorie du métamorphisme n'assigne pas au granit exclusivement la faculté d'altérer par son contact les masses contiguës, mais elle suppose simplement une action résidant à l'intérieur de la terre, à une profondeur inconnue, que cette action soit thermale, hydrothermale, ou toute autre, pourvu qu'elle offre de l'analogie avec celle qui s'est exercée auprès des masses granitiques d'intrusion ; cette action a, durant le cours de périodes infinies, et tirant peut-être sa source d'un vaste milieu en ignition, réduit, sur une épaisseur de milliers de mètres, des strates à un état de demi-fusion, et ces strates, par le refroidissement, sont devenues cristallines comme le gneiss.

Le rôle important de l'eau dans la distribution de la chaleur intérieure à travers les masses montagneuses de couches superposées, celui non moins important qu'elle joue en servant de véhicule aux divers éléments minéraux pour les faire arriver, à l'état fluide ou gazeux, dans ces mêmes masses ; tous ces faits nous dispensent de croire, comme autrefois, à la nécessité d'une température très-élevée pour la production des roches métamorphiques. Mais, d'un autre côté, si l'on songe au long espace de temps qui a dû s'écouler pour qu'une telle quantité de chaleur se dégageât de la matière en fusion, située à plusieurs kilomètres de profondeur au-dessous de la croûte solide, on n'a plus idée de l'intensité de température qu'a dû exiger, dans le principe, le passage à l'état fluide de ces nappes de lave souterraine. Quelquefois ces couches mesurent une vaste étendue et atteignent une longueur de plusieurs centaines de kilomètres, comme semblerait le prouver l'observation des phénomènes éruptifs dans la région volcanique des Andes.

Les rayons de chaleur brûlante que la lave émet dans un cratère en ignition, blanc et éblouissant comme le soleil, peuvent nous donner une idée de la température que doit posséder le même fluide à plusieurs mètres au-dessous ; elle doit dépasser de beaucoup toutes celles qu'on a pu observer à la surface du globe. En somme la composition uniforme, l'absence de stratification et le volume considérable des masses plutoniques sont en parfait accord avec la théorie Huttonienne qui attribue à une chaleur intense la formation de cette classe de roches.

Si donc l'on considère dans leur ensemble les diverses observations que nous venons de recueillir, savoir, les formes de stratification et la schistosité des roches métamorphiques, leur passage, d'un côté, aux couches fossilifères, et, d'un autre côté, aux formations plutoniques, ainsi que les conversions incontestables survenues au voisinage du granit, on est en droit de conclure que le gneiss et le micaschiste ne sont autre chose que des grès micacés et argileux altérés, que le quartz grenu a dû provenir de grès siliceux, et que le quartz compacte est peut-être résulté des mêmes matériaux. Le schiste argileux est une argile altérée, et le marbre saccharoïde fut d'abord un calcaire ordinaire rempli de coquilles et de coraux, plus tard transformé ; enfin les sables et marnes calcaires ont été changés en calcaires impurs cristallins.

« Le schiste amphibolique, dit le docteur Mac-Culloch, paraît avoir été simplement une argile, car on observe des argiles ou argiles schisteuses converties par le trapp en Lydienne, substance qui ne diffère guère du schiste amphibolique (1)

____

(1) Les minéralogistes français entendent un peu différemment la Ly-

que par la compacité et l'uniformité de texture (1). Dans l'île Shetland, remarque le même auteur, le schiste argileux, au contact du granit, est parfois transformé en schiste amphibolique : le schiste est devenu d'abord siliceux, puis, au contact immédiat, il en est résulté un véritable schiste à hornblende (2). »

L'anthracite et le graphite, que renferment parfois les roches hypogènes, ont sans doute été jadis de la houille : car celle-ci, comme nous l'avons remarqué, se convertit en anthracite non-seulement au voisinage de certains dykes trappéens, mais encore loin du contact des roches ignées, dans la région disloquée des Apalaches (3). A Worcester, à 72 kilomètres Ouest de Boston, État de Massachusetts, existe un lit de plombagine (graphite) et d'anthracite impur alternant avec le micaschiste. Ce lit mesure environ 0^m,60 d'épaisseur ; on l'a exploité à la fois pour en tirer du combustible et pour en fabriquer des crayons. A la distance de 48 kilomètres de la plombagine, on observe, vers les confins de Rhode-Island, un anthracite impur en plaques qui contiennent des empreintes de plantes houillères des genres *Pecopteris, Neuropteris, Calamites,* etc. Ce minéral, pour son caractère, tient le milieu entre l'anthracite de Pensylvanie et la plombagine de Worcester, dans laquelle les matières gazeuses ou volatiles (hydrogène, oxygène et azote) sont au carbone dans la proportion de 3 à 100. J'ai parcouru la contrée suivant diverses directions, et j'ai acquis la certitude que les schistes carbonifères à anthracite et plantes, qui souvent, à Rhode-Island, passent au micaschiste, ont acquis, à Worcester, une texture complétement cristalline et métamorphique ; l'anthracite a été partiellement transformé

dienne : ils la considèrent comme une sorte de jaspe noir, et par conséquent de composition assez éloignée de celle d'une roche à amphibole.

(Note du traducteur.)

(1) *Syst. of Geol.*, vol. I, p. 210.
(2) *Ibid.*, vol. I, p. 211.
(3) Voyez ci-dessus, t. II, p. 121, 130.

en cette sorte de carbone pur que l'on appelle plombagine ou graphite (1).

Suivant M. Delesse, les minéraux du calcaire hypogène varient suivant le degré de métamorphisme que la roche a subi : par exemple, lorsque la structure n'est que légèrement cristalline, le talc, la chlorite, la serpentine, l'andalousite et le disthène (kyanite) y dominent; mais, si la texture est cristalline d'une manière plus prononcée, on remarque plus spécialement dans la masse les espèces grenat, hornblende, wollastonite, dipyre, couzéranite et quelques autres ; enfin, dans les cas où la roche est complétement cristalline, on observe, outre plusieurs des minéraux précédents, du mica et du feldspath, ce dernier se rapportant surtout aux variétés plus riches en alcali. Le même auteur ajoute : Comme les dépôts calcaires contiennent habituellement de l'argile alumineuse, on peut naturellement s'attendre à rencontrer des silicates d'alumine dans ces roches, lorsqu'elles sont cristallines ; c'est effectivement ce qui a lieu fréquemment, et parfois aussi on y trouve de l'alumine pure cristallisée sous la forme de corindon (2).

M. Dana pense que l'acide phosphorique du phosphate de chaux et le fluor du spath-fluor, révélés si souvent par l'analyse dans les calcaires cristallins, dérivent de débris de mollusques et d'autres animaux ; de même, le graphite (qui est du carbone pur sous forme cristalline, avec ou sans mélange d'alumine, de chaux ou de fer) proviendrait de restes végétaux enfouis dans une gangue primitive.

Se fondant sur l'absence totale de toutes traces de fossiles au sein des couches cristallines, quelques géologues ont attribué l'origine de ces couches à une période antérieure à l'existence des êtres organisés. Dans les formations postérieures à la création des êtres, on peut admettre quelquefois, disent-ils, la destruction des fossiles par l'action plutonique;

(1) Lyell, *Quart. Geol. Journ.*, vol. I, p. 199.
(2) Delesse, *Bulletin de la Société Géol. de France*, 2e série, t. IX, p. 126, 1851.

mais ne devra-t-on point découvrir plus fréquemment leurs dépouilles à travers certains systèmes anciens de schistes qui, par exemple dans le Cumberland, contiennent des conglomérats? En raisonnant ainsi, ces géologues paraissent avoir oublié qu'il existe des formations stratifiées d'une puissance énorme et d'âges différents, quelques-unes très-modernes, toutes produites après l'apparition des êtres vivants sur la terre, lesquelles, néanmoins, dans certains districts, sont complétement dépourvues de vestiges de corps organisés. Chez quelques-unes d'entre elles, les fossiles ont été effacés par l'eau et les acides, à plusieurs époques successives ; il est clair alors que c'est dans la couche la plus ancienne que l'on a le moins de chance de trouver des fossiles, même en supposant que cette couche ait échappé à toute action métamorphique.

On a objecté aussi à la théorie du métamorphisme, que la composition chimique des strates secondaires diffère essentiellement de celle des schistes cristallins qui seraient résultés de leur transformation (1). Les schistes *primaires*, a-t-on allégué, contiennent habituellement une proportion considérable de potasse ou de soude, que n'ont pu leur fournir les argiles secondaires et les schistes, ces derniers étant le résultat de la décomposition de roches feldspathiques desquelles la matière alcaline s'est éloignée pendant le processus de décomposition. Mais ce raisonnement repose sur une base peu fondée et trompeuse, car un grand nombre de variétés de roches qu'on a l'habitude d'appeler schiste, marne, argile, schiste argileux et argile schisteuse, contiennent une certaine proportion, ou même, quelquefois, une quantité considérable d'alcali ; de telle sorte qu'il est difficile, en beaucoup de pays, de trouver de l'argile ou du schiste argileux assez libres d'éléments alcalins pour pouvoir être employés dans la poterie.

Les argiles et schistes argileux du Vieux Grès Rouge,

_____

(1) Dr Boase, *Primary Geology*, p. 319.

dans le Forfarshire et autres parties de l'Écosse, sont tellement chargés d'alcali, provenant de feldspath trituré, que
souvent, au lieu de durcir au feu, ils fondent en verre. Ils
ne contiennent pas de chaux, mais paraissent composés de
grains extrêmement fins de divers éléments du granit, que
l'on distingue au milieu des variétés plus grossières et de la
plupart des grès alternant avec ces dernières. Ces argiles et
schistes argileux feuilletés ressembleraient certainement par
la composition, s'ils cristallisaient, à plusieurs des couches
primaires.

Il existe aussi de la potasse dans les débris de végétaux
fossiles, et de la soude dans les sels dont les strates sont parfois fortement imprégnées, comme en Patagonie. Enfin des
analyses récentes ont démontré que les couches carbonifères
en Angleterre (1), les Siluriens Supérieur et Inférieur dans
l'Est-Canada (2), et les schistes argileux (de date Cambrienne
ou Laurentienne?) en Norwége (3), contiennent tout autant
d'alcali que les roches métamorphiques en général.

On a déduit une autre objection de l'alternance de couches
fortement cristallines avec d'autres qui l'étaient moins. La
chaleur, a-t-on prétendu, dans son mouvement ascensionnel,
doit avoir traversé les schistes moins altérés avant de parvenir aux lits qui sont aujourd'hui les plus cristallins. En
réponse à cette objection, je dirai d'abord qu'un certain
nombre d'assises, différant beaucoup l'une de l'autre par
leur composition, et venant à être soumises à une chaleur
ou action hydrothermale d'égale intensité, ne montreront pas,
suivant toute probabilité, le même degré de fusibilité relative.
Les unes, par exemple, contiendront de la potasse, de la
soude, de la chaux ou autres éléments capables d'agir comme
flux ou dissolvant ; d'autres seront dépourvues de ces mêmes
éléments, et par conséquent se montreront tellement réfractaires, qu'elles seront très-peu affectées par les mêmes causes.

<hr>

(1) H. Taylor, *Ed. New Philos. Journ.*, vol. I, 1851, p. 140.
(2) Hunt, *Philos. Mag.*, 4ᵉ série, vol. VII, p. 237.
(3) Kyersly, *Norsk. Mag. for Naturvidenp.*, vol. VIII, p. 172.

Il ne faut pas non plus perdre de vue qu'en thèse générale, les masses les moins cristallines se rencontrent plutôt à la partie supérieure, et les plus cristallines au niveau inférieur de chaque série métamorphique.

De plus, le métamorphisme a dû souvent exercer sa force longtemps après que les couches avaient acquis leur position verticale ; il peut agir de même aujourd'hui, dans une sphère plus restreinte, et continuer son influence sur les nouveaux tout aussi bien que sur les anciens lits. Pour prouver la conversion partielle en gneiss de certaines portions de couches fortement inclinées, je citerai le Mémoire de Sir R. Murchison sur la structure des Alpes. Des schistes, que l'on désigne dans le pays sous le nom de *Flysch* (voy. ci-dessus, t. I, p. 485), surmontant le calcaire nummulitique d'âge Éocène, — en plus de ces schistes, et contenant des bandes arénacées et quelques-unes calcaires, alternent un grand nombre de fois avec des assises de roche granitoïde analogue par ses caractères au gneiss (1). Dans ce cas particulier, la chaleur, la vapeur, ou bien l'eau à une température excessivement élevée, ont peut-être traversé les couches plus perméables et les ont altérées au point de déterminer un mouvement intérieur et un arrangement nouveau des molécules ; les couches adjacentes n'ont point donné passage aux mêmes agents, ou, si elles leur ont laissé la voie libre, du moins n'ont-elles pas été influencées : elles ne contenaient pas de matériaux aussi fusibles ou aussi décomposables. Quelle que soit l'hypothèse que l'on adopte, les phénomènes établissent sans contestation la possibilité du développement, dans un dépôt tertiaire, de la structure métamorphique suivant des plans parallèles à la stratification.

Que ce parallélisme soit la règle, ou qu'on ne doive l'accepter que comme une exception pour le gneiss et pour le micaschiste ou autres formations de la même famille, c'est là une question importante que je discuterai en détail dans le prochain chapitre.

(1) *Geol. Quart. Journ.*, vol. V, p. 211, 1848.

CHAPITRE XXXVI

ROCHES MÉTAMORPHIQUES *(suite)*.

Définition des joints, du clivage schisteux et de la division en feuillets. — Causes supposées de ces sortes de structure. — Théorie mécanique du clivage. — Raccourcissement et allongement de roches schisteuses par pression latérale. — Combinaison possible des forces cristalline et mécanique. — Schistosité de certaines roches volcaniques, due au mouvement. — La structure feuilletée des schistes cristallins est-elle ordinairement parallèle aux plans primitifs de stratification ? — Exemples en Norwége et en Écosse. — La division en feuillets, dans les roches homogènes, peut coïncider avec les plans de clivage, et, chez celles qui ne se clivent pas, elle correspond parfois au sens de stratification. — Causes d'irrégularités dans les plans des feuillets.

Nous avons déjà vu que des forces chimiques d'une grande intensité s'étaient fréquemment exercées sur des couches sédimentaires et fossilifères, longtemps après leur consolidation ; on demandera ici, naturellement, si les minéraux composants des roches altérées se disposent habituellement dans un sens parallèle aux plans originels de stratification, ou bien si, après la cristallisation, ils ont pris plus ordinairement une autre position.

Pour mieux saisir toute la portée de cette question, il est bon d'apprendre d'abord à bien distinguer ces mots *clivage* et *division· feuilletée*. On compte quatre genres distincts de structure des roches, savoir : la stratification, les joints, le clivage schisteux (schistosité) (1) et les feuillets ; ces quatre genres exigent des noms particuliers, bien que, dans certains cas, même après l'étude la plus attentive, il soit impossible de dire à quelle classe chacun d'eux appartient.

Le professeur Sedgwick, dont l'essai *On the Structure of large Mineral Masses* (sur la structure des grandes masses minérales) a jeté un premier jour sur ce sujet obscur, établit

(1) Nom adopté par les géologues français.   (*Note du traducteur.*)

que les *joints* se distinguent des lignes de *clivage schisteux*, en ce qu'une roche intervenant entre deux joints n'offre plus de tendance à se cliver dans une direction parallèle aux plans de ces joints, tandis qu'elle est susceptible de sous-divisions à l'infini suivant le sens de son clivage schisteux particulier. Dans quelques cas où les couches sont courbes, les plans de clivage se montrent encore parfaitement parallèles. On en observe un exemple dans les roches schisteuses d'une partie des Galles (fig. 758) ; ces roches consistent en un schiste dur,

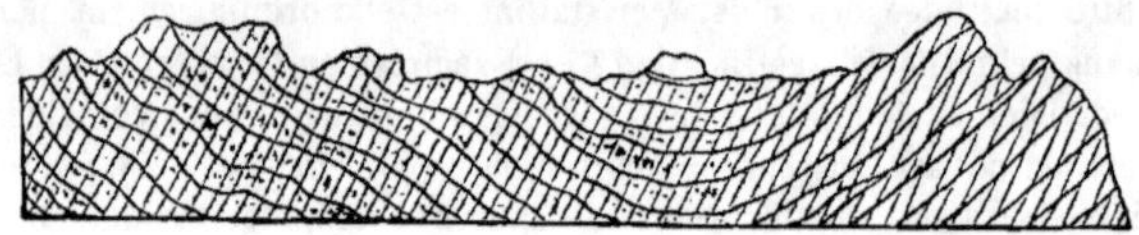

Fig. 758. — Plans parallèles de clivage coupant des couches recourbées (Sedgwick).

verdâtre (phyllade). Le véritable sens des couches de cette localité est indiqué par un grand nombre de bandes parallèles, les unes plus foncées et les autres plus claires que la teinte générale de la masse. Ces bandes sont parallèles aux véritables plans de stratification, partout où ceux-ci se manifestent par des ondulations ou des lits contenant des corps organiques particuliers. Quelques-unes des couches contournées montrent une structure mécanique grossière, et alternent avec des schistes chloritiques cristallins à grains fins ; alors le même clivage schisteux traverse les lits plus grossiers comme les plus fins, avec d'autant plus de netteté cependant que les matériaux composants de la roche sont plus ténus et plus homogènes. Dans le cas, seulement, d'éléments tout à fait grossiers, les plans de clivage disparaissent complétement. Ces plans inclinent d'ordinaire sous un angle très-aigu relativement à celui des couches. Dans les collines Welsh, par exemple, la valeur moyenne de l'incidence est à peine de 30 à 40 degrés. Quelquefois les plans de clivage plongent vers le même point de la boussole que ceux de stratification, mais plus fréquemment c'est dans des directions opposées.

On peut établir la règle générale suivante : lorsque des lits de matériaux grossiers alternent avec d'autres lits composés de particules plus fines, le clivage schisteux se trouve limité à ces derniers, ou ne se montre que très-imparfaitement dans les premiers. Et cette règle est vraie, que le clivage soit parallèle ou ne le soit pas aux plans de stratification (1).

Quant aux *joints,* ce sont des fissures naturelles qui souvent traversent les roches en lignes droites et parfaitement nettes. Ces joints fournissent au carrier, ainsi que l'observe M. Murchison, parlant du phénomène tel qu'il se montre dans le Shropshire et les comtés environnants, le plus utile secours pour conduire l'extraction des blocs ; et si ces joints se croisent les uns les autres, en nombre suffisant, la masse entière de la roche se sépare en portions symétriques. Les faces des joints sont généralement plus unies et plus régulières que celles des véritables strates. Les joints sont des fentes étroites, souvent un peu béantes, passant la plupart non-seulement au travers de dépôts successifs, stratifiés, mais encore partageant des masses arrondies de calcaire ou d'autres matières qui ont été formées par voie de concrétion, postérieurement à l'accumulation des couches. Les joints, par conséquent, se sont probablement produits par suite de l'un des derniers changements qu'auraient subis les dépôts sédimentaires (2).

Dans le diagramme suivant (fig. 759), les surfaces planes des roches A, B, C, représentent des portions exposées de joints auxquelles des faces d'autres joints, JJ, sont parallèles ; SS sont les lignes de stratification ; DD, celles de clivage schisteux, coupant sous un angle aigu les plans de stratification.

Dans les Alpes de la Savoie et de la Suisse, ainsi que l'a observé M. Bakewell, d'étroites solutions de continuité, presque verticales, coupent régulièrement d'énormes masses

(1) *Geol. Trans.*, 2ᵉ série, vol. III, p. 461.
(2) *Silurian System*, p. 246.

calcaires; les joints y sont quelquefois beaucoup plus sensibles que les divisions de la stratification, et un géologue

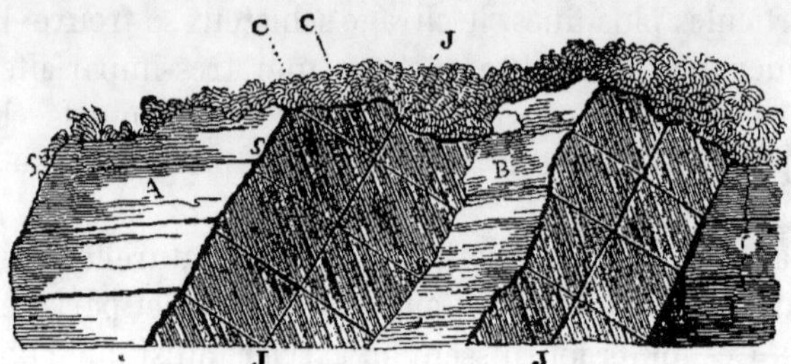

Fig. 759. — Stratification, joints et clivage.
(D'après le *Silurian System* de Murchison, p. 245.)

non expérimenté les confond presque inévitablement avec celles-ci : il suppose que les couches sont perpendiculaires, sur des points cependant où, de fait, elles se dirigent presque horizontalement (1).

Or, on a cru voir dans ces joints des divisions analogues à celles qui séparent les roches volcaniques et plutoniques en masses cuboïdes ou prismatiques. On remarque, sur une petite échelle, que l'argile ou l'amidon se partagent, en séchant, sous des formes semblables ; la cause en est due souvent à une simple contraction, soit que le retrait provienne de l'évaporation de l'eau, soit qu'il appartienne à un changement de température. C'est un fait parfaitement connu que divers grès et autres roches se dilatent sous l'influence d'une élévation modérée de température, et ensuite se contractent par le refroidissement; sans aucun doute, aussi, de vastes portions de la croûte terrestre ont, durant le cours des âges, été soumises itérativement à des conditions très-variables de chaleur et de froid. Ces alternatives de température ont probablement contribué, dans de très-larges proportions, à la production des joints à travers les roches.

Dans quelques contrées, par exemple, en Saxe, où les

____

(1) *Introduction to Geology*, chap. IV.

masses de basalte reposent sur le grès, la roche aqueuse a pris, jusqu'à une distance de plusieurs décimètres à partir du point de jonction, une structure colonnaire semblable à celle du trapp. De même, certaines pierres de foyer exposées à la chaleur d'un fourneau, sans atteindre, cependant, le point de fusion, n'en sont pas moins devenues prismatiques. Des cristaux aussi acquièrent, sous l'influence de la chaleur, une autre disposition moléculaire ; ils se clivent dans une nouvelle direction, leur forme extérieure restant la même (1).

Le professeur Sedgwick, parlant des plans de clivage schisteux lorsqu'ils sont décidément distincts de ceux des dépôts sédimentaires (des lits, des couches, des strates), déclare, dans l'ouvrage que nous avons cité, que, suivant son opinion, ni retrait des parties, ni contraction dans les dimensions des roches passant à l'état solide, ne sauraient rendre compte du phénomène. Il le rapporte donc à des forces cristallines ou polaires agissant simultanément et avec assez d'uniformité, suivant des directions déterminées, sur de larges masses ayant une composition homogène.

Quant au clivage schisteux, Sir John Herschell pense que « des roches chauffées à un degré suffisant pour commencer à cristalliser, c'est-à-dire portées à une température qui permette aux particules de se mouvoir, au moins chacune autour de son axe, de telles roches doivent obéir à quelque loi générale déterminant la position dans laquelle ces particules se grouperont en refroidissant. Probablement cette position aura de certains rapports avec la direction suivant laquelle se dégage la chaleur. Or, lorsque toutes ou presque toutes les molécules d'une même nature montrent une ten-

(1) Il en est ainsi de l'*Ouralite*, minéral décrit par **M. G. Rose**, et qui se rencontre en cristaux dans les diorites de l'Oural ; ses cristaux ont la forme du pyroxène (augite), mais ils possèdent un clivage de 124° 30' propre à l'amphibole hornblende ; leur structure intérieure aurait donc, ici, été modifiée postérieurement à leur formation, par voie de métamorphisme igné.

(Note du traducteur.)

dance générale à un arrangement de ce genre, il doit naître
un sens particulier de clivage. C'est ainsi que nous voyons
des cristaux infiniment petits, récemment précipités du sulfate de baryte ou d'autres dissolutions analogues, se disposer
d'eux-mêmes au sein du fluide qui leur a servi de véhicule;
lorsque, après, on agite le dépôt, on voit tous ces cristaux
briller suivant une même direction parallèle et ressembler à
des filaments soyeux. Certaines sortes de savons à margarates
insolubles (1) montrent le même phénomène dans l'eau. Or,
ce que fournissent nos expériences en petit doit se reproduire
également dans la nature sur une plus grande échelle (2). »

D'après les observations du professeur Phillips, des coquilles et trilobites fossiles, au sein de certaines roches
schisteuses, auraient été fortement déformés quant à leurs
contours, et tordus suivant toute espèce de direction. Ce
changement, ajoute-t-il, semble être résulté d'un mouvement
« d'étirage » (*creeping*) des particules de la roche le long des
plans de clivage; la direction en est toujours uniforme pour
une même localité, et l'on peut, dans quelques cas, mesurer
l'étendue de la déformation, qui va jusqu'à 6 et même 12 millimètres. Les coquilles dures ne sont point affectées, mais
seulement les plus minces (3). M. le docteur Sharpe, poursuivant le même genre de recherches, est arrivé à conclure
que les formes tordues actuelles des coquilles, au milieu de
plusieurs roches schisteuses en Angleterre, peuvent s'expliquer par la supposition que ces roches auraient subi une
compression perpendiculaire aux plans de clivage, et une
expansion correspondante suivant le sens de plongement du
même genre de division (4).

<hr>

(1) L'acide margarique est un acide oléagineux que l'on extrait de différentes matières grasses animales ou végétales. Un margarate est une combinaison de l'acide précédent avec la soude, la potasse ou autres bases, et tire
son nom de l'éclat perlé qu'il présente.

(2) Lettre adressée à l'auteur, du cap de Bonne-Espérance, en date du
20 février 1836.

(3) *Report Brit. Assoc.*, Cork, 1843, Sect., p. 60.

(4) *Quart. Geol. Journ.*, vol. III, p. 87, 1847.

Plus récemment (juillet 1853), M. Soreby a démontré jusqu'à quel point cette théorie mécanique est applicable aux roches schisteuses de la Galles du Nord et du Devonshire (1),

districts où l'on rencontre de nombreuses occasions de constater et mesurer l'étendue des changements de dimension, par la comparaison des différents effets qu'a produits la pression latérale sur des lits alternants de matériaux plus fins ou plus grossiers. On verra, par exemple (fig. 760), que le lit sableux, *df*, dont la résistance fut énergique, est cependant contourné sous les angles les plus aigus, tandis que les couches à grains fins, *a*, *b*, *c*, sont restées comparativement intactes. Les points *d* et *f*, dans la couche *df*, ont dû primitivement être quatre fois plus éloignés qu'ils ne le sont aujourd'hui. Ils ont donc été fortement poussés l'un contre l'autre, en partie par le plissement, en partie par l'allongement, suivant la direction de ce que l'on peut appeler les axes plus longs de contorsion, et enfin,

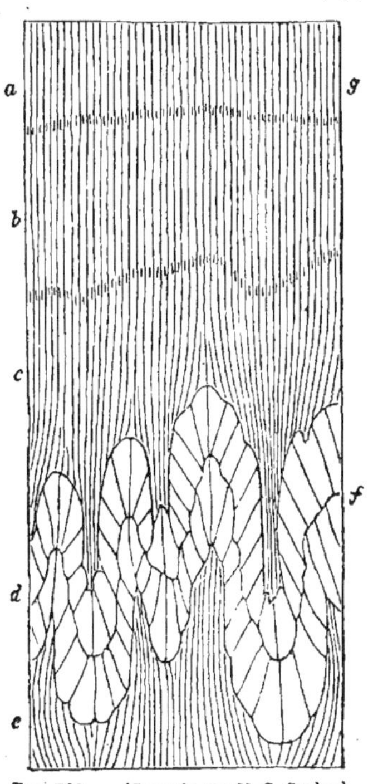

Fig. 760. — (Croquis par M. C. Sorby.)
Coupe verticale de schistes dans les falaises des environs de Ilfracombe, Devon septentrional.
Échelle=1 pouce au pied (0m,025 au 0m,30).
a, *b*, *c*, *e*. — Schistes à grains fins, dont la stratification, sur place, se distingue en partie par des teintes plus claires ou plus sombres, et en partie par des degrés différents de finesse des grains. — *d*, *f*. Schiste sableux, à grains plus grossiers, légèrement coloré, avec clivage moins distinct.

jusqu'à un certain point, par la condensation. Le résultat principal provient du plissement; mais, comme preuve de l'allongement, nous ferons observer que l'épaisseur du lit

(1) *On the Origin of Slaty Cleavage*, par **H.-C. Sorby** (*Edinb. New Phil. Journ.*, 1853, vol. LV, p. 137).

df est aujourd'hui environ quatre fois plus considérable dans les portions qui suivent la direction principale des flexions, que dans les portions perpendiculaires à cette direction ; et le même lit montre des plans de clivage parallèles au sens du mouvement le plus prononcé, bien que ces plans soient beaucoup moins nombreux qu'à travers les couches schissteuse situées au-dessus et au-dessous.

Au-dessus du lit sableux, *df*, la couche *c* est un peu dérangée, tandis que la couche voisine *b* l'est moins, et *a* pas du tout. Cependant toutes ces assises *c*, *b*, *a*, ont dû éprouver une pression aussi forte que *d*, les points *a*, *g*, étant aussi rapprochés l'un de l'autre que *d*, *f*. Les mêmes phénomènes se répètent dans les lits situés au-dessous de *d*, et l'on aurait pu s'en convaincre si l'on avait développé davantage la coupe vers le bas. Il semble donc que les assises à structure plus fine ont été réduites à un quart seulement de l'espace qu'elles occupaient précédemment ; un tel résultat doit être attribué, d'abord, à la condensation ou rapprochement de leurs plus minimes particules, qui expliquent la pesanteur spécifique beaucoup plus considérable de ces schistes ; et ensuite à l'allongement opéré suivant la ligne de plongement de clivage, dont la direction générale est perpendiculaire à celle de la pression. « Ces cas et plusieurs autres, dans le Devon septentrional, dit M. Sorby, sont analogues à ce qui arriverait si une bande de papier était suspendue au sein de quelque matière plastique dont on modifierait ensuite les rapports et la valeur des diamètres. Le tout étant comprimé dans la direction de la longueur de la bande de papier, celle-ci se plisserait ou se contournerait, tandis que la matière plastique changerait bientôt de dimensions sans éprouver les mêmes contorsions ; et la différence d'éloignement entre les extrémités du papier, mesurée en ligne directe ou en diagonale, indiquerait le changement qu'auraient subi les diamètres de la matière plastique. »

Le jeune géologue n'aura pas de peine à comprendre, lorsque la forme d'un fossile, ou d'un cristal, ou d'une concrétion sphéroïdale a été modifiée par l'influence d'une pression latérale, que les contours extérieurs, nouvellement acquis, soient différents suivant qu'ils ont cédé à une ou plusieurs directions. Ils se seront allongés seulement dans le sens du plongement du clivage, ou bien ils auront obéi à une traction perpendiculaire à ce plongement ; enfin, dans quelques cas, les deux mouvements auront agi à la fois. D'après l'examen de très-petits cristaux, à l'aide du microscope, et par d'autres observations trop minutieuses pour devoir être relatées ici en détail, M. Sorby est arrivé à la conclusion que la condensation absolue des roches schisteuses peut aller en moyenne à la moitié environ de leur volume primitif. On doit attribuer cette diminution surtout au rapprochement des particules ; par l'effet de ce rapprochement ont disparu les vides qui existaient lors du simple contact des molécules. En dernier lieu, la modification est due sans doute à l'allongement qui a produit le clivage schisteux.

Presque toujours les paillettes de mica, dans certains schistes, sont, d'après l'étude qu'en a faite M. Sorby, disposées suivant le sens du clivage : tandis que, dans toute roche semblable, mais exempte de ce dernier mode de division, les lamelles micacées ne montrent plus le même genre de direction. Leur position au milieu des schistes n'a-t-elle point été déterminée par le mouvement d'allongement dont nous avons parlé ailleurs ? Pour répondre à cette question, M. Sorby imagina une expérience : il mêla quelques lamelles d'oxyde de fer à de la terre à pipes molle, en ayant soin de les faire incliner dans toutes les directions. Il modifia ensuite, artificiellement, les dimensions de la masse, d'une quantité égale à celle indiquée par des changements analogues dans les roches schisteuses ; puis, il dessécha la terre à pipes, et la calcina. Après cette dernière opération, ayant tenté de produire une surface plane perpendiculaire à la pression et dirigée suivant la ligne d'allongement, ou, en d'autres termes, suivant un plan correspondant à celui du plongement de clivage, il observa que les particules s'étaient disposées de la même manière que dans les schistes de la nature, et que la masse avait acquis des facilités de division en feuillets minces et plats suivant le plan dont il a été question, tandis qu'elle ne cédait point dans le sens perpendiculaire au clivage (1).

Le Dr Tyndall, répétant en 1856 les expériences de M. Sorby, remarqua que la pression seule suffisait pour produire le clivage, et que l'intervention des paillettes de mica et des particules d'oxyde de fer, ou de toutes autres substances à faces planes, était complétement inutile. A cet effet, il démontra expérimentalement, qu'une masse de cire blanche et pure, après avoir été soumise à une grande pression, présentait un clivage plus net que toute autre roche schisteuse, et se séparait en lames d'une ténuité incomparable (2). Le même auteur fit observer que toute masse d'argile et de limon se divise et se subdivise en surfaces comparativement peu adhérentes entre elles. Sous une certaine pression, ces masses cèdent et s'élargissent dans le sens de la résistance la plus faible ; de petits nodules sont ainsi convertis en feuillets séparés les uns des autres par des surfaces peu cohésives, et en définitive la masse affecte un clivage perpendiculaire à la ligne suivant laquelle s'est exercée la pression. Les expériences de M. Sorby relatives au mode d'arrangement qu'adoptent, sous la pression, des paillettes de mica et d'oxyde de fer dans la terre à pipes molle, nous autorisent à admettre que la divisibilité laminaire du basalte, du trachyte et même de quelques variétés de gneiss, ainsi que de certains granits, est due à une cause mécanique, à un mouvement qui aurait eu lieu après le développement de cristaux au sein de la masse pâteuse.

M. Scrope, dans sa description des îles Ponza, attribue « la structure zonée de la perlite de Hongrie (trachyte semi-vitreux) à l'affaissement que cette lave aurait subi, en obéissant à la loi de sa pesanteur propre, le long d'un plan légèrement incliné, pendant qu'elle était encore à un état de

____

(1) Sorby, cité ci-dessus, p. 509, note.
(2) **Tyndall**, *View of the cleavage of crystals and slate rocks.*

fluidité imparfaite. Aux îles Ponza et Palmarolo, la direction des zones est plus fréquemment verticale qu'horizontale, car la masse a été poussée de bas en haut (1). M. Darwin attribue aussi la structure laminaire et fissile de diverses roches volcaniques de la série trachytique, y compris certaines obsidiennes de l'Ascension (Mexico) et d'autres localités, à des mouvements qui les auraient disposées, pendant qu'elles étaient encore liquides, sous forme de lames. Les zones consistent quelquefois en petites bandes de cellules étirées et allongées dans la direction supposée de la masse en mouvement. Il compare cette division en zones parallèles, qui s'est produite ainsi par l'extension d'une masse pâteuse coulant avec lenteur vers le bas, à la structure zonée ou rubanée d'un glacier, que le professeur James Forbes a si habilement expliquée par le fendillement d'un corps visqueux en progression (2).

Quelle que soit la cause du phénomène, le résultat, ajoute M. Darwin, n'en est pas moins digne de l'attention des géologues ; dans une roche volcanique de la série trachytique, à l'Ascension, on voit souvent des bandes d'une ténuité extrême, pour ainsi dire de l'épaisseur d'un cheveu et de différentes couleurs, alterner entre elles un nombre infini de fois, quelques-unes composées de cristaux de quartz et de diopside (variété de pyroxène), d'autres parsemées de petites taches noires augitiques, avec granules d'oxyde de fer, et d'autres enfin remplies de feldspath cristallin. Il est à supposer, en pareil cas, que la force de cristallisation s'exerça plus librement suivant la direction des plans de clivage qui se produisirent lorsque la masse pâteuse s'étala, soit parce que les vapeurs contenues trouvèrent à s'épancher au travers de petites fissures, soit parce que les plus minimes molécules furent moins gênées dans leur mouvement le long des plans de tension moindre, soit enfin pour d'autres raisons encore inexpliquées.

(1) *Geol. Trans.*, 2e série, vol. II, p. 227.
(2) Darwin, *Volcanic Islands*, pp. 69, 70.

M. Darwin, après une étude attentive des roches cristallines de l'Amérique méridionale, faite en 1835, a proposé le nom de *foliation* (feuilletage) pour indiquer la divisibilité en lames ou plaques des gneiss, micaschiste et autres roches semblables. Le mot clivage, observe ce géologue, doit s'appliquer à ces plans divisionnaires qui rendent une masse fissile, bien que paraissant à l'œil complétement homogène ou à peu près. On doit employer l'expression de feuillets pour désigner ces bandes ou plaques alternatives, de nature minérale variée, dont se composent le gneiss et diverses roches métamorphiques. Les plans de clivage du schiste argileux de la Terre de Feu et du Chili conservent une direction uniforme sur des étendues de quelques centaines de kilomètres, en des contrées où ils sont tout à fait distincts de la stratification. Dans les mêmes pays, les plans des feuillets du micaschiste et du gneiss sont parallèles au clivage du schiste argileux ; d'où l'on serait porté, à première vue, à conclure que quelque cause commune, n'ayant aucun rapport avec la sédimentation, a imprimé le clivage à l'un des groupes de roches, et le feuilletage à l'autre groupe. Mais une telle conclusion ne saurait être légitimement adoptée que pour les cas rares où l'on peut trouver, par une coupe continue, que non-seulement la direction, mais encore le prolongement du clivage schisteux, d'une part, et des feuillets, de l'autre, coïncident d'une manière absolue ; il faut, de plus, la condition que le clivage ne soit point parallèle à la stratification de la roche schisteuse. Dans quelques exemples cités par M. Darwin, et observés à la Terra del Fuego, aux îles Chonos et à La Plata, l'uniformité de plongement du clivage schisteux et du feuilletage est si nettement accusée, qu'évidemment elle milite en faveur de l'opinion dont il s'agit. Mais il est prudent de se tenir en garde contre les sources d'erreur, en suivant cette longue chaîne de raisonnements. Un fait est incontestable, c'est que, dans l'Amérique méridionale, comme en d'autres pays, la direction de clivage du schiste argileux concorde avec l'axe d'élévation de cette roche, pour les mêmes districts. Il s'ensuit que les *feuillets* des gneiss, micaschiste, calcaire ou autres roches cristallines, même lorsque ces feuillets coïncident exactement avec les plans de stratification primitive, courent suivant le sens du clivage schisteux ; en effet, les véritables couches plongent toujours à angle droit par rapport à l'axe d'élévation, et lui sont parallèles en direction. On ne peut, par conséquent, tirer de l'uniformité de direction des roches schisteuses et feuilletées aucune preuve en faveur d'une origine commune ; il faut, en plus, la coïncidence de plongement : or, telle est la variation de plongement des schistes et des feuillets, que ce genre de preuve est difficile à obtenir.

Keilhau a depuis longtemps annoncé que les feuillets des schistes cristallins de Norwége s'accordent généralement avec les plans originels de stratification (1). De nombreuses observations faites par M. David Forbes dans le même pays (le plus classique probablement en Europe pour l'étude de ce genre de phénomène sur une grande échelle) ont confirmé la manière de voir de M. Keilhau. De même, aussi, en Écosse, M. le docteur Forbes a signalé un cas remarquable où le sens de la division en feuillets correspond tout à fait aux lignes de stratification des roches ; on observe ce cas non loin de Crianlorich, sur la route qui conduit à Tyndrum, à environ 12 kilomètres de Inverarnon, comté de Perth. La même localité fournit un calcaire bleu, feuilleté par la présence de petites paillettes de mica blanc, et souvent il est difficile de distinguer la roche, à son aspect, d'un gneiss ou d'un micaschiste. La stratification se compose de lits épais et bandes colorées de calcaire, le tout plongeant, de même que les feuillets, sous un angle de 32 degrés vers le Nord-Est (2).

Dans les formations stratifiées de chaque âge existent de petites bandes de sable pénétrées ou dépourvues de mica, qui alternent avec de l'argile, des fragments de coquilles et

(1) *Norske Mag. Naturvidsk.*, vol. I, p. 71.
(2) Mémoire lu devant la Société géologique de Londres, 31 janvier 1855.

de coraux, ou des veines minces de matière végétale ; on peut supposer que l'attraction mutuelle de telles particules a favorisé la cristallisation du quartz, du mica, du feldspath ou du carbonate de chaux, plutôt le long des plans d'accumulation originelle que suivant les autres, qui font des angles de 20 ou 40 degrés avec le sens de la stratification.

M. Darwin a remarqué, en Patagonie, que certaines bandes minces sédimentaires de tuf sont devenues porphyritiques, à peine altérées qu'elles étaient primitivement, et cela, par un processus particulier d'agrégation : de petits morceaux d'argile paraissent s'être condensés de manière à acquérir presque la forme de concrétions ressemblant à des amandes, et celles-ci, sur les points où la modification a été la plus avancée, sont devenues des cristaux de feldspath, ayant leurs axes les plus longs parallèles les uns aux autres. Au sein d'autres couches associées aux précédentes, des particules quartzeuses ont subi de semblables rapprochements pour donner lieu à des nodules de quartz hyalin (1).

On n'a donc pas tort de supposer qu'au travers des roches dépourvues de clivage, les feuillets et plans de stratification coïncideront habituellement, et qu'il en sera de même dans tous les cas où les clivages concorderont avec les joints originels de sédimentation, par exemple dans celui des schistes graphiques à fucoïdes du Niesen, sur le lac de Thoune, en Suisse. M. Darwin admet que « la disposition feuilletée représente le résultat extrême du procédé dont le clivage est le premier effet ; » ou que la force de cristallisation a été très-énergique suivant la direction du clivage. Raisonnant d'après cette hypothèse, l'auteur ajoute : « J'ai été vivement frappé, dans les parties orientales de la Terra del Fuego, du fait que les lames minces du schiste argileux, sur les points où elles coupent net les bandes de stratification, et sont ainsi incontestablement de véritables plans de clivage, se différencient légèrement l'une de l'autre par des teintes grisâtres et

(1) *South America*, p. 149.

verdâtres, par leur compacité et l'aspect plus jaspé de certaines d'entre elles. Ce fait montre que la même cause par laquelle s'est produite la structure très-fissile a légèrement aussi altéré le caractère minéral de la roche le long des mêmes plans (1). » Comme autre preuve du passage des plans de clivage à ceux de feuillets, le professeur Sedgwick nous apprend que, dans la Galles du Nord, des surfaces de schiste sont quelquefois encroûtées de chlorite « dont les cristaux n'ont pas seulement dessiné les plans de clivage, mais se sont répandus à travers la masse entière de la roche (2). » De même, dit M. Darwin, en quelques localités de l'Amérique méridionale, des cristaux d'épidote et de mica tapissent les plans de clivage.

Il n'y a pas, ce me semble, de difficulté à imaginer que, pour les roches de composition *homogène*, le feuilletage puisse avoir lieu suivant des plans primitivement formés par l'expansion de matériaux le long du plongement de clivage ; car des géologues expérimentés ont inutilement cherché à déterminer, en plusieurs contrées, lequel des deux groupes de plans divisionnaires devait se rapporter au clivage, et lequel à la stratification. Après un doute prolongé, ils ont fini par s'apercevoir qu'ils avaient, dans le principe, confondu les lignes de clivage avec celles de sédimentation ; en effet, les premières sont de beaucoup plus marquées que les dernières. Or, que de telles masses schisteuses deviennent très-cristallines et soient converties en gneiss, schiste amphibolique ou tout autre membre de la classe hypogène, et les plans de clivage deviendront beaucoup plus visibles que ceux de stratification. Le professeur Henslow a constaté, dès l'année 1821, que la division laminaire des schistes chloritiques et autres schistes cristallins, à Anglesea, suivait approximativement les plans de stratification ; le professeur Ramsay, en 1841, a fait la même remarque quant au gneiss et au micaschiste d'Arran. Le géologue que nous venons de citer en

(1) *Geol. Observ.*, *on South Amer.*, p. 155.
(2) Sedgwick, *Geol. Trans.*, 2ᵉ série, vol III, p. 171.

dernier lieu pense qu'à Anglesea le métamorphisme s'est probablement exercé à l'époque où les volcans du Silurien Inférieur étaient en activité, et par conséquent longtemps avant le clivage des roches de Welsh ; en effet, ce clivage affecte à la fois les couches du Silurien Inférieur et du Cambrien. Dans le même mémoire, l'auteur, après avoir rappelé la théorie de M. Darwin sur la *foliation*, ajoute : « Si les roches ne furent point clivables lorsque le métamorphisme exerça son influence, les plans de foliation devinrent susceptibles de coïncider avec ceux de la stratification ; mais, s' ! se détermina un clivage très-prononcé, les plans des feuillets durent se confondre en parallélisme avec ceux de clivage (1). »

D'après ce que j'ai vu moi-même dans les Grampians, comtés de Forfar et de Perth, M. Mac-Culloch a raison de classer le gneiss et le micaschiste parmi les roches stratifiées, et de regarder certains lits de quartz pur, de 30 ou 60 centimètres d'épaisseur, qui se prolongent sur des kilomètres entiers suivant la direction de leurs feuillets, comme indiquant des plans de stratification originelle ; l'intercalation de masses calcaires et de schistes chloritiques, actinolitiques ou amphiboliques au milieu des roches précédentes, porte le cachet d'une origine semblable. J'admets complétement aussi que les bandes alternatives de quartz, ou de mica et quartz, de feldspath, ou de mica et feldspath, de carbonate de chaux, etc., sont plus distinctes, en certaines roches métamorphiques, que les bandes alternatives de beaucoup de dépôts sédimentaires ; on peut supposer que, dans le premier cas, des particules semblables ont exercé une attraction moléculaire les unes sur les autres, et se sont rassemblées en bandes plus distinctes quant à leur composition minérale qu'avant la cristallisation des roches.

Nous avons vu jusqu'à quel point les plans originels de stratification pouvaient être dérangés ou même effacés par

(1) *Geol. Quart. Journ.*, 1853, vol. IX, p. 172.

l'action de concrétion à travers les dépôts conservant encore leurs fossiles, par exemple dans le calcaire magnésien (voy. t. I, p. 61). De là, des causes d'erreur lorsqu'on essaye de déterminer si le feuilletage concorde ou ne concorde pas avec cet arrangement que la gravitation, combinée avec l'action de courant, a imprimé à tout dépôt aqueux. De plus, dans la stratification des roches cristallines, il ne faut pas s'attendre à rencontrer beaucoup de régularité. La présence de masses enclavées au sein des accumulations de sable grossier et de cailloux roulés, — la division laminaire diagonale (voy. t. I, p. 27), — les ondulations, — la stratification discordante (t. I, p. 27), — les plis fantastiques produits par la pression latérale, — les failles de différentes largeurs, — les dykes de trapp, les corps organisés de diverses formes, — et d'autres causes d'inégalités dans les plans de sédimentation, sur une grande ou sur une petite échelle, sont tout autant de causes perturbatrices du parallélisme. Sans formes complexes et énigmatiques de ce genre, le métamorphisme ne serait pas facile à soutenir.

M. Sorby a montré que la structure particulière des sables ondulés, ou l'arrangement qui s'est produit lorsque des ondulations se forment pendant le dépôt des matériaux, se reconnaît parfaitement dans plusieurs variétés de micaschistes en Ecosse (1).

Dans le diagramme ci-dessous, j'ai représenté avec soin

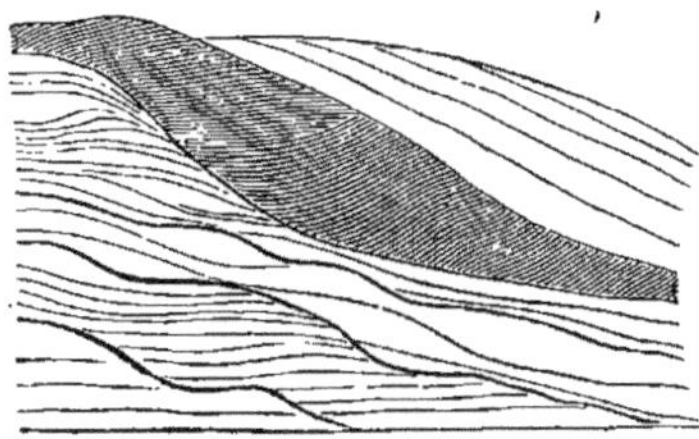

Fig. 761. — Division laminaire du schiste argileux ; montagne de Seguinat, près Gavarnie (Pyrénées).

la division laminaire d'un schiste argileux grossier, que j'ai

(1) H.-C. Sorby, *Quart. Geol. Journ.*, vol. XIX, p. 401.

observée, vers 1830, dans les Pyrénées. Le schiste est en partie à l'état d'ardoise verte et bleue (phyllade), et en partie à l'état extrêmement quartzeux ; l'ensemble passe inférieurement à un micaschiste. La coupe verticale que l'on voit ici mesure environ 90 centimètres de haut, et certaines bandes y sont si minces, que l'on peut en compter jusqu'à cinquante sur l'épaisseur de 25 millimètres. Quelques-unes sont de quartz pur.

On trouvera de la ressemblance entre ces divers cas et la division laminaire diagonale que l'on voit dans les roches sédimentaires, bien que les bandes de quartz et mica, ou de feldspath et d'autres minéraux, soient plus distinctes dans les feuillets alternatifs qu'elles ne l'étaient primitivement.

M. Élie de Beaumont, qui considère la majeure partie des gneiss et micaschistes des Alpes comme des couches de sédiment altérées par l'action plutonique, admet aussi que certains gneiss de la même chaîne sont des produits d'éruption, ou, en d'autres termes, des sortes de granits sortis des profondeurs de la terre, qui se seraient disposés en lames parallèles à la manière des trachytes dont nous avons parlé (1).

Si l'on suppose qu'une masse ait été comprimée et allongée suivant une direction déterminée, postérieurement au développement des cristaux de mica, de talc ou de divers autres minéraux en petites paillettes, peut-être celles-ci se seront-elles disposées d'elles-mêmes en plans parallèles à ceux du mouvement ; un procédé de ce genre rendrait compte de ce que les carriers appellent *le grain* dans certains granits (en Angleterre), c'est-à-dire la tendance de la roche à se fendre dans un sens plutôt que dans un autre. Mais, en thèse générale, le degré de fusion des schistes cristallins ne paraît pas avoir été tel, qu'il ait comporté un mouvement analogue à celui de la lave ou du granit, et c'est

(1) *Bulletin de la Soc. Géol. de France*, 2ᵉ série, vol. IV, p. 1301.

pour cela que les roches de leur classe n'envoient point de veines à travers les masses environnantes. Dans le chapitre suivant, je rechercherai les différentes périodes auxquelles on peut rapporter l'origine des schistes hypogènes et métamorphiques, et j'examinerai pourquoi, pendant si longtemps, les géologues ont regardé ces périodes comme méritant le nom de *primitives*.

CHAPITRE XXXVII

SUR LES DIFFÉRENTS AGES DES ROCHES MÉTAMORPHIQUES.

Deux âges pour chaque groupe de couches métamorphiques. — Caractère de l'âge, déduit des fossiles et de la composition minérale; il n'a pas de valeur. — Caractère de la superposition ; il est ambigu. — Conversion de masses épaisses de couches fossilifères en roches métamorphiques. — Calcaire et schiste de Carrare. — Couches métamorphiques plus anciennes que les roches Cambriennes. — Autres couches de même genre, datant du Silurien Inférieur. — Autres couches des périodes Jurassique et Éocène, dans les Alpes de la Suisse et de la Savoie. — Pourquoi les couches cristallines visibles sont-elles rarement très-récentes? — Ordre de succession des roches métamorphiques. — Uniformité du caractère minéral. — Par quelle cause les couches métamorphiques sont-elles moins calcaires que les lits fossilifères?

D'après la théorie que j'ai adoptée dans le dernier chapitre, l'âge de chaque groupe de roches volcaniques comprend deux divisions : l'une durant laquelle ces roches se sont déposées, et l'autre où elles sont devenues cristallines. Rarement on peut préciser avec certitude la date de chacune de ces divisions, les fossiles ayant été détruits par l'action plutonique, et le caractère minéral se trouvant identique, malgré l'âge. La superposition elle-même est un caractère ambigu, surtout lorsqu'on se propose de déterminer la période de cristallisation. Supposons, par exemple, que les couches métamorphiques des Alpes, recouvertes de lits crétacés, soient positivement du lias altéré; elles auront acquis leur structure cristalline durant la période crétacée ou pendant l'une des ères tertiaires, l'Eocène par exemple. Admettons que ce soit lors du dépôt de l'Éocène; dans ce dernier cas, la roche transformée devra recevoir le nom d'Éocène, en tant que roche métamorphique, tandis que véritablement elle est d'âge liasique, par rapport à l'époque de son dépôt. A ce point de vue, la superposition de la craie n'empêchera pas la roche *métamorphique* sous-jacente d'être Éocène.

En traitant de l'âge des roches plutoniques, nous avons cité de nombreux exemples de dépôts primaires, secondaires et tertiaires convertis en couches métamorphiques, près de leur contact avec le granit. On ne saurait douter, dans ces cas, que des assises jadis composées de limon, sable et gravier, ou d'argile, marne et calcaire coquillier, n'aient été, jusqu'à une distance de plusieurs mètres, transformées en gneiss, micaschiste, schiste amphibolique, chlorito-schiste, quartz-roche, marbre statuaire et autres (voy. les deux chapitres précédents).

Mais, quand l'action métamorphique s'est exercée sur une vaste échelle, elle a détruit radicalement tout vestige pouvant indiquer plus tard la date de son développement. Il est facile d'établir l'identité de dèux parties différentes d'une seule couche : l'une, où la roche s'est trouvée en contact avec une masse volcanique ou plutonique qui l'a changée soit en marbre, soit en schiste amphibolique, et l'autre, peu distante, où elle n'a point du tout été altérée, et qui contient encore des fossiles ; mais, lorsqu'on doit comparer deux portions d'une chaîne montagneuse — l'une métamorphique, et l'autre non modifiée — il faut toute l'instruction et l'habileté d'un bon praticien pour arriver à des résultats satisfaisants ; et encore, quelquefois, les recherches échouent-elles complétement. Je citerai un ou deux exemples d'altération sur une grande échelle, et je m'efforcerai de faire saisir au jeune géologue la chaîne des raisonnements à l'aide desquels on arrive à conclure que d'énormes masses de couches fossilifères ont été converties en roches cristallines.

Apennin septentrional. — Carrare. — Le fameux marbre de Carrare, que l'on emploie en sculpture, était autrefois regardé comme type de calcaire primitif. Il abonde dans les montagnes de Massa Carrara (*Alpes Apuennes*), comme on les a nommées ; les pics les plus élevés de cette chaîne atteignent près de 1,830 mètres. On concluait à sa très-haute antiquité d'après sa texture minérale, l'absence de fossiles au sein de sa masse, et son passage, vers le bas, à des talschistes et micaschistes grenatifères ; ces dernières roches montrent elles-mêmes, plus inférieurement, une transition au gneiss, qui se trouve pénétré, à Forno, de veines granitiques. Or, les recherches de MM. Savi, Boué, Pareto, Guidoni, de la Bèche, Hoffmann et Pilla, ont démontré que ce marbre, autrefois considéré comme ayant été produit antérieurement à l'existence des êtres organisés, n'est en réalité qu'un calcaire altéré de la période Oolitique ; les schistes cristallins sousjacents sont aussi des grès et schistes secondaires, modifiés par l'action plutonique. Pour arriver à ces conclusions, les auteurs précédents ont constaté d'abord, que les roches calcaires des environs du golfe de la Spezia, qui abondent en fossiles oolitiques, acquièrent une texture d'autant plus semblable à celle du marbre de Carrare, qu'elles sont pénétrées plus abondamment de roches trappéennes et plutoniques telles que diorite, euphotide, serpentine et granit.

On observe, sur les points où les formations secondaires ne sont pas altérées, que la plus supérieure des roches est le calcaire commun des Apennins, avec nodules de silex ; audessous viennent des schistes argileux, et, à la base du tout, des grès argileux et siliceux. Les fossiles abondent dans le calcaire, mais ils sont très-rares à travers les schistes et grès sous-jacents. On a donc suivi ces roches, et cherché leur passage latéral aux masses de l'autre série correspondante, qni est complétement métamorphique ; celle-ci est couronnée, à son sommet, d'un marbre blanc, grenu, totalement dépourvu de fossiles, presque exempt de stratification, et au sein duquel il n'existe pas de nodules de silex, mais une matière siliceuse disséminée à travers la masse sous forme de prismes de quartz. Au-dessous de ce calcaire, et remplaçant les schistes argileux, existent des talschistes, jaspes et cornéenne ; enfin, tout au bas, en place de grès siliceux et argileux, sont des quartzites et gneiss (1). Si toutes les cou-

(1) Voyez Notices de Savi, Hoffmann et autres, citées par Boué, *Bull. de la Soc. Géol. de France*, t. V, p. 317, et t. III, p. 44. Voyez aussi Pilla cité par Murchison, *Quart. Geol. Journ.*, vol. V, p. 266.

ches secondaires des Apennins avaient éprouvé de pareils changements, il serait impossible de déterminer leur âge véritable, et, conformément à la méthode de classification adoptée par les premiers géologues, on les aurait considérées comme roches primaires. Dans ce cas, la date de leur origine eût été reculée à une époque antérieure au dépôt des couches du Silurien Inférieur ou du Cambrien, bien qu'en réalité elles se soient accumulées durant la période Oolitique, et aient été métamorphosées à quelque époque subséquente, peut-être très-moderne.

Alpes de la Suisse. — Dans les Alpes, en général, on arrive à des conclusions analogues relativement à l'altération des couches ; mais les phénomènes s'y déroulent sur une bien plus vaste échelle. Vers la partie orientale de cette chaîne, on distingue parfaitement quelques-unes des assises primaires fossilifères, puis des formations secondaires anciennes, et enfin des roches oolitiques et crétacées. Certains dépôts tertiaires s'y rencontrent aussi à un niveau moins élevé, et posés contre les flancs du versant oriental des montagnes ; mais, dans les Alpes Centrales ou de la Suisse, les formations primaires fossilifères manquent, ainsi que les formations secondaires plus anciennes ; les couches Crétacées, Oolitiques, Liasiques et même, sur quelques points, Éocènes, y passent insensiblement à des roches métamorphiques qui consistent en calcaire grenu, talchiste, gneiss talqueux, micaschiste et autres variétés. Quant à l'âge de ce vaste ensemble de strates cristallines, on peut seulement avancer que les portions supérieures ont été altérées postérieurement au dépôt des terrains secondaires, quelques-unes même après l'accumulation de l'Éocène ; mais il est impossible de ne pas affirmer que la disparition des roches secondaires anciennes et des couches primaires fossilifères ne soit due à leur conversion en schistes cristallins.

Difficilement on donnerait aux géologues qui n'ont jamais visité les Alpes une idée juste des différents arguments qui militent en faveur de cette dernière opinion. D'abord, dans

certaines localités de ces hautes montagnes, près du granit,
les couches Oolitiques, Crétacées et Éocènes ont été converties en marbre grenu, gneiss et autres schistes métamorphiques. Ce fait démontre d'une manière incontestable que
les causes plutoniques ont continué, dans les Alpes, jusqu'à
une époque comparativement récente et même postérieure,
peut-être, au dépôt de quelques-unes des formations nummulitiques ou moyennes de l'Éocène. Une fois ce point établi, il est fort naturel d'admettre que plusieurs des roches
fossilifères inférieures qui, probablement, furent exposées
pendant une durée plus considérable à une action semblable,
durent se métamorphoser à un degré bien plus intense.

Il existe aussi, en certaines parties des Alpes de la Suisse,
des masses énormes de couches secondaires et même tertiaires, ayant acquis la disposition semi-cristalline désignée
par Werner sous le nom de texture de *transition ;* ce genre
de texture a conduit naturellement les partisans de la doctrine de l'illustre géologue saxon, qui ont considéré comme
très-important le caractère minéral pris exclusivement, à
classer les couches dont il est question parmi les formations
de transition, ou groupes plus anciens que les roches secondaires les plus inférieures (voy. t. I, p. 143). Or, il est probable que ces couches ont été affectées, quoique à un degré
moindre, par la même action plutonique qui a radicalement
altéré et métamorphosé un si grand nombre de formations
sous-jacentes ; car, dans les Alpes, l'action du feu n'a nullement été confinée au voisinage immédiat du granit. Cette
dernière roche et d'autres plutoniques, apparaissent rarement à la surface, quelque profonds que soient les ravins
creusés dans les flancs des montagnes. On ne saurait douter
qu'elles existent au-dessous, à une profondeur peu considérable, et nous avons déjà vu (t. II, p. 450) que, sur certains
points, comme en Valorsine, près du Mont-Blanc, se montrent un granit et des veines de la même roche, perçant un
gneiss talqueux, lequel, à sa partie supérieure, passe insensiblement à des couches secondaires.

C'est sans contredit dans les Alpes de la Suisse et de la Savoie, plus qu'en aucune autre contrée de l'Europe, que le géologue rencontrera des traces d'un développement considérable de l'action plutonique ; car, dans ces montagneuses régions, se dressent les monuments les plus étonnants de la violence mécanique, par laquelle des couches de plusieurs centaines de mètres d'épaisseur ont été recourbées, plissées et renversées (voy. t. I, p. 95). C'est là que des formations secondaires marines, d'une date relativement récente, Oolitiques et Crétacées, ont été élevées à la hauteur de 3,660 mètres, et quelques couches Éocènes à celle de 3,050 mètres au-dessus du niveau de la mer ; même, des dépôts de l'ère Miocène ont atteint jusqu'à 1,220, et 1,520 mètres ; ils rivalisent aujourd'hui, par leur altitude, avec les sommets les plus fiers et les plus élancés de la Grande-Bretagne.

Si le lecteur veut bien consulter les ouvrages de divers géologues éminents qui ont exploré les Alpes, spécialement ceux de MM. de Beaumont, Studer, Necker, Boué et Murchison, il verra que tous admettent plus ou moins l'opinion que je viens de développer. MM. Studer et Hugi ont, en effet, établi qu'il existe sur une vaste échelle, dans ces monts élevés, de complètes alternances de couches secondaires, contenant des fossiles, avec le gneiss et autres roches à structure essentiellement métamorphique. J'ai visité quelques-unes des localités les plus remarquables citées par ces auteurs ; mais, bien que d'accord avec eux sur l'existence de passages  de la série fossilifère à la série métamorphique loin du contact du granit ou d'autres masses plutoniques, je me demande si l'on ne pourrait pas expliquer autrement les alternances distinctes d'assises éminemment cristallines, avec les couches non altérées dont il a été question ci-dessus. Dans l'une des coupes décrites par M. Studer, coupe qui se rapporte aux régions les plus élevées des Alpes Bernoises, notamment au Roththal, vallée voisine de la ligne des neiges perpétuelles, du côté nord de la Jungfrau, se trouve une masse remarquable de gneiss, de 300 mètres d'épaisseur et de 4,500 mètres de long, que j'ai eu l'occasion d'examiner moi-même; non-seulement elle repose sur des couches contenant des fossiles oolitiques, mais encore elle en est parfois recouverte. Ces anomalies s'expliquent en partie par la supposition, que d'énormes enclaves solides de gneiss d'intrusion auraient pénétré latéralement entre les strates, avec lesquelles j'ai trouvé ce gneiss en position discordante sur plusieurs points. La superposition de la roche cristalline à l'oolite peut aussi, dans quelques cas, être rapportée à un renversement de la position originelle des lits, à travers une région où les convulsions ont eu lieu avec un développement si surprenant.

Sur le Sattel, aussi, à la base du Gestellihorn, au-dessus d'Enzen, vallée d'Urbach, près de Meyringen, quelques-unes des intercalations du gneiss au sein des couches fossilifères me semblent devoir être assignées à un dérangement mécanique. Presque toute hypothèse de changements réitérés de position est admissible dans une région où la confusion est poussée à un degré extrême. Les couches secondaires ayant pris d'abord la position verticale, certaines portions peuvent être devenues métamorphiques (l'influence plutonique arrivant d'en bas), tandis que d'autres seraient restées intactes. La série entière des lits a peut-être été, ensuite, rejetée de nouveau suivant une position presque horizontale, et de là l'hypothèse de formations cristallines recouvrant les roches fossilifères.

Suivant la remarque que j'ai faite dans le chapitre XXXIV, les roches hypogènes, stratifiées ou non stratifiées, ayant cristallisé primitivement à une certaine profondeur au-dessous de la surface du sol, ont toujours dû, avant d'être exhaussées et de se montrer à la surface, compter une longue période comparativement à un grand nombre de roches fossilifères et volcaniques. Elles se sont produites à tous les âges; mais, chacune d'elles, pour devenir visible, a d'abord été élevée au-dessus du niveau de la mer, et quelques-unes des masses enveloppantes ont été emportées par la dénudation.

Au Canada, ainsi que nous l'avons vu (p. 251, t. II) le Laurentien inférieur composé de gneiss, quartzite et calcaire peut être regardé comme roche métamorphique, car on a découvert des débris organiques (*Eozoon Canadense*) dans une portion de l'une de ses masses calcaires. On ne saurait douter que le Laurentien supérieur ou série du Labrador, consistant en gneiss, Feldspath-Labrador et schistes ardoisiers, et mesurant en totalité une épaisseur de 3,050 mètres, ne doive sa structure cristallisée à l'action métamorphique, puisqu'il repose en stratification discordante sur le Laurentien inférieur. La conversion en gneiss de ces anciennes couches Laurentiennes du Canada remonterait à une date très-reculée, ainsi que le fait supposer la rencontre de cailloux roulés de cette roche dans la formation sus-jacente Huronnienne, qui est contemporaine de la période Cambrienne supérieure, si elle ne lui est pas antérieure (p. 251, t. II). En Écosse, les plus anciennes roches stratifiées sont le gneiss amphibolique des Hébrides, et celui de même nature de la côte nord-ouest du Rosshire, que nous avons représenté à la base de la section donnée (p. 108, t. I, fig. 90). Ce gneiss est identique au gneiss traversé de nombreuses veines de granit, qui forme les falaises du cap Wrath, dans le Sutherlandshire (voir fig. 743, p. 448, t. II); on suppose qu'il date de la période Laurentienne. Cette roche, comme on le voit dans la section de Mac-Culloch (fig. 90, p. 108, t. I), est recouverte par des lits discordants de grès rougeâtre et de conglomérat, en position presque horizontale et d'une épaisseur de 600 à 900 mètres. Ces grès grossiers n'ont fourni aucuns fossiles, on les croit contemporains du Cambrien inférieur, mais, dans tous les cas, ils n'appartiennent pas, comme on l'avait d'abord pensé, à la période du Vieux Grès Rouge. Sir Roderick Murchison, en effet, a démontré que dans les Highlands du Nord, c'est-à-dire dans les trois comtés septentrionaux de l'Écosse, ces grès passent sous des roches quartzeuses en stratification discordante qui forment, avec un calcaire subordonné, des couches sus-jacentes à cette formation.

En 1854, M. Charles Peach trouva dans ce calcaire des traces obscures d'êtres organisés ; cette découverte détermina des recherches de la part de sir Murchison, qui, éventuellement et sans hésiter, déclara que la formation calcaire en question correspondait au Silurien Inférieur. C'est là un des pas les plus importants qu'ait faits depuis plusieurs années la science géologique en Angleterre, car il nous conduit à une conclusion très-inattendue, à savoir : que toutes les couches cristallines d'Écosse dans la direction de l'Est, couches autrefois appelées primitives et recouvrant les calcaire et quartzite qui nous occupent, doivent être rapportés à une division de la série Silurienne. C'est à Durness et Assynt que l'on a obtenu de ce calcaire les coquilles les plus abondantes et les mieux conservées. Parmi ces coquilles, on peut citer trois ou quatre espèces d'*Orthoceras* et les genres *Cyrtoceras* et *Lituites;* les mêmes couches ont fourni, pour les *Murchisonia*, deux espèces, et une seule, pour les *Pleurotomaria, Maclurea, Euomphalus* et *Orthis*. Suivant M. Salter, plusieurs de ces fossiles seraient spécifiquement identiques à ceux du Silurien Inférieur du Canada et des États-Unis. La seule rencontre de Céphalopodes en telle quantité constitue un terrible argument contre l'hypothèse qui attribue à cette formation une origine Cambrienne, et les larges syphons de quelques *Orthoceras* indiquent clairement la période du Silurien Inférieur, car cette forme divisionnaire du genre caractérise éminemment, tant en Europe que dans l'Amérique du Nord (voir p. 224, t. II), les membres inférieurs du système Silurien (voir plus haut, p. 224, t. II). Aux roches fossilifères accompagnées de ces quartzites, que nous venons de mentionner, succède, en stratification concordante, une série de gneiss, micaschistes et schistes argileux ; ce gneiss plus récent diffère beaucoup plus minéralogiquement de la roche fondamentale du même genre que nous avons signalée plus haut. On ne saurait mettre en question que ces formations

cristallines, tout à fait semblables à celles des Highlands du
centre et du midi, y compris les roches des comtés du Perth,
d'Aberdeen et du Forfar, par exemple, ne soient évidemment des couches altérées du Silurien (1). Cette opinion de
sir Murchison a été confirmée par les observations postérieures de trois éminents géologues, MM. Ramsay, Harkness
et Geikie. Sur le schiste argileux, membre le plus récent
de la série, repose le Vieux Grès Rouge Inférieur qui longe,
en stratification discordante, la bordure méridionale des
Grampians et contient les *Cephalaspis Lyelli, Pterygotus
Anglicus* et *Parka decipiens*.

Dans l'île d'Anglesea, comme je l'ai dit ailleurs, et suivant
M. Ramsay, le métamorphisme des schistes s'est accompli
durant la période du Silurien Inférieur. Si l'on rapproche
ces conclusions du fait qu'une texture hypogène s'est emparée, à travers les Alpes, des dépôts de l'Éocène Moyen
(voy. t. II, p. 502), on ne doutera pas que plus tard les géologues ne réussissent à découvrir des schistes cristallins de
presque tous les âges dans la série chronologique, bien que
la quantité des roches métamorphiques visibles à la surface
doive, pour des raisons que nous avons expliquées ci-dessus,
diminuer rapidement parmi les monuments d'époques de
plus en plus récentes.

Ordre de succession des roches métamorphiques.
— Il n'y a pas d'ordre universel et invariable de superposition pour les roches métamorphiques, mais seulement un
arrangement particulier qui peut prévaloir à travers des
contrées d'une vaste étendue, et qu'on détermine par des
moyens semblables à ceux employés au classement des diverses formations sédimentaires, source naturelle des couches cristallines. Par exemple, nous avons vu dans les Apennins, près de Carrare, la série descendante fournir, sur les
points où elle est métamorphique, d'abord un marbre saccharoïde, ensuite un talschiste, puis du quartz en roche et

(1) *Quart. Geol. Journ.*, vol. XV, p. 353, 1859. *Siluria*, 3e édition. *Appendice*, p. 553.

du gneiss ; et, vers les endroits où il n'existait pas d'altération, nous avons observé en premier lieu un calcaire fossilifère, en second lieu un schiste argileux, et enfin un grès.

Mais, dans la plupart des chaînes montagneuses, les gneiss, micaschiste, schiste amphibolique, chlorito-schiste, calcaire hypogène et autres roches se succèdent entre elles, et alternent suivant toute espèce d'ordre. On rencontre plus habituellement, il est vrai, certaines variétés de schiste argileux à la partie supérieure de la série métamorphique ; toutefois ce fait n'implique nullement, comme quelques géologues l'ont pensé, que tout schiste argileux ait été formé vers la fin d'une certaine période où le dépôt des couches cristallines aurait été suivi de l'accumulation des strates sédimentaires ordinaires. En réalité, les schistes argileux varient par leur composition, et quelquefois alternent avec les assises à fossiles ; on peut donc les rapporter presque aussi bien à l'ordre des roches sédimentaires qu'à celui des formations métamorphiques. Il est probable que, s'ils avaient été soumis à une action plutonique plus intense, ils auraient passé à l'état de schiste amphibolique, de chlorito-schiste feuilleté, de talschiste pailleté, de micaschiste ou autres roches plus complétement cristallines, telles qu'on en voit souvent associées au gneiss.

Uniformité du caractère minéral dans les roches hypogènes.—Il est tout à fait vrai, comme M. de Humboldt a eu l'heureuse occasion de l'observer, que, lorsqu'on passe d'un hémisphère à l'autre, on voit apparaître des formes nouvelles d'animaux et de plantes et, de plus, des constellations différentes au firmament ; mais, quant aux roches, ce sont les mêmes : elles rappellent toutes d'anciennes connaissances, telles que granit, gneiss, micaschiste, quartz en roche et diverses autres. Il existe, sans aucun doute, une grande et frappante ressemblance entre les principales variétés de roches hypogènes, en tous pays, quelque différentes qu'elles soient d'âge ; mais chacune d'elles, ainsi que nous l'avons démontré, doit être regardée comme faisant partie de familles géologiques, et non comme une combinaison minérale définie. Leur aspect est beaucoup plus uniforme que celui des couches sédimentaires, car ces dernières sont souvent composées de fragments qui varient beaucoup par la grosseur, la forme et la couleur, elles contiennent des fossiles d'espèces et de composition différentes, et acquièrent des teintes variées par le mélange de diverses qualités de sédiment. Les matériaux de ces couches, si on les faisait fondre et cristalliser, obéiraient à des lois chimiques simples et uniformes dans leur action, les mêmes aussi dans chaque climat ; elles échapperaient complétement aux causes mécaniques et organiques.

Ce serait une grave erreur de prétendre , avec certains géologues, que les roches hypogènes, considérées comme agrégats de minéraux simples, sont réellement plus homogènes dans leur composition que les divers membres de la série sédimentaire. En premier lieu, les pays différents contiennent des groupes dissemblables de roches hypogènes ; en second lieu, chaque district déterminé peut fournir des roches qui, désignées sous un même nom, sont cependant très-variables quant à leurs éléments constituants ou tout au moins quant aux proportions de ces éléments. Par exemple , le gneiss et le micaschiste, si caractéristiques des Grampians par leur abondance, manquent dans le Cumberland, les Galles et le Cornouailles ; en certaines parties de la Suisse et des Alpes italiennes, le gneiss et le granit sont talqueux, et non micacés comme en Écosse ; le hornblende (amphibole) distingue spécialement le granit d'Écosse, la tourmaline celui du Cornouailles, l'albite est propre aux roches plutoniques des Andes, et le feldspath commun (orthose) à celles d'Europe. En certaines localités d'Écosse, le micaschiste est rempli de grenats ; en d'autres, il est tout à fait dépourvu de ces cristaux ; dans l'Amérique du Sud, suivant M. Darwin, c'est le gneiss, et non le micaschiste, qui se trouve ordinairement grenatifère. Et non-seulement les proportions de feldspath, quartz, mica, hornblende et autres minéraux, varient au sein de roches hypogènes portant le même nom, mais encore, fait plus capital, les éléments du même minéral simple ne s'y montrent pas d'une manière constante, comme nous l'avons vu (t. II, p. 268, et tableau, t. I, p. 164).

Pourquoi les couches métamorphiques sont-elles moins calcaires que les strates fossilifères ? — Nous avons constaté que la quantité de matière calcaire, dans les lits métamorphiques, ou même dans les formations hypogènes en général, est beaucoup moindre qu'au travers des dépôts fossilifères. Par exemple, les schistes cristallins des Grampians, Écosse, qui consistent en gneiss, micaschiste, schiste amphibolique et autres roches développées sur plusieurs mille mètres d'épaisseur, contiennent une proportion infiniment petite de couches calcaires, bien que celles-ci aient été, dans le pays, l'objet d'actives recherches dans un but d'exploitation. Néanmoins le calcaire ne manque pas d'une manière absolue dans les Grampians du Sud, dans le Perthshire et le Forfarshire ; il s'y trouve associé, sur certains points, au gneiss, sur d'autres au micaschiste, et, en quelques endroits, à divers membres de la série métamorphique. Mais, lorsqu'il abonde, comme à Carrare, par exemple, et dans d'autres parties des Alpes où il se montre en rapport avec les roches hypogènes, il constitue habituellement l'un des membres supérieurs du groupe cristallin. Les calcaires du Laurentien Inférieur, dans le Canada, se composent de plusieurs bandes distinctes ; l'une d'elles, contenant l'*Éozoon canadense* et d'une grande puissance (de 200 à 450 mètres), fournit une remarquable exception à la règle générale. Dans ce cas, en effet, l'augite, la serpentine et divers autres minéraux sont largement mêlés avec le carbonate de chaux.

La rareté du carbonate de chaux au sein des roches plutoniques et métamorphiques semble généralement être résultée de quelque cause universelle. A l'époque où l'on considérait les roches hypogènes comme antérieures à la création des corps organisés, il était facile d'attribuer l'absence de la chaux à la non-existence des mollusques et zoophytes qui sécrètent les coquilles et les coraux ; mais, aujourd'hui que l'on rapporte les formations cristallines à l'action plutonique, il est naturel de s'enquérir si cette action elle-même n'a point dû expulser l'acide carbonique et la chaux des matériaux qu'elle a réduits à l'état de fusion ou de demi-fusion. On ne peut descendre, il est vrai, jusqu'aux régions souterraines où se développe la chaleur volcanique, mais on observe dans les pays à volcans éteints, par exemple en Auvergne et en Toscane, des centaines de sources, froides ou thermales, sourdant du granit ou d'autres roches, et fortement chargées de carbonate de chaux. La quantité de matière calcaire que ces sources apportent, à la longue, des plus basses profondeurs de l'écorce terrestre aux divisions les plus supérieures ou les plus nouvellement formées, cette quantité, disons-nous, doit être considérable (1).

Si la proportion d'éléments siliceux et alumineux fournis par les sources précédentes était aussi forte que celle des principes calcaires, au lieu de se montrer comparativement insignifiante, on pourrait contester à la matière minérale ainsi rejetée une origine liée à la décomposition de roches souterraines ordinaires ; mais, d'après la prédominance très-prononcée du carbonate de chaux sur tout autre élément, la croûte terrestre devrait, avec le temps, perdre la presque totalité des composants calcaires de ses parties inférieures ; nous savons, au contraire, qu'elle continue à fournir journellement, à de nouveaux dépôts sur le fond des mers et des lacs, un excès de carbonate de chaux. Ce composé arrive dans ces lacs et dans l'Océan par des milliers de sources et de rivières, et ainsi, toute nouvelle roche calcaire précipitée chimiquement, de même qu'un grand nombre des récifs coquilliers ou coralliens qui se forment de nos jours, dérivent en partie de la substance minérale produite par l'action plutonique, et chassée par le gaz ou la vapeur hors des roches fondues qui bouillonnent dans les entrailles de la terre.

(1) *Principes de Géologie*, Index : SOURCES CALCAIRES.

Non-seulement du carbonate de chaux, mais encore du gaz acide carbonique libre, s'échappent abondamment du sol et des crevasses souterraines, dans les régions à volcans actifs ou éteints, par exemple aux environs de Naples et en Auvergne. D'un autre côté, les coquilles ou les coraux fossiles ont souvent perdu leur acide carbonique, et la chaux qui restait est entrée peut-être dans la composition de l'augite, du hornblende, du grenat et d'autres minéraux hypogènes. On observe des exemples très-fréquents de matière calcaire ainsi dégagée : les débris organiques sont souvent remplacés par de la silice ou d'autres substances minérales ; quelquefois aussi l'espace ocupé jadis par le fossile est devenu vide, ou ne se trouve plus représenté que par une obscure empreinte. Il ne faut donc pas s'étonner de l'absence générale de ces débris au sein des couches cristallines : rappelons-nous l'altération fréquente, totale ou partielle, des fossiles, même dans les formations tertiaires ; — ces vastes masses de grès ou de schiste, de différents âges et de milliers de mètres de puissance, dépourvues de corps organisés , — certaines couches privées d'une partie de leurs fossiles, qu'elles ont peut-être perdus en devenant cristallines, ou, suivant l'expression de Werner, en passant à l'état de roches de *transition*. — enfin la destruction des dernières traces d'êtres animés au sein des strates franchement *métamorphiques*. Les formations qui portent cette dernière épithète ont de plus, quelquefois, été soumises à des renouvellements itératifs de l'action plutonique.

CHAPITRE XXXVIII

VEINES MINÉRALES.

Opinion de Werner, d'après laquelle les veines minérales seraient des fissures remplies d'en haut. — Veines de ségrégation. — Veines métallifères ordinaires, ou filons. — Leur coïncidence fréquente avec des failles. — Preuves qu'elles ont pris naissance dans des fissures traversant des roches solides. — Veines croisant d'autres veines. — Leurs parois polies, ou *slicken-sides*. — Coquilles et galets au sein des filons. — Preuves d'élargissements successifs et de réouvertures des veines. — Observations de Fournet, en Auvergne. — Dimensions des veines. — Pourquoi le renflement et le rétrécissement alternatifs de certaines d'entre elles? — Remplissage des filons par sublimation venant d'en bas. — Action chimique et électrique. — Age relatif des métaux précieux. — Filons de cuivre et de plomb en Irlande, plus anciens que l'étain de Cornouailles. — Filon de plomb dans le Lias, en Glamorgan. — Or en Russie, Californie et Australie. — Connexion entre les sources chaudes et les veines minérales. — Conclusion.

Le mode de distribution des substances métalliques au travers de la croûte terrestre, et, plus spécialement, le phénomène de ces masses presque verticales et tabulaires de minerai, appelées veines minérales, qui fournissent la majeure partie des métaux utiles à l'homme, ce sont là des sujets d'une très-haute importance pratique pour le mineur et d'un intérêt capital, au point de vue de la théorie, pour le géologue.

Les idées que l'on avait adoptées d'abord sur les veines métallifères ont subi des modifications, ou plutôt ont éprouvé une révolution presque complète à partir du milieu du siècle dernier, époque où Werner, directeur de l'École de Mines de Freyberg en Saxe, essaya le premier de généraliser les faits jusqu'alors connus. Ce savant enseigna que les veines minérales ont été originellement des fissures béantes, plus tard graduellement envahies par des matières cristallines et métalliques ; que grand nombre d'entre elles, après avoir été une première fois remplies, se sont ensuite de nouveau élargies et ouvertes. Il fit ressortir aussi cette circonstance particulière, que les veines ne se rapportent pas toutes à une seule et même période, mais sont d'âges géologiques différents.

Ces opinions, dont il existait dèjà quelques germes dans des ouvrages plus anciens, n'avaient cependant pas encore été généralement adoptées; du moment qu'elles furent émises par une autorité aussi puissante et d'une expérience si consommée, elles firent époque en géologie. Néanmoins j'ai démontré, en traçant avec détail dans un autre livre l'histoire et les progrès de la géologie, que Werner avait été depuis longtemps devancé par d'autres géologues, pour sa théorie des roches volcaniques, et qu'il fut de beaucoup en retard sur son contemporain Hutton, quant aux spéculations sur l'origine du granit (1). Suivant Werner, les formations plutoniques, ainsi que les schistes cristallins, auraient été des substances précipitées d'un fluide chaotique, à l'époque de certaines conditions premières ou naissantes de la planète ; les métaux, par suite, étant étroitement liés avec les formations précédentes, auraient partagé cette origine mystérieuse. D'après le même auteur, les roches trappéennes seraient résultés de dépôts aqueux, et les dykes de porphyre, de greenstone et de basalte indiqueraient des fentes ayant reçu d'en haut leurs matériaux divers. Conséquent à ces premiers principes, Werner admet que les veines minérales ont tiré leurs éléments constituants d'un océan sus-jacent, plutôt que d'une source souterraine ; que ces éléments ont été d'abord dissous dans les eaux existant au-dessus, au lieu de s'élever, par la sublimation de matières ignées, formant au-dessous des lacs ou des mers.

Mais l'hypothèse d'un fluide primordial ou *menstrue chaotique* commença à perdre faveur en présence des conceptions nouvelles, et les géologues ne tardèrent pas à partager un même avis sur les véritables rapports existants entre les

---

(1) *Principes de Géologie*, chap. IV.

roches volcaniques et trappéennes ; on comprit enfin que les phénomènes des veines minérales pouvaient s'expliquer par des causes connues, c'est-à-dire par les actions chimique, thermale ou électrique qui s'exercent encore de nos jours dans l'intérieur de la terre. Le lecteur saisira mieux les arguments favorables à cette conclusion lorsque nous aurons décrit et commenté les faits mis à découvert par les travaux de mines.

Sur les différentes sortes de veines minérales. —Les géologues connaissent tous parfaitement ces veines de quartz qui, abondantes au sein des couches hypogènes, y forment des masses lenticulaires d'une étendue limitée. Ces veines traversent aussi quelquefois les grès et schistes. On observe des bandes semblables, composées de carbonate de chaux, au sein de roches fossilifères, surtout calcaires. Elles paraissent avoir été jadis des fentes, ou cavités étroites, produites, comme les crevasses dans l'argile, par le retrait de la masse passant de l'état fluide à l'état solide, ou simplement baissant de température. La silice, le calcaire et parfois les métaux ont pénétré ensemble ou isolément le long de ces espaces vides, après s'être échappés de roches environnantes par exfiltration, ou, comme on dit, par ségrégation. Mêlés à l'eau ou à la vapeur, les minerais ont dû passer d'abord au travers d'une gangue pâteuse, avant d'arriver jusqu'à ces réceptacles formés par le retrait, et donner naissance à ces assemblages irréguliers de veines auxquels les Allemands donnent le nom de *Stockwerks*, par allusion aux différents étages suivant lesquels on dirige alors les travaux de mine.

Les veines les plus ordinaires, ou régulières, s'exploitent habituellement sur bandes verticales ; évidemment elles furent jadis des fissures produites par action mécanique. On les voit traverser toutes sortes de roches, hypogènes et fossilifères, et elles se prolongent, inférieurement, à des profondeurs indéfinies ou inconnues. On peut présumer qu'elles sont d'origine semblable à celle des fentes produites de temps à autre par les secousses de tremblements de terre. Les veines métallifères, que l'on peut rapporter au même genre d'action, ont parfois quelques millimètres de large, mais plus communément $0^m,90$ ou 1^m20 du même diamètre. Elles poursuivent leur marche d'une manière continue, suivant une certaine direction qui prévaut sur plusieurs kilomètres ou même sur des lieues de longueur, passant à travers des roches variables par leur composition minérale.

Les veines métallifères ont été des fissures. —Des mineurs fort intelligents n'ont pu parvenir, même après une étude attentive des veines métallifères, à faire cadrer plusieurs des caractères de celles-ci avec l'hypothèse des fissures ; je commencerai donc par établir les arguments qui militent en faveur de cette hypothèse. L'un des plus convaincants peut-être est la coïncidence d'un nombre considérable de veines minérales avec les *failles*, c'est-à-dire avec ces dislocations de roches qui sont incontestablement dues à la force mécanique, comme nous l'avons démontré ci-dessus (t. I, p. 199). Il existe, à travers presque tout district minier, des preuves d'une succession de failles par lesquelles les parois opposées de fentes, aujourd'hui remplies de substances métalliques, ont subi des déplacements. Par exemple, supposons que *aa* (fig. 762) indiquent un filon d'étain du Cornouailles (on donne le nom de filon, en anglais *lode*, aux veines qui contiennent des minerais métalliques). Ce filon, qui court Est et Ouest, est large de $0^m,90$ environ, et se trouve coupé par un autre filon de cuivre, *bb*, de la même épaisseur.

La première fente *aa* a été remplie par divers matériaux, en partie d'origine chimique, tels que quartz, spath fluor, peroxyde d'étain, sulfure de cuivre, pyrite arsenicale, bismuth et sulfure de nickel, et en partie d'origine mécanique, comme argile et fragments angulaires ou débris des roches coupées. Le quartz et le minerai sont, en quelques places, parallèles aux parois verticales du filon, et séparés l'un de l'autre par des bandes alternantes d'argile, ou plutôt de matière terreuse. Parfois le minerai est disséminé en petites masses le long de la gangue du filon.

Il est clair qu'après l'introduction graduelle de l'étain et des autres substances, la seconde fente *bb* s'est ouverte par une deuxième fracture accompagnée d'un déplacement des roches le long du plan *bb*. Cette nouvelle solution de con-

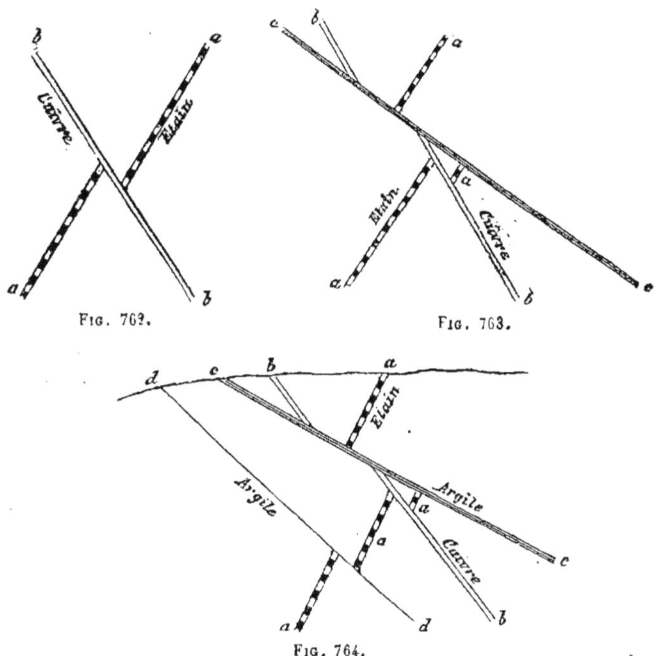

Coupes verticales de la mine de Huel Peever, Redruth, Cornouailles.

tinuité s'est remplie de minéraux dont quelques-uns ressemblent à ceux de *aa*, par exemple de spath fluor (fluorure de calcium) et de quartz ; d'autres sont différents : le cuivre devient abondant, l'étain au contraire diminue, ou même ne s'y trouve plus qu'extrêmement rare.

Qu'une secousse de tremblement de terre vienne maintenant bouleverser ce gisement, brisant et poussant pêle-mêle tous les débris le long de la ligne *cc* (fig. 763) : la fissure, ne présentant que $0^m,15$ de large, se remplira seulement d'argile, dérivée, probablement, du frottement des parois de la fente, ou résultant peut-être aussi d'une infiltration venue d'en haut. Ce nouveau mouvement soulèvera la roche de manière à interrompre la continuité du filon de cuivre *bb*, et, en même temps, à faire glisser latéralement, suivant la même direction, une portion du filon d'étain qui n'avait point été d'abord brisée.

On voit, par la figure 764, qu'une quatrième fente *dd*, également remplie d'argile, a traversé la veine mince d'étain *aa*, et l'a haussée légèrement vers le Sud. Les divers changements que représentent ces trois figures ne sont point purement imaginaires, ils existent de fait dans une coupe fournie par des travaux depuis longtemps abandonnés d'une ancienne mine du Cornouailles, appelée Huel Peever, paroisse de Redruth ; cette coupe a été décrite par M. Williams et M. Carne (1). Le mouvement principal dont il est ici question, ou celui de *cc* (fig. 764), s'étend sur une longueur qui n'a pas moins de 25 mètres; mais, pour ce cas comme pour les trois autres, les traits géographiques de la contrée située au-dessus, *d*, *c*, *b*, *a*, etc., n'ont été affectés par aucune des dislocations, ainsi que le démontre la puissante dénudation qui a raviné le sol postérieurement aux failles (voy. ci-dessus, t. I, p. 110). On admet vulgairement dans le Cornouailles qu'il existe en cette contrée huit systèmes distincts de filons, appartenant à autant de mouvements ou fractures successives ; et les mineurs allemands des montagnes du Hartz parlent aussi de huit systèmes de filons correspondant à autant de périodes différentes.

Outre les preuves qu'elles fournissent de l'action mécanique, ainsi que nous l'avons déjà établi, les parois opposées des filons sont souvent admirablement polies et comme vernies ; fréquemment aussi on les voit striées et traversées de sillons et de saillies parallèles, telles qu'en produirait un frottement continu sur des surfaces d'inégale dureté. De telles faces polies ressemblent au plan d'une roche sur laquelle un glacier aurait progressé (voy. fig. 128, t. I, p. 225) ; elles sont

____

(1) *Geol. Trans.*, vol IV, p. 139. — *Trans. Roy. Geol. Society, Cornwall*, vol. II, p. 90.

communes même dans les cas où il n'y a pas eu de glissement, et on les rencontre également dans les fentes non métallifères. Les mineurs anglais les appellent *slicken-sides*, d'après les mots allemands *schlichten*, aplanir, et *seite*, côté. On admet que les lignes de stries indiquent la direction suivant laquelle s'est opéré le mouvement de la roche. Par l'effet d'un faible tremblement de terre survenu au Chili vers l'année 1840, et qui m'a été décrit par un témoin oculaire, les murs de brique d'un édifice se fendirent verticalement en plusieurs endroits, et éprouvèrent un mouvement vibratoire pendant plusieurs minutes pour chaque secousse ; après la cessation du tremblement, les murs ne montrèrent aucune trace d'altération, ou du moins aucune ouverture, bien que chaque ligne de crevasse restât encore visible. Lorsque le mouvement se fut apaisé, on remarqua sur le plancher de l'habitation, au bas de chaque fente, de petits amas de fine poussière de brique qui, évidemment, avait été produite par la trituration.

Dans certaines veines plombifères du calcaire de montagne du Derbyshire, la gangue, qui est presque compacte, se trouve parfois traversée par ce qu'on appelle une fêlure (*crack*) verticale passant au-dessous du milieu de la veine. Les deux faces en contact sont des slicken-sides parfaitement polis et cannelés, quelquefois recouverts d'une mince enveloppe de minerai de plomb. Si l'on enlève un côté de la gangue, l'autre côté se fend, surtout quand on a pris soin de pratiquer de petits trous, et dès lors des fragments se détachent avec fracas, continuant à tomber ainsi pendant des jours entiers. Le mineur est familiarisé avec ces sortes de circonstances, et il en tire profit : il creuse, à l'aide de sa pique, de petits trous à distance de $0^m,15$ chacun, profonds de $0^m,12$, et, à son retour après quelques heures, il trouve le tout près de tomber, même au simple toucher (1). Ces phénomènes et leurs causes (qui se lient probablement à l'action

____

(1) Conyb. and Phil., *Geol.*, p. 401 ; et Farey, *Derbyshire*, p. 243.

électrique) ne me paraissent pas avoir attiré toute l'attention qu'ils méritent.

La communication primitive d'un grand nombre de filons avec la surface d'une contrée ou d'un ancien lit de mer est constatée par l'existence, au sein de ces filons, de cailloux parfaitement arrondis ressemblant à ceux des alluviums superficiels ; on observe des exemples de ce genre en Auvergne et en Saxe. La Bohême a fourni également des cailloux semblables, à la profondeur de 330 mètres. Dans le Cornouailles, M. Carne cite de vrais galets de quartz et de schiste au milieu d'un filon d'étain de la mine Relistran, à plus de 180 mètres au-dessous du sol ; ils sont cimentés par de l'oxyde d'étain et du bisulfure de cuivre, et occupent une surface de plus de 3 mètres de long sur autant de large (1). On y a découvert aussi des coquilles marines fossiles, à de grandes profondeurs ; leur enfouissement date sans doute d'anciens tremblements sous-marins. M. Virlet affirme qu'on a trouvé une gryphée dans une mine de plomb des environs de Semur, en France ; un madrépore a été signalé au milieu d'un filon compacte de cinabre en Hongrie (2).

Lorsque différents groupes ou systèmes de veines parcourent un pays déterminé, ceux que l'on suppose de même âge, et qui sont remplis de matériaux identiques, conservent souvent un parallélisme général de direction. Par exemple, les filons d'étain et de cuivre, dans le Cornouailles, courent à peu près Est et Ouest, tandis que ceux de plomb sont alignés Nord et Sud ; mais aucune loi générale de direction n'est applicable à des districts miniers différents. Le parallélisme est un autre motif pour faire regarder les filons comme des fentes ordinaires ; en effet, les dykes trappéens, qui, pour tous les géologues, rappellent d'anciennes masses fondues ayant rempli des fentes, sont souvent parallèles lorsqu'ils partagent le même âge. Or, une fois admis que les

(1) Carne, *Trans. of Geol. Soc. Cornwall*, vol. III, p. 238.
(2) Fournet, *Études sur les dépôts métallifères.*

filons sont simplement des fissures primitives dans lesquelles des dépôts chimiques et mécaniques auraient ensuite pénétré, on acquiert bientôt la preuve de leur remplissage graduel, et, souvent, de leur élargissement successif. J'ai déjà parlé de bandes parallèles d'argile, de quartz et de minerai au sein des filons. Werner lui-même a remarqué dans un filon particulier, près de Gersdorff en Saxe, treize lits de minéraux différents, disposés avec la plus grande régularité de chaque côté de la bande centrale. Celle-ci se compose de deux plaques de spath calcaire qui, évidemment, est venu tapisser les parois opposées d'une cavité verticale. Les treize lits se suivent d'un côté et de l'autre dans un ordre correspondant : ils consistent en spath fluor, célestine (strontiane sulfatée), galène, etc. Ici, évidemment, c'est la masse centrale qui s'est formée en dernier lieu, et les deux plaques, qui revêtent les parois latérales de la fente, sont les plus anciennes de toutes. Si les bandes se composaient de précipités cristallins, on pourrait expliquer leur formation en supposant que la fente a conservé ses dimensions pendant toute la série des changements de nature qu'ont subies les dissolutions arrivant d'en bas ; mais un tel mode de dépôt, pour plusieurs cas de bandes successives et parallèles, paraît être exceptionnel.

Lorsqu'une veine pierreuse est formée de matière cristallisée, les pointes des cristaux sont toujours tournées vers le centre de la cavité, en d'autres termes, ces pointes se dirigent du côté où s'est offert le plus d'espace pour le développement des formes régulières. Par conséquent, chaque nouvelle bande a reçu l'empreinte des cristaux de la bande précédente, et imprimé ses traits sur celle qui suit, jusqu'à ce qu'à la fin toute la veine ait été remplie ; deux bandes qui se rencontrent se pénètrent en queue d'hirondelle au moyen de leurs cristaux respectifs. Mais, dans le Cornouailles, au sein de certains filons, les bandes verticales (*combs* en anglais) ont leurs cristaux tellement enchevêtrés sous la forme ci-dessus désignée, qu'ils fournissent la preuve évidente d'un

élargissement réitéré de la fente. Sir H. de la Bêche cite le
curieux et instructif exemple suivant (fig. 765) observé dans
une carrière de granit près de Redruth (1). Chacune des

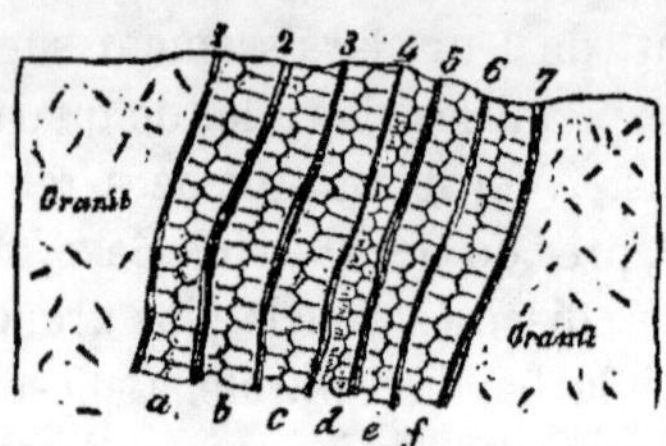

Fig. 765. — Filon de cuivre qui s'est élargi à six époques successives, près Redruth.

bandes ou combs (*a*, *b*, *c*, *d*, *e*, *f*) est double ; les pointes
des cristaux sont tournées vers leur côté interne, le long
de l'axe de la veine verticale (*comb*). Les parois (2, 3, 4, 5
et 6) sont séparées par une mince enveloppe d'argile ocreuse ;
il est facile ainsi de détacher chaque bande par un léger coup
de marteau. L'épaisseur de chacune d'elles représente la largeur totale de la fente à six époques successives ; les parois
les plus éloignées de la veine, lorsque la première fissure
très-étroite se forma, furent les granits 1 et 7.

Une explication à peu près analogue rend compte d'un
grand nombre d'autres cas où de l'argile, du sable et des
débris angulaires alternent avec des minerais et des veines
pierreuses. Supposons, par exemple, que les parois d'une
fente soient incrustées de matière siliceuse (de Buch en a
signalé de semblables à Lancerote, dans un cratère volcanique datant de 1731 ; elles étaient traversées par une crevasse béante où les vapeurs chaudes avaient déposé de la silice hydratée, et l'incrustation s'étendait presque jusqu'au
milieu) (2) ; admettons ensuite qu'une fente de ce genre
vienne à se combler d'argile ou de sable, et à s'ouvrir de
nouveau, de telle manière que la fissure nouvelle divise le
dépôt argileux, et permette l'introduction d'une quantité de

(1) *Geol. Report on Cornvall*, p. 340.
(2) *Principes*, chap. XXVII, 8e édit., p. 422.

débris; divers métaux et minéraux de la classe des substances terreuses et alcalines, se précipitant de solutions aqueuses, pourront très-bien s'introduire dans les interstices de cette masse hétérogène.

On a la preuve de la succession réitérée de tels changements, dans la présence accidentelle de filons croiseurs; ceux-ci impliquent une fracture dirigée obliquement en travers de dépôts chimiques ou mécaniques antérieurement formés. M. Fournet, étudiant quelques mines d'Auvergne exploitées sous sa direction, a constaté les faits suivants: le granit de ce pays fut d'abord pénétré de veines de la même roche, et ensuite disloqué; des crevasses alors se produisirent, croisant à la fois le granit et les veines granitiques. A l'intérieur des solutions de continuité s'introduisit du quartz accompagné de sulfure de fer et de pyrite arsenicale. Une autre convulsion ouvrit violemment les roches le long de l'ancienne ligne de fracture, et le premier groupe de dépôts céda sur plusieurs points, se fendit, ou même vola en éclats; la nouvelle crevasse se combla non-seulement de fragments angulaires des roches adjacentes, mais encore de portions de veines pierreuses plus anciennes. Des surfaces polies et striées, sur les côtés ou dans le contenu même de la veine, attestent aussi ces anciens mouvements. Une nouvelle période de repos succéda, pendant laquelle divers sulfures pénétrèrent au sein de la veine, et du silex corné empâta les fragments angulaires du quartz plus ancien, pour former une brèche. Cette période fut suivie d'autres dilatations des mêmes veines, et de l'introduction de nouveaux groupes de minéraux, jusqu'à ce que, définitivement, des cailloux arrondis de lave basaltique d'Auvergne, provenant des alluviums superficiels, probablement d'âge Miocène ou Vieux Pliocène, se précipitèrent dans les profondeurs des veines. L'espace ne me permet pas d'énumérer tous les changements décrits minutieusement par M. Fournet, mais ils sont importants à la fois pour le mineur et le géologue; en ce qu'ils montrent comment les signes supposés de catastrophes violentes peuvent servir de monuments non pas d'une seule secousse paroxysmale, mais de mouvements successifs.

Ces élargissements et réouvertures itératives des veines s'expliquent parfaitement par l'hypothèse des fissures, surtout si l'on songe au très-petit nombre d'entre elles qui ont été jusqu'ici explorées à fond, ainsi qu'à la résistance plus faible qu'oppose, le long des anciennes lignes de fracture, une contrée où les fentes ne sont que partiellement remplies. C'est, du reste, tout à fait le même cas pour les dykes où chaque ouverture a reçu une masse continue et homogène de matière fondue, dont la consolidation s'est opérée sous une pression considérable. Les dykes trappéens renforcent généralement les roches sur les points qui furent jadis plus faibles, et, si la force d'élévation vient à s'exercer de nouveau suivant la même direction, la croûte de la terre cède partout ailleurs qu'aux endroits précis où les premières solutions de continuité se sont produites.

Grand nombre de filons ont leurs parois opposées presque parallèles, et le phénomène se montre sur une vaste étendue de pays. On admire un magnifique cas de ce genre, au Hartz, dans le célèbre gisement d'Andréasburg, exploité sur une profondeur verticale de 460 mètres et une longueur horizontale de 182 mètres, avec une épaisseur presque constante de 1 mètre environ. Mais plusieurs filons, dans le Cornouailles et ailleurs, ont des dimensions très-variables, $0^m,025$ à $0^m,050$ d'épaisseur sur un point, 2 ou 3 mètres sur un autre, pour une longueur de plusieurs mètres, et de nouveau ils se rétrécissent comme auparavant. Ces sortes de dilatations et contractions alternatives sont tellement caractéristiques, que je dois insister ici sur leur description. Les parois des fissures, observe Sir H. de la Bêche, sont rarement des plans parfaits sur toute leur étendue ; et, en réalité, elles ne sauraient l'être, puisque d'habitude elles traversent des roches d'inégale dureté et de composition minérale variable ; si, par conséquent, les parois opposées de fissures

aussi irrégulières viennent à glisser l'une sur l'autre, c'est-
à-dire s'il survient une faille (et c'est le cas pour plusieurs
filons), le parallélisme des parois opposées se trouve tout
d'un coup totalement détruit, comme on le voit par les diagrammes qui suivent.

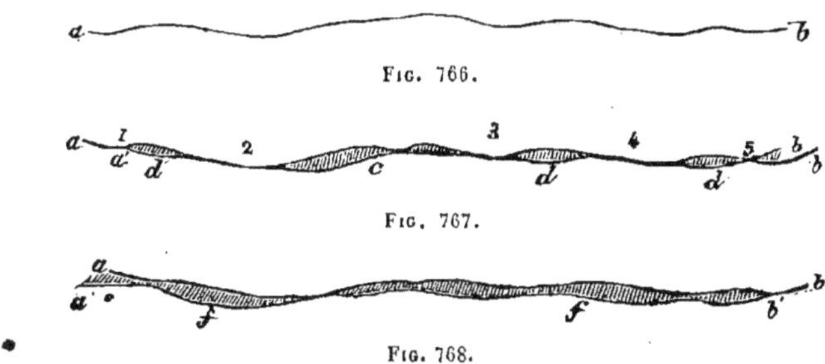

Fig. 766.

Fig. 767.

Fig. 768.

Soit *ab* (fig. 766) une ligne de fracture traversant une
roche, et *ab* (fig. 767) la même ligne. Supposons des bandes
de papier représentant ces lignes, et tirons de côté, dans la
figure 767, la bande *a'b'* sur *ab*, de *a* en *a'*, en ayant soin
que les deux se touchent aux points 1, 2, 3, 4, 5 : il se
produira une ouverture irrégulière en *c*, et d'autres, séparées, *d d, d* ; dès lors, en comparant les figures avec la nature,
on trouvera, à certaines différences près, qu'elles représentent l'intérieur de failles et de veines minérales. Si, au lieu
de faire glisser la bande supérieure vers la droite, on tire la
bande inférieure vers la gauche, sur une distance à peu près
égale à celle parcourue précédemment *aa'*, on obtiendra des
différences considérables dans les cavités produites : il se
formera deux longs espaces irréguliers *f, f* (fig. 768). Ceci
sert encore à montrer à quelles légères circonstances sont
quelquefois dues les variations les plus considérables dans
le caractère des ouvertures produites entre des surfaces inégalement fracturées, ces surfaces étant mues l'une sur l'autre de manière à posséder de nombreux points de contact.

Divers filons sont perpendiculaires, ou à peu près, à l'horizon ; mais quelques-uns inclinent fortement sous des an-

gles de 15 à 45 degrés. Le cours d'un filon est ordinairement très-droit, mais il est aussi parfois tortueux, et, dans ce cas, on observe qu'aux divers endroits où il dévie le plus de la verticale, il est obstrué d'argile, de blocs de pierre et de cailloux. En certains points, *a* par exemple (fig. 769), le mi-

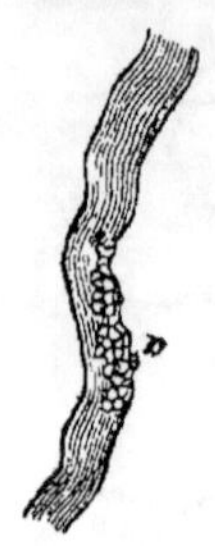

FIG. 769.

neur se plaint de l'absence des matières métalliques, ou de leur grande diminution : c'est qu'alors, au libre dépôt du minerai s'est opposée l'occupation préalable du filon par des matériaux terreux. Les filons épais de plusieurs mètres sont ordinairement remplis, en majeure partie, de matières terreuses et de fragments de roches, au travers desquels les minerais sont très-disséminés. Les substances métalliques enveloppent fréquemment ou entourent circulairement des morceaux détachés de roche que les mineurs anglais appellent *horses* (chevaux) ou *riders* (cavaliers). Il est naturel aussi que certaines veines minérales se ramifient, car le même phénomène appartient aux fissures béantes.

Dépôts chimiques dans les veines. — Si nous passons maintenant des actions mécaniques aux forces chimiques qui ont concouru à produire les veines minérales, nous remarquerons le fait suivant : les espaces des fentes, que n'ont point engorgés divers débris de roches fracturées, ont toujours été remplis par l'eau ; et toute veine a probablement servi de canal par lequel les sources chaudes, si communes dans les pays volcaniques ou sujets aux tremblements de terre, se sont dirigées vers la surface du sol. Nous savons que les fentes au sein desquelles les minerais abondent se prolongent en bas à des profondeurs considérables où la température est plus élevée. Nous n'ignorons pas, non plus, que les veines minérales sont plus métallifères près du contact des formations plutoniques et stratifiées et qu'elles le sont spécialement sur les points de croisement, c'est-à-dire sur ceux où les premières de ces formations envoient des veines à travers les dernières ; cette circonstance indique que les veines furent originellement très-rapprochées, par leur extrémité inférieure, des roches ignées et chaudes. Ensuite, il est parfaitement avéré que même les sources minérales et thermales qui, dans l'état actuel du globe, sont éloignées des volcans, sourdent néanmoins le long de grandes lignes d'élévation et de dislocation des roches (1). De plus, les géologues ont constaté que toutes les substances dont les sources chaudes sont imprégnées appartiennent au même groupe que celles vomies, sous forme gazeuse, par les volcans. Plusieurs de ces substances se rencontrent en veines : nous citerons la silice, le carbonate de chaux, le soufre, le spath fluor, le sulfate de baryte, la magnésie, l'oxyde de fer et autres. J'ajouterai que, si les veines ont été remplies par des émanations gazeuses provenant de masses fondues en voie de refroidissement lent, au sein des régions souterraines, la contraction de telles masses, dans leur passage de l'état plastique à l'état solide, a dû, suivant les expériences de M. Deville sur le granit (roche que l'on peut choisir pour type), produire une réduction de volume s'élevant jusqu'à 10 pour 100. Par conséquent, la cristallisation lente de ces sortes de roches plutoniques fournit une force capable non-seulement de déterminer, par défaut de support, des ouvertures au travers des roches incombantes, mais aussi de produire des failles sur tout point où une portion de la croûte terrestre s'abaissera lentement, tandis qu'une autre contiguë, reposant sur une base différente, restera immobile.

On serait peut-être, d'après le raisonnement qui précède, porté à conclure qu'une liaison intime a souvent existé entre les filons et les sources thermales tenant de la matière minérale en dissolution ; cependant, il ne faut pas s'attendre à ce que les contenus de ces derniers véhicules et des premiers soient identiques. Au contraire, M. Élie de Beaumont a judicieusement observé qu'il faut chercher plus spécialement, dans les veines, des substances qui, étant moins solubles, ne

____

(1) Dr Daubeny, *Volcanos.*

sauraient être fournies par les eaux thermales, c'est-à-dire de ces corps simples ou composés que les eaux chaudes arrivant d'en bas précipitent contre les parois d'une fente, dès que leur température commence à diminuer. Des eaux de cette nature se refroidissent d'autant plus qu'elles approchent davantage de la surface, jusqu'à ce qu'enfin elles acquiè- rent la température moyenne des sources ; alors elles sont spécialement chargées des substances les plus solubles, telles que les alcalis, soude et potasse. Ceux-ci n'accompagnent pas les veines, bien qu'ils entrent si abondamment dans la composition des granits (1).

On peut donc, jusqu'à un certain point, rapporter l'arran- gement et la distribution de la matière métallique, dans les veines, à l'action chimique ordinaire, ou bien à ces varia- tions de température que peuvent éprouver les eaux tenant des minerais en dissolution, à mesure qu'elles montent de grandes profondeurs de la terre. Mais il existe d'autres phé- nomènes n'admettant pas la même explication : par exemple, au Derbyshire, certains filons contenant du minerai de plomb, de zinc et de cuivre, mais principalement de plomb, traversent des lits alternants de calcaire et de greenstone. Le minerai se montre abondant lorsque les parois de la fente sont formées de calcaire, mais il se réduit à un simple filet, quand ces parois sont des greenstones (ou *toadstones* , comme on les appelle vulgairement dans le pays). Ce n'est pas que la fente primitive soit plus étroite sur les points oc- cupés par le greenstone, mais la matière pierreuse y remplit un plus large espace, et les eaux ne s'y sont point déchargées aussi librement de leurs contenus métalliques.

« Les filons, dans le Cornouailles, dit M. Robert W. Fox, dépendent essentiellement, quant à leur richesse métallique, de la nature de la roche qu'ils traversent, et souvent, sous ce rapport, ils changent brusquement en passant d'une roche à l'autre ; ceux, par exemple, très-chargés de minerai dans

____

(1) *Bulletin de la Soc. Géol. de France*, t. IV, p. 1278.

le granit, deviendront improductifs dans le schiste argileux ou killas, et *vice versâ*. La même observation s'applique au killas et au porphyre granitique appelé *elvan*. Parfois, le long de la même veine continue, le granit contiendra du cuivre, et le killas, de l'étain, ou bien ce sera l'inverse (1). » M. Fox, après avoir constaté l'existence actuelle de courants électriques à travers quelques-unes des veines métallifères du Cornouailles, a pensé qu'une même cause avait probablement agi sur les sulfures et les chlorures de cuivre, d'étain, de fer et de zinc, dissous dans l'eau chaude des fissures, et avait déterminé leur mode particulier de distribution. Après de nombreuses expériences à ce sujet, M. W. Fox a cherché de même à s'expliquer la prédominance marquée de la direction Est et Ouest des principaux filons du Cornouailles, par leur position perpendiculaire au magnétisme terrestre. Mais M. Henwood et d'autres mineurs expérimentés ont opposé de fortes objections à cette théorie; et il faut avouer que la direction des veines, pour les principaux districts miniers, varie à un tel degré, qu'elle semble dépendre de lignes de fracture plutôt que de lois d'électricité voltaïque particulières. Néanmoins, comme des sortes différentes de roches partagent souvent des conditions électriques dissemblables, il est naturel de penser que ces conditions ont dû fréquemment commander à l'arrangement des précipités métalliques le long des fentes.

« J'ai observé, dit M. R. Fox, que, lorsqu'on expose du chlorure d'étain en dissolution dans un circuit voltaïque, une portion du radical se dépose, à l'état métallique, au pôle négatif, et l'autre portion au pôle positif, à l'état de peroxyde; ce phénomène est tout à fait semblable à ce que présentent les mines du Cornouailles. Cette expérience peut expliquer pourquoi l'étain se trouve contigu au minerai de cuivre, ou mêlé à ce minerai, et aussi comment il en est séparé en d'autres parties du même filon (2). »

(1) R. W. Fox, *on Mineral Veins*, p. 10.
(2) *Ibidem*, p. 38.

Age relatif des différents métaux. — Après de mûres réflexions sur les faits que nous venons de raconter, il ne saurait y avoir de doute : les veines minérales, de même que les éruptions de granit ou de trapp, doivent être rapportées à plusieurs périodes distinctes de l'histoire de la terre, et cette loi est incontestable, quelle que soit la difficulté que l'on éprouve à déterminer l'âge précis de chacune d'elles; en effet, les veines sont souvent restées béantes pendant des âges et, de plus, comme nous l'avons vu, la même fissure, après avoir été jadis remplie, s'est plus tard maintes fois rouverte ou élargie. Mais, outre cette diversité d'époques, quelques géologues ont supposé que certains métaux dataient exclusivement de temps plus anciens, et certains autres, d'époques plus modernes ; que l'étain, par exemple, était d'une plus haute antiquité que le cuivre, ce dernier que le plomb ou l'argent, et ceux-ci à leur tour que l'or. Je répondrai à cette supposition que, d'abord, les faits autrefois réunis à son appui sont combattus par l'expérience que j'ai mentionnée ci-dessus ; et qu'il suffit ensuite de considérer combien il est difficile de reconnaître un ordre chronologique d'arrangement dans la position qu'occupent les métaux précieux et autres, au sein de la croûte terrestre.

Il n'est pas vrai que les filons au sein desquels l'étain abonde soient les plus anciens exploités de la Grande-Bretagne. Les Géologues du Gouvernement, chargés de la description de l'Irlande, ont démontré que, dans le Wexford, les veines de cuivre et de plomb (ces dernières habituellement argentifères) étaient beaucoup plus anciennes que celles d'étain, en Cornouailles. Chacune de ces deux contrées a vu s'opérer une série tout à fait semblable de changements géologiques, à deux époques parfaitement distinctes, — le Wexford avant le dépôt des couches Devoniennes, — le Cornouailles après la période Carbonifère. Commençons de plus amples explications par le district minier d'Irlande. Le granit, dans le Wexford, est traversé de veines granitiques, veines qui pénètrent aussi au travers de strates du Silurien ; ces roches Siluriennes, aussi bien que les veines, ont été dénudées avant la superposition des lits Devoniens. On trouve ensuite, pour le même comté, que les *Elvans* ou dykes droits de granit porphyrique, ont coupé le granit ainsi que les veines dont il a été question ci-dessus, mais n'ont point pénétré jusqu'aux roches Devoniennes. Postérieurement à la production de ces elvans, se produisirent des filons de cuivre et de plomb, à une époque certainement plus nouvelle que le Silurien, mais plus ancienne que le Devonien, car ces veines n'atteignent pas jusqu'à ce dernier terrain et, circonstance bien plus décisive, l'on observe, près de Wexford, des filets minces ou petites bandes de cuivre dérivé, au sein de couches Devoniennes, non loin des localités où l'on exploite la mine de cuivre qui gît dans les couches Siluriennes (1).

Quoique l'âge précis de ces filons de cuivre soit encore enveloppé d'obscurité, on peut, sans crainte de se tromper, affirmer qu'il date de la fin de la période Silurienne ou du commencement de l'ère Devonienne. Outre le cuivre, le plomb et l'argent, il existe un peu d'or dans ces veines métallifères anciennes ou primaires. On a trouvé également quelques morceaux d'étain parmi le Drift (terrain de transport), à Wicklow, et l'on suppose qu'ils proviennent de veines du même âge (2).

Retournons maintenant au Cornouailles : nous y découvrirons encore bien d'autres monuments d'une série d'événements très-analogues. En premier lieu, dans cette contrée, parut le granit ; une fois celui-ci formé, et à peu près vers la même époque, se produisirent des veines d'un autre granit à grains fins, souvent tortueuses (voy. fig. 744, t. II, p. 450), qui pénétrèrent à la fin la croûte extérieure ainsi que les roches fossilifères ou primaires avoisinantes, y compris les couches houillères ; en troisième lieu surgirent les elvans dans une direction rectiligne à travers le granit, les veines

(1) Je dois ces détails à Sir H. de la Bèche. Voyez aussi les cartes et coupes données par l'*Irish Survey*.

(2) Sir H. de la Bèche, Ms., *Notes on Irish Survey*.

granitiques et les schistes fossilifères : en quatrième lieu, arriva l'étain accompagné de cuivre, et ce fut là le premier des huit systèmes de fentes de différents âges dont nous avons parlé (tome II, page 542). Dans le cas actuel, par conséquent, les filons d'étain sont plus nouveaux que les elvans. Quelques mineurs du Cornouailles ont, il est vrai, avancé que ces elvans étaient parfois postérieurs aux plus anciens filons d'étain ; mais les observations recueillies par Sir H. de la Bêche, durant son voyage au nom du Gouvernement, l'ont conduit à une conclusion opposée, et ce savant a fait voir qu'il fallait autrement interpréter les cas supposés (1). On peut donc affirmer que les filons les plus anciens du Cornouailles sont plus nouveaux que les couches houillères de cette partie de l'Angleterre, et il résulte des faits observés qu'ils sont d'âge très-postérieur au cuivre et au plomb du Wexford ou d'autres comtés voisins en Irlande. Or, de combien ces filons du Cornouailles sont-ils plus nouveaux que les derniers ci-dessus mentionnés ? La réponse n'est pas facile : on peut dire cependant que, suivant toute probabilité, ils n'ont pas dépassé le commencement de la période Permienne, car on n'a découvert aucun filon d'étain au travers des Grès Rouges du groupe Poïkilitique, groupe supérieur à la houille dans le Sud-Ouest de l'Angleterre.

Les filons de plomb des collines Mendip se prolongent, à travers le calcaire de montagne, dans le conglomérat Permien ou Dolomitique, et ceux du comté de Glamorgan pénètrent au sein du Lias. D'autres, que l'on exploite près de Frome, comté de Somerset, ont été poursuivis jusque dans l'Oolite Inférieure. En Bohême, les riches filons d'argent de Joachimsthal coupent un basalte contenant de l'olivine et surmontant un lignite d'âge tertiaire, où sont disséminées des feuilles d'arbres dicotylédonés. L'argent, par conséquent, est ici décidément de formation tertiaire ; quant à l'or des monts Ourals en Russie, que l'on tire principale-

____

(1) *Report on Geology of Cornwall*, p. 310.

ment, de même que celui de Californie, des alluvions auri-
fères, il se rencontre dans des veines de quartz, au sein des
roches schisteuses et granitiques de cette chaîne; or,
MM. Murchison, de Verneuil et Keyserling supposent qu'il
est plus nouveau que le granit syénitique de l'Oural; peut-
être serait-il de date Tertiaire. Ces savants observent que,
jusqu'à présent, on n'a pas encore rencontré d'or dans les
conglomérats Permiens qui gisent à la base des monts Ourals, bien que de grandes quantités de débris de fer et de
cuivre soient mêlées aux cailloux roulés de ces couches Permiennes. Peut-être les veines quartzeuses de l'Oural, contenant de l'or et du platine, n'existaient pas encore; mais
certainement elles n'avaient point alors été exposées à la
dénudation aqueuse qui date de l'ère Permienne.

L'Alluvium aurifère de Russie, de Californie et d'Australie a fourni des ossements divers de quadrupèdes terrestres éteints; des restes de mammouths sont communs
dans le gravier au pied des monts Ourals, tandis qu'en Australie les débris osseux appartiennent à de grands Marsupiaux, dont quelques-uns avaient la taille du Rhinocéros et
se rapprochaient du Wombat vivant. Ces Marsupiaux rappellent les genres *Diprotodon* et *Nototherium* du professeur
Owen. L'or du Chili septentrional est associé, dans les mines
de Los Hornos, à de la pyrite de cuivre en veines qui traversent les formations Crétacées-Oolitiques, ainsi appelées
parce que leurs fossiles partagent à la fois les caractères Crétacés et Oolitiques de la faune d'Europe (1). L'or que l'on
trouve aux États-Unis, au centre des régions montagneuses
de la Virginie, des Carolines du Nord et du Sud et de la Géor-
gie, appartient aux couches Siluriennes métamorphiques,
mais on le rencontre, aussi, disséminé à travers un gravier
aurifère qui dérive de ces couches.

On a découvert l'or dans presque toutes les espèces de roche, telle que schiste, quartzite, grès, calcaire, granit et

(1) Darwin, *South America*, p. 209, etc.

serpentine, soit en filons, soit parmi la masse encaissante elle-même, à petite distance des filons. En Australie, on l'a exploité avec profit non-seulement dans l'alluvium, mais encore dans des veines au sein de la roche mère qui, généralement, consiste en argile et schiste Siluriens. La présence de l'or a été constatée en cette région sur plus de 9 degrés de latitude (entre les 30ᵉ et 39ᵉ degrés Sud), et sur 12 degrés de longitude ; pour toute cette surface, son rendement annuel en 1853 a égalé, s'il n'a pas surpassé, celui de l'or en Californie ; et, jusqu'à présent, on n'a aucune raison de craindre que le profit diminue, ou encore moins que les placers viennent à s'épuiser.

Suivant M. de Beaumont, il se trouve du plomb et quelques autres métaux à la fois dans certains dykes de basalte et de greenstone, et au sein de filons liés à des roches trappéennes, tandis que l'étain gît avec le granit et en filons associés à la série granitique. Si cette règle est générale, la position géologique de l'étain, quant aux localités qui ont été jusqu'à ce jour fouillées par le mineur, appartiendrait en majeure partie à des masses plus anciennes que celles chargées de plomb. Les filons d'étain seraient, pour la même raison, relativement plus anciens que les formations ignées, ou granits *sous-jacents*, visibles aux yeux de l'homme, et dateraient, en somme, d'une époque plus reculée que les formations trappéennes qui les surmontent.

Suposons différents groupes de fissures produites simultanément à divers niveaux de la croûte terrestre, et communiquant, les unes avec des masses volcaniques, et les autres avec des roches plutoniques ; admettons ensuite que tous ces groupes viennent à se remplir de substances métalliques variées : les fissures existant aux plus bas niveaux exigeront un temps plus considérable que les autres pour apparaître à la surface, ou arriver à la portée du mineur. La dénudation et l'exhaussement devront se montrer d'autant plus énergiques, pour mettre ces fissures à découvert, que celles-ci se trouveront à de plus grandes profondeurs lors des premiers mouvements. Il a

dû se passer une longue série d'événements géologiques avant
l'apparition, à la surface du sol, des fentes qui ont, pendant
des âges, avoisiné les roches plutoniques, et reçu des gaz
chassés par le refroidissement. Mais je ne m'étendrai pas
davantage sur ce sujet; le lecteur se rappellera ce que j'ai
dit, dans les chapitres XXX, XXXIV et XXXVII, sur la chronologie des formations volcaniques et hypogènes.

CONCLUSION

L'hypothèse d'après laquelle les roches hypogènes auraient
été engendrées à diverses époques successives, et celle,
bien plus, qui suppose des roches de même genre encore
aujourd'hui en voie de formation, prennent faveur de jour
en jour, mais leurs progrès sont très-lents. La résistance
que les esprits leur ont opposée découle en partie de l'obscurité inhérente à la véritable nature de l'action plutonique dont
le théâtre fut immense, à de certaines époques. Ces hypo-
thèses, d'un autre côté, n'ont pas été accueillies, de prime
abord, avec beaucoup d'empressement, pour des considérations extrinsèques : plusieurs géologues ne s'étaient pas dé-
cidés à admettre la doctrine de la transmutation des roches
fossilifères en masses cristallines ; ils attendaient que l'on
eût découvert des preuves d'un commencement, et qu'on
put remonter dans l'histoire reculée de notre système terrestre jusqu'aux faits des âges antérieurs à la création des êtres
organisés. Jusqu'à présent, cette attente n'a pas été couronnée de succès : si, pourtant, dans notre marche progressive,
nous sommes restés dans l'impossibilité d'assigner une limite
à cette durée, pendant laquelle il a plu à l'Être Omnipotent
et Éternel de manifester sa volonté créatrice, nous avons, au
moins, réussi au delà de toutes nos espérances à porter le
flambeau de nos investigations très-loin vers des temps anté-

rieurs à l'existence de l'homme. Nous pouvons prouver aujourd'hui que l'homme n'a pas toujours existé, et que les espèces contemporaines de la race humaine, avec toutes celles qui l'ont précédée, ont eu, aussi, comme elle, un commencement.

Des monuments multipliés attestent surabondamment que la surface de la terre a été remaniée mainte et mainte fois; des chaînes entières de montagnes sont sorties de son sein, ou se sont abîmées dans ses profondeurs; des vallées ont été violemment ouvertes, ensuite comblées, puis de nouveau excavées; les mers et les terres ont changé de place; — cependant, à travers toutes ces révolutions et les changements locaux et généraux de climats qui en sont résultés, la vie animale et végétale n'a pas cessé. Elle a continué sans violation des lois qui régissent aujourd'hui la création organique, soit que la succession des êtres vivants ait eu lieu par la transmutation des espèces, ou bien qu'elle se soit accomplie, comme certains le prétendent, par l'introduction brusque, de temps à autre, sur terre, de plantes et d'animaux nouveaux dont chaque série dut être admirablement appropriée à l'état régénéré du globe, condition indispensable pour que ces espèces pussent croître, multiplier et durer pendant des périodes indéfinies.

L'astronomie n'est pas encore parvenue à établir la pluralité de mondes habitables dans l'espace, quelque séduisant d'ailleurs que fût ce sujet de conjecture et de spéculation; la géologie, non plus, n'arrive pas à prouver que d'autres planètes sont peuplées d'êtres vivants appropriés à leur climat, mais elle conduit à une conclusion non moins merveilleuse, — l'existence sur notre planète de surfaces habitables innombrables, ou de mondes, comme on les appelle, chacun distinct par l'époque, et chacun peuplé de ses races propres d'êtres aquatiques ou terrestres.

Les preuves que nous avons accumulées sur l'étroite analogie existant entre les espèces éteintes et les espèces vivantes sont si nombreuses et si concluantes, qu'il nous est impossible de douter que l'harmonie commune présidant à toutes les parties et la même magnificence d'invention que nous admirons dans la création vivante n'aient caractérisé, au même degré, le monde organique aux époques les plus reculées. Mais, si à mesure que nous élargissons nos connaissances sur l'inépuisable variété de la nature vivante, nous avons sujet d'admirer sans cesse la sagesse infinie et la suprême puissance qui nous sont révélées par ces phénomènes, combien plus grande devra être notre admiration, si nous songeons que c'est là seulement le dernier acte d'une grande série de créations préexistantes, dont nous ne pouvons estimer ni le nombre ni les limites à travers les temps écoulés (1).

(1) Lyell, *Anniv. Add. to the Geol. Soc.*, 1837. *Proceed. G. S.*, vol. II, p. 520.

FIN DU DEUXIÈME ET DERNIER VOLUME

TABLE DES MATIÈRES

DU SECOND VOLUME.

CHAPITRE XXVII. — *Groupe Silurien et Cambrien.*

CHAPITRE XXVIII. — *Roches Volcaniques.*

FIN DE LA TABLE DU SECOND VOLUME.

TABLE ALPHABÉTIQUE

GÉNÉRALE

DES MATIÈRES CONTENUES DANS LES DEUX VOLUMES

(Les fossiles dont les noms sont imprimés en *caractères italiques* sont représentés dans le texte.)

FIN DE LA TABLE ALPHABÉTIQUE GÉNÉRALE.

CORBEIL, typ. et stér. de CRÉTÉ.

www.ingramcontent.com/pod-product-compliance
Lightning Source LLC
Chambersburg PA
CBHW061550080726
47597CB00001BA/48